U0323902

国家自然科学基金项目（51674135、51674132、51674139、51774174、51874164、51904145）
国家重点研发计划课题（2016YFC0801407、2017YFC0804203、2017YFC0804209）

地质动力区划

——原理、方法及应用

张宏伟　李胜　韩军　宋卫华　兰天伟·等 著

陈学华·审

DIZHI DONGLI QUHUA

YUANLI FANGFA JI YINGYONG

中国矿业大学出版社

·徐州·

内 容 提 要

地质动力区划在分析内动力地质作用对人类工程活动影响的基础上，在煤矿开采领域主要用于研究现代构造运动影响下的矿井动力灾害问题。地质动力区划为冲击地压、煤与瓦斯突出等矿井动力灾害预测与防治提供了全新的研究方法。本书全面系统地论述了地质动力区划的基本原理、工作方法和工程应用：在介绍板块构造理论和中国新构造运动特点的基础上，分析了中国活动构造分布特征及对矿井动力灾害的影响；论述了地质动力区划原理、地质动力环境评价方法、活动断裂识别与断块划分方法、构造应力场与岩体应力分析方法、煤岩动力系统与能量特征分析方法、矿井动力灾害的影响因素与危险性预测方法、地质动力区划工作中的监测方法、矿井动力灾害危险性预测的多因素模式识别方法和地质动力区划信息管理系统等内容；最后给出了地质动力区划在工程中的应用实例。

本书可供采矿工程、安全工程领域从事煤矿开采和矿井动力灾害相关工作的科技工作者、工程技术人员和高等院校相关专业的师生使用，也可供石油工程、地质工程、地震工程、土木工程和城市规划等领域的相关人员参考。

审图号：GS(2023)4655号

图书在版编目(CIP)数据

地质动力区划：原理、方法及应用/张宏伟等著.—徐州：中国矿业大学出版社，2023.12

ISBN 978-7-5646-5473-3

Ⅰ.①地… Ⅱ.①张… Ⅲ.①动力地质学 Ⅳ.①P51

中国版本图书馆CIP数据核字(2022)第122115号

书　　名　地质动力区划——原理、方法及应用

著　　者　张宏伟　李　胜　韩　军　宋卫华　兰天伟　等

责任编辑　王美柱

出版发行　中国矿业大学出版社有限责任公司

（江苏省徐州市解放南路　邮编221008）

营销热线　(0516)83885370　83884103

出版服务　(0516)83995789　83884920

网　　址　http://www.cumtp.com　**E-mail**:cumtpvip@cumtp.com

印　　刷　苏州市古得堡数码印刷有限公司

开　　本　787 mm×1092 mm　1/16　**印张** 31.75　**字数** 792千字

版次印次　2023年12月第1版　2023年12月第1次印刷

定　　价　258.00元

前 言

板块构造学说是20世纪60年代后期发展起来的大地构造理论，基于板块构造学说的地球动力学从地球整体运动、地球内部和表面的构造运动角度探讨地球动力演化过程。地质动力区划是地球动力学的一个新分支，将板块构造理论、现代构造运动、现代构造应力场、人类的工程活动看作一个动态体系，遵循从总体到局部的原则，研究内动力地质作用对人类工程活动的影响，为人类工程活动提供所需的地质动力环境信息，预测工程活动可能产生的地质动力效应。

地质动力区划理论认为现代构造运动和构造应力场等内动力作用对矿井动力灾害的孕育、发生和发展过程具有重要影响。构造运动引起的应力变化和能量传递必然影响矿井所处工程地质体，发生动力灾害的矿区和矿井一定受到周围地质体的动力作用和影响。矿井动力灾害能量积聚过程要受到井田周围外部地质体作用。板块构造运动引起地壳内构造块体中应力和能量的重新分布，可分为三种情况：① 应力和能量相对稳定区域；② 应力和能量增高区域；③ 应力和能量临界极限区域。煤矿开采所引起的工程效应与内动力地质作用有密切联系，在第②种状态区域进行煤矿开采，在煤矿开采等工程活动扰动下，较大的能量积聚导致系统失稳，能量释放发生矿井动力灾害。即矿井动力灾害是地质动力环境和开采扰动共同作用的结果，地质动力区划理论揭示了这一作用关系。地质动力区划理论认为，要研究矿井动力灾害、预测矿井动力灾害、防治矿井动力灾害，先要研究内动力地质作用对矿井动力灾害的影响，体现“不谋全局，不足谋一域”和“可知才能可控”的研究思想。该理论提出了在自然地质动力条件下和人类工程活动尺度上研究煤矿矿井动力灾害的方法，建立了板块构造和人类工程活动之间的联系。

地质动力区划团队根据中国大陆的构造运动和构造形式的特点，在И. М. 巴图金娜院士和И. М. 佩图霍夫院士创建的以断块构造划分为核心内容的地质动力区划方法基础上，创立了地质动力环境评价方法、煤岩动力系统与能量特征分析方法和矿井动力灾害多因素模式识别方法；建立了地质动力环境的一体化监测和井下断层监测分析方法；开发了岩体应力分析系统和地质动力区划信息管理系统。团队丰富和深化了地质动力区划理论和方法，开创了地质动力区划研究的全新体系，建立了一套比较科学的矿井动力灾害预测和防治方法。依据地质动力区划原理，研究工作可分为基础性研究（包括现代构造运动、现代构造应力场分析，地质动力环境评价，内动力地质作用对井田的影响程度和矿井的地质动力环境类型确定）和应用性研究（包括断块构造划分，岩体应力特征与应力分区确定，煤岩动力系统、矿井动力灾害多因素模式识别系统建立，井田构造形式、井田岩体应力分布规律和煤岩动力系统参数确定，矿井动力灾害危险区划分，矿井动力灾害防治技术体系建立）两类。地质动力区划方法揭示了中国矿井动力灾害具有“110”分布特征，建立了矿井动力灾害判别的“三条件”准则。应用地质动力区划方法预测矿井动力灾害危险性的核心理念是：第一，矿井动力灾害发生必须具备相应的地质动力环境，是受多因素影响的；第二，不同矿区、不同矿井、不同煤层、不同构造和应力条件下矿井动力灾害具有不同的模式;第三,虽然准确地预测动力事件发生的时间和地点是极其困难的,但是预测这一事件发生的可能性(发生概率)是可以的。本书是煤炭行业“地质动力区划与矿井动力灾害防治创新团队”30余年来在矿井动力灾害研究方面学术成果的系统总结。

地质动力区划方法主要在中国的平顶山、义马、鹤壁、淮南、开滦、新汶、兖州、京西、北票、南票、阜新、沈阳、抚顺、鹤岗、双鸭山、鸡西、大同、乌东、鄂尔多斯、平庄等矿区的40多个煤矿的动力灾害危险性预测和防治等工作中得到了广泛应用。

本书包括总论部分共13章,由张宏伟进行全书设计和定稿,并撰写总论、第1章、第2章,兰天伟撰写第3章,韩军撰写第4章,宋卫华撰写第5章,付兴撰写第6章,荣海撰写第7章,陈蓥撰写第8章,李胜和范超军撰写第9章、第10章,杨振华和梁晗撰写第11章,霍丙杰和朱志洁撰写第12章。兰天伟对俄文文献资料进行了收集整理;杨振华、付兴对全书进行了排版、校对;梁晗、贾冬旭、马双文、孙家伟、张志佳、姚振华、管松松、孙浩、孙晨等对文字、图片和参考文献进行了整理;陈学华对全书进行了审阅。在撰写本书的过程中参阅了大量国内外相关文献资料、应用了相关研究成果,谨向文献作者和参加研究工作的相关单位、研究人员表示衷心感谢。

由于作者水平所限,书中难免存在不足之处,欢迎读者批评指正。

著 者
2023年9月

目　录

总　论

0.1 地质动力区划研究的意义

地质动力区划是地球动力学的一个新分支，将板块构造理论、现代构造运动、现代构造应力场、人类的工程活动看作一个动态体系，遵循从总体到局部的原则，主要研究内动力地质作用对人类工程活动的影响，为人类工程活动提供所需的地质动力环境信息，预测工程活动可能产生的地质动力效应。

地质动力区划在煤矿开采领域主要用于研究现代构造运动影响下的矿井动力灾害问题。矿井动力灾害是积聚在煤岩体内的能量瞬时释放的动力现象，主要表现为冲击地压、煤与瓦斯突出和矿震等(以下论述以冲击地压为例)。冲击地压的实质是煤岩体积聚的弹性变形能的瞬时释放。目前普遍认为，冲击倾向性、岩层结构、地质构造、地应力、开采深度、周期来压、坚硬厚层顶板、支承压力、煤柱应力、应力集中区、采空区“见方”来压、工作面推进速度等是冲击地压发生的重要影响因素，这些影响因素多是在井田范围内围绕煤矿采掘活动确定的。针对这些影响因素，主要分析人为工程活动影响作用。在煤矿开采实际工作中，没有发生过冲击地压的矿井也多有符合上述条件的情况。这表明除上述影响因素外，还有其他控制因素会影响冲击地压的发生。

常规的采矿工程学科知识体系主要包括研究和解决煤矿开采中的技术和工艺问题，基于这一知识体系所确定的多数参数都有理论依据，如超前支护距离、上山间距、煤柱尺寸、支承压力、支护强度、来压步距、“三区”“三带”等。该知识体系及研究方法基本能够满足绝大多数矿井设计和生产的要求，在矿井动力灾害方面的应用主要是对开采工程效应进行研究和分析，即主要对井田范围内的采掘工程开展研究工作，而对井田外部的影响因素考虑较少。基于对煤矿开采效应的研究来回答冲击地压问题是不全面的，诸如在内动力地质作用、现代构造运动、现代构造应力场对冲击地压等矿井动力灾害的影响等方面，常规的采矿工程知识还不能给出合理的解释。因此，在冲击地压等矿井动力灾害研究中，仅仅应用常规的采矿工程学科知识体系是远远不够的。

冲击地压是煤矿井下开采过程中发生的具有代表性的动力灾害之一，是煤矿面临的难点和热点问题，冲击地压还会导致煤与瓦斯突出、煤层突水等复合灾害事故发生。目前，多数冲击地压防治技术参数主要依据现场实践经验确定，大多缺少理论支撑，如临界采深、采掘工作面之间的安全距离、回采工作面超前支护距离、冲击地压临界能量等。这说明冲击地压理论研究严重滞后，很难满足现场工程需要。同时，这也是冲击地压防治工作难度很大的原因之一。地质动力区划理论认为现代构造运动和构造应力场等内动力作用对矿井动力灾害的孕育、发生和发展过程具有重要影响。构造运动引起的应力变化和能量传递必然影响矿井所处工程地质体，受到周围地质体的动力作用和影响。矿井动力灾害积聚能量过程要受到井田周围外部地质体作用，冲击地压等矿井动力灾害是地质动力环境和开采扰动共同作用的结果。地质动力区划阐明了内动力地质作用对煤矿工程活动的影响和作用，是研究矿井动力灾害、预测矿井动力灾害、防治矿井动力灾害的基础，提出了在自然地质动力条件下和人类工程活动尺度上研究矿井动力灾害的方法。

矿井动力灾害具有统一的动力源：一方面是地质体提供的能量，从能量来源角度可划归为内动力作用；另一方面是煤矿开采扰动提供的能量，从能量来源角度可划归为外动力作用。内外动力综合作用控制着煤矿开采的动力效应和矿井动力灾害的孕育、发生和发展过程。内动力作用是矿井动力灾害的共性影响因素；在研究共性影响因素的基础上，还要研究各类矿井动力灾害的个性影响因素，如研究煤与瓦斯突出时要考虑瓦斯类参数的影响等。

本书基于地质动力区划原理，在阐述板块构造理论和中国新构造运动特点的基础上，论述了中国活动构造分布特征及其对矿井动力灾害的控制作用，分析了内动力地质作用对冲击地压等矿井动力灾害的影响；系统全面地从地质动力环境评价、断块划分与评估、井田岩体应力状态分析、煤岩动力系统分析、多因素模式识别危险性预测等方面进行了深入研究；创立了地质动力环境评价方法、煤岩动力系统与能量特征分析方法和矿井动力灾害多因素模式识别方法；建立了地质动力环境的一体化监测和井下断层监测分析方法；开发了岩体应力分析系统和地质动力区划信息管理系统；丰富和深化了地质动力区划理论和方法，开创了地质动力区划研究的全新体系，建立了一套比较科学的矿井动力灾害预测和防治方法。研究成果为确定冲击地压等矿井动力灾害的动力机制，以及矿井动力灾害孕育、发生和发展过程提供了理论支撑，为动力灾害矿井确定合理的技术参数、制定防治技术措施提供了依据。书中较少涉及应用常规的采矿工程学科知识体系进行矿井动力灾害研究方面的内容，即对采矿工程活动的动力效应涉及较少，如上覆岩层运动、顶板断裂、底板断裂、断层滑移、采掘工程应力集中等，有关内容读者可参考相关书籍。

0.2 地质动力区划主要创新内容与应用

0.2.1 矿井地质动力环境评价方法

2009年团队创立了矿井地质动力环境评价方法，用于研究内动力地质作用对井田的影响。矿井地质动力环境评价是指对煤矿所处的区域地质体的结构特征、运动特征和应力特征的评价。应用矿井地质动力环境评价方法，可确定地质动力环境对井田的影响程度，划分矿井地质动力环境类型。

基于矿井地质动力环境评价方法，团队创新性提出了冲击地压等矿井动力灾害发生的“三条件”准则，即地质动力环境是冲击地压等矿井动力灾害发生的必要条件，开采扰动是冲击地压等矿井动力灾害发生的充分条件，防治措施是冲击地压等矿井动力灾害发生的控制条件。“三条件”准则为冲击地压等矿井动力灾害的发生条件与孕育环境分析、危险性评价及防治措施确定等提供了科学依据。

0.2.2 煤岩动力系统分析方法

2010年团队提出了煤岩动力系统分析方法，用于确定不同尺度范围内煤岩体的冲击地压危险,确定采取冲击地压防治措施的时空关系,指导防治措施的有效实施。冲击地压等矿井动力灾害的影响范围是有限的,为冲击地压提供能量及受到影响的煤岩体构成煤岩动力系统。矿井冲击地压的影响范围用煤岩动力系统描述,其表征参数是系统尺度和能量值。根据能量积聚程度和影响范围等特征,可将煤岩动力系统的结构划分为“动力核区”“破坏区”“裂隙区”和“影响区”等 4 个区域。采掘工程与煤岩动力系统相对位置不同导致冲击地压的显现形式不同。依据构建的煤岩动力系统模型,确定了煤岩体的能量释放规律,提出了自然地质条件下煤岩动力系统的能量计算方法,建立了煤岩动力系统的结构尺度计算方法,为冲击地压矿井确定合理的超前支护距离、采取防治措施和优化相应技术参数提供了理论依据。

0.2.3 矿井动力灾害危险性预测多因素模式识别方法

2001 年团队创立了矿井动力灾害危险性预测的“多因素模式识别概率预测”方法。该方法在查明矿井动力灾害影响因素与危险性之间内在联系的基础上,对各影响因素进行定量化分析,确定模式识别准则、建立识别模型,完成模式识别系统设计、模式识别算法研究、概率预测准则确定;将研究区域划分为有限个预测单元,在空间数据管理的基础上,确定各影响因素的量值并将其映射到相应的预测单元,各单元多因素数据的组合构成模式;对未开采区域各单元的多因素组合模式与确定的矿井动力灾害危险性预测模式进行相似度分析,确定各预测单元的相似度,即危险性概率,从而划分不同的危险区域。多因素模式识别方法的应用,实现了矿井动力灾害分单元预测,提高了矿井动力灾害危险性预测的准确性。该成果列入国家“十五”重大科技成果展,评语为“在国内外首次提出并成功应用多因素模式识别方法对煤与瓦斯突出进行了概率的预测,确定了淮南构造凹地是淮南矿区发生煤与瓦斯突出的地质原因。”

0.2.4 岩体应力分析与应力分区方法

1993—2000 年,团队应用有限元方法,利用 Fortran 77 语言和 Microsoft Visual C++ 6.0 开发了“岩体应力状态分析系统”有限元软件,该软件是地质动力区划研究工作中的创新性成果之一。该软件依据井田断裂构造划分特征建立岩体应力数值计算模型,以井田地应力测量结果为基础确定模型的边界及加载条件,结合井田地质钻孔数据信息确定煤层岩性分布区域;通过相应的理论及数值分析,揭示区域构造和岩体应力状态间的内在关系,确定井田岩体应力分布特征,完成各类应力等值线结果输出,进而实现井田不同范围内的应力区划分。

岩体应力状态分析系统主要应用于煤矿井田岩体应力状态分析计算,确定应力分布规律及对矿井动力灾害的影响,为实现煤矿开采工程与灾害防治等工作的分级、分区管理奠定基础,同时可以进行大区域岩体应力场的数值模拟。“岩体应力状态分析系统”软件经过 20 余年的实际应用证明效果良好。

0.2.5 断裂构造划分与分析方法

地质动力区划理论认为,现代构造运动对矿井动力灾害具有重要影响。确定现代构造运动特征的方法主要基于俄罗斯自然科学院 И. М. 巴图金娜院士建立的断块划分方法。断块划分建立了板块构造与井田构造及采矿工程活动之间的联系,确定了现代构造运动特征及其对井田的影响和控制作用，是地质动力区划中核心的内容和最重要的工作之一。基于断块划分结果，可以分析现代构造运动对矿井动力灾害的影响和控制作用，同时建立井田地质构造模型，为井田岩体应力分析和矿井动力灾害危险性预测提供基础数据。在此基础上，2004—2020 年团队在断裂构造划分和评估方面建立了断裂构造的分形几何研究方法、断裂构造计算机辅助识别方法和构造凹地分析方法等，进一步提高了断裂构造划分与动力学评估的科学性、准确性和适用性。

0.2.6 地质动力区划信息管理系统

2003 年团队开发了地质动力区划信息管理系统。地质动力区划工作涉及矢量图形、数据库、图片和视频文档，内容多，信息量大，且多数信息具有时间特性和空间定位特征。能否有效地实现地质动力区划大数据管理是体现矿井安全管理水平和先进程度的重要标志。地质动力区划信息管理系统在地理信息系统(geographic information system，GIS)技术支持下，可完成图、文、声、像等各类数据采集与存储、统计分析、查询检索，集成地质动力区划的大数据和研究成果，实现数据的集成和可视化管理。

0.3 地质动力区划团队研究工作的发展历程

(1) 1989—1993 年，团队筹建阶段

地质动力区划由俄罗斯凯米洛夫学院 И. М. 巴图金娜(И. М. Батугина)教授、全苏矿山测量和地质力学研究院(乌尼米)И. М. 佩图霍夫(И. М. Петухов)教授于 20 世纪 80 年代创立，1989 年原阜新矿业学院与原中国东北内蒙古煤炭集团公司将其引入中国。1989—1993 年，双方合作完成了国际科研合作项目“北票矿区地质动力区划及岩体动力现象预测预报研究”。

(2) 1994—1999 年，团队初期发展阶段

1994 年与乌尼米首次关于地质动力区划方面的国际合作项目完成，在北票矿区冲击地压和煤与瓦斯突出等动力灾害成因、防治等方面取得了全新的成果。随后双方进一步合作开展了“吉林油田大安探区地质动力区划”“湖南洞庭盆地湘阴凹陷地质动力区划及其对油气勘探有利地段研究”等项目。团队承担了“九五”国家科技攻关计划“用地质动力区划方法分析地层应力分布”等课题，地质动力区划在我国进行了成功的应用。

(3) 2000—2008 年，团队稳定发展阶段

随着规模不断壮大，团队承担了一系列国家级、省部级和与企业合作课题，形成了创新的学术思想和稳定的研究队伍。在以断裂划分为主的地质动力区划研究的基础上，团队提出了矿井动力灾害多因素模式识别概率预测方法，开发了岩体应力状态分析系统；将 GIS 技术、分形理论等引入地质动力区划。这期间团队承担了国家“973”计划项目、“十五”国家科技攻关计划项目、国家自然科学基金项目等。

(4) 2009 年至今，团队创新壮大阶段

团队创新性地提出了矿井地质动力环境学术思想，建立了地质动力环境评价方法与指标体系；提出了地质动力环境-覆岩结构演化-冲击地压防控研究体系及相关技术；提出了瓦斯灾害的地质动力演化控制理论。研究成果获得了国家科学技术进步二等奖 1 项、省部级科学技术奖励 40 余项。团队于 2020 年荣获首届中国煤炭工业协会科学技术奖创新团队。

第1章　板块构造和新构造运动

1.1　地球动力学及其发展

1.1.1　地球动力学简介

地球动力学的名称是著名弹性力学家洛夫(A. E. H. Love)在1911年出版的著作《地球动力学的若干问题》中首次提出来的[1]，洛夫对地壳均衡、地球的固体潮、纬度变化、地球内的压缩效应、引力不稳定性以及行星体振动进行了卓有成效的研究。而早在19世纪下半叶，开尔文(L. Kelvin)就已研究过地球的整体刚度。达尔文(G. H. Darwin)等还研究了黏性球体在引潮力作用下的形变。古登堡(B. Gutenberg)分析了地球内部的作用力，推断了地球内部介质的力学性质。

地球动力学广义而言是研究固体地球整体及其内部运动、动力过程和与此过程有关的地球物理和地质现象的一门学科。狭义而言，它是研究板块构造及其动力学的一门科学，研究与地球动力系统有关的固体地球的构造、板块构造理论、地壳和上地幔应力状态，以及地球内部热过程和地幔动力学等动力学过程[2]。地球动力学的发展是从狭义逐渐走向广义的研究领域的过程。

地球动力学是研究地球在运动过程中的受力状态及其动力演化的科学。地球所受的力既包括内力，也包括外力。地球固体部分发生的力学现象多种多样，形式复杂，内容丰富。地球动力学可分析这些现象，并透过这些现象寻求其力学机理，掌握这些现象出现和变化的规律，预测它们今后的发展趋势。为此，必须了解推动和支持这些现象的力源和地球介质的力学特性。有关板块运动的驱动力众说纷纭，比较占优势的说法是地幔物质的热力对流作用，延续了美国科学家赫斯对海底扩张动力的解释。日、月引潮力，地球转动和摆动引起的惯性力，地球内部物质的热运动所产生的力以及它们的黏滞性，虽然极小，但可以起到触发构造运动的作用。地球动力学的任务是揭示各种地质作用过程的力学机制，所谓动力演化即包括力的来源、地球演化过程中的各种能量转换。

20世纪60年代，板块构造学说问世以来，地球动力学增添了许多新的内容。有的学者从大地构造学的角度研究了地壳的构造运动及其力学机制。有的学者则从板块大地构造出发，着重研究了地幔对流、海底扩张和大陆漂移。另外一些学者则致力于研究极移、固体潮和地球自由振荡等整体性力学现象[3]。

20世纪70年代以后，地球动力学理论有了较快的发展。瓦尔(J. M. Wahr)等以一定的地球模型为基础，用连续介质力学的方法，以整个地球为对象，统一研究了地球章动、固体潮及地球内波[4]。各国学者组织了地球动力学计划，该计划是在国际上地幔计划研究结果的基础上，于1970年由国际大地测量学与地球物理学联合会(IUGG)及国际地质科学联合会

(IUGS)共同提出的，1972 年开始执行，一直到 1977 年结束。其主要内容是验证板块构造学说。国际地球动力学 10 年计划中提出了以探讨构造运动的力源为主要目标的地球动力学。

20 世纪 80 年代，地球动力学还被认为是固体地球物理学的一门分支学科。现代所称的地球动力学则主要是指在板块构造学说建立之后，随着测试和计算技术的发展，数学、力学理论的不断前进，反演问题的精度日益提高，在阐明地球结构的形成和演化上起更大的作用的地球动力学。

地球动力学是一门新兴学科，它是地球科学和动力学两大学科之间的交叉学科。动力学是物理学的一门分支，它主要研究发生于人类周围世界的动力学行为和动力学过程，其研究范围可大至宇宙，小到微观粒子的运动规律，研究领域极其广泛。一般而言，动力学的含义局限在力学的范围之内。对于任何一个力学系统而言，动力学研究需要了解该力学系统的介质特征，需要了解作用于该力学系统的力系，然后利用物理学一般的规律研究系统对于其作用力的响应。

地球动力学应用动力学的方法研究地球系统的行为。由于地球动力学系统的复杂性及地球层圈构造的基本特征，可以把地球看成一个大的系统，同时也可以将其视为相互作用的一系列子系统(大气、海洋、固体地球等)的组合。因此，地球动力学研究地球系统的整体行为，例如，研究它在空间中运动的规律(自转轴、转速变化等)，形成了所谓的天文地球动力学；研究其各圈层之间的相互作用，形成了所谓的全球变化及动力学；等等。其讨论的对象是固体地球的动力学，特别是固体地球内部的动力学过程。

固体地球可以分为地壳、地幔和地核(包括液态的外核和固体的内核)等层。显然，我们既可以将固体地球作为一个具有层状结构的整体来研究其动力学行为，也可以将上述各圈层作为子系统分别研究其动力学行为，同时还研究它们之间的相互作用。如果地球内部只是上面所描述的简单分层，而且仅仅是物质力学性质上的差异，那么地球将是一个死的星球，其内部发生的过程也仅仅是一个简单的力学系统所描述的力学过程。实际上，地球是一个活动的星球，在其表层和内部存在着大规模的物质运动和能量交换过程，所以地球内部系统是一个复杂的热动力学系统。地球表面发生的大规模动力学过程是极为壮观的，如火山喷发、熔岩喷出等，使人类体会到自然界的力量。发生在地球表层和内部的动力学过程有时会给人类带来巨大的灾难，如意大利维苏威火山的喷发导致了庞贝城的毁灭。除了火山之外，还有滑坡和地震等地质灾害；在煤矿开发时，还有冲击地压、煤与瓦斯突出、矿震等动力灾害。因此，如何认识发生在地球内部的动力学过程，了解其孕育、发展、发生及动力效应等规律成为地球动力学研究的重点内容。

地球动力学涉及的内容广泛，它以地球为客体，既研究其整体或者内部发生的短暂的动力过程，也研究其缓慢的动力过程。在矿山开发时探讨这些动力过程对人类工程活动的影响，可为矿井动力灾害的研究提供新的突破点。

1.1.2 地球动力学与地质动力区划

地球动力学包括岩石圈动力学和核幔动力学，其中岩石圈动力学是研究的主体。岩石圈动力学主要研究岩石圈的运动与变形及其与地壳深部过程的关系[5]。它汇集了岩石圈现代运动和变形以及现今进行着的各种动力过程的信息，并展示了将来会导致运动的动力因素。前者如活动亚板块、构造块体的划分及运动矢量、主要活断层及其滑移速率、活动裂谷、活动褶曲、年轻火山、地震活动等;后者如重力、航磁异常带、地壳和岩石圈厚度、上地幔顶部纵波速度。地壳、上地幔非均匀性和应力状态变化一般由岩石应力反映。简言之,岩石圈动力学从岩石圈的介质、结构、应力、运动、变形和深部过程的角度进行综合研究,从地球整体运动、地球内部和表面的构造运动方面探讨其动力演化过程,进而寻求它们的驱动机制。

现代地球动力学是在研究全球构造和地球深部作用的基础上建立起来的,广泛应用地质学、地球物理学、地球化学以及大地测量学等学科知识进行综合和交叉研究。在中国,李四光最早将力学应用于地质构造分析,他提出按力学成因将地质构造总结为构造体系,从巨型的纬向构造推测自转速率的变化可能是地球构造运动的基本动力,并提出以水平构造运动为主,这与后来板块构造学说一致[6]。地球构造运动及其动力演化过程决定着地质灾害的发生、矿产资源的分布以及地质环境的变迁,因此矿产资源的开发利用和地质灾害的防治对地球动力学具有高度的依赖性。地球动力学研究的最终目的,就是为经济建设中的矿产资源开发和地质动力灾害防治等工程应用提供理论指导[7]。地球动力学研究成果,对于矿产资源的勘探与开发、地质与地震灾害的预测、大型工程稳定性的评估、冲击地压等矿井动力灾害预测等都有重要的理论意义和应用价值。

地球动力学研究板块及其在工程区域的活动和相互作用,研究在自然条件下地壳断块构造各个部分的特征和相互作用,研究地壳的应力-变形状态存在的联系。煤岩体赋存的地球动力学环境是岩体地质特性和力学行为的重要控制因素,只有将矿井煤岩体发生的动力灾害问题放在特定的地球动力学环境中考察,才能更深刻地揭示其内在规律。煤岩体的地质动力环境主要指:构造形式、构造影响范围、构造活动性、断块水平构造运动、断块垂直构造运动、地应力、地震动力等动力学环境;水循环与地下水渗流场、物理化学场等地下水环境;密度与重力、介质力学性质与波速、物性与电阻率、地磁场、地热与地温等地球物理场环境;气候与冻融作用等热动力学环境;等等。

研究地球动力学的工程意义在于:板块相对运动控制着区域地壳运动的模式、岩体的成因与地质特性(表 1-1)、活动断裂的性质与分布、地应力的分区与集中程度、地震稳定性强弱与区域特征以及大地形变的速率、地形地势特征等。

表 1-1　几类岩体的动力学成因及地质特性

岩石类别	动力控制因素	物质组成	结构特征	后期改造难易	力学性能
岩浆岩	高温、高压以及深部构造活动等地球内动力作用	与温度、压力及构造破裂空间有关的原生矿物	块状	与成岩温度、压力差别大,易受风化	强度较高,抗变形能力较强
沉积岩	内动力作用主导下的内外动力耦合作用	原生矿物碎屑、化学凝结物	层状、互层状	与成岩温度、压力相近,风化相对缓慢;溶蚀等	强度和抗变形能力与矿物及胶结物类型有关
变质岩	内动力地质作用控制的高温、高压及构造挤压等	与压力、温度有关的变质矿物	块状、片状、蚀变软弱带	与成岩温度、压力差别大,易受风化	块状岩强度和抗变形能力较好,片岩和蚀变岩较弱

表 1-1(续)

岩石类别	动力控制因素	物质组成	结构特征	后期改造难易	力学性能
断层岩	内动力地质作用、构造活动方式	两盘原岩或压碎岩	碎裂或矿物定向排列	破碎易风化、溶蚀	强度和抗变形能力较弱
风化岩	外动力为主	原岩物质的风化变异产物	不同程度地保留原岩结构		随风化程度不同,原岩弱化程度不同
松动岩	内动力作用主导下的内外动力耦合作用	原岩成分	以原岩结构为基础松动	松动使风化更容易	力学性能弱化,渗透性和各向异性增强

地质动力学是地球动力学的重要组成部分,主要研究内动力地质作用。地球构造运动是内动力地质作用的力源,是地质动力学的理论基础。地质动力学的许多原理适于研究冲击地压和煤与瓦斯突出等矿井动力灾害问题。在煤矿领域,地质动力学的基本任务是揭示外部地质体对井田等工程地质体的动力作用,以及各类采矿工程地质动力因素的作用规律。地质动力学的主要研究内容包括:

① 煤岩体赋存的地质动力环境;

② 煤岩体物质和结构的动力学成因与特性;

③ 煤岩体的动力学行为与过程;

④ 煤矿开采发生矿井动力灾害的机制。

板块构造学说是被最广泛采用的一种大地构造理论。最适合研究地球构造运动、动力过程和现象的理论和方法是板块构造理论。综合地球科学的邻近科学所提供的理论基础和研究方法,在 20 世纪 80 年代,由 И. М. 巴图金娜教授和 И. М. 佩图霍夫教授提出并建立了地质动力区划方法。地质动力区划是地球动力学的一个新分支,它主要根据地形地貌的基本形态和主要特征决定于地质构造形式的原理,通过对地形地貌的分析,查明断裂的形成与发展,确定活动断裂及断块间的相互作用方式,为人类的工程活动提供地质环境信息和预测可能产生的地质动力效应。

在管理和开发煤炭资源时,要研究地壳自然状态所发生的过程和现象,就必须熟悉地下的构造特点和应力状态,提前研究和预测井田所处的地质动力环境,分析自然地质动力环境对工程活动所发生的动力作用、矿山压力现象和规律性的影响。俄罗斯学者建立的地质动力区划方法主要用于查明地壳断裂构造、活动断裂带、构造应力区,对岩体的应力、渗透性和瓦斯参数进行计算,根据这些研究成果制定防治措施、确定相关技术参数,为安全高效地进行煤炭开采提供保障。

1.2 板块构造基本原理

1.2.1 板块构造学说的产生

大陆漂移学说、海底扩张学说和板块构造学说被称为全球大地构造理论发展的三部曲。可以说,大陆漂移学说是海底扩张学说和板块构造学说的先驱,海底扩张学说是大陆漂移学说的新形式，板块构造学说是海底扩张学说的引申。这三个学说的关系是非常密切的。

1912年，德国气象学家兼地质学家魏格纳（A. L. Wegner）最先提出大陆漂移学说[8]。他于1915年出版了《海陆的起源》（*Die Entstehung der Kontinente und Ozeane*）一书，随后于1920年、1922年及1929年又陆续出版了第二、第三和第四版，并作了大量的补充。他系统地提出古地理、古气候、古生物、地质和地球物理等各方面依据，并进行了论证，如：① 南美洲和非洲两个大陆相对着的海岸线惊人地相似，完全可拼合在一起，非洲南部的开普山脉可与南美洲的布宜诺斯艾利斯山脉连接；② 北美与西北欧的加里东褶皱带和海西褶皱带完全可沿走向相接；③ 从古气候、古生物群分布看，南美洲、非洲、印度、澳大利亚在古生代很相似，而在中生代以后则有显著不同。

魏格纳认为在前寒武纪时（约6亿年前），地球上存在一块统一的泛大陆，围绕它的是一片广阔的海洋，称为泛大洋，如图1-1所示。之后经过分合过程，到中生代早期，泛大陆再次分裂为南北两大古陆，北为劳亚古陆（Laurasia），南为冈瓦纳古陆（Gondwana）。到了三叠纪末（约2亿年前），这两大古陆进一步分离及漂移，相距越来越远，两者之间由最初一个狭窄海峡逐渐发展成古太平洋和特提斯洋等巨大的海洋。到了新生代（约6 500万年前至今），因为印度板块已北漂到亚欧大陆的南缘，两者发生了碰撞，青藏高原隆起，造成了宏大的喜马拉雅山系，古地中海东部完全消失；非洲板块继续向北推进，古地中海西部逐渐缩小到现今规模，欧洲南部被挤压成了阿尔卑斯山系；南、北美洲在向西漂移的过程中，其前缘受到太平洋地壳的挤压，隆起为科迪勒拉—安第斯山系，同时南、北美洲在巴拿马地峡处复又相接；澳大利亚大陆脱离南极洲，向东北漂移，于是现今海陆的基本轮廓形成。2015年及以前获得的大量证据表明，魏格纳提出的大陆漂移学说的基本设想是正确的。大陆漂移学说为板块构造理论奠定了基础，大陆漂移的过程如图1-2所示。

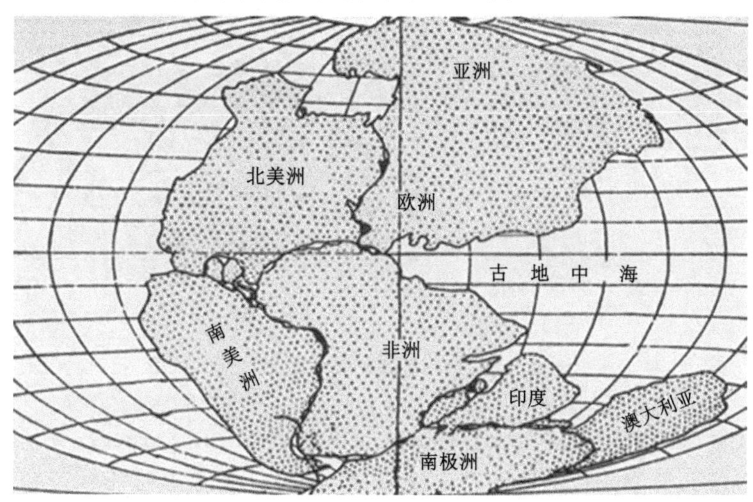

图1-1　泛大陆示意图

1961年，迪茨（R. S. Dietz）提出了“海底扩张”的概念，用海底扩张作用讨论了大陆和洋盆的演化[9]。1962年，赫斯（H. H. Hess）首先提出洋盆的形成模式，对洋盆形成作了系统的分析和解释[10]。他明确强调地幔内存在热对流，洋中脊下的高温上升流使洋中脊保持隆起并有地幔物质不断侵入、遇水作用蛇纹石化而形成新洋壳，先存洋壳因此不断向外推移至

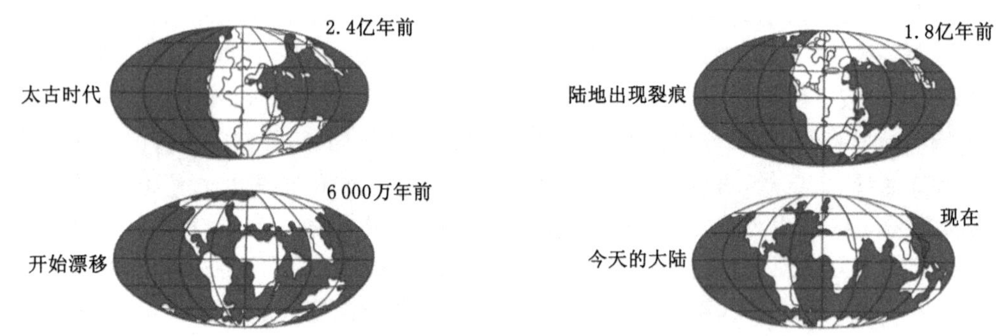

图 1-2 大陆漂移的过程

海沟、岛弧一线受阻于大陆而俯冲下沉、熔融于地幔，达到新生和消亡的消长平衡，从而使洋底地壳在 2 亿～3 亿年间更新一次。赫斯认为大洋中脊是地幔对流上升的地方，地幔物质不断从这里涌出，太平洋周围分布的岛屿与海沟、大陆边缘山脉以及火山、地震就是这样形成的，并得到古地磁学、地球年代学以及海洋地质学和地球物理学等方面一系列新证据的支持。熔岩序列中磁极性转向的年代、深海岩芯中剩余磁化转向的深度、平行于海洋中脊的线状磁异常的宽度都以同样的比率变化着，都是海底扩张的地壳从洋中脊迁移而造成的，如图 1-3 所示。这一学说为板块构造学说的兴起奠定了基础。

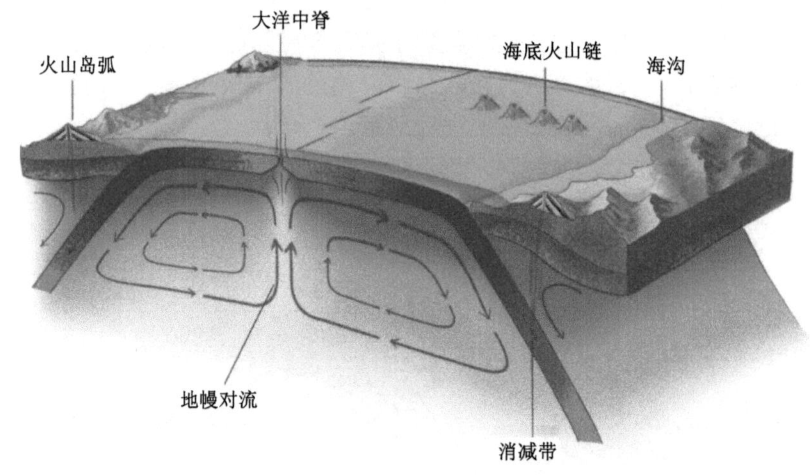

图 1-3 海底扩张示意图

1968 年，剑桥大学的麦肯齐(D. P. Mckenzie)和派克(R. L. Parker)，普林斯顿大学的摩根(W. J. Morgan)和拉蒙特观测所的勒皮雄(X. le Pichon)等联合提出一种新的大陆漂移学说——板块构造学说，它是海底扩张学说的具体引申[11-12]。海底扩张学说和板块构造学说的提出给早期的大陆漂移学说注入了新的生命力。后来的大量证据表明，魏格纳提出的大陆漂移学说的基本设想是正确的。正是海底扩张学说的动力，加上新的证据(古地磁研究等)，支持大陆确实很可能发生过漂移，从而使板块构造学说(也称新大陆漂移学说)开始形成。由于板块构造学说的发展，曾被视为不解之谜的地球活动大多得到了解释。20 世纪 70 年代以来，以证实板块构造学说为目的的世界规模的地球观测蓬勃开展。通过这些观测，海底的年代分布被详尽确定，弄清了以往地质时期板块运动的过程，如图 1-4 所示。1965 年，剑桥大学的爱德华·布拉德、J. E. 埃弗列特和 A. G. 史密斯运用计算机技术做过大陆拟合的最佳化与误差检验。科学家运用计算机技术将地球各个大陆以现有的形状恰好拼合在一起，如图 1-5 所示，海底地形、地震位置、火山活动等活跃部位都连接成为带状，于是“板块构造学说”这一革命性的见解应运而生。

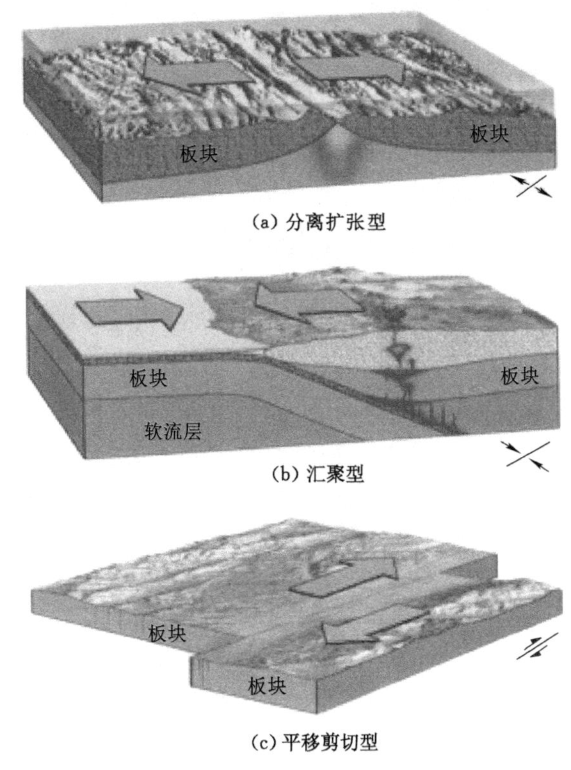

图 1-4　板块构造作用示意图

中国科学院院士尹赞勋先生称：“在地质学发展史上，板块构造学说标志着一个时代的终止和另一个时代的开始。”[13] 板块构造学说认为地球的岩石圈不是整体一块，而是被地壳的生长边界海岭和转换断层，以及地壳的消亡边界海沟和造山带、地缝合线等一些构造带分割成许多构造单元，这些构造单元叫作板块。1968 年，勒皮雄将全球岩石圈分为欧亚板块、非洲板块、美洲板块、太平洋板块、印度洋板块和南极洲板块，共六大板块。

大板块还可划分成若干次一级的小板块。这些板块漂浮在“软流层”之上，处于不断运动之中。一般说来，板块内部的地壳比较稳定，板块与板块之间的交界处是地壳比较活动的地带，地壳不稳定。地球表面的基本面貌，是由于板块相对移动而发生的彼此碰撞和张裂而形成的。在板块张裂的地区，常形成裂谷和海洋，如东非大裂谷、大西洋就是这样形成的。在板块碰撞挤压的地区，常形成山脉。当大洋板块和大陆板块相撞时，大洋板块因密度大、位置较低，便俯冲到大陆板块之下，这里往往形成海沟，成为海洋最深的地方；大陆板块受挤上拱，隆起成岛弧和海岸山脉。太平洋西部的深海沟和岛弧链，就是太平洋板块与欧亚板块相撞形成的。在两个大陆板块相碰撞处，常形成巨大的山脉。喜马拉雅山脉就是印度板块

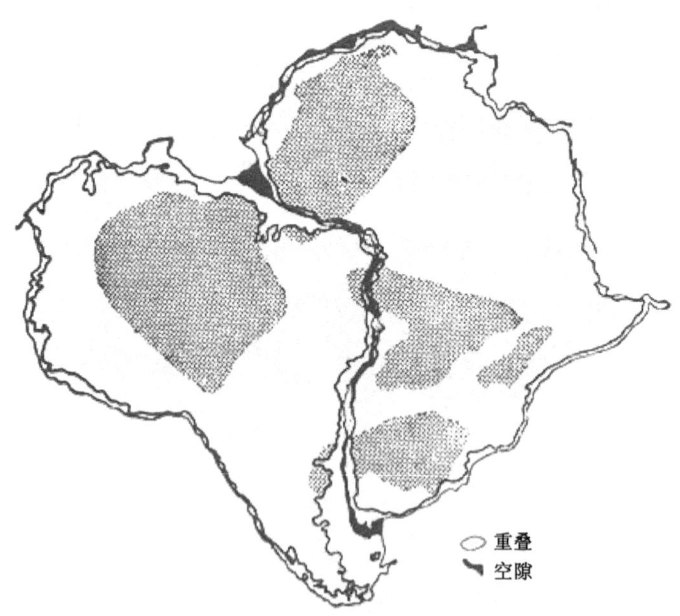

图 1-5 运用计算机技术拼合的非洲与南美洲拟合图

在向欧亚板块碰撞过程中产生的。板块构造学说已被用来解释火山、地震的形成和分布，以及矿产的生成和分布等。

板块构造学说以岩石圈板块及其相互作用为研究对象，并力图将地壳运动、岩浆活动、变质作用、沉积作用、成矿作用、地壳的形成和演化等地质学重大问题纳入统一的板块构造学说范畴。这就是说，该新兴学科既论述板块构造学说的基本原理，也包括板块构造学说在地质学各个领域的发展和应用。

1.2.2 板块构造学说的基本原理

板块构造学说认为，地球表壳——岩石圈相对软流圈来说是刚性的，其下面是黏滞性很低的软流圈。岩石圈并非整体一块，坚硬的岩石圈板块漂浮在塑性软流圈之上，横跨地球表面做大规模水平运动，被许多活动带如大洋中脊、海沟、转换断层、地缝合线、大陆裂谷等分割成大大小小的块体，这些块体就是所说的板块。板块与板块之间表现为分离、聚合和平移。其中，在分离处，软流圈地幔物质上涌，冷凝成新的大洋岩石圈，导致板块增生；在聚合处，大洋板块俯冲至相邻板块之下，返回地幔，导致板块消亡。板块内部是稳定的，而板块的边缘则是地球表面的活动带，有强烈的构造运动、沉积作用、深成作用、岩浆活动、火山活动、变质作用、地震活动，又是极有利的成矿地带。这些不同的相互运动方式和相应产生的各种活动带，控制着全球岩石圈运动和演化的基本格局。可以说，直至板块构造学说问世之后，地球科学家才第一次比较成功地回答了“地球是怎样活动的”问题。

板块构造学说把地球作为一个整体来进行研究，它认为个别大陆、区域的地质演化是与邻区演化发展密切相关的，也与全球的演化发展相关。该理论用高度活动的动力地球观和统一的地球力学模式成功地解释了与全球规模的岩石圈构造演化密切相关的许多重大问题和地质现象。板块构造学说的基本原理可归纳为以下四点：

（1）固体地球上层在垂向上可划分为物理性质截然不同的两个圈层——上部的刚性岩石圈和下部的塑性软流圈。

（2）岩石圈在侧向上又可划分为若干大小不一的板块。板块是运动的，其边界性质有三种类型：① 分离扩张型，伴随着洋壳新生和海底扩张；② 俯冲汇聚型，伴随着洋壳消亡或大陆碰撞；③ 平移剪切型，沿着转换断层发生，如图 1-6 和图 1-7 所示。地震、火山和构造活动主要集中在板块边界。

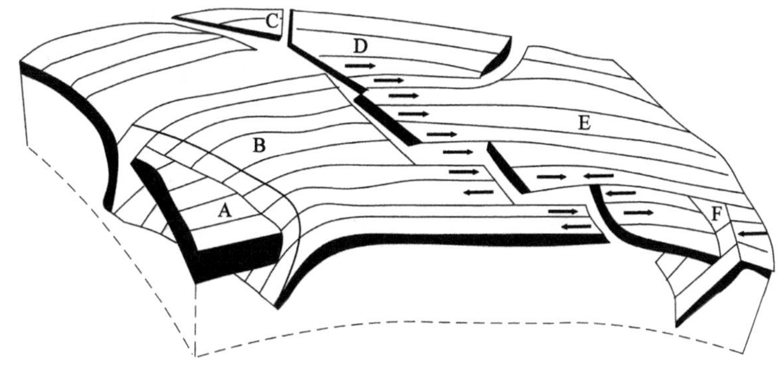

注：A-B 为海沟；B、C、D、F 为洋脊；D-E、E-F 为转换断层；B-C-D 交汇处为三联点；箭头表示板块运动方向。

图 1-6　板块边界的三种类型（据 B. 伊萨克斯，1968）

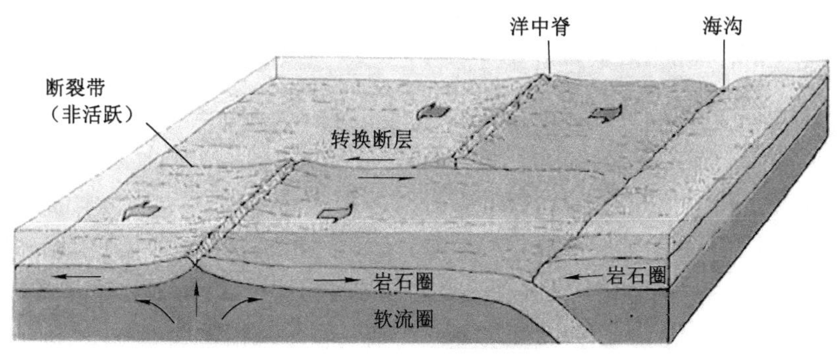

图 1-7　转换断层示意图

（3）岩石圈板块横跨地球表面的大规模水平运动，可用欧拉定律描绘为一种球面上的绕轴旋转运动。在全球范围内，板块沿分离型边界的扩张增生，与沿汇聚型边界的压缩消亡相互补偿抵消，从而使地球半径保持不变。

（4）岩石圈板块运动的驱动力来自地球内部，最可能是地幔中的物质对流。

按照板块构造理论观点，地壳被分成岩石圈板块、次板块和更低等级的板块，相邻板块间具有相互作用关系，如图 1-8 所示。每一种板块边界都有其相对应的地质动力环境。地震、火山现象、造山运动等都被认为是板块相对运动的结果。每种地质动力环境都有严格固定的深层结构，形成一定的构造。

经典的板块构造理论的基础是刚性块体运动学。板块的运动方式主要表现为汇聚、分离、转换三种类型。板块运动主要反映在其边界上，世界上大部分的地震、火山以及新生的

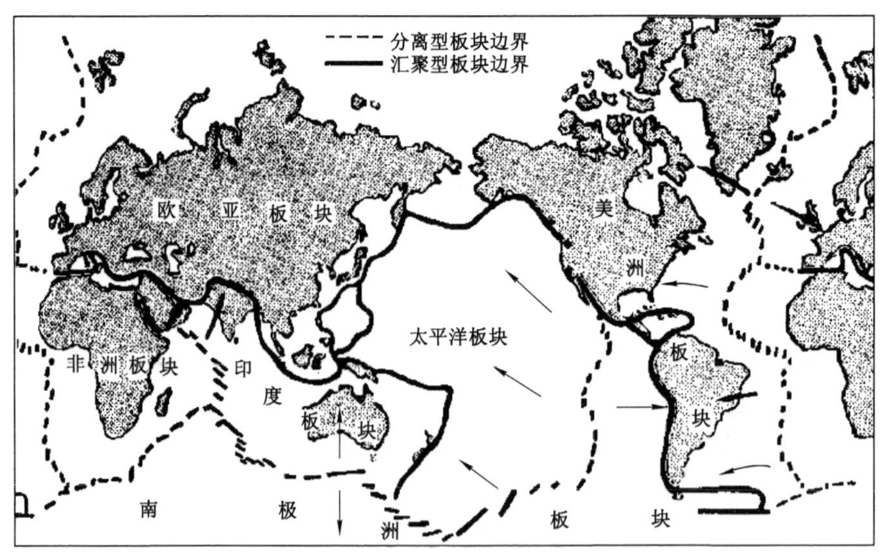

图 1-8 全球板块划分图(据勒皮雄,1968)

山脉都产生在板块边界上,如环太平洋板块边缘就是一个强烈的地震和火山活动带。1988年,莫尔纳(P. Molnar)发现大陆内部复杂的构造形变和强烈的地震活动,提出刚性板块构造理论不适用于大陆构造[14]。目前已累积的大量地质资料表明,除板缘外,板内的各种构造作用相当强烈。地震活动的分布、大规模的地表形变观测,尤其是GPS观测结果表明,板块边界变形带是相当宽的,向大陆内部延伸可达数千千米,如阿尔卑斯—喜马拉雅山系带和南北美洲西部的雁行山脉。这些板块边界变形带占据了整个地球面积的15%,覆盖了几乎全部的构造运动和非气象灾害,如地震和火山活动。

邓起东等于2002年根据针对中国的大量活动构造带几何学和运动学的定量观测数据指出,板块边界构造带是最重要的活动构造带,因而形成现代活动造山带及强烈活动的地震带和火山带;板块内部并不真正是刚性的,尤其是在大陆内部存在板内块体的相对运动,且其活动程度有所区别,从而形成活动程度不同的活动块体和活动构造带[15]。

1.2.3 板块边界与地震带

板块边界是指两个板块之间的接触带,是地球表面最重要的构造活动带。板块边界的运动使得板块边界地区的地壳发生弹性变形而产生应力,随着应力的持续增加,一旦超过地壳的摩擦阻力,地壳即会错动反弹直至失稳,同时发生固体的震动而产生地震,释放能量,达到新的平衡。按板块间相对运动方式划分的板块边界三种类型描述如下。

① 分离扩张型板块边界:分离扩张型板块边界或称增生型边缘,即两个板块沿边界相背运动,地幔的熔融物质不断沿边界涌出向两侧形成新的洋底,其应力状态是拉张的,是板块生长的边界。分离扩张型板块边界多数与大洋中脊相吻合,也有个别的与大陆上的裂谷相吻合。该边界多数情况下是沿大洋中脊出现的,也有少数出现在大陆的裂谷处。在大洋中脊,沿着分离扩张型板块边界岩浆不断上涌,板块随即逐渐远离;当岩浆冷却以后,新的呈条带状的大洋地壳便形成了。分离扩张型板块边界也可以发生在大陆裂谷的早期发展阶段,岩浆不断上涌

导致陆壳隆起、拉张、变薄；然后沿着中央地堑（向下坠落的断块）形成正断层和裂谷，并产生浅源地震。陆地上分离扩张型板块边界的典型实例是东非大裂谷，如图 1-9 所示。

图 1-9　东非大裂谷

② 汇聚型板块边界：汇聚型板块边界或称碰撞型边缘，这种类型的边界其两侧板块相向运动，垂直或斜交于边界线运动，其应力状态是挤压的，故地壳强烈变形，伴有大量岩浆活动，可形成造山带，可分为俯冲边界和碰撞边界两种。海沟岛弧、年轻的造山带常常是这种类型的边界。大陆板块的碰撞边界称为地缝合线。地缝合线的典型例子是中国的喜马拉雅山脉以北雅鲁藏布江一带，是印度板块与欧亚板块的一个碰撞带。汇聚型板块俯冲边界的实例是马里亚纳海沟，如图 1-10 所示；碰撞边界的实例是喜马拉雅山、阿尔卑斯山、中国秦岭，其中喜马拉雅山如图 1-11 所示。

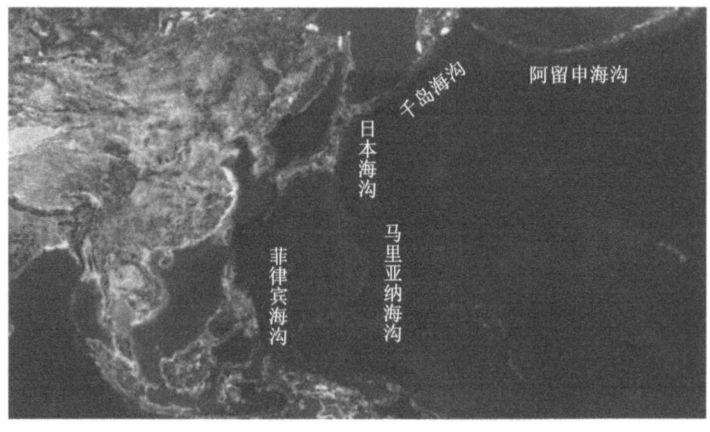

图 1-10　马里亚纳海沟

③ 剪切型板块边界：剪切型板块边界在板块之间表现为相互滑动，其应力状态是剪切的，边界两侧板块不发生褶皱、增生或消亡，即相当于转换断层。当新的离散大陆边缘，或新

图 1-11　喜马拉雅山

的聚合大陆边缘打破了岩石圈时，转换断层边界便形成了。当转换断层分割大陆壳时，它们的表现通常是平缓的。最著名的转换断层是位于加利福尼亚的圣安地列斯断层，它把太平洋板块和北美板块分离开来，如图 1-12 所示。

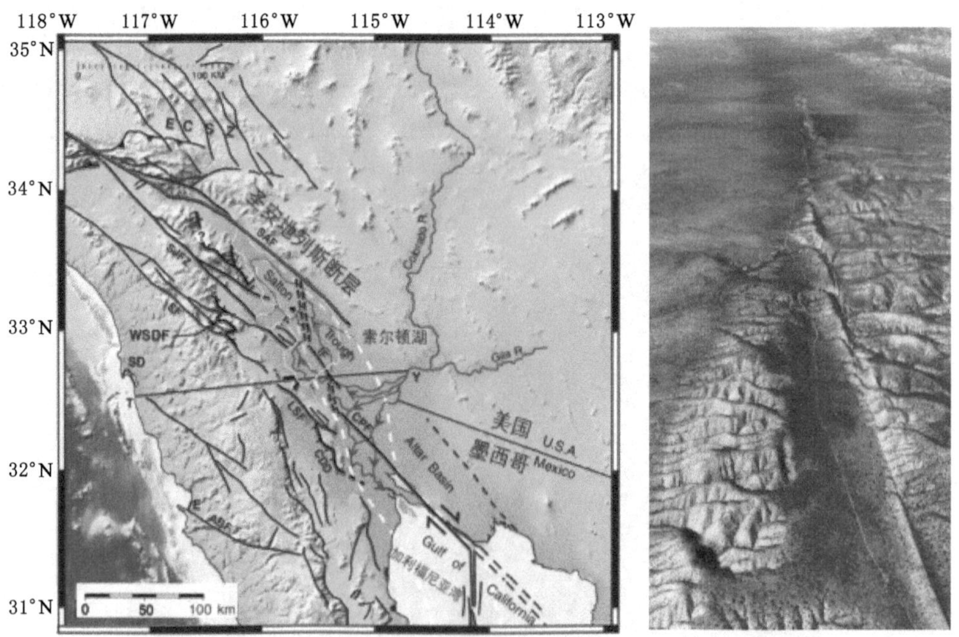

图 1-12　圣安地列斯断层

地震是现代地球活动的一个重要标志，它以现今正在发生着的地质事件说明板块活动的历史。世界各地的地震震中密集成带；地震带就是指地震集中分布的地带，在地震带内震中密集，在带外地震的分布零散。地震带常与一定的地震构造相联系。世界上主要有三大地震带:第一是环太平洋地震带,分布在太平洋周围,包括南北美洲太平洋沿岸和从阿留申群岛、堪察加半岛、日本列岛南下至中国台湾地区,再经菲律宾群岛转向东南,直到新西兰。这里是全球分布最广、地震最多的地震带,所释放的能量约占全球的四分之三。第二是欧亚地震带(或称大陆地震带),从地中海向东,一支经中亚至喜马拉雅山,然后向南经中国横断山脉,过缅甸,呈弧形转向东,至印度尼西亚;另一支从中亚向东北延伸,至堪察加半岛,分布比较零散。第三是大洋中脊地震带,分布在太平洋、大西洋、印度洋中的海岭地区(海底山脉)。地震带内的地震活动在时间分布上是不均匀的,显著活动和相对平静交替存在,一定时期后又重复出现。全球地震活动如图 1-13 所示。

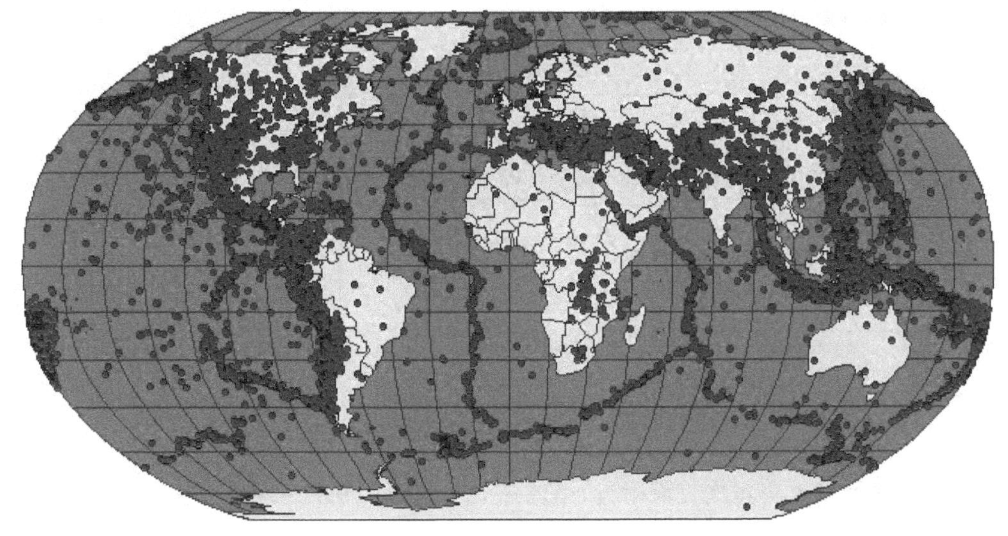

图 1-13　全球地震活动图

地震带是全球构造活动强烈的地带,它的分布与板块的边界非常一致,在板块的边界上常常发生各种地质构造现象,如全球每年记录的几百万次地震有 85%发生在板块边界带上,全球地震能量大约 95%都是从板块的边界释放出来的,板块边界处相互作用是地震的基本成因。所以板块边界划分的重要依据是地震活动资料,有的大洋中脊裂谷体系就是根据地震活动发现的。相比来讲,在板块内部地震活动就少得多。地震可以提供板块活动的三个方面的重要证据。第一,根据浅源地震的分布,可以勾勒出板块边界的轮廓;第二,地震的震源分布说明岩石圈板块向下延伸,穿过了软流圈,反映了岩石圈板块在地球内部深处的状态;第三,地震波研究结果说明了各个板块相对邻接板块的运动方向。

基于地震的震源机制分析,可以了解板块相对运动的方向。震源处,沿着破裂面发生地震的初动辐射出来的地震波,本身就可反映出块体相对另一个块体的初动方向。1968 年,B. 伊萨克斯(B. Isacks)等根据对 100 多次地震震源机制的分析得出板块相对运动方向的综合图[16],如图 1-14 所示,这张图清晰地表示了板块自洋中脊向两边拉开,至海沟和造山带处相互汇聚。

地震的空间分布不仅与全球规模的板块边界存在一定联系,而且与区域性的地质构造,特别是断裂构造有着密切联系。

深源地震几乎全部分布于环太平洋边缘地带。它们集中在四个区:一是南美安第斯山

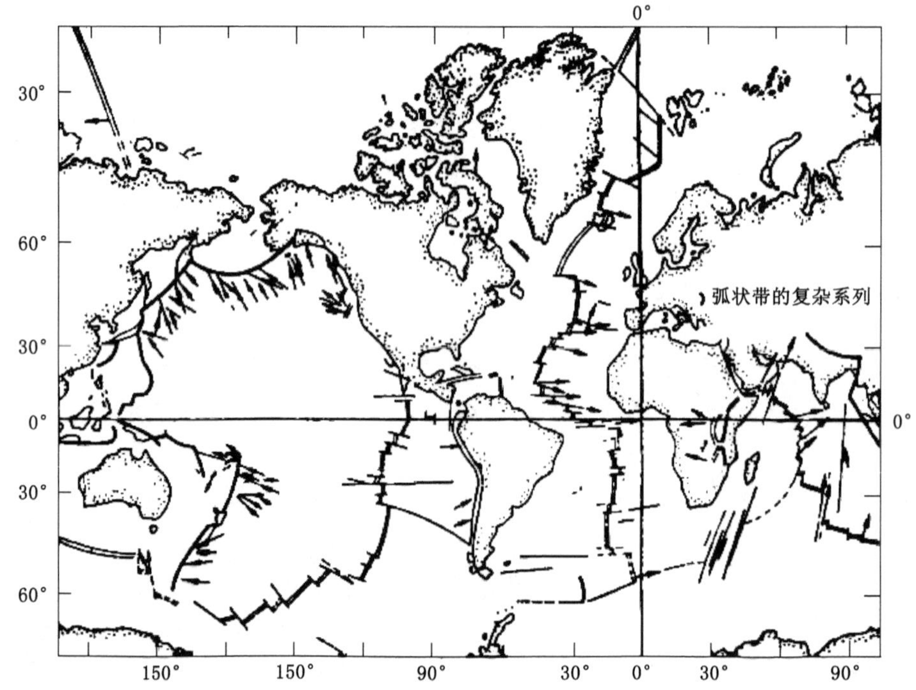

图 1-14 根据对震源机制的分析得出的板块运动方向(据 B. Isacks,1968)

脉东侧;二是库页岛和鄂霍次克海附近,中国东北的鸡西至延吉一带、日本海以及伊豆—小笠原岛弧西侧;三是印度尼西亚一带;四是南太平洋的汤加岛弧西侧至克马德克群岛附近的海中。

中源地震主要分布在环太平洋地区的岛弧带和强烈造山带,如:南美和中美的西侧;亚洲东侧的岛弧带,向南至新西兰;地中海北岸、中亚、兴都库什地区、帕米尔高原、喜马拉雅山局部地段、缅甸和印度尼西亚一带。中国的中源地震主要分布在台湾东部沿海,西藏雅鲁藏布江以南及新疆西南部的帕米尔附近。

浅源地震主要分布在新生代以来强烈活动的造山带和构造断裂带,特别集中地分布在环太平洋造山带、地中海周围和喜马拉雅等年青山系地区。

在发震构造研究中,人们普遍认为地震的发生一般都是沿主干断裂或共轭断裂活动的结果。近年来,发现有些地震并不是发生在主干断裂或共轭断裂上,而是发生在其两侧的岩块内。不均匀构造应力使新、老构造产生不同程度的继承性和新生活动,有的构造或岩块被牵动局部活化。在共轭断裂网络内,其中一组或两组断裂同时活动,皆可引起以交汇点为中心沿断裂走向单侧、双向、三向或四向扩展活动,从而使周边岩体或岩块成为构造活化区。换而言之,构造活化区是指活动断裂(或盆地、褶曲构造)影响区内岩体或岩块为了保持原有的稳态,做与活动断裂运动方式相反运动的地区。构造活化区为地震发生提供了动态环境。这可能就是有些地震发生在活动断裂旁侧或附近的原因所在。

国内外现有的地震案例表明,地震不仅与地质构造有一般的空间联系,而且还与其特殊的发震构造部位关系密切。活动断裂的发育程度、产状以及彼此的交接关系对地震的发生有着巨大的影响。李四光在20世纪60年代编写的《地质力学概论》对此做过专门的论述，他认为活动断裂带曲折最突出的部位、活动断裂的两端、两条断裂交叉的地方以及断裂带犬牙交错的部位等都是地震最可能发生的地方。近年来对地震构造的研究表明，地震发生的实际构造部位都是活动断裂上应力易于集中的部位。

叶洪等把活动断裂带上与地震有关的特殊结构按其几何形态作了如下分类[17]：① 断裂端点；② 断裂拐点；③ 断裂交汇点（不同级次、不同方向断裂带的相交点）；④ 断裂分支点（次级派生断裂与主断裂的相交点）；⑤ 断裂错列点（扭性断裂带的羽列接头点或张性断裂带的雁列接头点）。

最早观测到伴随断层作用的地震是1819年6月16日发生在印度的卡奇湾地震。日本地震学家饭田汲事收集的全球（包括日本、中国台湾、美洲、新西兰、土耳其、希腊、保加利亚、蒙古和印度等地区）地震断层资料表明，自1811年至1964年共有64个发生在大陆的地震伴有地表断层滑动。

中国近年来的地震地质研究表明，绝大多数浅源地震均与活动的大断裂有关，其表现为[18]：

① 80%以上的地震震中均位于规模较大的断裂带或其附近，绝大多数地震带都有相应的地表大断裂带。例如，邢台地震、河间地震、渤海地震、通海地震、台湾花莲地震、炉霍地震、海城地震、龙陵地震、松潘地震、唐山地震等都与当地的活动断裂有关。

② 地震发生后，新产生的地表小断裂往往都与当地主要断裂走向一致，甚至大体重合。

③ 震源错动面的产状大部分和地表大断裂带一致。

中国地震带分布如图1-15所示。新疆富蕴地震断裂带是一个走滑型地震断层，长度约

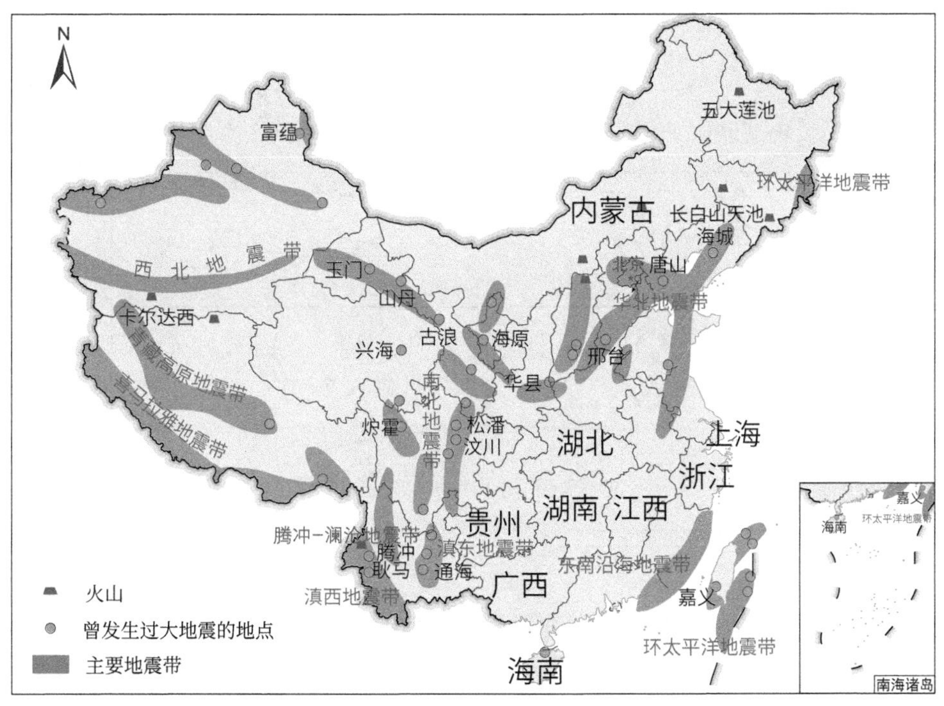

图1-15　中国地震带分布图

176 km，最大水平位移 14 m，最大垂直错距 1.4 m，居中国首位。其各种破坏现象保存之好、规模之大、自然景观之雄伟是全国最好的一个。富蕴地震造成的地形变现象非常丰富，形成各种力学性质的地震断层，其组合形态也多种多样，大都与主导断层的走滑扭动协调一致。次级地震断裂之间的组合形式也各种各样，并与断裂总体错动的派生构造协调一致，如图 1-16 与图 1-17 所示。

图 1-16 新疆富蕴地震断裂带

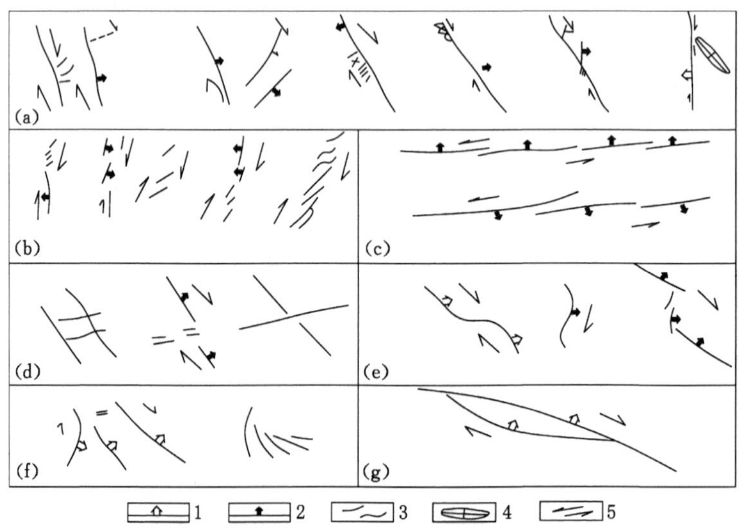

1—逆走滑断层；2—正走滑断层；3—张裂缝；4—鼓包；5—断层扭动方向。
(a) 侧羽状排列；(b) 右行雁列；(c) 左行雁列；(d) X 形；(e) 肘状；(f) 带状；(g) 菱形。

图 1-17 富蕴地震形成的地震断裂的几种组合形式

从以上几方面的资料分析可知，地震的研究为板块构造学说提供了极为重要的论证。

各板块的边界常与某种性质的构造活动带相邻；对于板块构造的进一步划分，确定其边界形态、运动方式和活动特征，同样可以利用地震资料进行分析。地质动力区划工作中划分断块边界也应用到这一原理。

1.3　新构造运动与地质灾害

1.3.1　新构造运动及其特性

板块构造运动对人类活动影响最大时期是新构造运动时期，新构造运动直接关系到人类的生存环境和各项工程建设。新构造运动主要是指喜马拉雅运动（特别是上新世到更新世喜马拉雅运动的第三幕）中的垂直升降。一般来说，新构造运动隆起区是山地或高原，沉降区是盆地或平原。地质学中一般把新近纪和第四纪（公元前 23 Ma 至今）发生的构造运动称为新构造运动，新构造运动造成的地壳形变或活动形迹称为新构造。新构造运动通过物质与能量交换深刻地改变着地壳上部的地质-地理-动力环境。充分认识和掌握新构造运动特征及规律，是人类与自然和谐相处的必然需求。

1948 年，苏联的奥布鲁切夫（B. A. Обручев）根据中亚天山等地区在上新世末至第四纪初广泛出现强烈构造运动这一事实，首次提出了新构造运动的概念，认为应在地球发展的历史中划分出一个单独的发展阶段——新构造运动阶段[19]。H. И. 尼古拉耶夫、И. П. 格拉西莫夫和黄汲清等就新构造运动进行了广泛而深入的研究。迄今为止，国际上对新构造运动的起始时间没有统一的认识和划分标准。对于中国的新构造运动时限，黄汲清、易明初、刘以宣、万天丰、邓起东、李祥根等持有不同的观点。广义的新构造运动泛指新近纪以来的构造运动。

新构造运动是相对老构造运动而言的，新构造运动是新生代后半期的构造运动，距现在最近也最新，所以它与地壳的稳定性密切相关。新构造运动时期形成构造的最大特点是可以从地貌上反映出来，如图 1-18 所示。常见的新构造类型主要有五种：隆起构造、坳陷构造、断块构造、褶曲构造和活动断层。新构造运动造就了现代地形地貌的基本形态，全球现代地形的基本轮廓主要是新近纪开始的一次普遍加强的构造运动造成的。地壳形变还表现在新近纪—第四纪地层中的断裂和褶曲，以及地层本身的厚度、岩相变化，还有块体构造、地震构造和火山构造等。新构造运动所造成的地形，至今还清楚地被保留下来，人类往往可直接观察得到。多数情况下，新构造运动造成的地形反映了一定的构造类型，两者相互吻合，这是地质动力区划划分活动构造的基础。

图 1-18　南天山山前阳霞河多级河流阶地地貌

研究结果表明，新构造运动的产生有其自身的特性和规律，普遍性、节奏性、继承性等是新构造运动具有的特性。

① 普遍性：是指在全球各地，不仅仅在活动地带，通常在稳定地区也都发生过或者发生着不同类型与不同强度的新构造运动。通常情况下，新构造运动主要集中在活动地带。总之，世界各地不管是相对的活动地区，还是相对的稳定地区，在以前或者现在都发生过或正在发生着不同强度与不同类型的新构造运动。

② 节奏性：通常也称波动性、振动性、间歇性等。新构造和活动构造其运动不是连续不断的，也不是直线式的，一个地区构造运动的速度通常有可能是时快时慢的，或者是时而运动又时而停滞的。新构造运动在地貌上常常表现为形成各种类型的多层次的地貌，比如形成各级不同的夷平面，或者各级的河流阶地，同时在相关沉积物的岩相方面会产生韵律式的演变。不同类型的多层次地貌可以作为对比和划分第四纪地层、判断地貌形成的相对时代的一种可靠依据。

③ 继承性：是指新构造运动发生时与老构造运动具有一定的继承相似性，通常情况下新构造运动多沿着老构造产生重新运动，并且在一定程度上受到老构造运动所产生的构造薄弱面的集中应力的控制作用。

现代构造是新构造的一部分，活动构造是从新构造中划分出来的，活动构造的类别包括活动断裂、活动褶曲、活动火山、活动盆地、活动山脉、活动地块等一系列地质地貌体。活动断裂是活动构造最主要的形式之一，是地球表面现今地质地貌现象形成和演化的主要控制性构造，也是地球表面构造运动最新过程的一种重要表现形式。活动构造会引发地震、地裂缝、砂土液化、滑坡、错断等各种各样的地质灾害；在煤矿开采过程中，活动断裂是引发冲击地压等矿井动力灾害的重要影响因素之一。研究一个区域的新构造运动特征及构造的活动性有助于人们充分认识地球的结构构造，以此指导人们进行工程活动。如核电站、水电工程等的选址、建设和安全运行；大型工程稳定性评价及矿井动力灾害危险性预测等。

研究新构造运动的方法多种多样。根据观察的对象、收集资料的手段以及整理资料的方法的不同，可将新构造运动的研究方法分为：地质构造法（几亿年到几万年）、构造地貌法（几万年到几百年）、考古法（几万年到几千年）、历史法（几万年到几千年）、地形变测量法（几十年到几个月）、遥感解译法、地震法、地球化学法、测年法、物理模拟法和数值模拟法等。根据这些方法的特点，可以将其归纳为定量法和定性法两大类。新构造运动研究通常需要从区域地质调查开始，首先在研究区内应用不同比例尺地形图开展科学研究工作，提出较多新认识，形成区内的基础地质研究工作，随后在该区做地貌调查和钻探工作，以此较系统地建立起地质构造轮廓。

1.3.2 全球新构造运动

新生代以来地壳运动十分剧烈，水平和垂直运动规模巨大。如新阿尔卑斯运动或喜马拉雅运动，使特提斯海（古地中海）消失，出现地中海及两岸的山系和亚洲南部的喜马拉雅山；环太平洋沿岸岛弧、美洲西部边缘（科迪勒拉—安第斯山脉）都是新生代造山运动的结果。该时期的构造运动不仅改变了地球海陆轮廓，奠定了地球现代地貌形态，还影响现代地球上气候带分布。

新构造运动是地质历史上最新的一个构造旋回,青藏高原大规模抬升,形成举世瞩目的世界屋脊。研究表明,新构造运动表现的大幅度抬升,实际上是大规模水平运动引起的。洋脊地带,岩石圈板块做背离运动,使板块增长;海沟处,板块做敛合运动,大洋板块俯冲消亡,大陆板块被压缩抬升,形成年轻山系;转换断层带上,板块做剪切运动。

全球新构造运动的基本类型有三种:① 大规模拉张运动。大洋中脊地幔对流,洋脊处于拉张状态,新洋脊不断形成;大陆裂谷(如东非大裂谷)发育大陆溢流玄武岩。它们代表新构造地壳的拉张活动。② 大规模俯冲、碰撞活动。太平洋东西两侧均有海沟,大洋板块不断向大陆板块俯冲,大陆板块被挤压,形成新的造山带,如台湾造山带、北美西部增生造山带、南美安第斯山脉等新生代造山带。新生代地中海—喜马拉雅带发生板块碰撞,印度板块与欧亚板块碰撞最引人注目,当今世界屋脊就是在印度板块不断向欧亚板块推进背景下迅速抬升的。③ 大规模走滑活动。新生代美国加利福尼亚的圣安地列斯断层发生大规模右旋走滑活动,中国鲜水河断裂大规模左旋走滑,它们均是当今活跃的地震带。

全球新构造的标志是地震活动。全球活动地震带分成三大构造系统:环太平洋火山地震带和地中海—喜马拉雅地震带、大洋海岭地震带以及大陆断裂地震带。它们的构造活动和地震活动具有不同的特点[20],世界主要火山及地震分布如图 1-19 所示。

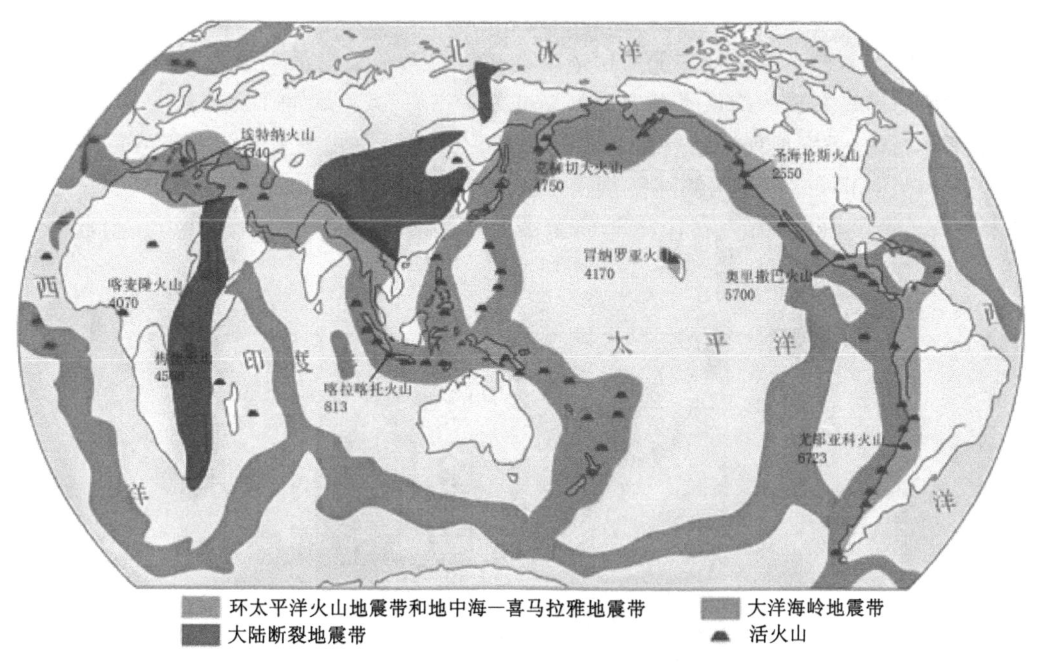

图 1-19 世界主要火山和地震分布

(1) 环太平洋火山地震带和地中海—喜马拉雅地震带

其中,环太平洋火山地震带从南美洲的南端开始,向北经中美洲、北美洲,到阿留申群岛;再向西沿西北太平洋岛弧展布,最后延伸到西南太平洋,全长 3 万多千米。环太平洋火山地震带是世界上地震最频繁的地带。从总体上来说,这个地震带是由深俯冲构造决定的,但是每一个段落的构造特点还有很大差别。

(2) 大陆断裂地震带

由全球大陆地震的震中分布可以看出，整个北半球大陆地区的地震集中在北纬20°～50°之间的地带里。该地带又可分为四个地震区，分别为美国地震区、中国—蒙古地震区、伊朗—阿富汗—巴基斯坦地震区和东地中海地震区。

(3) 大洋海岭地震带

洋中脊是位于大洋底的山脉。大洋中脊上有巨大的纵断裂存在，裂谷从洋脊顶部切入，顺洋脊的走向展布；来自地球内部的熔融岩流顺裂谷上涌，形成新的岩石圈板块，不断向洋脊两侧推移。在大西洋、印度洋和太平洋中都发现了巨大的洋脊构造，它们向南都和环绕着南极的一个洋脊连在一起，总长约60 000 km，其中最长的是大西洋洋脊，长约17 000 km。

1.3.3 新构造运动与地质灾害

新构造运动研究的内容也较广泛，除水平运动、垂直运动及保存在第四系里的构造变动外，还涉及火山、地震，以及被构造作用控制的(或与构造作用关联的)外力地质作用，像地表侵蚀、河流袭夺、温泉和地下水活动等。

日本是世界上新构造活动最强的国家之一。日本是个多地震的国家，有九重山、阿苏山、云仙岳等火山，富士山、箱根山等可能是休眠火山。这种新构造活动性来自太平洋板块的俯冲和对亚洲的挤压，日本列岛在构造上是一岛弧。

美国西海岸是西半球最强烈的新构造活动区，地震、活火山活动频繁，如圣海伦斯火山等。美国西海岸最主要的构造是圣安地列斯断层，它是一条巨大的平移断层，分开了美洲板块和太平洋板块，圣安地列斯断层错动现象如图1-20所示。在美国田纳西州洛克伍德与哈里曼之间，40号州际公路的两侧路堑剖面上发育一开阔的向斜构造。褶曲和断裂的活动，使14.5 km长的公路在1966—1978年间至少沿水平方向缩短45 cm，同时，还引起7.5～16 cm的垂直抬升。

图1-20 圣安地列斯断层错动现象(据G. K. Gilert)

意大利的西海岸也是著名的新构造活动区，维苏威火山是全球著名的“灾害型”火山，如图1-21所示，还有埃特纳火山。意大利西海岸火山岩带喷溢的火山岩是高钾的碱性熔岩，与日本岛弧的安山岩迥异。这说明该区不是处于挤压环境而是处于张裂环境中。该区地震多发,除构造地震外,还有火山地震,但烈度较低。

图 1-21　意大利西海岸的维苏威火山

中亚地区的科佩特断裂(总长 500 多千米)活动,使其上部建于中世纪的古代尼萨城城墙错位达 2.5 m,也使建于公元前 5 世纪的水利灌溉系统错位 8～10 m。

土耳其北部近东西向分布、长达 1 000 km 的北安纳托利亚断裂,在 1944 年土耳其博鲁省地震(7.6 级)后的 6 年中,使铁轨错位 30 cm,平均运动速率为 5 cm/a。1957 年跨该断裂修建的石墙,到 1969 年的 12 年中,被错开 24 cm,平均运动速率为 2 cm/a。

中国地域辽阔,位于环太平洋和地中海—喜马拉雅构造活动带的交接部位。中国大陆地壳组成与构造复杂特异,长期处于非稳定状态,至今仍是一个活动性较强的大陆块体,其内部构造带和构造块体的活动又千差万别,显示出中国大陆现今构造活动的复杂性和特殊性。同时,人类不合理的工程活动还会恶化地质构造环境并加剧地质灾害的发生和发展。因此,活动构造与环境灾害的相关性研究,已成为现代构造地质学和现代工程地质学发展的新走向,也是当代地球科学最富魅力的新前沿之一。它有助于理解和认识构造活动与环境灾害、构造活动与人类生存发展的内在联系,对了解地质灾害的发生机理,进行工程安全性评价有着重要的实际意义。

中国大陆新构造运动和现代构造运动强烈,活动构造(断层)十分发育。认识活动构造是了解地质环境演变和地质灾害发生的基础,中国新构造分区及主要活动断裂分布如图 1-22 所示。活动构造引发的地质灾害有崩塌、滑坡、泥石流、地面塌陷、地面沉降、地裂缝和地震等。它所造成的直接灾害主要有:建筑物与构筑物的破坏,如房屋倒塌、桥梁断落、水坝开裂、铁轨变形等;海啸、海底地震引起的巨大海浪冲上海岸,造成沿海地区的破坏。次生灾害主要有:火灾,由震后火源失控引起;水灾,由水坝决口或山崩壅塞河道等引起;毒气泄漏,由建筑物或装置破坏等引起;灾后生存环境严重破坏所引起的瘟疫。

中国境内广泛发育各种类型的地质灾害,见表 1-2。各种类型地质灾害的主要动力源都与构造应力作用关系密切,有的叠加了人类工程活动引起的采动应力或者载荷应力等的联合作用。由于它们在空间分布上与现今活动的构造带或地块密切相关,在时间发展上具有各级周期性活动特征,它们均一致表明与现今地壳运动的统一性。

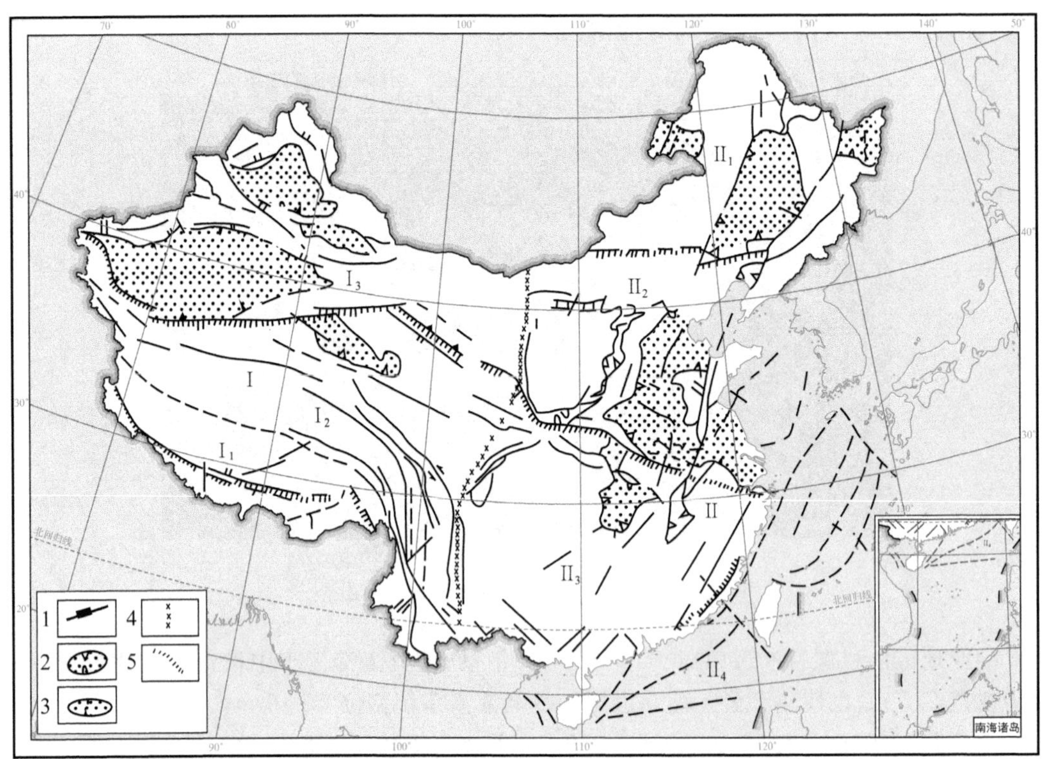

1—断裂及走滑方向；2—拉张型盆地；3—挤压型盆地；4——一级新构造单元界线；
5—二级新构造单元界线；Ⅰ—印度、欧亚板块碰撞带构造域；Ⅰ$_1$—喜马拉雅强烈断块隆起区；
Ⅰ$_2$—藏北高原面状隆起区；Ⅰ$_3$—甘新大幅度隆陷区；Ⅱ—滨太平洋弧后裂陷构造域；Ⅱ$_1$—东北裂陷、隆起构造区；
Ⅱ$_2$—华北裂陷断隆区；Ⅱ$_3$—华南隆起区；Ⅱ$_4$—东南沿海和南海海域隆陷区。

图 1-22 中国新构造分区及主要活动断裂分布图

表 1-2 中国地质灾害及其活动特征统计表

地质灾害	灾害发生的地壳运动特征	主要动力原因	人类工程活动影响	与现今活动构造的关系	周期性活动特征	与现今地壳运动的关系
(一) 地面升降或掀斜	长期缓慢活动	地应力	有时互相叠加影响	受控	有	密切
(二) 活动断裂的位移	长期缓慢活动	地应力	有时互相叠加影响	受控	有	密切
构造地裂缝	长期缓慢活动	地应力	有时互相叠加影响	受控	有	密切
(三) 地应力与能量集中						
(1) 巷道变形	长期缓慢活动	地应力	人类工程叠加诱发	受控	有	密切
(2) 采矿钻孔套损	长期缓慢活动	地应力	人类工程叠加诱发	受控	有	密切

表 1-2(续)

地质灾害	灾害发生的地壳运动特征	主要动力原因	人类工程活动影响	与现今活动构造的关系	周期性活动特征	与现今地壳运动的关系
(3) 煤与瓦斯突出	突发活动	地应力	人类工程叠加诱发	受控	有	密切
(4) 冲击地压	突发活动	地应力	人类工程叠加诱发	受控	有	密切
(5) 地震(自然)	突发活动	地应力	无关	受控	有	密切
水库诱发地震	突发活动	地应力	人类工程叠加诱发	受控	有	密切
矿山开采诱发地震	突发活动	地应力	人类工程叠加诱发	受控	有	密切
注水诱发地震	突发活动	地应力	人类工程叠加诱发	受控	有	密切
(四) 火山	突发活动	岩浆活动与地应力	无关	受控	有	密切
地下热害	长期缓慢活动	多种成因	有关	受控	有	较密切

中国地质灾害种类齐全,按致灾地质作用的性质和发生处所进行划分,常见地质灾害共有12类。

① 地壳活动灾害,如地震、火山喷发、断层错动等;

② 斜坡岩土体运动灾害,如崩塌、滑坡、泥石流等;

③ 地面变形灾害,如地面塌陷、地面沉降、地面开裂(地裂缝)等;

④ 矿山与地下工程灾害,如煤层自燃、洞井塌方、冒顶、片帮、底鼓、岩爆、高温、突水、瓦斯爆炸等;

⑤ 城市地质灾害,如建筑地基与基坑变形等;

⑥ 河、湖、水库灾害,如塌岸、淤积、渗漏、浸没、溃决等;

⑦ 海岸带灾害,如海平面升降、海水入侵、海岸侵蚀、海港淤积、风暴潮等;

⑧ 海洋地质灾害,如水下滑坡、潮流沙脊、浅层气害等;

⑨ 特殊岩土灾害,如黄土湿陷、膨胀土胀缩、冻土冻融、砂土液化、淤泥触变等;

⑩ 土地退化灾害,如水土流失,土地沙漠化、盐碱化、潜育化、沼泽化等;

⑪ 水土污染与地球化学异常灾害,如地下水质污染、农田土地污染、地方病等;

⑫ 水资源枯竭灾害,如河水漏失、泉水干涸、地下含水层疏干(地下水位超常下降)等。

社会对地质灾害的认识和重视程度日益加强,灾害对人类生存、社会文明和经济建设有巨大的破坏作用,从某种意义上可以说,人类历史实际是一部与灾害作斗争的历史。进入21世纪以来,全球性的水、旱、风暴、地震、火山、滑坡、泥石流等灾害屡有发生,近几十年来灾害又进入新的活跃期，以致灾害所带来的损失日趋加重。地质灾害涉及面很广，现已成为社会普遍关注的重要课题。

各种地质灾害实质都是现今地壳运动直接或间接的表现形式之一。尽管它们的运动特征、表现形式、活动速率等各不相同，呈现着复杂的差异状况，包括断块升降、带状错动、缓慢形变、突发冲击、骤然爆发等，但它们都受控于现今构造运动。

一场大型的地质灾害必然有它的发生发展过程。例如，1976 年唐山地震，它发育在中国东部新华夏系现今活动地域，前后延续时间达 10 年以上，其发育发展过程包括地震构造应力的形成、加强集中、释放能量、调整恢复四个阶段。

一场较小规模的地质灾害也会有其复杂的发育发展过程。例如，冲击地压等矿井动力灾害、巷道底鼓变形灾害等，尽管其展布范围相对较小，但其灾害活动可达数年之久，甚至延续时间更长。这类灾害的一个重要特点是人为工程的介入，影响着灾害的发展，从而形成了该类灾害的复杂发展过程。

1.4 中国大陆板块构造与活动构造

1.4.1 中国大陆板块构造

中国的大地构造独具一格，在全球构造中占有特殊地位。在现代，中国的西南缘和东南缘正发生着引人瞩目的大陆-大陆碰撞作用、岛弧-大陆碰撞作用以及弧后盆地的生长和消亡作用。因此，中国区域的板块构造现象错综复杂。20 世纪中后期，板块构造学说和全球构造的观点传入中国以后，为中国学者广泛接受。众多中国学者对中国大地构造及相关问题进行了许多卓有成效的研究，得出了许多新的认识和见解。

中国大陆的板块内部构造和国外所说的板块内部构造完全具有不同的性质和特征。第一，中国大陆不是一个完整的刚性大陆，而是一个刚柔不均的镶嵌体；第二，中国大陆的内部构造规模十分宏大，不只是在板块内部形成几个沉积盆地或高原，而是覆盖到了整个中国大陆且向中国境外延伸；第三，中国大陆的板内变形幅度十分巨大，不只仅向地壳之中深入 2～3 km 或向海平面以上突出 1～2 km，而且在东西方向上使整个中国大陆的构造-地貌发生了高低易位；第四，中国大陆的陆内构造变形样式、时间、期次与周围板块运动的性质、时间和期次具有良好的匹配关系，这说明促使中国大陆陆内构造变形的动力明显来自中国大陆以外的板块运动，而不是来自中国大陆本身的地下深处[21]。亚洲构造分区图如图 1-23 所示。

李春昱等根据显生宙以来的构造发展，将中国及其邻区划分为四个古板块，即中国板块、西伯利亚板块、印度板块和菲律宾板块[22]，如图 1-24 所示。

中国板块，北以准噶尔俯冲带、索伦山—贺根山缝合线为界，与西伯利亚板块拼接；西南以雅鲁藏布江—印度河缝合线为界，与印度板块拼接；东南以台湾纵谷缝合线为界，与太平洋板块拼接。中国境内以中国板块为主体，其他三个板块在中国边缘地区有小部分分布。李春昱也是最早用板块构造学说进行编图的学者之一，在他所编并于 1982 年出版的《亚洲大地构造图说明书》中，将亚洲划分为 12 个板块。王鸿祯先生在 1985 年出版的《中国古地理图集》中，从板块构造的研究出发，强调了主要的地壳对接消减带和地壳叠接消减带，同时

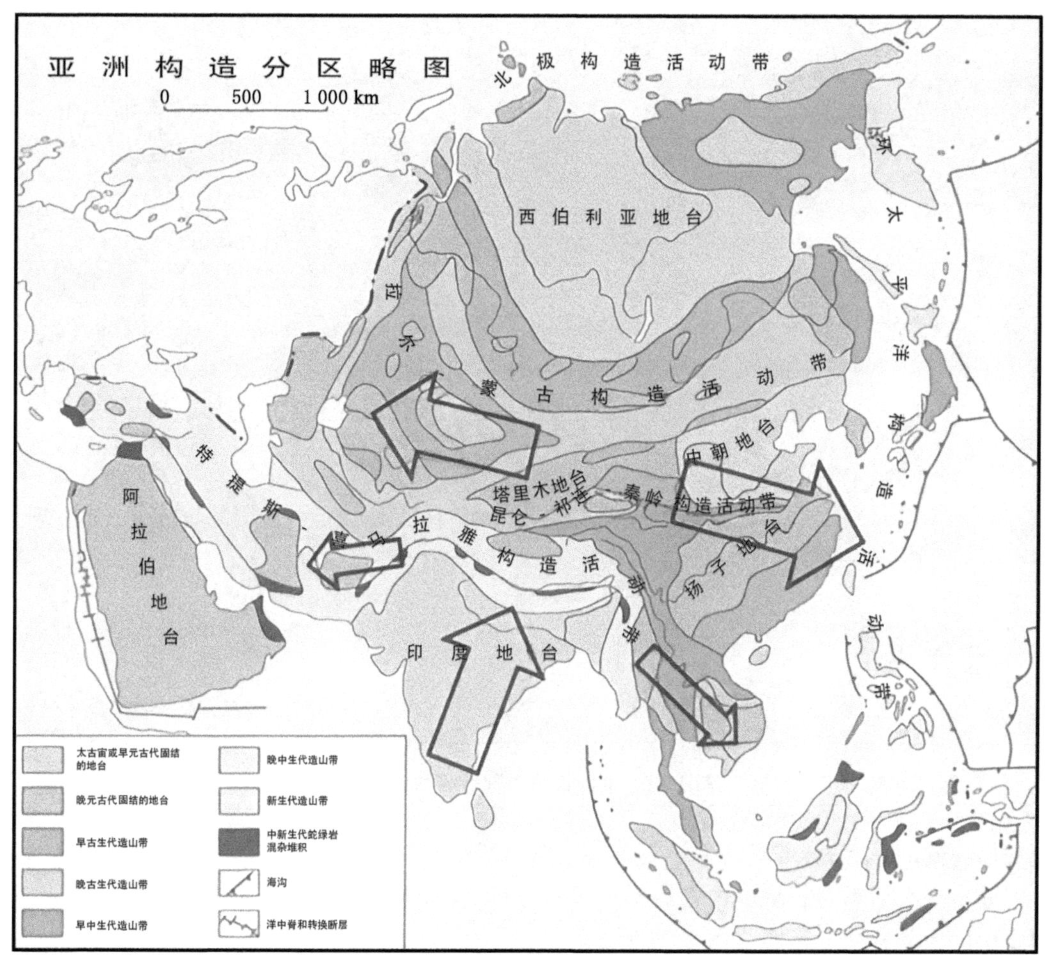

图 1-23　亚洲构造分区图

画出了几条重要的平移断裂；在此基础上，将全国划分为 5 个构造域（一级单元）和若干个二级单元[23]。程裕淇先生在《中国区域地质概论》一书中，对中国的地质构造分区从板块构造的角度进行了划分[24]。他提出中国有 5 条代表古大洋的板块结合带，可划分为 6 个板块：以塔里木—华北板块、华南板块和滇藏板块为主体，并包括西伯利亚板块、印度板块和菲律宾板块的一部分。另外，肖序常、何国琦、成守德、杨明桂、周详等分别从板块构造的观点讨论了不同地区的构造区划问题。

中国大陆板块构造有两大基本特征：① 构造格局是太平洋板块、欧亚板块、印度板块联合作用的结果；② 多类型的板内构造广泛发育。中国大陆地区是板块构造活动十分强烈的地区，晚第四纪以来断裂活动显著，强地震活动与它们有着密切关系。中国大陆处于欧亚板块的东南隅，夹持在印度板块、太平洋板块以及菲律宾板块之间，各板块之间的相互作用，造成中国大陆内部活动构造体系和现今构造变形的复杂性，使中国大陆板块成为全球各大陆板块内部新构造运动异常活跃的一个地区。

燕山运动奠定了中国现今地貌的轮廓，中国大陆在周围板块的碰撞和俯冲机制作用下，塑造了独特、相互联系和有规律的新构造格局，形成了复杂而有序的板内破裂格式。原国家

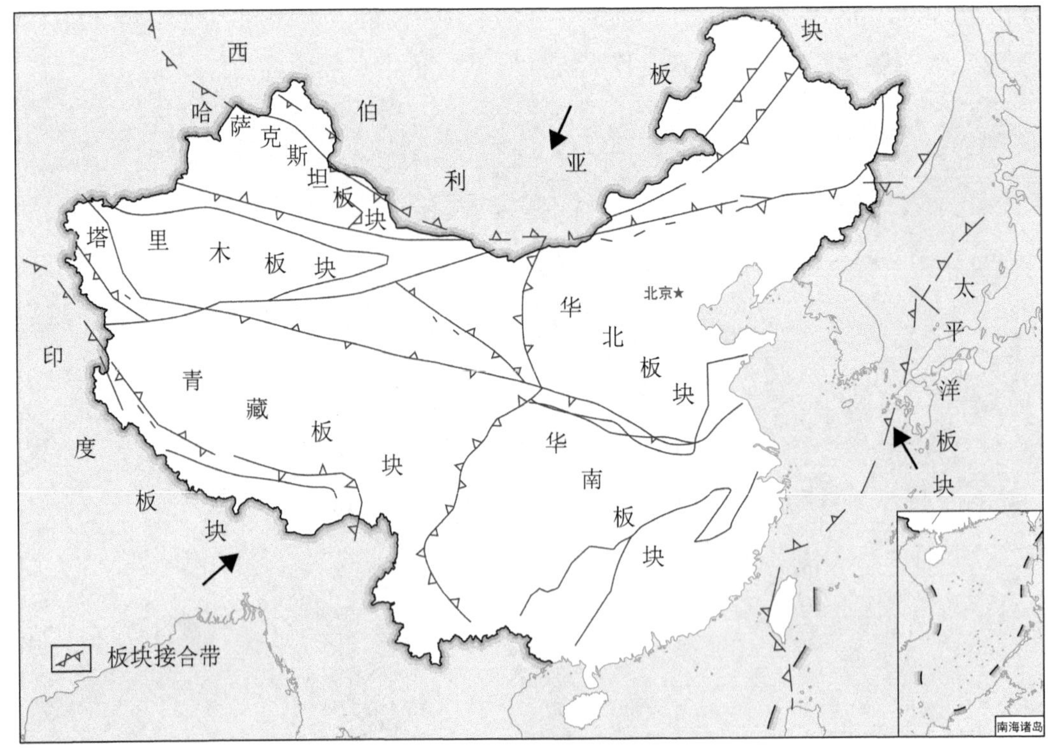

图 1-24 中国板块与邻区板块的关系

地震局编制的《中国岩石圈动力学图集》，主要以活动构造带和地震带为边界，将中国及邻区共划分出 8 个活动亚板块及由它们再进行划分的 17 个构造块体[25]，如表 1-3 和图 1-25 所示。中国大陆构造分区图如图 1-26 所示。

表 1-3 中国及邻区活动亚板块和块体

亚板块编号	亚板块名称	块体名称及编号
Ⅰ	黑龙江亚板块	$Ⅰ_1$长白块体；$Ⅰ_2$松辽—兴安块体
Ⅱ	华北亚板块	$Ⅱ_1$胶东—苏北—南黄海块体；$Ⅱ_2$河淮块体；$Ⅱ_3$鄂尔多斯块体
Ⅲ	南华亚板块	$Ⅲ_1$华南—东海块体；$Ⅲ_2$台湾块体
Ⅳ	南海亚板块	
Ⅴ	蒙古亚板块	
Ⅵ	新疆亚板块	$Ⅵ_1$准噶尔块体；$Ⅵ_2$天山块体；$Ⅵ_3$塔里木块体；$Ⅵ_4$阿拉善块体
Ⅶ	青藏亚板块	$Ⅶ_1$甘青块体；$Ⅶ_2$西藏块体；$Ⅶ_3$川滇块体；$Ⅶ_4$喜马拉雅块体
Ⅷ	东南亚亚板块	

李春昱等以塔里木地块、中朝（华北）地块和扬子地块为核心组成中国板块的主体。在中国板块内部，根据显生宙以来板块构造的发展，还可以分出四个构造带[22]。

(1) 天山—内蒙古—兴安构造带

天山—内蒙古—兴安构造带，位于塔里木—中朝（华北）地块与西伯利亚板块之间，呈弧形向南突出；在古生代时属中亚—蒙古古大洋，据古地磁推测宽度曾达 4 000 km 以上；在其

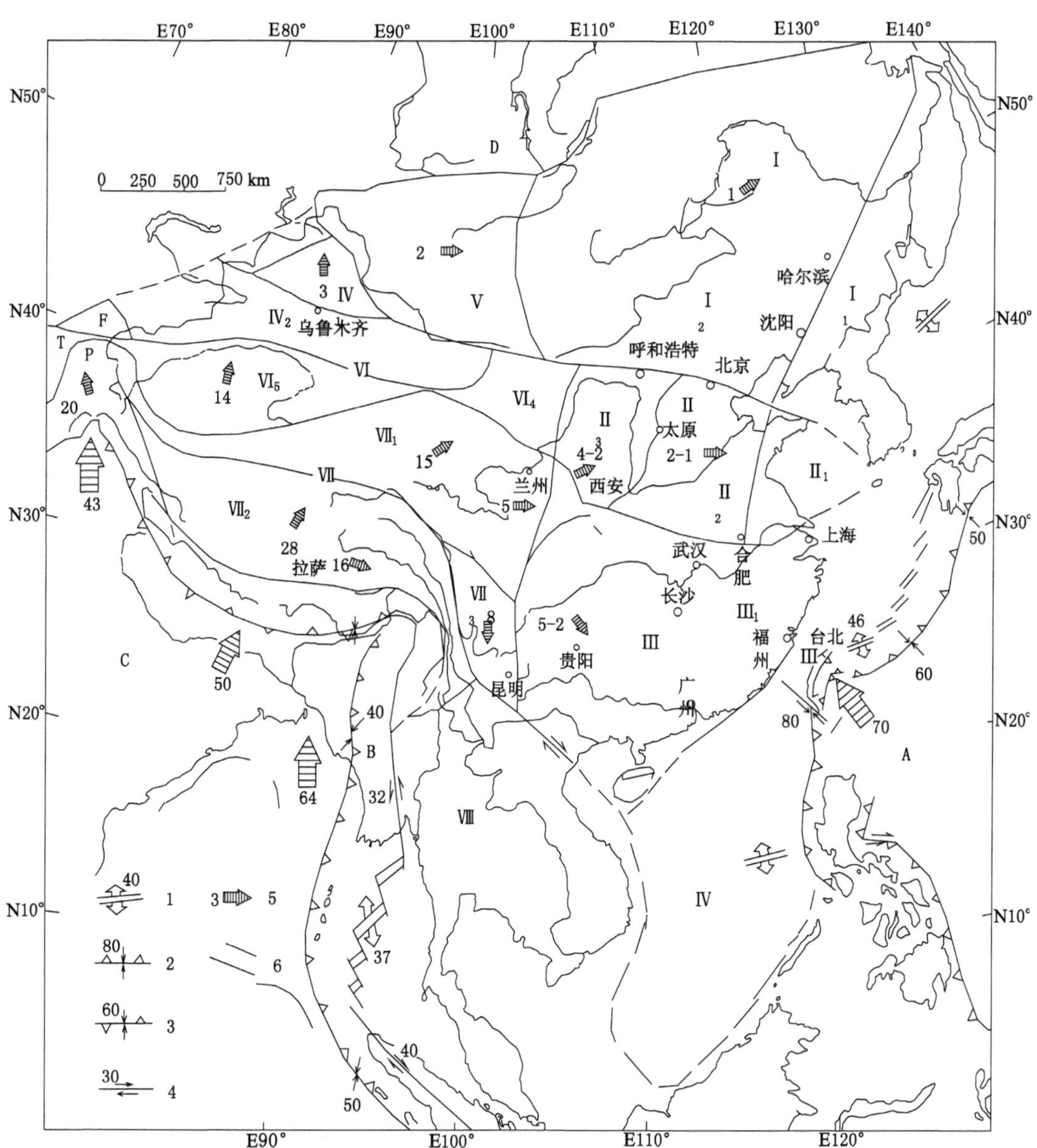

1～4—活动板块相对运动矢量及速率(mm/a)，其中，1—分离边界、扩张脊，2—俯冲边界，3—滑脱断层，4—走滑转换边界；5—板块的绝对运动和亚板块、块体相对欧亚板块(西伯利亚板块)的运动矢量及速率(mm/a)；6—亚板块、块体边界；A—菲律宾板块；B—缅甸板块；C—印度板块；D—欧亚板块；

Ⅰ—黑龙江亚板块；Ⅰ$_1$—长白块体；Ⅰ$_2$—松辽—兴安块体；Ⅱ—华北亚板块；Ⅱ$_1$—胶东—苏北—南黄海块体；Ⅱ$_2$—河淮块体；Ⅱ$_3$—鄂尔多斯块体；Ⅲ—南华亚板块；Ⅲ$_1$—华南-东海块体；Ⅲ$_2$—台湾块体；Ⅳ—南海亚板块；Ⅴ—蒙古亚板块；Ⅵ—新疆亚板块；Ⅵ$_1$—准噶尔块体；Ⅵ$_2$—天山块体；Ⅵ$_3$—塔里木块体；Ⅵ$_4$—阿拉善块体；Ⅶ—青藏亚板块；Ⅶ$_1$—甘青块体；Ⅶ$_2$—西藏块体；Ⅶ$_3$—川滇块体；Ⅶ$_4$—喜马拉雅块体；Ⅷ—东南亚亚板块；F—费尔干纳块体；P—帕米尔块体；T—塔吉克块体。

图 1-25　中国及邻区活动板块、亚板块与块体划分

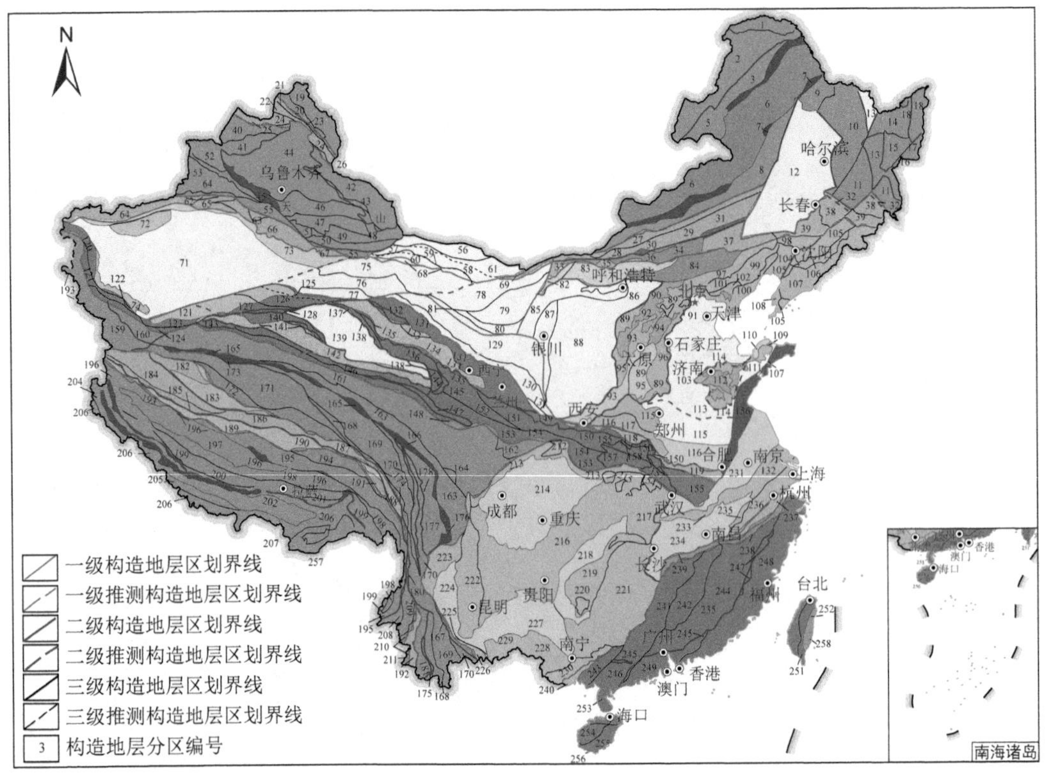

图 1-26　中国大陆构造分区图

南、北两缘的俯冲作用下逐渐退缩，至晚二叠世完全关闭，两地块相碰，形成晚古生代褶皱带。

(2) 昆仑—祁连—秦岭构造带

昆仑—祁连—秦岭构造带，位于塔里木—中朝(华北)地块与扬子地块之间，西宽东窄；在古生代至中生代早期，是一个广阔的长条形的昆仑—祁连—秦岭古大洋，向西南达特提斯大洋的北缘。它的洋壳向北俯冲的时间不一，中段祁连山于早古生代向北俯冲形成早古生代褶皱带，西段和东段主要在晚古生代向北俯冲形成晚古生代褶皱带。于中生代早期大洋才最终关闭，使扬子地块与中朝(华北)地块焊接。

(3) 青藏—川西—滇西构造带

青藏—川西—滇西构造带，占据昆仑—祁连—秦岭构造带以南、扬子地块以西的广大区域，是特提斯带的一部分。在早中生代后期，古陆分裂，特提斯大洋扩大。在中生代晚期，特提斯大洋开始封闭，先后向北俯冲于昆仑—祁连构造带之下。到古近纪、新近纪，特提斯大洋完全关闭，印度板块与欧亚板块主体焊接，形成中生代和新生代褶皱带。

(4) 东南构造带

东南构造带的西北侧与扬子地块相接，东侧属菲律宾板块。自古生代以来，古太平洋先后往西向大陆下俯冲，大陆边缘不断向大洋方向增生、迁移，形成古生代以来的褶皱带。目前，仍受菲律宾板块的作用。

板块间的相互作用深刻地影响着中国大陆活动构造的面貌，使中国大陆的活动断裂在空间分布、力学属性和运动学特征方面都表现出明显的特点，并控制着大陆内部地质灾害活动的强度、频度，进而也必然对冲击地压等矿井动力灾害的发生产生重要影响。

1.4.2　中国大陆板内构造

板块构造目前重点研究板块边界构造，对于板内构造研究相对较少。事实上，板块内部是人类生活、生存和发展的主要空间，板内构造和人类关系最为密切。如果不能将板块构造研究向板内构造研究发展，则其会有很大的局限性，并将失去板块构造理论的普遍意义。如何将板块构造理论应用于板内构造的研究，是当代地球科学中亟待解决的问题之一，也是广大地质工作者所关注的热点之一。

板内构造是由板块构造及其远程效应和板内自身驱动力共同复合构成的。板内造山带(intraplate orogen)又称陆内造山带，是指发育在大陆内部、远离现代板块边界的造山带。当前多数地质学家认为，板内造山运动只是板块构造主造山阶段和洋盆消失以后的继承性构造运动，它在本质上还是属于板块构造运动的范畴。一般认为，在板块构造形成的第一类造山带以后所形成的造山带统称为板内造山带。断块构造活动引起先存构造薄弱带活化和岩石圈强度弱化使地幔底辟体上涌，这是板内变形和板内造山作用的重要机制。深部地幔物质上涌和岩石圈上部的均衡调整是板内造山作用与板缘造山的本质区别。

板内运动的活动边界主要以活动断裂的形式表现出来。研究表明，板内活动断裂的移动受到全球板块活动的制约，板内构造在形成过程中明显地受先期构造的影响和限制，板内构造的形成及变形强度受板块会聚碰撞的强度、持续时间、会聚形式、板块大小及刚度等因素控制，而断裂活动则有继承性。

亚板块与构造块体边界上活动断裂的活动速率比全球板块边界上的要小 1～2 个数量级，但又明显地大于块体内部的。例如，中国东部各块体边界上活动断裂的活动速率通常为 1～4 mm/a，而块体内往往小于 0.5～1 mm/a。活动断裂活动速率的这种大小分布格局与地表活动强弱的空间分布大体吻合。这反映出板内变形和运动具有以块体为单元并逐级镶嵌活动的特征。中国大陆的水平位移场如图 1-27 所示。

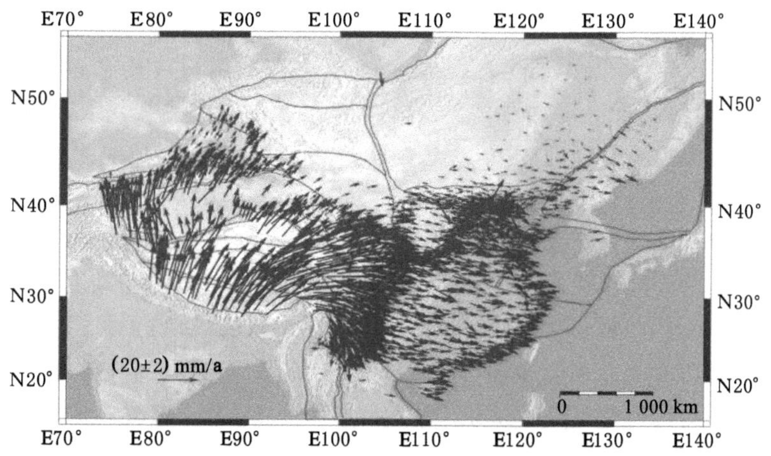

图 1-27　中国大陆的水平位移场(2018 年)

郑文俊等总结了中国大陆活动构造的基本特征及其对区域动力过程的控制作用，认为中国大陆特殊的构造位置造就了复杂的构造格局；受不同方向板块运动的影响，现今活动构造的运动性质差异明显[26]。从总体上看，中国大陆活动构造主要体现为由受控于区域性大断裂的不同性质和规模的活动构造共同构成。中国大陆主要活动断裂展布如图 1-28 所示。

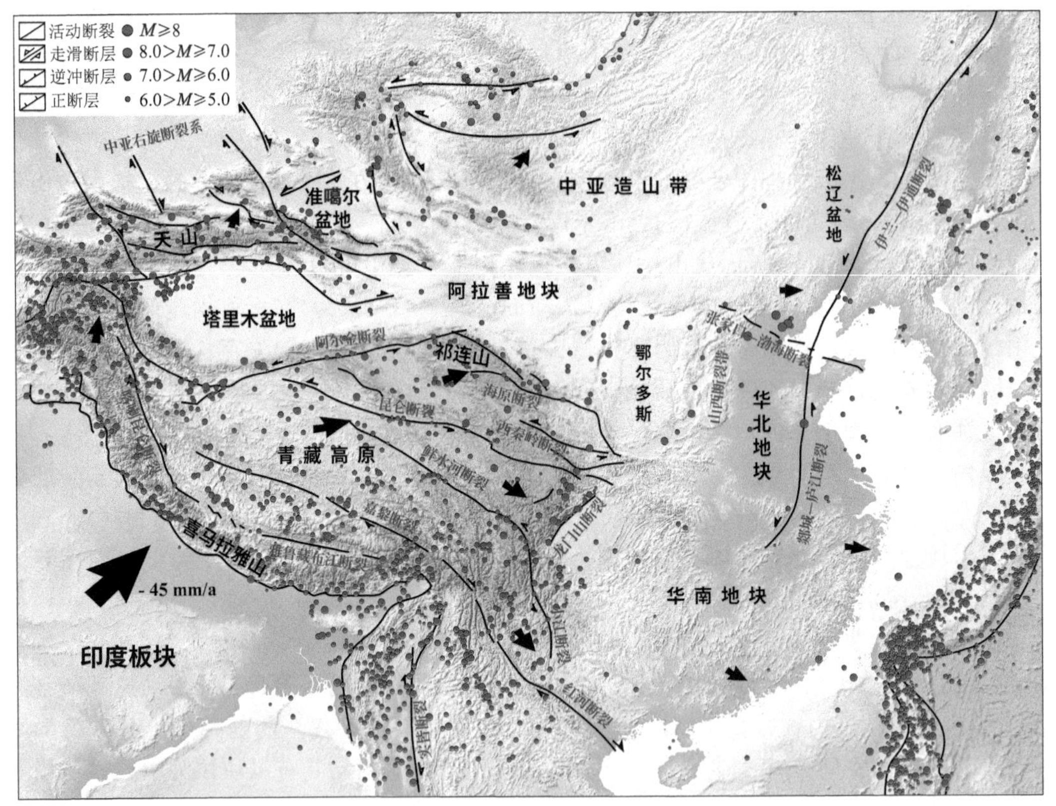

图 1-28　中国大陆主要活动断裂展布图(图中箭头指示地块的相对运动方向)

黄汲清于 1945 年编成《中国主要地质构造单位》，利用板块构造理论发展了自己的观点，提出了“多旋回的板块运动”[27]。陈国达认为中新生代是板块发展的阶段，地洼在中新生代活跃，板块的实质即地洼[28]。李春昱等于 1980 年利用板块构造理论编制了《中国板块构造图》，将中国的板块进一步划分为若干地块及中间地块[29]。张文佑于 1984 年提出了断块构造学说，将岩石圈划分为地壳构造域(一级大地构造单元)、断块区和断褶系(二级大地构造单元)、次级断块等不同层次、不同级别的块体，板块是断块构造中最大的类型[30]。马杏垣于 1987 年按照板块构造观点对中国的板块进行了详细的划分，并编制了《中国岩石圈动力学图集》，划分了 8 个活动亚板块和 17 个构造块体[31]。他们的观点或理论尽管不同，但都向以“活动论”为主的板块构造学说靠拢。中国板块构成图如图 1-29 所示。

豪厄尔(D. G. Howell)、琼斯(D. L. Jones)等在对美国西海岸地质构造和古生物进行对比研究时发现，在 200～900 km 范围内的地质体由 100 余个相互毫无联系的块体组成，将

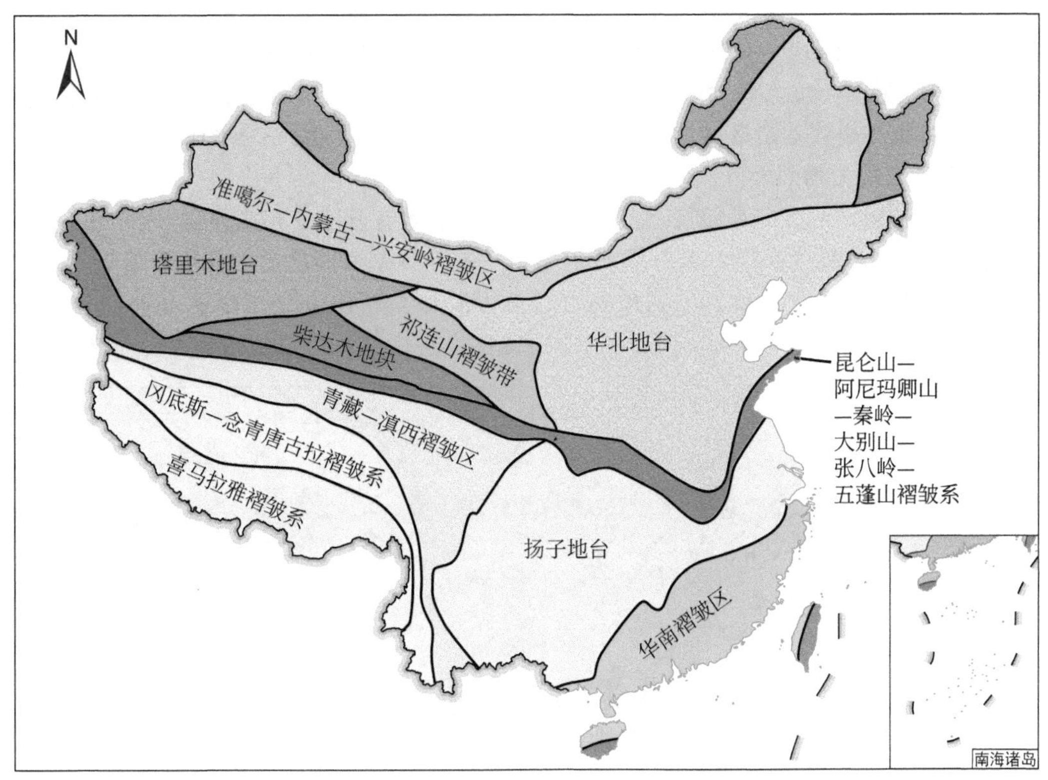

图1-29　中国板块构成图

这些彼此之间以活动断裂为边界、具有区域延伸性质的(即每个地体内部的沉积作用、构造作用、岩浆活动、变质程度应该是统一的和连贯的)块体称为地体[32-33]。根据构造成因又进一步划分为地层地体、变质地体、碎裂地体和联合地体。地体构造理论的出现代表板块构造学说向前发展的一个新的、更高层次旋回的开始,它既是板块构造学说在大陆上的应用,也是板块构造学说的补充和发展。

总体上目前普遍认为,板块并非一个简单的刚性岩石圈板块,而是由许多不同大小、不同形状、不同性质及不同年龄的次级断块组成的。次级断块从宏观上虽然表现出相对的稳定性和均一性,但其内部仍然存在构造变形和活动特征的差异性,因此次级断块仍可以继续划分。目前,对于板内构造的研究仍然停留在大尺度的范围内,如对于中国的亚板块和构造块体的划分,从构造块体的面积和边界长度来讲,仍然具有相当大的尺度,与工程实际应用仍存在相当大的差距。

1.4.3　中国大陆新构造运动

欧亚板块、太平洋板块与印度板块的碰撞推挤是形成中国现今地壳运动和现代构造应力场的主要动力。直到中新世中期,中国西部和东部才开始逐渐联合成为一个构造运动统一体。板块间相互作用,表现为中国大陆新构造运动强烈,活动断层十分发育,地震活动比较频繁。中国的新构造运动的特征不仅表现为空间上的差异,还表现为时间上的阶段性。中国及其邻区新构造与新构造运动的主要特点如下。

① 西部喜马拉雅新构造区域处于印度板块与欧亚板块碰撞挤压区，新构造运动时期地壳显著加厚、缩短与抬升，形成了以逆冲推覆、挠曲盆地、大型走滑断层为特征的挤压-压扭构造样式。

② 东部滨太平洋构造区域的新构造运动主要表现为不等量水平扩张和沉降或倾斜沉降，仅台湾岛表现为强烈上升。

③ 新构造运动的方向和幅度，中国除水平运动外，垂直升降也相当显著，大陆在新构造期总体上升。上升幅度西部大于东部，但在西部一些刚性基底断块上上升幅度偏小，形成西部大中型盆地如塔里木盆地。中国地形上的三大阶梯与新构造变化幅度有关，如图 1-30 所示。

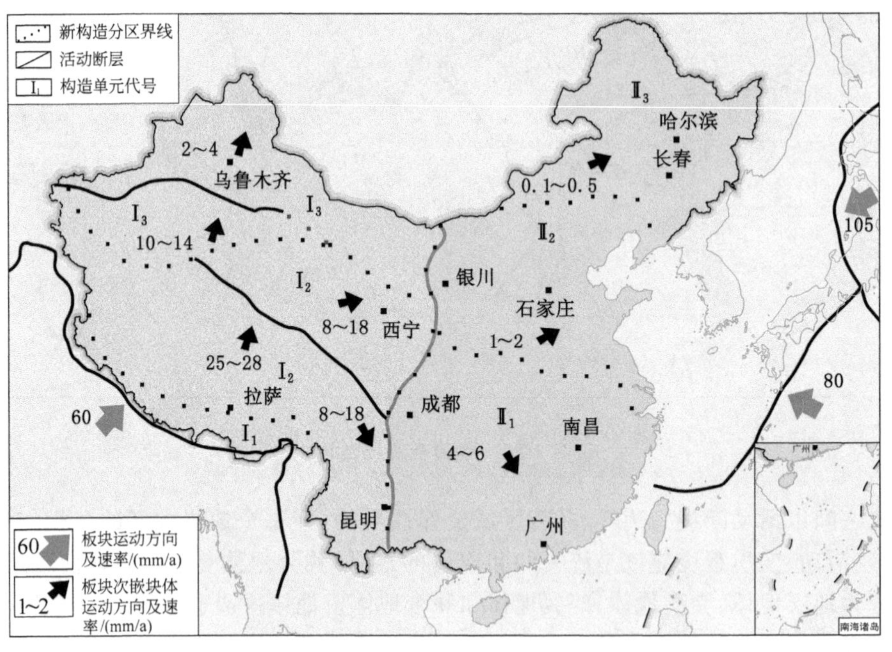

图 1-30　中国新构造分区及次级块体运动方向示意图

④ 断裂活动在新构造运动中不仅控制新构造的格局，也控制新构造期的岩浆活动和地震活动。地震活动与新构造关系密切，强烈地震震中大部分沿断裂带分布，中国大部分地区呈现强烈地震活动和微弱地震活动交替出现的格局，在时间上地震活动具有一定的周期性。

新构造期断裂活动主要是继承先成断裂，特别是长期活动的深断裂。中国西部沿断裂形成高耸的山地及深陷的山间盆地，如点苍山和大理盆地；东部沿海沿新华夏系方向断裂形成密集的最新活动断裂群，沿断裂群发育新近纪—古近纪—第四纪火山活动。

新构造运动阶段的划分主要依据地层中的不整合、构造的活动强度、构造地貌、火山活动等。一般认为中国大陆经历了如下几次构造运动。

① 燕山运动：燕山运动奠定了中国现今地貌单元的轮廓，除去喜马拉雅山和台湾岛以外，中国大陆主要地貌单元此时业已形成。北东向、北北东向山地及其相间的内陆拗陷盆地

构成了中国东部主要地貌单元，中国西部昆仑山、阿尔泰山、天山、祁连山等原在古生代末已渐形成，但在燕山期后则出现以断块上升为主的差异性运动。

② 古新世—渐新世的平原化进程：这一时期，中国地壳处于宁静时期，形成许多夷平面。东南沿海大陆边缘则处于地壳拉张阶段，一些基性岩墙顺裂缝贯入。具有代表性的夷平面有东北大兴安岭兴安期夷平面、内蒙古地区蒙古期夷平面、华北燕山和太行山地区北台期夷平面、山东地区鲁中期夷平面、秦岭地区秦岭期夷平面、鄂西地区鄂西期夷平面、贵州山区大娄山期夷平面。

③ 渐新世—中新世中期的构造运动：这一时期，喜马拉雅拗陷在中新世发生强烈褶皱，海水退出中国西南部，西藏地区与印度次大陆连接起来，使古近纪的准平面地形改观。青藏高原此时上升至海拔 1 000 m 左右，喜马拉雅山褶皱带上升至海拔 3 000 m 左右。

④ 中新世晚期—上新世的构造运动：这一时期，全国地形又在地壳相对稳定条件下出现准平原化。大兴安岭地区有布西期夷平面，华北地区形成唐县期夷平面，西南地区形成川、滇、黔山盆期夷平面，湖北西部地区形成山原期夷平面。

⑤ 上新世晚期—更新世初期强烈构造运动：这一时期，中国地势轮廓日臻完善。在中国东部，沿北东、北北东向断裂发生差异性运动，山地和高地、拗陷和洼地已相间排列；而西部地区由于印度板块与欧亚板块在喜马拉雅地区的碰撞，喜马拉雅山崛起，沿东西、北西西、北东向构造方向形成一系列山脉和盆地。

⑥ 全新世时期的继承性构造运动：这一时期，构造运动继承了上新世晚期和更新世初期的构造运动。有时，构造运动并不都具备继承性，如华北燕山山前在古近纪—新近纪时期是相对隆起地区，到了第四纪才开始下沉，接受沉积物；又如福州、漳州等地的第四纪盆地，到第四纪中期(中更新世)才发育而成。

构造运动使中国地形总体形成三个大台阶，西部青藏高原平均海拔在 5 000 m，中部和西北的一部分平均 2 000 m，东部平原地区平均 50～100 m。这种现象不仅反映中国地势的变化，同时也和中国深部的构造活动情况有很大关系。这样的地势图不仅表示地势的高程，而且较细致地表示山川总的分布。因为很多的构造边缘都和山脉、河流的分布有紧密的关系，由此可以得到中国活动构造的宏观构造格局。从西部到东部，中国的地势是十分复杂的，反映了中国活动构造的复杂性。

中国新构造的样式是丰富多彩的，发育有许多大规模的盆地和断裂，前者有压性的和张性的，后者又分正断层、逆断层，而且这些现象在中国大陆并不均匀分布，具有一定的分区特点。新构造期以来，以东西部中间的一级分区线为界，西部总体是上升的，上升的速度以喜马拉雅山区最高，依次向北越来越低；但是在整个上升的背景下，有几个强烈的下沉区，即几个大的盆地，包括塔里木盆地、准噶尔盆地和吐鲁番盆地，在青藏高原内部柴达木地区也是相对下沉的。中国东半部有几个大的盆地，如松辽盆地、华北盆地和两湖盆地。除此之外，在鄂尔多斯周边还有一条窄的下沉盆地带。所以，新构造期以来，中国西半部总体隆升，东半部总体也是一个相对上升区，但是有几个由下沉盆地构成的强烈下沉带，这就是新构造时期中国大陆地区地壳升降变化总的格局。

1.4.4　中国大陆活动构造

活动构造是指第四纪晚更新世 10 万～12 万年以来一直在活动，现在正在活动，未来一定时期内仍会发生活动的各类构造，如活动断裂、活动褶曲、活动盆地、活动火山及被它们所围限的地壳和岩石圈块体。活动构造与现代构造活动是相连一体的，它是现代构造活动的一部分，因而与现代地球动力作用、地震活动、地质灾害和矿井动力灾害紧密相关。活动块体的边界具有较大的活动性，常常是大地震的发生带。活动块体有不同的类型，包括完整的块体和内部仍有一定程度活动的块体，在后者内部还可划分出次级块体，块体具有层次性和分级性。活动块体的运动反映了地壳或岩石圈块体的整体活动，是划分地震区、地震带，进行区域地震危险性评估的基础，也是矿井动力灾害危险性预测的基础。对活动构造的认识是了解地质动力环境演变和矿井动力灾害发生机理的基础。活动构造研究需要多学科（第四纪地质学、地貌学、古地震学、新构造学、地球物理学等）的综合，需要利用各种最新的观测技术和新的资料（遥感、测年），重要的是应用地球系统科学的观点来研究活动构造。

中国位于欧亚板块的东南隅，处于印度板块、太平洋板块和菲律宾板块的夹持之中，是一个晚第四纪和现代构造活动强烈的地区。板块之间的晚第四纪和现代活动边界通过喜马拉雅和台湾地区，其他地区为板块内部地区。从板块构造运动角度分析，中国板内构造活动的动力来源主要是印度板块、太平洋板块、菲律宾板块及板内动力的联合作用，以块体运动为主要特征，可以分为不同级别的断块区和断块。块体边界构造活动强烈，块体内部构造活动相对较弱，但有些块体内部也存在变形和相对运动，因而可以分出次级块体。活动块体具有不同的级别，大型区域性块体常是一种岩石圈或地壳尺度上的活动构造。Ⅰ级块体称为断块区，Ⅱ级块体称为断块，Ⅲ级块体即称为块体。由于受力状况的不同，在不同块体及块体边界分别发生挤压、走滑和拉张等不同性质的运动，因而活动构造运动和变形十分复杂；活动块体及其边界的运动是一种有限制的相对较低速率的岩石圈或地壳块体的运动。板块边界构造带是最重要的活动构造带，因而形成现代活动造山带及强烈活动的地震带和火山带。它们的边界由于可能是复杂的活动构造带，可能具有一定的宽度。如青藏断块区北缘边界构造带的阿尔金断裂带—河西走廊盆地带的宽度可达 50～100 km；青藏断块区东缘边界构造带，北起兰州，经岷山—龙门山，南至昆明一带，其宽度最大达 100～200 km；鄂尔多斯断块周缘边界为 4 条断陷盆地带，其宽度亦达几十千米。

在中国区域活动构造及其运动学、动力学理论研究方面，20 世纪 80 年代邓起东、张文佑等学者较早认识到断块构造是中国大陆构造活动的基本单元，多级别、多层次活动断块及其运动控制着板内现代构造活动和地震活动[30,34]。马杏垣把断块称为亚板块和构造块体[31]。邓起东等认为断块运动是中国大陆构造活动的基本形式，其运动特征为低速率、有限滑动；并认为中国板内块体运动和变形其动力来源于印度板块和太平洋板块的共同作用，特别是印度板块的碰撞和推挤作用，是板块作用产生的水平力和板内深部物质运动产生的垂直力联合作用的结果[15]。这些认识的本质大体是一致的，都认为大陆板块内部以块体运动为特征。中国板内构造活动以断块活动为特征，断块是根据活动断裂、活动褶皱、活动盆地带和活动造山带等所划分的块体。断块具有分级性和多重活动特点，并彼此统一在一个更大的构造区域。板块内部可以分为新疆、青藏、东北、华北、华南、台湾和南海等 7 个断块区，根据同一断块区内构造活动的统一性和差异性还可划分出不同级别的次级断块[35]，如图 1-31 所示，见表 1-4。

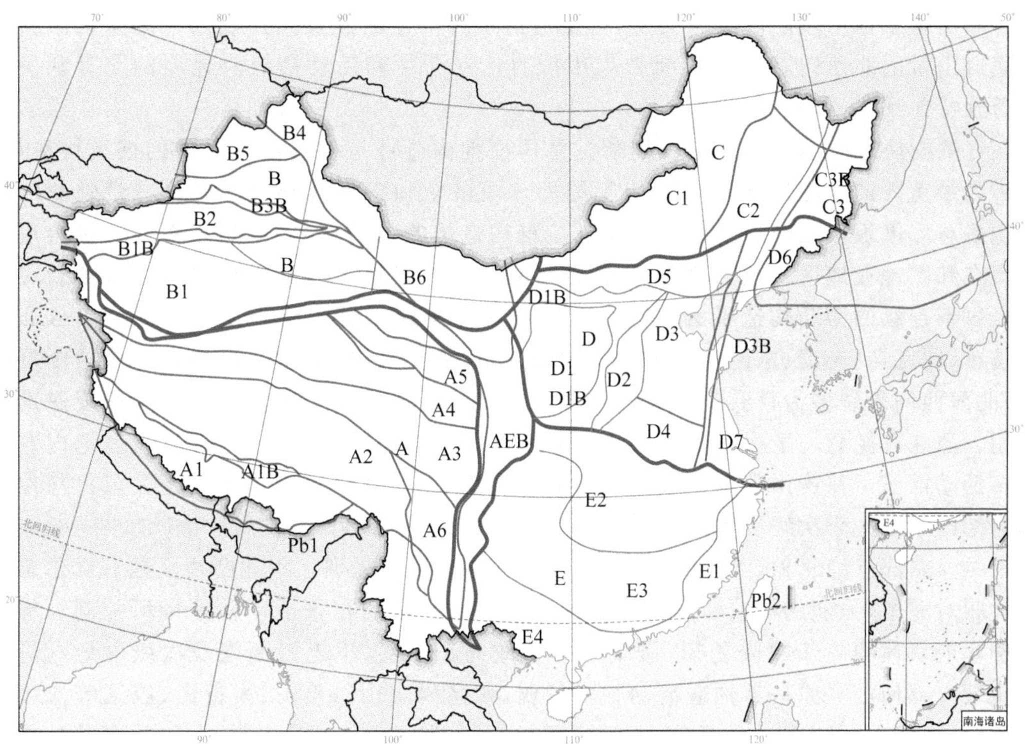

图 1-31 中国活动构造分区图

表 1-4 中国活动构造分区

	Ⅰ级分区及编号	Ⅱ级分区及编号
Pb1	喜马拉雅板块	
	边界活动构造带	
Pb2	台湾板块	
	边界活动构造带	
A	青藏断块区	A1 拉萨断块；A2 羌塘断块；A3 巴颜喀喇断块；A4 东昆仑—柴达木断块；A5 祁连山断块；A6 川滇断块；A7 滇西南断块；A8 西昆仑断块
B	新疆断块区	B1 塔里木断块；B2 天山断块；B3 准噶尔断块；B4 阿尔泰断块；B5 西准噶尔断块；B6 阿拉善断块
C	东北断块区	C1 大兴安岭断块；C2 松辽盆地断块；C3 张广才岭断块；C4 小兴安岭断块
D	华北断块区	D1 鄂尔多斯断块；D2 太行山断块；D3 华北平原断块；D4 河淮平原断块；D5 阴山—燕山断块；D6 胶辽断块；D7 苏沪—南黄海断块
E	华南断块区	E1 东南沿海断块；E2 长江中下游断块；E3 川贵湘赣断块；E4 桂西滇东断块
F	南海断块区	

新疆断块区是处于挤压环境下的逆断裂和活动褶皱发育区，也有大型走滑断裂分布，塔里木和准噶尔盆地是区内两个最重要的断块。主要构造活动发生于块体之间和边缘的天山、阿尔泰山再生造山带。山前逆断裂及其控制的活动褶皱带在乌鲁木齐、库车、

喀什和塔里木西南坳陷内十分突出，再生造山带内部逆断裂及其控制的压陷盆地和斜切再生造山带的北西向右旋走滑断裂均很发育。逆断裂和活动褶皱对地展的孕育和发生有着独特作用。

青藏断块区的活动构造比较复杂。喜马拉雅构造带是一条强烈活动的推覆构造带，但带内最重要的主边界断裂大都位于国外。西昆仑和喀喇昆仑北西向构造带强烈的右旋走滑与印度板块在帕米尔地区西喜马拉雅构造结的强烈楔入有关，东喜马拉雅构造结在藏东和萨地亚地区的楔入造成了中国藏滇地区的强烈压缩和右旋走滑。青藏断块区东界以不连续的活动构造带为特征。青藏高原内部从喜马拉雅山至祁连山可以分为喜马拉雅、冈底斯、羌塘、东昆仑—柴达木和祁连山等 5 个不同的次级块体。东昆仑断裂以北，北西西向断裂多为具有左旋走滑特征的逆断裂，北北西向断裂则表现出右旋逆走滑作用。而在东昆仑—柴达木断块发育强烈挤压下降的柴达木—共和盆地带，盆地内发育许多活动褶皱。祁连山则为一强烈压缩隆起断块。此外，滇西南地区则是在东喜马拉雅构造结以东的一个次级块体。

中国东部以华北和台湾两个断块区新构造活动最为强烈。华北断块区西部鄂尔多斯断块相对完整，强烈的构造活动受块体周缘 4 条共轭剪切拉张活动盆地带所控制。华北东部盆地块体的内部构造复杂，形成众多分散的正断层、正走滑断层及次级盆地。华北断块区南部河淮平原一带构造活动相对较弱，该区内阴山—燕山、太行山、胶辽等次级块体均为较完整的隆起块体。华南断块区的活动构造在长江中下游断块和东南沿海断块相对较为强烈，北东、北西向共轭断裂及其控制的盆地是最主要的活动构造。

台湾断块区东部的纵谷断裂是菲律宾板块和欧亚板块的边界，具有很强的活动性。台湾西部发育多组北北东向具有左旋走滑特征的逆断裂及其控制的新隆起和活动褶皱，多条北东东向的另一组右旋走滑断裂与它们交汇复合，共同构成一幅复杂的活动构造格局。

中国部分活动断裂及其运动速率见表 1-5。

表 1-5　中国部分活动断裂及其运动速率(中国大陆部分)

断块区名称	断裂/构造带名称	左旋滑动速率/(mm/a)	右旋滑动速率/(mm/a)	水平滑动速率/(mm/a)	垂直滑动速率/(mm/a)
青藏断块区	阿尔金断裂	4.4～6.8			
	祁连山北缘断裂				0.8～2.1
	海原断裂带	3.3～9.2			
	横穿秦岭的北东和北西向断裂			0.67～2.5	
	岷江断裂	0.67～1.2			
	龙门山构造带				1.0～2.0
	小江断裂	3.4～9.5			
	则木河断裂	5.0～9.3			
	安宁河和大凉山断裂	3.8～8.4			

表 1-5(续)

断块区名称	断裂/构造带名称	左旋滑动速率/(mm/a)	右旋滑动速率/(mm/a)	水平滑动速率/(mm/a)	垂直滑动速率/(mm/a)
青藏断块区	亚东—谷露断裂和断陷盆地带			3.5～7.5	1.0～3.5
	班公湖—嘉黎断裂		2.0～15.0		
	喀喇昆仑断裂		30.0～35.0		
	鲜水河和玉树断裂	7.0～15.0			
	巴颜喀喇断块北西向断裂	8.0～14.0			
	东昆仑断裂	8.0～14.0			
	西秦岭北缘—青海湖南缘—柴达木盆地北缘断裂	1.7～4.5		1.0～2.0	
	金沙江断裂		5.0～7.0		
	红河断裂		2.6～4.0		
	楚雄—建水断裂		3.0～6.0		
新疆断块区	阿尔泰山前断裂带				1.0～2.3
	可可托海—二台断裂		3.7		
	博罗霍洛断裂		4.7		
华北断块区	山西断陷盆地带中段断裂		1.3～5.68		
	山西断陷盆地带正断层				0.15～0.69
	山西断陷盆地带南北两端断裂				0.12～1.48
	银川—吉兰泰断陷盆地带			2.58～4.37	0.23～2.1
	渭河断陷盆地带				2.0～3.0
	河套断陷盆地带				1.5～2.2
	大青山断裂				5.0
	沂沭断裂带			2.3	
华南断块区	北东向断裂				0.4～2.3
	北西向断裂	1.1～3.2			0.4～1.7

1.5 中国活动构造分布特征及对矿井动力灾害控制作用

1.5.1 中国煤矿区域主要构造体系

中国是世界上最大的煤炭生产和消费国家，煤炭资源分布极其不均，呈现西多东少的局面。从地理分布来看，中国煤炭资源主要分布在西北、华北、东北几个集中地区，在昆仑山、秦岭、大别山一线以北集中了中国 90%的煤炭储量，华北和西北集中了煤炭储量的 2/3。其中，煤炭资源量大于 10 000 亿吨的省区有新疆、内蒙古两个自治区，其煤炭资源量之和为33 650.09 亿吨，占全国煤炭资源量的 60.42%；煤炭资源量大于 1 000 亿吨的省区除新疆、内蒙古外，有山西、陕西、河南、宁夏、甘肃、贵州等省区，其煤炭资源量之和为 50 750.83 亿吨，占全国煤炭资源量的 91.12%；煤炭资源量在 500 亿吨以上的有 12 个省区，这 12 个省区是 1 000 亿吨以上的 8 个省区加安徽、云南、河北、山东四省，其煤炭资源量之和为53 773.78 亿吨，占全国煤炭资源量的 96.55%[36]。中国煤炭资源分布如图 1-32 所示。

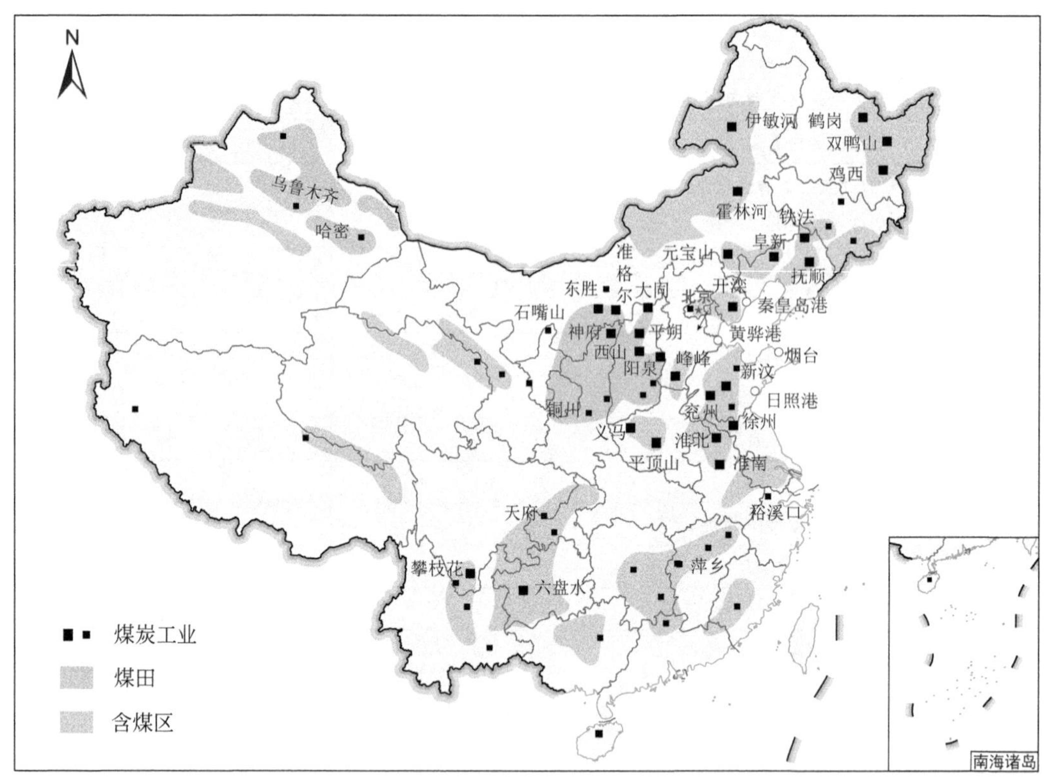

图 1-32　中国煤炭资源分布图

中国煤炭资源分布地域辽阔，煤炭资源的形成和演化的地质背景是不同的，聚煤规律和构造演化具有明显差异，煤炭资源分布的自然地理和生态环境也有非常大的差异。中国主要聚煤期含煤地层分布见表 1-6。

表 1-6　中国主要聚煤期含煤地层分布

序号	主要聚煤期含煤地层	分　布　地　域
1	石炭-二叠纪煤系	主要分布于昆仑山—秦岭—大别山以南的华南区和青藏—滇西区，包含省区为云南、贵州、广西、湖南、广东、江西等
2	晚二叠纪煤系	主要分布于贺兰山—六盘山，东邻渤海和黄海，北起阴山—燕山，南到秦岭—大别山，包括辽宁南部、内蒙古南部、北京、天津、河北、山东、山西、河南、甘肃东部、宁夏东部、陕西大部、江苏北部和安徽北部等地区

表 1-6(续)

序号	主要聚煤期含煤地层	分布地域
3	三叠纪煤系	主要分布于南方省份，包括四川、云南中部和北部、湖北西部、江西中部、湖南东部、广东北部、福建西北部等地区
4	侏罗纪煤系	主要分布于西北地区和华北西部的鄂尔多斯盆地，包括秦岭—昆仑山一线以北、贺兰山—六盘山一线以西的新疆、青海、甘肃、宁夏等省区的全部或大部
5	白垩纪煤系	主要分布于内蒙古东部、黑龙江、吉林和辽宁西北部
6	古近纪、新近纪煤系	主要分布于内蒙古东部、黑龙江、吉林和辽宁西北部；在内蒙古的中西部，甘肃北部以及河北北部也有零星分布

板块构造理论为认识全球活动构造系统提供了理论基础。新构造运动包括现代构造运动，现代构造运动包括活动构造，活动构造最主要的形式是活动断裂。地质动力区划对活动断裂进行研究。

不同历史时期的大型区域构造演化过程对不同区域煤层赋存及动力特征具有重要影响。成煤时期后，发生的印支、燕山及喜马拉雅等大地构造运动，主要对煤层赋存的物理特征起到控制作用。后期不同区域的现代构造运动过程，主要对煤层赋存的力学及动力特征具有重要影响[37]。因此，在煤炭资源勘查和开发工作中，构造研究是一项重要内容；研究中国构造体系对煤炭资源开发战略布局具有重要的影响，同样研究构造体系对煤矿动力灾害的控制作用也十分重要。

根据几个聚煤时期及煤炭分布区域特征，确定影响中国煤炭分布的主要构造体系为郯庐断裂带构造体系、秦岭—大别造山带构造体系与四川盆地构造体系。上述 3 个主要构造体系特征如下。

(1) 郯庐断裂带构造体系

郯庐断裂带是中国东部大陆前缘的一条深大活动断裂带，一般将郯庐断裂带划分为北、中、南三部分。北部指沈阳以北的断裂系，包括依兰—伊通断裂带、敦化—密山断裂带；中部指沈阳营口—庐江段；南部指庐江—广济段。郯庐断裂带总体呈现缓 S 状北北东向延伸，在中国境内长达 2 400 km，宽几十千米至 200 km，总体走向 NE10°～20°。该断裂带影响范围包括北京和天津两个直辖市以及河北、山东和辽宁等多个省份，东部大陆的地壳稳定性均受郯庐断裂带的控制[38-39]。郯庐断裂带展布特征如图 1-33 所示。

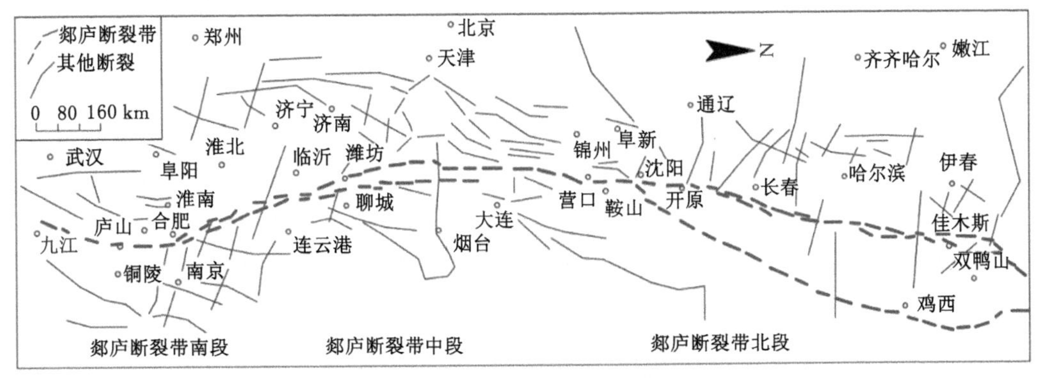

图 1-33 郯庐断裂带展布特征

① 郯庐断裂带北段

敦化—密山断裂带是郯庐断裂带在中国东北地区的东分支断裂带，总体呈北东-南西走向，南起辽宁沈阳，向东北依次经过抚顺、清原、梅河口、桦甸、敦化、宁安、牡丹江、穆棱、鸡东、密山、虎林等地，在虎头镇北部穿过乌苏里江，随后沿阿尔昌断裂在俄罗斯远东地区继续延展，在中国境内总长近 1 000 km[40]。

依兰—伊通断裂带是郯庐断裂带在中国东北地区的西分支断裂带，该断裂带自沈阳向北分别经过开原、伊通、舒兰、尚志、方正、依兰、鹤岗、萝北，过黑龙江后进入俄罗斯境内。该断裂带走向 NE30°～40°，在中国境内长达 900 km 以上[41]。郯庐断裂带北段如图 1-34 所示。

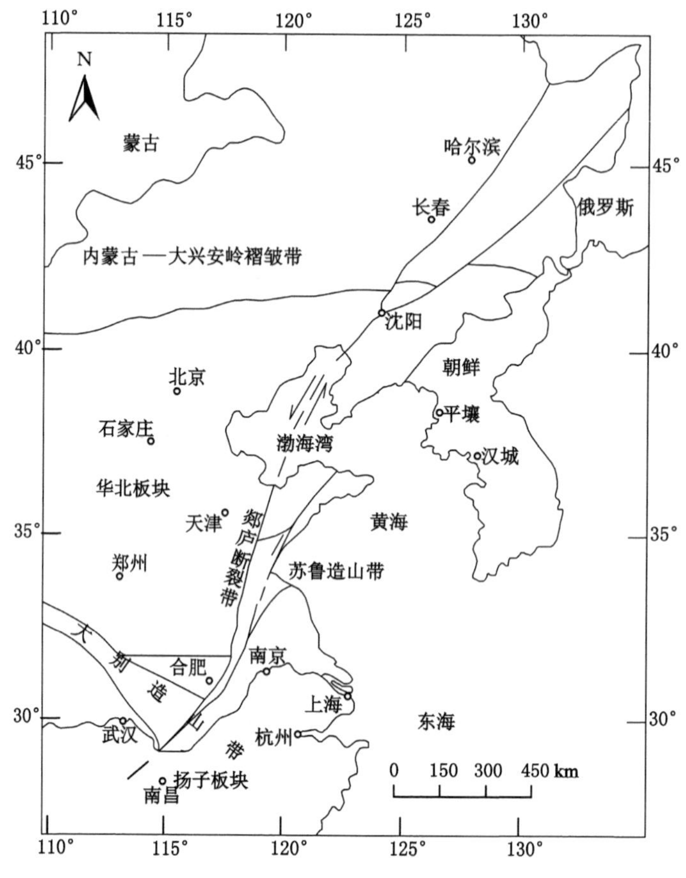

图 1-34 郯庐断裂带北段

② 郯庐断裂带中段

郯庐断裂带中段主体位于华北板块，东侧为胶东台隆，西侧为鲁西台背斜，由 4 条大致平行的主干断裂组成，自东向西分别为昌邑—大店断裂、安丘—莒县断裂、沂水—汤头断裂和鄌郚—葛沟断裂。

③ 郯庐断裂带南段

郯庐断裂带南段位于山东郯城至安徽桐城之间。在江苏境内，西侧为纪集—王集断裂，东侧为山左口—泗洪断裂；在安徽境内，自西而东为五河—合肥断裂、石门山断裂、池河—太湖断裂、嘉山—庐江断裂。由上述断裂共同组成复杂的断裂带斜截大别—苏鲁造山带。

郯庐断裂带中段、南段如图 1-35 所示。

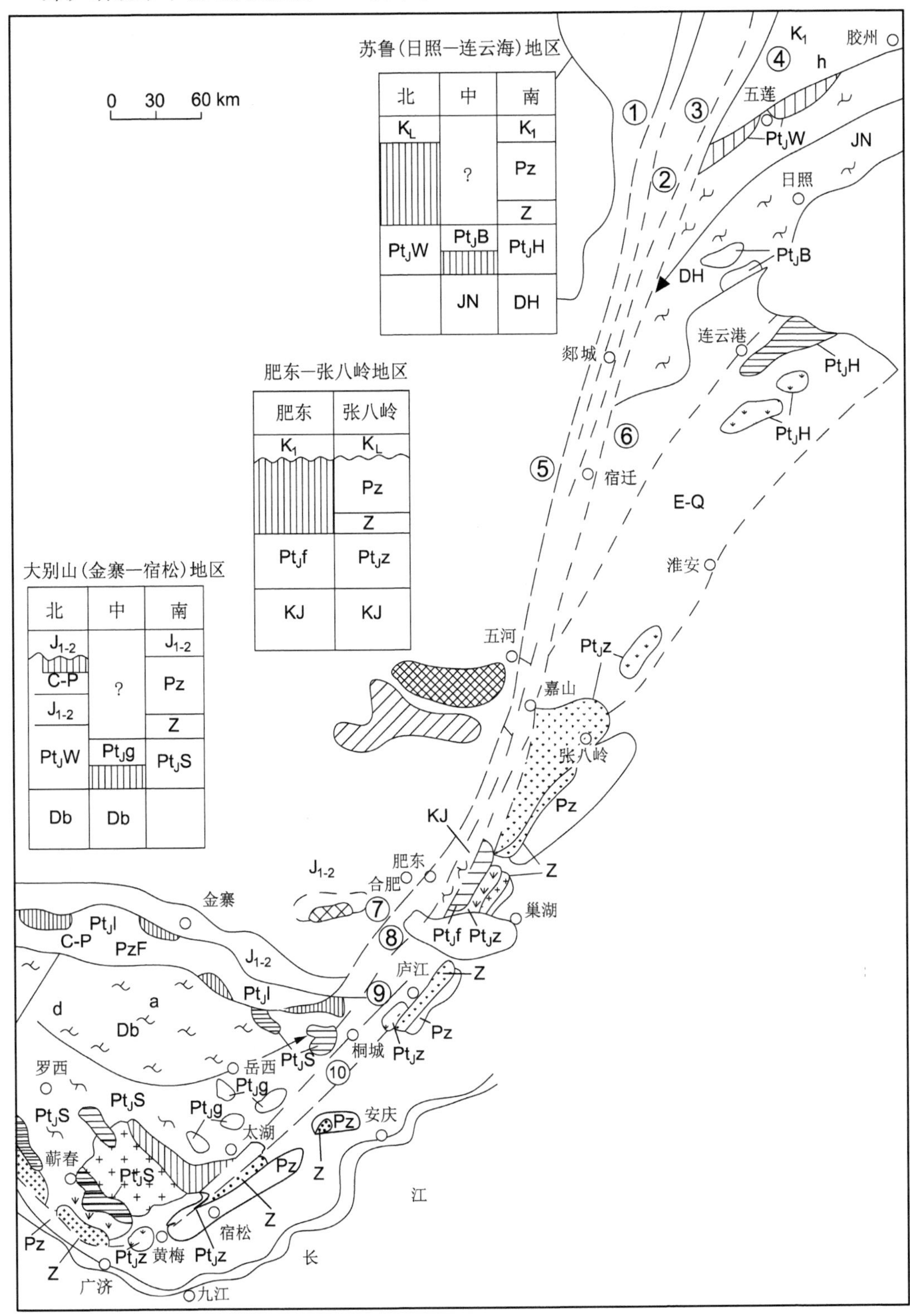

图 1-35　郯庐断裂带中段、南段

(2) 秦岭—大别造山带构造体系

秦岭—大别造山带位于中国中部，呈近东西向展布，造山带内部或南北边缘发育了鄂尔多斯盆地、江汉盆地、合肥盆地等。该造山带划分了北部的华北板块、中部的秦岭—大别微板块和南部的扬子板块。它具有复杂的板块俯冲碰撞过程，受碰撞造山作用的控制，在造山带内部和边缘形成了多期、多种成因与多种性质的地质系统，在一定程度上反映了区域大地构造作用的过程，即板块俯冲、拼合碰撞和造山的过程[42-43]。秦岭—大别造山带构造模型如图 1-36 所示。

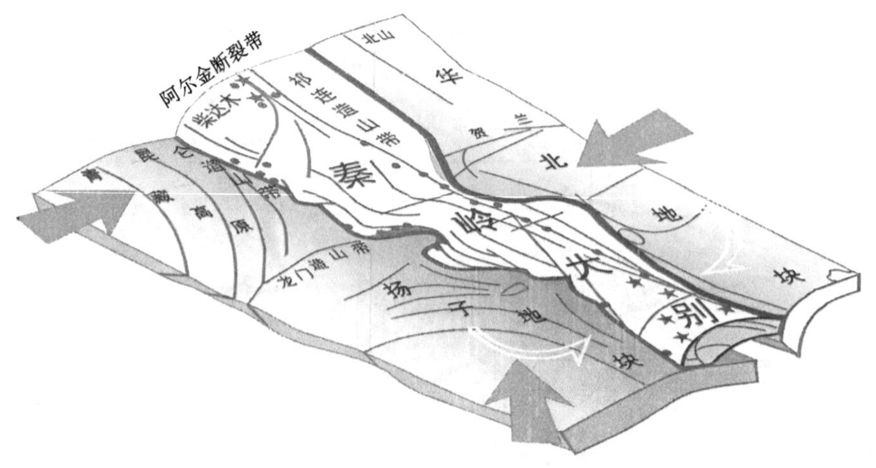

图 1-36 秦岭—大别造山带构造模型

秦岭—大别造山带自北向南的深大断裂主要有北秦岭山前大断裂、小河—巡马道大断裂、铁炉子—洛南—栾川大断裂、夏馆大断裂、商丹大断裂、山阳—凤镇大断裂、板岩镇—镇安大断裂、石泉—安康大断裂、红椿坝大断裂、城口—大巴山大断裂等。秦岭—大别造山带展布如图 1-37 所示。

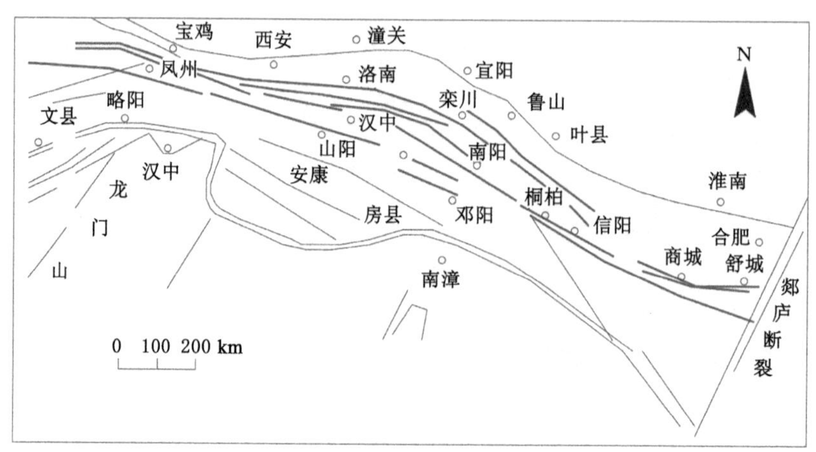

图 1-37 秦岭—大别造山带展布特征

(3) 四川盆地构造体系

四川盆地位于扬子准地台的西北部，介于龙门山—大巴山台缘坳陷与滇黔川鄂台褶带之间，盆地呈近似四边形展布。四川盆地属扬子准地台的一部分，是中生代发育起来的大型内陆盆地，也是一个周边被构造活化了的克拉通盆地，其形成时间为晚三叠世至新生代[44]。

四川盆地周边被断裂围限，南东和南西分别以七曜山断裂带和峨眉—瓦山断裂带与滇黔川鄂台褶带为界，北西以彭灌断裂带与龙门山台缘坳陷带为界，北与米仓山台褶带以断裂相隔，北东以深断裂带与大巴山台缘坳褶带分界。盆内构造线以北东向为主，东西向、南北向次之，龙泉山断裂、华蓥山断裂为盆地内具构造区划意义的断裂构造。四川盆地地形图如图 1-38 所示。

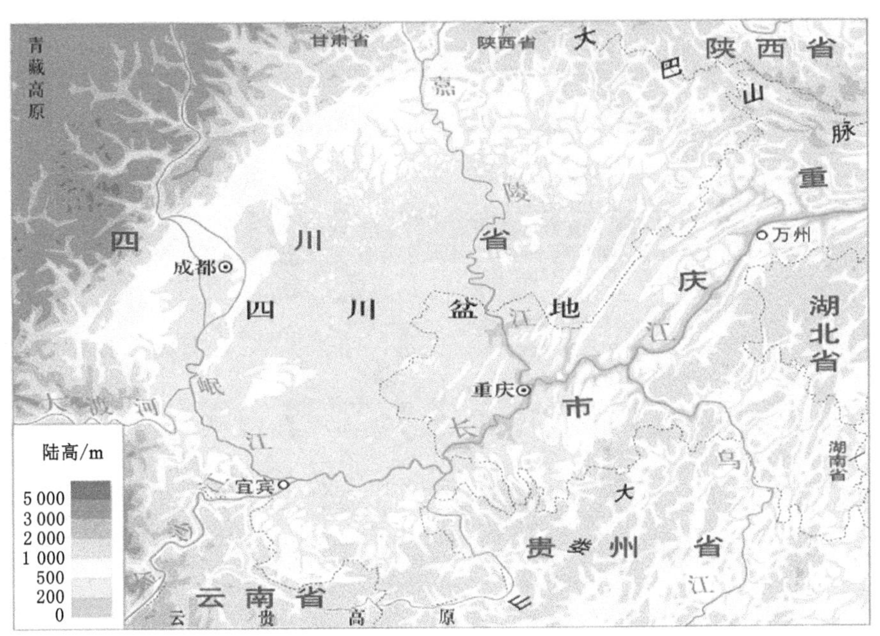

图 1-38　四川盆地地形图

1.5.2　中国煤矿区域次级构造体系

中国东北、华北、西南等大规模煤炭生产基地，主要受到郯庐断裂带构造体系、秦岭—大别造山带构造体系与四川盆地构造体系控制。除此以外，在新疆、云南、贵州北部，也赋存大量煤炭资源，上述地区煤炭赋存主要受区域次级断裂控制，如新疆北部地区主要受博格达断裂控制，神府—东胜矿区受鄂尔多斯地块周缘影响等。中国煤矿区域次级构造体系分析如下。

(1) 博格达断裂构造体系

博格达断裂位于北疆地区，在大地构造位置上隶属中亚造山带南缘的天山造山带，属北天山的东段、东天山的北支[45]。博格达断裂卫星图如图 1-39 所示。

(2) 太行山山前断裂构造体系

太行山山前断裂处于太行山隆起与渤海湾盆地的转换位置，是华北乃至中国东部地区一条重要的构造带。该构造带不仅是地形、地貌的分界线，也是区域地质和地球物理场中一条重要的边界[46]。太行山山前断裂平面展布图如图 1-40 所示。

图 1-39 博格达断裂卫星图

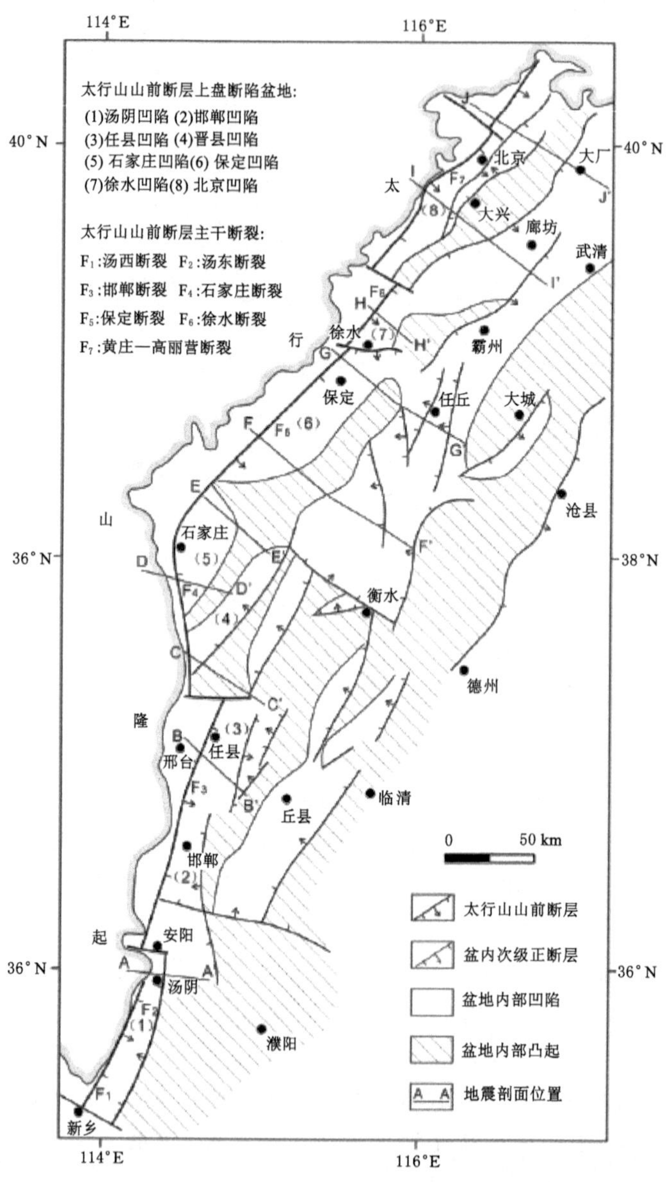

图 1-40 太行山山前断裂平面展布图

（3）鄂尔多斯地块周缘构造体系

鄂尔多斯地块周缘东边界为吕梁山脉，西边界为桌子山、云雾山，南起渭北山地，北达黄河之滨，南北方向长约 600 km，东西方向宽约 400 km，在地貌上是著名的黄土高原，受到不同程度的切割，最低海拔约为 1 000 m，最高达 1 700 m。

鄂尔多斯地块四周从北顺时针依次为阴山、吕梁山、霍山、秦岭以及贺兰山。在盆地与高原、山地之间，以及盆地内部分布着许多活动断裂，分别为北部的河套断陷带、西北方向的岱海—黄旗海断陷带、东部的山西断陷带、东南以及南部的渭河断陷带、西南方向的西南缘弧形断裂束以及位于地块西部的银川—吉兰泰断陷带[47]。鄂尔多斯地块周缘活动断裂分布图如图 1-41 所示。

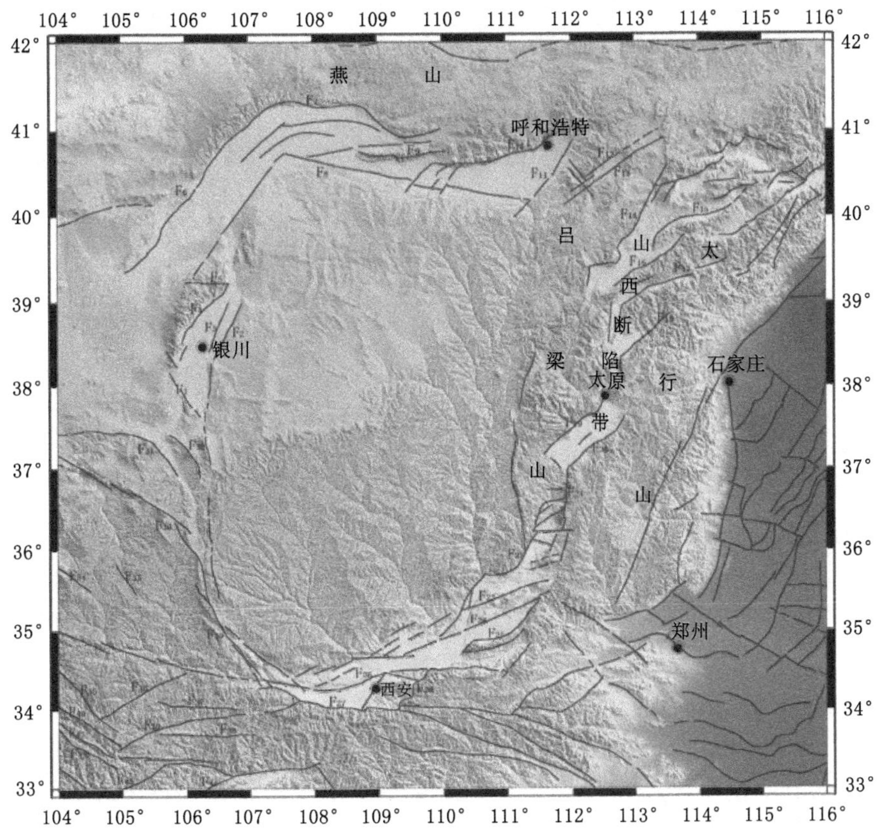

图 1-41　鄂尔多斯地块周缘活动断裂分布图

（4）滇北断块构造体系

滇北断块主要被鲜水河断裂带、安宁河—则木河—小江断裂带以及金沙江—红河断裂带所围限，并朝南东方向做“挤出”运动。

鲜水河断裂带作为川滇菱形断块的北部剪切滑移边界，总体呈北西向展布，表现为较强的左旋走滑活动，自全新世以来，鲜水河断裂带整体上的平均走滑速率约 10 mm/a。

安宁河—则木河—小江断裂带作为断块的东部剪切滑移边界，北端于泸定磨西附近与鲜水河断裂带左行斜接，南端在云南通海以南与红河断裂带相交，东部边界的北段和南段为近南北走向的安宁河断裂带和小江断裂带、中段为北西走向的则木河断裂带。边界总体以左旋走滑活动为主，并兼具一定的逆冲分量，受其所处构造部位以及走向展布差异的影响，北段的安宁河断裂带与南段的小江断裂带表现为具有相对较大逆冲分量的左旋走滑，中段的则木河断裂带则以左旋走滑为主，逆冲活动不明显[48]。滇北断块构造体系如图 1-42 所示。

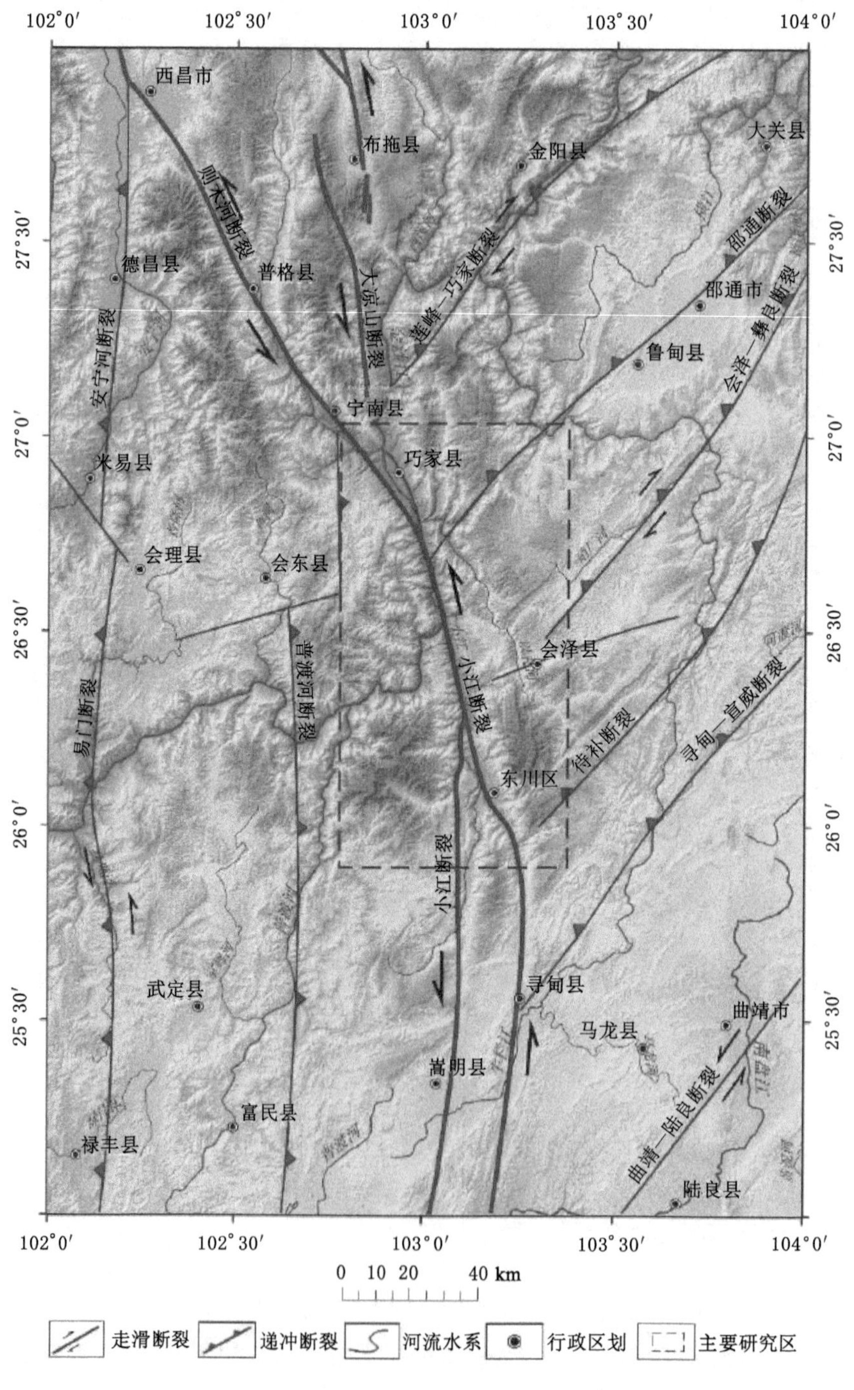

图 1-42 滇北断块构造体系

金沙江—红河断裂带，是由若干条断裂组成的宽度可达数十千米的复杂断裂构造带，北与甘孜—理塘深断裂相交。在下关以北，金沙江—红河断裂带除北段为北西走向外，其余为近南北走向；在下关以南则转为北西-东南走向，经河内附近入海；在东经 109°30′、北纬 17°附近，又转为近南北走向，直至北纬 5°附近。该断裂带在陆地部分长约 2 000 km，总长超过 3 700 km。该断裂带控制了两侧地区不同的地质发展。金沙江、点苍山、哀牢山变质带都在该断裂带内，可见变质带的形成是受该断裂带控制的。断裂作为岩浆上升的通道，不少岩体还沿断裂侵位。该断裂带上超基性岩体发育程度较高。

1.5.3　活动构造体系对煤矿动力灾害的控制作用

活动构造附近的岩层或岩体发生形变或位移等构造运动，为区域地壳积聚能量提供了重要基础。工程实践表明，活动构造的几何特征、运动特征及相互作用决定的构造应力场、能量场在矿井动力灾害的孕育过程中起着主导和控制作用。

(1) 主要构造体系对矿井动力灾害的影响

国内外对冲击地压、煤与瓦斯突出等矿井动力灾害分布的研究表明，矿井动力灾害的发生在时间和空间上是不均匀的，呈现区域性分布的特征。矿井动力灾害在空间上分布不均匀主要取决于现代构造断块的形式和特征，在时间上分布不均匀主要取决于现代构造断块的活动时间和方式。地质动力区划团队研究成果表明，按中国现代构造体系分布特征，可初步得出矿井动力灾害矿区的分布规律，其中，对中国矿井动力灾害起到主要控制作用的构造体系为郯庐断裂带构造体系、秦岭—大别造山带构造体系和四川盆地构造体系。上述 3 个构造体系在中国大陆的形态描述中可称为“110”分区特征，如图 1-43 所示。

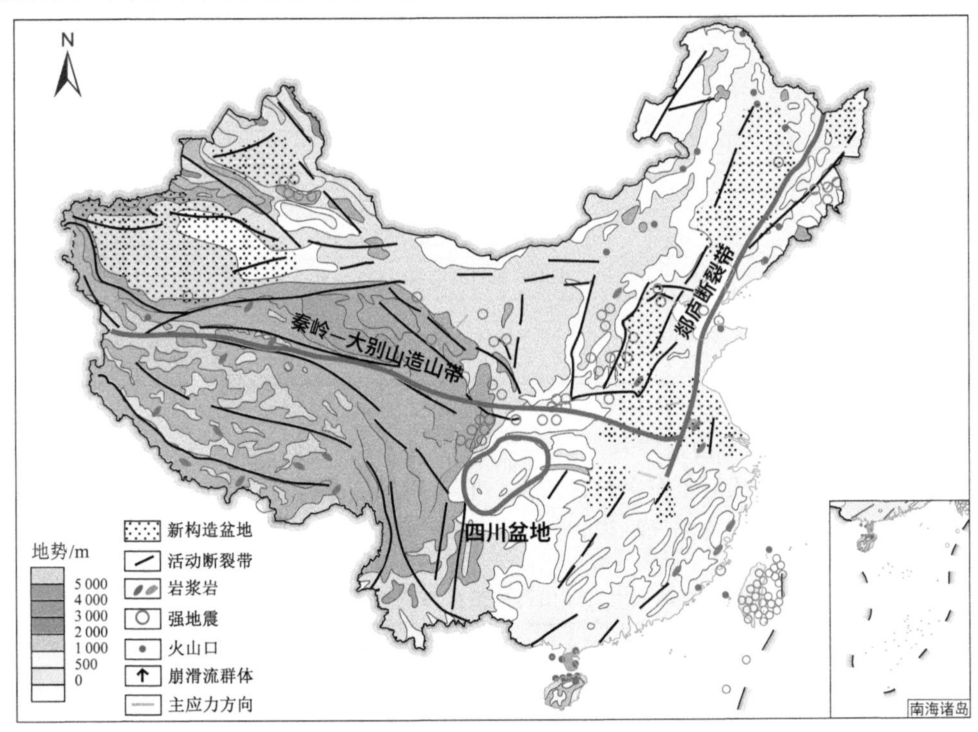

图 1-43　中国现代构造体系划分的“110”分区特征

主要构造体系影响矿区如下：郯庐断裂带构造体系主要影响鹤岗、双鸭山、七台河、鸡西、辽源、抚顺、沈阳、开滦、兖州、新汶、枣庄、徐州、淮北、淮南等矿区；秦岭—大别造山带构造体系主要影响华亭、义马、平顶山、郑州、焦作、淮南等矿区；四川盆地构造体系主要影响天府、松藻、南桐、华蓥山、中梁山等矿区。在这个基础上，可进一步划分其他现代构造体系对矿井动力灾害控制作用和分区特征。

① 郯庐断裂带构造体系

郯庐断裂带活动时间长、延伸长度大，从北至南穿过黑龙江、吉林、辽宁、河北、山东及安徽等产煤大省。郯庐断裂带构造体系主要断裂及影响矿区见表1-7。

表1-7 郯庐断裂带构造体系主要断裂及影响矿区

区域	省份	断裂名称	影响矿区
北段	黑龙江	依兰—伊通断裂、同江断裂	鹤岗矿区、双鸭山矿区
		敦化—密山断裂	鸡西矿区
		南北河—伯利断裂	七台河矿区
	吉林	鸭绿江断裂	通化矿区
		辽河源断裂	辽源矿区
		依兰—伊通断裂	蛟河矿区
	辽宁	依兰—伊通断裂	铁法矿区
		敦化—密山断裂、赤峰—开原断裂	沈阳矿区、抚顺矿区
		阜新—锦州断裂、医巫闾山断裂	阜新矿区
		北票—朝阳断裂	北票矿区
中段	山东	苍山—尼山断裂	枣庄矿区
		铜冶店—文祖断裂	淄博矿区
		聊城—兰考断裂	菏泽矿区
		新泰—垛庄断裂	新汶矿区
		苍山—尼山断裂、峄山断裂	兖州矿区
	河北	唐山—丰南断裂、滦县西断裂	开滦矿区
南段	安徽	固镇—怀远断裂	淮南矿区
			淮北矿区

② 秦岭—大别造山带构造体系

秦岭—大别造山带从西至东穿过甘肃、陕西、河南及安徽等产煤大省。秦岭—大别造山带构造体系主要断裂及影响矿区见表1-8。

表1-8 秦岭—大别造山带构造体系主要断裂及影响矿区

区域	省份	断裂名称	影响矿区
西段	甘肃	毛毛山断裂	王家山矿区、华亭矿区
		庄浪河断裂	海石湾矿区
		秦岭北缘断裂	陇东矿区

表 1-8(续)

区域	省份	断裂名称	影响矿区
中段	陕西	岐山—马召断裂	彬长矿区
东段	河南	新安断裂、温塘断裂	义马矿区
		车村—鲁山—漯河断裂	平顶山矿区
		盘古寺—新乡断裂	焦作矿区
	安徽	颍上—定远断裂	淮南矿区

③ 四川盆地构造体系

四川盆地主要包含四川及重庆部分赋煤区，其中主要断裂及影响矿区见表 1-9。

表 1-9　四川盆地构造体系主要断裂及影响矿区

区域	省份(市)	断裂名称	影响矿区
四川盆地	重庆	华蓥山断裂	天府矿区、松藻矿区、南桐矿区、华蓥山矿区、中梁山矿区

(2) 次级构造体系对矿井动力灾害的影响

① 博格达断裂构造体系

博格达断裂构造体系主要断裂及影响矿区见表 1-10。

表 1-10　博格达断裂构造体系主要断裂及影响矿区

省区	断裂名称	影响矿区
新疆	博格达断裂、清水河断裂	石河子矿区、昌吉矿区
	博格达断裂、巴里坤断裂	乌东矿区
	博格达断裂、婆罗科努断裂	阜康矿区

② 太行山山前断裂构造体系

太行山山前断裂主干断裂为汤西断裂、汤东断裂、邯郸断裂、石家庄断裂、保定断裂、徐水断裂及黄庄—高丽营断裂。太行山山前断裂构造体系主要断裂及影响矿区见表 1-11。

表 1-11　太行山山前断裂构造体系主要断裂及影响矿区

省份	断裂名称	影响矿区
河北	邯郸断裂	邯郸矿区、峰峰矿区
	保定断裂	张家口矿区
	黄庄—高丽营断裂	京西矿区

③ 鄂尔多斯地块周缘构造体系

鄂尔多斯地块周缘构造体系主要断裂及影响矿区见表 1-12。

表 1-12 鄂尔多斯地块周缘构造体系主要断裂及影响矿区

省区	断裂名称	影响矿区
山西	晋城断裂	晋城矿区、长治矿区
	口泉断裂	大同矿区
	系舟山山前断裂	忻州矿区
	吕梁山断裂	离石矿区
宁夏	黄河断裂、银川—平罗断裂	宁武矿区
内蒙古	阴山断裂带	神东矿区

④ 滇北断块构造体系

滇北断块构造体系主要断裂及影响矿区见表 1-13。

表 1-13 滇北断块构造体系主要断裂及影响矿区

省份	断裂名称	影响矿区
云南	鲜水河断裂带	镇雄矿区、昭通矿区
	安宁河—则木河—小江断裂带	庆云矿区、恩洪矿区、老厂矿区、跨竹矿区

本节仅列举了中国部分的主要、次级构造体系对其邻近矿区的影响。

1.6 活动构造对矿井动力灾害影响分析

1.6.1 鹤岗、双鸭山、鸡西及七台河矿区

(1) 黑龙江东部区域现代构造运动与活动构造

黑龙江东部含煤盆地先后经历了燕山中期、燕山晚期、喜山早期、喜山中期和喜山晚期等五期构造运动，它们是黑龙江东部盆地群发育的主要动力。在这一过程中郯庐断裂带北段，在白垩纪—早新生代时期强烈伸展复活，也对断陷盆地的发育起着控制作用。黑龙江东部地区的拼合基底被多条深大断裂错断，主要包括北东向的依兰—伊通断裂和敦化—密山断裂，近南北向的牡丹江断裂和和大河镇断裂，以及北北西向的同江—跃进山断裂。这些深大断裂对盆地的形成、演化及后期的改造起了决定性作用，如图 1-44 所示。

黑龙江东部含煤盆地又分为鹤岗盆地、双鸭山盆地、七台河盆地和鸡西盆地，位于其中的鹤岗、双鸭山、鸡西和七台河矿区煤矿多发生过冲击地压、煤与瓦斯突出等矿井动力灾害，均受到周缘的依兰—伊通断裂、敦化—密山断裂和牡丹江断裂的控制和影响。

(2) 活动构造对鹤岗矿区矿井动力灾害的影响

① 鹤岗矿区矿井动力灾害概况

黑龙江龙煤鹤岗矿业有限责任公司现有 8 个生产矿井，分别为峻德煤矿、兴安煤矿、富

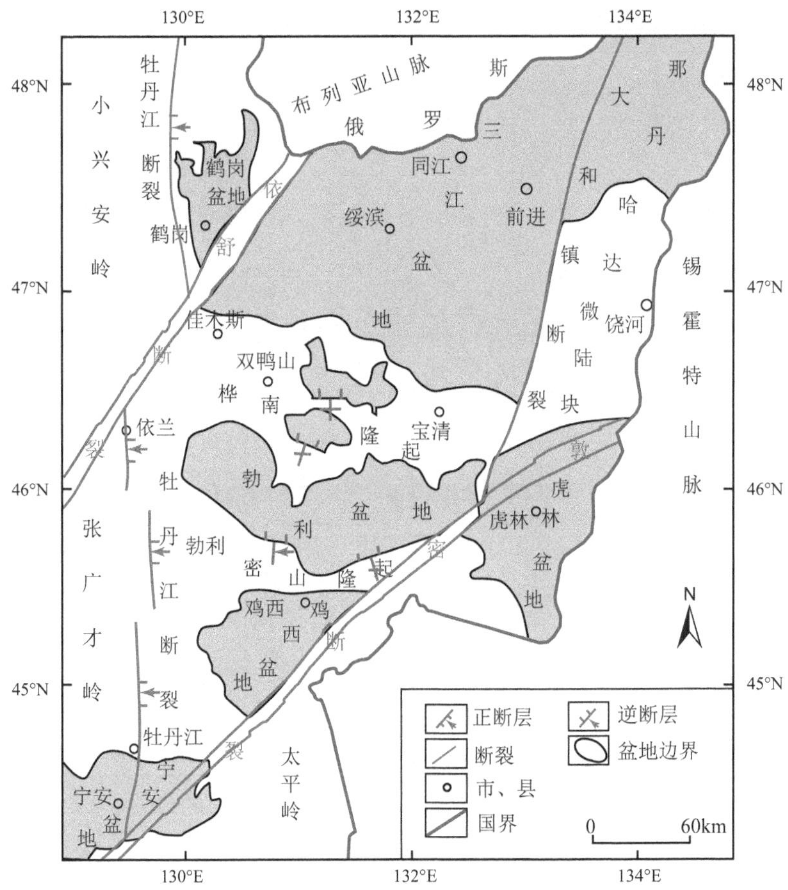

图 1-44　黑龙江东部含煤盆地地质构造略图(据和钟铧等,2009)

力煤矿、新陆煤矿、南山煤矿、新岭煤矿、益新煤矿、兴山煤矿。上述矿井都不同程度地发生过或潜在有冲击地压和煤与瓦斯突出等矿井动力灾害。其中鹤岗南部矿区主力生产矿井为峻德煤矿、兴安煤矿、富力煤矿,这 3 个煤矿都曾发生过冲击地压。其中,峻德煤矿发生过较严重冲击地压 5 次;兴安煤矿发生过 12 次冲击地压;富力煤矿 2014 年"5・28"冲击地压发生在 62184 工作面,微震监测能量 3.55×10^{6} J。以峻德煤矿为例论述。

② 区域构造特征

鹤岗盆地是佳木斯地块西北部一个范围较小的断陷盆地,盆地西缘为青黑山断裂(牡丹江断裂之北段),东南缘被依兰—伊通断裂(依舒断裂)所切。鹤岗盆地大地构造位置,处在吉黑褶皱系老爷岭地块(佳木斯隆起)的西北部,处于中国板块与西伯利亚板块之间的佳木斯中间地块上。从宏观上看,盆地西缘山区规模宏大的青黑山深大断裂呈南北向展布,盆地东南缘有依兰—伊通深断裂带呈北东向通过,这些深大断裂对盆地的形成、演化及后期的改造起了决定性作用,如图 1-45 所示。

鹤岗矿区特定的大地构造背景和区域地质演化历程,构成了矿区地质条件发育的基础。矿区内发育南北向、东西向、北北东向、北东向及北西向等的多组断裂,这些断裂相互切割,

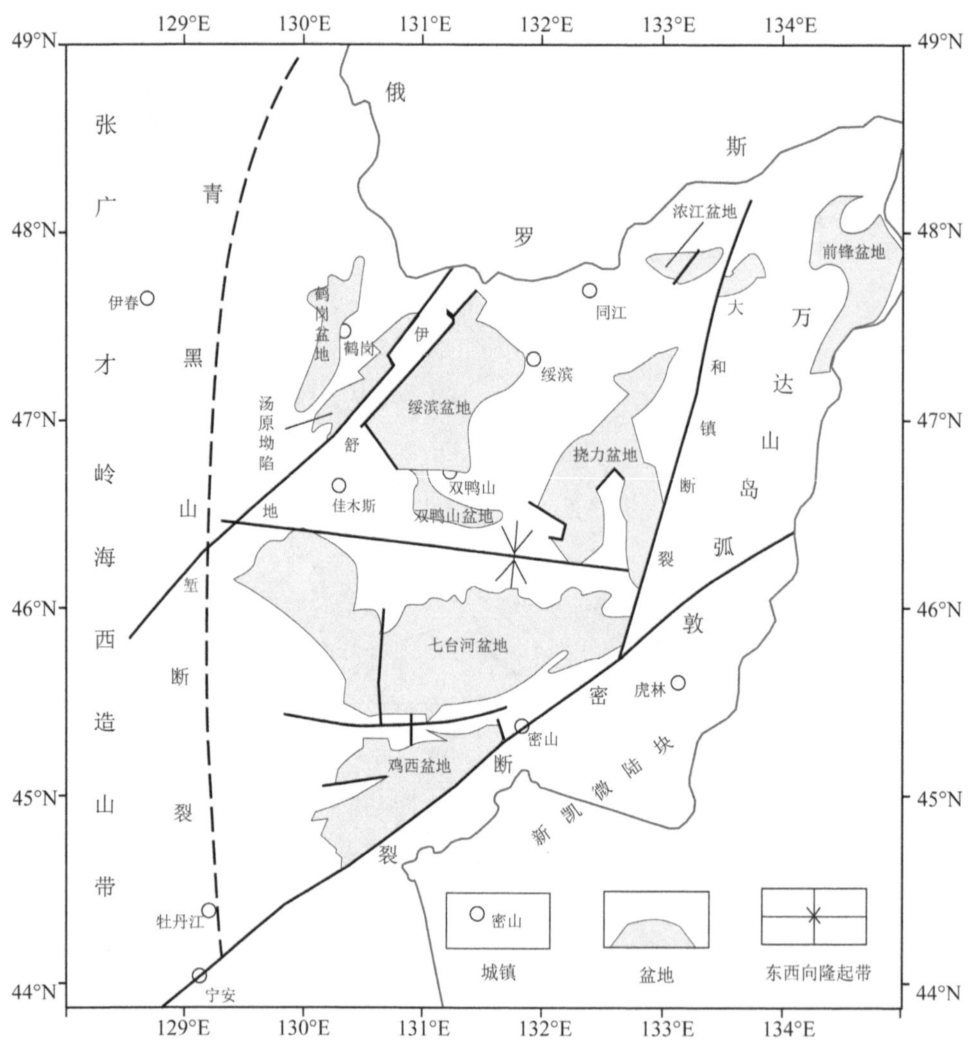

图 1-45 鹤岗盆地周缘主要断裂分布

错综复杂。断裂以张性或张扭性正断层、平移断层为主，断距较大。在空间分布上，断裂具多期继承性发展，盆地边缘断裂常被后期断裂切割或改造，各期断裂均对含煤地层及煤层有一定的破坏作用。

③ 活动构造对峻德煤矿冲击地压的影响和控制作用

鹤岗矿区及其外围断裂构造非常发育，断裂构造相互复合叠加，区内构造格局十分复杂。峻德井田内 F_7 断层分布于井田的南部，呈弧状出露，由多个勘探钻孔控制，走向由西向东由北西转为东西又转为北东，而后又再转为北西向，一般倾角 10°左右，水平位移在 250～450 m 之间，延展长度 5 000 m，几乎横贯全区，在北部被峻德、兴安两矿的井田边界断层 F_1 所切割，如图 1-46 所示。

峻德煤矿与兴安煤矿的井田边界 F_1 断层，对两个矿井有着主控作用。F_1 断层走向与依兰—伊通断裂走向基本一致，呈弧形延伸，落差在 40～270 m 之间。

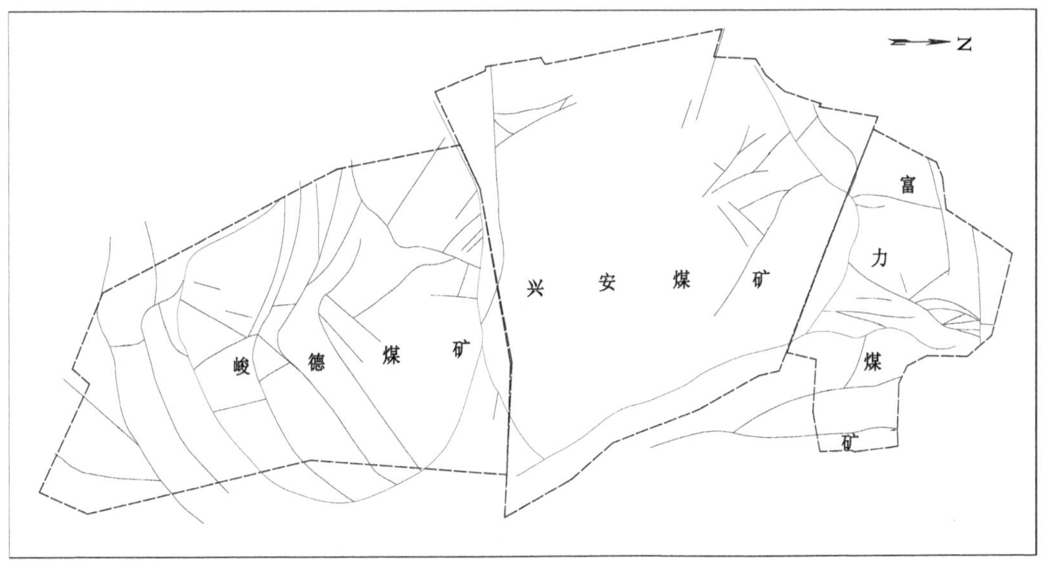

图1-46　鹤岗南部矿区构造纲要图

(3) 活动构造对双鸭山矿区矿井动力灾害的影响

① 双鸭山矿区矿井动力灾害概况

黑龙江龙煤双鸭山矿业有限责任公司现有7个生产矿井，由南至北依次为东保卫煤矿、双阳煤矿、新安煤矿、集贤煤矿、东荣一矿、东荣二矿、东荣三矿。上述矿井都不同程度地发生过或潜在有冲击地压和煤与瓦斯突出等矿井动力灾害。其中集贤煤田内的集贤煤矿在回采9煤层的过程中多次发生冲击地压，有记录最早的冲击地压是在2010年4月5日，中一下采区3604采煤队回采九层左五片时发生的。截至2018年6月，集贤煤矿共发生冲击地压51次。集贤煤田内的东荣三矿自2016年7月首次发生冲击地压以来，共发生14次冲击地压；东荣二矿自2003年以来已发生多次动力显现；东荣一矿属于浅部开采，目前没有动力显现。冲击地压对煤矿安全高效生产产生了严重的影响；随着矿井采掘工程向深部延伸，冲击地压的威胁进一步增强。以集贤煤矿为例论述。

② 区域构造特征

双鸭山盆地属环太平洋造山区东北亚造山系(滨太平洋大陆边缘活动带)，即中朝板块北部陆缘增生带；二级大地构造单元为吉黑镶嵌地块；亚二级大地构造单元为布列亚—佳木斯—兴凯地块；三级大地构造单元为三江断陷，双鸭山集贤煤田(绥滨—集贤坳陷内)就发育在三级大地构造单元三江断陷(三江盆地)上，如图1-47所示。集贤煤田系三江平原西部东荣—绥滨一带，其范围东起富锦隆起，西至佳木斯隆起，南达完达山分水岭，北至黑龙江边。集贤煤矿和东荣矿区(东荣三矿、东荣二矿、东荣一矿)是双鸭山集贤煤田的一部分。

自元古代以来直至泥盆世中期，双鸭山集贤煤田一直为古陆环境，接受地质外营力的风化剥蚀作用，大约在泥盆世中期印支构造期前造山幕，集贤煤田开始凹陷，发生海侵，接受了青龙山组沉积，期后海水退出，又隆起遭受风化剥蚀，直至晚侏罗世—早白垩世。燕山构造期中期构造应力场，为集贤含煤盆地拗断提供了动力来源，形成了内陆湖盆地；盆地形成初期，为造山后裂陷阶段，盆地西部的军川断裂开始活动，产生了强烈的断陷活动，形成了绥滨—集贤坳陷箕状断陷雏形。

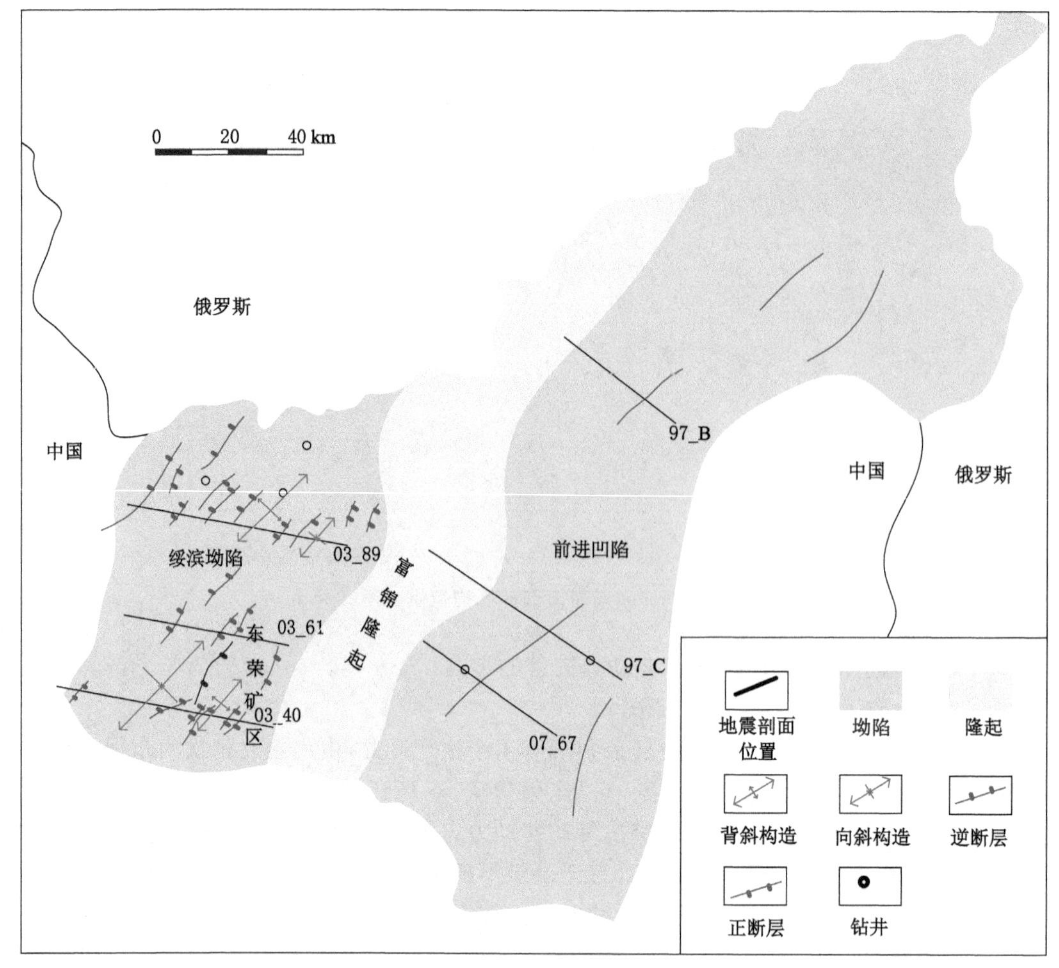

图 1-47 绥滨坳陷及集贤煤田位置

此时相伴随的，集贤聚煤盆地穆棱组沉积之后，由于太平洋板块向东北亚大陆边缘的俯冲，煤田随更大区域一起普遍掀斜、回返，煤田进入挤压隆升阶段，结束了沉积，发生了强烈的褶皱造山运动，东荣组—穆棱组发生褶皱，在抬升区产生了强烈的剥蚀作用，发生了成煤后的第一次构造变动。经过后期改造的集贤煤田，形态上呈向北倾伏的轴向近南北的向斜构造，东翼地层平缓，西翼地层较陡。整个煤田自西向东由三个次级向斜、两个次级背斜构成，断裂发育，伴有岩浆岩侵入。

③ 活动构造对集贤煤矿冲击地压的影响和控制作用

集贤煤田在各隆起带、坳陷带内发育有次级背斜、向斜，在绥滨—集贤坳陷南部发育有东荣向斜、索利岗背斜、兴安镇向斜、中伏屯背斜和腰林子向斜等，其对集贤煤田的构造格局起控制作用，如图 1-48 所示。集贤煤田西南部边缘的苏家店—笔架山断层与近东西向的北岗断层斜接，形成了局部地段的弧形构造。

由图 1-48 可以看出，绥滨—集贤坳陷东部构造复杂，发育大量的断层，形成了复杂的地质动力条件，这对集贤煤田内的集贤煤矿、东荣矿区（东荣三矿、东荣二矿、东荣一矿）等的矿井动力灾害将产生重要影响。集贤煤矿处于索利岗背斜与绥滨—集贤坳陷之间的集贤向斜

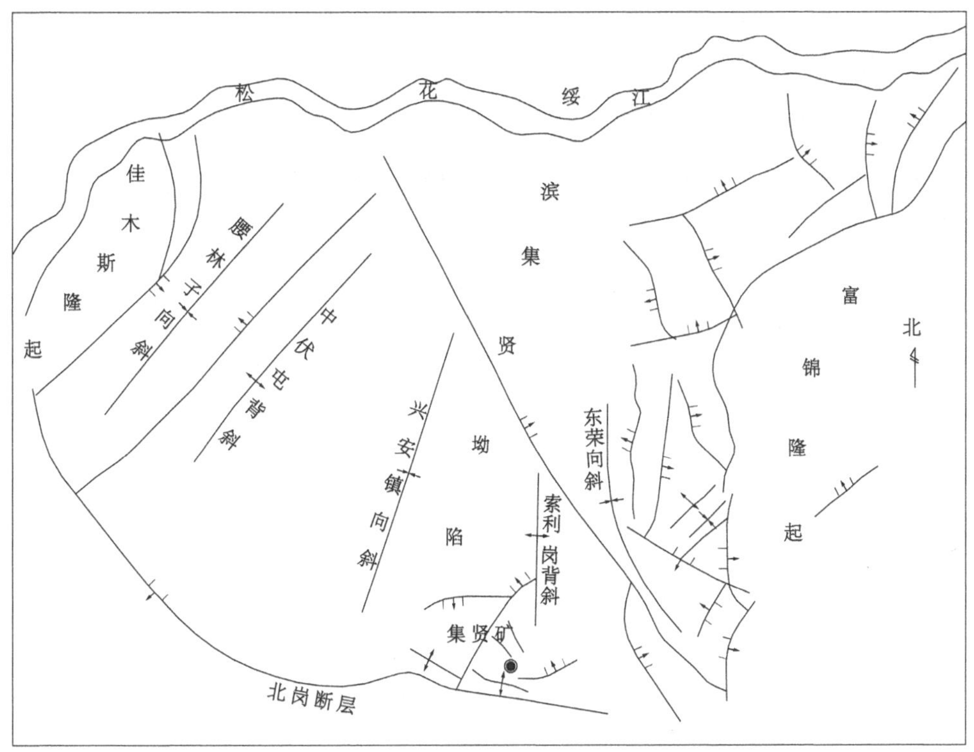

图 1-48　双鸭山集贤煤田构造特征

北翼。由于受到纬向构造体系的影响，该区受到南北向的挤压，产生北岗断层，将集贤向斜南翼抬起并被风化剥蚀掉，而北翼则下降保存下来，形成单斜构造。在集贤煤矿内产生近南北向的张裂隙、局部裂隙和北岗断层相通，火成岩顺裂隙侵入，形成近南北向的火成岩岩墙。基于地质动力学的观点，坳陷区为挤压构造区域，容易集聚和储存弹性能，在这样的地质动力环境下煤矿开采工程活动引起应力改变、能量集聚，破坏动力平衡，造成系统失稳，对冲击地压等矿井动力灾害产生重要影响。

(4) 活动构造对鸡西矿区矿井动力灾害的影响

① 鸡西矿区矿井动力灾害概况

黑龙江龙煤鸡西矿业有限责任公司现有城山煤矿、滴道盛和煤矿、平岗煤矿、东海煤矿、滴道九井、二道河子煤矿等。上述矿井都不同程度地发生过或潜在有冲击地压和煤与瓦斯突出等矿井动力灾害。平岗煤矿在 2010 年 6 月 13 日 505 队施工东一采区 14 煤回风下山时发生了冲击地压事故。滴道盛和煤矿于 1950 年 11 月 25 日在立井一采区右十一路 12 煤层上山发生了第一次煤与瓦斯突出，截至 2008 年 12 月，全矿累计发生煤与瓦斯突出 760 余次，最大突出强度为 800 t，突出瓦斯 6.0×10^4 m^3。滴道盛和煤矿立井于 2021 年 6 月 5 日发生了一次煤与瓦斯突出事故。

② 区域构造特征

鸡西盆地位于佳木斯地体的南部边缘，西部紧邻牡丹江断裂，东部与那丹哈达地体群相邻，东南部为敦密断裂，是一个中生代残余坳陷盆地与新生代断陷盆地的叠合盆地。盆地的东西两侧和北侧为剥蚀边界，中部发育横贯东西的平麻断裂及北东向的恒山隆起，其将盆地分为南部盆地和北部盆地，南部盆地主要包括恒山隆起、穆棱坳陷和平阳镇断陷，北部盆地主要包括鸡东坳陷，如图 1-49 所示。

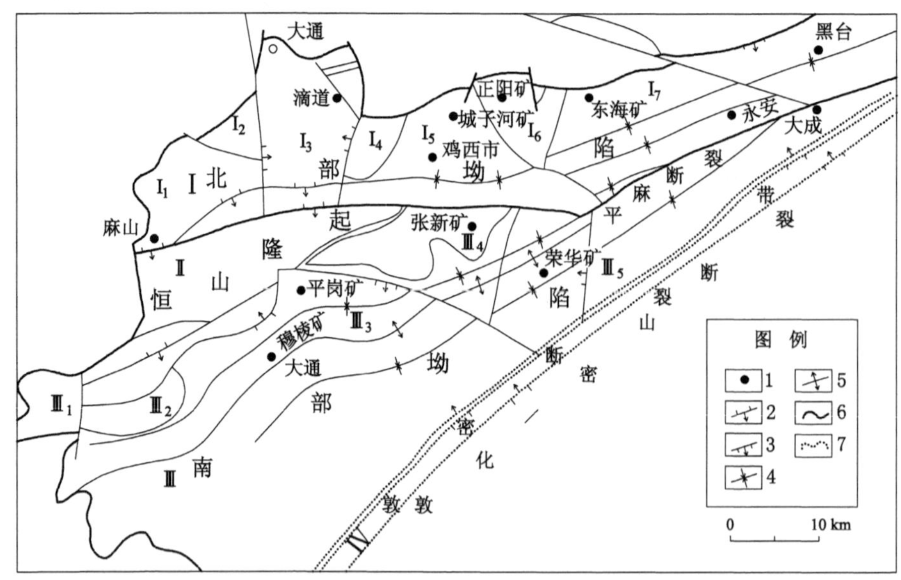

1—矿名；2—逆断层；3—正断层；4—向斜；5—背斜；6—断块边界；7—断裂边界。

图 1-49 鸡西盆地区域地质简图(据孟庆龙，2007，做部分修改)

鸡西盆地在侏罗纪沉积之前的多次构造运动中已初步形成古轮廓，燕山运动前期该地区受来自近南北方向压应力的作用，大体上形成了三组古构造。第一组为鸡西盆地中央形成的一个走向近东西的平阳—麻山古背斜，在古背斜的轴部发育一条逆冲断裂，称之为平麻断裂。第二组和第三组为走向北东和北西两个方向的剪切断裂。侏罗纪晚期，该煤田开始接受沉积，形成了该煤田各时代的地层。这些沉积前的古构造具有继承性，对该煤田的沉积起了一定的控制作用，造成了该煤田南北两个条带及同一条带不同地区沉积上的差异。在该煤田东部平阳以东，南北两个条带合二为一。该煤田形成之后(燕山运动末期)，来自南北方向的主压应力进一步加强，在古构造的基础上形成了南北两个条带的褶皱，中部古背斜和平麻断裂得到进一步发展，形成了煤田今日的构造形态。

③ 活动构造对滴道盛和煤矿煤与瓦斯突出的影响和控制作用

鸡西矿区由南北两含煤带构成，北部条带西起麻山，东至黑台一带；南部条带西起允义，东至鸡东煤矿。鸡西矿区地质构造复杂，表现为规模不等的褶皱、断裂和各地质历史时期的火成岩比较发育，其中中小型断裂构造尤为发育。鸡西矿区构造体系可分为东西向构造体系，新华夏系及其他扭动构造体系。在北北西-南南东向主压应力的作用下，形成了轴向北东东-南西西的滴道河北背斜及八、九井浅部的短轴背向斜，深部被这一方向的逆断层所代替，这组构造为矿区的先期构造；随着主压应力的持续作用，进而又产生了北西和北东向的两组剪切断层。北西向断层较北东向断层发育，先期形成的北东东-南西西向构造被后期形成的北西和北东向断层所截(切割)。

滴道盛和煤矿位于滴道河北背斜之南翼，地层走向近东西，倾向南，单斜。矿井主要构造是三井深部的向斜构造、滴道河北背斜构造以及立井上部煤层主运输巷道实见的大逆断层，走向大致为 NE50°～70°，表现为明显的平行关系，具有多字形构造的斜列和等距的特点。构造呈现一翼陡、一翼缓的不对称褶皱，说明构造除压性外兼具扭性，即多字形构造具有强扭性的特点，如图 1-50 所示。整体属于复杂的地质动力条件，这对鸡西矿区的滴道盛和煤矿煤与瓦斯突出等动力灾害产生了重要影响。

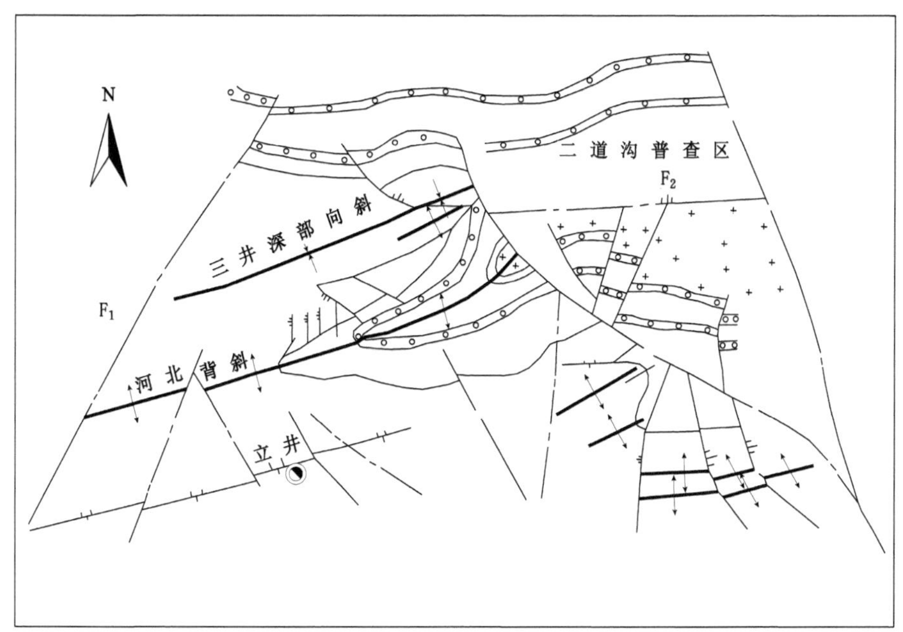

图 1-50 滴道盛和矿井多字形构造体系

(5) 活动构造对七台河矿区矿井动力灾害的影响

① 七台河矿区矿井动力灾害概况

七台河矿区的新兴煤矿和桃山煤矿属于黑龙江龙煤七台河矿业有限责任公司。2015 年 12 月 17 日 21 时 43 分，新兴煤矿三水平西六采区 −600 m 主运输巷道钻场打钻作业时，发生煤与瓦斯突出事故。矿井自 1991 年以来先后在二水平发生 6 次煤与瓦斯突出。桃山煤矿于 2001 年首次发生冲击地压，一采区回采 93# 煤左四片，采深 580 m，工作面回风巷发生冲击地压，抛出 2 t 左右煤体，击伤 2 人。2002 年 6 月，一采区回采 93# 煤右四片降段，工作面上巷采深 560 m，先后发生 3 次冲击地压，均发生在工作面上段 20 m 及上巷超前 40 m 范围内。随着开采深度的逐年增加，矿井深部压力显现日趋明显，发生多次冲击地压。

② 区域构造特征

七台河盆地位于新华夏系第二隆起带中部，东面有敦密断裂，西面有佳木斯—伊通地堑，北部是双鸭山盆地，南部是鸡西盆地。七台河盆地现今的构造形式为一近东西向断裂控制的半地堑。盆地内充填了侏罗系、白垩系、古近系、新近系和第四系。对盆地的沉积特征、构造演化以及区域构造特征的综合分析表明，七台河盆地的形成、发展、消亡与近北东向、东西向盆缘断裂密切相关。在空间上，盆地沿近东西向至北东向断裂呈长条形分布。盆地向东经龙爪沟与东部的晚侏罗世海相通。从盆地龙爪沟群含煤地层等厚线图和趋势图反映出来的隆起凹陷方向乃至煤层厚度的分布都与沉积盆地的延展方向基本一致。盆缘断裂具有以挤压为主，兼有扭性、张性多期活动特征。

盆地的主体构造为南部盆缘断裂，为加里东期的产物。在盆地的形成发展过程中，加里东期造就的构造格架的继承性活动——盆缘断裂的多期活动，致使边缘隆起与沉积区的差异升降，最终形成盆地。盆地的基底总体表现为北降南升的特点。盆内近东西向和北东向的隆起凹陷完全受盆缘断裂的控制。近东西向的隆起凹陷在南北方向上迁移，由盆缘断裂右行扭动而形成的北东向隆起凹陷在东西方向上迁移。构造高程趋势面与厚度趋势面在形态上相吻合，表明盆地后期的构造是盆地早期构造格架继承性发展的结果，如图 1-51 所示。

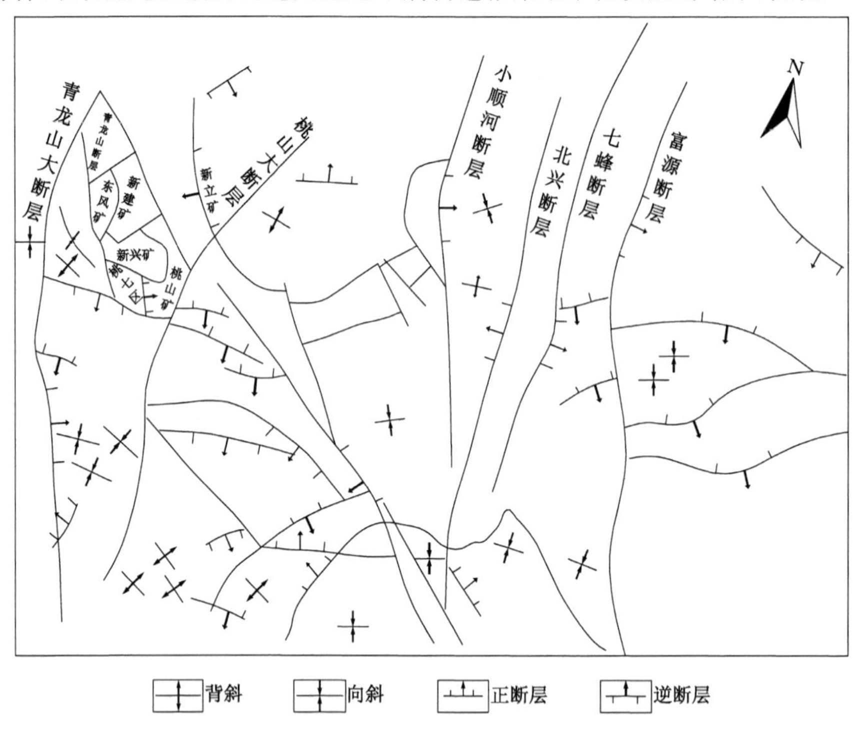

图 1-51　七台河矿区构造纲要图

③ 活动构造对桃山煤矿冲击地压的影响和控制作用

七台河矿区处于勃利煤田中部，矿区面积约占勃利煤田面积的一半。矿区构造由一系列褶皱和压性断层组成，并有压扭或张断裂和它垂直或斜交。弧形构造以桃山为转折点，桃山以西地层走向北西，以张扭性断层为主，仅在南部有褶皱和逆断层存在，地层产状平缓，构造简单；桃山以东地层走向北东，以压扭性断层、断裂为主，伴有褶皱和逆断层，构造比较复杂，并有岩浆活动，弧顶压性逆断层和褶皱均很发育，地层产状变化较大。

桃山煤矿位于勃利煤田弧形构造前弧西翼内侧。受弧形构造的控制，该矿内的构造规律明显。井田范围内的构造按力学性质和展布规律分为两个区域。以 F_6 断层为界，北部为走向 NW70°接近向南倾斜的单斜构造。在此范围内褶皱不发育，地层倾角一般为 20°～25°，断层较少，以小的正断层为主，走向 NW45°，落差一般在 1 m 左右。F_6 断层以南为一个压扭性帚状构造带，受帚状构造控制，煤系走向及主要断层走向均以弧形展布。地层走向为 NW15°，逐渐转为南北向，倾向由近向南倾斜转为向西倾斜，倾角一般为 25°～40°，局部褶皱挤压，一般褶皱轴部煤层加厚、翼部煤层变薄。构成帚状构造的主要断层为压扭性断层。构造对桃山煤矿冲击地压的发生有重要影响。

1.6.2 平顶山矿区

(1) 平顶山矿区矿井动力灾害概况

平顶山矿区归属秦岭造山带北缘逆冲推覆构造系高突瓦斯带和豫西强变形“三软”煤层高瓦斯和煤与瓦斯突出带，瓦斯地质条件复杂。随采深的增加，煤层瓦斯压力和瓦斯含量显著增大，地质构造条件更加复杂，煤与瓦斯突出灾害日趋严重，冲击地压灾害逐渐显现，并有逐渐严重的趋势。矿区历史上有记载的煤与瓦斯突出事故156次，平均突出煤量117.2 t/次，平均涌出瓦斯量8 633.6 m^3/次。事故多发生在平顶山煤田东部矿区，其中122次发生在八矿、十矿、十二矿、十三矿、首山一矿，占总次数的78.2%。这表明煤与瓦斯突出区域分布明显。

(2) 区域构造特征

平顶山矿区位于华北聚煤区南缘逆冲推覆构造带的东北缘，如图1-52所示。逆冲推覆构造带对平顶山矿区的作用表现为两个方面：一是通过挤压造成了矿区煤岩层孔隙率降低，增强了煤系封存瓦斯的能力，为煤与瓦斯突出提供了基础条件；二是造成了矿区局部煤岩层的构造应力集中，煤岩体的弹性潜能增加并在局部地区产生能量聚集。局部地区煤岩层聚集的弹性能足够发生突出，当采掘工程接近该区域时，煤岩体聚集的能量释放，诱发煤与瓦斯突出。因此，突出的发生具有分区分带性。

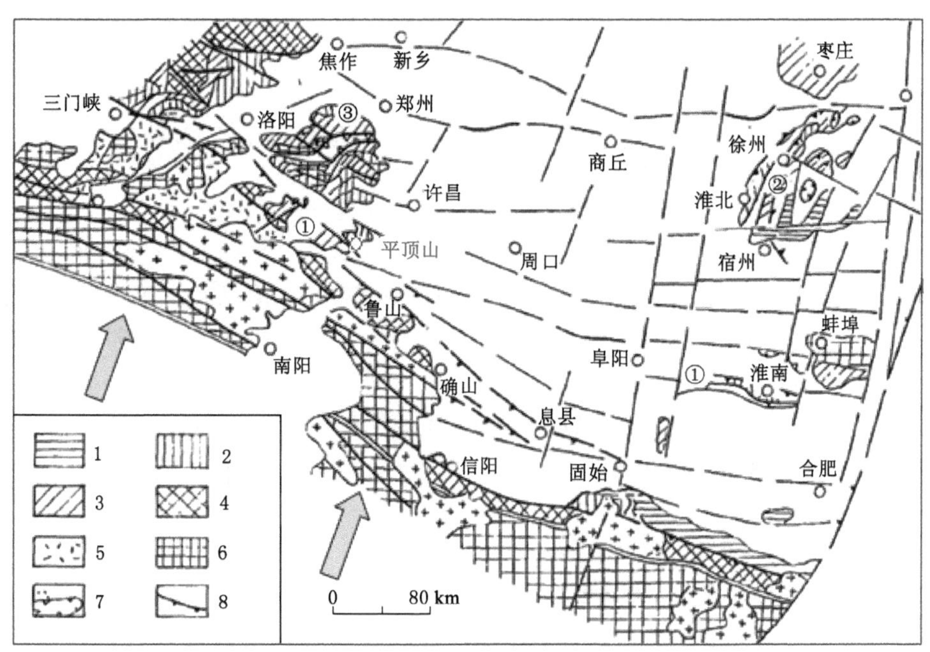

① 华北聚煤区南部逆冲推覆构造带；② 徐淮推-滑覆构造系统；③ 豫西滑覆构造区；
1—侏罗白垩系；2—石炭系至三叠系；3—上元古界至奥陶系；4—中上元古界；
5—中元古界；6—太古界和下元古界；7—滑覆构造；8—逆冲断层。

图1-52 华北聚煤区南部构造简图

平顶山矿区突出的地质特征是区内断块隆起，四周凹陷，形成了以郏县正断层、襄郏正断层、叶鲁正断层为界的四周坳陷带。区内主体构造为一宽缓的复式向斜(李口向斜)，轴向

300°～310°，向北西倾伏，两翼倾角 5°～15°，位于李口向斜轴以南的有郝堂向斜、诸葛庙背斜、十矿向斜及郭庄背斜，位于向斜轴以北的有白石山背斜、灵武山向斜和襄郏背斜。

对矿区的构造特征分析表明，平顶山矿区地质构造形迹主要以北西向为主，北东向次之。北西向地质构造表现为压扭性质，以挤压、剪切作用为主；北东向以拉张、剪切作用为主。平顶山东部矿区的八矿、十矿、十二矿，位于北西向断裂、褶曲控制的构造复杂区，北西向小构造比北东向小构造附近的构造煤发育，构造附近发生煤与瓦斯突出的次数比较多，如图 1-53 所示。

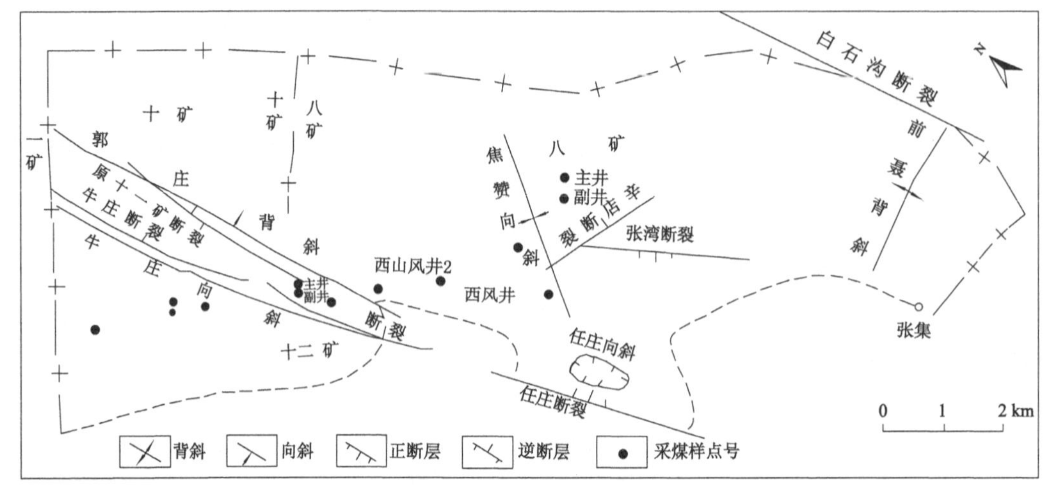

图 1-53　平顶山八矿、十矿、十二矿构造纲要图

(3) 活动构造对十二矿矿井动力灾害的影响和控制作用

十二矿井田位于平顶山矿区东部，李口向斜西南翼锅底山断层的上升盘，地层走向北西西，总体倾向北北东，存在两个次级褶皱和三条大、中型断层。有两个贯穿全井田的褶曲构造，即牛庄向斜和郭庄背斜。十二矿发生的煤与瓦斯突出全部位于牛庄向斜北翼与郭庄背斜南翼构造分区和郭庄背斜北翼构造分区，牛庄向斜南翼构造分区和井田北部构造分区未发生煤与瓦斯突出。牛庄向斜北翼与郭庄背斜南翼构造分区共发生煤与瓦斯突出 16 次，突出强度为 7～190 t，多数在 100 t 以下。突出点分布如图 1-54 所示。

1.6.3 义马矿区

(1) 耿村煤矿冲击地压灾害概况

耿村煤矿位于河南省三门峡市渑池县境内，井田北以 2-3 煤层露头为界，南止于 F_{16} 断层，东部与千秋煤矿和跃进煤矿相接，西部与杨村煤矿相接。耿村井田位于义马向斜西段，区域主体在义马向斜北翼，整体呈向南倾斜的单斜构造，地层产状平缓，倾角一般在 11°～16°，在井田南部边界，地层局部直立或倒转。F_{16} 断层为区域性逆冲断层，从耿村井田南缘通过，为井田深部边界断层。耿村煤矿最早一次冲击地压于 2010 年 2 月 20 日发生在 13 采区，相邻工作面在回采过程中均发生过冲击地压或大能量微震事件。截至 2022 年 7 月，耿村煤矿累计发生冲击地压(大能量微震事件)30 余次，全部位于 F_{16} 断层的影响范围内，对矿井安全生产造成了严重影响。

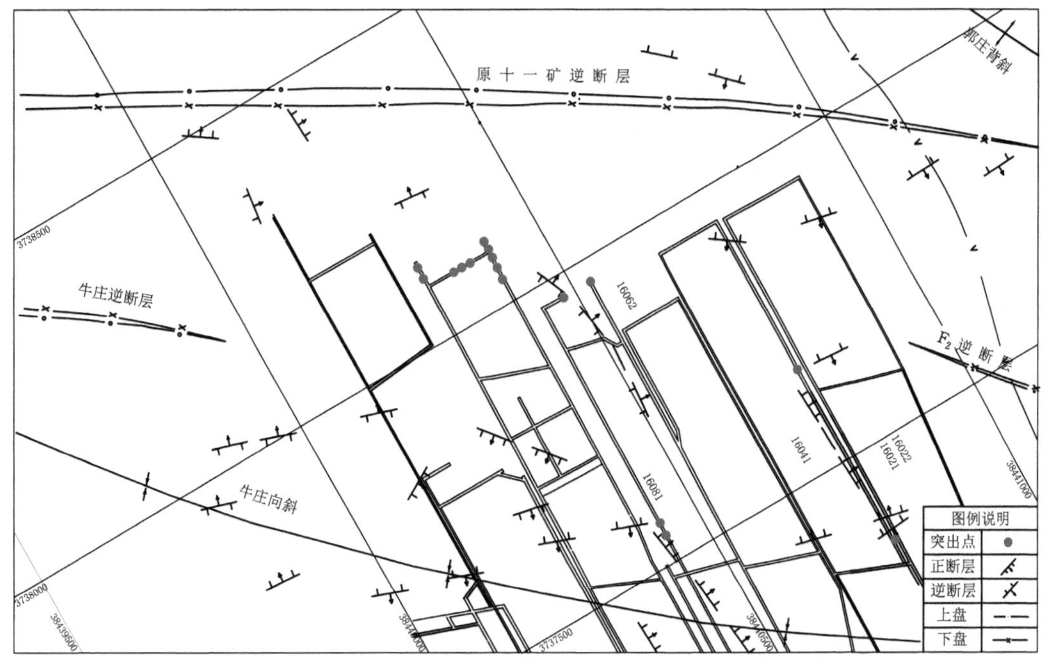

图 1-54　牛庄向斜北翼与郭庄背斜南翼构造分区突出分布

(2) 区域构造特征

义马煤田大地构造位置位于华北板块南缘秦岭造山带的北侧，豫西崤熊构造区北带西端。义马煤田由东北部岸上平移断层，西北部扣门山—坡头断层、灰山断层及南部边界南平泉断层和 F_{16} 断层所组成的三角形断块——渑池断块及相邻的断块构成，大体组成一个不完整的向斜，如图 1-55 所示。

义马盆地是燕山期华北板块南缘秦岭造山带北侧在受到挤压隆起的条件下形成的，受先期形成的东西向断裂格架控制的含煤盆地。印支运动后至燕山运动到来之前，这一阶段构造活动形成了早侏罗纪义马组含煤岩系。义马组煤系形成之后，在中侏罗纪早期，南平泉断层受燕山运动影响开始成规模活动。由于在地层大面积隆起的边缘位置重力扩大，产生向北挤压应力，形成了义马矿区这一逆冲推覆构造。在巨大挤压应力由南向北作用下，最先形成 F_{16} 断层，同时 F_{16} 断层与南平泉断层之间的二叠三叠系地块向北逆冲。义马煤田南侧三叠系逆掩在侏罗系煤层之上，最宽 4～5 km，连续延伸近百千米，构成渑池—义马逆冲推覆构造带。

受东秦岭造山带的演化控制，F_{16} 逆冲断层在中生代末期、新生代之前，由硖石—南平泉逆冲推覆体系以前展式扩展至义马煤田南部边界而形成。F_{16} 逆冲断层的发育造成义马煤田南部的煤层发生牵引倒转，并促使多处煤层发生流变作用，煤层空间赋存形态及厚度变化异常。总之，华北板块南缘中生代以来经历了强烈的构造挤压作用，形成了天水—义马—平顶山—淮南一线的复杂逆冲推覆构造体系，这是义马矿区产生冲击地压的地质构造条件。

(3) 活动构造对矿井冲击地压的影响和控制作用

冲击地压等矿井动力灾害的发生与区域内断裂构造有关，断裂构造的规模和活动性影响矿井动力灾害的发生强度。冲击地压的发生与矿井和断裂距离有直接关系。统计结果表明，断裂距矿井距离在 20 km 之内，断裂对矿井的影响较大，发生冲击地压等矿井动力灾害

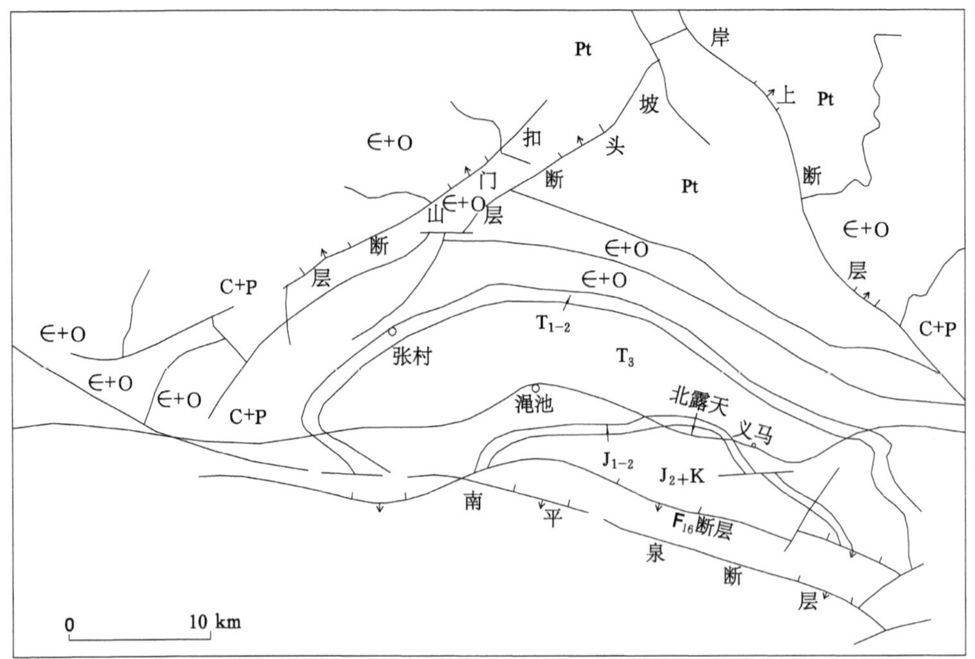

图 1-55 义马煤田区域构造略图

的危险性较高；随着与矿井距离的减小，断裂对矿井动力灾害的控制和影响增强。

F_{16}逆冲断层横穿常村、跃进、千秋、耿村、杨村 5 个井田，构成煤田南部自然边界。在由南向北的大规模推覆作用下，一方面 F_{16}断层以南广大地区上古生界及三叠系掩覆到侏罗纪煤系之上；另一方面矿区内义马组煤系之上的地层向北逆冲推覆，在煤层中产生一系列伴生构造，使煤层厚度发生剧烈变化。随着矿区主要矿井向深部延伸，接近 F_{16}断层时，应力集中明显，冲击地压等矿井动力灾害发生频次和强度急剧增加。

F_{16}逆冲断层延展长度约 24 km，走向近东西，倾向南略偏东，在浅部倾角 75°，在深部倾角一般 15°～35°，落差 50～500 m。统计义马矿区已发生的 107 次冲击事件与距 F_{16}断层的距离数据，判断距离 F_{16}断层的远近与冲击地压危险性呈明显的负相关关系。距离 F_{16}断层大于 1 000 m 的区域，仅发生 8 次冲击事件；500～1 000 m 范围内，共发生 48 次冲击事件；小于 500 m 的区域，却发生 51 次冲击事件。义马矿区冲击地压高风险区域分布如图 1-56 所示。

1.6.4 鹤壁矿区

(1) 鹤壁矿区矿井动力灾害概况

鹤壁矿区煤与瓦斯突出具有以下特征：瓦斯突出类型以突出为主，以压出和倾出为辅；以小型突出为主；绝大多数突出有预兆；突出多发生在地质构造带。鹤壁八矿位于鹤壁煤田的中南部，西北以 F_{45}断层与鹿楼乡小庄桥煤矿为界，北以张庄向斜轴与六矿为邻，南以 $F_{53\text{-}1}$断层和 F_{49}断层分别与柴厂矿和十矿为界，西至二$_1$煤层露头线，深部边界标高为－800 m。井田边界南北走向长 5.25 km，东西倾向宽 1.5～1.9 km，面积 7.9 km^2。

(2) 区域构造特征

鹤壁煤田位于新华夏系太行山隆起带之南段东侧。东为华北沉降带，西依太行山区。

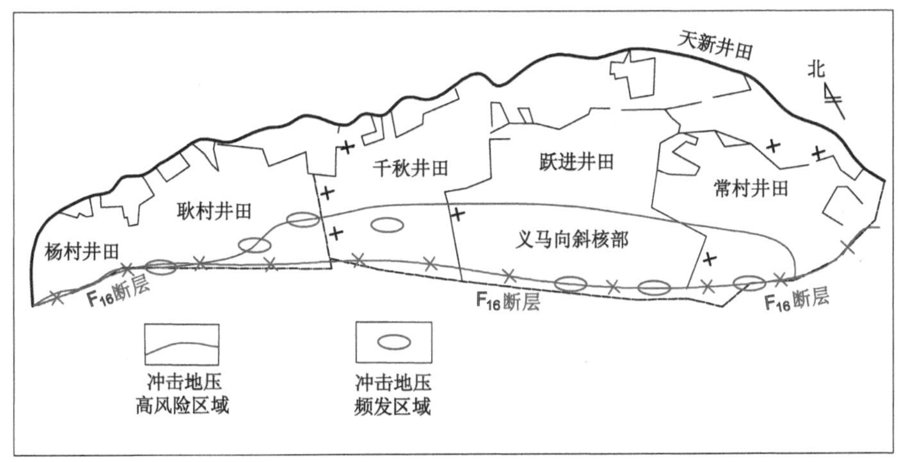

图 1-56　义马矿区冲击地压高风险区域分布

煤田呈近南北方向展布。构造形迹以断裂为主，伴有发育程度不同的褶皱，并有岩浆岩侵入和喷出，总的构造形态为一走向北北东、倾向南东、倾角 5°～40°的单斜构造。区域构造线展布方向以北东、北北东向为主，近南北向断层次之。煤田南部发育东西向构造。构造线多呈雁行式，地垒地堑构造相间出现。

鹤壁矿区大地构造位于太行山断块、冀鲁断块、豫皖断块的交接部位，既受北东向构造体系的影响，又受近东西向构造体系的影响，矿区构造比较复杂。豫北地区无论是地貌特征，还是物探资料，均显示从西部山区到东部平原，有几条明显的与太行山背斜轴方向一致的北东向断隆和断陷，它们依次是太行山隆起、汤阴地堑、内黄隆起和东濮断陷，隆起与断陷以断裂接触，构造单元以断块结构为主，如图 1-57 所示。豫北地区的地震活动比较活跃，现代地震也比较频繁，近 30 年来，$M_L \geqslant 3$ 级地震就有 80 余次之多，中强地震也时有发生。仅汤阴地堑就有 1970 年 5 月的 4.0 级、1978 年 6 月的 4.9 级、1978 年 10 月的 4.4 级地震发生，1980 年 8 月林县附近还发生了 5.1 级地震。

(3) 活动构造对六矿矿井动力灾害的影响和控制作用

六矿北四采区总体呈单斜构造，地层走向北东，局部北，倾向南东，倾角 10°～30°。采区内褶曲和断层均较发育，南部是 75-7 向斜与 76-32 向斜交汇处，形成盆地构造，对采区南部影响较大。采区北部的 77-20 背斜与 66-16 背斜相交形成鞍状(穹隆)构造，如图 1-58 所示。

1.6.5　抚顺矿区

(1) 抚顺矿区矿井动力灾害概况

抚顺矿区位于抚顺市区南部，东西长 16 km，南北宽 2 km，为古近纪煤田。抚顺矿区于 1901 年开始开采，沿煤田走向自西向东分别为西露天矿、胜利矿、老虎台矿和龙凤矿 4 个井田。胜利矿 1933 年 1 月开采到－225 m 水平时(地表以下 300 m)发生中国有记录的最早的冲击地压。老虎台矿和龙凤矿井田由一条 50 m 宽的煤柱分隔，老虎台矿 1950 年 1 月和龙凤矿 1975 年 1 月均在开采到－225 m 水平时相继发生冲击地压现象。胜利矿和龙凤矿已分别于 1979 年和 1999 年闭坑停采，老虎台矿目前仍在开采。

(2) 区域构造特征

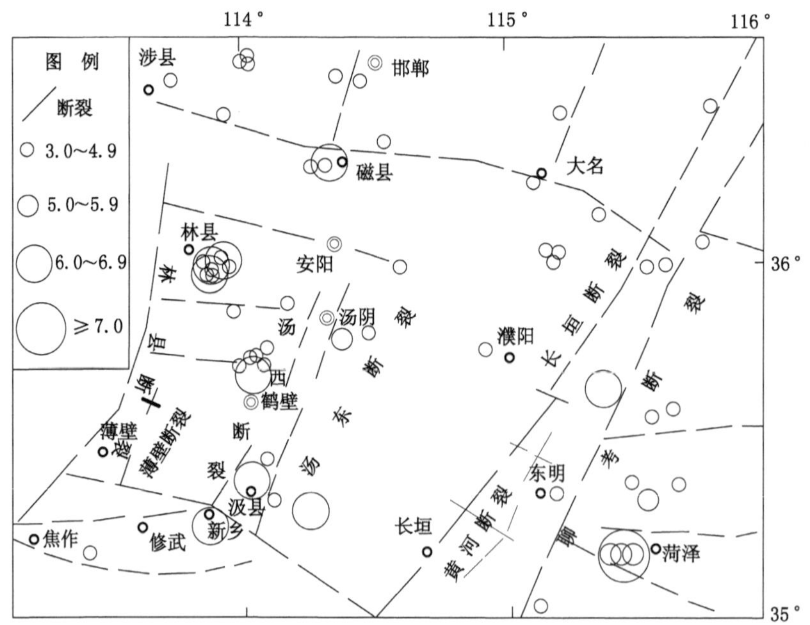

图 1-57 豫北地区断裂系统

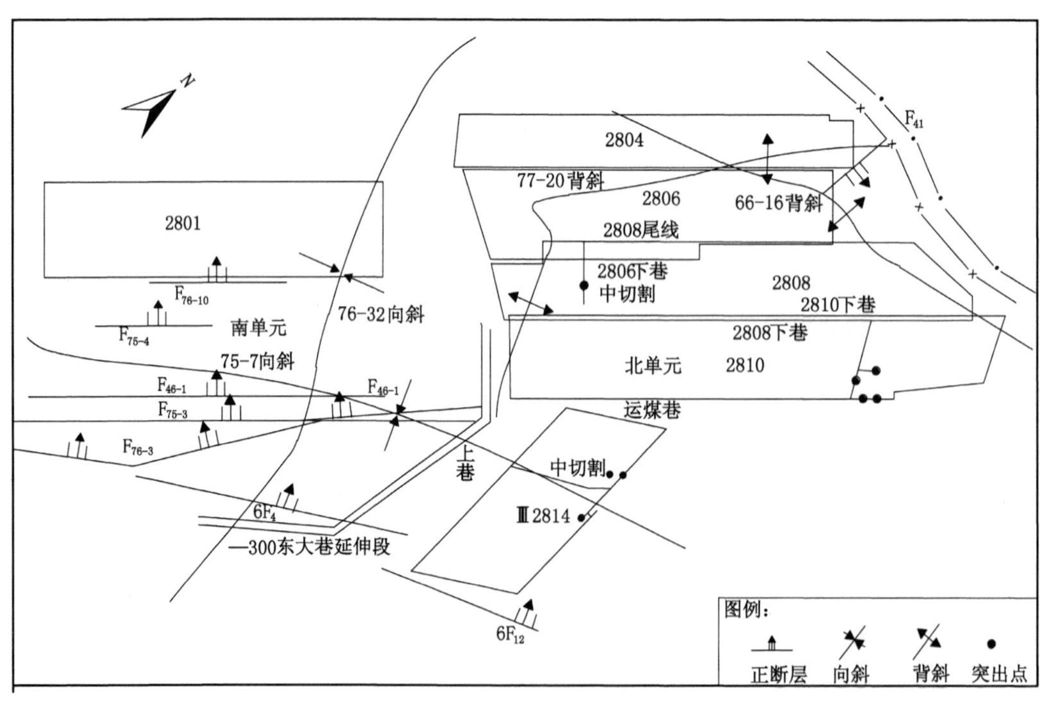

图 1-58 鹤壁六矿北四采区构造纲要图

抚顺煤田大地构造位置位于中朝准地台胶辽台隆铁岭—靖宇台拱抚顺凸起。煤田呈北东东向展布，轴向近东西的不对称向斜，北翼陡，倾角 30°～60°，南翼缓，倾角 15°～30°。煤田内断层较多，北缘为浑河断裂。浑河断裂是郯庐断裂带北延部分的一个重要分支，落差

1 200 m 以上，将老地层逆冲到古近纪含煤地层之上。浑河断裂派生出低序次的分支构造，分支构造压性断裂 F_{18}、F_{18-1} 走向近于东西，与浑河断裂呈 20°～30°锐角相交，锐角指向东西。与其相应的有北西向压扭性结构面 F_{7-1}，北东向张扭性结构面 F_{26-1}，南北向张性断裂 F_6、F_7、F_{28}，次一级张性走向断裂 F_{16}、F_{25}、F_{26}，如图 1-59 所示。

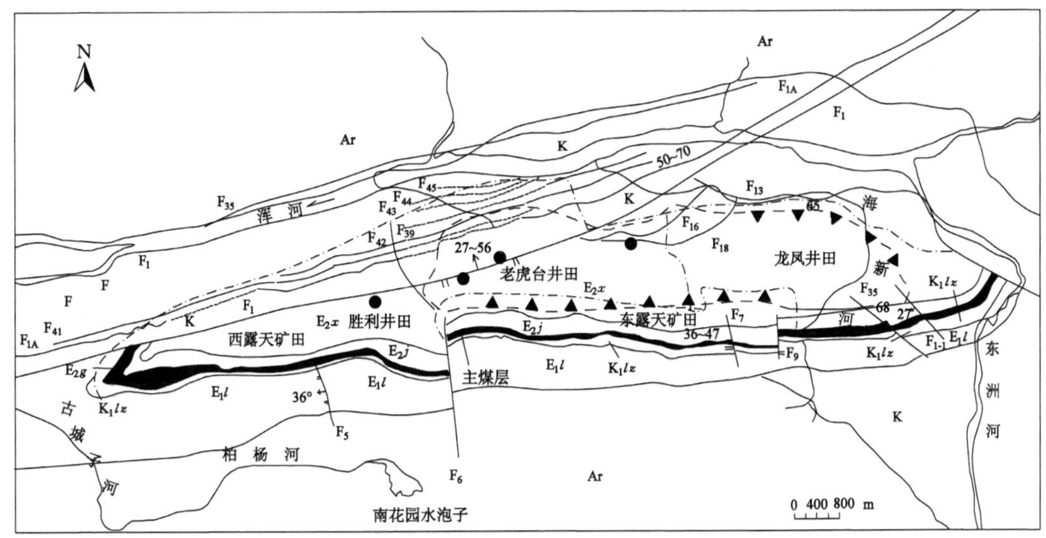

图 1-59 抚顺矿区构造纲要图

(3) 活动构造对矿井动力灾害的影响和控制作用

抚顺煤田最早于 1933 年在胜利井田发生冲击地压，也是全国最早发生冲击地压的矿区。3 个井工矿井沿浑河断裂分布，冲击地压受到浑河断裂的控制。跨浑河断裂水准观测表明，浑河断裂抚顺城区段活动明显，断裂北侧地面缓慢上升，断裂南侧地面下降幅度较大(60 mm/a 以上)。矿区内老虎台矿冲击地压和矿震主要集中分布在 3 个条带上，即井田东、中部沿向斜轴部及向斜轴与 F_7 与 F_{18} 断裂结合处，井田西部沿 F_{25} 断裂带，井田东、中部沿 F_{25} 断裂末端及其延伸带。这几个部位正是应力高度集中的构造带，即抚顺矿区冲击地压和矿震的空间分布受控于区域性断裂——浑河断裂。

1.6.6 沈阳矿区

(1) 沈阳矿区矿井动力灾害概况

沈阳矿区包括沈南区和沈北区，其中，沈南区位于沈阳市与辽阳市交界范围内，规划面积 406 km^2。矿区目前有 4 个矿井，其中，红阳三矿为煤与瓦斯突出和冲击地压复合灾害矿井，西马煤矿为煤与瓦斯突出矿井。红阳三矿于 2002 年 10 月 6 日在－850 m 水平西翼胶带进风上山发生煤与瓦斯突出事故，突出煤体 1 000 t、瓦斯 1.4×10^4 m^3；2017 年 11 月 11 日在西三上采区 702 综采工作面回风巷发生一次冲击地压，巷道破坏长度达 214 m。西马煤矿 12 煤为突出煤层，从 1989 年投产至 1999 年，共发生煤与瓦斯突出 202 次，最大一次突出发生在南一区左三巷采煤工作面，突出强度 324 t，涌出瓦斯量 1.2×10^4 m^3。

(2) 区域构造特征

红阳煤田为古生代石炭二叠纪煤田。区域构造位于新华夏系第二巨型沉降带中下辽河断陷带东坡与东西向太子河坳陷带复合部位，属于辽阳复向斜，由轴向近北东、向南西倾伏的向斜、背斜组成，翼部伴有同序次断裂。煤田构造形式受敦化—密山活动断裂（郯庐断裂带分支）和辽中活动断裂控制。煤田南部的温香—鞍山东西向断裂和北部的苏家屯—浑河北东东向断裂，是本区边界构造。区内构造以褶曲为主，断层次之。主要褶曲构造自西向东依次为张良堡背斜、林盛堡向斜、葛针泡背斜、上岗子向斜、岳家堡子背斜、张台子向斜等，其中林盛堡向斜和张良堡背斜延伸达 30～50 km。主要断裂自西向东依次有佟二堡断层（F_{71}断层）、深沟子断陷带、羊尔屯—小北河断裂（F_1 断层）、林盛堡—刘二堡断裂（F_{21}断层）、岳家堡—木家断裂、张台子—新台子断裂等，其中，F_{71}断层、F_1 断层、F_{21}断层较大，走向延伸达 50 km。沈阳矿区构造纲要如图 1-60 所示。

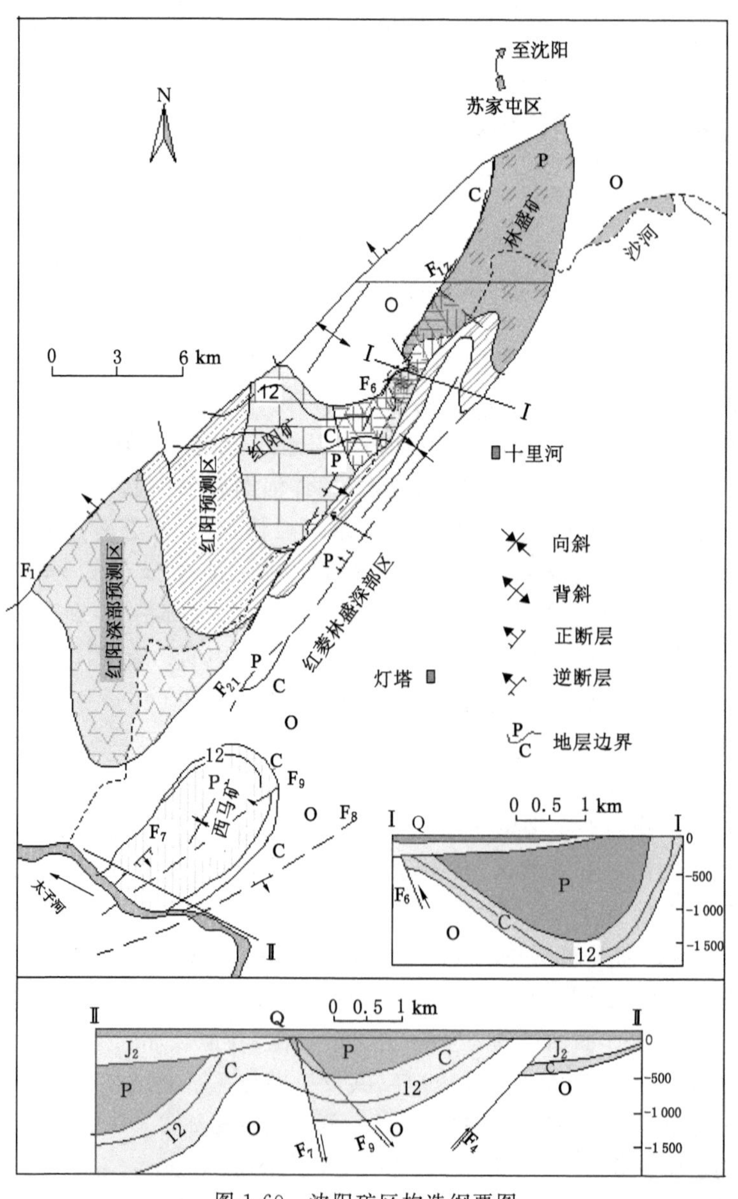

图 1-60 沈阳矿区构造纲要图

(3) 活动构造对矿井动力灾害的影响和控制作用

沈南区的最显著的构造是敦化—密山活动断裂和辽中活动断裂。其中，敦化—密山活动断裂是郯庐断裂带在东北地区(北段)的两条分支之一，长约 1 000 km，宽达 10 km 左右。区域敦化—密山活动断裂南段活动性明显，应变持续较快积累。矿区地质动力环境宏观受敦化—密山活动活动断裂控制。矿区边界羊尔屯—小北河断裂、林盛堡—刘二堡断裂等对区内矿井的地质动力环境具有明显影响，特别是紧邻边界构造羊尔屯—小北河断裂的红阳三矿，在羊尔屯—小北河断裂影响下具有冲击地压显现的动力条件。

1.6.7　阜新矿区

(1) 阜新矿区矿井动力灾害概况

阜新矿区位于辽宁省西部的阜新盆地内。矿区含煤面积 825 km^2，是一个具有百年开采历史的老矿区。矿区原有国有矿井 11 个，其中 2 个为煤与瓦斯突出矿井，3 个为冲击地压矿井，目前仅有 1 个国有矿井在生产。矿区的孙家湾煤矿、五龙煤矿和恒大煤矿为冲击地压矿井，最早的冲击地压于 1972 年发生在五龙煤矿太上层 24 区，后期曾发生多次灾害性冲击地压。

(2) 区域构造特征

阜新盆地位于华北板块与西伯利亚板块缝合带以南，即位于东西向构造带赤峰—开原断裂以南和新华夏系的郯庐断裂带所夹持的区域。阜新盆地的四周特别是东西两侧由多条不同性质和位移方式的断裂围限，盆地东西两侧为闾山断裂(F_1 断层)和松岭断裂(F_2 断层)。两条断裂均向盆地内倾斜，呈阶梯状，上部倾角较大，下部变缓，中央相对下降，边缘相对抬升。盆地次一级构造以呈北东向雁列式褶曲为主，次一级断裂构造主要有四组，即北北东向、北西西向、北北西向和北东东向断裂。盆地内褶曲构造比较发育，由东北向西南依次有新邱背斜、高德向斜、高德背斜、海州背斜、王营子向斜、清河门背斜和李金背斜，背斜又被北西及北北西向正断层所切割，如图 1-61 所示。

(3) 活动构造对矿井动力灾害的影响和控制作用

阜新盆地东缘的闾山断裂(F_1 断层)和西缘的松岭断裂(F_2 断层)控制了整个盆地生成和发展以及后期演化，同时对阜新矿区的地质动力环境起到了控制作用。自 2000 年以来，海州立井发生冲击地压至少 35 次，其中，2005 年发生了 6 次，2006 年发生了 12 次，2007 年发生了 6 次，矿井于 2007 年关井。矿区内的冲击地压主要发生在高德向斜、高德背斜和王营子向斜影响区内，都是在闾山断裂和松岭断裂控制下的矿井动力灾害局部集中显现。

1.6.8　大同矿区

(1) 大同矿区矿井动力灾害概况

大同矿区开采侏罗系和石炭二叠系煤层，其中开采侏罗系煤层的矿井有 15 个，开采石炭二叠系煤层的矿井有 5 个。早在 1960 年代，矿区就有冲击地压事故的记载；1980 年代，冲击地压趋于频繁、严重，曾造成上千米巷道破坏；1990 年代，随着开采技术及设备的不断发展和完善，冲击地压防治取得良好效果；2000 年以来，随着生产需求的提高，煤矿开采强度增大，冲击地压时有发生。目前，侏罗系冲击地压主要发生在煤峪口矿、同家梁矿、忻州窑矿和四老沟矿，包括 11#、12#、14# 煤层。

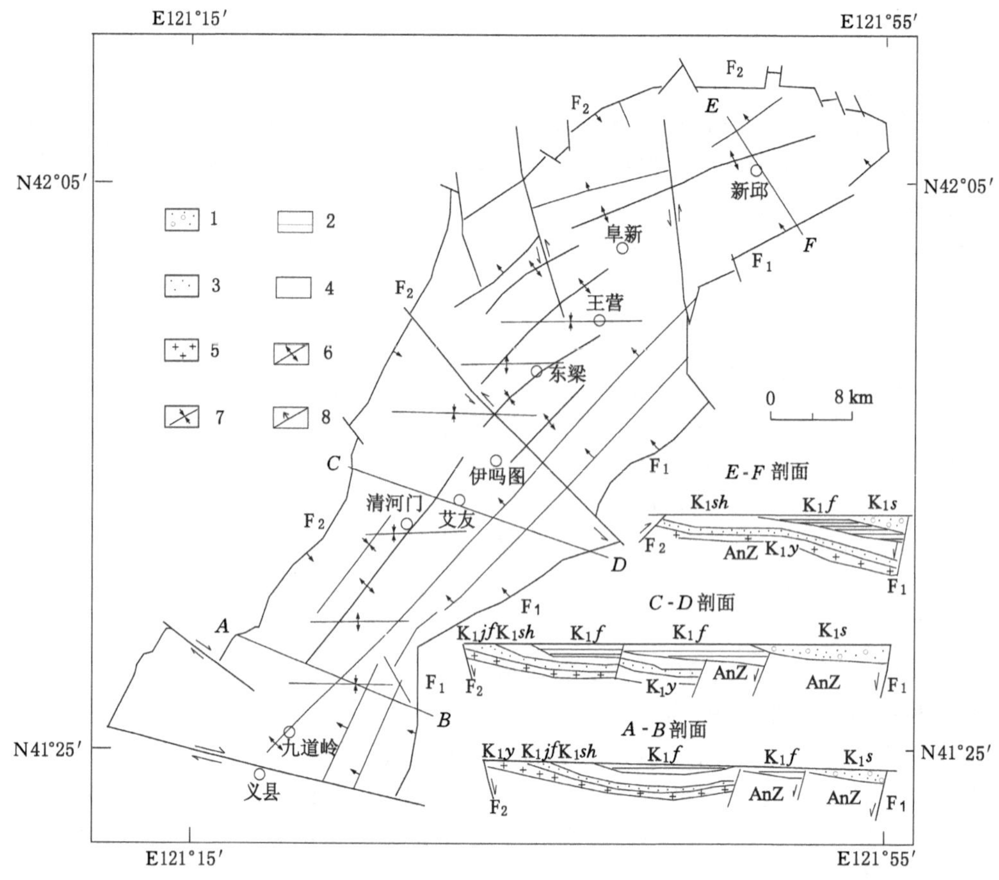

1—砂砾岩;2—煤;3—砂岩;4—泥岩;5—火山岩;6—向斜;7—背斜;8—断裂。

图 1-61 阜新盆地构造图

(2) 区域构造特征

大同煤田属华北断块内二级构造单元吕梁—太行断块中的云冈块坳。云冈块坳北与内蒙古断块相邻,东部及南部以口泉断裂、神头山前断裂与桑干河新裂陷为界,西北部与偏关—神池块坪相接。云冈块坳总体为一向斜构造,分为云冈向斜和平鲁向斜两部分,大同煤田位于云冈向斜内。煤田基本构造形态为走向 NE10°～50°,倾向北西,东高西低的单斜构造。东部地层陡峻,甚至直立、倒转,发育以口泉断裂为主的一系列推覆构造和压性断裂,故东部、东南部构造较复杂,断裂多;北部、西北部构造则相对简单,断层、褶曲皆少,以单一向斜为主,煤田构造属简单型。口泉断裂总体走向 NE35°～55°,倾向南东,倾角 50°～70°,全长160 km,呈现南北不对称的“S”形空间展布特征。其东南盘上冲,主断裂面倾向南东,深部表现为倾角较大的逆冲断层,浅部倾角变缓,形成逆掩构造。如在鹅毛口村北可见东南盘的集宁群片麻岩分别逆冲于寒武系、奥陶系、石炭系、二叠系、侏罗系的不同层位之上,断距达1 000 m 以上。大同矿区构造如图 1-62 所示。

(3) 活动构造对矿井动力灾害的影响和控制作用

矿区冲击地压的主要控制构造为口泉断裂。口泉断裂附近的矿井,冲击地压显现明显,

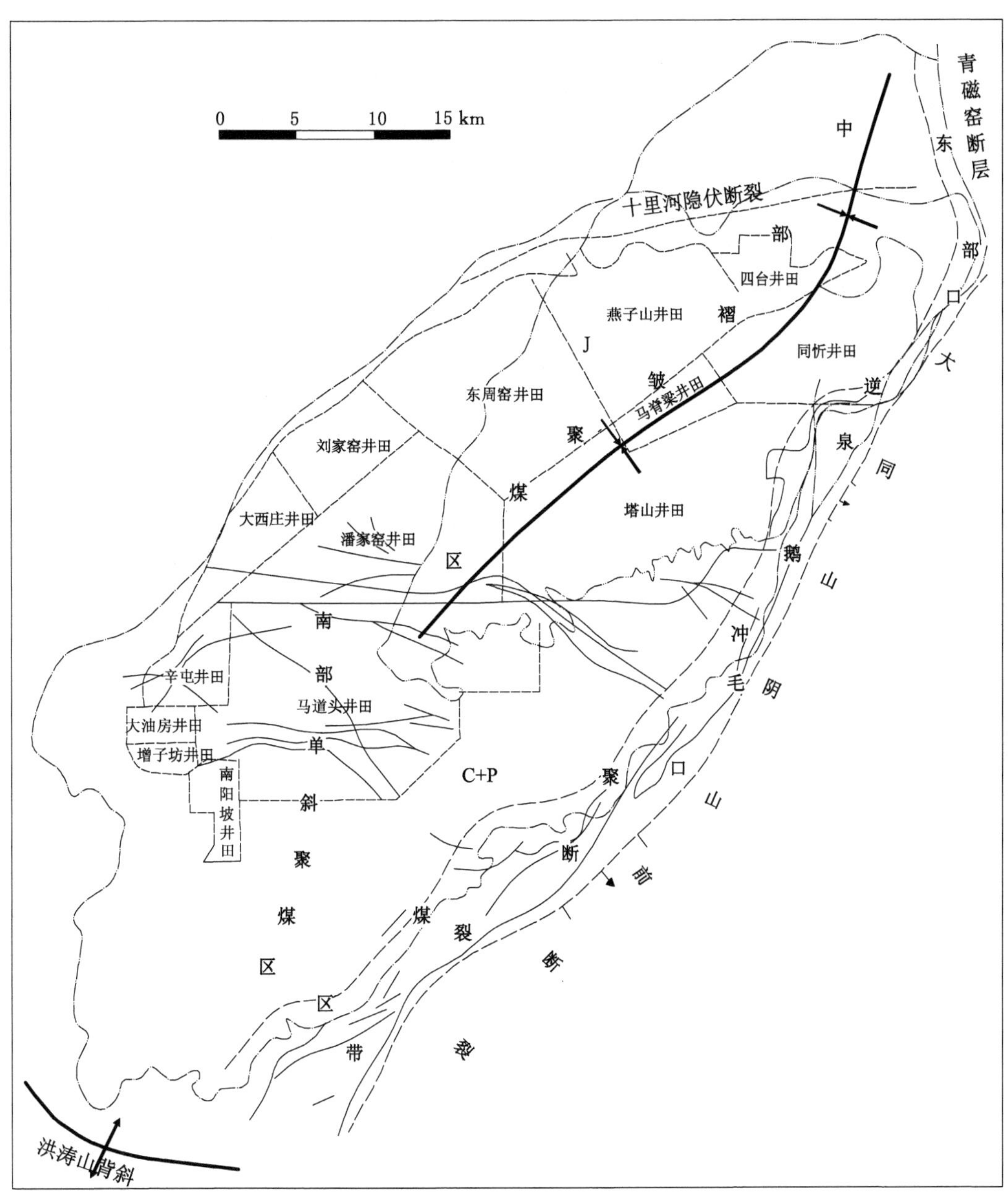

图 1-62　大同矿区构造图

开采侏罗系煤层的煤峪口矿、同家梁矿、四老沟矿和忻州窑矿发生多次矿井动力灾害，开采石炭二叠系煤层的同忻矿、塔山矿冲击地压逐渐显现。远离口泉断裂的矿井没有冲击地压显现，如燕子山矿、四台矿、东周窑矿等。

1.6.9　神新矿区

(1) 神新矿区矿井动力灾害概况

神新矿区乌东煤矿位于新疆维吾尔自治区乌鲁木齐市米东区。煤矿可采范围内包含南、北两个采区，其中北采区位于八道湾向斜的北翼，两层可采煤层平均倾角为 45°；南采区位于八道湾向斜的南翼，两层可采煤层厚度分别为 30 m 和 40 m，两煤层的平均倾角均为 87°，均属于近直立特厚煤层。南采区两煤层被坚硬岩柱分开，岩柱由西向东逐渐变薄，厚度变化范围为 53～110 m，平均厚度为 80 m。乌东煤矿是受冲击地压影响较为严重的矿井，仅 2013 年 1 月至 2013 年 10 月期间，南采区累计发生 5 次冲击地压，对矿井安全生产造成了严重影响。

(2) 区域构造特征

在燕山运动时期，印度洋板块开始向北推进，并不断与亚欧板块碰撞，在博格达山北麓山前发生了逆冲推覆作用。受其碰撞远程效应的影响，博格达山逐步隆起，位于博格达山北部的雅玛里克断裂等再次活化。经历了海西运动、印支运动和喜山运动之后，在乌东井田范围内形成了一系列北北东-北东向的断裂和褶曲构造。在逆冲推覆作用的影响下，七道湾背斜、八道湾向斜开始形成，井田内煤层开始褶皱抬起。

乌东井田位于准噶尔煤田东部，处于博格达断裂带体系之中。准噶尔盆地的应力场变化主要源于喜马拉雅运动时期的印度洋板块与西伯利亚板块的相互碰撞。喜马拉雅山期，印度板块加速向北推挤，在博格达山北麓山前发生了逆冲推覆作用。根据天山地区地壳活动速率判断，博格达断裂北缘处于强烈的压缩状态中。在这一动力学状态的影响下，区域内积聚了大量的弹性变形能。博格达断裂带体系中构造展布方向多为北北东向和北东向，最大主应力方向为北北西向和北西向，最大主应力和最小主应力的差值较大，水平应力梯度较大，挤压应力作用明显。博格达断裂带体系构造与应力分布如图 1-63 所示。

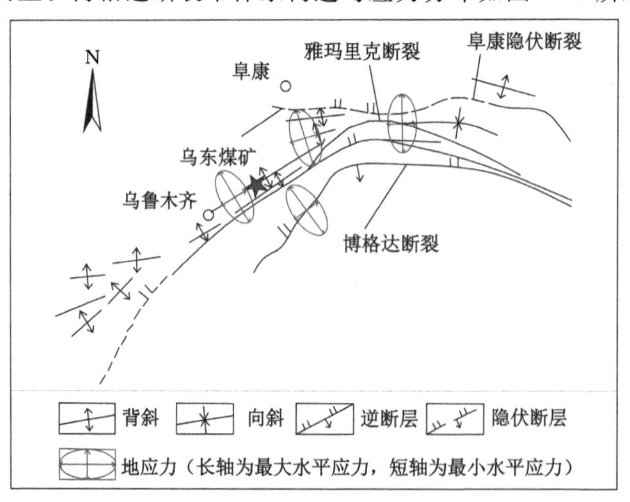

图 1-63 博格达断裂带体系构造与应力分布

(3) 活动构造对矿井冲击地压的影响和控制作用

乌东井田范围内的三条主要断裂分别为地质界线查明的清水河子断裂、白杨南沟断裂和碗窑沟断裂。清水河子断裂为强活动断裂，横穿乌东井田中部，规模大，影响范围广，对乌东井田的地质动力环境影响显著；碗窑沟断裂和白杨南沟断裂分别为中等活动断裂和弱活动断裂，对矿井的地质动力环境也具有明显的影响。上述三条断裂构造的活动速率为 0.04～1.3 mm/a，相关断裂构造的活动特性评估结果见表 1-14。上述断裂所包围的区域是乌东煤矿冲击地压显现的主要区域。

表 1-14 乌东井田断裂构造动力学特征

序号	断裂名称	活动方式	活动时间	活动速率/(mm/a)	活动性分级
1	清水河子断裂	压扭	Q_2	1.3(水平)	强活动断裂
2	碗窑沟断裂	逆冲	Q_3	0.43(垂直)	中等活动断裂
3	白杨南沟断裂	逆冲兼走滑	Q_3	0.06(垂直)、0.04(走滑)	弱活动断裂

乌东井田继承了区域地应力场的作用特征，地应力以水平压应力为主导，井田范围内的断裂构造表现为逆冲运动，煤岩体积聚较高的弹性能，为冲击地压的发生提供了能量基础。

乌东井田南采区2013年1—10月份发生的5次冲击地压全部位于上述三条断裂带的交汇处附近，乌东井田地质构造纲要如图1-64所示。这表明清水河子断裂、白杨南沟断裂和碗窑沟断裂等对乌东煤矿影响显著，对乌东井田冲击地压的发生具有显著的控制作用，整个井田处于上述断裂的影响范围内。

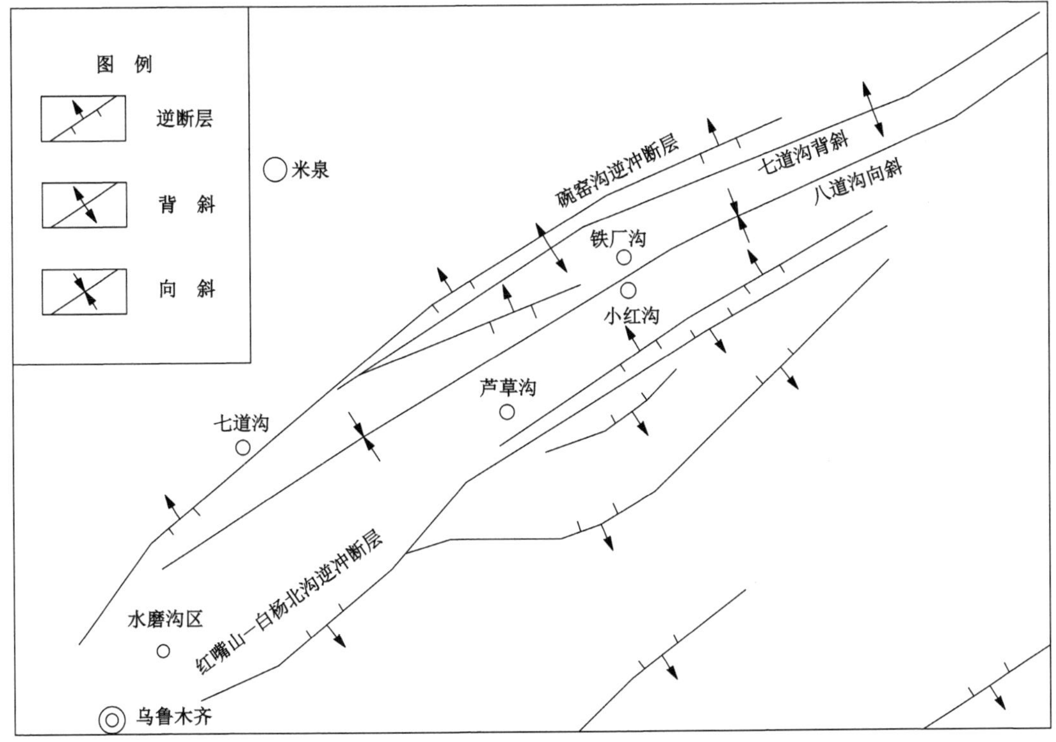

图1-64 乌东井田地质构造纲要图

1.6.10 淮南矿区

(1) 淮南矿区矿井动力灾害概况

淮南煤田地处安徽省淮北平原南部，淮河中游两岸。淮南矿区是中国重要煤炭生产基地之一，含煤32～40层，煤层厚度达42 m，为煤层群开采。矿区东西走向长100 km，南北倾斜宽20～25 km。淮南矿区是煤与瓦斯突出灾害严重的矿区之一，现有15对矿井均为煤与瓦斯突出矿井。

(2) 区域构造特征

淮南煤田为一轴向北西西，枢纽向东倾伏，边缘褶曲、断层较发育而内部开阔，由不同规模的褶曲、断块所组成的大型复向斜构造。复向斜内部为一系列次一级的背斜和向斜构造。各褶曲轴向均沿 NW70°～80°方向延展，一般向东倾伏，倾伏角一般为 3°～5°。褶曲倾伏状况具统一性，即沿同一构造轴线。煤田西部煤层赋存浅，而东部赋存深，与合肥—霍邱凹陷东深西浅的特点一致。枢纽方向和轴向极为相近，仅相差 3°～5°。褶曲自北向南有唐集—朱集背斜、尚塘—耿村集向斜、陈桥—潘集背斜、谢桥—古沟向斜、陆塘背斜等。向斜轴部煤系之上均有较厚的二叠系上统石千峰组红色地层或被新生界所掩盖。呈波状起伏的陈桥—潘集背斜，除背斜轴部部分地段由于风化剥蚀有寒武系、奥陶系出露外，其余均为二叠纪含煤地层，是淮南矿区远景发展的主要后备基地。

煤田褶曲变形剧烈，并在挤压受力最大部位断裂，产生了一系列压扭性逆冲断层。这些断层和褶曲构成了煤田的一级构造体系，断层走向与褶曲轴向基本一致。断层自北向南主要有上窑—明龙山断层、丁谢北部断层、朱集断层、阜凤断层、舜耕山断层。淮南矿区区域构造特征如图 1-65 所示。

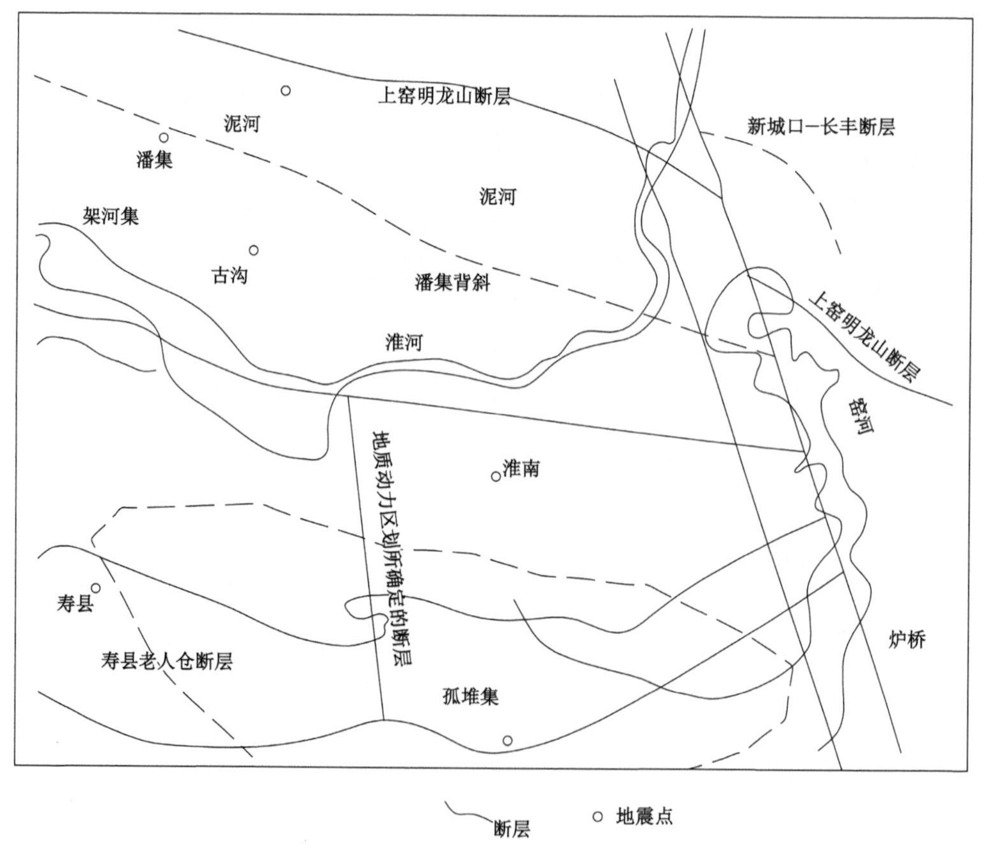

图 1-65 淮南矿区区域构造特征

(3) 活动构造对矿井动力灾害的影响和控制作用

以活动构造带和地震带为边界，将中国及邻区共划分出 8 个活动亚板块，由它们再划分出17个构造块体。从板块构造划分观点看,分级如下:欧亚板块→华北亚板块→河淮块体→豫皖断块→皖中断块→河淮凹地→淮南矿区,如图1-66所示。对淮南矿区区域构造起主导和控制作用的是东侧的郯庐断裂带和南侧的大别山弧形构造带。

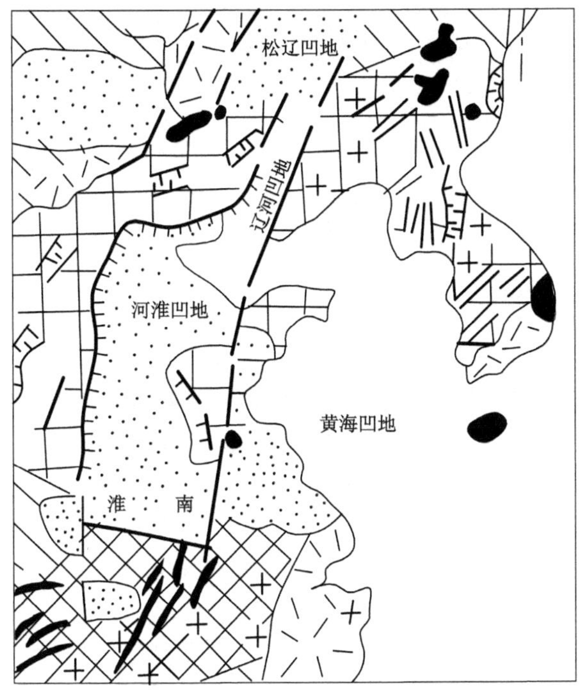

图1-66　淮南煤田处于河淮凹地示意图

第 2 章 地质动力区划原理和方法

2.1 矿井动力灾害与地质动力区划

2.1.1 中国矿井动力灾害现状

矿井动力灾害包括冲击地压、煤与瓦斯突出、煤岩瓦斯复合动力灾害、矿井热动力灾害、顶板垮落、矿井突水等，是煤矿的主要灾害之一，对矿山安全和高效生产造成严重影响。研究表明，从力学角度看，矿井动力灾害是煤岩体材料的破坏过程，是具有非均匀性、非连续性、非线性的复杂工程地质介质在水、气、热、化学等多因素耦合作用下的损伤演化和渐进破裂诱发灾变的过程，涉及非线性科学、破坏力学、突变理论、分形理论等现代系统科学知识，其本质是矿山开采过程中应力场扰动或应变增加所诱发的微破裂萌生、发展、贯通直至失稳发生。

中国是世界上冲击地压最为严重的国家。进入深部开采之后，承受着高的地应力，为煤岩体中储存的大量弹性能提供了释放的条件。在深部条件下形成冲击地压的条件不同于浅部，开采条件、应力条件和能量条件的改变进一步加剧了冲击地压的危险性。截至 2021 年 2 月，中国冲击地压矿井分布于全国 13 个省、市及自治区，其中山东省冲击地压矿井数量位居首位，陕西省、内蒙古自治区、黑龙江省等次之[49]。中国冲击地压矿井分布如图 2-1 所示。近 40 年来，中国冲击地压矿井数量从 1985 年的 32 个发展到 2022 年的 146 个。中国冲击地压矿井数量变化情况如图 2-2 所示。中国冲击地压矿井数量的激增发生在 2000 年以后，主要原因是煤炭开采强度的不断增大和开采深度的不断增加。随着中国浅部煤炭资源的减少，进入深部开采的矿井数量逐年增多，冲击地压等矿井动力灾害对煤矿安全开采的威胁日益严重。冲击地压已成为中国煤矿开采中的主要灾害之一。

煤与瓦斯突出是一种异常复杂的矿井动力灾害，发生时高压瓦斯裹挟破碎煤体由突出孔洞喷射而出，造成巷道严重破坏和采掘人员重大伤亡，给煤矿安全生产带来极大威胁。研究表明，在浅部，煤层瓦斯含量随埋深增加呈单调递增趋势，随着逐渐进入深部瓦斯含量增长率逐渐降低，到达一定深度后煤层瓦斯含量基本保持不变，再深入后趋于降低。随着开采深度的增加，地层温度升高，压力增大，煤变质程度也越高，煤与瓦斯突出发生危险不断增大，严重威胁着煤矿深部开采的安全生产。中国煤与瓦斯突出矿井分布如图 2-3 所示。近 20 年来，在各级政府高度重视和煤炭企业的大力治理下，中国煤矿瓦斯防治工作取得了显著成效，全国煤矿瓦斯事故发生起数和死亡人数均大幅度下降，不同瓦斯等级矿井数量如图 2-4 所示(截至 2021 年 12 月)。煤与瓦斯突出极易引起群死群伤事故，中国曾发生过多起因煤与瓦斯突出引起的上百人死亡事故，因此有效防范和遏制煤与瓦斯突出事故仍然是煤矿安全生产中的重要任务。

图 2-1　中国冲击地压矿井分布

煤岩瓦斯复合动力灾害是指进入深部开采之后，煤矿各种动力灾害之间的相互作用凸显，表现出两种以上灾害复合发生，或产生其他次生灾害，其典型表现为一些矿井动力灾害既表现出煤与瓦斯突出的部分特征，又有冲击地压的部分特征，两种动力灾害互为共存、互相影响、相互复合，难以界定为单一灾害类型。由于煤岩瓦斯复合动力灾害发生过程中多种因素相互交织，在事故孕育、发生、发展过程中可能互为诱因、互相强化，与单一动力灾害相比，煤岩瓦斯复合动力灾害发生的门槛可能更低，灾害发生强度可能更大，这使得其发生机理更为复杂，预测和防治难度加大。

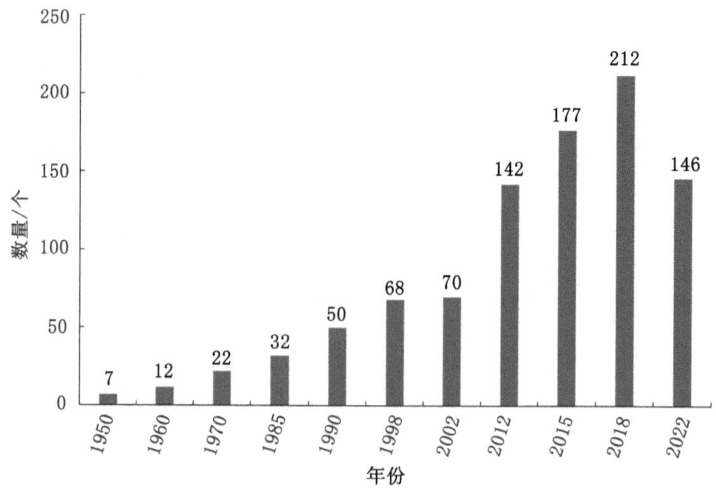

图 2-2 中国冲击地压矿井数量变化情况

矿井热动力灾害是指可燃物在煤矿井下发生的非控制燃烧与爆炸，通过热化学作用产生的高温、有毒烟气和冲击波造成人员伤害和环境破坏的灾害[50]。矿井热动力灾害兼具持续性和突发性的特点。其中，煤自燃、煤尘自燃以及瓦斯燃烧具有相对持续性的特点，而瓦斯爆炸、煤尘爆炸具有相对突发性的特点。通常情况下，在矿井热动力灾害发生发展过程中，持续性和突发性并存，并在一定的条件下共同作用。因此，矿井热动力灾害具有以下特性：复杂性、耦合性、灾害叠加性、隐蔽性、继发性和难救援性等。矿井热动力灾害致灾因素复杂多变，防控难度极大，现行的防控方法将各类灾害分列，防控技术缺乏系统性和综合性，没有系统构建综合防控体系。

在矿井掘进或工作面回采过程中，岩层天然平衡状态遭受破坏，周围水体在静水压力和矿山压力作用下通过断层、隔水层和岩层的薄弱处进入采掘工作面，形成矿井突水。在采深加大条件下，随着穿过的含水层增多，矿井岩溶水压升高、涌水量增加，矿井突水灾害更为严重。

综上所述，随着中国煤矿开采深度的不断增加、开采强度的不断加大，矿井动力灾害日趋严重。近十年来，冲击地压对煤矿安全生产产生重要影响，煤与瓦斯突出灾害呈逐年下降的趋势，矿井热动力灾害和矿井突水事故时有发生。

2.1.2 矿井动力灾害的基本特征

(1) 矿井动力灾害的区域性分布

国内外对冲击地压、煤与瓦斯突出等矿井动力灾害分布的研究表明，矿井动力灾害的发生在时间和空间上是不均匀分布的，呈现区域性分布的特征。矿井动力灾害在空间上分布不均匀主要取决于现代构造断块的形式和特征；在时间上分布不均匀主要取决于现代构造断块的活动时间和方式，即取决于煤岩体的构造应力分布特征，在一年中一定的时间和季节内发生次数也与太阳活动、固体潮、地球自转速度的不均匀性等有关。根据中国现代构造体系，按大区域初步划分矿井动力灾害的矿区如图 2-5 所示。在矿区和矿井范围内冲击地压、

图 2-3 中国煤与瓦斯突出矿井分布

煤与瓦斯突出多数发生在地质构造变化带、活动构造带和地震多发地带附近，呈区域性分布。于不凡指出煤与瓦斯突出的不均衡分布是一个普遍的规律，具有明显的构造带控制性、分段变化性、区域不均匀性。地质构造尤其是活动断层控制煤与瓦斯突出的分区分带性，同时也控制着岩体应力的分布[51]。

(2) 矿井动力灾害与地质构造的关系

研究表明，矿井动力灾害与地质构造有直接的关系。大多数冲击地压、煤与瓦斯突出矿区都与活动断裂具有密切的关系。安徽淮南矿区 85%以上的突出与以断层为主的构造有关，山西阳泉矿区 80%以上的突出发生在构造区，开滦矿区 60%的突出发生在以断层为主的构造附近，北票矿区有 84.8%的煤与瓦斯突出发生在构造带，四川芙蓉矿 47 次突出都发生在断层和褶曲构造附近，河南平顶山矿区、义马矿区矿井动力灾害与地质构造密切相关。在英国的南威尔士矿区及捷克斯洛伐克的奥斯特洛夫斯克—卡文尔斯克矿区，煤与瓦斯突

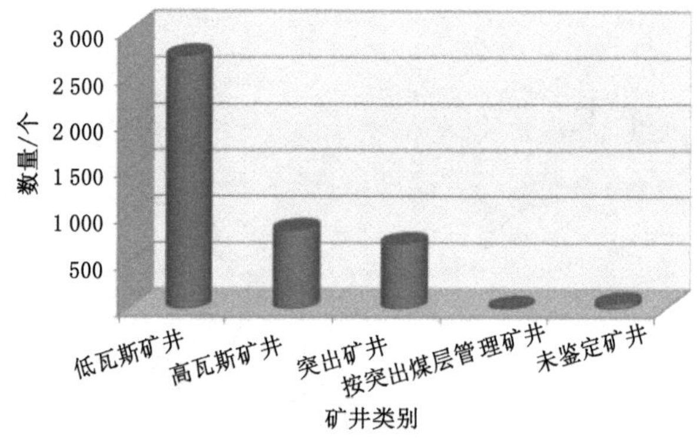

图 2-4 不同瓦斯等级矿井数量

图 2-5 中国冲击地压矿井的分区特征

出几乎集中在构造带；保加利亚有 90%的煤与瓦斯突出发生在构造带；苏联顿巴斯煤田有 80%的煤与瓦斯突出集中在地质破坏带。

煤与瓦斯突出不仅需要良好的瓦斯形成和保存的地质条件，还需要具备煤与瓦斯突出的地质动力条件。瓦斯的形成和保存奠定了突出发生的物质基础，地质构造因素则是发生瓦斯突出的必要条件。由于地质构造的影响，有些矿区不但高瓦斯矿井发生突出事故，而且低瓦斯矿井也会因瓦斯异常积聚而发生突出事故。研究表明，构造煤容易发生突出，因为构造煤是在构造应力作用下原生结构遭到破坏的煤，其实构造煤本身就处于地质构造中。

地球动力学分析认为，构造区内突出危险性相对较大的部位是：构造体系的复合部位、弧形构造的弧顶部位、褶曲构造的褶扭部位、多种构造体系的交汇部位、压扭性断裂所夹的断块以及旋转构造的收敛端和断层的尖灭端等。地质构造对突出有控制作用，但并不是所有的构造带内都会发生突出；不同的地质构造，同一地质构造的不同块段，对煤与瓦斯突出的控制作用是不同的，掌握好这些规律对煤与瓦斯突出预测有重要意义。

(3) 矿井动力灾害与构造应力的关系

通常将大地应力场划分为自重应力场和构造应力场，自重应力场是由上覆岩体的重力引起的，构造应力场是一定区域内具有成生联系的各种构造形迹在不同部位应力状态的总称，两者都是天然应力场的组成部分。构造应力场是由构造运动产生的，按规模划分为局部构造应力场、区域构造应力场和全球构造应力场；按时间划分为现代构造应力场和古构造应力场，现代构造应力场可以通过地应力测量方法测定。构造应力场是空间和时间的函数，是随构造形迹的发展而变化的非稳定应力场。

中国著名地质学家李四光指出："在构造应力的作用仅影响地壳上层一定厚度的情况下，水平应力分量的重要性远远超过垂直应力分量。"[7]哈斯特(N. Hast)通过实际测量发现地壳上岩体的最大主应力大多呈水平状或接近水平状，并且最大主应力值一般为垂直应力的 1～2 倍，甚至更大[52]。他的这一发现证明了构造运动是形成地应力的一个重要因素。

中国大陆尤其是构造活动地区的现今地壳以水平应力占主导。地应力测量、地震宏观考察、断层位移测量、震源机制解的大量资料统计分析结果提供了如下证据：中国大陆尤其是构造活动地区的现今地应力场以水平应力占主导；浅层应力场不均匀分布，在各地有应力方位和量值的变化。中国部分地区实测应力场特征统计数据见表 2-1[53]。

表 2-1　中国部分地区实测最大水平应力与垂直应力的比值

分布范围	<1	1～<2	2～<3	3～<4	≥4
测点数/个	231	779	117	9	2
比例/%	20.30	68.45	10.28	0.79	0.18

中国具有矿井动力灾害的矿区，其应力场主要是构造应力起主导作用。

研究表明，在一个相当大的区域内，现今构造应力的方向是相对稳定的，并具有一定的分布规律，这与地质构造和现代地壳运动有一定的关系[54]。中国的地应力分布具有分区性，不仅方向差异甚大，而且其数值亦不相同。

中国东部及邻近地区，现代构造应力场的主体特征表现为以北西西-东西向为主[55]，主要显示北西华夏系现今地应力场活动的特征；西部最大主压应力方向大都接近南北向，包括北东向和北西向，地应力值常常高于全国平均值，主要显示西域系、河西系和反“S”形现今地应力场活动特征，如图 2-6 所示。

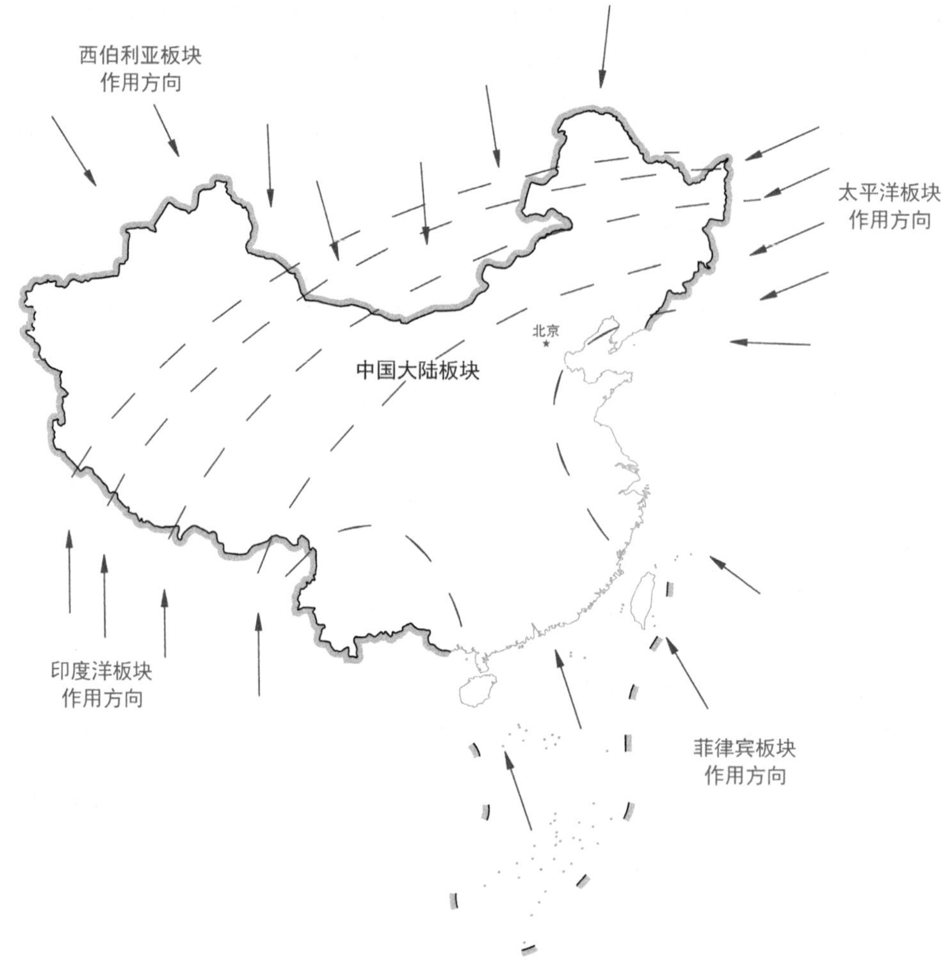

图 2-6 中国大陆板块主应力迹线图

(4) 矿井动力灾害的临界深度

随着开采深度的增加，地质构造性质、煤体结构类型、水平应力和垂直应力等因素发生变化，煤层承受上部岩层的压力越来越大，煤层本身的应力越来越高，矿井动力灾害危险性和发生频率也会升高。任何一个发生动力灾害的矿井都存在始发临界深度的问题。当超过临界深度开采时，矿井动力灾害发生危险性较大；当小于临界深度开采时，有时也可能发生矿井动力灾害。

(5) 矿井动力灾害与固体潮的关系

固体潮在一定程度上影响着构造应力场和自重应力场的分布，从而导致在大潮时期出现动力异常现象，如发生地震、火山爆发，轻微的如矿震和煤与瓦斯突出。对国内外地震和煤与瓦斯突出发生时间的统计分析表明，固体潮活动和区域性的地质动力现象之间存在弱相关关系，很多强烈的地质动力破坏都发生在固体潮活动的峰值期(即农历初一和十五)附近，该时间是矿井动力灾害的多发期[56]。

2.1.3　地质动力区划提出和应用的必要性

地质动力区划理论是 20 世纪 80 年代由俄罗斯自然科学院 И. М. 巴图金娜院士和 И. М. 佩图霍夫院士创建的[57]。地质动力区划可应用于矿区地质动力状况评价、矿井动力灾害预测、矿井开采矿压显现分析、油田渗透性与储量评估以及大型工程稳定性评价等方面，其理论基础是地球动力学和板块构造学说。

И. М. 巴图金娜院士建立地质动力区划理论时认为，断块划分和岩体应力状态评价是其核心内容。矿山工程区域岩体的应力-变形状态是根据"从一般到个别"的原则确定的，这一原则能由从个别断裂片段中抽象出来的特征进行综合分析，得出岩体变形过程总的趋势。在研究中所取的信息量越大，各类信息反映的结果越一致，就越能清楚地确定出隐蔽的规律。虽然矿山岩体变形的这一全过程（断裂形成的趋势）是由个别过程（非连续的正在形成的断裂片段）组成的，但是它们的相关性是比较高的。认识了这一过程之后，就能够解读岩体应变的过程，查明矿井区域在断裂带影响下的应力分布规律，从而为矿井动力灾害预测与防治等提供科学依据[22]。

地质动力区划根据地形地貌的基本形态和主要特征决定于地质构造形式这一原理，通过对构造地貌的分析，查明区域断裂的形成与发展状况，确定区域地质构造形式、构造应力场和能量场、岩体应力状态等，划分矿井动力灾害危险区域，为人类的工程活动提供所需的地质环境信息，预测工程活动可能产生的地质动力效应[58]。地质动力区划作为研究矿山区域地质体构造运动和岩体应力的方法，在煤矿领域用于解决现代构造运动对矿井动力灾害的影响等问题。

现代构造运动主要是指地球内动力地质作用所引起的地壳的机械运动，内动力地质作用是由地球内部能量驱动的地质作用。内动力地质作用一般起源和发生于地球内部，但常常可以影响到地球的表层，如火山作用。内动力地质作用在形式上分别表现为构造运动、地震作用、岩浆作用和变质作用。内动力地质作用的主要任务是推动地球内部的物质和能量循环，同时"抬高降低"而增大地表高差并激发相应的外动力地质过程。

煤炭形成的各个时期，煤系主要经历了新构造运动、燕山运动以及喜山运动。在受到构造运动的作用时，煤岩体会发生破坏和位移、应力集中和能量积聚，这是煤岩体受到内动力地质作用的一个关键标志。多期的复杂构造运动形成了矿井动力灾害的内动力条件。

矿井动力灾害具有统一的动力源，即内动力地质作用。煤矿开采扰动为工程动力作用，从能量来源角度可划归为外动力作用。内动力作用控制着外动力作用的格局和基础条件，外动力作用改造着内动力作用的结果，正是这种耦合作用，导致煤矿的地质动力环境的复杂性，在煤矿开采时产生矿山压力异常显现和矿井动力灾害等一系列问题。煤岩体工程地质动力条件的形成主要是内外动力作用的结果，内外动力耦合作用控制着煤矿开采的动力效应和矿井动力灾害的孕育、发生和发展过程。

常规的采矿工程学科知识体系主要是对开采工程效应进行研究和分析，大多仅对井田范围内开展研究工作，较少考虑井田以外的影响因素。基于对井田范围内的煤矿开采工程动力效应研究，来解释冲击地压等矿井动力灾害现象是不全面的，也就是说目前的采矿知识还不能很好地解释矿井动力灾害问题。主要体现在两个方面：

① 常规的采矿工程学科知识体系很少考虑内动力地质作用；

② 常规的采矿工程学科知识体系研究范围基本局限在井田范围内。

这样的知识体系和研究方法基本能够满足绝大多数矿山工程及其变化规律研究的要求，如井巷工程布置、开采技术参数确定、矿山压力显现特征、“三区”“三带”分布规律、顶板活动规律、上覆岩层运动规律、煤岩体应力集中等的研究；但用于研究冲击地压等矿井动力灾害是远远不够的。因此，需要应用多学科的专业知识和研究方法来分析研究冲击地压等矿井动力灾害现象，建立或补充新的知识体系和应用新的方法进行矿井动力灾害的研究，要研究现代构造运动和现代构造应力场、要考虑内动力地质作用对井田的影响，应用地质动力区划的原理和方法研究冲击地压等矿井动力灾害问题。

地质动力区划是地球动力学的一个新分支，其理论基础是地球动力学和板块构造学说。根据板块构造学说，地壳由许多大板块构成；大板块在其边界应力的作用下，可以破碎成一些巨断块；而巨断块又会破裂成更小一些的断块；依此类推，就把地壳划分成一种不同从属等级的断块综合体。目前，对全球主要板块划分及分布的基本轮廓是清楚的，以此解释地震、火山现象、造山运动等地质构造运动现象是令人满意的。

板块构造的研究成果为长期从事矿井动力灾害研究的人员打开了新思路，为矿井动力灾害危险性预测和防治工作提供了新的启示。但在工程上如何实际应用，两者之间还缺少必要的衔接和联系。特别是在人类工程范围内（几十至几百平方千米），这是板块构造研究的空白点，也是板块构造研究与工程实际应用的隔离带。矿山工程范围往往处于次级块体中，必然受到板块构造运动的影响，也就是说矿井动力灾害的发生与板块及构造块体的活动有密切联系。一方面，矿井生产中发生的动力灾害等可以说是现代构造运动和现代构造应力场的具体显现；另一方面，可以用板块构造学说原理对矿井动力灾害现象及其规律加以解释和说明[59]。从这个意义上说，板块构造已不仅是构造学家的研究课题，而且也是所有与地球科学研究有关的工作者和矿山开采工作者的研究课题。

由于板块构造研究的尺度和空间范围较大，目前尚不能直接应用于解决矿山开采工程出现的动力灾害问题。如何将板块构造的研究成果应用于矿井动力灾害的研究，一直为国内外矿山开采工作者所关注。因此，必须建立一个新的研究方法，在人类工程活动尺度上解释和分析处理工程中出现的矿井动力灾害现象。这一方法必须遵循板块构造学说的原理，从总体到局部对矿井动力灾害开展系统的研究工作，这就是地质动力区划方法产生的必然性。

地质动力区划是研究内动力地质作用对井田作用的新方法，现代构造运动和现代构造应力场的影响和控制作用是矿井动力灾害发生的必要条件，对于采矿科学来说要揭示矿井动力灾害发生机制就必须研究现代构造运动和现代构造应力场问题。在这一研究工作的基础上，分析内外动力作用的相互作用关系和煤矿开采的工程动力效应，确定矿井动力灾害的各项影响因素，采取相应防治措施，才能提高矿井安全性，实现煤矿安全开采。因此，要研究矿井动力灾害问题，在运用常规的采矿工程学科知识体系研究的基础上，开展地质动力区划研究工作是非常必要的。

2.1.4 地质动力区划团队主要研究工作

辽宁工程技术大学地质动力区划团队根据中国大陆的构造特点，在 И. М. 巴图金娜和

И. М. 佩图霍夫院士提出的地质动力区划方法基础上，对研究内容进行了广泛的拓展，在30余年的研究和实际应用中引入了GIS技术、分形理论、岩体应力分析和多因素模式识别方法等理论和方法，丰富和深化了地质动力区划理论和方法。

在矿井动力灾害研究方面，团队开创了地质动力区划研究的全新体系，提出了"不同矿区、不同矿井、不同构造和应力条件下矿井动力灾害具有不同的模式"的学术观点，为矿井动力灾害危险性预测提供了理论依据；建立了矿井动力灾害的地质动力环境评价方法，从地质动力学角度揭示了矿井动力灾害孕育环境和能量积聚条件，确定了矿井地质动力环境类型；提出了构造凹地的概念和定量评价指标，明确了构造凹地反差强度对矿井动力灾害的控制作用；建立了井下断裂及坚硬岩层远场监测方法，进行井下原位断层应力、位移监测，掌握工作面开采过程中断层应力和位移的变化情况，为煤矿冲击地压监测预警提供可靠的断层活动信息；自主开发了岩体应力状态分析系统，对煤矿所处的区域地质构造条件和应力条件进行分析，明确了构造应力分区对矿井动力灾害的控制作用；建立了"煤岩动力系统"结构尺度计算方法，确定了不同尺度范围内煤岩体的冲击危险程度；建立了矿井动力灾害多因素模式识别概率预测方法，实现了矿井动力灾害危险性的分单元定量化预测，促进了矿井动力灾害预测工作从单因素预测向多因素预测、从点预测向区域预测、从定性预测向定量预测发展。

地质动力区划创始人俄罗斯自然科学院 И. М. 巴图金娜院士认为："辽宁工程技术大学地质动力区划研究所在张宏伟教授领导下，与俄罗斯专家合作，对地质动力学进行着深入的研究。地质动力区划方法在中国得到了进一步发展。特别是在地质动力区划研究中引入了计算机可视化和模式识别方法，使得地质动力区划工作得以深化，尤其有利于进行煤田和矿井地质动力区划的研究。张宏伟教授应用地质动力区划方法在中国煤田进行煤与瓦斯突出预测所取得的研究成果，充分证明只有新的研究方法才可以查明自然界发展过程所未知的规律。"

地质动力区划团队围绕矿井动力灾害危险性预测和防治技术先后承担"九五"国家科技攻关计划子课题"用地质动力区划方法分析地层应力分布(95-223-01-03-02)"、"十五"国家科技攻关计划专题"煤与瓦斯突出区域预测的地质动力区划和可视化技术(2001BA803B0404)"等国家级科研课题18项；承担辽宁省教育厅科学技术研究重点实验室项目"冲击地压危险性模式识别与预测技术的工程应用(20060372)"、教育部高等学校博士学科点专项科研基金"矿井动力灾害机制及其预测研究(20080147005)"等省部级科研课题20项；在平顶山矿区、淮南矿区等17个矿区的32个煤矿承担企业委托科研课题40余项。研究成果"煤与瓦斯突出矿井深部动力灾害一体化预测与防治关键技术"获得国家科学技术进步二等奖，获得省部级一等奖、二等奖、三等奖40余项。出版《地质动力区划》《地壳应力状态与地应力测量》《淮南矿区地质动力区划》等17部著作，在《煤炭学报》《岩石力学与工程学报》《Rock Mechanics and Rock Engineering》等期刊发表《地质动力区划方法在煤与瓦斯突出区域预测中的应用》《煤岩动力系统失稳机理》《基于多因素模式识别的急倾斜特厚煤层冲击地压危险性预测》等学术论文300余篇。

(1) 1991—2000年

1991—1993年，原中国东北内蒙古煤炭集团公司与原全苏地质力学及矿山测量研究院签订技术合同"北票矿区地质动力区划及岩体动力现象预测预报研究(SU/013713101-04-02)"，首次将地质动力区划方法应用于北票矿区煤与瓦斯突出和冲击地压的研究工作中。

1996—2000 年，团队承担了“九五”国家科技攻关计划子课题“用地质动力区划方法分析地层应力分布(95-223-01-03-02)”研究工作，将分形几何方法应用于地质动力区划研究中。

1998—1999 年，团队与平顶山煤业(集团)有限责任公司合作完成“岩体应力状态区域预测研究”。

(2) 2001—2005 年

2001—2003 年，团队承担了“十五”国家科技攻关计划专题“煤与瓦斯突出区域预测的地质动力区划和可视化技术(2001BA803B0404)”研究工作，创立了矿井动力灾害危险性多因素模式识别理论和方法，开发了地质动力区划信息管理系统。

2005—2006 年，团队承担了“十五”国家科技攻关计划示范项目“煤与瓦斯突出危险性的模式识别与概率预测技术(2005BA813D05-2)”。

2004—2005 年，团队与天地科技股份有限公司合作完成“新汶矿区地质动力区划研究”。

2004—2005 年，团队与鹤壁煤电股份有限公司合作完成“鹤壁六矿地质动力区划及瓦斯灾害预测研究”。

2005—2006 年，团队与阜新矿业(集团)有限责任公司合作完成“阜新矿区地质动力灾害预测研究”。

2005—2006 年，团队与南票矿务局合作完成“煤与瓦斯突出危险性区域预测研究”。

(3) 2006—2010 年

2006—2008 年，团队承担了“十一五”国家科技支撑计划“煤与瓦斯突出多因素模式识别预测技术(2006BAK03B01)”。

2006—2010 年，团队承担了国家“973”计划课题子课题“活动构造对煤与瓦斯突出的控制作用机理(2005CB221501)”。

2009—2011 年，团队承担了国家自然科学基金面上项目“矿井动力灾害统一预测理论与方法研究(50874058)”。

2006 年，团队与内蒙古平庄煤业(集团)有限责任公司合作完成“红庙矿构造分析与深部煤层瓦斯分布规律研究”。

2007 年，团队与沈阳煤业(集团)有限责任公司合作完成“红阳三矿煤与瓦斯突出区域预测研究”。

2008 年，团队与鸡西矿业(集团)有限责任公司合作完成“滴道矿立井煤与瓦斯突出区域预测研究”。

2009—2010 年，团队与鹤壁煤电股份有限公司第六煤矿合作完成“鹤壁六矿煤与瓦斯突出危险性模式识别研究”。

2010 年，团队与平顶山天安煤业股份有限公司合作完成“平顶山矿区深井动力灾害统一预测方法与防治技术研究”。

(4) 2011—2015 年

2013—2016 年，团队承担了国家自然科学基金面上项目“基于动力条件和能量特征的矿井冲击地压研究(51274117)”。

2011—2013 年，团队承担了国家自然科学基金青年科学基金项目“煤与瓦斯突出力热耦合作用机理研究(51004063)”。

2012—2014 年，团队承担了国家自然科学基金青年科学基金项目“构造与采动耦合作用下瓦斯压力场演化规律研究(51104085)”。

2014—2016 年，团队承担了国家自然科学基金青年科学基金项目“煤与瓦斯突出的动力系统和能量机制研究(51304110)”。

2011 年，团队与河南大有能源股份有限公司合作完成“跃进煤矿冲击地压危险性的地质动力区划”。

2012—2013 年，团队与北京昊华能源股份有限公司长沟峪煤矿合作完成“长沟峪煤矿地质动力区划研究”。

2012—2013 年，团队与同煤国电同忻煤矿有限公司合作完成“大同双系两硬煤层开采顶板运动规律与控制研究”。

2013—2014 年，团队与北京昊华能源股份有限公司大安山煤矿合作完成“大安山煤矿动力区划研究”。

2013—2014 年，团队与北京昊华能源股份有限公司木城涧煤矿合作完成“木城涧煤矿地质动力区划”。

2013—2014 年，团队与大同煤矿集团有限责任公司合作完成“同忻矿冲击地压发生机理及综合治理技术研究”。

2014 年，团队与抚顺矿业集团有限责任公司老虎台矿合作完成“老虎台矿地质动力环境评估与开采工程效应研究”。

2014—2015 年，团队与神华新疆能源有限责任公司合作完成“神新能源公司乌东煤矿冲击地压地质动力区划”。

(5) 2016—2022 年

2016—2019 年，团队承担了国家重点研发计划子课题“区域性煤矿典型动力灾害风险判识技术(2016YFC0801407)”。

2017—2020 年，团队承担了国家重点研发计划子课题“大型地质体控制型矿井群冲击地压协同防控方法与技术(2017YFC0804203)”。

2017—2020 年，团队承担了国家重点研发计划子课题“深部矿井煤岩动力灾害防治技术集成及工程示范(2017YFC0804209)”。

2017—2020 年，团队承担了国家自然科学基金面上项目“冲击地压的地质动力环境与致灾机理研究(51674135)”。

2017—2019 年，团队承担了国家自然科学基金青年科学基金项目“煤炭深部开采冲击地压系统动力失稳机理及能量条件(51604139)”。

2018—2020 年，团队承担了国家自然科学基金青年科学基金项目“构造应力场作用下覆岩结构演化与冲击地压机理研究(51704148)”。

2020—2022 年，团队承担了国家自然科学基金青年科学基金项目“煤岩动力系统的能量特征及对冲击地压的控制作用研究(51904145)”。

2017—2018 年，团队与黑龙江龙煤双鸭山矿业有限责任公司集贤煤矿合作完成“集贤煤矿冲击地压地质动力区划与防治技术体系研究”。

2018—2019 年，团队与北京昊华能源股份有限公司合作完成“红庆梁煤矿地质动力环境评价及对矿井开采工程效应控制作用研究”。

2018—2019 年，团队与平顶山天安煤业股份有限公司合作完成“平煤股份东三矿瓦斯赋存规律与矿井动力灾害显现特征研究”。

2020—2021年,团队与河南大有能源股份有限公司合作完成“耿村煤矿冲击地压危险性多因素模式识别与防治技术体系研究”。

2020—2021年,团队与黑龙江龙煤鹤岗矿业有限责任公司合作完成“鹤岗煤田南部矿区动力灾害危险性预测与防治技术研究”。

2021—2022年,团队与黑龙江龙煤双鸭山矿业有限责任公司合作完成“东荣矿区冲击地压地质动力区划与防治技术研究”。

2.2 地质动力区划的理论基础

2.2.1 地质动力区划的科学基础

对于宏观世界,如太阳系,哥白尼提出和论证了日心说,开普勒和牛顿描写出行星椭圆轨道运动,这对于物体低速运动的宏观运动规律的解答便令人满意了。对于微观世界,如原子,波尔(N. Bohr)、海森堡(W. Heisenberg)和薛定谔(E. Schrödinger)描写出电子层结构,这对于微观粒子运动规律的解答便令人满意了。然而地壳是一个极其复杂的研究对象,不但具有复杂的物质成分,不同的化学性质、物理性质和各式各样的结构方式,而且在漫长的时间和广大的空间内受到了一系列物理作用、化学作用甚至生物作用等综合的地质作用影响,不断发生着错综复杂的物理和化学变化。这些作用以及它们所呈现的各种地质现象之间存在互相制约、互相联系、互相转化的关系。它们的发生、发展和演化的规律,除具有普遍的特点之外,还常有一定的时间变异性和区域特殊性。关于地壳的描述,还没有得到十分满意的解答;地矿科学所得到的不是规律,而是规律性。正像恩格斯所指出的:地质学按其性质来说,主要是研究那些不但我们没有经历过,而且任何人都没有经历过的过程,所以要挖掘出最后的、终极的真理就要费很大的力气,而所得是极少的[60]。

物质运动并不是杂乱无章的,恰恰相反,它们是有章可循的,即具有规律性。首先,物质运动有许多不同的形式,如机械的、物理的、化学的、生命的、社会的等,每一种运动形式都有它自己的规律,正是这种特殊的规律把不同的运动形式区别开来。其次,这些不同运动形式之间又有着内在的、本质的联系,也就是说,它们彼此相互联系、相互作用和相互依赖。根据以上哲学原理可以确定,在地壳里同样作用着与均质介质里相同的规律。因此,可以利用均质介质里得出的规律来指导和帮助我们研究地壳的运动问题。

针对地壳这个非均匀介质,板块构造学说吸收了地震、海洋地质调查、古地磁和地球物理等方面的研究成果,已成功地解释了大区域的地质构造运动和地震、火山喷发等地质动力灾害。在板块构造学说描述地壳动力学的规律的基础上,基于相同的原理,在工程范围内,建立地质动力区划理论和方法,用以解释矿井所发生的动力灾害,如煤与瓦斯突出、冲击地压等。这样就可以把大尺度的规律性移到小尺度上,或者相反。综合利用地球科学与相关科学所提供的信息建立了地质动力区划理论,地质动力区划理论的科学基础是:

① 根据辩证统一的原则,查明关于地球的个别学科规律性的共同点;

② 根据对地壳地质动力状态的研究揭示区域原岩应力场形成的规律性;

③ 根据“从一般到个别”的原则查明地壳的断块构造,揭示断块构造部分的主从关系;

④ 利用查出的规律性来规划矿山和其他工程项目在设计和施工阶段地下资源的安全开采。

地质动力区划工作流程如图 2-7 所示。依据地质动力区划原理，矿井的工程活动应当根据地质动力系统的活动特点来确定，这是控制地下地质动力状态、进行安全开采的主要条件。用地质动力区划方法查明井田地质动力危险区，并制定安全开采的措施是十分必要的。

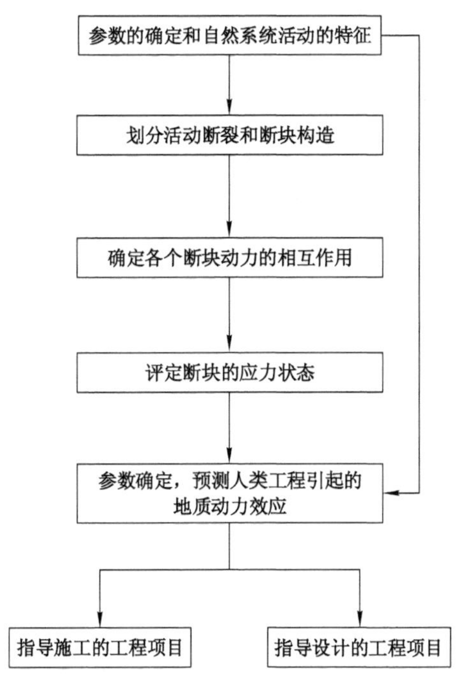

图 2-7　地质动力区划工作流程

根据地球相关科学（如构造学、地貌学、矿床学、采矿工艺学等）和基础科学（如力学、数学等）分析总结出相关信息和数据源，这些信息和数据源揭示了地壳岩体运动和应力演化过程，可以用来评估岩体的应力状态。在实际应用过程中，要把这些信息和数据源统一起来，综合分析，才能得出符合逻辑的结果。地质动力区划方法的多学科逻辑系统，如图 2-8 所示。

2.2.2　地质动力区划的知识体系

地质动力区划研究内容涉及板块构造学、构造地质学、数学、岩体力学、断裂力学、矿床成因学、地貌学、采矿学、地震学、测量学、构造物理学、计算机科学等多个学科领域。相关学科知识领域的研究成果为地质动力区划提供了可以借鉴的有关地球科学的研究成果，如板块构造学关于板块边界和板块相互作用的研究成果，断裂力学关于断裂相互作用法则、断裂存在的持久性和断裂影响带等研究成果。地质动力区划知识体系，见表 2-2。

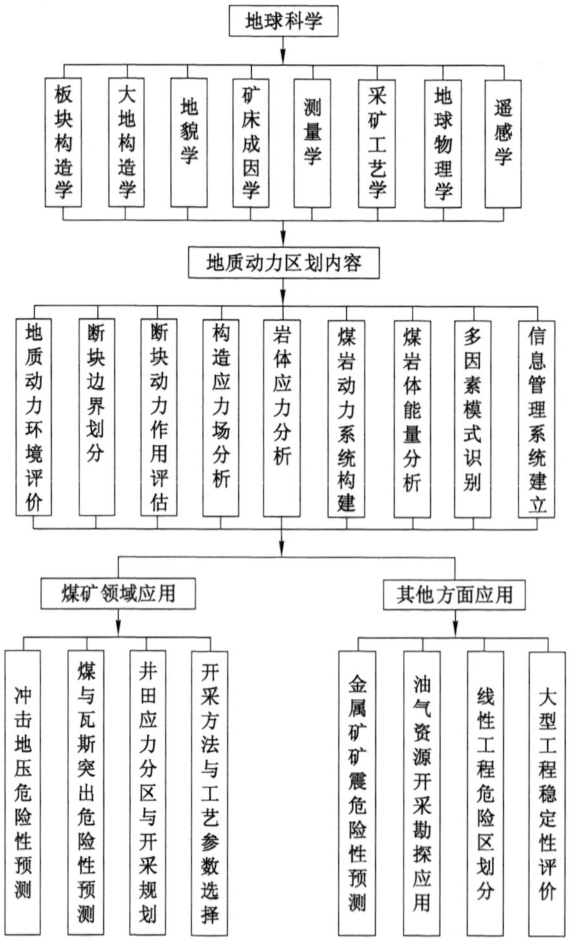

图 2-8 地质动力区划方法的多学科逻辑系统

表 2-2 地质动力区划知识体系

序号	知识领域	相 关 内 容
1	板块构造学	板块边界特征和板块相互作用
2	构造地质学	断裂相互作用规律,断裂影响带
3	断裂力学	错动(断层)的相互影响,边界特点,成块性
4	矿床成因学	断裂带内矿床分布
5	地貌学	断块构造的划分方法
6	构造物理学	断块构造形成的机制,断裂影响带
7	采矿学	矿井动力灾害发生时岩石破坏机制,露天边坡稳定性破坏机制,岩石的错动和地质力学的其他规律
8	数学(统计学)	趋势面建立,地貌样本识别
9	岩体力学	剪切破坏形成机制,裂隙形成机制
10	测量学	地壳现代运动特点与量值
11	地震学	矿区地震流动监测、地震特征分析
12	计算机科学	模式识别方法,地质动力区划信息管理系统

2.3 地质动力区划工作原理

2.3.1 地质动力区划原理

地质动力区划将板块构造理论、现代构造运动、现代构造应力场、人类的工程活动和矿井动力灾害发生看作一个动态体系，重点研究内动力地质作用对井田的影响和对冲击地压等矿井动力灾害的控制作用，揭示矿井动力灾害的发生机制。地质动力区划认为，现代地质构造运动和构造应力场等内动力影响因素在矿井动力灾害的孕育、发生和发展过程中起着重要作用。

地质动力区划遵循板块构造学说的基本原理，根据地质动力系统的活动特点，确定内动力地质作用对矿井动力灾害的影响。发生动力灾害的矿区和矿井不是孤立存在的，必然处于周围地质体的包围中，要受到周围地质体的动力作用和影响。井田具备相应的地质动力环境是矿井动力灾害发生的必要条件，井下开采等工程活动的工程动力作用是矿井动力灾害的诱发因素。因此，先要研究内动力作用对矿井动力灾害的影响，体现"不谋全局，不足谋一域"和"可知才能可控"的研究思路。

依据地质动力区划原理，研究工作可分为基础性研究（包括现代构造运动、现代构造应力场分析，地质动力环境评价，内动力作用对井田的影响程度和矿井的地质动力环境类型确定等）和应用性研究（包括岩体应力特征与应力分区确定，煤岩动力系统、矿井动力灾害多因素模式识别系统建立，井田构造形成、井田岩体应力分布规律和煤岩动力系统参数确定，矿井动力灾害危险区划分，矿井动力灾害防治技术体系建立等）两类。

板块构造运动引起地壳内构造块体中应力和能量的重新分布可分为三种情况：① 应力和能量相对稳定区域；② 应力和能量增高区域；③ 应力和能量临界极限区域。在第①种状态区域进行煤矿开采，主要产生常规矿压显现，不会发生矿井动力灾害。第③种状态区域地壳岩体处于临界失稳状态，通过地震等方式释放能量，达到新的平衡，重新恢复到第①种或第②种状态。在第②种状态区域进行煤矿开采，在构造应力场作用下，煤岩体应力和能量处于动态平衡状态，在煤岩体的局部区域能量积聚。在煤矿开采等工程活动扰动下，能量增加而导致系统失稳，能量释放，发生矿井动力灾害。如何确定和划分这几类工程区域，特别是在第②种情况下，进一步划分井田矿井动力灾害危险区是矿井动力灾害研究的重要内容。

应用地质动力区划方法预测矿井动力灾害危险性核心理念基于以下认识[61]：

① 矿井动力灾害发生必须具备相应的地质动力环境，是受多因素影响的。

② 不同矿区、不同矿井、不同煤层、不同构造和应力条件下矿井动力灾害具有不同的模式。

③ 虽然准确地预测矿井动力灾害发生的时间和地点是极其困难的，但是预测矿井动力灾害发生的可能性（发生概率）是可以的。

依据地质动力区划原理，研究团队创立了多因素模式识别概率预测方法，对井田区域矿井动力灾害进行分单元概率预测，划分危险区。该方法促进了矿井动力灾害预测工作，从单因素预测向多因素预测、从点预测向区域预测、从定性预测向定量预测发展，实现了分单元精细化预测，建立了比较科学的矿井动力灾害预测方法。

完成矿井动力灾害危险性预测工作仅仅是“四位一体”防治工作的一部分。矿井要在预测工作的基础上，确定煤矿开采产生的工程效应，即工程动力作用，制定安全开采的技术措施，进一步开展监测预警、采取解危措施，建立矿井动力灾害综合防治技术体系，实现矿井的安全开采。地质动力区划在中国经过30余年的发展和应用，形成的原理方法路线如图2-9所示。

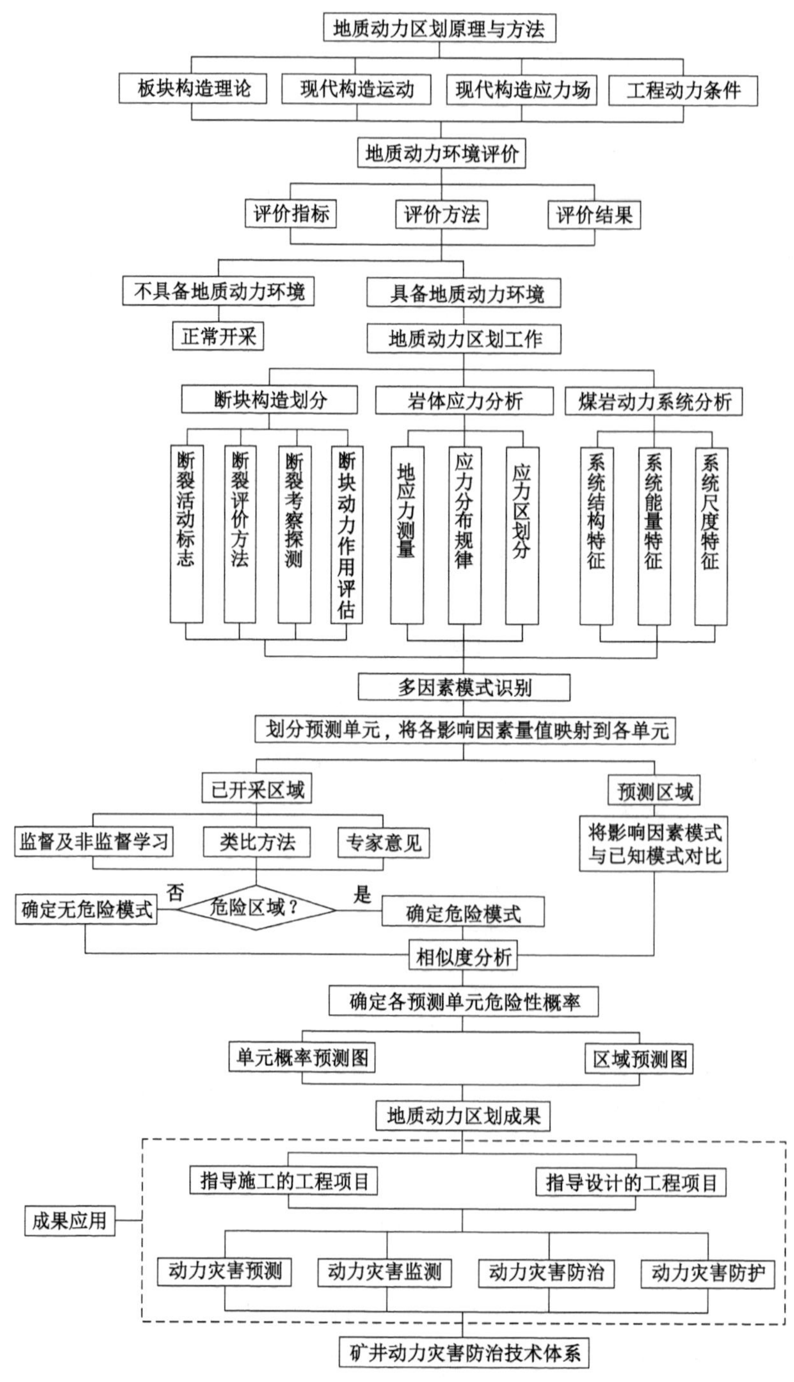

图2-9 地质动力区划原理方法路线

2.3.2 地质动力区划工作原则

(1) 地质动力区划遵循对内动力影响因素进行研究的原则

内动力是矿井动力灾害的主要影响因素,研究外部地质体对井田的作用。地质动力区划研究对象是地质动力条件下工程地质体,现代构造运动和现代构造应力场对矿井动力灾害的影响问题,目标是预测矿井动力灾害的危险区域和制定安全开采技术措施。矿井动力灾害产生的动力机制是在工程区域的煤岩体中有能量存在,其动力学基础是能量的积聚,所以研究矿井动力灾害先要确定能量积聚的条件。地质动力区划认为能量积聚主要来自两个方面,即地质动力条件和开采工程动力条件。地质动力条件下的煤岩体内的能量积聚受到内动力地质作用控制,煤岩体的每一种应力、应变状态对应着相应的能量状态,是现代构造运动所导致的。

煤岩体所处的地质动力环境有两种情况:一是具备产生矿井动力灾害的地质动力环境;二是不具备产生矿井动力灾害的地质动力环境。因此,地质动力区划研究能够解答两个问题:一是能够根据区域地质体的地质构造形式与应力条件等,提前判别人类工程所处区域地质体是否具备发生矿井动力灾害的地质动力环境,同时能够解释为什么某些矿区从不发生矿井动力灾害,而其他一些矿区则频频发生矿井动力灾害;二是对具备发生矿井动力灾害地质动力环境的矿区,通过地质动力区划的研究,确定区域构造形式、构造演化过程,查明断块活动特征,进行活动断裂划分,确定断裂活动性及其对矿井动力灾害的控制作用,在此基础上确定矿井动力灾害发生机制。

这部分研究工作为地质动力区划的基础性研究工作,包括现代构造运动、现代构造应力场分析以及地质动力环境评价等,目的是确定内动力作用对井田的影响程度,对井田地质动力环境进行评价,确定矿井地质动力环境类型和矿井动力灾害发生机制。

(2) 地质动力区划遵循从总体到局部进行研究的原则

地质动力区划基于对断裂构造进行划分的原则,研究范围主要在井田外部。依据这一原则,先在板块构造研究的基础上,进行Ⅰ、Ⅱ、Ⅲ、Ⅳ和Ⅴ级区划工作。Ⅰ—Ⅴ级区划所用比例尺逐渐增大,也就是说研究范围在逐渐缩小。Ⅰ级区划工作是建立板块构造研究与工程所在的大区域构造运动之间的联系,下一级别的区划工作都是建立与上一级别区划研究的联系,并进一步细化研究内容和缩小研究范围,Ⅴ级区划工作尺度与井田范围相对应。通过这一系统的研究和区划工作,建立板块构造学说与工程应用之间的联系。地质动力区划进行构造划分能够在不同比例尺地形图上进行,能从一般现象抽象出个别特征,分析出地质构造的区域发展规律,确定矿区地质动力演变过程。因此,运用从一般到个别的研究方法能确定活动构造发展的一般规律,这一规律对研究地质动力过程和预测地质动力灾害危险性非常重要。查明各级构造断块的边界,划分构造活动区,建立工程所处位置的地质构造模型,在煤矿的应用就是确定构造形式和特征对矿井动力灾害的影响和控制作用。

为遵循从总体到局部这一工作原则,地质动力区划研究中所选用的划分各级断块构造的地形图比例尺见表2-3。表中序号1~5列举了巨大断块划分所用的地形图比例尺范围为1∶4 000万~1∶400万,Ⅰ、Ⅱ、Ⅲ级巨大断块用于海底条件下,而Ⅳ、Ⅴ级巨大断块用于岩石圈板块的地质动力区划。通过这一地形图比例尺范围建立全球断块构造系统。

表 2-3　地质动力区划断块划分所用地形图比例尺范围

序号	断块构造	断块级别	地形图比例尺
1	巨大断块	Ⅰ	1∶4 000 万
2	巨大断块	Ⅱ	1∶2 500 万
3	巨大断块	Ⅲ	1∶1 200 万
4	巨大断块	Ⅳ	1∶800 万
5	巨大断块	Ⅴ	1∶400 万
6	断　块	Ⅰ	1∶250 万
7	断　块	Ⅱ	1∶100 万
8	断　块	Ⅲ	1∶20 万～1∶10 万
9	断　块	Ⅳ	1∶5 万～1∶2.5 万
10	断　块	Ⅴ	1∶1 万
11	断　块	Ⅵ	1∶5 000～1∶2 000

通过对 1∶250 万～1∶5 000(1∶2 000)比例尺地形图的逐级划分，最终确定井田尺度范围的断块构造，由此便可建立板块构造与工程应用之间的联系，据此分析构造活动对矿井动力灾害的影响。同时建立井田地质构造模型，为井田岩体应力分析和矿井动力灾害危险性预测提供基础。

(3) 地质动力区划遵循在自然条件下进行研究的原则

地质动力区划在自然条件下对矿井动力灾害进行研究的这一原则，属于地质动力区划的应用性研究方面。其包括地应力测量，岩体应力特征与应力分区确定，煤岩动力系统、矿井动力灾害多因素模式识别系统、矿井动力灾害防治技术体系建立等，目的是划分矿井动力灾害危险性、确定相关技术参数、建立矿井动力灾害防治技术体系。

通过地应力测量确定构造应力场的性质，进行岩体应力分析，划分构造应力区，进行煤岩体能量分区，确定应力和能量对矿井动力灾害的控制作用；确定自然条件下矿井动力灾害影响因素，应用多因素模式识别方法预测矿井动力灾害危险性，划分不同的危险区；建立矿井动力灾害防治技术体系，提高矿井安全生产水平。

地质动力区划研究较少涉及开采工程动力条件。开采工程动力效应分析应用常规的采矿工程学科知识和研究方法基本能够满足绝大多数矿井的要求。如井巷工程布置、开采技术参数、矿山压力显现特征、顶板活动规律、超前支护距离、上山间距、煤柱尺寸、支承压力、煤岩体应力集中现象、顶板断裂特征、支护强度、来压步距、上覆岩层运动规律等分析。

2.4 地质动力区划研究内容

2.4.1 地质动力区划基本研究内容

地壳区域动力系统的形成与地壳构造运动密切相关，研究地壳区域动力系统要从地壳的构造运动和构造应力变化入手。地质动力区划以板块构造学说为基础，遵循板块构造学说的基本原理，进行活动断裂的划分及活动性评价和断块应力状态分析。其主要从以下三个方面进行研究：① 形态学研究。利用室内分析和野外观测相结合的方法进行构造几何分析，了解断裂构造在平面与剖面上的形态特征。② 运动学研究。综合分析地质、地貌、地壳形变及地震资料，描述断裂构造运动形式。③ 动力学研究。通过地应力测量、物理模拟和数值模拟等，研究断裂构造活动方式及断裂带周围的应力场，查明构造和断块地质体的应力状态。

地质动力区划理论创立初期由苏联确定的基本研究内容如下[62]。

(1) 查出地表的断块构造，根据“从一般到个别”的原则，在不同比例尺地形图上划分出构造应力带和卸压带。

(2) 评估构造应力带的活动性和断块相互作用关系。

(3) 根据应力和地质动力的危险性对地壳的地段进行分类。

(4) 评估矿山断块岩体的应力：

① 确定相关岩石圈板块的边界条件；

② 确定个别巨大断块的边界条件；

③ 计算区域和个别地段断块构造的应力。

(5) 根据地质动力区划的结果控制地质动力，从而安全和有效地进行地下和地面的开采。

2.4.2　地质动力区划创新研究内容

地质动力区划团队自 20 世纪 80 年代末将地质动力区划引入中国，经过 30 余年的研究和实际应用，根据中国大陆的构造特点，在 И. М. 巴图金娜院士和 И. М. 佩图霍夫院士提出的原理和基本方法基础上，在研究方法和研究内容等方面进行了广泛的拓展和创新。团队提出了“不同矿区、不同矿井、不同煤层、不同构造和应力条件下，矿井动力灾害具有不同的模式”的观点，创立了“地质动力环境评价方法和指标体系”“矿井动力灾害多因素模式识别概率预测”方法，建立了“煤岩动力系统”分析方法，开发了“岩体应力状态分析”软件系统，引入了 GIS 技术、分形理论等，丰富和深化了地质动力区划理论和方法。地质动力区划已在中国的北票、平顶山、淮南、鹤壁、新汶、义马、京西、南票、阜新、沈阳、鹤岗、鸡西、大同、神新、双鸭山等十几个矿区推广应用，推动了矿井动力灾害防治技术进步，提高了矿井动力灾害防治水平。地质动力区划创新研究内容简介如下。

(1) 矿井地质动力环境评价方法

矿井地质动力环境是指井田所处的地质动力学条件，矿井地质动力环境评价是指对矿井所处的区域地质体的结构特征、运动特征和应力特征的评价。矿井地质动力环境评价方法用于划分矿井地质动力环境类型。

(2) 矿井动力灾害危险性预测多因素模式识别方法

矿井动力灾害危险性预测多因素模式识别方法，在查明多个矿井动力灾害影响因素与危险性之间的内在联系，对各影响因素进行定量化分析，完成模式识别系统设计、模式识别算法研究、概率预测准则确定和矿井动力灾害危险性预测系统的开发。该方法用于矿井动力灾害危险性预测。

(3) 岩体应力状态分析与应力分区方法

团队开发了“岩体应力分析系统”软件。应用该软件时，在地应力测量的基础上，根据井田断裂构造特征建立计算模型，确定煤岩体岩性分布特征；通过数值模拟计算，得到井田应力分布规律并进行应力区划分。该软件系统为大区域岩体应力场的数值模拟提供了有效手段。

（4）煤岩动力系统分析方法

煤岩动力系统用于描述矿井动力灾害的影响范围。为矿井动力灾害提供能量及受到影响的煤岩体构成煤岩动力系统。团队研究确定了煤岩动力系统尺度和能量的计算方法。矿井可根据冲击地压等矿井动力灾害释放的能量，确定煤岩动力系统各区域结构尺度，进而确定井下工程、煤炭开采、防治措施等的安全保护范围，为确定冲击地压防治技术措施参数和超前支护距离提供依据。

（5）断裂构造的分形研究方法

断裂构造分形维数是断裂规模、数量、发育程度、组合方式及动力学特征的综合体现。断裂构造的分形研究方法通过分形维数定量描述断裂的空间规模和发育程度，确定不同区域和单元构造特别是断裂构造的复杂程度，并进行定量分级，为断裂构造与矿井动力灾害的相关性分析提供定量化的依据。

（6）构造凹地与反差强度评估方法

团队提出了构造凹地的概念，即矿区/矿井处于地形的低处或拐点处，其周围则表现为相对明显隆起的地形结构。构造凹地总体上表现为一种封闭环境，其动力状态表现为压性特征增强，形成了应力集中、能力集聚和瓦斯大量赋存的环境，有利于矿井动力灾害的发生。在此基础上，团队提出利用构造凹地反差强度评估矿井动力灾害危险性的方法。

（7）褶曲构造和推覆构造的瓦斯灾害发生机制

团队对褶曲构造和推覆构造条件下的瓦斯灾害发生机制和规律进行了分析。褶曲构造和推覆构造为煤与瓦斯突出创造了物质条件——瓦斯和低强度的煤体。褶曲构造的形态不同，对煤与瓦斯突出的控制程度不同；褶曲构造的变形程度与煤与瓦斯突出危险性呈正相关关系。

（8）地质动力区划中的监测探测方法

井下断裂构造监测方法通过对井下原位跨断层锚索应力、变形进行监测，确定在开采过程中断层位移和应力的变化情况；EH-4 连续电导率剖面测量仪通过对断裂划分内业确定的活动断裂和工作面不同开采阶段的采空区进行探测，进一步确定断裂带的空间分布形态和采空区覆岩结构特征；矿区地壳形变监测方法分别通过全球导航卫星系统（GNSS）和合成孔径雷达干涉测量（InSAR）技术进行区域地壳水平形变和垂直形变监测，为矿区地壳形变研究和地质动力环境评价提供基础数据；矿区地震监测方法通过在矿井周边布置流动地震监测台站，确定矿井动力灾害与区域地震活动性的相关性，揭示地震发生规律和地质体运动特征对矿井动力灾害的控制作用。

（9）坚硬顶板结构失稳计算方法

团队建立了“地质动力环境分析—覆岩结构及其演化—开采技术和开采工艺优化—矿压显现及其控制—矿井动力灾害控制与安全防护”的坚硬顶板结构研究新方法，确定了坚硬顶板结构特征、运动特征及失稳的动力学特征，提出了坚硬顶板结构失稳判据，确定了坚硬顶板结构失稳能量释放和能量衰减计算方法。

（10）活动断裂计算机自动识别方法

团队开发了活动断裂计算机辅助识别软件系统，该系统基于浏览器和服务器架构模式(B/S 架构模式)，实现了基于矢量图形数据的高程数据导入、高程数据自动分级、断块划分和活动断裂的辅助识别等功能，提高了活动断裂划分的效率和精度。

(11) 基于 GIS 的地质动力区划信息管理系统

地质动力区划信息管理系统基于 GIS 技术，采用 Visual Basic 6.0 和 Matlab 等计算机语言开发。地质动力区划信息管理系统提供了集成的数据环境和可视化的分析平台，将地质动力区划的各专项功能集成在一起，可及时、迅速、准确地提供矿井动力灾害危险性预测等相关信息。

2.5 地质动力区划工作方法

2.5.1 地质动力区划工作程序

经过 30 余年的研究和实际应用，地质动力区划团队依据地质动力区划原理，提出了适合研究中国矿井动力灾害的地质动力区划工作方法，其工作内容和程序如下。

① 制定研究方案和实施方案。搜集矿井地质、煤岩层性质、开采条件、矿井动力灾害等资料信息，准备区域断裂构造、地形图、地震、地壳形变等资料，完成煤岩物理力学实验等前期准备工作，进而确定研究方案和实施方案。

② 地质动力环境评价。评估现代构造运动和现代构造应力场对井田的影响，划分矿井的地质动力环境等级。

③ 断裂构造划分与动力作用关系分析。依据不同比例尺的地形图，划分各级断块构造，确定地质构造形式，评估各级断裂对矿井动力灾害的影响，并建立井田地质构造模型；评估现代构造运动和井田断块的活动性及其对矿井动力灾害的影响。

④ 地应力测量及岩体应力分析。进行井下地应力测量；应用岩体应力分析系统计算井田岩体应力，划分应力区，评估岩体应力对矿井动力灾害的影响。

⑤ 煤岩动力系统分析。分析煤岩动力系统的能量特征和尺度特征，评估煤岩体的能量对矿井动力灾害的影响。

⑥ 矿井动力灾害其他影响因素分析。如地震、地壳移动、固体潮、开采深度、瓦斯参数、冲击倾向性、上覆坚硬岩层等。

⑦ 确定地质动力区划的监测方法。如井下活动断裂监测方法，基于 GNSS 和 InSAR 的矿区地壳形变监测方法和基于地震流动监测的矿区地震监测方法。

⑧ 矿井动力灾害危险性预测。应用多因素模式识别方法对矿井动力灾害危险性进行分单元概率预测，划分不同的危险区。

⑨ 建立地质动力区划信息管理系统。应用 GIS 技术建立地质动力区划信息管理系统，实现地质动力区划的图、文、声、像等研究成果多元信息的集成和可视化管理。

⑩ 输出地质动力区划研究成果。如各级断裂构造区划图、井田应力分布图、危险性分单元概率预测图、危险性分区预测图及相应的电子文档等。

2.5.2 地质动力环境评价方法

地质动力区划理论认为，矿井动力灾害的发生是地质动力条件和开采工程扰动条件共同作用的结果。矿井动力灾害产生的动力机制是工程区域的煤岩体中有能量存在，其动力学基础是能量的积聚。地质条件下的煤岩体内的能量积聚与构造活动、应力场变化有关，是现代构造运动所导致的。如前所述，矿井所处的地质体的地质条件分两种情况：一是具备产生矿井动力灾害的地质动力环境；二是不具备产生矿井动力灾害的地质动力环境[63-65]。可见，矿井动力灾害是在区域地质环境影响下的动力破坏过程，其时空强分布特征受控于地质动力环境。

地质动力环境是客观存在的，不同煤田、不同矿区、不同矿井的地质动力环境类型不同。因此，建立了矿井地质动力环境评价方法和指标体系，确定了矿井动力灾害的地质动力环境类型。矿井地质动力环境评价方法从宏观地质动力学角度明确了矿井工程地质体内产生矿井动力灾害的地质动力环境，为新建矿井和生产矿井的动力灾害评价提供了一种新方法。地质动力区划团队创造性提出矿井动力灾害的“三条件理论”，为矿井动力灾害的发生条件与孕育环境分析、危险性评价与预测等提供了全新理论和科学依据。

2.5.3 断块构造划分方法

地质动力区划理论认为，现代构造运动等对矿井动力灾害具有重要影响。确定现代构造运动特征的方法是进行断块构造划分，识别断块构造边界——活动断裂是其中最为关键的内容，这是地质动力区划的重要工作内容之一。活动断裂的识别与断块划分遵循从一般到个别的原则，从板块构造的尺度出发，根据断块的主从关系和大小从高级到低级按顺序确定出Ⅰ—Ⅴ级断块，最终将研究范围划定至井田尺度上。

活动断裂的研究方法包括绘图法、夷平面研究法、趋势面分析法、遥感图像分析法、分形几何方法，以及计算机自动识别方法等。绘图法是地质动力区划中确定活动断裂的最基本和最常用方法。用绘图法划分断块主要是基于活动断裂的地貌特征进行的，根据构造地貌的基本形态和主要特征决定于地质构造形式的原理，通过对地貌的分析，查明区域活动断裂的形成与发展状况。绘图法是在各种图件上进行的，其中最重要的图件是地形图，它具有定量反映地貌三维空间形态的特点，在许多情况下能够为构造地貌成因分析提供重要依据。除上面介绍的几种研究方法外，活动断裂研究方法还包含开挖和钻探、年代测定、精密重磁测量、形变测量、断层物质研究、断层气测量、井下巷道断层考察、岩浆活动与火山活动分析等。在内业确定活动断裂的基础上，需要通过野外调查对内业工作进行实际检查和补充。

断块构造划分的目的是确定地质构造形式、现代构造运动特征和断裂活动性，并在此基础上分析断裂构造对矿井动力灾害的影响和控制作用。划分的各级断块建立了现代构造运动与工程应用之间的联系，其中Ⅴ级断块建立了井田地质构造模型，为井田岩体应力分析奠定了基础。

2.5.4 地应力场与地应力测量

地质动力区划理论认为，冲击地压、煤与瓦斯突出等矿井动力灾害预测的准确性和可靠性，从根本上说取决于对现代构造运动和构造应力场（工程上简称地应力场）的研究水平。

研究现代构造应力场的目的是揭示一定范围内地应力分布和变化的规律,以及其对区域地壳运动的方式、方向和区域构造发育的制约作用,研究地应力特征及分布规律,从而可以确定现代构造应力场对矿井动力灾害的影响和控制作用。

构造应力场的研究内容,涉及场的各种影响因素,诸如地质构造条件、地球物理化学条件、介质条件、力学条件等。构造形变场、断裂位移场、地质灾害场、地壳物质的建造与改造场(包括矿产的形成与改造)、地壳深部地质构造等,都与构造应力场关系密切。因此,在进行矿井动力灾害预测预防时,应遵循从总体到局部的原则,即从地壳构造应力场的分析入手,逐级细化研究区域,最终确定研究区域的岩体应力状态。

构造应力场的现场测量方法多采用地应力测量。根据测量原理的不同,可将地应力测量方法分为应力解除法、水力压裂法、压磁法、声发射法等,煤矿常用的测量方法是应力解除法和水力压裂法。其测量的目的是查明地应力的方向和量级,确定外部地质体对井田的作用。基于现代构造运动确定的中国构造应力场方向对地应力测量具有指导作用。当测得地应力方向与现代构造应力场方向基本一致时,表明测得的应力场方向可以代表外部地质体对井田的作用方向;如果测量的方向差异较大,则只可代表测量地点的应力场方向。

2.5.5 井田岩体应力分析方法

地应力是引起巷道围岩变形破坏、支护工程失效,产生矿井动力灾害的根本作用力。研究地应力状态的重要基础工作是进行地应力测量,地应力测量能够得到地应力场的量值和方向,进而确定外部地质体对井田的作用关系。由于井田内部煤岩介质具有不连续、非均质、各向异性等特征,在同一外部应力场作用下,井田应力场形成在时间和空间上的复杂分布格局。因此,仅用局部、有限地应力测量数据,不能可靠反映井田岩体应力分布规律。而目前常用的数值模拟分析方法,在分析一个工作面或巷道的应力时,多采用实测地应力数据作为加载条件。无论在井田的什么位置,大多都用同一个地应力数据进行加载,即认为全井田地应力分布是相同的,这与井田的实际应力分布情况不符,采用这样的加载方法进行井下工程应力分析可能出现较大误差。

地质动力区划理论认为,在已得到局部地应力测量数据后,应依靠数值模拟方法对井田进行岩体应力分析,对岩体应力分布规律和应力的分区特征进行描述,为煤矿开采提供岩体应力分布数据。利用数值模拟方法进行岩体应力分析时主要存在几个方面的难点,分别是如何建立研究区域的地质构造模型,如何确定研究区域岩性分区特征,如何确定研究区域岩体力学参数,如何对研究区域断裂构造进行赋值,如何准确计算井田区域的岩体应力。上述几个难点是井田岩体应力分析需要解决的问题,涉及应力分析中的数值模型的建立、计算参数的选取、边界条件的设定以及计算单元的控制等。

地质动力区划团队根据上述难点提出相应解决方案,基于地质动力区划理论及方法,应用 Fortran 77 和 Visual C++6.0 语言开发了“岩体应力分析系统”软件。应用该软件时,以井田地应力测量结果为基础,依据地质动力区划井田断裂构造划分特征,建立数值计算模型;结合井田地质钻孔数据信息,确定煤岩体岩性分布特征;通过相应的理论与数值分析、反演回算,确定井田岩体应力分布特征,输出各类应力等值线结果,进而揭示区域构造和岩体应力状态间的内在关系,确定井田应力分布规律并进行应力区划分。岩体应力分析为实现煤矿开采工程与灾害防治等的分级、分区管理提供了基础,据此可以进行大区域岩体应力场的数值模拟。"岩体应力分析系统"软件是地质动力区划研究工作中的创新性成果之一。

2.5.6 煤岩动力系统分析方法

现场实际和研究成果表明,冲击地压等矿井动力灾害影响范围是有限的,其影响范围可用煤岩动力系统描述,煤岩动力系统主要属性分别为尺度和能量值。在构造应力场作用下,煤岩体的局部区域能量积聚,构成煤岩动力系统的主要能量来源。井田内不同区域煤岩体应力分布和能量积聚程度不同,存在高应力区和能量积聚区,在这样的区域进行采掘工程活动,能量值进一步升高,可以导致煤岩动力系统结构失稳,能量释放,发生矿井动力灾害。团队构建了煤岩动力系统与冲击地压显现关系模型,根据能量积聚程度和影响范围等特征,将煤岩动力系统的结构划分为"动力核区""破坏区""裂隙区"和"影响区"等 4 个区域。采掘工程与煤岩动力系统相对位置不同,将导致冲击地压的显现形式不同。团队提出了地质条件下煤岩动力系统的能量计算方法,以及系统结构尺度的计算方法。

以冲击地压为例,煤岩动力系统能量主要来源于两个方面:一是自然地质动力,主要是构造应力(包括自重应力);二是采掘工程效应,即采动应力。在本书中,对自然地质动力条件下的煤岩动力系统能量进行研究和计算。在自然地质条件下,煤岩动力系统处于平衡状态,系统能量对冲击地压的发生起着控制作用,并影响整个系统的稳定性。煤岩动力系统主控条件是大地构造环境和现代构造应力场,可以说,没有构造运动和构造应力场,就没有煤岩动力系统形成的自然地质条件,也就没有冲击地压等矿井动力灾害发生的能量条件。

2.5.7 矿井动力灾害影响因素确定方法

矿井动力灾害的发生是受多因素影响的,总体上可分为自然地质条件与开采技术条件两类。自然地质条件指不受人为工程干扰、原始的地质背景条件,包括采深、地应力、厚硬岩层、煤岩赋存状态、煤层冲击定向性、瓦斯参数等;开采技术条件指人为采掘形成的工程效应,包括矿井采掘布置与煤柱留设情况、保护层、卸压措施等。本书重点分析自然地质条件对矿井动力灾害的影响。

按照影响范围和程度,可将影响矿井动力灾害的自然地质条件分为共性影响因素和个性影响因素。共性影响因素是指对矿井冲击地压、煤与瓦斯突出发生皆会造成影响的因素,具体包括断裂构造、地应力、煤岩动力系统能量、坚硬顶板、开采深度、固体潮和地震等。个性影响因素是指依据冲击地压、煤与瓦斯突出发生机理确定的影响不同类型矿井动力灾害的重要因素。其中,冲击地压的个性影响因素包括:煤岩冲击倾向性、煤层赋存状态、相变影响区、煤的细观结构特征等;煤与瓦斯突出的个性影响因素包括:瓦斯参数、煤体结构及煤质、煤层的赋存特征等。影响因素的确定及影响程度的评估是实现矿井动力灾害精准预测的前提和基础。

2.5.8 断裂构造与地壳变形监测方法

目前,矿井动力灾害的监测方法主要包括区域监测和局部监测两类。区域监测指对大范围的区域应力水平和覆岩空间运动进行监测,局部监测指对采掘工作面围岩应力水平及破裂程度进行监测。上述监测方法主要围绕开采扰动作用下煤岩体的应力、位移进行监测,对矿区大型断裂构造活动性、地壳形变及区域地震发生规律等地质动力环境的相关指标涉及较少。

因此，地质动力区划团队创造性提出了井下断裂构造监测方法、断裂带和采空区覆岩结构的 EH-4 连续电导率剖面测量仪探测方法，建立了基于 GNSS 和 InSAR 观测的矿区地壳形变监测方法和基于地震流动监测的矿区地震监测方法。

2.5.9　多因素模式识别方法

工程实践表明，矿井动力灾害的发生具有区域性分布特征。地质动力区划工作的主要成果就是应用多因素模式识别方法对矿井动力灾害进行区域预测，分析矿井动力灾害发生的危险性，为采取解危措施提供技术支撑。

矿井动力灾害危险性多因素模式识别方法，依据地质动力区划的研究成果提取有关影响因素信息，将研究区域划分为有限个预测单元，基于空间数据管理手段对各影响因素进行定量化分析，确定各影响因素的量值并将其映射到相应的预测单元；进而确定矿井动力灾害模式识别准则，运用多因素模式识别技术进行综合智能分析，通过计算机对已发生矿井动力灾害区域分析学习，确定开采区域多因素的组合危险性预测模式，建立矿井动力灾害识别模型；应用神经网络和模糊推理方法，进行未开采区域各单元的多因素组合模式与确定的矿井动力灾害危险性预测模式的相似度分析，确定各预测单元的相似度，即危险性概率；最终建立井田动态单元概率预测图，按概率预测准则划分井田内矿井动力灾害危险区，对矿井动力灾害危险性作出评估和预测。

在矿井动力灾害危险性多因素模式识别方法基础上，团队完成了模式识别系统设计、模式识别算法研究、概率预测准则确定和地质动力区划信息管理系统的开发，提高了矿井动力灾害预测的准确性，为矿井动力灾害监测和解危工作提供了决策依据。

2.5.10　地质动力区划信息管理系统

地质动力区划工作涉及矢量图形、数据库、图片和视频文档，内容多、信息量大，且多数信息具有时间特性和空间位置特征。有效地实现地质动力区划海量大数据管理是体现矿井安全管理水平和先进性的重要标志。

地质动力区划信息管理系统基于 GIS 技术，采用 Visual Basic、Matlab 等语言开发，由空间数据、模式识别知识库和模型库组成，包括数据前处理子系统、空间数据存储子系统、矿井动力灾害危险性区域预测子系统、数据后处理与可视化子系统。基本功能包括：工作空间管理、图层管理、数据采集、图形显示和查询统计；专项功能包括：地质动力环境评价、活动断裂辅助识别与管理、井田岩体应力数据管理、煤岩动力系统与能量数据管理、矿井动力灾害危险性多因素模式识别等。

地质动力区划信息管理系统在 GIS 技术支持下，实现地质动力区划图、文、声、像等各类数据采集与存储、统计分析、查询检索；集成地质动力区划的海量数据和研究成果，实现数据的可视化管理。该系统可及时、迅速、准确地为矿井开采提供矿井动力灾害危险性区域预测分析，为矿井安全高效生产奠定基础。

第3章 地质动力环境评价

3.1 地质动力环境对矿井动力灾害的影响

3.1.1 现代构造运动与矿井地质动力环境

地质灾害是在内、外地质动力作用下，在地壳构造运动和地貌发展演化过程中出现的灾害性地质事件[66]。中国大陆板块构造体系的现今活动性控制着区域地质灾害的发生[67]。运用地质力学原理研究地质构造和地壳运动规律能够揭示地质灾害孕育机理[68]。板块相对运动控制着区域地壳运动的模式、岩体的成因与地质特性、活动断裂的性质与分布、地应力的分区与集中程度、地震稳定性与区域特征以及大地形变的速率、地形地势特征等，为煤矿开采的内动力地质环境。内动力地质环境与煤矿开采扰动共同作用，控制着井田的动力演化过程，并决定着煤矿开采的地质动力安全，为煤矿开采面临的外动力地质环境。内动力作用控制着外动力作用的格局和基础条件，外动力作用改造着内动力作用的结果。内外动力地质环境的耦合作用控制着煤矿开采的地质动力效应和冲击地压、矿震、岩爆、煤与瓦斯突出、煤岩瓦斯复合动力灾害等矿井动力灾害的发生。而且随着开采深度的增加，高地应力、高温、高瓦斯等导致煤矿开采的地质动力环境的复杂性，同时深部矿井所具有的基本地质力学特征之间相互影响，会增大深部矿井动力灾害发生的可能性和灾害性[69-71]。

3.1.2 地质动力环境对矿井动力灾害的影响

矿井动力灾害的发生与煤岩体属性、岩层结构、地质构造、地应力、开采深度、周期来压、坚硬厚层顶板、支承压力、煤柱应力、应力集中区、采空区“见方”来压、推进速度等影响因素有关。但是有些矿井同样具备上述全部或部分影响因素的条件，却未发生矿井动力灾害。这表明除上述影响因素外，还有其他控制因素制约矿井动力灾害的发生。

矿井动力灾害是煤岩体中积聚的弹性变形能瞬时释放的动力现象，煤矿中主要表现为冲击地压、煤与瓦斯突出和矿震等。其关键问题是回答“积聚的弹性变形能”的来源，可以确定的是煤矿开采不是全部来源，否则我国煤矿应该全部有冲击地压等矿井动力灾害发生。既然弹性变形能不全是煤矿开采积聚的，那还有什么渠道积聚？地质动力区划的观点认为积聚的弹性变形能一方面来源于工程活动动力效应，另一方面来源于自然地质动力环境。矿井动力灾害积聚能量来源一定包括井田周围外部地质体的作用。基于地质动力环境评价方法，地质动力区划团队创造性提出了冲击地压等矿井动力灾害的发生“三条件”准则。地质动力环境是冲击地压等矿井动力灾害发生的必要条件，不具备这个条件就不存在灾害；开采扰动是冲击地压发生的充分条件，不具备这个条件不会发生冲击地压等矿井动力灾害，但是灾害还存在；防治措施是冲击地压发生的控制条件，通过采取合理有效的防治措施可以消除危险。"三条件"准则为冲击地压等矿井动力灾害的发生条件与孕育环境分析、危险性评价和防治措施确定提供了科学依据。

在地质动力环境研究中，主要考虑自然条件下外部地质体的动力作用对冲击地压等矿井动力灾害的影响效应，确定各影响因素的量值，给出单个影响因素的影响程度评价值，综合多个影响因素的评价值判定矿井的地质动力环境类型。

矿井开采的工程区域处于板块构造体内，矿井工程地质体受控于板块构造体这个巨大的地质动力环境系统，板块间碰撞挤压产生的构造应力和能量通过地壳岩体介质传递到次级亚板块和构造块体内，也必然传递到煤矿开采的工程区域，对矿井开采的地质动力环境系统起着控制作用，矿井工程活动效应也受地质动力环境的控制影响，如图 3-1 所示。

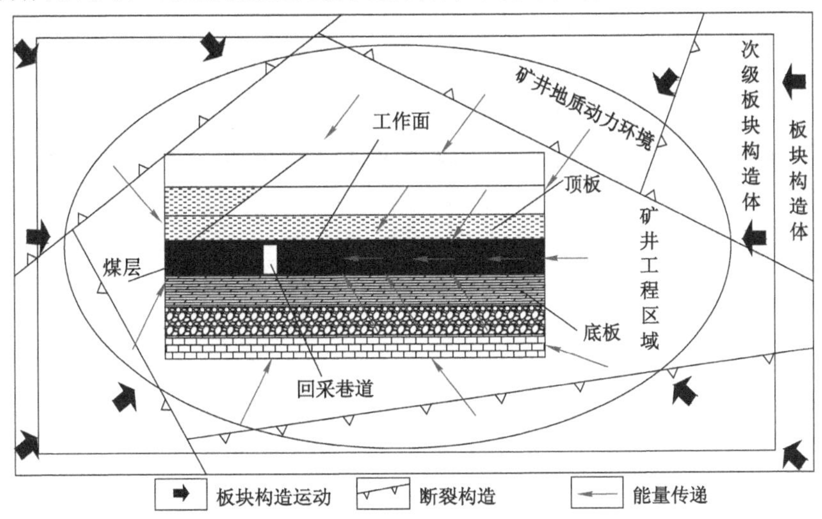

图 3-1 矿井所处的地质动力环境

矿井地质动力环境研究对矿井工程有影响的地质体的动力作用进行评价，为矿井开采工程活动提供地质环境信息，预测工程活动可能产生的地质动力效应。从这个意义上说，矿井地质动力环境对煤矿生产全过程和所有工程活动都会产生重要影响。因此，在实际应用过程中，建立矿井地质动力环境与开采工程活动之间的关系，确定煤矿一系列技术方案时都要考虑这个影响。通过对矿井地质动力环境的研究，揭示矿井工程地质体内的冲击地压等矿井动力灾害的孕育、发生过程和发展规律，评价其对矿井开采带来的影响，在此基础上进行矿井动力灾害预防和治理方案制定与实施。

3.2 地质动力环境评价指标体系与方法

3.2.1 地质动力环境评价指标体系

地质动力环境是客观存在的，不同煤田、不同矿区、不同矿井的地质动力环境类型不同。地质动力环境类型不同，矿井动力灾害发生的地质动力条件也不同。应根据矿井动力灾害发生的主控因素，选取不同的评价指标；依据选定的地质动力环境评价指标，建立矿井动力灾害的地质动力环境评价指标体系，对矿井的地质动力环境进行分析和量化评价，揭示矿井地质动力环境的类型和强度特征，判定该矿井是否具备动力灾害发生的地质动力环境。

在地质动力环境中矿井动力灾害的影响因素多，包括矿井区域断块构造运动条件、构造凹地反差强度条件、构造应力条件、断裂构造条件、开采深度条件、上覆坚硬厚岩层条件、本区及邻区判据条件、区域天然地震活动性条件（频次、等级）、地壳应变能条件以及煤岩体介质条件、围岩结构条件、煤岩体含水性条件、瓦斯条件、温度条件和渗流条件等。由于不同矿井所处的区域地质动力环境的差异，矿井动力灾害发生的主控因素不同，强度也不同。

在矿井地质动力环境评价中，应选取有普遍适用性的通用指标。根据对中国部分矿井动力灾害发生的地质动力环境的分析，矿井动力灾害发生与天然地震具有相关性，且普遍处于地壳块体活动（垂直运动和水平运动）强烈区域，具有典型地貌特征（构造凹地），而且还受到一些大型地质构造断裂或矿井断层的控制，普遍处于构造应力场条件下，具有应力集中程度高的特征；随煤层开采深度的增加，矿井动力灾害发生的频次和强度呈增大趋势；顶板岩层性质和厚度特征以及围岩结构组合也是矿井动力灾害发生的重要影响因素；同时可参考矿井邻区同一煤层是否已发生过动力灾害。因此，根据目前的研究进展，选取可量化的 8 项地质动力环境评价指标，构成地质动力环境评价指标体系。地质动力环境评价指标具体如下：

① 断块构造垂直运动条件；

② 断块构造水平运动条件；

③ 断裂构造影响范围条件；

④ 构造凹地地貌条件；

⑤ 构造应力条件；

⑥ 开采深度条件；

⑦ 上覆坚硬厚岩层条件；

⑧ 本区及邻区判据条件。

根据地质动力环境的每一项指标值确定地质动力条件对矿井的影响和控制程度，将各项评价指标值划分为 4 类，按照无、弱、中等和强 4 个等级进行评价指标取值，见表 3-1。

表 3-1 地质动力环境评价指标取值标准

影响程度	无	弱	中等	强
评价指标值 a_i	0	1	2	3

通过现场调研和文献统计分析，对上述 8 项地质动力环境评价指标对矿井冲击地压危险性影响程度的临界值进行分析和确定。

(1) 断块构造运动条件

断块构造运动条件的判据是根据中国大陆地壳垂直形变特点，按照垂直形变等值线疏密程度，将中国大陆划分为 2 个Ⅰ级地块、6 个Ⅱ级地块和 16 个Ⅲ级地块，总体划分为断块相对运动剧烈区、断块绝对运动上升区和断块绝对运动下降区。矿井动力灾害的发生与断块相对运动剧烈区、断块绝对运动上升区和断块绝对运动下降区有直接关系。

① 断块相对运动剧烈区的矿井动力灾害主要分布在冀辽上升区和下辽河下降区的抚顺矿区，冀辽上升区和渤海下降区的北京、开滦矿区，太行上升区和冀豫下降区的义马、平顶山矿区，以及鄂尔多斯上升区和汾渭下降区的大同矿区、山西下石节矿和甘肃华亭矿等。

② 断块绝对运动上升区的矿井动力灾害主要分布在齐鲁上升区的山东能源集团，冀辽上升区的阜新矿区、北票矿区，位于东北断块的舒兰营城矿、辽源西安矿和通化铁厂矿，以及位于华南断块的江西花鼓山矿、重庆砚石台矿等。

③ 断块绝对运动下降区的矿井动力灾害主要集中在东北断块的黑龙江省的鹤岗、双鸭山、七台河矿区和宽沟煤矿及四川的擂鼓煤矿，其中绝对下降速度最小的是七台河矿区的七台河矿和桃山矿，下降速度为 3 mm/a，绝对下降速度最大的是双鸭山矿区的集贤矿、七星矿、新安矿和东荣二矿，下降速度为 6 mm/a。

通过上述分析可知，矿井动力灾害多发生在板块上升区与下降区的断块相对运动剧烈区和断块上升的绝对运动上升区。处于断块绝对运动下降区的冲击地压矿井一般下降速度较大，其下降速度大于 3 mm/a。依此建立了矿井动力灾害发生的断块构造运动评价指标，对矿井地质动力环境进行评估，确定矿井动力灾害的危险性。断块构造垂直和水平运动对矿井动力灾害危险性的评价指标，见表 3-2 和表 3-3。

表 3-2　断块构造垂直运动对矿井动力灾害危险性的评价指标

评价指标	说　明	分　类	垂直运动速率 v_1/(mm/a)	评价指标值	危险程度
a_1	断块构造垂直运动条件	断块相对运动剧烈区	$v_1 \geqslant 8$	3	强
		断块绝对运动上升区	$5 < v_1 < 8$	2	中等
		断块绝对运动下降区	$v_1 < -3$	1	弱
		断块运动平稳区	$-3 \leqslant v_1 \leqslant 5$	0	无

表 3-3　断块构造水平运动对矿井动力灾害危险性的评价指标

评价指标	说　明	分　类	水平运动速率 v_2/(mm/a)	评价指标值	危险程度
a_2	断块构造水平运动条件	断块相对运动剧烈区	$v_2 > 10$	3	强
		断块绝对运动上升区	$5 \leqslant v_2 \leqslant 10$	2	中等
		断块绝对运动下降区	$2 \leqslant v_2 < 5$	1	弱
		断块运动平稳区	$v_2 < 2$	0	无

(2) 构造应力条件

根据中国部分矿井地应力实测结果，矿井动力灾害发生大多处于构造应力场条件下，且最大主应力以水平挤压类型为主[72]。依据地质动力区划方法，岩体应力大小可以用应力集中系数 K 表示，可根据应力集中系数划分岩体构造应力区。当 $K>2$ 时，矿井动力灾害的危险指数(危险性评价指标值)为 3；当 $1.2<K\leqslant 2$ 时，矿井动力灾害的危险指数为 2；当 $0.8<K\leqslant 1.2$ 时，矿井动力灾害的危险指数为 1；当 $K\leqslant 0.8$ 时，矿井动力灾害的危险指数为 0。构造应力对矿井动力灾害危险性的评价指标，见表 3-4。

表 3-4 构造应力对矿井动力灾害危险性的评价指标

评价指标	说明	分类	评价指标值	危险程度
a_3	应力集中系数(K)	$K>2.0$	3	强
		$1.2<K\leqslant 2.0$	2	中等
		$0.8<K\leqslant 1.2$	1	弱
		$K\leqslant 0.8$	0	无

(3) 构造凹地地貌条件

对中国部分矿井动力灾害的地形地貌分析结果表明，大部分矿井均处于地形的低处，且周围表现为相对明显的隆起，即具有构造凹地特征。构造凹地是区域地壳构造运动活动强弱的一种具体表现形式，具有构造应力显著的特点。构造凹地的显著特点之一是凹地两侧隆起区相对凹地有较大的高程。利用构造凹地反差强度对构造凹地的地质动力环境进行评估，见式(3-1)(式中，Δh 和 $1/\Delta l$ 的单位不同，具体计算时需要作归一化处理，归一化方法后文有介绍)：

$$C = A\Delta h + B\frac{1}{\Delta l} \tag{3-1}$$

式中 C ——构造凹地反差强度；

Δh ——构造凹地最高与最低高程的差值，m；

Δl ——构造凹地的宽度，km；

A,B ——权重系数。

式(3-1)中 A 和 B 分别代表构造凹地高程差值 Δh 和构造凹地宽度 Δl 对构造凹地反差强度 C 的重要性，即权重。考虑不同的地形特征，其对构造凹地反差强度的贡献不同，权重系数按照表 3-5 取值。

表 3-5 不同地形地貌的 A、B 值

	山地	丘陵	平原
A	0.25	0.50	0.75
B	0.75	0.50	0.25

构造凹地反差强度对矿井动力灾害危险性的评价指标，见表 3-6。

表 3-6 构造凹地反差强度对矿井动力灾害危险性的评价指标

评价指标	说明	分类	评价指标值	危险程度
a_4	构造凹地反差强度(C)	$C\geqslant 0.75$	3	强
		$0.50\leqslant C<0.75$	2	中等
		$0.25\leqslant C<0.50$	1	弱
		$C<0.25$	0	无

(4) 断裂构造影响范围条件

矿井动力灾害的发生与区域内断裂构造有关,断裂构造的规模和活动性影响矿井动力灾害的发生强度。从统计结果可以看出,矿井动力灾害的发生与矿井和断裂距离有直接关系。统计结果表明,断裂距离矿井在20 km之内,断裂对矿井的影响比较大,发生矿井动力灾害的可能性非常大;随着矿井与断裂距离的增加,断裂对矿井动力灾害的控制作用和影响减弱。例如,抚顺矿区主要受浑河断裂带(F_1断层)影响,开滦矿区主要受唐山断裂影响,大同矿区主要受口泉断裂影响,义马矿区主要受F_{16}断层影响。当井田边界与活动断裂的直线距离L小于或等于断裂构造的影响范围b时,井田属于矿井动力灾害的危险区域。b按式(3-2)计算:

$$b = 10Kh \tag{3-2}$$

式中 K——活动性系数($K=1,2,3$),断裂活动性强时$K=3$,断裂活动性中等时$K=2$,断裂活动性弱时$K=1$;

h——断裂垂直落差,m。

根据《岩土工程勘察规范》,中晚更新世以来有活动且全新世活动强烈,断裂平均活动速率$v>1$ mm/a,历史地震震级$M\geqslant7$,属于强活动断裂;中晚更新世以来有活动且全新世活动较强烈,0.1 mm/a$\leqslant v\leqslant$1 mm/a,$5\leqslant M<7$时,属于中等活动断裂;中晚更新世以来有活动且全新世活动较强烈,$v<0.1$ mm/a,$M<5$时,属于弱活动断裂。可见,在断裂构造垂直落差h相同的条件下,断裂构造活动性越强,断裂活动性K值越大,断裂影响范围b值也越大。断裂构造影响范围对矿井动力灾害危险性的评价指标,见表3-7。

表3-7 断裂构造影响范围对矿井动力灾害危险性的评价指标

评价指标	说 明	分 类	评价指标值	危险程度
a_5	断裂构造影响范围(b)	$L\leqslant0.5b$	3	强
		$0.5b<L<b$	2	中等
		$L=b$	1	弱
		$L>b$	0	无

(5) 开采深度条件

煤矿开采深度对矿井动力灾害发生有着重要影响,随着开采深度的增加,地应力增大、瓦斯含量增加,地层温度升高,煤变质程度也越高,矿井动力灾害发生的强度不断加大并且次数愈加频繁,严重威胁着煤矿深部开采的安全生产。开采深度统计分析表明,开采深度超过400 m就已具备矿井动力灾害发生的开采深度条件。当开采深度$h>800$ m时,矿井动力灾害的危险指数为3;当600 m$<h\leqslant$800 m时,矿井动力灾害的危险指数为2;当400 m$<h\leqslant$600 m时,矿井动力灾害的危险指数为1;当$h\leqslant$400 m时,矿井动力灾害的危险指数为0。开采深度对矿井动力灾害危险性的评价指标,见表3-8。

表 3-8 开采深度对矿井动力灾害危险性的评价指标

评价指标	说　明	分　类	评价指标值	危险程度
a_6	开采深度(h)	h>800 m	3	强
		600 m<h≤800 m	2	中等
		400 m<h≤600 m	1	弱
		h≤400 m	0	无

(6) 上覆坚硬厚岩层条件

矿井动力灾害发生与顶板岩层条件有关，其中包括坚硬顶板、巨厚覆岩。在受到采动影响条件下，厚层坚硬顶板能将积聚在其中的弹性能以急剧、猛烈的方式释放出来，从而形成动载，诱发矿井动力灾害。在煤层顶板 100 m 范围内，存在的厚度大于或等于 10 m 的坚硬岩层(岩石单轴饱和抗压强度 σ_c >60 MPa)距煤层距离对矿井动力灾害危险性的评价指标，见表 3-9。

表 3-9 上覆坚硬厚岩层距煤层距离对矿井动力灾害危险性的评价指标

评价指标	说　明	分　类	评价指标值	危险程度
a_7	上覆坚硬厚岩层距煤层距离(d)	d≤20 m	3	强
		20 m<d≤50 m	2	中等
		50 m<d≤100 m	1	弱
		d>100 m	0	无

(7) 本区及邻区判据条件

根据本矿区范围内开采矿井或相邻矿井是否已发生过冲击地压等矿井动力灾害，对本矿井冲击地压发生的可能性进行分析。已发生过冲击地压的矿井，确定矿井冲击地压危险性评价指标值为 3；本井田未发生过冲击地压，但相邻矿井发生过冲击地压，确定该矿井冲击地压危险性评价指标值为 2；本井田未发生过冲击地压，但相邻矿井煤岩具有冲击倾向性或相隔矿井发生过冲击地压，确定该矿井冲击地压危险性评价指标值为 1；矿区内的矿井均未发生过冲击地压，确定该矿井冲击地压危险性评价指标值为 0。本区及邻区矿井发生冲击地压条件评价指标，见表 3-10。

表 3-10 本区及邻区矿井发生冲击地压条件评价指标

评价指标	说　明	分　类	评价指标值	危险程度
a_8	本区及邻区矿井发生冲击地压条件	本矿井已发生过冲击地压	3	强
		本矿井未发生过冲击地压，而相邻矿井发生过冲击地压	2	中等
		本矿井未发生过冲击地压，相邻矿井煤岩有冲击倾向性或相隔矿井发生过冲击地压	1	弱
		矿区未发生过冲击地压	0	无

3.2.2　地质动力环境评价方法

地质动力环境评价方法从宏观地质动力学角度明确了矿井工程地质体内产生矿井动力灾害的地质动力环境条件，对板块构造运动对井田地质体的作用程度给予总体评价。应用该方法，可以预先判别矿井工程地质体是否具备矿井动力灾害发生的地质动力环境。由于不同矿井所处区域地质动力环境的差异性，矿井动力灾害发生的主控因素不同，发生的强度也不同。同时该方法能够解释，为什么有些矿区不发生冲击地压，而有些矿区则频频发生冲击地压。地质动力环境评价方法为新建矿井和生产矿井的动力灾害评价提供了一种新的思路和方法。

针对地质动力环境评价指标，根据每一项指标对矿井地质动力环境的影响和控制程度，对矿井地质动力环境进行量化评价。将各项评价指标值 a_i 划分为 4 类，当某一项指标对矿井地质动力环境无影响时对应的评价指标值 a_i 为 0，影响程度弱时 a_i 为 1，中等影响时 a_i 为 2，有强烈影响时 a_i 为 3。根据各项评价指标值 a_i 的评价结果，可以得到地质动力环境综合评价指标值 A，参见式(3-3)。

$$A = \sum_{i=1}^{n} a_i \tag{3-3}$$

式中　A ——地质动力环境的综合评价指标值，取值范围 0～$3i$；

i ——评价指标数量；

a_i ——各项评价指标值(0～3)，$i=1,2,\cdots$。

当 A 为 0 时，表明矿井不受地质动力环境的影响；而当 A 为 $3i$ 时，表明矿井受地质动力环境影响最剧烈。将地质动力环境的综合评价结果进行归一化无量纲处理，使其介于 0～1，可用式(3-4)表示：

$$n = \frac{A}{3i} \tag{3-4}$$

式中　n ——地质动力环境评价指标值，取值范围为 0～1。

根据评价指标值，确定矿井的地质动力环境类型。地质动力环境评价指标和方法如图 3-2 所示。

根据地质动力环境评价指标值 n，一方面可以评价矿井冲击地压的地质动力环境类型，另一方面可以评价冲击地压矿井类型。

(1) 矿井冲击地压的地质动力环境类型评价

根据地质动力环境评价指标值 n，评价矿井冲击地压的地质动力环境类型方法如下，评价指标见表 3-11。

表 3-11　地质动力环境类型评价指标

评价指标值 n	0～0.25	0.25～0.50	0.50～0.75	0.75～1.00
地质动力环境类型	无	弱	中等	强

① 当地质动力环境评价指标值 n 在 0～0.25 范围内时，表明矿井不具备冲击地压发生的地质动力环境，可正常进行回采。

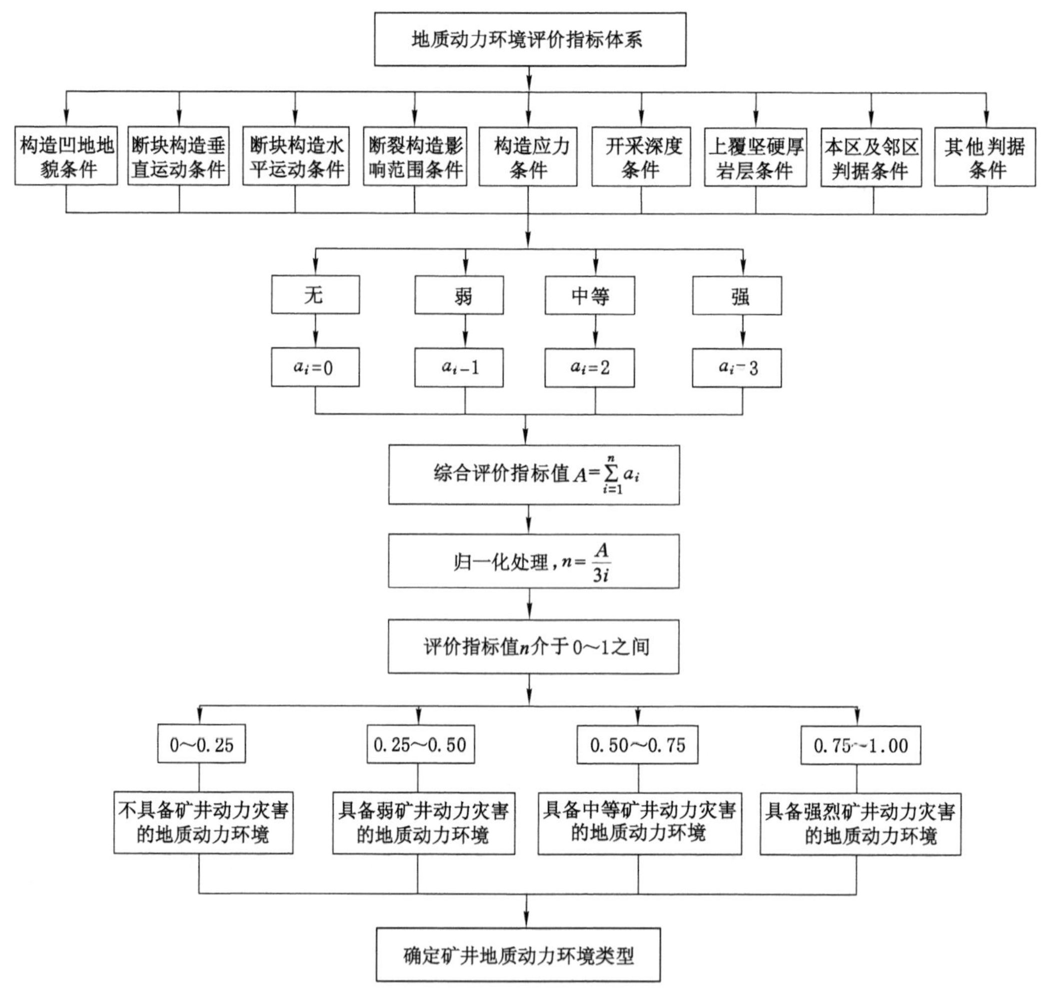

图 3-2 矿井地质动力环境评价指标和方法

② 当地质动力环境评价指标值 n 在 0.25～0.50 范围内时，表明矿井具有弱冲击地压发生的地质动力环境，在采掘过程中应采取适当的局部解危措施。

③ 当地质动力环境评价指标值 n 在 0.50～0.75 范围内时，表明矿井具有中等冲击地压发生的地质动力环境，发生冲击地压的可能性进一步增大，应采取防治措施，在采掘前采取区域监测预警、检测和局部解危措施。

④ 当地质动力环境评价指标值 n 在 0.75～1.00 范围内时，表明矿井具有强冲击地压发生的地质动力环境。开采这类矿井应提前设计合理的采掘、开拓巷道布置方案，鉴定煤层冲击倾向性，掌握地应力分布特征，具备开采保护层区域防冲条件的应开采保护层，采掘过程中应执行“四位一体”防治措施，采取区域监测预警、检测、局部解危措施和防护措施。

(2) 冲击地压矿井类型评价

根据地质动力环境评价指标值 n，可以评价冲击地压矿井类型，方法如下，评价指标见表 3-12。

表 3-12　冲击地压矿井类型评价指标

评价指标值 n	$n \leqslant 0.25$	$0.5 \geqslant n > 0.25$	$n > 0.5$
冲击地压矿井类型	非冲击地压矿井	冲击地压矿井	严重冲击地压矿井

① 非冲击地压矿井：矿井地质动力环境提供的基础能量和开采扰动提供的补充能量之和小于矿井冲击地压发生的临界能量，该条件下矿井不发生冲击地压，矿井为非冲击地压矿井，$n \leqslant 0.25$。

② 冲击地压矿井：地质动力环境提供的基础能量未超过矿井冲击地压发生的临界能量，开采扰动为冲击地压发生提供了补充能量，煤岩体总能量大于临界能量，该条件下发生冲击地压的矿井为冲击地压矿井。该类矿井冲击地压多发生在回采工作面中，$0.25 < n \leqslant 0.75$。

③ 严重冲击地压矿井：地质动力环境对矿井冲击地压发生具有主控作用，地质动力环境提供的基础能量大于矿井冲击地压发生的临界能量，该条件下发生冲击地压的矿井为严重冲击地压矿井。该类矿井冲击地压多发生于巷道中，$n > 0.75$。

地质动力环境评价方法为矿井冲击地压危险性预测及防治提供了理论依据和指导作用。

3.3　地质动力环境评价的应用

3.3.1　地质动力环境评价应用领域

地质动力环境评价研究的首要任务是，研究区域内各种地质灾害的发生及形成条件，分析灾害的严重程度及时空展布规律，评价地质动力环境类型，从而确定工程区域合理防治和加固措施，以便获取最佳的社会效益、经济效益和环境效益。因此，地质动力环境评价不仅具有科学理论意义，而且实用性很强。地质动力环境评价的应用领域如图 3-3 所示。

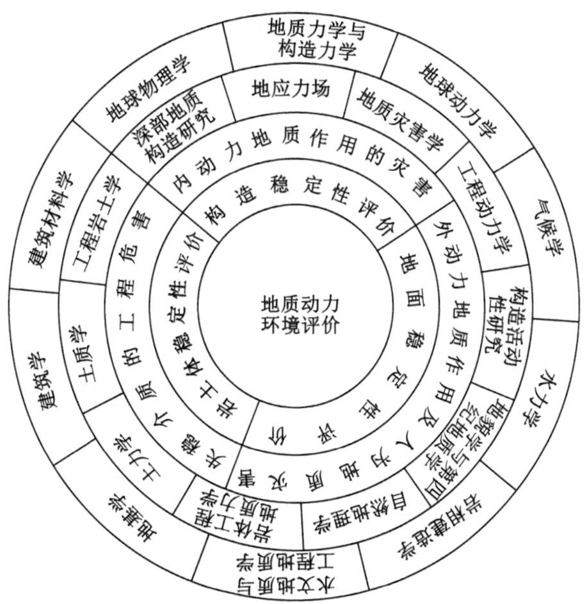

图 3-3　地质动力环境评价的应用领域[66]

3.3.2 东荣矿区地质动力环境评价

东荣矿区位于双鸭山集贤煤田的东南部，由北至南共划分为东荣三矿、东荣二矿、东荣一矿三个井田，另外还有东荣四矿井田(详查区，由东荣三矿合并开采)。东荣三矿核定生产能力为210万t/a，东荣二矿核定生产能力为260万t/a，东荣一矿核定生产能力为180万t/a。东荣三矿自2016年7月首次发生冲击地压以来，已发生多起冲击地压；东荣二矿自2003年以来已发生多次动力显现；东荣一矿属于浅部开采，目前没有动力显现。东荣矿区发生的冲击地压和动力显现，给矿井安全高效生产带来了严重的影响。随着矿井采掘工程向深部延伸，冲击地压的威胁进一步增强，已成为亟待解决的安全问题。鉴于东荣矿区开采中出现的冲击地压和动力显现等问题，基于地质动力学基本原理，开展了东荣矿区的地质动力环境研究，以明确井田的地质动力环境及其对冲击地压的影响作用。

(1) 断块构造垂直运动条件

以活动构造带和地震带为边界，中国大陆被划分为2个Ⅰ级地块、6个Ⅱ级地块和16个Ⅲ级活动地块。黑龙江东北部地区位于中国大陆东北区域，整体地壳构造运动受西太平洋地区各板块俯冲消减的影响。双鸭山煤田处于东北断块内。中国大陆构造环境监测网络是在GNSS技术大力发展的前提下建设起来的，在地面沉降测量、控制测量和环境监测等方面都有广泛的应用。中国大陆构造环境监测网络(陆态网络)是中国最大的GPS综合服务网络，该网络包括260个分布于中国的GPS基准站。在双鸭山集贤煤田附近分布7个陆态网络GPS基准站，结合InSAR测量技术，可以对东荣矿区垂直运动速率进行监测，如图3-4所示。

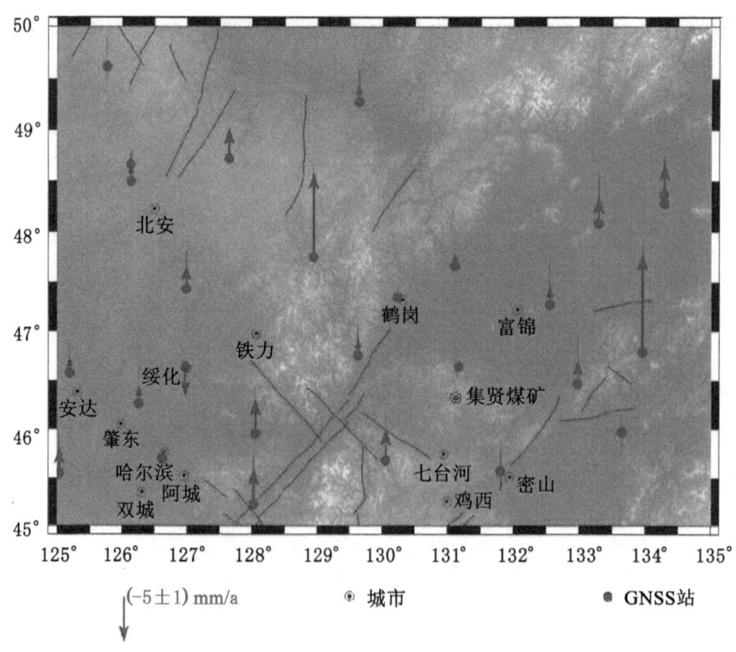

图3-4 东荣矿区垂直运动速率

根据国家GPS基准站监测数据可知，东荣矿区垂直运动速率为1～2 mm/a；而矿区周边的 GPS 基准站监测的运动速率相对较大，垂直运动速率为 8～10 mm/a。可见，东荣矿区处于断块相对运动剧烈区。按照地质动力环境评价指标，因 $-3\ mm/a \leqslant v_1 \leqslant 5\ mm/a$，东荣矿区断块构造垂直运动条件评价指标值 a_1 为 0。

(2) 断块构造水平运动条件

根据中国地震台网中心 GPS 观测数据，可以获得相对稳定欧亚参考框架下的中国大陆现今地壳运动速度场。基于高精度 GNSS 数据处理策略与方法，对研究区域涉及的所有 GNSS 站点观测数据进行统一同步处理与分析，并进行精度评估。其中，陆态网络 GNSS 连续站的单日解水平方向定位精度最高，为 1.5～2.2 mm；省级测绘 CORS 网络 GNSS 连续站的单日解水平方向定位精度为 2～3 mm。

根据国家 GPS 基准站监测数据可知，东荣矿区水平运动速率如图 3-5 所示。东荣矿区水平运动速率为 2～3 mm/a。矿区周边的 GPS 基准站监测的运动速率相对较大，水平运动速率为 6～7 mm/a。可见，东荣矿区处于断块绝对运动上升区。按照地质动力环境评价指标，因 $2\ mm/a \leqslant v_2 < 5\ mm/a$，东荣矿区断块构造水平运动条件评价指标值 a_2 为 1。

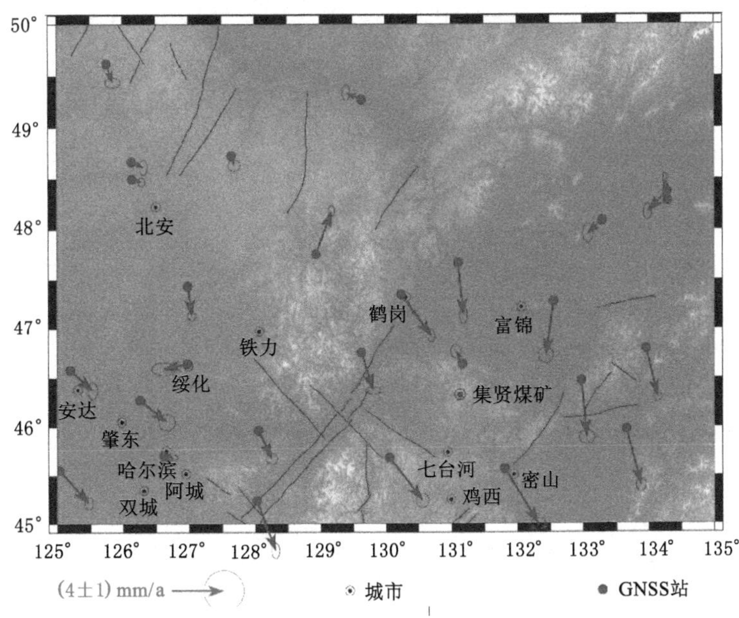

图 3-5　东荣矿区水平运动速率

(3) 构造应力条件

中国东部应力区，力源主要来自太平洋板块向西部欧亚大陆俯冲和菲律宾板块向北西朝欧亚大陆俯冲的联合作用，现代构造应力场的主体特征表现为北东东-南西西方向的挤压，与相邻板块俯冲的方向大体一致。其中，华北—东北地区的最大主压应力方向以北东东-南西西方向为主导，而华南地区以南东-北西到南东东-北西西方向占优势。应力场为以水平挤压为主的区域构造应力场的基本格局。东北地区现代构造应力场分布，如图 3-6 所示。

双鸭山集贤煤田属于中国东部应力区 A(一级区)→东北—华北应力区 A1(二级区)→东北应力区 A11(三级区)→东北平原应力区 A110(四级区)。板块构造运动强大而连续的挤压作用是控制区域内构造应力场的决定因素，也是产生矿井冲击地压的内因。根据地应

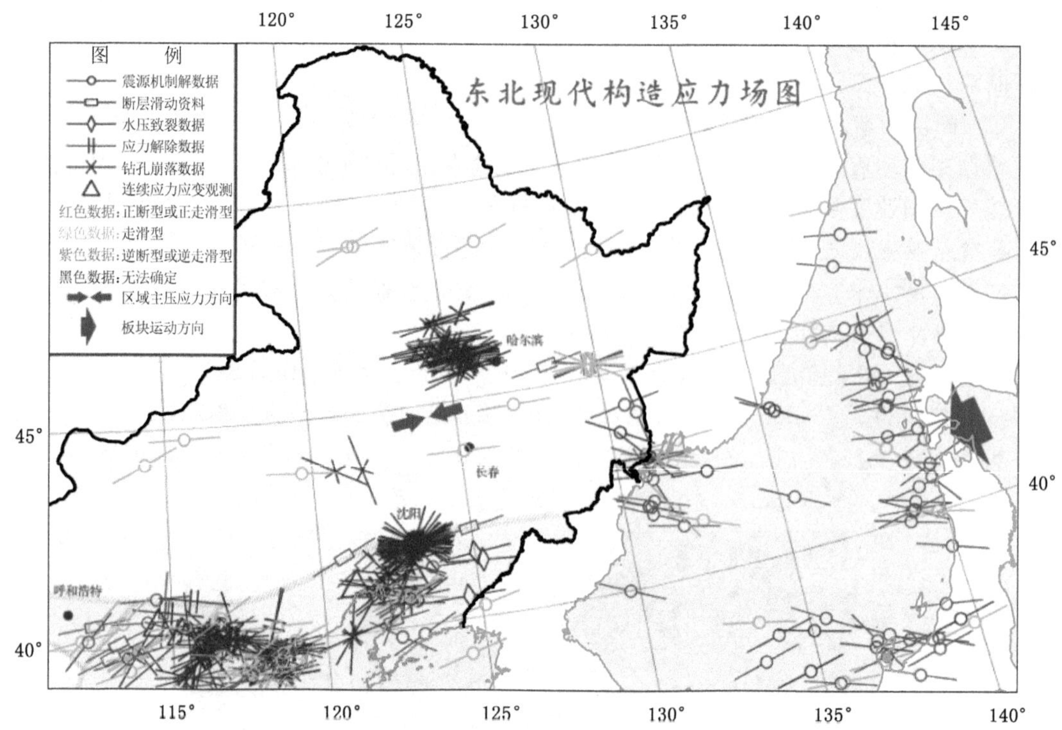

图 3-6 东北地区现代构造应力场

力测量结果和应力场分析，确定东荣矿区的构造应力条件，具体如下：

① 东荣三矿埋深为 531 m 时，最大水平应力值为 21.08 MPa，方向为 NE74.8°，垂直应力值为 13.28 MPa，最小水平应力值为 12.23 MPa。由此，可以确定应力集中系数 K 为 1.59。

② 东荣二矿埋深为 545 m 时，最大水平应力值为 19.74 MPa，方向为 NE78.8°，垂直应力值为 13.64 MPa，最小水平应力值为 10.75 MPa。由此，可以确定应力集中系数 K 为 1.45。

③ 东荣一矿埋深为 526.5 m 时，最大水平应力值为 22.77 MPa，方向为 NE76.4°，垂直应力值为 13.16 MPa，最小水平应力值为 12.89 MPa。由此，可以确定应力集中系数 K 为 1.73。

东荣矿区（东荣三矿、东荣二矿、东荣一矿）应力集中系数在 1.2～2.0 之间，按照地质动力环境评价指标，东荣矿区构造应力条件评价指标值 a_3 为 2。

(4) 构造凹地地貌条件

双鸭山集贤煤田构造位置处于佳木斯隆起和富锦隆起间的绥滨—集贤坳陷内。依据地质动力区划理论，将两侧隆起中部坳陷的构造地貌称为构造凹地。构造凹地两侧的隆起区与凹地内部具有较高的位势差。重力作用的趋势是使一切物体尽可能地取其最小位能，从而处于一种相对稳定的状态，或均衡状态。构造凹地的两侧隆起区必然也趋向于向低处运动而达到稳定状态。构造凹地的重力下滑力指向凹地内部，隆起地形中重力下滑力背向隆起部位。因此，在构造凹地中重力下滑力使得构造凹地内部水平应力增大，压性特征增强，主要体现为存在显著的构造应力。利用地质动力区划的构造凹地分析方法，分别沿东西向和南北向对东荣矿区进行构造凹地剖面划分，如图 3-7 和图 3-8 所示。

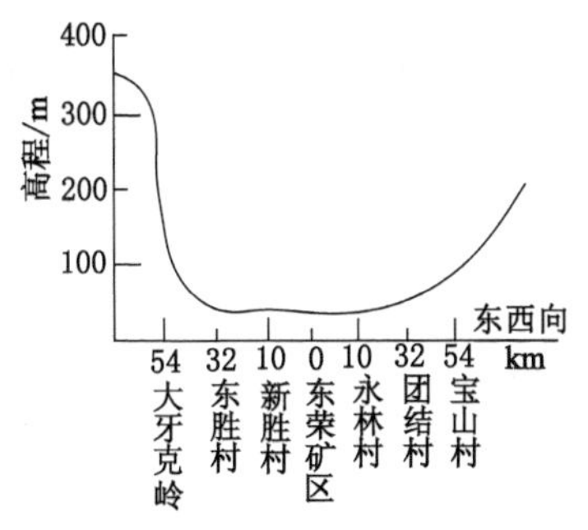

图 3-7　东荣矿区东西向构造剖面

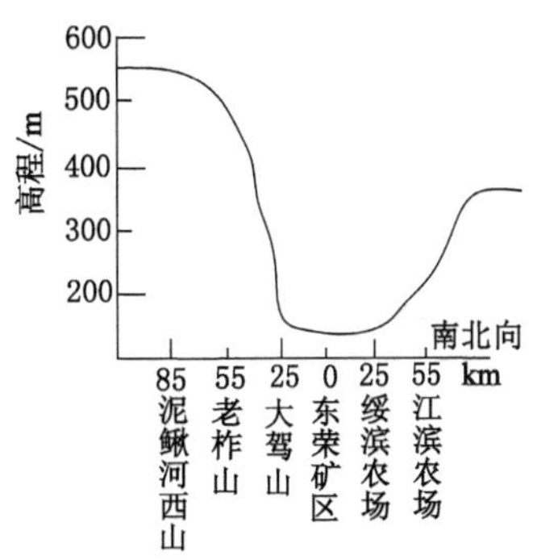

图 3-8　东荣矿区南北向构造剖面

由图 3-7 和图 3-8 可知，东荣矿区处于构造凹地的底部。按照地质动力学观点，凹地岩体易于集聚能量，有利于冲击地压的发生。双鸭山集贤煤田地貌特征符合构造凹地地貌条件，在评价指标中 A 和 B 分别取 0.25 和 0.75。由于 Δh 和 $1/\Delta l$ 的单位和量值不同，在这里进行归一化处理，即对所研究的几个地区，选择其中 Δh 和 $1/\Delta l$ 的最大值作为归一因子，所有地区测量所得到的具体数值均除以各自的归一因子。经归一化处理后，所有的参数都成为无量纲的数值。由上述归一化定量计算方法得知，构造凹地反差强度 $C \in [0,1]$。通常情况下，当构造凹地反差强度大于 0.50 时，表明生产矿井具有发生冲击地压的地质动力环境。对双鸭山矿区 7 对生产矿井分别进行构造凹地的计算分析，计算结果如表 3-13 所示。

表 3-13　双鸭山矿区构造凹地反差强度计算结果

矿井名称	高程差 Δh		宽度 Δl			构造凹地反差强度 C	危险程度
	东西向高程差/m	归一化后	东西向宽度/km	$\frac{1}{\Delta l}$	归一化后		
东荣三矿	427	0.45	300	0.003	0.60	0.56	中等
东荣二矿	267	0.28	250	0.004	0.80	0.67	中等
东荣一矿	490	0.52	300	0.003	0.60	0.58	中等
集贤煤矿	951	1.00	300	0.003	0.60	0.70	中等
东保卫煤矿	563	0.59	200	0.005	1.00	0.90	强
新安煤矿	476	0.50	300	0.003	0.60	0.58	中等
双阳煤矿	454	0.48	200	0.005	1.00	0.87	强

研究结果表明，双鸭山矿区 7 对生产矿井（东荣三矿、东荣二矿、东荣一矿、东保卫煤矿、新安煤矿、集贤煤矿和双阳煤矿）的构造凹地反差强度 C 都大于 0.5，均具备发生冲击地压等矿井动力灾害的构造凹地条件。

东荣矿区处于构造凹地的底部，东荣三矿构造凹地反差强度 C 为 0.56，东荣二矿构造

凹地反差强度 C 为 0.67，东荣一矿构造凹地反差强度 C 为 0.58。东荣矿区相对较容易集聚能量，有利于冲击地压的发生。东荣矿区构造凹地反差强度评价指标值 a_4 为 2。

（5）断裂构造影响范围条件

双鸭山集贤煤田在三江盆地西部的绥滨、集贤坳陷北部，总体上由若干近南北和北东、北西向的不对称向斜、背斜组成。由于受区域性多种构造应力场的控制和影响，煤田北部分布较多的北西和北东向次级褶曲，部分区段断裂也较发育；南部边缘有近东西向的弧形逆冲断裂（北岗断裂）和褶曲；西部以北东向的军川断裂为边界，局部有复合构造；东南部有三组近南北向的宽缓褶曲和 F_{15} 断裂，北东、北西向的次级褶曲、断裂也较发育。煤田内主要褶曲、断裂由西到东有腰林子向斜、中伏屯背斜、新城镇向斜、索利岗背斜、东荣向斜、福山隆起、福山向斜，轴向主要为近南北向。其间主要断裂有军川、中伏屯、集贤断裂和 F_1、F_{11}、F_7、F_{15} 断裂，走向主要为近南北向，次为北东、北西向，落差多在 100～700 m 之间，延伸较长且具有多期继承性，对煤层破坏较严重。其中，F_1 断层是东荣向斜西翼的一个大断层，在区内仅于西南角与 F_7 断层斜接，构成该区西南部边界，走向为北西向，落差在区内有 690 m。依据地震监测结果，确定 F_1 断层为正断层，如图 3-9 所示。

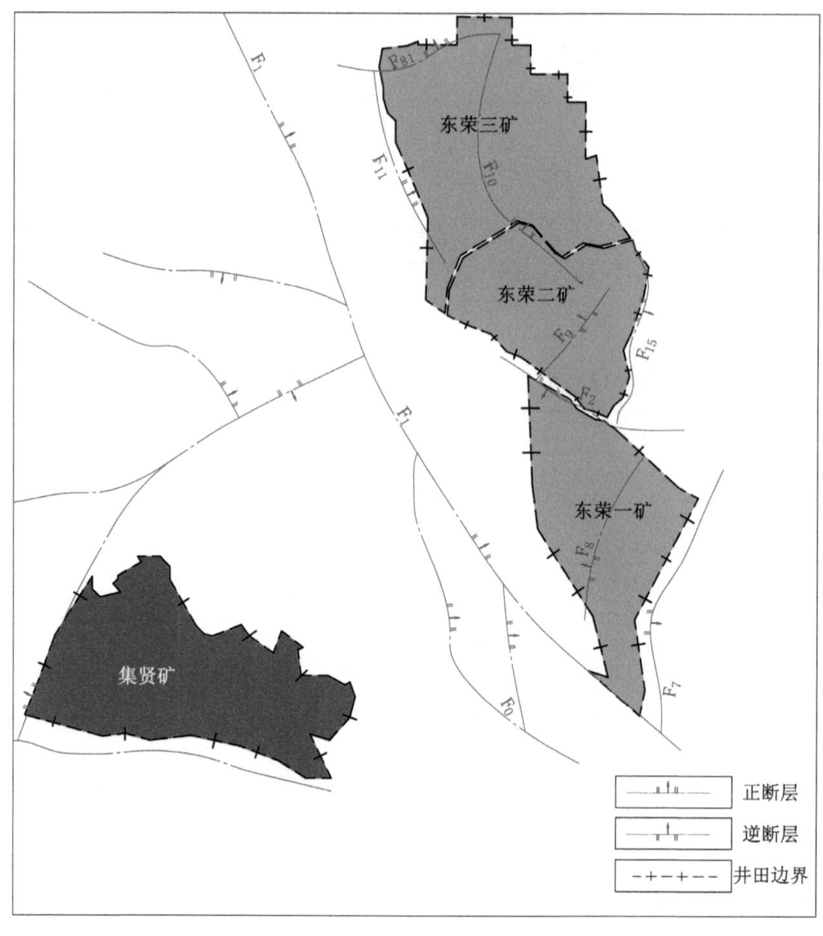

图 3-9　F_1 断层与东荣矿区位置示意图

根据地质动力环境评价指标体系中断裂构造影响范围条件，当井田边界与活动断裂的直线距离小于或等于断裂影响范围 b 时，矿井在冲击地压危险区域内。

按照断裂构造的活动性，可以确定 F_1 断层的影响范围 b 值为 6.9～20.7 km。东荣三矿井田边界与 F_1 断层的距离为 2.0～2.5 km；东荣二矿井田边界与 F_1 断层的距离为 2.3～4.5 km；东荣一矿井田边界与 F_1 断层的距离为 0～1.5 km。按照地质动力环境评价指标，F_1 断层影响范围条件评价指标值 a_5 为 3。

(6) 开采深度条件

对中国冲击地压矿井的煤层开采深度统计分析表明，开采深度超过 400 m 就已具备冲击地压发生的开采深度条件。随着开采深度增加，冲击地压发生的概率增大，危险程度加大。

东荣三矿井田范围内的煤层大部分或局部可采，井田西部区域和中部部分区域的埋深

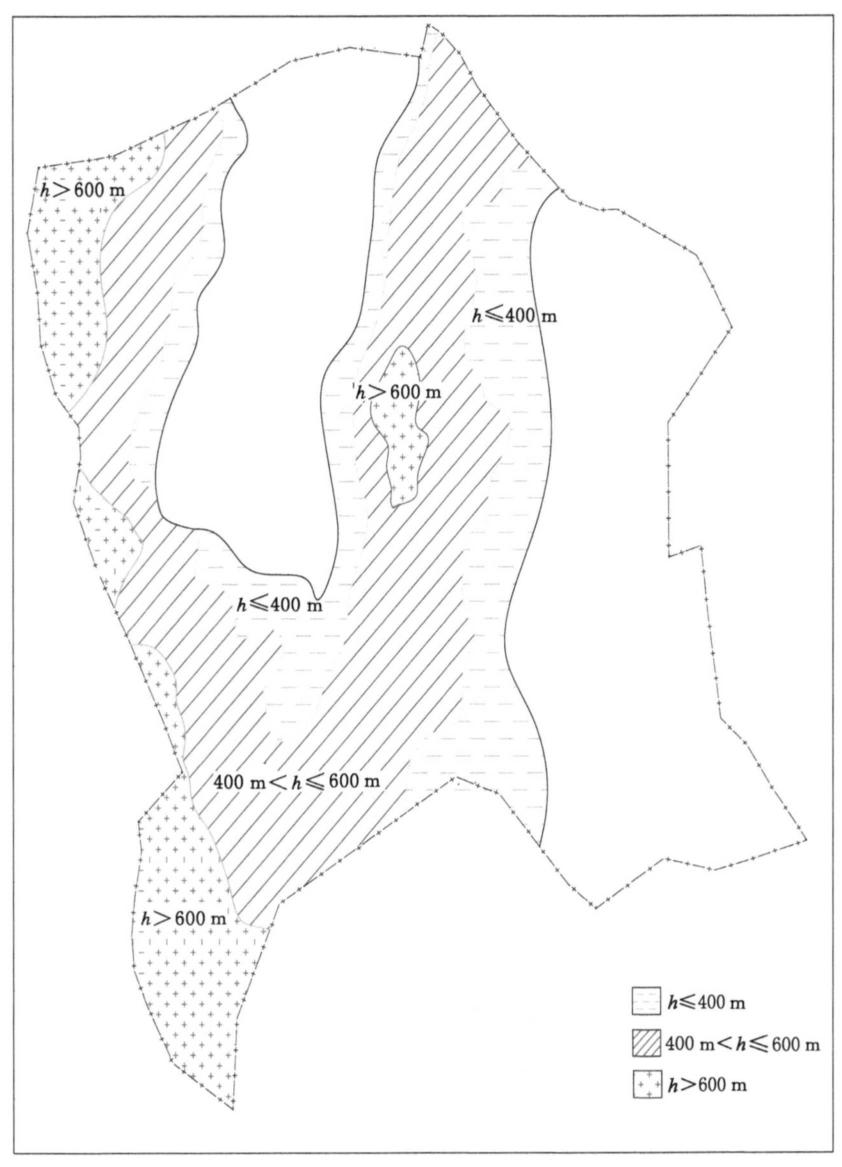

图 3-10　东荣三矿煤层开采深度分布

大于 600 m,其他区域埋深小于 600 m,如图 3-10 所示。同时,矿井逐渐进入深部开采阶段,按照地质动力环境评价指标,开采深度条件评价指标值 a_6 为 2。

东荣二矿井田东部埋深小于 400 m;井田中西部及东北部局部区域埋深介于 400～600 m,主要布置有南四上采区和东二上采区,接续工作面大部分区域位于该埋深范围;井田西南部大部分区域埋深介于 600～800 m,南二下准备采区位于该埋深范围;井田西南部局部区域埋深大于 800 m,如图 3-11 所示。可见,东荣二矿煤层开采深度最深也接近 800 m,按照地质动力环境评价指标,开采深度条件评价指标值 a_6 为 2。

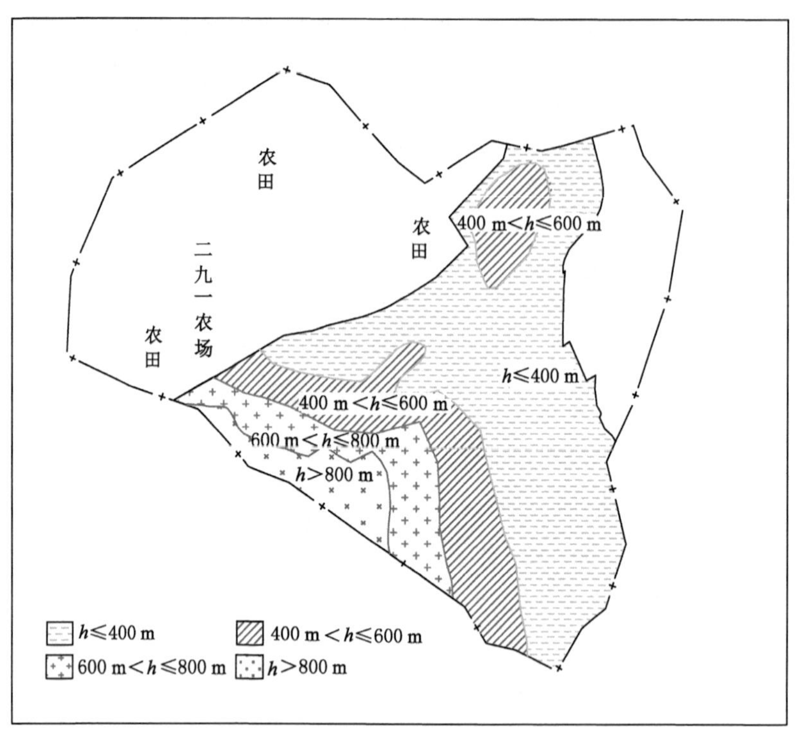

图 3-11 东荣二矿煤层开采深度分布

东荣一矿井田东部埋深小于 400 m,井田中部埋深介于 400～800 m,井田西部埋深大于 800 m,如图 3-12 所示。可见,东荣一矿煤层开采深度最深也接近 800 m,按照地质动力环境评价指标,开采深度条件评价指标值 a_6 为 2。

由上述分析可知,东荣矿区(东荣三矿、东荣二矿、东荣一矿)开采深度条件评价指标值 a_6 为 2。

(7) 上覆坚硬厚岩层条件

矿井发生冲击地压的一个重要诱导因素为顶板岩层条件,其中包括坚硬顶板、巨厚覆岩。《煤矿安全规程》(2022 版)冲击地压防治一般规定中第二百二十六条规定“埋深超过 400 m 的煤层,且煤层上方 100 m 范围内存在单层厚度超过 10 m 的坚硬岩层”应当进行煤岩冲击倾向性鉴定,该类煤岩层具备发生冲击地压的可能性。

① 东荣三矿

东荣三矿主采 14、16、18、30 煤。由下至上,30 煤上方约 20 m 处有厚度为 30.3 m 的细

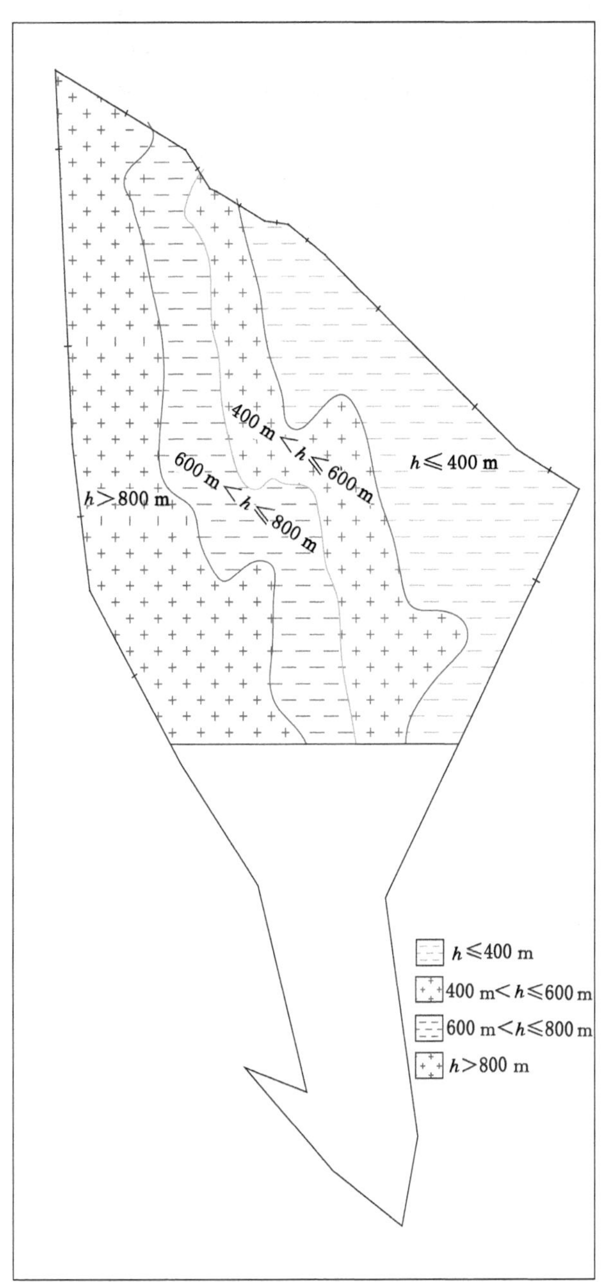

图 3-12　东荣一矿煤层开采深度分布

砂岩；18 煤上方约 4 m 处有厚度为 10.45 m 的中砂岩，上方约 20 m 处有厚度为 37.9 m 的中砂岩；16 煤上方约 8 m 处有厚度为 25.05 m 的细砂岩；14 煤上方约 19 m 处有厚度为 33.85 m 的中砂岩，上方约 56 m 处有厚度为 24.1 m 的细砂岩。东荣三矿主采 14、16、18、30 煤顶板上方 100 m 范围内以中砂岩、粉砂岩和细砂岩为主，顶板岩层单轴饱和抗压强度 $\sigma_c > 60$ MPa。

按照地质动力环境评价指标，30 煤的上覆坚硬厚岩层距煤层距离为 20～50 m，上覆坚硬厚岩层条件评价指标值 a_7 为 2；14、16、18 煤的上覆坚硬厚岩层距煤层距离为 0～20 m，上覆坚硬厚岩层条件评价指标值 a_7 为 3。综上所述，东荣三矿上覆坚硬厚岩层条件评价指标值 a_7 为 3。

② 东荣二矿

东荣二矿主采 16、17、18 煤。由下至上，18 煤上方 20 m 处有厚度为 10.75 m 的粗粒砂岩；17 煤直接顶为 10.75 m 厚的粗粒砂岩；16 煤上方 48 m 处有厚度为 25.45 m 的粗粒砂岩，上方 80 m 处有厚度为 14.3 m 的粉细砂岩互层。东荣二矿主采 16、17、18 煤顶板上方 100 m 范围内以粗粒砂岩、粉砂岩和细砂岩为主，顶板岩层单轴饱和抗压强度 $\sigma_c > 60$ MPa。

按照地质动力环境评价指标，17、18 煤的上覆坚硬厚岩层距煤层距离小于 20 m，上覆坚硬厚岩层条件评价指标值 a_7 为 3；16 煤的上覆坚硬厚岩层距煤层距离为 20～50 m，上覆坚硬厚岩层条件评价指标值 a_7 为 2。综上所述，东荣二矿上覆坚硬厚岩层条件评价指标值 a_7 为 3。

③ 东荣一矿

东荣一矿主采 16、18、20 煤。由下至上，20 煤上方约 59 m 处有厚度为 10.25 m 的中砂岩，上方约 69 m 处有厚度为 12.45 m 的细砂岩；18 煤上方约 41 m 处有厚度为 10.25 m 的中砂岩，上方约 51 m 处有厚度为 12.45 m 的细砂岩，上方约 75 m 处有厚度为 14.05 m 的细砂岩；16 煤上方约 32 m 处有厚度为 10.25 m 的中砂岩，上方约 42 m 处有厚度为12.45 m 的细砂岩，上方约 54 m 处有厚度为 14.05 m 的细砂岩。东荣一矿主采 16、18、20 煤顶板上方 100 m 范围内以中砂岩、粉砂岩和细砂岩为主，顶板岩层单轴饱和抗压强度 $\sigma_c > 60$ MPa。

按照地质动力环境评价指标，20 煤的上覆坚硬厚岩层距煤层距离为 50～100 m，上覆坚硬厚岩层条件评价指标值 a_7 为 1；18、16 煤的上覆坚硬厚岩层距煤层距离为 20～50 m，上覆坚硬厚岩层条件评价指标值 a_7 为 2。综上所述，东荣一矿上覆坚硬厚岩层条件评价指标值 a_7 为 2。

(8) 本区及邻区判据条件

东荣三矿为冲击地压矿井；东荣二矿与东荣三矿相邻，为相邻矿井；东荣一矿与东荣三矿中间有东荣二矿相隔，为相隔矿井。按照地质动力环境评价指标，确定东荣三矿评价指标值 a_8 为 3，东荣二矿 a_8 为 2，东荣一矿 a_8 为 1。

应用地质动力环境评价方法，建立了东荣矿区（东荣三矿、东荣二矿、东荣一矿）地质动力环境评价指标体系，分别对 8 个指标进行评价。评价结果见表 3-14。

表 3-14 东荣矿区地质动力环境评价结果

序号	评价指标	东荣三矿评价指标值	东荣二矿评价指标值	东荣一矿评价指标值
1	断块构造垂直运动条件	0	0	0
2	断块构造水平运动条件	1	1	1
3	构造应力条件	2	2	2
4	构造凹地地貌条件	2	2	2
5	断裂构造影响范围条件	3	3	3

表 3-14(续)

序号	评价指标	东荣三矿评价指标值	东荣二矿评价指标值	东荣一矿评价指标值
6	开采深度条件	2	2	2
7	上覆坚硬厚岩层条件	3	3	2
8	本区及邻区判据条件	3	2	1
评价指标值		0.67	0.63	0.54
矿井地质动力环境类型		中等	中等	中等
东荣矿区地质动力环境类型		中等		

3.3.3 集贤煤矿地质动力环境评价

集贤煤矿位于双鸭山市集贤县境内，福利镇是其中心位置，向西南距双鸭山市约19 km，属双鸭山矿区东北部，行政区划隶属四方台区。井田东至第27勘探线，南至北岗断层，西至集贤断层，北以16煤露头为界，井田东西长9 km，南北宽4.7 km，井田面积约为42 km^2。2007年重新核定生产能力为180万t/a。集贤煤矿在回采9煤的过程中多次发生冲击地压，有记录最早的冲击地压发生于2010年4月5日03:38中一下采区3604采煤队回采九层左五片时，在中一下六片下料巷A10号点前51.5 m，造成风筒断3节，66 m巷道片帮严重，上帮位移0.3 m，6根锚索变形，9片钢带弯曲，18 m轨道连同枕木被掀起。随着矿井采掘工程向深部延伸，冲击地压的威胁进一步增强。冲击地压严重制约了煤矿的安全高效生产，已经成为集贤煤矿目前安全生产中亟待解决的重大问题。鉴于集贤煤矿开采中的冲击地压问题，开展了集贤煤矿地质动力环境研究，以明确井田的地质动力环境及其对冲击地压的影响作用。

应用地质动力环境评价方法，建立了集贤煤矿地质动力环境评价指标体系，分别对8个指标进行评价。评价结果见表3-15。

表 3-15 集贤煤矿地质动力环境评价结果

序号	评价指标	影响程度级别	分项评价指标值	综合评价指标值	评价指标值
1	断块构造垂直运动条件	无	0	$A=\sum_{i=1}^{n}a_i=16$	0.67
2	断块构造水平运动条件	弱	1		
3	构造应力条件	中等	2		
4	构造凹地地貌条件	中等	2		
5	断裂构造影响范围条件	强	3		
6	开采深度条件	中等	2		
7	上覆坚硬厚岩层条件	强	3		
8	本区及邻区判据条件	强	3		
地质动力环境类型			中等		

3.3.4 鹤岗南部矿区地质动力环境评价

鹤岗南部矿区位于黑龙江省鹤岗市区南端，矿区内主力生产矿井为峻德煤矿、兴安煤矿、富力煤矿。其中，峻德煤矿、兴安煤矿行政区划隶属鹤岗市兴安区，富力煤矿行政区划隶属鹤岗市南山区。峻德煤矿核定生产能力为400万t/a，兴安煤矿核定生产能力为270万t/a，富力煤矿核定生产能力为180万t/a。3个煤矿都曾发生过冲击地压，其中，峻德煤矿发生过较严重冲击地压5次，兴安煤矿发生过12次冲击地压，富力煤矿2014年"5·28"冲击地压发生在62184工作面，微震监测能量3.55×10^{6} J。冲击地压等矿井动力灾害的发生，严重影响了矿区煤炭资源安全高效开采，威胁井下作业人员的生命安全。随着矿井采掘工程向深部延伸，冲击地压的威胁进一步增强，已成为亟待解决的安全问题。鉴于鹤岗南部矿区冲击地压问题，基于地质动力学基本原理，开展了鹤岗南部矿区地质动力环境研究，以明确井田的地质动力环境及其对冲击地压的影响作用。

应用地质动力环境评价方法，建立了鹤岗南部矿区（峻德煤矿、兴安煤矿、富力煤矿）地质动力环境评价指标体系，分别对8个指标进行评价。评价结果见表3-16。

表3-16 鹤岗南部矿区地质动力环境评价结果

序号	评价指标	峻德煤矿评价指标值	兴安煤矿评价指标值	富力煤矿评价指标值
1	断块构造垂直运动条件	0	0	0
2	断块构造水平运动条件	1	1	1
3	构造应力条件	2	2	2
4	构造凹地地貌条件	3	3	3
5	断裂构造影响范围条件	2	2	2
6	开采深度条件	2	2	1
7	上覆坚硬厚岩层条件	3	3	3
8	本区及邻区判据条件	3	3	3
评价指标值		0.67	0.67	0.63
矿井地质动力环境类型		中等	中等	中等
鹤岗南部矿区地质动力环境类型		中等		

第4章　活动断裂识别与断块划分

4.1　板块构造与断块划分

4.1.1　板块构造与人类工程活动的关系

板块构造学说提出之初，勒皮雄(X. le Pichon)把全球划分为6个大板块[73]，之后摩根(W. J. Morgan)提出把全球划分为16个左右板块的方案[74]。在这两种方案提出期间，还曾经出现过7分方案、12分方案、15分方案。进入21世纪，伯德(P. Bird)于2003年发表了一个全球现今板块边界模型(PB2002模型)数据库，划分了现今活动的52个板块[75]；哈里森(C. G. A. Harrison)于2016年据全球块体运动速度GPS监测结果将全球划分为159个板块，这些板块中面积最小的仅有2 000多平方千米[76]。李三忠等提出了按照面积大小把板块进一步分为大、中、小、微四级的理念[77]。然而不论是最初提出的全球六大板块划分方案，还是后来提出的七个大板块等划分方案，板块面积基本在数千至上亿平方千米。板块边界一般为巨型构造或大型构造，前者主要指延绵数百至数千千米的区域性或全球性的地貌构造单元，如喜马拉雅造山带、大洋中脊等；后者主要指延绵数十至数百千米的区域性地貌构造单元，如区域性大断裂。人类工程活动一定位于某个级别的板块上，但是人类工程范围往往为几十至几百平方千米，与上述板块尺度相比具有很大差距。板块边界对其内部的人类工程活动产生何种影响，人类工程活动中如何应用板块构造的研究成果，显然需要建立板块构造和人类工程活动之间的联系。地质动力区划在板块构造划分的基础上，通过对不同级别的断块构造进行划分，逐步缩小研究范围，建立了板块构造与工程应用的联系，如图4-1所示，最终形成了板块构造与人类工程之间的桥梁和纽带，由此填补了宏观尺度板块构造与小尺度人类工程之间联系的空白。

4.1.2　活动断裂识别与断块划分概述

地质动力区划研究在板块构造理论的基础上，遵循从总体到局部的原则，这一原则能够在不同比例尺地形图上进行地质动力区划时从一般现象抽象出个别特征，分析出地质构造的区域发展规律，确定矿区地质动力演变过程。因此，采用从一般到个别的研究方法能确定活动构造发展的一般规律，这一规律对研究地质动力过程和预测地质动力灾害危险性非常重要。为遵循从总体到局部这一工作原则，地质动力区划研究中所选用的划分各级断块构造所用地形图比例尺见表2-3。

在板块构造研究的基础上，进行Ⅰ、Ⅱ、Ⅲ、Ⅳ和Ⅴ级区划工作。Ⅰ级区划工作是建立板块构造研究与工程所在的大区域构造运动之间的联系，下一级别的区划工作进一步细化研究内容和缩小研究范围，Ⅴ级区划工作尺度与井田范围相对应。通过这一系统的研究和区

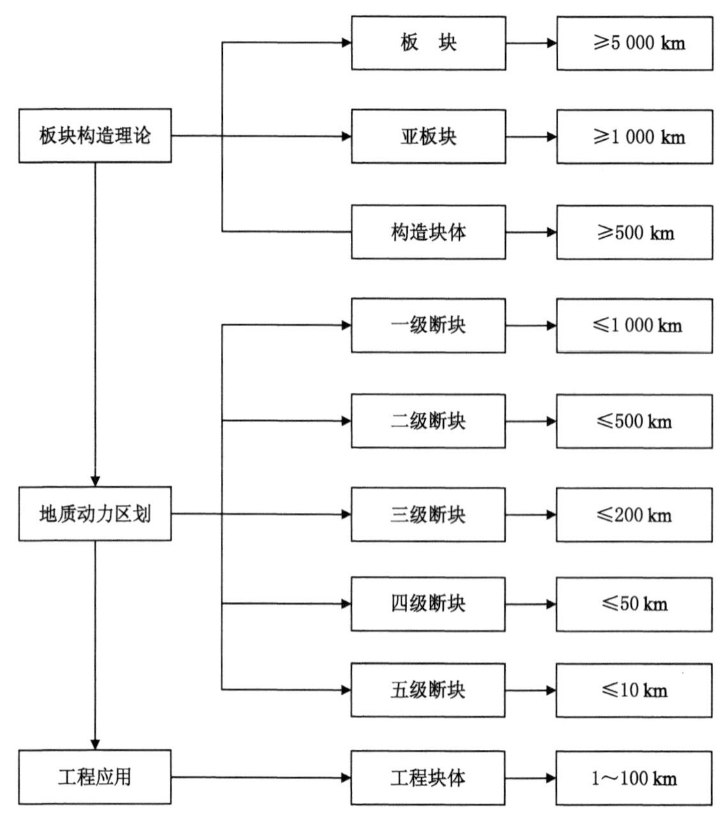

图 4-1　地质动力区划与板块构造及工程应用之间的关系

划工作，建立板块构造学说与工程应用之间的联系。

进行地质动力区划工作时断块选用的比例尺由表 2-3 中的序号 6 至序号 11 列出。其中，Ⅰ级断块和Ⅱ级断块选用的比例尺为 1∶250 万和 1∶100 万，在该比例尺下确定断块构造，目的是建立板块构造划分和地质动力区划构造划分之间的联系，将板块构造所确定的一般性规律和研究成果应用到地质动力区划中。Ⅲ级断块和Ⅳ级断块的比例尺范围为 1∶20 万～1∶2.5 万，根据这一尺度范围可以将断块构造划分至矿区尺度范围。通过 1∶1 万～1∶5 000(1∶2 000)比例尺范围确定的Ⅴ级断块和Ⅵ级断块构造，则在上述基础上进一步缩小范围，可以划定至井田尺度范围。通过对 1∶250 万～1∶5 000(1∶2 000)比例尺地形图的逐级划分，最终确定井田尺度范围的断块构造，由此便可建立板块构造与工程应用之间的联系，从而分析构造活动对矿井动力灾害的影响；同时可建立井田地质构造模型，为井田岩体应力和能量分析提供基础。

断块构造划分最重要的工作就是确定其边界——活动断裂。活动断裂研究的主要内容通常包括活动断裂的几何学、运动学、动力学特征，活动断裂分段，古地震等。活动断裂研究的方法通常有地质法、地貌法、遥感影像法、考古学方法、新年代学测定方法，以及地震学方法、大地测量学方法和各种地球物理方法、地球化学方法等。地质动力区划研究主要采用基于地貌法原理的绘图法，在此基础上结合地质法和地球物理方法等进行野外检验。

4.2 活动断裂及其活动标志

4.2.1 活动断裂的分类和基本特征

(1) 活动断裂的定义

"活动断裂"这一名称起源于地震研究。美国地质学家劳森(A. C. Lawson)于 1908 年在对圣安地列斯断层和 1906 年旧金山 8.3 级地震的地震断层进行考察后,首次提出了"活动断裂"这一术语[78],指出活动断裂(也称活断层)是一种现今仍在活动的断层。艾伦(C. R. Allen)等认为活动断裂是最近 10 万年或 1 万年有过活动的断层[79]。松田时彦(T. Matsuda)于 1977 年指出活动断裂一般指第四纪或晚第四纪还活动的断层,它们今后仍有可能再活动[80]。华莱士(R. E. Wallace)认为过去 1 万年或晚第四纪发生过位移的断层可称为活动断裂[81]。美国原子能委员会于 1973 年提出了能动断层概念,其定义是:在不久的将来可能活动的断层,一般来说在过去 3.5 万年里该断层曾有过活动[82]。可以看出,能动断层强调的是断层未来的活动。为了使推断更有根据,美国核管理委员会于 1975 年给出了能动断层的具体特征,即[83]

① 在过去 5 万年中至少发生过上地表或近地表活动,或在过去 50 万年中发生过重复性的上述活动;

② 有足够精确的仪器观测记录,证明强震活动与该断层有关;

③ 与上述两条确定的断层有构造联系的断层,有理由推测该断层能伴随其他能动断层的活动而产生活动。

丁国瑜在《中国活动断裂》一书代前言中指出:一般说来,把活动断裂限定为第四纪至今还活动的断层,即指那些正在活动和断续活动着的断层[84]。丁国瑜给活动断裂下的定义,强调断层至今仍在活动。从活动断裂本意考虑,活动断裂最重要的特点,就是它现在仍在活动。可以合理地推断,现在仍在活动的断层,在不久的将来可能还会再活动。而活动断裂的时间上限问题,也不是实质性问题。只要这些断层至今仍在活动,就可以叫活动断裂。当然,为满足工程上的一些特殊需要,对活动断裂时间上限亦可作更明确的规定。

地质动力区划研究中认为现在正在活动或在近代地质时期曾经发生过移动以及未来可能活动的断层称为活动断裂,时间上限定为 1 万年以来。

(2) 活动断裂的类型

迄今为止,对活动断裂并没有一个统一的分类原则,因而它也就没有统一的类型。1964 年,克拉夫(L. S. Cluff)提出了活动断裂分类,该分类是从活动证据的角度出发的[85]。1966 年,阿尔贝(A. L. Albee)和史密斯(J. L. Smith)根据活动强弱程度将活动断裂分为强烈活动断裂、中等活动断裂和轻微活动断裂 3 类[86]。1972 年,国际原子能机构将活动断裂分为 4 类,即 A 类——高运动速率,每千年移动量大于 1 m;B 类——地形上显示清晰的断层证据;C 类——地形上显示不清晰的断层证据;D 类——在定量评价上,没有断层运动速率或数量证据,这样的断层叫作能动的地表断层[87]。1973 年,美国建设规划咨询会考虑与地震活动的关系,将断裂划分为三大类型,即活动断裂、潜伏活动断裂和非活动断裂[88]。松田时彦(T. Matsuda)根据活断层与地震关系,将其区分为地震断层和震源断层两类;而根据活动方式不同,还可将其分为蠕滑型(蠕动运动断层)和黏滑型(地震运动断层)两类[89]。

邓起东等根据中国地壳动力学过程和彼时的研究程度,并考虑工程建设的实际需要和尽量使用已有的名词和概念,建议应用以下三类概念,并分别定义如下[90]。

① 活动断裂:指第四纪(200 万～300 万年)至现代活动过及正在活动的断裂。

② 能动断裂:指中晚更新世以来(10 万～50 万年)有过活动的断裂。这是考虑工程建设需要而采用的名词,因为上述活动断裂的概念对工程建设需要而言时间尺度过长。

③ 发震断裂:指 1 000～2 000 年来有过破坏性历史地震记载及被查明全新世(1.1 万年)以来有过中强史前古地震活动的断裂。

国家标准《活动断层探测》(GB/T 36072—2018)将断层划分为以下 4 类,即全新世断层、晚更新世断层、早-中更新世断层和前第四纪断层[91]。该分类方案是政府防范活断层灾害风险和确定重点防范对象时的重要依据之一。

(3) 活动断裂的基本特征

新构造运动是一次全球性的剧烈构造运动,主要由岩石圈板块运动所决定,其形成的应力场称为现代构造应力场。在这种应力场作用下,产生了许多新构造形迹,这一系列新构造形迹构成新构造运动的"时空记录",为人们考察、研究和剖析活动断裂特征与规律提供了客观依据。活动断裂有如下基本特征。

① 现代构造运动是延续的新构造运动,而活动断裂大多继承于新构造断块的差异运动,形成构造地貌形态、景观和单元。

② 构成历史和现代的地震带。

③ 构造形变非常明显。

④ 有现代的地球物理异常并形成异常带。

⑤ 在现代区域构造应力场中,成为地应力作用集中的地带和区段。

⑥ 其形成在时空上具有断续性、统一性。大的断裂形成前,总是形成许多小的裂隙、断裂。

根据以上活动断裂的基本特征和规律,可建立它的鉴定标志和判据。

(4) 活动断裂的运动方式

活动断裂运动是构造形变的重要特征之一。观测研究活动断裂运动方式是识别活动断裂的一项重要工作。断裂是一个或一组断层的组合形式。在研究断裂的运动方式时,必须针对某个断层进行。

根据两侧的相对运动方式,可将活动断裂分为倾滑断层、走滑断层和张裂断层三种。倾滑断层又可分为正断层和逆断层,正断层为上盘相对下降的断层,逆断层为上盘相对上升的断层。走滑断层又有右旋走滑断层和左旋走滑断层之分。右旋走滑断层为在断层的一侧面向断层观察,断层的另一侧向右移动的断层;左旋走滑断层为在断层的一侧面向断层观察,断层的另一侧向左移动的断层。张裂断层为有张裂运动的断层。上述几种断层运动方式,如图 4-2 所示。当然有的断层可能兼有走滑、倾滑与张裂运动,当断层迹线不在地表出露时为隐伏断层。

4.2.2 活动断裂的地形地貌标志

(1) 活动断裂的地貌标志

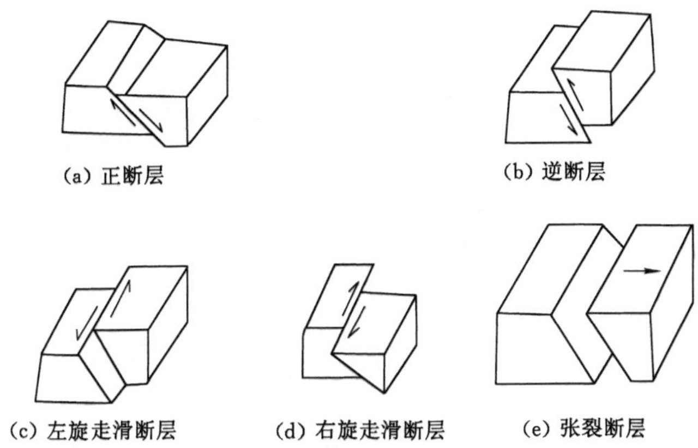

图 4-2　活动断裂(断层)的运动方式

李四光认为,地壳任何一种构造形迹都反映地壳应力的作用,而地壳上的构造形迹是成群发生的,每一群中的构造形迹反映了某种类型的构造活动和构造应力场[7]。构造运动是现代地形地貌形成与发展的源动力,活动断裂是地壳运动的结果和标志。现代地貌反映活动断裂信息,可以用这些信息来追溯构造运动的特征与规律。活动断裂在地貌上的表现大体可分为两类:一类是大地貌或宏观地貌;另一类是微地貌。前者是活动断裂长期作用的结果,而后者是少数突发事件(如地震)所造成的。研究活动断裂的地貌表现,对了解活动断裂的存在、性质、活动程度、滑动速率等都是十分重要的,它有助于研究活动断裂和地震之间的定量关系,为判定某个地区的地震危险性提供科学依据。

地形对活动断裂作用特别敏感,而地形又到处存在着,这就为活动断裂构造地貌研究提供了广阔的研究对象和前景。在地学界,地貌研究已很受重视,如通过分析断错水系和测录断层陡坎等计算断层长期滑动速率和判定地震事件。而遥感影像判读,一般较易识别活动断裂大地貌,但容易疏忽活动断裂微地貌。在确定区域构造形式时,研究活动断裂微地貌,对活动断裂识别则是相当重要和关键的。

地形、水系是地球内外动力共同作用的结果,但是在活动断裂附近,沿断裂的断错、位移常常直接控制了地形、水系的成长发育。特别是断裂的水平错动,对水系的改造更是迅速而明显。据丁国瑜研究,在中国许多大的活动断裂带,常可看到河谷被扭曲牵引和错断的现象[92]。

活动断裂的强烈活动,特别是当大地震发生时,伴随强烈地震时出现的地震断层,可造成几米至十几米的错动,从而出现一系列地面变形,如断塞塘、断错脊、眉脊、断层陡坎、断层沟槽、断陷坑等。它们是活动断裂带上广泛发育的断陷塘、槽脊、断层崖、断层三角面、断层悬谷等一系列断层地貌的雏形。卡拉先格尔地震断裂带如图 4-3 所示。

研究地球表面地形,能够得到晚近时期地球内部结构和应力状态的信息。活动断裂可以在地表地形中明显地显露出来,即沿其发生了现代的地壳运动。断块的划分就是确定相互有地质动力联系的各断块之间的边界,然而由于受侵蚀影响,其边界会变得模糊,但是仍能找到划分的标志。断块最高的部分常常是某个时期的夷平面的残余山;断块的边界可根据许许多多的地形标志来追踪,如断层崖及坡脚线、连续分布的河谷的膝状弯曲、串珠状湖泊等,如图 4-4 所示。

图 4-3 卡拉先格尔地震断裂带

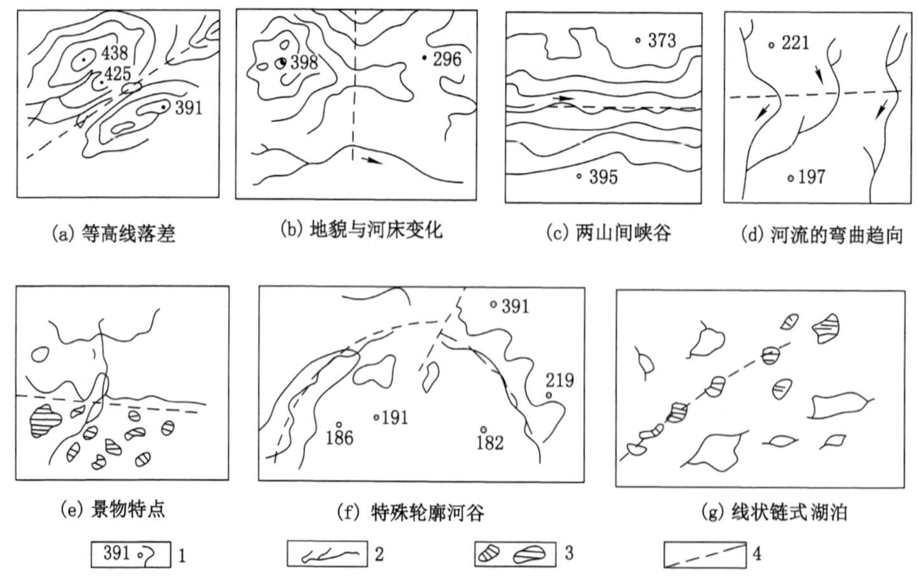

(a) 等高线落差 (b) 地貌与河床变化 (c) 两山间峡谷 (d) 河流的弯曲趋向

(e) 景物特点 (f) 特殊轮廓河谷 (g) 线状链式湖泊

1—等高线；2—河流；3—湖泊；4—构成地貌的断裂。

图 4-4 活动断裂的地貌表现

活动断裂露头指明了断裂活动的性质和幅度，并反映了活动断裂的地质年代，是确定活动断裂最直接和可靠的依据。对于活动断裂露头，可观察它的活动程度、错断层位，还可以测定它自第四纪以来的活动时间和次数，据此判定活动断裂的特性和趋势。

活动断裂在垂直和水平方向的差异运动塑造的差异地貌和景观，是鉴定活动断裂的有效标志，它们有：

① 呈线性分布叠次出现的断层三角面、断层崖、断层陡坎、高陡形与阶梯状断层山坡、断层垭口和“V”形谷。

② 活动断裂造成破碎陡峻的地形地貌，沿断裂带各种地表移动和物理地质现象丛生，

上升一侧形成剥蚀区，沉降一侧形成堆积区，经常形成线性分布的洪积扇群、泥石流群、崩积群、滑坡群以及串珠状湖泊和洼地。

③ 活动断裂往往构成不同新构造地貌单元的分界线，并强化各单元之间的差异性。

④ 活动断裂经常促使同一地貌单元或地貌系统发生分解，如造成同一夷平面、阶地、洪积扇等的位错，或错断一个水系或使水系沿同一方位发生同步变形和异常，使正常河道产生深槽、侧蚀和迁移，使谷宽和坡降变异、流态失常，如图 4-5 所示。

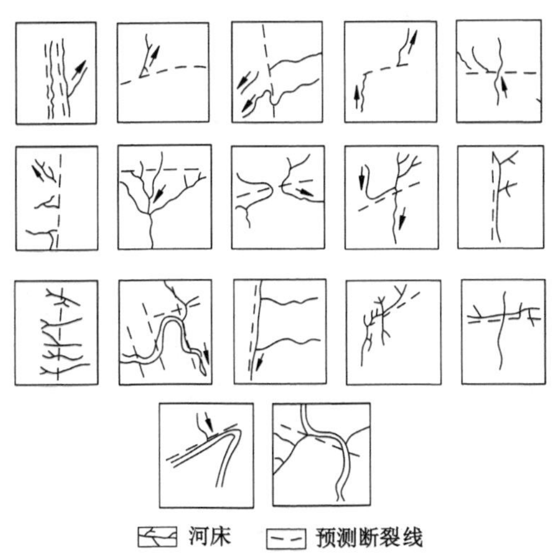

图 4-5　用于划分河床断裂破坏的地貌特征

通常，可以通过遥感影像解译发现地貌反差大的部位。运用上述工作成果结合现场勘查，往往可以从地貌特征上来识别活动断裂。例如，平原与山地界线的线性分布，深切的直线形河谷，山地的断层崖或断层三角面，由断层两侧地下水位的高差变化而引起地表植被的不同，山谷中或平原山地交界处定向断续出现的残山、洼地、沼泽、湖泊、跌水、泉及温泉等的线性规律分布，河流水系定向排列展布或同向扭曲错动，以及条带状长距离的滑坡及崩坍等，是活动断裂的主要标志。

活动断裂的地貌标志归纳为如下几个方面：

① 地形的形变（夷平面、阶地、溶洞、扇形地等）；

② 新鲜的断层崖、断层陡坎、断层三角面、断层垭口或鞍部，山脊等呈直线状分布；

③ 湿地、湖塘、凹地、冰丘、谷地等呈直线状断续分布；

④ 倒石锥、滑坡、冲积扇在断层一侧有规律地断续地沿断层方向延伸到很远；

⑤ 冲沟沿断层一侧发育，且切割很深；

⑥ 河床出现裂点（排除岩性因素）；

⑦ 沿河流走向的阶地发育程度不同；

⑧ 河床两岸阶地发育不对称；

⑨ 两侧支流与主流汇合处，有规律地偏转；

⑩ 放射状支流（隆起）；

⑪ 向心状支流（凹陷）。

(2) 活动断裂的地层错断标志

活动断裂作用的另一个现象是地层错断，分为黏滑错断和蠕滑错断两类。其作用结果，一方面表现在错断岩层形成断层泥上；另一方面表现在控制新地层沉积上。在断层陡坎前的第四系堆积厚度大，并常见到小褶曲和小断层。此外，活动断裂附近的洪积锥特别高或特别低，与山体不相称。系统研究活动断裂的地层错断标志，可以帮助鉴别活动断裂，确定断裂最新活动时代。

以大同矿区口泉断裂为例。该断裂位于大同盆地西缘，北起大同市以北的官屯堡附近，止于峙峪，全长 160 km，走向北北东，西侧为口泉山脉，东侧为大同盆地。口泉断裂错断全新世地层，为全新世活动断裂。跨断层短水准观测表明，1990—1998 年口泉断裂上盘平均下降速率为 2.36 mm/a，如图 4-6 和图 4-7 所示。

图 4-6　大同矿区口泉断裂地貌形态(杨家窑段)

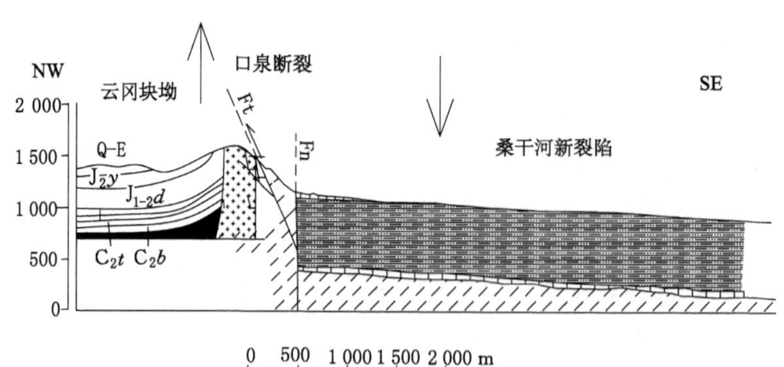

图 4-7　口泉断裂地层错断示意图

4.2.3 活动断裂的地质地层标志

(1) 活动断裂典型标志

断裂活动会造成岩石的破坏，规模较大者可形成构造角砾岩、糜棱岩、硅化岩、断层泥等。非活动断裂一般年代较老，断裂带上的破碎岩石有可能全部胶结，甚至不同程度地变质，而活动断裂则不具备上述特征。根据野外观察，绝大多数活动断裂的破碎带多不存在固结现象。如果为长期活动的巨大断裂带，其破碎现象更为明显，可形成宽数十米、数百米以上的破碎带。如果是活动断层，必然存在不固结的破碎带。

平顶山矿区锅底山断裂的破碎带如图 4-8 所示，开滦矿区昌黎—蓟县断裂在甘雨沟村的破碎带如图 4-9 所示。根据破碎带的颜色、物质成分及固结状态的不同，有可能分析其活动次数。若有断层泥存在，则可开展进一步的分析研究。由于断层泥细腻柔软，在断层活动时往往形成剥理、镜面和擦痕。根据上述现象可以确定断层上下盘的活动方向及力学性质，以至活动次数。如果断层泥以伊利石为主或含钾高，还可利用伊利石 K-Ar 法和 ^{40}Ar-^{39}Ar 法年龄测试测定其年龄，以确定断层活动时代。此外，根据断层活动时所造成的机械能与热能的转化，可利用石英、云母、长石及角闪石等矿物做热释光断代，推测断层活动时代。

图 4-8　平顶山矿区锅底山断裂破碎带

（2）活动断裂常见的地层标志与地质研究方法

活动断裂常见的地层标志：

① 新地层不连续，发生断裂，如图 4-10 所示。

② 断裂两侧新地层厚度有显著差异，岩性特征变化大。

③ 断裂穿切不整合面或假整合面。

④ 地层倾斜、褶皱。

⑤ 断裂破碎带中有新地层及新的填充物（如淤泥、黏土、泥沙、钙质、铁锰质、硅质等）填充。

⑥ 断裂破碎带中构造岩、压碎岩、岩粉、断层泥等新鲜、松散，并有新擦痕。

⑦ 断面光滑、平直、无侵蚀。

活动断裂的地质研究方法：

① 地质构造法：要了解区域第四纪地层展布、活动构造表现特征等。先从形态学入手，

图 4-9 开滦矿区昌黎—蓟县断裂在甘雨沟村的破碎带

(a) (b)

图 4-10 活动断裂的地层标志

再进行平、剖面特征描述，继而进行运动学和动力学研究。

② 第四纪沉积物成因类型研究：第四纪沉积物成因类型往往能够反映沉积环境，再结合岩相分析，能够反映活动构造形变。

③ 生物化石研究：利用动植物生存期间存在一定高度的规律，来研究活动构造是一种可行的方法。主要对植物化石和孢粉、三趾马动物群化石分布高度进行研究等。

④ 槽探方法：槽探是向地表以下开挖沟槽来揭露岩土体的一种勘探方法。它具有真实、干扰少、可直接取样、经济、效果好等优点。

4.2.4 活动断裂的地球化学标志

活动断裂往往表现出众多地球化学异常现象。气体是活动断裂的最主要地球化学标志之一，其在赋存形态上可分为土壤气（土壤自由气体和吸附气体）、地下水溶解气和逸出气等，即断层气。其中，在活动断裂探测中主要应用土壤气，测定的组分一般为 Rn、Hg、He、

CO_2、SO_2、O_2、CH_4和其他碳氢化合物，以及一些气体的同位素(^{13}C、$^{3}He/^{4}He$ 等)。这些气体的成因是多种多样的，既有地球深部放气作用来源的，也有浅部化学、生物、放射成因的。它们通过断裂带运移到地表，从而成为人们进行地球化学探查的对象。

断层气高值的异常幅度和异常分布，主要受岩性、断裂规模和产状、破碎带宽度和透气性、覆盖层厚度和成分等多种因素的影响。当断裂倾角较陡、破碎带透气性较好、覆盖层不厚时，断层气剖面多呈单峰高值；当断裂倾角较缓、破碎带较宽时，由于气体向上运移(除沿主断面逸出外，在断层上盘裂隙较发育处也可向上运移)，断层气异常带形成一定的宽度和多个峰值。氡异常的主峰值处往往是主断面通过的地方。

汞的渗透性极强，往往沿断层上盘裂隙向上运移，使汞异常峰值偏离氡异常峰值，并位于断层面的倾斜方向(上盘)上[93-94]，如图 4-11 和图 4-12 所示。活动断裂带均有汞异常显示，活动断裂的活动性与汞异常强度有一定的对应关系。断裂活动性强，汞异常强度就高；反之亦然。根据活动断裂土壤气中汞量测量剖面的位置和形态，可以较准确地确定断裂的位置(异常峰值对应部位)、规模(异常峰值的高低及宽度)、倾向、倾角(异常峰值与倾角有一定的对应关系)[95]。

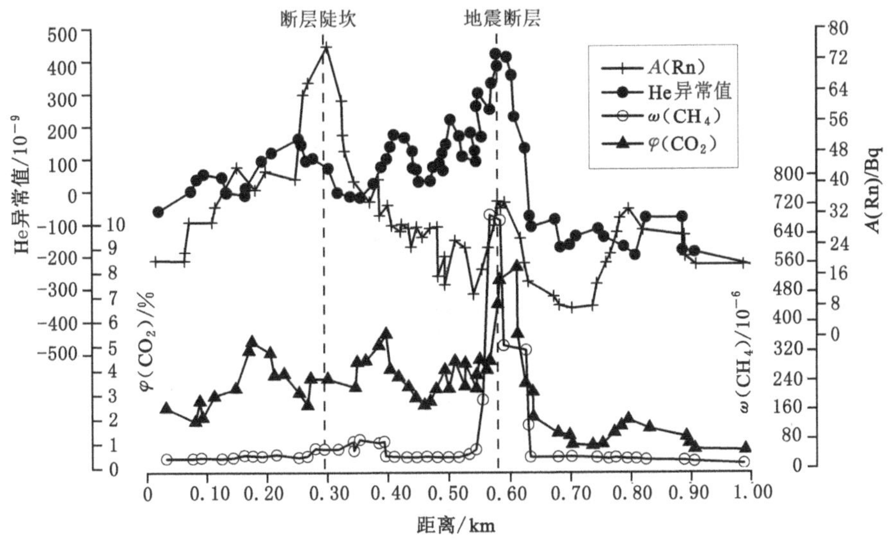

图 4-11　意大利富奇诺(Fucino)盆地地球化学探测结果

活动断裂带地下水中的 F^-、Cl^-、Ca^{2+}、Mg^{2+}、Li^+、Sr^{2+} 和 B^{3+} 等离子浓度沿与断裂垂直的剖面显示“分割形”和“峰值形”特征[96]，如图 4-13 所示。

4.2.5　活动断裂的地球物理标志

在构造运动中，地壳的天然电场、磁场、重力场发生着变化。不同级别的断裂往往是不同级别构造单元的分界线，并且会造成两侧地层的物性差异，因此在地球物理场上往往表现为不同异常区的分界线或者线性的异常。活动断裂的地球物理标志主要是电场、重力、磁场和地温异常。在覆盖层很厚的平原地区和海洋地区，利用重力、磁场和地温异常研究活动断裂，是行之有效的方法。

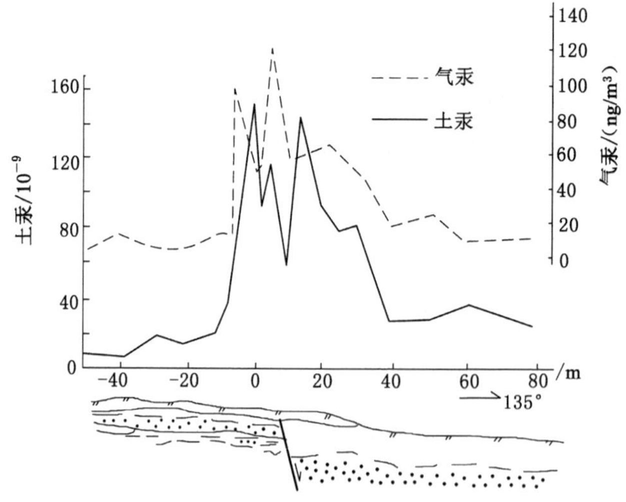

图 4-12　槐树坪剖面 Hg 异常图

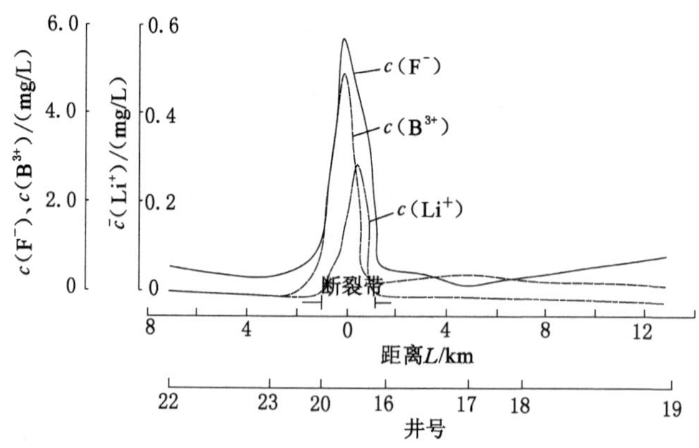

图 4-13　断裂带地下水中的 F^-、Li^+、B^{3+} 浓度曲线

① 活动断裂的重力标志：利用重力仪观测可以测定年轻地层是否有断裂和褶曲以及与地下构造的关系。重力异常梯度带往往反映活动断裂的空间位置。布格重力异常图上断裂的识别标志主要有：线性重力高与重力低之间的过渡带；两侧异常特征明显错动的部位；串珠状异常的两侧或轴部所在位置；两侧异常特征明显不同的分界线；封闭异常等值线突然变宽、变窄的部位；等值线扭曲部位。

② 活动断裂的磁场标志：在磁异常中，断裂的主要表现形式为，磁异常的密集带或正负异常的突变带；磁场分布性质的突变带或异常走向的突变带；串珠状、带状或雁行排列的异常带；异常强度和宽度发生变化；不同特征磁场区的分界线[97]，如图 4-14 所示。

③ 活动断裂的地温标志：活动断裂往往构成地热的集、散、循环通道。例如，地下热水沿活动断裂由地壳深处向表层循环，出露于地表形成温泉和热泉。

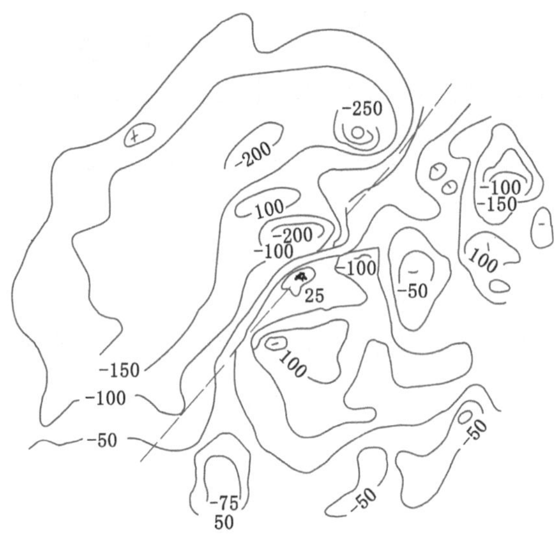

图 4-14　磁异常等值线图(单位:nT)

图 4-15 显示通过 2.5D 正演模型计算得到的重力剖面,断层错动地层形成了明显的重力异常带。

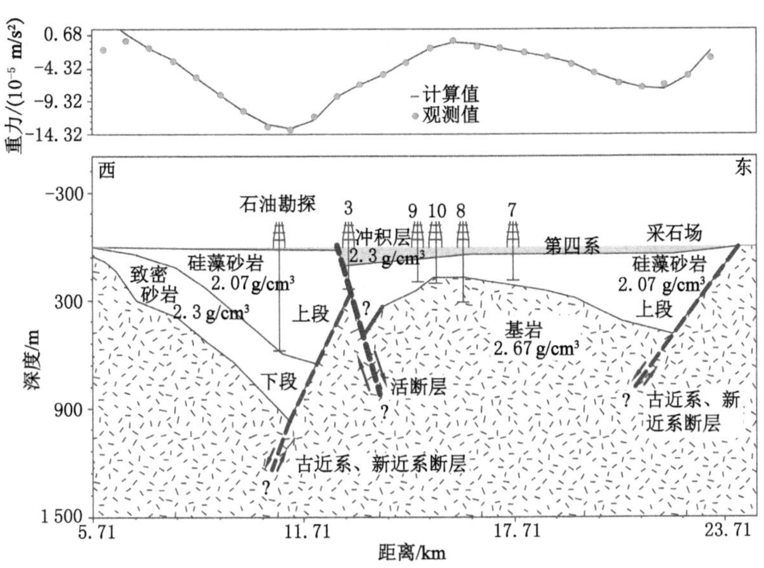

图 4-15　里诺市特拉基草原-特拉基河盆地重力剖面

最常用的地球物理测深手段有两种:大地电磁测深和人工地震测深。

大地电磁测深主要用于研究地壳和上地幔构造。不同周期的电磁场信息具有不同的穿透深度,因此研究大地对天然电磁场的频率响应可获得地下不同深度介质电阻率分布的信息。大地电磁测深可以提供多种电性断面(如曲线断面、相位断面、视电阻率断面、反演剖面等)。各种断面对断裂都有较好的反映,如曲线断面上相邻测点曲线形态发生明显变化,相位等值线断面图上等值线密集带或发生扭曲畸变等，都代表断裂可能发育的位置。连续大地电磁测深二维反演剖面是研究深部结构较常用的地球物理资料，断裂在剖面上的表现比较清楚：主要为电阻率等值线的扭曲畸变，逆冲断裂发育部位高阻向低阻逆掩的特征明显；断裂面破碎含水有时显示为线性低阻。

人工地震剖面上断裂特征与地质剖面特征相对应。断裂在地震剖面上显示特征多种多样，主要包括如下方面：

① 反射波发生错断。断裂两侧同相轴发生错断，但反射波特征清楚，波组或波系之间关系稳定，一般为中、小型断裂的反映。

② 反射波同相轴数目突然增加、减少或消失。波组间反射波同相轴数目发生突变，表现为下降盘同相轴数目逐渐增多，上升盘同相轴数目突然减少。

③ 反射波同相轴形状突变，反射零乱并出现空白反射。断裂错断引起两侧地层产状突变，或断裂的屏蔽作用造成下盘反射同相轴零乱并出现空白反射，一般指示边界大断裂。

④ 反射波同相轴发生分叉、合并、扭曲和强相位与强振幅转换等。这一般是小断裂的反映。

⑤ 异常波的出现。时间剖面上反射波错断处往往伴随发育异常波，常见的是断面波、绕射波，这些异常波的出现是识别断裂的一种标志。

不同的地球物理方法具有不同的探测深度和效果，如图 4-16 所示。因此，结合各种地球物理方法在活动断裂探测中的不同作用，利用不同组合的地球物理方法探测与识别活动断裂，对于提高断裂识别的可靠性和精确性具有重要的作用。塔里木盆地西昆仑山前某剖面的重磁(A)和电法(B)异常特征，如图 4-17 所示。在虚线矩形所圈部位重力(vzz、res、bg)为由低到高变化的梯级带；磁力(hg)表现为马鞍状异常。电法剖面上显示为高阻和低阻的陡变带，且高阻具有向低阻逆掩的特征。通过对各种资料的综合分析，可以较准确地判断断裂的发育位置和深部特征(虚线表示可能发育的断裂)。

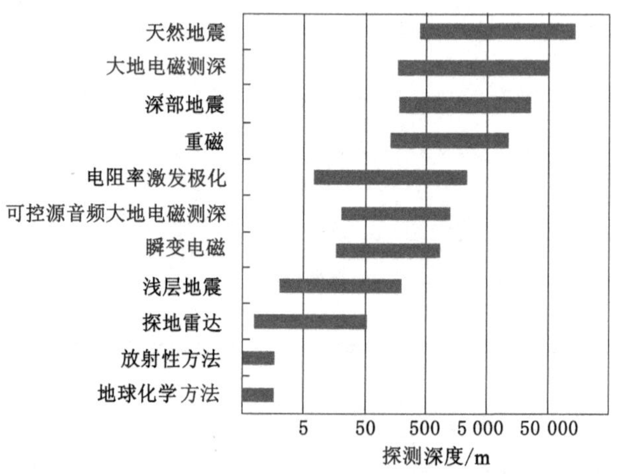

图 4-16　不同方法的探测深度示意图

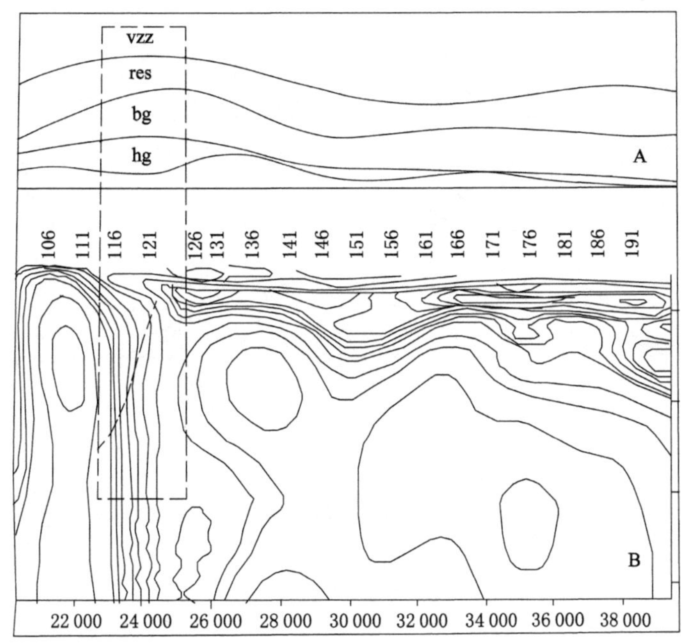

图 4-17 电法、重磁剖面上断裂的综合识别

4.2.6 活动断裂的地震活动标志

活动断裂与地震具有密切的关系。可以认为，地震活动是活动断裂的一个重要标志，如郯庐断裂带渤海湾北段现今仍然活动，1975 年海城 7.3 级地震就发生在该断裂带上。在世界许多地区对活动断裂的辨认，最初都是从地震断层开始的。如日本 1891 年浓尾地震、美国 1906 年旧金山地震、中国 1931 年富蕴地震，都形成了明显的地震断层。目前已基本确认，地震是通过断层活动释放贮存的应变能的一个现象。

地震断层是指 1 000～2 000 年来有过破坏性历史地震记载及被查明全新世(1.1 万年)以来有过中强史前古地震活动的断层。另外，由地震直接引起的地下岩体破裂也叫地震断层。

地震断层大体上可分为以下两类。

① 地震成因断层：震源断层及其分支在地表的表现称为地震成因断层。这种断层与震源断层的力学机制与活动方式一致，震中分布在断层的附近。地震成因断层的展布与余震区及区域应力场集中区一致。

② 地震次生断层：这是由地震波波及而引起活动的断层。1968 年美国博尔瑞戈山(Borrego Moutain)地震时，在其地震成因断层附近出现了许多地震(波及)次生断层。

随着地震台网增多和定位精度的提高，地震学家通过长期的探索，发现越来越多的地震活动(包括微小地震)既不是随机的，也不是确定的，而是混沌的，即支配地震发生的是一种混沌力学机制。其规律是有一定方向性、条带性，构成所谓的“地震线”或地震条带。东北地区活动断裂构造与地震震中的关系如图 4-18 所示。由图 4-18 可以看出，郯庐断裂带依兰—伊通段小震活跃区展布基本与断裂走向一致。

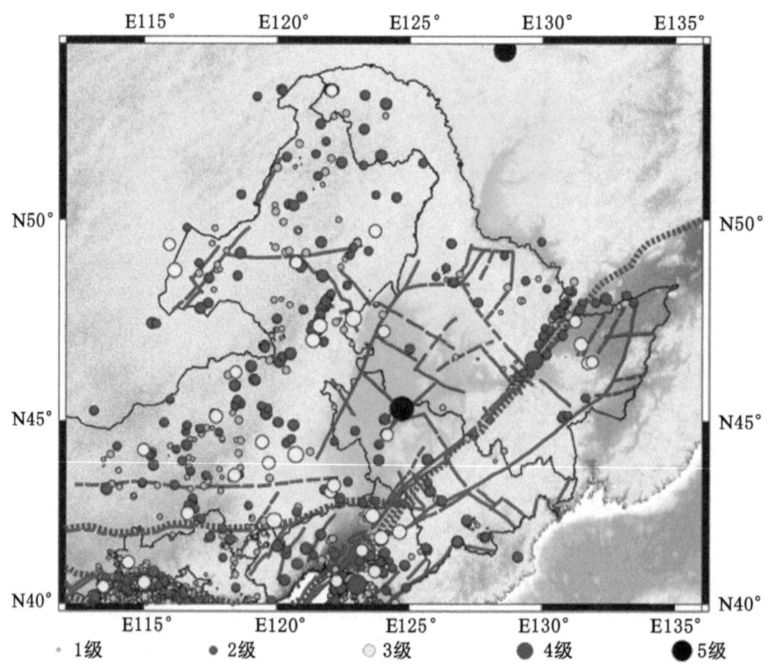

图 4-18 郯庐断裂带依兰—伊通段与地震震中的关系

地震地质研究表明，深大活动断裂运动引发地震，构成历史和现代的地震带，并且其主要发震部位是活动断裂的交汇点、弯曲段、断陷盆地边缘，以及断裂两盘垂直相对运动强烈部位、应力集中的末端与拐点部分。也就是说，活动断裂与现代地震带存在良好的一致性。地震，特别是强烈地震的震中分布带、极震区的长轴方向，不仅表明深大断裂现代活动强烈，而且准确地标志活动断裂的空间方位，是活动断裂的有效判据。

中国有丰富的历史地震记载，可以充分用来鉴别活动断层。破坏性地震往往可以说明发震断层业已滑动或可能再滑动，其断层作用可能达到地表，也可能达不到地表。弱震不一定能产生大地震动或地表位移，但它代表了地应力变化的迹象，故它也可作为活动断层地表作用研究的一个参考，特别是在浅源地震集中的地区。有时，有些断层从地表鉴别认为是活动的，但缺乏历史地震记录，因而近期的地震仪器记录资料则非常有用，可根据其时、空分布及强度是否沿断层定向发展而鉴定活动断层。研究表明，连续数年沿着某一固定方位频繁发生微弱地震，其震中分布线(带)往往是现代活动性断裂带，或者意味着某一断裂或隐伏断裂开始了新的活动。

除此之外，还可寻找古地震遗迹，如地裂缝、岩石崩塌、滑坡以及地震湖或河流改道等，从近代沉积层或第四纪岩层中寻找由古地震引起的砂土液化、喷水冒砂或层位错动的遗迹。

地震研究是地质动力区划工作的重要内容。特别是浅源地震的发生，表明该地域地壳运动和构造活动处于活跃期，在这样的地域进行工程活动易引发地质动力灾害。同时，地震活动也是进行地质动力灾害预测的重要信息源。

4.3　活动断裂识别方法

4.3.1　绘图法

（1）基于地形图划分活动断裂

绘图法是在多种地质地理图件上进行的。地形图是最重要的一种图件，它可定量地反映地貌形态三维空间特点，在许多情况下能够为地貌成因分析提供重要依据。基于地形图进行断块划分主要是基于活动断裂的地貌特征进行的，根据构造地貌的基本形态和主要特征决定于地质新构造形式的原理，通过对构造地貌的分析，查明活动断裂的形成与发展状况。绘图法是地质动力区划工作中最基本和最常用的方法。鸡西矿区地形图（局部）如图 4-19 所示。

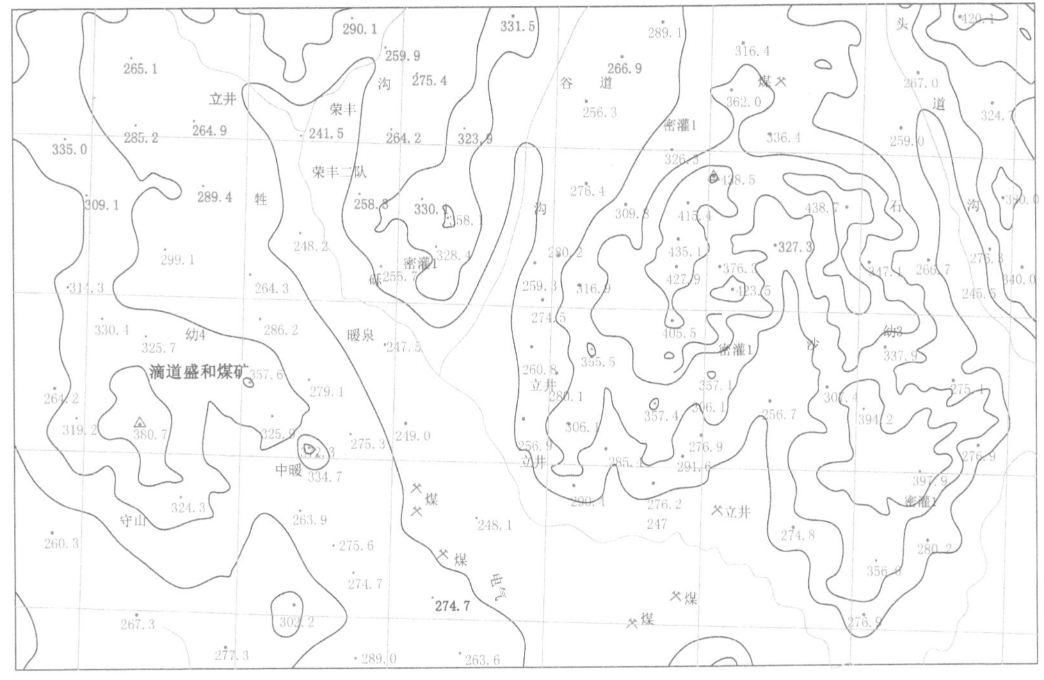

图 4-19　鸡西矿区地形图（局部）

利用地质图和地形图进行活动断裂分析，来说明地貌的成因，特别是可用来分析构造地貌现象。不同走向或产状的两组（或两组以上）断裂，会形成具有一定规模的正地形或负地形。在陆地上，断裂构造所建造的正地形，常见的有断块山地、褶皱断块山地和被埋藏的古断块山地（或古断块褶皱山地）；负地形包括断陷盆地、被埋藏的古断陷盆地，以及裂谷型构造盆地等。断层线通过处一般岩层破碎，易于风化，所以断层线通过处沟谷较多，一般都构成负地形特征，如山脊的垭口，即过去老地质学家常说的“逢沟必断”。当然并不是每条沟谷都是断裂，但是沟谷需做断层来考虑，再来寻找依据加以证实。例如，活动褶曲构造地貌（原生褶曲构造地貌）是新构造活动下形成的地貌，表现为构造和地貌的同向性，即褶曲隆起或背斜构造在地表表现为正地形，褶曲拗陷或向斜构造表现为负地形。原生褶曲在后期地质营力的作用下产生的地貌(次生褶曲构造地貌)和地质构造有时表现为同向性,如背斜山或向斜谷;有时地貌特征和构造又不一致,如背斜顶部因受张力作用容易被侵蚀形成谷地,向斜槽部因受挤压作用不易被侵蚀而形成山岭,即背斜谷或向斜山。因此,在进行活动断裂的识别与划分时应该注意正负地形的影响。

在对比地质图与地形图时,倘若山地两侧山麓同时存在一组或两组断层,且山麓线与断层线平行或重合,山麓线顺直段与某组断层线一致,山麓线的转折点均发生在两组产状各异的断层线交点附近,则可以断定这样的山地属于断块山地或褶皱断块山地。断块山地山麓线附近的断层或断层组,就是断块山地的边界断层或边界断层组。断陷盆地的底部平原,在地形图上都有较规则的平面几何形状,它的周边常常是由两组不同走向的断层构成的,把盆地底部平原地形与周围高地分开。这种断陷盆地与侵蚀成因的河谷盆地很容易在地形图与地质图的对比中被区分开来。应当说明,断层线或断层在地质图上并不能全部被填绘出来,小规模的断层受地质图比例尺限制,不可能填绘在地质图上。有些规模较大的“隐断层”也常常被漏掉,很多是因为野外很难找到“隐断层”存在的地层方面的直接证据。受过错断性动力作用的断层带,与未受过错断性动力作用的岩层相比,在相同外力作用下断层带容易受破坏或改造,所以各种断层在地貌上的表现往往十分清楚。正因为这样,基于地貌分析出来的断层比地质图上填绘出的断层数量多。

地壳的现代运动是沿着活动断裂发生的,这样就可以把活动断裂作为断块的边界。受侵蚀的影响,其边界会变得模糊,但仍可挑选出能够划分断块及其边界的标志,因为各种构造运动的结果都会反映到地表的地貌上。划分地壳的断块应遵循两个原则:第一,断块的最高部分显然是被侵蚀作用破坏得最少的部分,而常常是某个时期的准平面的残余山;第二,断块的边界可根据许多的地形标志来追踪,可使用活动断裂的构造差异地貌作为标志。由于断块运动,古老的夷平面的残丘现在处于不同的等高线水平,这可以作为断块相互移动的特征。

为了将两个不同的相邻地段划分到不同的断块,必须考虑下列高度差:对于年轻的山系,高度差平均为 200 m;对于被侵蚀的山系和中等高度的山,为 100 m;对于被侵蚀的中等高度的山、背斜的隆起区域或者年轻的凹陷区段,为 50 m;对于被侵蚀过程覆盖的构造形式的凹陷区段,为 20～25 m。

对于每个具体区域,最小高度差可采用式(4-1)计算:

$$\Delta h_{min} = 0.1(H_{max} - H_{min}) \tag{4-1}$$

式中 H_{max} ——峰顶表面的最大绝对高度,m;

H_{min} ——峰顶表面的最小绝对高度,m。

表 4-1 给出了一般情况下 Δh_{min} 的经验取值。

表 4-1 绘图法最小高度差 Δh_{min} 的经验取值

断块级别	比例尺	最小高度差 Δh_{min}/m
Ⅰ 级	1∶250 万	500
Ⅱ 级	1∶100 万	200
Ⅲ 级	1∶20 万	100
Ⅳ 级	1∶5 万	20～50
Ⅴ 级	1∶1 万	5～10

在地形图上用约定的符号标出构造阶地、分水岭和小台地，以及平原的控制高度；山坡和河谷侵蚀沟的标高不标出。这些符号可以指示所标地段属于哪一个高程。不同级别的断裂表示方法如图4-20所示，断裂符号的锯齿方向表示地形的下降方向；断裂名称如Ⅰ-1，前位用罗马数字表示断裂级别，后位用阿拉伯数字表示断裂编号。

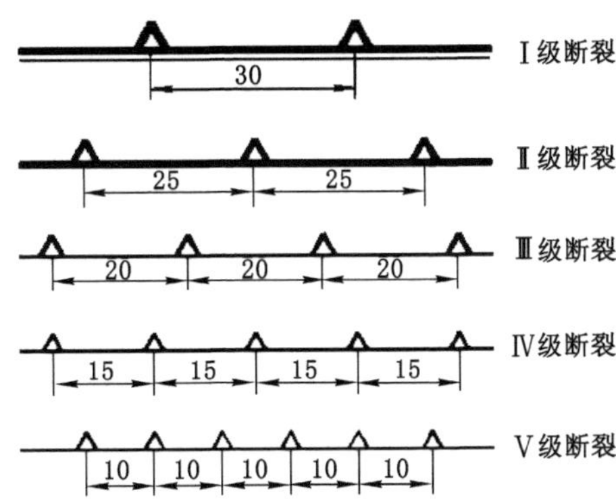

图4-20　区划图上不同级别活动断裂的表示方法

断裂构造地貌在地形上表现为断层崖和断层三角面，它们都有沿断层走向分布的显著方向性。此外，沿断裂走向分布的还有断层山鞍、断层谷等。断裂通常是断块的边界，相邻断块产生差异运动，使两断块地区有迥然不同的形态组合。正是借助这一点，在地形图上便可判读出断裂是在继续活动，还是已经稳定。

根据对活动断裂的构造地貌标志的分析，在地形图上将同一级别高程的地段用平滑曲线或直线圈出一个断块，平滑曲线或者直线为断块边界，也即断裂带位置。其结果将所研究的区域，划分为许多断块。圈出的每一个断块以其范围内最高的标高标出，作为该断块的名称。这些断块在形状、尺寸和绝对高度上均有不同。这些断块边界重新构成的地形断裂带，是评估其活动性以及断裂相互作用和应力状态的基础。

绘图法的工作程序如下：

① 描点。确定研究区域后，进行描点工作。即在地形图上覆盖一层透明硫酸纸，将地形图与硫酸纸固定好，将地形图上的高程信息转绘到硫酸纸上，包括点的位置和其对应高程值。此外，河流、湖泊等信息也需要绘制到硫酸纸上。当这一工作完成后，便形成了从地形图中抽取出来的以高程点为主的构造地貌信息，由图4-19描点形成的图如图4-21所示。上述工作也可以利用计算机对数字高程模型（DEM）数据进行处理来实现。

② 地貌分级。在图4-21的基础上，分别确定研究区域的最高点和最低点，利用式（4-1）计算出$\Delta h_{\min}$。根据计算结果，将硫酸纸上的高程点分成10个等级，分别以数字1，2，3，…，10表示。在图4-21中，高程点的最大值为438.7，最小值为241.5，因此根据式（4-1）得出：

$$\Delta h_{\min} = 0.1 \times (438.7 - 241.5) \approx 20$$

于是地貌的10个等级见表4-2。

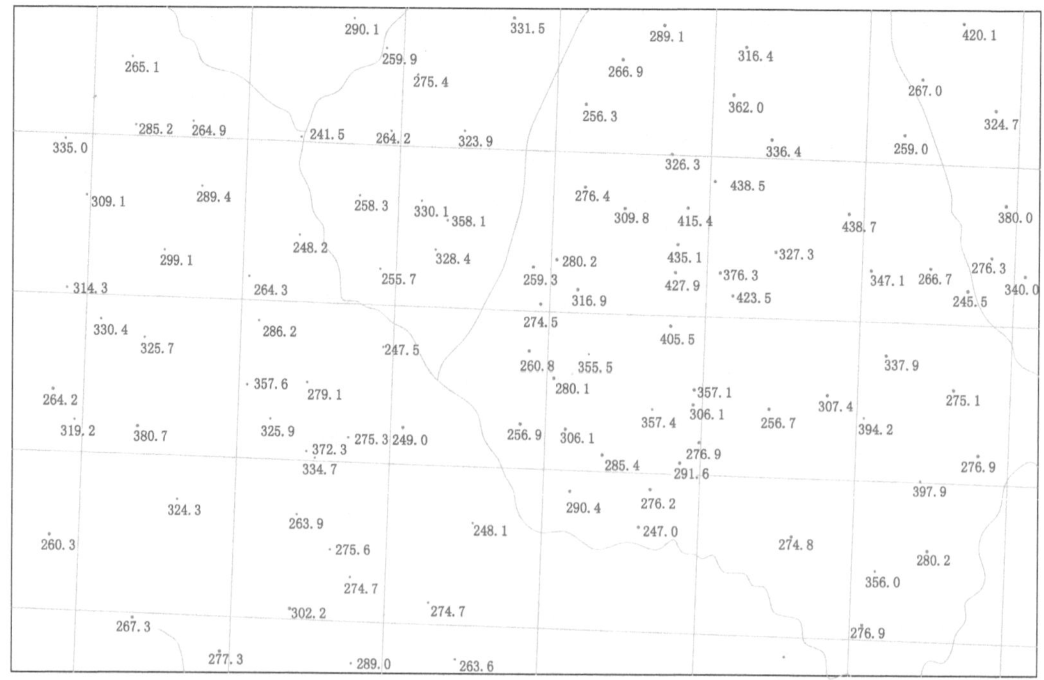

图 4-21　地形图描点(局部)

表 4-2　地貌高程分级结果

高程等级	高程范围/m	高程等级	高程范围/m
1	240～260	6	340～360
2	260～280	7	360～380
3	280～300	8	380～400
4	300～320	9	400～420
5	320～340	10	420～440

根据表 4-2,将图 4-21 中的各个高程点以 1～10 级表示,如图 4-22 所示。

根据地质动力区划原理,将同一等级的高程点划分在同一断块内,不同断块之间则以断裂作为其边界。通过这样的工作,研究区域大致被划分成了若干个断块。本实例中只给出了部分高程点归类的结果。在划分的过程中,可能会出现异常的高程点,如图 4-22 中右上区域的高程等级为“10”的点,该点周围高程等级大多数为 5～6,因此高程等级为“10”的点有可能存在问题。造成这一问题的原因可能是该点是人工活动形成的,如煤矿矸石山,也有可能是地形图上标注有问题。总之对于有疑问的点需要通过实地考察来确定。

③ 确定断块的边界。在高程点归类的基础上,需要结合具体的构造地貌特征来确定断块边界。例如,断层崖、串珠状湖泊的线性分布、河流的弯曲趋向等。此外,还需结合地震资料、遥感影像资料等进行综合分析。在图 4-22 的基础上,确定活动断裂如图 4-23 所示。

④ 整饰图纸,形成断块图。在划分完断块的基础上,对确定的断裂进行顺序编号;标注断块的最大高程值;根据原始地形图的相关信息,添加地图形比例尺、坐标网格、图例等。上

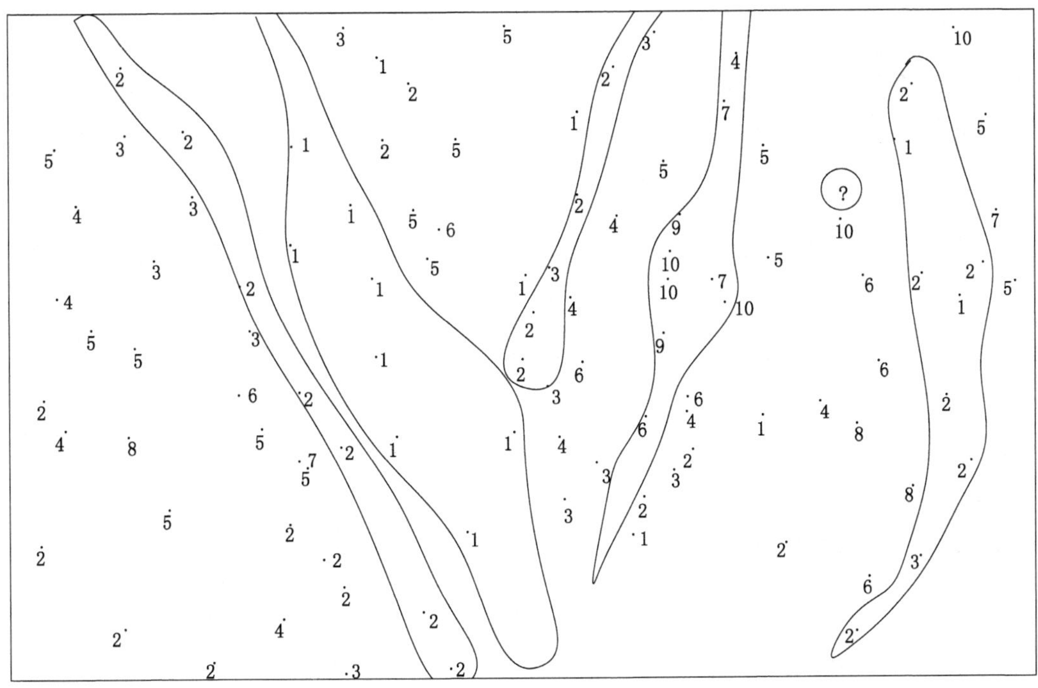

图 4-22　划分断块(局部)

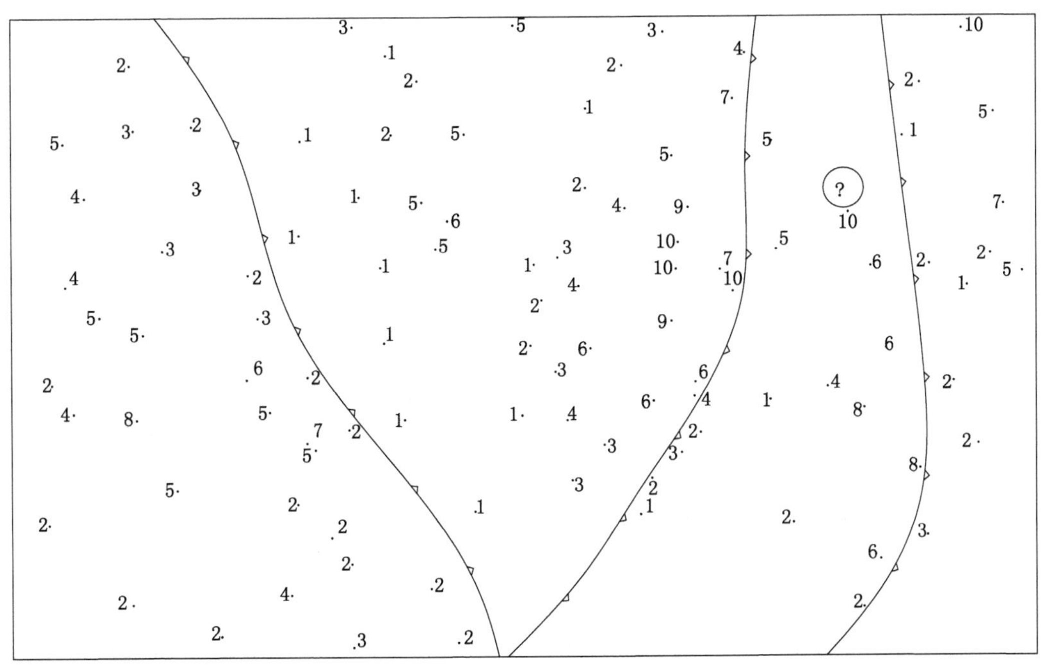

图 4-23　划分断块(局部)

述工作完成后，便可形成完整的地质动力区划图，如图 4-24 所示。

(2) 其他地理图件的地貌分析

这里所指的其他地理图件包括水文图、土壤图、气候图、植被图、生物地理图等。在进行

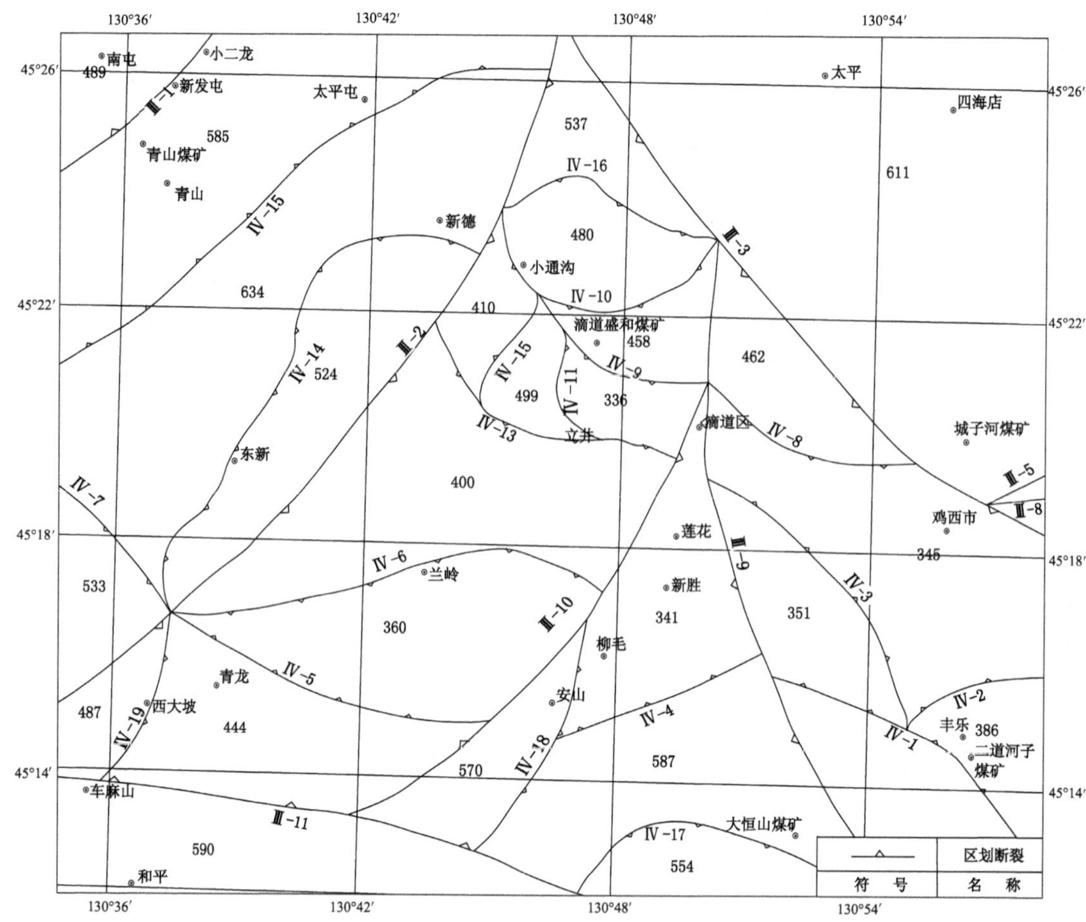

图 4-24 鸡西矿区滴道立井Ⅳ级断块图

地貌分析时，从以上各种图件中提取与地貌分析有关的内容。进行活动断裂研究时所用的主要是地质图、水文图和土壤图。在高程差较小的地区分析构造地貌时这些图件是非常重要的。

地质图可表现第四纪地质的内容。第四纪沉积层的形成时代能够代表相应地貌的形成时代，而且根据堆积地貌与构成堆积地貌的第四纪沉积层在成因上有一致性的原则，可以根据地质图上的第四纪沉积层的成因类型，确定与之相应的堆积地貌的成因类型及其分布范围。在确定了堆积地貌分布范围的基础上，就可以分析侵蚀区侵蚀地貌、堆积区堆积地貌和侵蚀堆积类型地貌三者各自的特征，以及三者相互之间在形态成因、分布等方面的联系。

水文图除了表示水系之外，尚可表示径流模数、流量、含沙量、输沙量等内容。水系形式与新构造活动有密切关系（在平原区域最为明显，在有些山区也十分明显），可以通过水系形式分析，推断内力作用的趋势和强度。径流模数等一些水文量，可以为分析地貌的外作用强度提供数据支撑。

土壤图除了表示土壤类型外，还可表示母岩。土壤类型与地貌有关，母岩成分又弥补了地质图上岩性不一定表示出来的缺失。如果图上表示有风化壳，则有助于恢复古地形和夷平面。对于河谷谷底地貌来讲，土壤图比地质图反映得更准确，且更清楚；对于平原、阶地和河漫滩地貌来说，土壤图也更准确清楚。

4.3.2　夷平面研究法

(1) 夷平面的特征

一般所称的夷平面是古代遗留下来的、被以后的上升作用所抬高的准平原面。更准确地说，夷平面是指在地壳运动相对稳定时期，由于外力长期的削高填低作用或称夷平作用，夷平了由构造运动所创造的崎岖起伏的地形和构造面(包括倾斜岩层和水平岩层的削平)，形成向侵蚀基准面方向趋近的平缓起伏的地形。夷平面往往是残存的、被分割得支离破碎的地形面，表现在地形图上或实际地形上是近似等高的山顶面。

夷平面的形成主要是地貌演化进入老年期后一种非常缓慢的过程，以外力作用为主、内外力作用趋向动态平衡的作用过程。夷平面的形成需要三个条件：① 有较长的地质时期；② 有相对稳定的构造运动条件；③ 有邻近的储存大规模堆积物质的低凹场所。满足这些条件之后，才能产生将高处削低、低处填高的近于平衡补偿的作用。

夷平面具有以下几个特点：① 在没有变形的情况下，同级夷平面的高差不大(即地形面平缓起伏)；② 分布广泛，可达数百平方千米，甚至数千平方千米，不受岩性、构造的影响，切割了不同岩性、不同时代的地层；③ 同级夷平面有相似的地形形态和地貌组合形态；④ 夷平面上有相应的堆积物，常见有红土残积物和冲积层。

盖莱克判断夷平面的原则：夷平面是伸过地质构造的地形面。于是，凡伸过地质构造而又不与地质构造重合的地形面，都应是夷平面。所以，通过分析地质图所显示的构造，确定等高山顶面既不与逆掩断层面重合，也不与岩层面重合，具有伸过地质构造的夷平面的特征，从而确定这些等高山顶面是否属于夷平面的残存部分。

(2) 夷平面与新构造

夷平面的形成需要较长的构造运动宁静时期，它往往和构造旋回相适应。后期的构造运动主要影响夷平作用时间的长短、夷平面位置的高低和夷平面的完整程度。构造运动标志着前一期夷平面的解体和后一期夷平面的启动，是地貌发育的一个转折点。构造运动会引起夷平面的形变，夷平面形变是地貌改变的一个表现形式，是下一个侵蚀循环的开始。构造运动主要引起地壳的断裂、褶皱、翘起等，不同的作用类型导致夷平面的不同形变。研究夷平面的形变问题，先要弄清是否是时代相同的同期夷平面，同期夷平面在形成时，为高度大致相等(或者平缓起伏)的准平原面。这种面形成之后，由于受到后来的地壳构造运动的影响，会产生形变或者解体。这种形变或者解体可分为以下几种类型，如图 4-25 所示。

① 拱拗形变：为宽缓的、大范围的弯曲，似平缓背斜或向斜状。拱拗形变会破坏夷平面原始的平缓形态，如东天山喀尔里克山顶部的夷平面发生穹形隆起，自中心向边缘倾斜，鄂西的山原期夷平面亦属此类。

② 顺斜形变：夷平面向一个方向倾斜，似单斜状。引起顺斜形变的原因有升降运动和断裂运动。太行山的各级夷平面受北北东向断裂影响，均向东倾斜。天山东段博格达山山顶高级夷平面向北倾斜，倾角 6.5°～7°，在翘起的南端形成巨大的陡崖，夷平面的坡度变化很大。

③ 断裂形变：这种类型特别多，分布十分广泛。如大别山东段第四纪以来新、老断裂

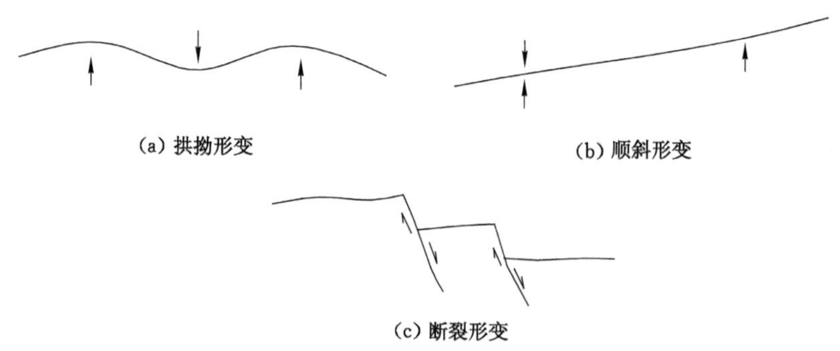

图 4-25 夷平面形变类型

构造的产生和复活活动产生的强烈差异升降，使霍山夷平面被分化为四个不同高程，形成当前大别山地区多级夷平面及层状地貌[98]，如图 4-26 所示。滇西地区断裂的新活动使夷平面解体呈地堑式陷落(或相对为地垒式隆起)，从而形成断块和断陷盆地(或使上新世断陷盆地进一步发展)，并在盆地边缘形成由夷平面构成的 1～3 级阶梯状断层台地，如图 4-27 所示。

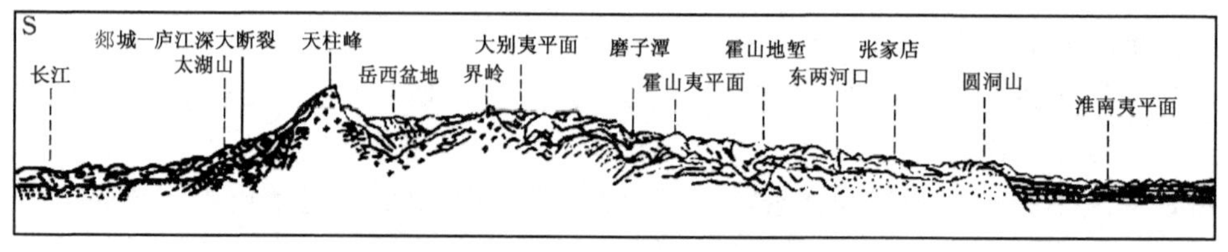

图 4-26 大别山东段构造地貌剖面示意图(据冯文科，1976)[98]

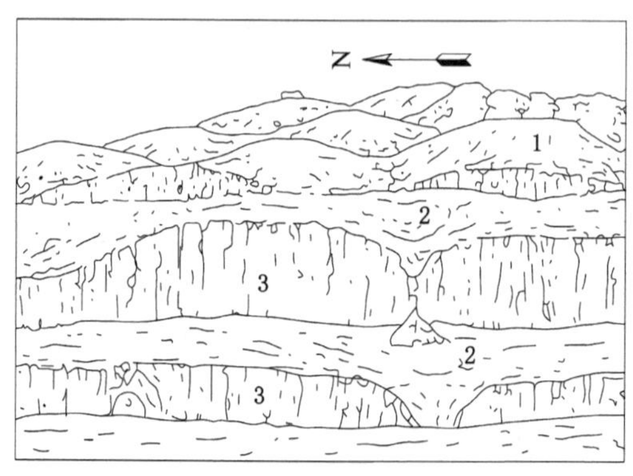

1—上新世夷平面；2—被断陷下来的夷平面；3—断层崖。

图 4-27 腾冲、梁河盆地鸭蛋山夷平面断裂形变素描图(据何浩生等，1993)[99]

④ 复合形变：上述两种或两种以上的形变类型在一个地区同时出现。

中国从燕山运动以后，构造运动的宁静时期和夷平面的形成对应关系见表 4-3。从表 4-3 中可看出，一般情况下，中国的夷平面大体有两级。

表 4-3　中国夷平面形成期

时　　代	构造运动	地　　形
燕山运动后—渐新世中期	长期稳定	广泛剥蚀形成准平原
渐新世中期—中新世中期	强烈运动(喜马拉雅一幕)	准平原被抬高、切割
中新世中期—上新世	长期稳定	广泛剥蚀成准平原
上新世末期—更新世初期	强烈运动(喜马拉雅二幕)	准平原被抬高、切割
更新世—全新世	继续振荡	剥蚀面、阶地

夷平面总是同各区域构造运动旋回相吻合,因此夷平面的重要意义之一是作为标志层和时间层用于分析局部尺度的新构造变形。J. M. Bonow 等把夷平面与河谷联系起来,根据它们现今的高程计算古基准面的隆起量[100]。根据夷平面断裂形变的垂直位移,可以定量计算出活动断裂的垂直位移。例如,在怒江道街盆地,最低一级夷平面高程约为 650 m,而位于同一水平线的高黎贡山的最高一级夷平面高程大约为 2 500 m,可以得知道街盆地西侧的控盆断裂上新世末期以来最大垂直位移为 1 850 m。腾冲—梁河盆地的南北向控盆断裂上新世末期以来的垂直位移为 850 m,北东向控盆断裂的垂直位移则达 1 300 m。

对夷平面的研究,在野外调查前,可在室内对大比例尺(如 1∶5 万等)地形图进行分析,绘制出一张解释图,然后带到野外进行调查和验证。在调查中,可绘制夷平面地貌剖面图,以及等值线图等。海南岛古夷平面高程等值线图如图 4-28 所示。从图 4-28 中可看出,夷平面等值线分布具有明显的方向性,主要走向为北东向,其次为北西向。其分布方向分别与区内的北东和北西向断裂方向一致,等值线的形态也与上述两个方向断裂所夹持的断块形态相似,各断块的古夷平面最低等值线大致与断裂重合,而各断块间最高一级古夷平面的高程又往往不同。这些特征表明,古夷平面的分布严格地受断裂控制,显示该区域的新构造运

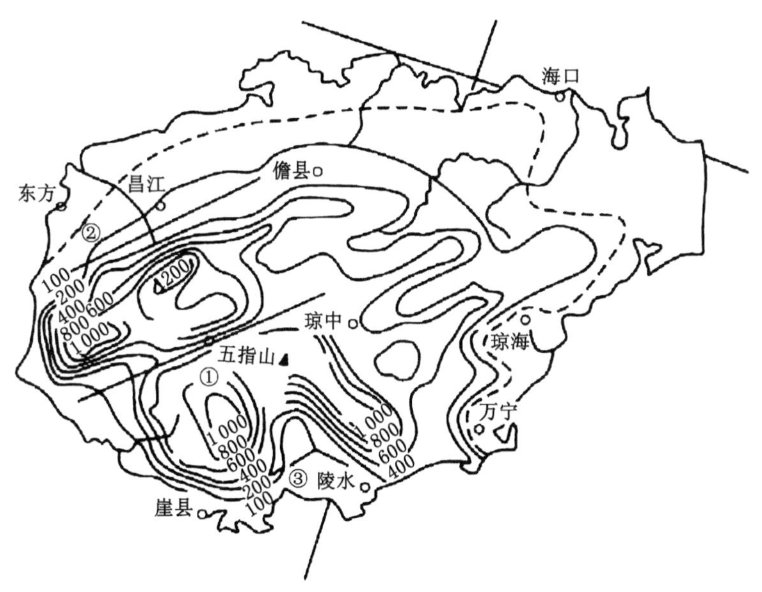

①—乐东—屯昌断裂;②—昌江断裂;③—崖县断裂。

图 4-28　海南岛古夷平面高程等值线图(据张珂修改,1992)

动以断块运动为主。此外，由古夷平面的分布特征可知，北东向的乐东—屯昌断裂约有30 km的左旋平移，高程600 m以上的古夷平面发生逆时针错动，而600 m以下的古夷平面无错动迹象，这表明后者自形成以来，断裂没有发生显著的左旋平移运动[101]。

4.3.3 趋势面分析法

在各种数学地质方法中，趋势面分析法是应用最早、最广泛、成效最突出的分析方法。趋势面分析的基本功能，是把空间分布的一个具体的或者抽象的曲面分解成两部分：一部分主要是变化比较缓慢、影响遍及整个研究区域的有规律的区域分量，称为趋势分量；另一部分是变化比较快，其影响在区内并非处处可见的随机分量，称为局部分量(残差或剩余分量)。

在数学处理上，可用一定的函数所代表的曲面来拟合地质特征在空间上的趋势变化。以 $H_i(i=1,2,3,\cdots,n)$ 表示地质特征[即地面高程的观测值，以二维趋势面分析为例，H 是平面点坐标(x,y)的函数]，$\hat{H}=f(x,y)$。在趋势分析中可将 H 分成两部分：

$$H=\hat{H}+R=f(x,y)+R \tag{4-2}$$

或

$$H_i=\hat{H}_i+R_i=f(x_i,y_i)+R_i \quad (i=1,2,3,\cdots,n) \tag{4-3}$$

其中，$\hat{H}$ 描述的是大范围、规模较大的地质作用在高程上的反映，受区域地质因素的控制，称为趋势值；$R=H-\hat{H}=H-f(x,y)$，称为剩余值(或残差值)，它反映小范围的局部变化，其中还包括随机干扰(测量误差)。据此将大范围的趋势变化和局部异常区分开来，以划分断裂及解决一些地质问题。该拟合曲面称为该地质特征的趋势面，这种分析方法称为趋势面分析法。

一般趋势面分析要作两种图：一种是用趋势值作的趋势面图；另一种是用残差值作的残差图(或剩余面图)。通过分析这两种图件可确定活动断裂。趋势面分析法是在计算机上实现的。

趋势面和剩余面具有不同的性质，分别适用于不同的研究目的。前者反映区域曲面(地形)的总体变化趋势，适用于查明区域的趋势；后者反映的是与大趋势对应的局部变化，适用于查明局部异常。

在趋势面分析过程中，古老侵蚀面上平坦地段高程将作为地貌的数字特征。地表在某个时候曾是水平或稍倾斜的，由于构造运动，变形成为不同的断块，这些断块又在运动的影响下形成隆起或凹陷，从而形成不同高度的地表。地形标高是趋势面研究中最重要的数据。根据趋势面图和剩余面图的变化规律，即可查明对现今有影响的构造。

用计算机模拟进行趋势面分析，可用代数多项式方程表示：

$$H=a_0+a_1x+a_2y+a_3x^2+a_4xy+a_5y^2+a_6x^3+\cdots+a_my^n \tag{4-4}$$

其中，H,x,y 为地表的坐标；$a_0,a_1,a_2,\cdots,a_m$ 为反映平面分布与地理坐标联系的常数。

按最小二乘法原则确定方程式的系数，使数学面和顶点面间距离平方和最小，即

$$\sum[H_i-f(x_i,y_i)]\Rightarrow\min \tag{4-5}$$

观测点数量应符合下列条件：

$$N>(n+1)(n+2)/2 \tag{4-6}$$

式中 N——观测点个数；

n——多项式次数。

多项式函数是一种连续函数。用多项式表示趋势面时，若无特别处理，自然就是连续的曲面。一般情况下，总是把数据中的趋势分量看作连续的。这一考虑在活动断裂确定工作中是合理的，虽然在构造面上有断裂存在，但是一般的趋势面模型是可以应用的。

由于把趋势面看作连续曲面，在高程数据中含有的不连续成分就构成一种对连续面的偏离，从而成为剩余分量的一个组成部分。断裂在观测面上往往表现为一条直线(或折线)，它在剩余图上往往表现为细长的带状正异常(对应隐伏的逆断层)，或负异常(对应隐伏的正断层)。有时也可以是由大剩余值构成的并列的正负异常带，或梯度较大的陡带。总之，只要在剩余图中有带状分布的异常出现，就有理由怀疑该异常是断裂的反映。当然，这种断裂识别方法是一种粗略的方法，它只能大概地确定断裂的位置和走向，至于断裂的落差、平移量等参数则难以用趋势面分析法确定。这对于活动断裂划分工作来说，已完全满足要求。

地质变量(如高程)变化大的原因很复杂，有的是多种因素叠加的结果，有的是同一因素多次作用的产物，有时还有与原生因素无关的后期改造作用的影响。地质变量的复杂性，往往使许多精确计算失去实际意义。因为根据“不相容原理”，事物的复杂性越高，有意义的精确化能力就越低。大部分地质变量包含众多的地质因素，以致人们无法全部、仔细地进行逐个的或综合的精确研究，而只是抓住其中的主要部分，忽略掉次要部分。这种抓住主要方面的工作方法，是地质构造分析工作中常用的方法。这一原理符合趋势面函数的逼近特性，因此，趋势面分析法适合进行断裂构造分析，是一个很有效的查找断裂的手段。

在趋势面分析中，为避免计算的边界效应，应选定较大的研究区域。

在分析平顶山十矿井田内活动断裂时，为方便选取高程点，取点工作在 1∶10 000 的地形图上进行。Ⅲ-12 断裂地面对应的是马棚山区域，对这一区域以 20 cm×20 cm 的网格间距取得了 68 组坐标点和高程点。应用趋势面分析程序按五次曲面进行了拟合计算分析，得到了趋势面图和剩余面图，如图 4-29 所示。由趋势面图分析可知，马棚山地段等高线走向大致按北西-南东向分布，北部为山岭和鞍部，南部为较缓的平地。等高线从马棚山开始，由北向南逐渐由密变疏。这与地形图上的表现和地貌考查结果完全一致。从剩余图上可以看出，剩余等值线大致按趋势面图的等高线较密处的走向分布，即按北西-南东向呈带状分布，形成并列的正负剩余带。因此，可认定在马棚山区域等高线密集区有一条沿等高线走向(北西-南东向)分布的断裂带(命名为Ⅲ-12 断裂)。这与其他方法研究得到的断裂位置完全一致[102]。

4.3.4　遥感图像分析法

(1) 遥感技术特点

遥感，通俗地讲，是一种不通过直接接触目标物而获取其信息的技术。遥感一词通常是指使用各种传感器获取和处理地球表面的信息，尤其是自然资源与人文环境方面的信息，其最终反映在主要通过飞机或卫星获取的像片或数字影像上。航空与航天遥感技术的发展，为地貌分析提供了新技术、新手段——遥感图像分析。

遥感技术的特点：① 视域宽广。居高俯视，单幅图像覆盖面积很大(一幅 TM 图像覆盖面积为 34 385 km^2)，便于进行地学大区域宏观观察与分析对比。② 信息丰富。包括可见光、红外、微波多波段遥感，能提供超出人视觉的大量地学信息。③ 定时、定位观测。能周

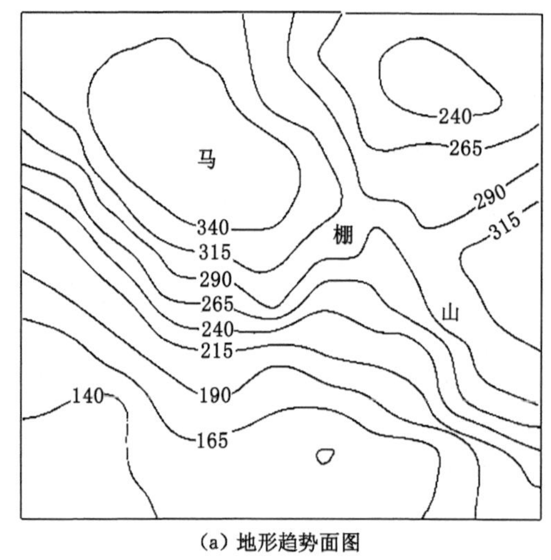

(a) 地形趋势面图

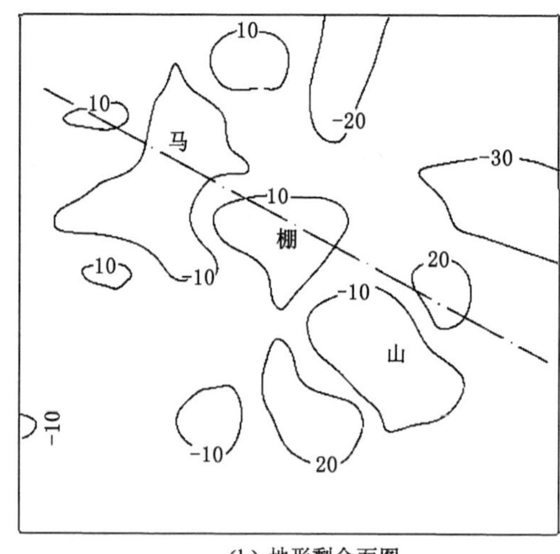

(b) 地形剩余面图

图 4-29　趋势面分析结果(图中点划线表示预测断裂方向)

期性监测地面同一目标地质体,有利于对比分析其特点,并可以对某些地质现象(如火山喷发、洪水过程)作动态分析。④ 遥感资料的计算机处理技术广泛应用,使多种地学资料的综合分析、地学信息提取、地学数据库的建立有了技术上的保障。

(2) 遥感图像解译

与地形图相比,图像特别是影像图像直观、立体感强、易读;与同比例尺地形图比较,影像图像记录了更详细的微地貌形态和地质构造许多方面的细节;遥感图像更新快、成图快、成本低,不受地面交通或地形条件的限制。

遥感图像上没有直接的海拔高度注记;不同地貌有时有相似的影像、色调或灰阶;某些内容需要借助间接标志才能解译出来,解译质量常受解译者主观因素和经验限制。因此,它很难代替野外观察、试样采集等工作。

遥感图像解译的基本原则是:① 结合所研究构造形迹的规模,收集相应比例尺的遥感资料;② 多时相、多波段、不同种类的遥感资料的对比分析;③ 应用各种地学资料进行综合分析;④ 遵循构造地质学的原理和基本理论。从构造总体轮廓、区域构造格架入手,分析具有代表性的单个构造,或者分区、分构造层进行解译研究,最终分析各种构造形迹间的组合关系和分布规律,总结区域构造特征。

构造解译主要是在遥感图像上识别、标绘和分析各种构造成分的存在标志、形态特征、分布规律、组合和交切关系及其地质成因。构造解译的具体内容有:① 解译各种构造形迹的形态特征和尺度;② 判别各种构造形迹的性质和类型,量测构造要素的产状;③ 编制构造解译图;④ 分析各种构造形迹的空间展布及其组合规律,总结区域构造特征。为完成上述工作,有时解译工作者还要根据工作区的自然地理、地质条件,正确选择遥感资料和图像增强处理的方法及方案。

在遥感解译中,线性构造的解译效果最好,应用遥感图像解译线性构造常常比常规野外工作更有效。在有活动断裂地区采用遥感解译时,速度快,准确性高。但要注意,对所有判译出的活动断裂,必须经现场核实。对典型的、规模大的、地貌显示明显的活动断裂,遥感解译精度较高；对于隐伏性的活动断裂解译的准确度低，必须辅以其他手段。

遥感图像地貌分析贯穿于地貌研究的各个阶段(室内准备、野外考察、室内总结)，所使用的方法有两种：目视解译与图像处理。目视解译程序为：① 粗读像片；② 建立直接与间接解译标志；③ 编制图例，边详细解译边绘解译草图；④ 野外校核、修正详细解译草图；⑤ 综合分析解译结果。

在解译前应针对区域构造研究目的并结合文献资料所提供的区域地貌概况，选择遥感像片。再依据形(图形)、色(色调)、影(阴影)、阶(灰阶)建立解译标志，进行解译。

在活动断裂研究工作中，选取的影像波段波长范围为 0.6～0.7 μm(Mss-5)，这一波段影像的最佳地貌解译内容是：地层、岩性；湖泊、水库与浅海海底地貌；冰川、海岸、河流、风沙地貌；三角洲、冲积扇；河口与海岸带泥沙运动，见表 4-4。

表 4-4　各波段影像的最佳地貌解译内容

图像波段波长范围/μm	最佳地貌解译内容
0.475～0.575	水下三角洲，冰地貌，前进型与退化型冰川的判别
0.5～0.6 (Mss-4)	水下地貌(对水体透视能力为 10～20 m)，勾绘冰体界线，冰雪覆盖下的地形，水体中悬移泥沙输送方向与运动情况，堆积地形，地表水污染源分析
0.6～0.7 (Mss-5)	地层、岩性；湖泊、水库与浅海海底地貌；冰川、海岸、河流、风沙地貌；三角洲、冲积扇；河口与海岸带泥沙运动
0.7～0.8 (Mss-6)	对水体、湿地反映清楚，可用来解译暗河、地下溶洞、古河道；大断层及平原区隐伏构造
0.8～1.1 (Mss-7)	区分海流的暖流、冷流；河流底床沙波移动与分布；冰川冰体特征的细节；平原与三角洲上的古河道、废弃的旧河道；三角洲的形成顺序的划分(老的、新增长的)；河曲演变规律；不同期堆积平原的形成顺序
雷达像片	反映一定深度内的埋藏地貌

① 活动断裂的解译

活动断裂的标志与断裂构造标志相似。活动断裂在地貌上往往出现在不同的地貌景观的分界线上，或以特定的几何形态沿某一方向延展，在分界线上有断层崖、洪积扇、热泉、火山口等的线性排列，如云南红河断裂带和鹤庆—洱源断裂，高温温泉集中出露，呈线状排列，延伸长，泉眼数量多、流量大，证明这两条断裂不但活动性强而且深切地壳深部。活动断裂往往控制着水系的异常点，如水系的交叉点、分流点、汇集点、拐点等呈线状排列。河流由宽变窄或由窄突变加宽等也是活动断裂的标志。如广西钦州至防城一带，在卫星图像上茅岭江和防城河都发生左旋错动，河流形成倒钩状呈倒“L”形，其拐点呈北东向展布，它们是防城—灵山活动断裂带的影像标志。活动断裂还以明显的色调差异显示。一般情况下，埋藏浅或活动性强的活动断裂，色调差异明显；反之则不明显。例如，山东沂水幅卫星图像上，沂沭断裂由四条北北东向断裂贯穿全区，线性构造的两侧有明显的色调差异，中间呈浅色调，两侧呈深色调，在图像的北部活动断裂控制了上新世玄武岩的出露，说明沂沭断裂是活动断裂，如图 4-30 所示。

地震活动带、近代火山喷发区都是活动断裂的标志。近东西向的昌黎—蓟县断裂(F_1

断裂)为不同色调的分界线,影像上断裂北侧以黄色、黄绿色为主,南侧以肉红色、黄绿色为主,如图 4-31 所示。F_1断裂控制了华北平原的北界,南盘断陷,北盘上升。北西向 F_2断裂和北东向 F_3唐山断裂为重要的地震构造,其交汇处于 1976 年发生了 7.8 级地震[103]。

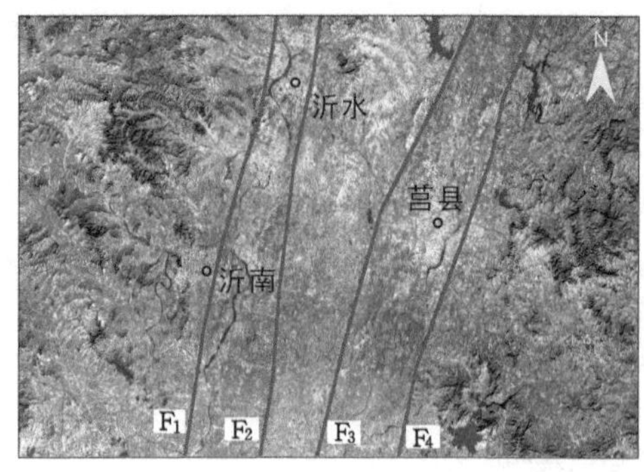

图 4-30　沂沭断裂带卫星影像

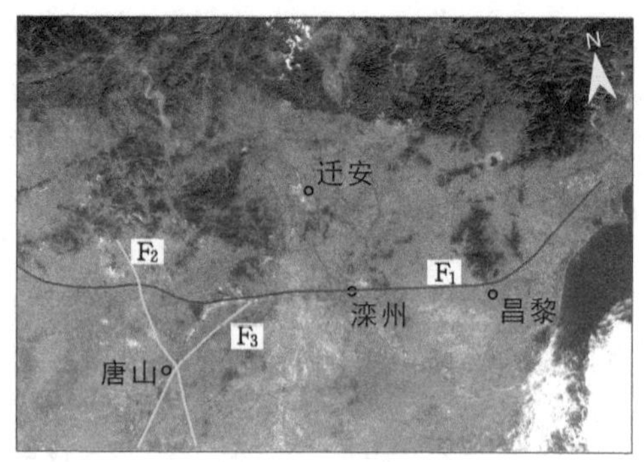

图 4-31　唐山地震构造卫星影像(开滦矿区)

② 活动隆起的解译

断块隆起、阶梯状隆起、掀斜隆起和穹状隆起都是常见的新隆起构造。其中,断块隆起和阶梯状隆起受活动断裂构造控制,其边界清楚,形状呈长条状、块状、圆形或不规则的环形。地貌上山脊线走向稳定,水系呈梳状,山麓交互地带发育断层崖和洪积扇。例如,陕西西乡卫星图像上北北东向钟家沟—堰口断裂具有多次活动的特征,影像清楚表明其北盘断陷下降,南盘被多条线性断裂切割,并有节律性地上升形成阶梯状的隆起,影像十分清晰。掀斜隆起是大面积不均匀抬升而形成的,在遥感图像上河流向一侧迁移,河谷深切,呈直线形,河曲不发育,而另一侧往往洪积扇呈带状分布。

③ 活动拗陷的解译

活动拗陷常发育在活动断裂带之间,地形上呈盆地、湖泊等,形状复杂,有三角形、槽形、多边形、菱形、新月形、纺锤形或斜列式等。活动拗陷的水系呈向心状、辫状,河流宽阔,河漫滩、牛轭湖和沼泽发育。

根据形态特征,可将拗陷分为断陷盆地、拉伸盆地和裂谷盆地。断陷盆地是在长期活动断裂基础上发育的,边界色调差异清晰,盆地内阶梯式地形发育并有洪积扇覆盖,如郯庐断陷盆地。拉伸盆地具有一定几何形态或组合特征,如槽形、长方形、斜列式等。中国山西大同盆地、太原盆地、临汾盆地呈北北东向斜列式排列,盆地边缘常有走滑断裂伴生并有断层三角面或叠置的洪积扇,地貌影像清晰。裂谷盆地由大型走滑断裂组成,水系的主流呈平行状,其支流呈梳状。山脊线走向稳定,延伸长,如红河断裂等。中国活动拗陷盆地中第四系堆积物有的厚达千米,有的仅有几十厘米以致基岩出露。拗陷盆地往往发育活动断裂,常发生地震,如临汾盆地的强烈活动造成 1303 年和 1695 年两次 8 级大地震。

在南票矿区地质动力区划工作中,利用矿区卫星遥感图像分析活动断裂的位置,如图 4-32 所示。沿图中所标示的分界线两侧断层崖呈线性排列,推断该分界线为一活动断裂;后经沿分界线的现场调查,确定此分界线为活动断裂。

近年来,随着高精度测量技术的飞速发展,小型无人机因便于携带且操作简单,在活动断裂调查研究中很快得到推广。通过无人机航拍获取一系列影像数据后,即可基于运动恢

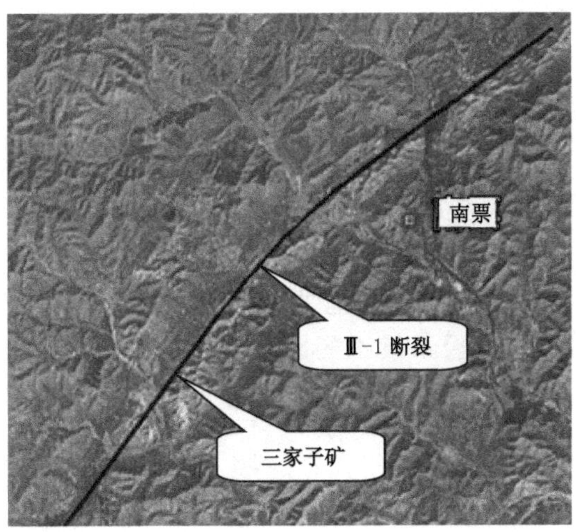

图 4-32　Ⅲ-1 断裂在卫星影像图中的表现

复结构(structure from motion，SfM)方法进行地形三维重建。借助该项技术获得的高分辨率影像和数字地形，可以有效地解译断层陡坎的分布，揭示活动构造变形的特征。结合有效的测年方法，断层的滑移速率也可以得到较为准确的限定。

4.3.5　分形几何方法

(1) 断裂的分形特征

从曼德尔布罗特将分形理论引入地质学以来，分形理论已在地球科学的各个领域得到了广泛的应用。分形理论十分注重对大自然形态的描述。用分形函数人为“创造”出的自然形态，被称为曼德尔布罗特景观。

分形理论的出现为地貌学的发展提供了新的研究方法。地理学家用地理学的语言描述的地貌形态是栩栩如生、变化万千的，而数学传统即几何学的语言不是把山峰刻画为圆锥，就是把斜坡描绘成光滑的曲线，地貌形态变得平淡无奇。曼德尔布罗特认识到大自然形态的复杂性在本质上不同于传统的几何学，地貌形态处于无序的、不稳定的、非平衡的和随机的状态之中，它的空间展布绝不是简单的直线和光滑的曲线。目前，分形理论已在活动断裂、河流形态特征、流域面积、喀斯特洼地等方面的研究中得到了应用和发展。

自然界分布的不规则的水系、遍布地表的山脊和河流冲沟、扩展破裂等，都具有尺度不变性和自相似性的特点，这些几何体的自相似结构都可以用分维数来反映其复杂程度。例如，在断裂分形研究方面取得了很大的进展，其分维数可用于区域稳定性评价和地震活动性研究。一般认为断裂体系具有最典型的分形结构。分维数的物理意义可能和断裂的规模或形成断裂的能量有关。

断裂的特征可通过构造地貌形态表现出来，而曼德尔布罗特景观描绘起伏的地表形态，它们之间是有联系的。即地貌形态及其演化可以用分形理论来研究，称之为分形地貌学。因为上一级(乃至全球)板块、亚板块或构造块体已由构造学家划分完成，其断裂构造形态也基本确定。从断裂特征具有分形特点来说，区域新构造研究中划分出的断裂应与上级断裂“形”似。

构造地貌上存在许多不规则的形态和现象，如地表的河流和山脊等，它们具有尺度不变性和自相似性特点。通常，人们把这种不规则但具有尺度不变性和自相似性形变称为分形，分形的特点由分维数描述。

断裂是由应力场作用和地质构造活动而产生的，也是所在地区内外地质营力作用的产物。地质构造形式决定构造地貌的基本形态和主要特征，通过对构造地貌的分析，进行断裂分形几何学的研究可以定量地比较、分析断裂的形态特征及其在不同区域的差异。许多断裂特征可在构造地貌上显现出来，断裂的弯曲和分支状态，不论从局部还是全体看都没有太大的变化，即它们具有自相似性及尺度不变性。图 4-33 所示是典型的分形，可用分形理论对其展布形态加以研究。

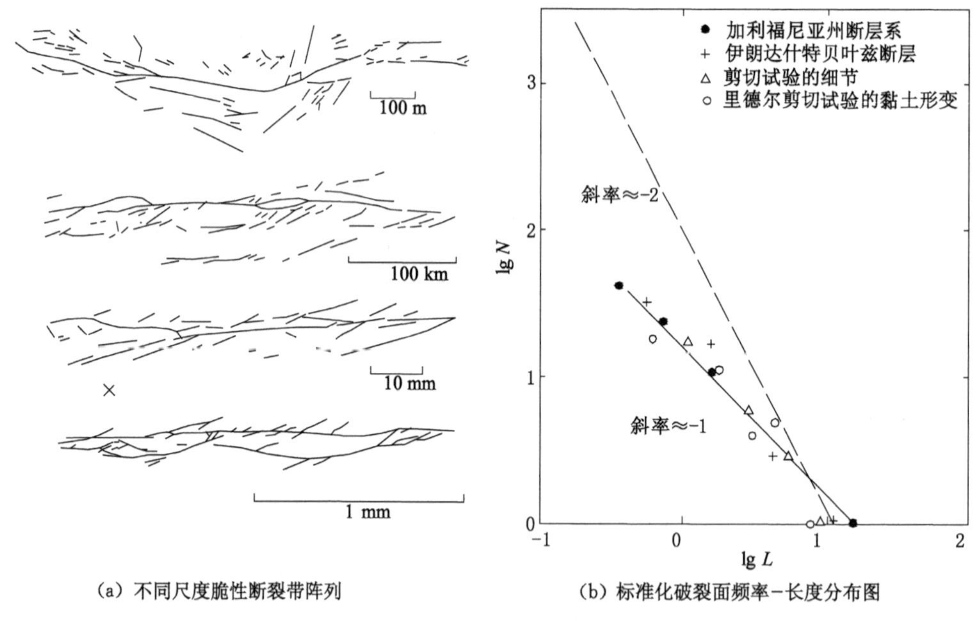

图 4-33 不同尺度断裂的自相似性

从构造学的观点来看，分形几何学从“形”和“量”两个方面对构造现象进行分解和组合，从更高层次上认识地壳结构、地壳运动与变形规律及其内在联系。断裂具有分形特征这一原理可用于指导地质动力区划的各级断裂划分工作，下一级的断裂基本形态和特征与上一级的相关区域的断裂基本形态和特征要符合分形理论的原理。这为地质动力区划工作必须遵循板块构造学说提供了依据和工作方法[104]。

(2) 断裂分维数的意义和计算方法

分维数是定量描述构造分形特征的主要参数。有各种类型的分维数，它们代表不同的地质和物理意义。仅就断裂带阵列而言，最简单的分维数可取幂指数形式：

$$N(l) = Cl^{-D} \tag{4-7}$$

式中，N 表示大于 l 这一特征线性长度的断裂带的数量；C 为常数；幂指数 D 即断裂带阵列的分维数[105-106]。在脆性域范围内，模拟试验得出的断裂带阵列分维数 $D\leqslant 3$，而大量的野外断裂带测量统计分析得出，其分维数为 $1\leqslant D<2$[107-108]。实践证明，当 $D\approx 1$ 时，表征变形和

运动集中于一个主断裂带或断层上。较大的分维数,则反映变形分散于小型断裂带上。可以认为,断裂带阵列的分维数 D 反映断裂带阵列中大型断裂带与小型断裂带的相对重要性,也反映应变局部化的程度[109-110]。在应力作用下的断裂带发育过程中,初始分维数较大(试验 $D\approx3$,自然实例 $D\approx2$)。随着变形过程的递进发展,应变局部化逐渐趋于明显,D 减小。可以通过断裂带制图、模拟试验和比较分析,用分维数定量判别断裂带的空间分布特征。

目前,测量断裂分维数的一种简便而又客观的方法是盒维数法。具体做法如下:首先选择待研究区域,将其分成若干边长(尺度)为 ε 的格子,确定存在断裂的格子总数 $N(\varepsilon)$;然后不断改变尺度,求出相应的 $N(\varepsilon)$,由此得到一系列的 ε-$N(\varepsilon)$ 对应值;最后由式(4-8)求出分维数:

$$D=-\lim_{\varepsilon\to0}\frac{\ln N(\varepsilon)}{\ln\varepsilon}\tag{4-8}$$

实际计算时,在双对数坐标下以 $\ln N(\varepsilon)$ 为纵坐标,以 $\ln\varepsilon$ 为横坐标,拟合直线斜率的相反数即分维数。在进行线性回归时,回归直线和相关系数按照文献[111]中的方法确定。

(3) 断裂分维数的应用分析

① 活动断裂自相似性检验

应用盒维数法测量开滦矿区各级断裂图上断裂分布的分维数,所选尺度 ε 对于分维数 D 所反映的物理意义有重要影响。也就是说,无标度区间的选择是非常重要的,分维对象只在一定的尺度范围内有分维特征,这一尺度范围称为无标度区间,在无标度区间以外计算所得的分维数是不准确的。以开滦矿区比例尺为 1∶200 万、1∶100 万、1∶10 万、1∶5 万的地质动力区划断裂图为例。尺度取 200 mm、100 mm、80 mm、40 mm、20 mm 和10 mm。Ⅰ—Ⅳ级断裂的分维拟合图如图 4-34 所示(图中尺度 ε 单位为 cm),各级断裂分布的分维数计算结果见表 4-5。

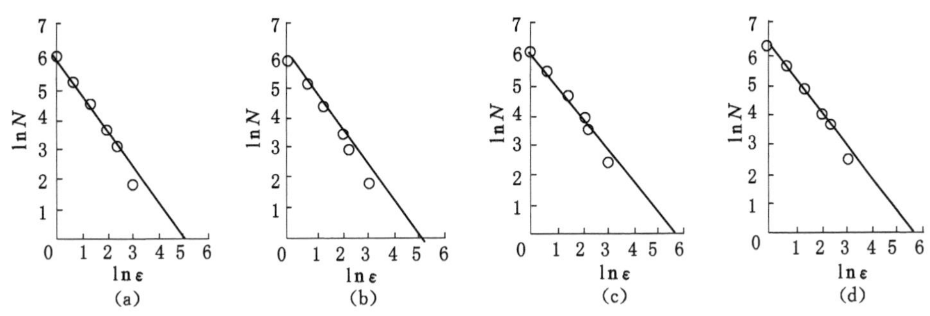

图 4-34　Ⅰ—Ⅳ级断裂分维拟合图

表 4-5　Ⅰ—Ⅳ级断裂分布的分维数计算结果

断裂级别	包含断裂的网格数 N/个						分维数 D	相关系数
	ε=200 mm	ε=100 mm	ε=80 mm	ε=40 mm	ε=20 mm	ε=10 mm		
Ⅰ	6	22	35	91	206	440	1.214 0	0.998 6
Ⅱ	6	19	33	81	178	377	1.167 8	0.999 1
Ⅲ	12	35	50	117	249	516	1.179 3	0.999 2
Ⅳ	12	40	52	129	287	615	1.185 0	0.999 3

通过对Ⅰ—Ⅳ级断裂模型图的分维数和相关系数计算，发现各级断裂图上的断裂分布有很好的分形特征，拟合性很好，相关系数都在0.99以上；而且各级断裂模型图的分维数非常接近。因此，可认为各级断裂图的断裂在不同尺度下存在分形特征。分维数计算，为地质构造模型的准确建立，以及地质动力区划的后期工作提供了保障。

② 活动断裂复杂度评价

以双鸭山矿区东荣三矿为例。采用东荣三矿比例尺为1∶10 000的Ⅴ级区划断裂图为研究对象。依据比例尺创建边长 ε 分别为2 km、1 km、0.5 km的二维正交网格覆盖研究区。将边长 ε 为2 km的二维正交网格进行编号分区。对于每个分区，分别以边长为1 km和0.5 km的二维正交网格覆盖，统计分区覆盖到断裂的网格数 $N(\varepsilon)$。以 $\ln \varepsilon$ 为横坐标，以 $\ln N(\varepsilon)$ 为纵坐标，分别绘制不同分区断裂构造的回归拟合直线，得到分区断裂构造的分维数，进一步依据分区分维数绘制东荣三矿断裂构造分维数等值线，如图4-35所示。

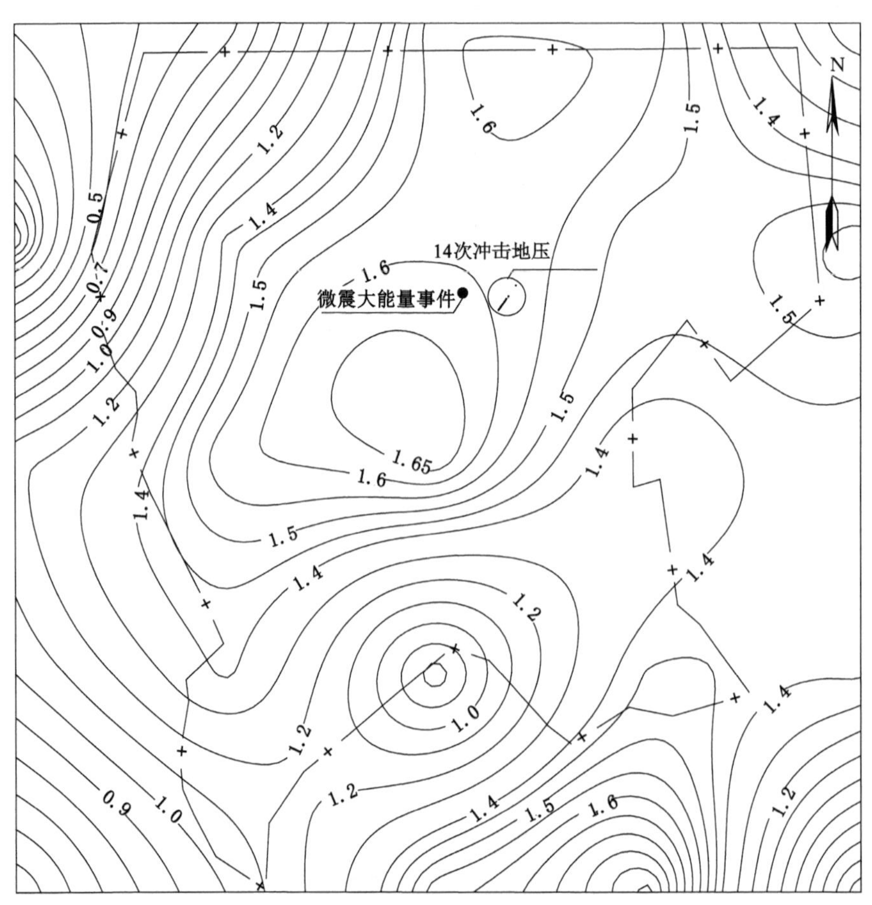

图4-35 东荣三矿断裂构造分维数等值线图

将井田断裂复杂程度划分为简单、中等、复杂3个级别，对应的分维数分别为1.2以下、1.2～1.4和1.4以上。东荣三矿历史开采过程中发生的14次冲击地压点和30次微震大能量事件全部位于断裂构造复杂区域，这表明冲击地压显现与分维数正相关，断裂构造对矿井冲击地压具有控制作用。

4.3.6　计算机辅助识别法

(1) 识别原理

地质动力区划工作中，活动断块的划分和活动断裂的确定主要在地形图上实现；依据地貌特征划分活动断块，通过对构造地貌的分析确定活动断裂。活动断裂的计算机识别建立在绘图法的基础上，对于每个具体区域，最小高程差可采用式(4-1)计算[112]。

(2) 识别方法

Delaunay 与 Voronoi 是计算几何中两种主要构造，两者互为对偶，Delaunay 三角网可由相应 Voronoi 多边形各相邻多边形单元的内点连接得到。

$$P = \{p_1, p_2, \cdots, p_n\} \subset \mathbf{R}^2, 2 \leqslant n \leqslant \infty \tag{4-9}$$

$$V(p_i) = \{x \mid \| x - x_i \| \leqslant \| x - x_j \|, j \neq i, j \in I_n\} \tag{4-10}$$

$$T_i = \left\{x \mid x = \sum_{j=1}^{k_i} \lambda_j x_{ij}, \sum_{j=1}^{k_i} \lambda_j = 1, \lambda_j \geqslant 0, j \in I_{k_i}\right\} \tag{4-11}$$

$$x_i \neq x_j, i \neq j, i, j \in I_n$$

则 Delaunay 三角形集合为 $D = \{T_1, T_2, \cdots, T_n\}$。

Delaunay 三角剖分有两个约束准则，即“约束圆”和“最大最小角”准则。约束圆准则：若给定由点集 P 决定的 Delaunay 三角剖分中的一个三角形 T(P_i, P_j, P_k 为其三个顶点)，则在三角形 T 的外接圆内部不存在点集中的任何其他点；对于给定的节点集合 $V = \{V_0, V_1, \cdots, V_n\}(n > 3)$，DT($V$) 是对 V 的 Delaunay 三角剖分，若 $T(V_i, V_j, V_k)$ 的外接圆不包含 V 的其他点，则 $T(V_i, V_j, V_k)$ 是 DT(V) 的 Delaunay 三角形。最大最小角准则：给定由点集 P 决定的三角剖分所得到的全部三角形，它们的最小内角之和比任何其他的三角剖分方案得到的全部三角形的最小内角之和都大，即此时的三角形集合的最小内角之和最大，如图 4-36 所示。

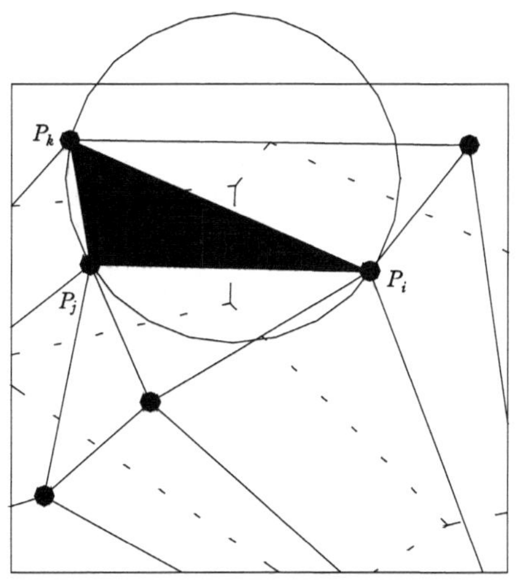

图 4-36　Delaunay 三角网与 Voronoi 图

建立了三角网之后，就可以进行断块的追踪和断块边界线的绘制。在区域内查找峰顶表面的最大绝对高度和最小绝对高度，并进行高程分级，将每一点的分级值存储在数组中。

遍历各个三角单元，寻找断块边界点。这里可以将每个单元分为无边界点通过、有一个边界点通过和有两个边界点通过三类。如果三角单元三点分级编号相等且与当前分级值相等，可以调节三角单元的分级，加一个很小的数值，找出所有的边界点后，以一个二维数组保存所有的等值点。设欲绘制的断块边界线分级编号为 z，对三角形链表中的每个三角形的三条边进行循环，由 Δz 的值进行判别：

$$\Delta z = (z - z_1)(z - z_2) \tag{4-12}$$

式中，z_1，z_2 分别为三角形一条边两个端点的断块分级，两个端点的平面位置设为 (x_1, y_1) 和 (x_2, y_2)。如果 $\Delta z > 0$，则断块边界线不通过该三角形边；如果 $\Delta z = 0$，则断块边界线正好通过该三角形边的端点；如果 $\Delta z < 0$，则断块边界线通过该三角形边，由式(4-13)计算边上断块边界点的平面位置 (x, y)：

$$\begin{cases} x = x_1 + \dfrac{x_2 - x_1}{z_2 - z_1}(z - z_1) \\ y = y_1 + \dfrac{y_2 - y_1}{z_2 - z_1}(z - z_1) \end{cases} \tag{4-13}$$

针对所有断块边界点通过的三角单元，判断断块边界点是否为起讫点，或者无起讫点。把找到的断块边界线用数组 X,Y 保存其 x,y 方向的坐标。将三角形的两个边上断块边界点相连接，得到通过该三角形的断块边界线段，依次可绘制出所有断块边界线。

由于散点数据量大，活动断裂识别技术往往受制于构网速度。前述的算法和数据结构，构网速度快，算法效率高，可适应实际计算中的各项需求。

在淮南矿区 1∶10 000 比例尺的地形图上自动识别Ⅴ级断裂构造，分别对潘一矿、谢一矿进行Ⅴ级断裂构造识别。将高程数据扫描数字化采集后剖分 Delaunay 三角网。Delaunay 三角网剖分完毕后绘制断块边界线，如图 4-37 所示。分析断块图可知，谢一矿具有比较复杂的地貌，有三个标高为 28.4 m、28.6 m、28.1 m 的凸起断块和一个标高为 20 m 的下沉断块，其构造断块具有台阶式特点，具有延伸式或弧形式的形状，构成环状构造的一部分。

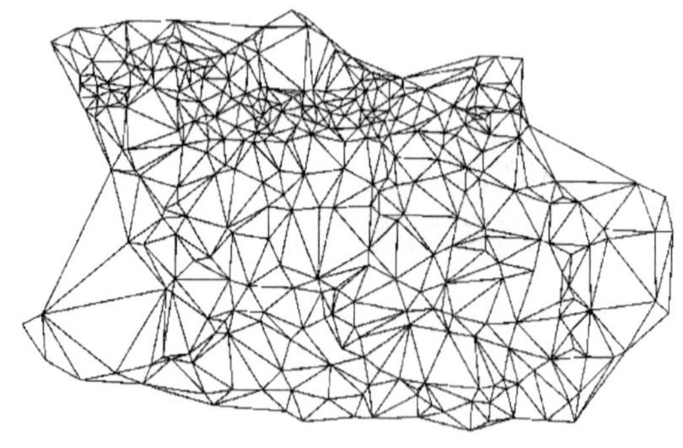

图 4-37 谢一矿 Delaunay 三角网剖分

开发活动断裂自动识别程序，使活动断裂识别从手工经验判别转变为计算机自动绘图判别，提高对活动断裂的研究水平。基于边的生长建立 Delaunay 三角网，对各种数据分布适应性强，便于更新和直接利用各种地形特征信息，以及保持原有数据精度，并具有追踪断块边界算法简单、适应不规则形状区域等优点。

(3) 识别软件系统

团队研发了"活动断裂自动识别系统"，如图 4-38 所示。该系统基于浏览器/服务器(B/S)架构，界面友好，操作简便，功能齐全，运行稳定；并提供全面的安全机制，可有效保证高程数据、断裂识别结果数据的安全。

图 4-38 活动断裂自动识别系统

活动断裂自动识别系统实现了基于数据库的高程数据管理、活动断裂自动识别，如图 4-39 所示，提高了活动断裂划分的效率和精度。

图 4-39 活动断裂识别数据信息界面

活动断裂自动识别系统实现了不同高程差下的断裂识别，可便捷灵活地展示出构造地貌的特征，为断裂构造划分的优化提供了技术支持，缩短了活动断裂识别的周期，减少了工作量。

该系统通过对距离和角度的计算生成一个断裂，通过手动点击工具栏中"范围缩放"命令查看最终的断裂识别辅助图，如图 4-40 所示。活动断裂自动识别系统在红庆梁煤矿进行了现场应用，结果表明该系统能够满足地质动力区划相关研究工作的需要。

4.3.7 其他研究方法

除上面介绍的几种识别方法外，活动断裂识别方法还有很多，下面列出了几种：① 文献调查；② 开挖和钻探；③ 年代测定；④ 精密重磁测量；⑤ 形变测量；⑥ 断层物质研究；⑦ 断层气测量；⑧ 井下巷道断层考察；⑨ 岩浆活动、火山喷发分析。

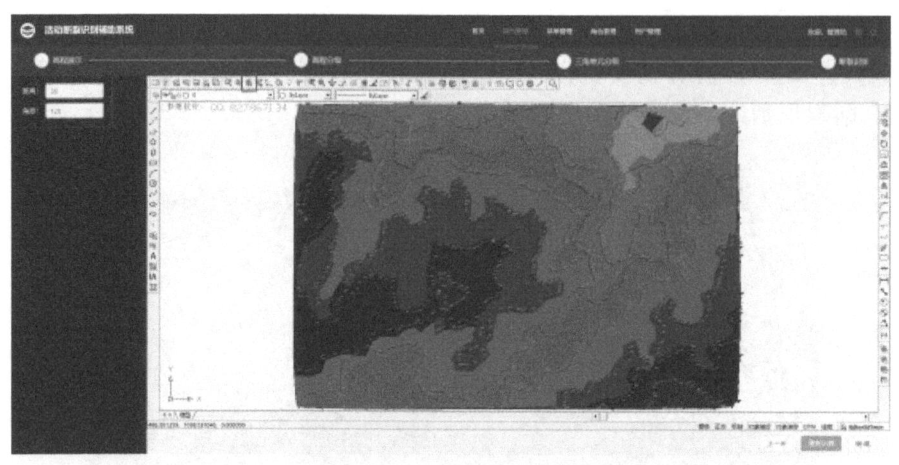

图 4-40 活动断裂识别结果自动生成效果

4.4 活动断裂野外调查与断裂活动性评估

4.4.1 活动断裂野外调查

(1) 野外调查的目的和内容

野外调查用于对地质动力区划内业工作进行实际检查和补充，考察区域一般位于Ⅳ级区划图范围内，井田内以Ⅴ级区划图为主。在内业工作条件下，主要根据地形图现有的高程等信息进行活动断裂划分，地形图反映的个别信息具有不确定性，例如，地面的标高与其周围的标高差别很大，个别参照物的特点表现得很不清楚等。通过野外调查可以确定这些用于判定活动断裂的信息；可以考察分析地面不同高程地形和构造地貌反映的内动力作用下的地质动力状态，能提供有关某一断块构造活动性的补充信息，进一步完善内业工作所划分的各级别的活动断裂；结合内业工作进行调查，能够分析井田地质动力状态及地下地质动力过程与矿井动力灾害的相互关系。

地质动力区划野外调查的内容包括地貌标高检查、断裂地貌片段调查、水系调查、河流阶地调查、河流纵剖面调查、洪积扇调查、河流袭夺和改道调查、建筑物调查、断裂构造的地球物理探测等。

常用的野外调查工具包括手持式卫星定位设备、地质罗盘、激光测距仪、照相机、摄像机、无人机。特殊情况下需要进行断裂构造的地球物理探测时，还需要用到 EH-4 电磁成像系统、Terra TEM 瞬变电磁仪等，如图 4-41 所示。

进行野外调查，首先要根据内业工作确定需要重点调查的活动断裂和片段，以及有疑问的标高点和地形、地貌等，确定地球物理探测的布置方案等；在此基础上，再制订详细的野外调查计划，安排调查路线和地点；一般不进行钻探和槽探工作。

(2) 野外调查方法

① 地貌标高检查

在地质动力区划活动断裂研究的内业工作中，地形图是进行断块划分的首要信息来源，

(a) 手持式卫星定位设备

(b) 地质罗盘

(c) 激光测距仪

(d) 无人机

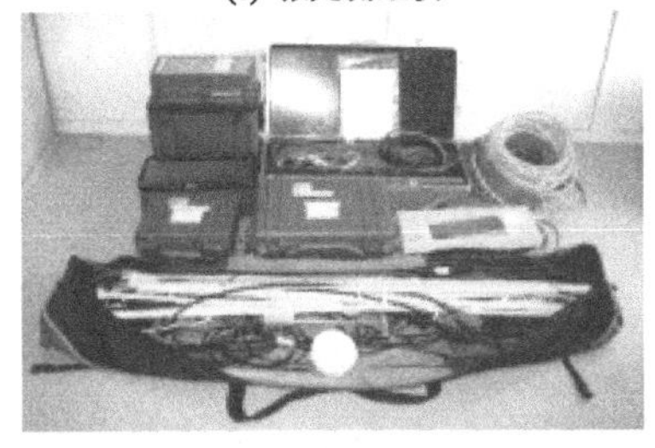

(e) EH-4 电磁成像系统

(f) Terra TEM 瞬变电磁仪

图 4-41　地质动力区划野外调查设备

地貌高程是断块划分的一项基本的指标。然而地形图反映的是测绘时地貌的形态，因此，其提供的信息既有天然地貌的信息，也包含部分人类活动的结果。因此，地质动力区划在内业工作中就要对地貌高程点进行分析，判断其是否主要来源于人类活动的作用。对于有可能是人类活动所产生的地貌高程点，需要通过野外调查进行判别。若是人工地貌，则不能够参与断块的划分，在内业工作中需要进一步调整，剔除这些高程点，然后调整断块划分。例如，在淮南矿区进行地质动力区划时，对在内业工作中认为有可能是人工形成的地貌高程点进行了野外考察，结果表明这些点是人工活动所产生的，见表 4-6。因此，在内业工作中剔除了这些点。

表 4-6 地貌标高检查的结果

序号	标高/m	是否参与断块划分	检查的结果		
			标高地点	是否为人工标高	改正的标高
1	22.8	×	河堤	√	×
2	23.9	×	水渠、沟	√	×
3	21.75	×	水渠、沟	√	×
4	21.9	×	填土	√	×
5	23.56	×	填土	√	×
6	23.4	×	河堤	√	×
7	23.3	×	河堤	√	×
8	22.3	×	基础	√	×
9	22.6	×	河堤	√	×
10	21.5	×	河堤	√	×
11	22.3	×	河堤	√	×
12	21.2	×	填土、土堆	√	×
13	25.3	√	山丘	×	×

注:"√"表示是,"×"表示否。

例如,对表 4-6 中第 13 行的"25.3 m"标高持有怀疑。在野外对这一区域的考察表明,这个标高是人工形成的。1958 年,这里开挖了池塘,该池塘深 7 m,长宽分别是 70 m、50 m,于是挖掘出来的土在池塘旁边形成了所谓的"山丘"。因此,对内业工作进行了修改,剔除了这个点,对Ⅲ级断块构造的边界也进行了重新调整。

② 断裂地貌片段调查

地质动力区划野外工作最重要的一项就是活动断裂的野外地貌调查。活动断裂在地貌上并不会显示出完整的、规则的形态,而往往在某些地段表现出一定的片段特征。活动断裂的地貌调查,就是通过对这些地貌片段的调查,来确定活动断裂的空间形态和活动特征。

由于活动断裂是新生的、正在形成中的断裂,其断裂面擦痕清晰,或者表现为正在发育的不连续的破碎带或裂隙带,这是活动断裂最为显著的特征。在野外可以通过断裂的破碎带来确定断裂的形态和活动特征。图 4-42 和图 4-43 为断裂破碎带的野外特征。

图 4-42 鹤岗矿区Ⅲ-10 断裂与Ⅲ-9 断裂交汇处破碎带

图 4-43 双鸭山矿区Ⅳ-13 断裂构造破碎带

另一类最为常见的断裂地貌是断层崖和断层三角面。断层崖是断层两盘相对滑动后，断层的上升盘形成的陡崖，如图 4-44 中的 1 所示。盆地与山脉间列的盆岭地貌是断层造成一系列陡崖的典型实例。断层三角面是断层崖受到与崖面垂直方向水流的侵蚀切割，形成的沿断层走向分布的一系列三角形陡崖。断层活动形成断层崖后，受横穿断层崖的河流侵蚀，完整的断层崖被分割成许多三角形的断层崖，即断层三角面，如图 4-44 中的 2 所示。有时断层（正断层或平移断层）直接切割山嘴，也能形成断层三角面。断层三角面和断层崖面的坡底线就是断层线，这里能见到断层破碎带。如果组成断层三角面的岩石很坚硬，或者断层崖形成的时代很近，断层三角面就较清晰。如果断层崖形成时代久远，在外力长期剥蚀下，断层三角面就成为缓缓的山坡，山边线向山地方向后退并和断层线有一定的距离，如图 4-44 中的 3 和 4 所示[113]。图 4-45 和图 4-46 为地质动力区划野外调查中所观察到的断层崖。

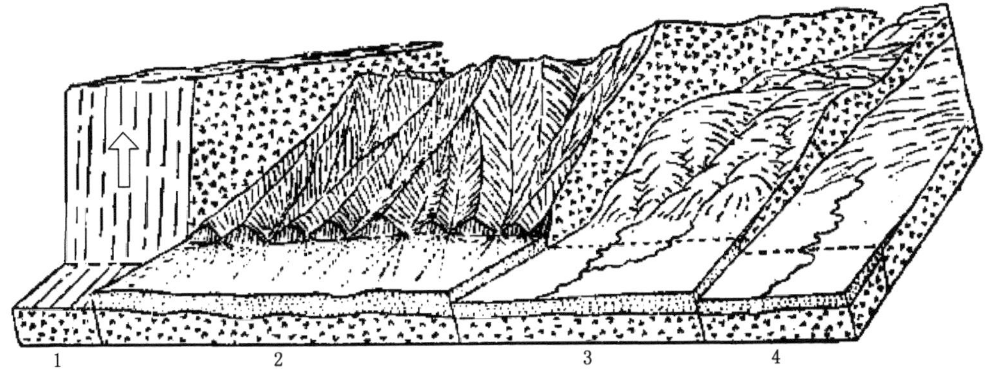

1—断层刚发生，形成高大的断层崖；2—断块山地被剥蚀降低，断层崖被侵蚀成断层三角面；3—三角面进一步降低、后退，形成圆浑的山嘴（山嘴已距断层一段距离）；4—断块山地被夷平，断层三角面消失。

图 4-44　断层崖的演化

图 4-45　鹤岗矿区Ⅲ-12 断裂的地面特征

图 4-46　大同矿区Ⅲ-6 断裂地貌形态

地质动力区划的调查工作还包括井下揭露断层面的调查。通过对井下实见断层面的活动形迹（产状要素、擦痕运动方向和侧伏角）和围岩、煤层的节理与裂隙的考察测定，可以确定出各级活动断裂的活动方式、位移方向和量值，如图 4-47 所示。

此外，错断的山脊往往是断层两盘相对平移的结果。横切山岭走向的平原与山岭的接

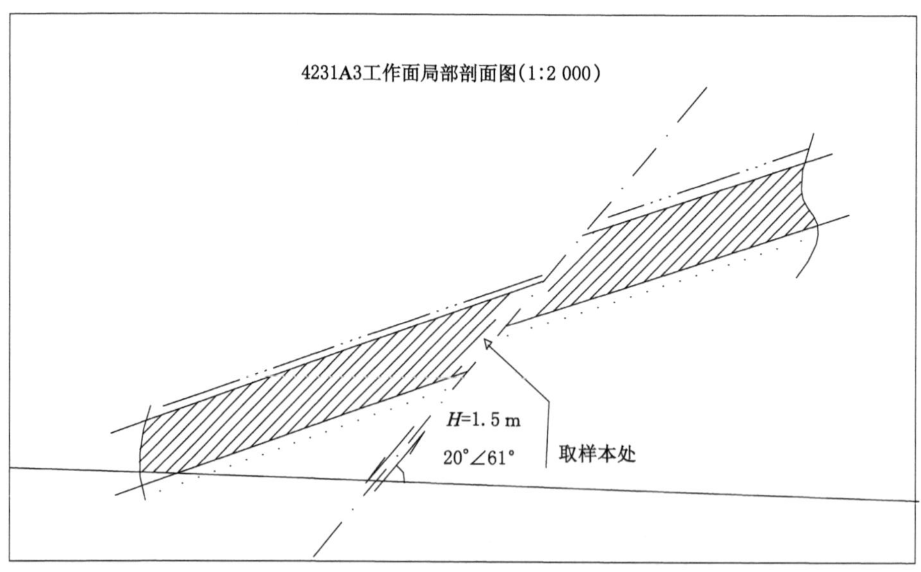

图 4-47　谢一矿井下考查取煤样的位置(具有镜面滑痕)

触带往往是规模较大的断裂。串珠状湖泊洼地往往是大断层存在的标志。这些湖泊洼地主要是由断层引起的断陷形成的。泉水的带状分布往往也是断层存在的标志。山前一般是断层活动的部位,会造成洪积扇的错断、平移、变形、叠置等。它们反映了构造运动的特征,野外调查应予以注意[114]。

判断断裂是否为活动断裂,可以参照以下标志:a. 从已知新地层断裂特征判别附近老地层中的新断层,两者在时间上一致;b. 老断裂、老褶曲等构造形迹穿越或控制新地层的发育或形变;c. 断层角砾岩、断层泥的胶结松散、新鲜;d. 断层角砾岩中有新地层的物质成分加入;e. 断层面新鲜、无风化;f. 断层沿线有地震发生以及地震产生的现象;g. 断层沿线有泉水,尤其有温泉分布;h. 断层沿线的水系呈有规律的分布;i. 断层崖定向延伸,断续出现,新鲜平滑;j. 断层沿线有湖、沼、湿地、凹坑等;k. 断层沿线有冲积扇;l. 其他。

③ 水系、河流阶地调查

水系形态是反映构造运动极敏感的地貌类型之一。应对调查区水系绘制大比例尺水系图,分析水系特征和异常现象,对可能存在活动构造影响的部分进行重点调查。尤其要注意河流的直角转弯、平行错开、支流呈钝角汇入主流等迹象。此外,还需要注意现代河流与河谷不相适应的现象,调查其原因,确定是否存在河流袭夺和改道现象。断裂的水平运动可以使河流被错断或受牵引,表现为多数河流在断裂的一侧向错进方向一致拐弯,如太行山南麓营北地到西万段 40 km 范围内跨越盘谷寺断裂的 27 条主要河道,有 18 条河道(占 66.7%)一致出现左旋拐弯,其中营北地至蟒河口绝大多数河道均一致出现左旋拐弯,如图 4-48 所示,从而判定盘谷寺断裂发生左旋水平运动[109]。断块山地抬升,阻止原先河流的流路,迫使河流改道,如山西南部侯马附近的峨眉台地(紫金山—稷王山)抬升,迫使古汾河原来从这里往南流的一支主河道改为往西流,在河津附近入黄河。在紫金山—稷王山抬升的隘口——礼元一段,还保留有古汾河的河道形态和河流沉积物,如图 4-49 所示[115]。

河流阶地变形分析。对调查区可能存在活动构造的地区选取一条河流作重点调查,绘制河流纵剖面图、横剖面图和阶地位相图。采集阶地沉积物年龄测定样品,从而确定构造异

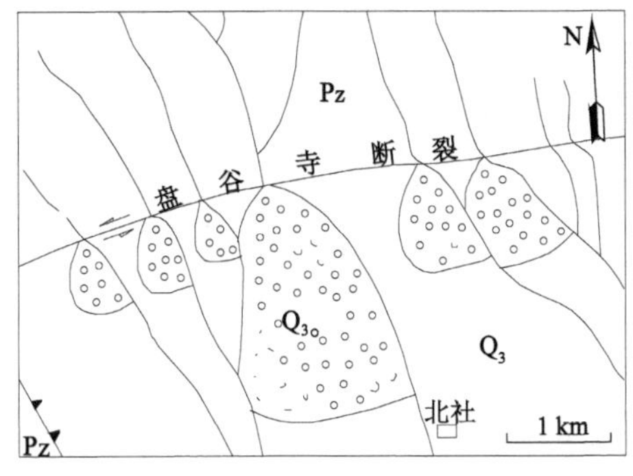

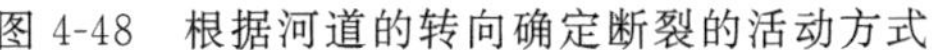

图 4-48 根据河道的转向确定断裂的活动方式

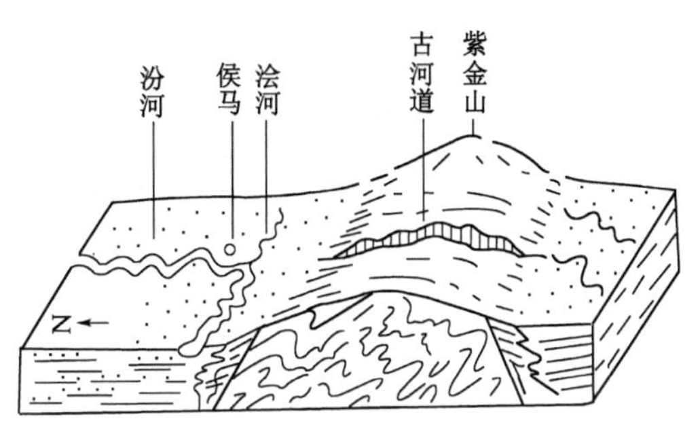

图 4-49 构造运动引起的河流改道

常的部位、运动形式和速率。应对被平移断层错断的河流的错断部位及其两侧河流阶地进行详细调查，对阶地不连续的现象进行分析和对比，确定水平错断的距离，如图 4-50 所示。

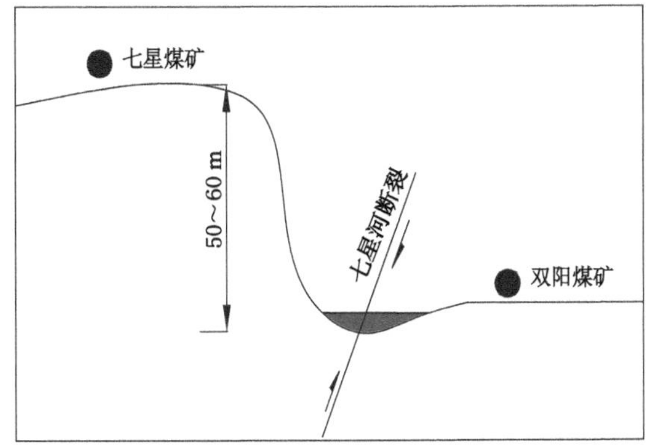

图 4-50 双鸭山矿区七星河断裂的阶地

当地壳上升时，河床纵剖面的位置相对抬高，水流下切侵蚀，力图使新河床达到原先位置，靠近谷坡两侧的老谷底就会形成阶地。地壳运动不是连续上升的，而是间歇性的。在每一次地壳上升运动时期，河流以下切为主；当地壳相对稳定时，河流就以侧蚀和堆积为主，这样就能形成多级阶地。由于构造运动的差异性，阶地的形态表现也有差异。如在大面积均匀上升地区，河流普遍下切侵蚀，在河流的整个流域都将形成阶地。在同一时期内，某一地区地壳上升幅度大、速度快，而另一地区上升幅度小、速度慢，则在上升幅度大的地区，阶地高度将比上升幅度小的地区要大，如图 4-51(a)所示。如河流某一河段上升幅度比相邻的上下游幅度大，则在此河段阶地呈上拱状，如图 4-51(b)所示。如果在同一时期内不同地段构造运动方向不一，则上升地区形成阶地，下降地区发生堆积，形成埋藏阶地，如图 4-51(c)所示。有时与河流相交的活动断层，能将阶地错断而不连续，如图 4-51(d)所示。

在河流阶地分析中需要编制河流纵剖面图，确定河流裂点的位置。河流裂点反映了下游某一地点构造运动引起的侵蚀基准面下降，通过向源侵蚀裂点位置不断向上游移动。每一次构造活动造成一个新的裂点，它们便依次向上游发展，像水波的扩散一样。例如，贺兰山东麓断层上升盘中，横切断层崖形成许多冲沟，每一次断层抬升都引起冲沟的向源侵蚀，根据各冲沟裂点的位置确定全新世以来断层有八次抬升活动。

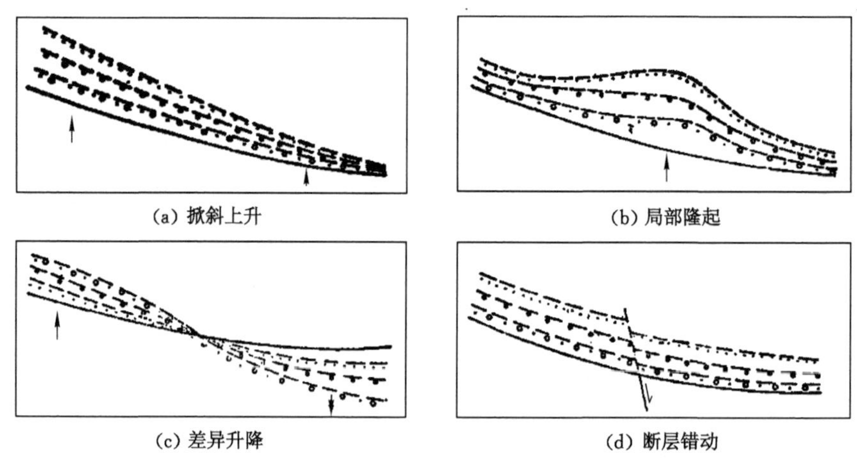

图 4-51 构造运动和阶地高度变化

4.4.2 断块动力相互作用与断裂活动性评估

(1) 断块动力相互作用评估

采用地质动力区划方法查明了各级活动断裂后，应对各级断块相互作用的动力条件进行评估。其内容包括：

① 活动性质(上升、下降、扭转)；

② 加载条件(压缩、拉伸、平移或各种加载的综合)；

③ 岩体应力状态类型。

断块动力相互作用评估可通过河流地貌考察和井上下断层考察来实现。

分析中国的水系特点发现：在古老地块区或岩性均一的地带，经常有格子状水系；在构造较复杂的地带和包括各种不同构造单元的广大范围内，水系的发育也存在受构造单元制约的现象。因而在大范围内构成隐约存在的有规则水系网络，不论哪个方向的河流，凡是流到这一网络地点，就有沿着这一固定方向发育的特点；甚至常常构成河道形态极不正常的转折，河流的许多大转折点、袭夺点、汇流点等常分布在活动断裂线上。

评价各级断块动力相互作用，可以采用地质-地貌法，其方法的实质就是沿河流、河床纵向的不同位置，对河漫滩冲积层结构特征、高程、宽度和沼泽化程度进行测定。计算的综合指标 E 反映地壳的现代运动状况。

河流侵蚀堆积作用综合指标 E 可表示为：

$$E = q + h + l + m \tag{4-14}$$

式中 q ——河漫滩冲积层结构特征指标；

h ——河漫滩高程指标；

l ——河漫滩宽度指标；

m ——河漫滩沼泽化程度指标。

指标 q 表示河漫滩冲积层结构特征，如果河漫滩的标高低于河水水位，则该区段溶陷；如果河床冲积滩急剧上升则说明河流下陷，从而说明该区段突起。河床与河漫滩相接触的水边线附近的冲积层的状况区分了一种平衡状态。指标 h 表示河漫滩高程特征，河漫滩的高程越高，说明该区段上升幅度越大。指标 l 表示河漫滩宽度相对变化，河漫滩加宽说明该区段降低，河床异常变窄说明该区段升高，宽度正常说明该区段处于均衡流动状态。指标 m 表示河漫滩沼泽化程度，沼泽发育说明该区段降低，沼泽不发育说明该区段升高。总之，上述各种指标反映河流的侵蚀堆积作用。这种地壳的新构造可能会一直延续到当代。

指标 q、h、l、m 按表 4-7 至表 4-10 评定。

表 4-7　河漫滩冲积层结构特征指标 q 的取值

河漫滩冲积层结构特征		取值级数
堆积河漫滩	近水线前有淤泥河漫滩冲积层	−2
	近水线前有黏土河漫滩冲积层	−1
	近水线附近有河漫滩与河床冲积层接触	0
	有比近水线高的河床冲积层	+1
	河床冲积层比近水线高许多(超过河漫滩高度三分之一以上)	+2
台座式河漫滩		+3
剥蚀河漫滩		+4

表 4-8　河漫滩高程指标 h 的取值

河漫滩高程(m)与河漫滩地貌特征	取值级数
无第一台地	−2
0.1～1.0	−1
1.1～1.5	0
1.6～2.0	+1
2.1～2.5	+2
2.6～3.0	+3
>3.1	+4

表 4-9　河漫滩宽度指标 l 的取值

河漫滩宽度类别	取值级数
宽(河谷加宽区段)	−1
中等(河谷正常宽度区段)	0
窄(河流下游异常窄的区段)	+1

表 4-10　河漫滩沼泽化程度指标 m 的取值

河漫滩沼泽化程度类别	取值级数
高沼泽	−2
低或部分沼泽	−1
干、无沼泽迹象	+1

综合指标 E 曾用于编绘地壳当代作用地图。此处该指标适用于评估各断块的力学相

互作用。

河漫滩具有二元结构，河床相与河漫滩相的界面称为二元结构面。二元结构面与平水期河水面的高度差，可以反映构造运动的上升、下降情况。在地壳边抬升边侵蚀的情况下，二元结构面倾向河槽，如图 4-52(a)所示。若二元结构面形成之后地壳上升，则此面高于平水期河水面。地壳上升速度越快，高差就越大，如图 4-52(b)所示。反之，若地壳下降，则此面低于平水期河水面，如图 4-52(c)所示。

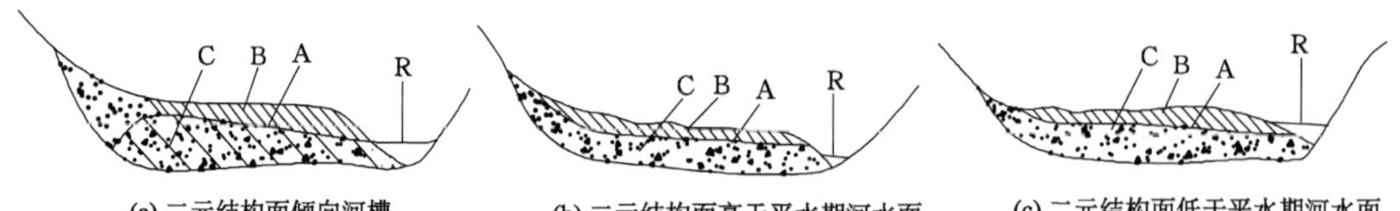

A—二元结构面；B—河漫滩相；C—河床相；R—平水期河水面。

图 4-52 河漫滩形态与地壳运动的关系

此外，还可按水系形状评价断块的相互作用。其原则是，水系呈离心或放射状分布、冲沟和沟谷分支增多、河谷深冲沟隆起表明断块做上升运动；水系呈向心分布、河谷中冲积层淤积表明断块做下降运动；水系呈平行分布表明断块位于单斜活动地层上；河谷宽度异常增加弯曲地段、河谷中冲积层反复淤积表明断块做交替运动；断层产生泉水活跃的断裂线表明断块处于活动状态。

在鹤岗矿区地质动力区划工作中，对矿区南部的松花江部分地段进行了河流侵蚀堆积作用综合指标 E 的测量分析，测量结果见表 4-11，鹤岗矿区河流地貌如图 4-53 所示。松花江的鹤立河段、马库立村和永昌五队附近考察综合指标 E 均为负值，区域断块属于下降区，以拉伸作用为主。通过 GPS 监测的鹤岗矿区南部区域垂直运动速率 0.5～1 mm/a，矿井周边垂直运动速率 8～10 mm/a，这进一步说明矿区南部构造处于相对凹陷区，表明地壳相对活动性较强，成因可能是地壳深部强烈的热动力冲压、旋扭作用。

表 4-11 综合指标 E 计算结果

观测点编号	观测点位置	q	h	l	m	E
1	松花江(鹤立河)	−2	0	0	+1	−1
2	松花江(马库立村)	−3	0	−1	+1	−3
3	松花江(永昌五队)	−2	−1	0	+1	−2

(2) 断裂活动性评估

① 活动断裂的判别标志

活动断裂大多继承于构造断块的差异运动，形成构造地貌形态，往往也是现代地球物理和化学异常带。活动断裂的构造形变非常明显，在现代区域构造应力场中，成为地应力作用集中的地带和区段，构成历史和现代的地震带。断裂活动性可根据一系列标志进行判别，见表 4-12。

(a) 松花江(鹤立河)观测点

(b) 松花江(马库立村)观测点

图 4-53　鹤岗矿区河流地貌观测点

表 4-12　断裂活动性的判别标志

判别标志	对矿区原始应力场的影响
地震情况	各断块活动程度
磁场(应力梯度,形成年代梯度)	岩层物理力学性质的变化
地貌特征(地貌高程)	断块的隆起与下陷程度
地貌构造特征(形成时代,地貌等级,地貌构造表现特征)	当代运动的强度
地热特征(地质热力梯度,热流值,在沉积层与地表中凝固基岩的温度)	各种运动的强度
水文化学特征(水文化学场,埋藏深度,矿物水种类,温度)	应力状态的种类与强度,矿区所处的断裂的活动性
水文地质特征(地下水类型)	构造运动情况(挤压,拉伸)
断裂特征(种类,埋藏深度,落差,倾角,区域宽度,在地貌中的表现,在地质与地球物理场中的表现)	岩体的应力状态,断层的性质与方向
年平均活动的速度和幅度	断块边界的力学环境

② 断裂活动性评价指标的确定

评价指标的选择,直接关系到评价的准确程度。评价指标应既能从本质上反映断裂的活动特性,又利于利用现有资料科学、定量地反映断裂活动程度。

鉴于地质动力区划中活动断裂的研究方式和特点,选择如下 5 种指标来反映活动断裂的强弱程度:a. 活动断裂两侧断块的高程差($\overline{H}$);b. 活动断裂的破裂长度(L);c. 活动断裂与最大主应力方向的夹角($\bar{\sigma}$);d. 活动断裂与最大剪应力方向的夹角($\bar{\tau}$);e. 活动断裂的地震震级($\overline{M}$)。以上因素既有较强的代表性,又容易获取。以往研究中提到的如活动速率指标[116],对于小尺度断裂,还无法进行量测,因此不作考虑。

a. 判据 $\overline{H}$

活动断裂构成断块的边界,断块的错动程度反映了断块的边界——断裂的活动性。因此,在评估断裂活动性时必须考虑活动断裂两侧断块相互错动的落差。断块沿断裂的现代运动是否可以在地表面的地形中表现出来,以及其表现程度如何,可以用 $\overline{H}$ 来描述。在地形中有表现的、错动幅度较大的断裂显然较活跃。这是因为地形各种要素就是沿着这种断裂变化的。在地形中的表现较小、落差较小的断裂活动性相对较弱。没有在地形中得到任何反映的断裂,可以认为它们在现今应力场中是不活动的。

b. 判据 L

判据 L 用来标识断裂在地表的水平延伸长度。一般而言,断裂延伸的长度与其活动性具有正相关关系。如阿尔金断裂带全长 1 600 km,平均走滑速率为 7～12 mm/a,沿断裂带有频繁的地震活动与火山喷发,1900—1999 年,阿尔金断裂带上 6 级地震活动频繁[117];郯庐断裂带在中国境内延伸 2 400 km,自公元 1400 年以来,以郯庐断裂带为中心 200 km 范围内共发生地震 17 次[118-119]。

c. 判据 $\bar{\sigma}$

研究表明,沿着具有波状表面的断层面有可能产生构造应力区。因而对于没有破碎区的断裂,$\bar{\sigma}$ 应该是增大的;而对于伴有破碎区的断裂,$\bar{\sigma}$ 应是减小的。

d. 判据 $\bar{\tau}$

显然,处于最大剪应力 τ_{max} 作用平面的断层面是最可能活动的。这样的平面以 45°与 σ_1 和 σ_3 斜交,而轴 σ_2 则位于 τ_{max} 平面内。$\bar{\tau}$ 表示断裂相对 τ_{max} 平面的位置。断裂与 τ_{max} 的夹角越大,断裂的活动性越弱。

e. 判据 $\overline{M}$

地震活动是活动断裂的一个重要标志。在世界许多地区对活动断裂的辨认,最初都是从地震断层开始的。地震地质研究表明,深大活动断裂运动引发地震,构成历史和现代的地震带。也就是说,活动断裂与现代地震带存在良好的一致性。$\overline{M}$ 反映活动断裂带上发生地震的总效应。

③ 模糊综合评判

模糊逻辑是一种精确处理不精确不完全信息的方法,其最大特点就是用它可以比较自然地处理人类思维的主动性和模糊性。采用模糊综合评判可使结果尽量客观,从而取得更好的实际效果。本书采用一级模型,一般可归纳为以下几个步骤:

a. 建立评判对象因素集(或指标)。假设模糊综合评判中考虑 m 个评价因素,则构成因素集:

$$U = (U_1, U_2, U_3, \cdots, U_m) \tag{4-15}$$

b. 建立评判集。假设断裂活动性程度分为 n 个等级,则构成评判集:

$$V = (V_1, V_2, \cdots, V_n) \tag{4-16}$$

c. 单因素评判。即建立一个从 U 到 $F(V)$ 的模糊映射:

$$f: U \to F(V), \forall u_i \in U \tag{4-17}$$

$$R_i = (r_{i1}, r_{i2}, \cdots, r_{im}) \quad (0 \leqslant r_{ij} \leqslant 1, 1 \leqslant i \leqslant m, 1 \leqslant j \leqslant n) \tag{4-18}$$

其中,r_{ij} 表示第 i 个因素的评判对第 j 个等级的隶属度。则 m 个因素的总评判矩阵如式(4-19)所示:

$$\boldsymbol{R} = \boldsymbol{R}_{m\times n} = \begin{vmatrix} r_{11} & r_{12} & \cdots & r_{1n} \\ r_{21} & r_{22} & \cdots & r_{2n} \\ \vdots & \vdots & & \vdots \\ r_{m1} & r_{m2} & \cdots & r_{mn} \end{vmatrix} \tag{4-19}$$

称 $\boldsymbol{R}$ 为单因素评判矩阵，于是 (U,V,R) 构成了一个综合评判模型。

d. 综合评判。模糊综合评判引入权重集来反映对 U 中各个因素的侧重程度，它可表示为 U 上的一个模糊子集 $\boldsymbol{A}=(a_1,a_2,a_3,\cdots,a_m)$，且规定 $\sum_{i=1}^{m}a_i=1$。

在 $\boldsymbol{R}$ 与 $\boldsymbol{A}$ 求出之后，则综合评判模型为 $\boldsymbol{S}=\boldsymbol{A}\cdot\boldsymbol{R}$。记 $\boldsymbol{S}=(s_1,s_2,s_3,\cdots,s_n)$，它是 V 上的一个模糊子集，其中：

$$s_j=\bigvee_{i=1}^{m}(a_i \wedge r_{ij}) \quad (j=1,2,\cdots,n) \tag{4-20}$$

如果评判结果 $\sum_{j=1}^{n}s_j \neq 1$，就对结果进行归一化处理。

根据最大隶属原则，就可确定某断裂的活动性程度等级。其中，建立单因素评判矩阵 $\boldsymbol{R}$ 和确定权重向量 $\boldsymbol{A}$ 是两项关键性的工作。

a. 隶属函数的确定

考虑活动断裂各个因素的意义，根据确定隶属函数的一般原则和方法，建立各因素对活动断裂分级的隶属函数。各单因素分级范围与平均值见表 4-13。

表 4-13　活动断裂各单因素分级指标

断裂活动性级别	$\overline{H}$ /m		L /km		$\bar{\sigma}$ /(°)		$\bar{\tau}$ /(°)		$\overline{M}$	
	范围	平均值	范围	平均值	范围	平均值	范围	平均值	范围	平均值
强	>20	35	>10	20	60～90	75	60～90	75	>5	7.5
中等	10～20	15	4～10	7	30～60	45	30～60	45	2～5	3.5
弱	0～10	5	0～4	2	0～30	15	0～30	15	0～2	1

鉴于各单因素指标分级本身的模糊性，通过对各指标的统计分析得出，各指标的概率分布基本符合正态分布，因此在同一分级内它的隶属函数可以近似地表示为模糊正态分布函数[120]，即

$$U_A(x)=\mathrm{e}^{-\left(\frac{x-a}{b}\right)^2} \quad (a,b\ \text{为待定参数，其中}\ b>0) \tag{4-21}$$

a 是表 4-13 中各等级的平均值。因表 4-13 中所给各种分级范围的边界值介于两个等级之间，因此对两个等级的隶属度相同，故可令其近似等于 0.5，于是，对某一等级范围，其 b 值可由式(4-22)近似确定[121]：

$$\mathrm{e}^{-\left(\frac{X_b-a}{b}\right)^2}\approx 0.5 \quad (X_b\ \text{为该级别物理量的边界值}) \tag{4-22}$$

对于表 4-13 中没有上界的级别，由于超出下界时隶属度显然应该增大，因此考虑以下隶属函数：

$$u_1(x)=\begin{cases}\mathrm{e}^{-\left(\frac{x-a}{b}\right)^2} & (x\leqslant a)\\ 1 & (x>a)\end{cases} \tag{4-23}$$

通过计算得到隶属函数的参数，见表 4-14，进而确定隶属函数的具体表达式。

表 4-14 各隶属函数的参数

断裂活动性级别	$\overline{H}$		L		$\bar{\sigma}$		$\bar{\tau}$		$\overline{M}$	
	a	b	a	b	a	b	a	b	a	b
强	35	18	20	12.0	75	18	75	18	7.5	3.0
中等	15	6	7	3.6	45	18	45	18	3.5	1.8
弱	5	6	2	2.4	15	18	15	18	1.0	1.2

b. 权重系数的确定

比较矩阵法通过将模糊概念清晰化，确定全部因素的重要次序。把 m 个评价因素排成一个 $m\times m$ 阶矩阵，对因素进行两两比较，根据各因素的重要程度来确定矩阵中元素的值并求解矩阵的最大特征值及其对应的最大特征向量。如果通过一致性检验，则认为所得到的最大特征向量即权重向量[122]。根据断裂活动性评判中各因素相对重要程度建立比较矩阵，见表 4-15。经计算，最大特征值 $\lambda_1=5.08$，最大特征向量 $\boldsymbol{X}(1)=(7.023,3.112,7.305,6.844,4.692)$，满足一致性要求，将其归一化后的特征向量作为权重向量，即

$$\boldsymbol{A}=(0.24,0.11,0.25,0.24,0.16)$$

表 4-15 各单因素的比较矩阵

	$\overline{H}$	L	$\bar{\sigma}$	$\bar{\tau}$	$\overline{M}$
$\overline{H}$	1.0	1.5	1.2	1.2	1.5
L	0.67	1.0	0.4	0.4	0.5
$\bar{\sigma}$	0.83	2.5	1.0	1.0	2.0
$\bar{\tau}$	0.83	2.5	1.0	1.0	1.5
$\overline{M}$	0.67	2.0	0.5	0.67	1.0

下面以某矿断裂活动性的评价为例具体说明计算过程。首先通过地质动力区划方法确定井田的活动断裂，分别提取活动断裂的 5 个参数 $\overline{H}$、L、$\bar{\sigma}$、$\bar{\tau}$、$\overline{M}$。以Ⅴ-18 断裂为例，其各因素指标为 $\overline{H}=29$ m，$L=9.5$ km，$\bar{\sigma}=83°$，$\bar{\tau}=52°$，$\overline{M}=0$，计算指标 $\overline{H}$ 的隶属度，将隶属函数参数代入式(4-21)和式(4-23)确定以下隶属函数：

$$u_1(\overline{H})=\begin{cases}e^{-\left(\frac{\overline{H}-35}{18}\right)^2} & (\overline{H}\leqslant 35)\\ 1 & (\overline{H}>35)\end{cases}\tag{4-24}$$

$$u_2(\overline{H})=e^{-\left(\frac{\overline{H}-15}{6}\right)^2}\tag{4-25}$$

$$u_3(\overline{H})=e^{-\left(\frac{\overline{H}-5}{6}\right)^2}\tag{4-26}$$

将 $\overline{H}=29$ m 代入以上隶属函数，计算得出指标 $\overline{H}$ 的单因素评判矩阵 $\boldsymbol{R}_{\overline{H}}=(0.895,0.004,0)$。同样，可以计算出Ⅴ-18 断裂其他 4 个指标的隶属度，建立 5 个因素的总评判矩阵：

$$\boldsymbol{R}=\boldsymbol{R}_{5\times 3}=\begin{bmatrix}0.895 & 0.004 & 0\\ 0.465 & 0.617 & 0\\ 0.821 & 0.012 & 0\\ 0.015 & 0.86 & 0\\ 0 & 0 & 0\end{bmatrix}\tag{4-27}$$

$$s_j = \bigvee_{i=1}^{m}(a_i \wedge r_{ij}) = \boldsymbol{A} \cdot \boldsymbol{R}$$

$$= (0.24, 0.11, 0.25, 0.24, 0.16) \cdot \begin{bmatrix} 0.895 & 0.004 & 0 \\ 0.465 & 0.617 & 0 \\ 0.821 & 0.012 & 0 \\ 0.015 & 0.86 & 0 \\ 0 & 0 & 0 \end{bmatrix}$$

$$= (0.594, 0348, 0.059)$$

对所有断裂进行上述计算，就可以确定所有断裂活动性，在此基础之上，建立了由强、中等和弱 3 种活动断裂组成的井田构造模型，如图 4-54 所示。

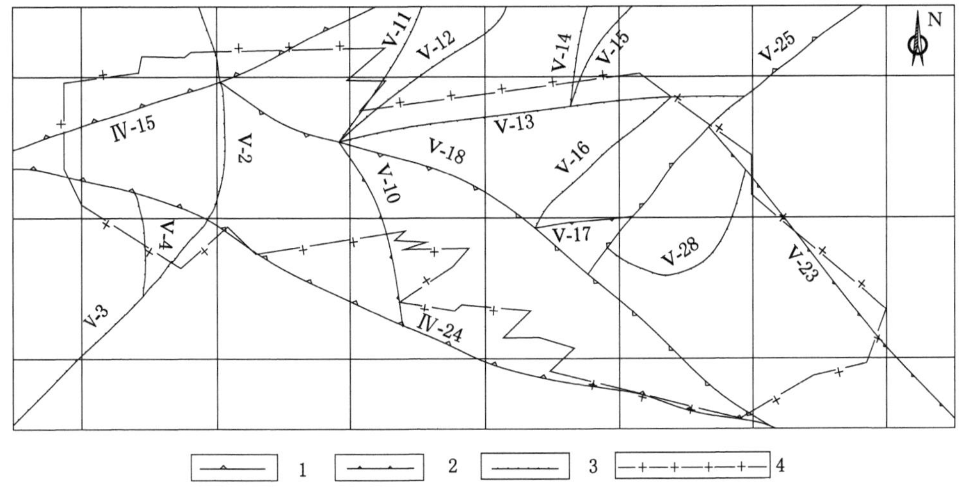

1—强活动性断裂；2—中等活动性断裂；3—弱活动性断裂；4—井田边界。

图 4-54　井田活动构造模型

需要说明的是，不同矿区构造模式不同，在评价断裂活动性时，应在同一构造模式下进行，即权重系数和隶属度函数中的参数值只对同一构造模式有意义。

4.5　构造地貌特征对矿井动力灾害的影响

4.5.1　动力灾害矿区的地貌特征

对动力灾害频繁发生的矿区（如国内的淮南、平顶山、鹤壁、阜新、北票、鸡西、新汶等矿区，国外的塔什塔戈里、诺里尔斯克、顿涅茨克、特奇布里、北乌拉尔、沃尔库达等矿区）的构造地貌分析表明，尽管不同矿区位于不同的高程水平，但是这些矿区都位于地形的低处，矿区的周围全部或者部分表现为相对明显的隆起。利用地形图所绘制的矿区两个垂直方向的剖面能更明显地体现这一特征。以矿区地形特征为依据，统一将具有凹地或者阶地地形特征的矿区称为“构造凹地”。

在中国的大地构造中，四川盆地是典型的构造凹地，盆地被青藏高原、大巴山、华蓥山、云贵高原环绕而成，周围山地海拔多为 1 000～3 000 m，中间盆底地势低矮，海拔 250～750 m，面积约为 1.6×10^5 km^2。盆地西北边缘是很长的龙门山脉。盆地东南部分布南桐、松藻、桐梓、华蓥山、天府、筠连、芙蓉、中梁山等煤与瓦斯突出矿区。

淮南煤田属于典型的棋盘格构造形式，淮南矿区 NE-SW 向剖面[图 4-55(a)]显示出非常明显的构造凹地特征，凹地宽度 15 km，凹地与两侧地貌的高程差 200～220 m；NW-SE 向剖面高程变化不大，如图 4-55(b)所示。淮南矿区的 9 对矿井全部为煤与瓦斯突出矿井。

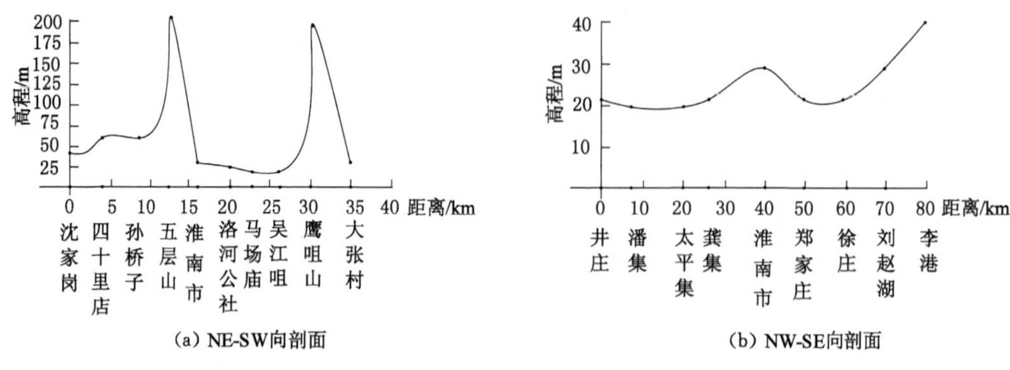

图 4-55 淮南构造凹地剖面

鸡西矿区处在经向凹地和纬向凹地之间的相交点上，经向凹地的宽度大约为 10 km，纬向凹地的宽度大约为 8 km。经向凹地的中心从矿区附近通过，地形高程差为 100～400 m，其中尤以经向凹地的形态最为显著，如图 4-56 所示。滴道盛和矿是鸡西矿区突出最为严重的矿井，从图 4-56 中可以看到，滴道盛和矿位于构造凹地的底部。

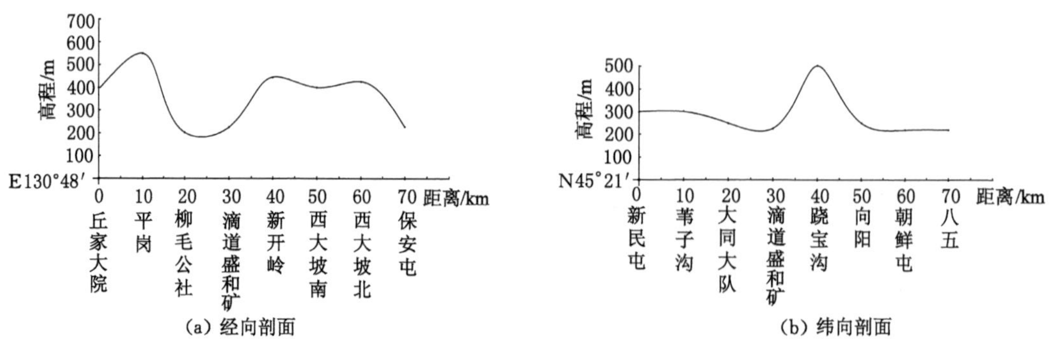

图 4-56 鸡西构造凹地剖面

新汶构造凹地位于经向凹地和纬向凹地的相交部位，经向凹地的宽度大约为 36 km，纬向凹地的宽度大约为 45 km，两侧高程差为 400～800 m，如图 4-57 所示。孙村矿在新汶构造凹地的最低处，井田两侧的地形高程差为 800 m 左右。

构造凹地的一般特征：

① 构造凹地地层一般具有较为明显的挤压特征，而与构造凹地相反的隆起地形则表现为张性特征，或者挤压性质较弱。

② 构造凹地的地应力场为大地动力场(压缩区)，最大、最小主应力为水平应力，中间主

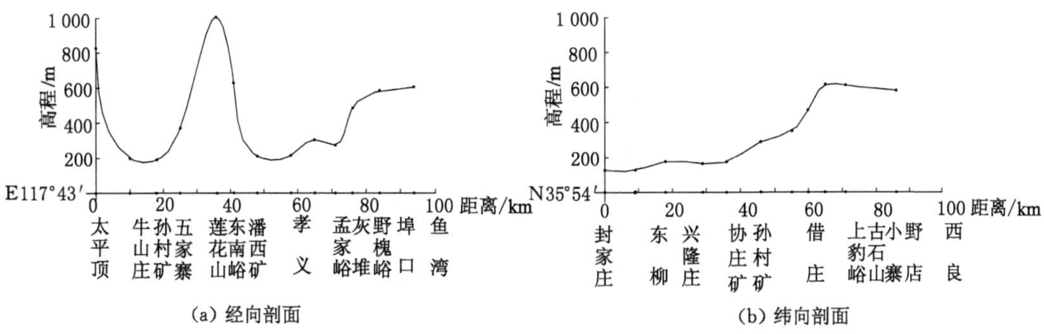

图 4-57　新汶构造凹地剖面

应力为垂直应力。构造凹地的水平构造应力显著，尤其是在地壳浅部，最大主应力与最小主应力都高于区域应力场的平均水平。

③ 构造凹地的瓦斯含量相对要比隆起区的瓦斯含量高。

4.5.2　构造地貌特征的评价方法与应用

构造地貌特征可用构造凹地反差强度进行分析，构造凹地反差强度是某一地区的地壳于某一发展阶段内在某种大地构造地壳运动类型控制下，由于褶皱、断裂、拱曲或其他构造导致的差异升降所形成的构造起伏（隆起和陷落）的密度、幅度及速度的总称[123]。构造凹地反差强度通常用 C 表示，其函数关系式为[124]：

$$C = f(d, h, v) \tag{4-28}$$

式中　d——构造起伏密度；

v——构造起伏速度；

h——构造起伏幅度。

地貌反差强度是一定地区范围内，一定时期地貌起伏密度、幅度和速度的总称，也可用与构造凹地反差强度类似的函数表达式表示：

$$C = f(d', h', v') \tag{4-29}$$

式中　d'——地貌起伏密度（单位距离内隆起和凹陷的个数）；

h'——地貌起伏幅度（最高点与最低点之间的高差）；

v'——地貌起伏速度（单位时间内地面上升或下降的距离）。

按上述定义，反差强度应有相同的总体表达形式：

$$C = f(d, h, v) = Ad' + Bd' + Ev' \tag{4-30}$$

式中，A，B 和 E 为三个待定系数。

式(4-30)表示构造凹地反差强度与地貌反差强度之间的关系，根据式(4-30)，可以用地貌反差强度来分析构造凹地反差强度。

对构造凹地的分析，考虑构造凹地现今的状态，暂不考虑时间因素，同时不以一定范围而以一个构造凹地为单位进行计算，将构造凹地用以下函数描述：

$$C = f(\Delta h, \Delta l) \tag{4-31}$$

式中　C——构造凹地反差强度；

Δh——构造凹地最高与最低高程的差值，m；

Δl——构造凹地的宽度，km。

式(4-31)为定性的描述，考虑对构造凹地反差强度进行定量计算，采用如下计算式：

$$C = A\Delta h + B\frac{1}{\Delta l} \tag{4-32}$$

前已述及，由于 Δh 和 $1/\Delta l$ 的单位和量值不同，应对其进行归一化处理。在进行构造凹地的分析时，考虑了两个方向的地貌情况——经向凹地和纬向凹地，因此在进行构造凹地反差强度计算时，对经向凹地和纬向凹地分别进行了计算，C 为经向反差强度和纬向反差强度中的最大值。

以淮南、鸡西、新汶等构造凹地为例进行计算。由于所计算的构造凹地基本上都属于丘陵或丘陵-平原过渡地区，因此 A 和 B 都取 0.5。计算结果见表 4-16。

表 4-16　构造凹地反差强度计算结果

矿区名称	高程差 Δh				宽度 Δl		$1/\Delta l$		构造凹地反差强度 C	危险程度
	经向/m	归一化后	纬向/m	归一化后	经向/km	纬向/km	经向归一化后	纬向归一化后		
阜新	690	0.84	720	0.77	66	30	0.23	1.00	0.88	强
南票	250	0.30	670	0.71	25	43	0.60	0.70	0.65	中等
鹤岗	780	0.95	940	1.00	325	240	0.05	0.13	0.57	中等
新汶	820	1.00	440	0.47	36	45	0.41	0.67	0.84	强
淮南	200	0.33	15	0.02	15	80	1.00	0.38	0.67	中等
鸡西	370	0.45	300	0.32	30	30	0.50	1.00	0.66	中等

通过以上分析可以初步得出如下结论，构造凹地反差强度能够较好地描述构造凹地的地质动力状态，反差强度越高，地质动力越活跃。

可以根据构造凹地对矿井动力灾害危险性作出总体的判断：① 构造凹地的存在反映了矿区或井田具有产生矿井动力灾害的地质动力环境背景，即矿区或井田能够积累达到煤岩体发生失稳的能量；② 构造凹地反差强度能够较好地反映构造凹地的地质动力状态，因此对于构造凹地发生矿井动力灾害的危险程度可以通过反差强度作出初步的判断。

4.6　断块划分成果及应用

4.6.1　建立板块构造与工程应用之间的联系

通过地质动力区划工作，将板块尺度的构造以逐渐控制的方式逐步划分至矿区/井田尺度，从而建立板块构造与工程应用之间的联系。以集贤煤矿断块划分为例说明。在 1∶250 万比例尺地形图上查明的Ⅰ级断块图如图 4-58 所示。

在研究区域共划出 10 条Ⅰ级断裂。Ⅰ-1、Ⅰ-2、Ⅰ-3、Ⅰ-4、Ⅰ-5、Ⅰ-8 和Ⅰ-9 等 7 条区划断裂与已知断裂在形态和展布方向等方面存在联系，其中Ⅰ-1 断裂与地质界查明的

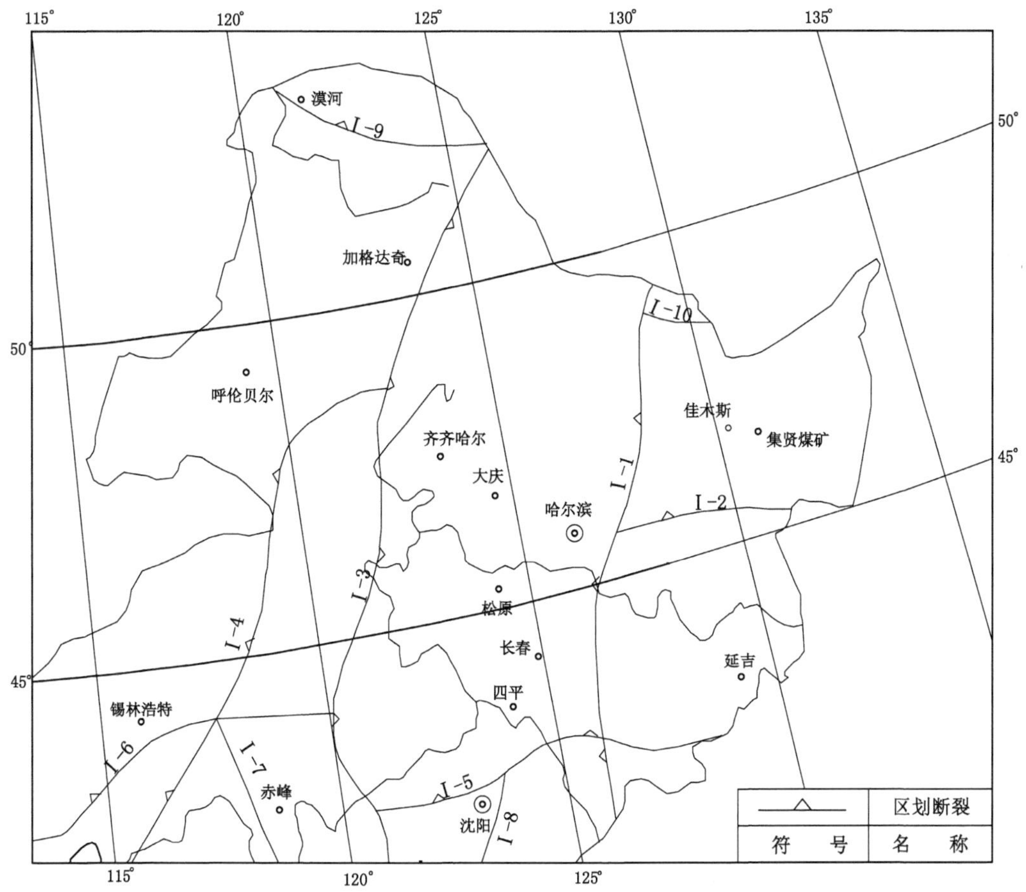

图 4-58　集贤煤矿Ⅰ级断块图

依兰—伊通断裂有着直接的联系，Ⅰ-2 断裂与查明的通河断裂、穆棱河断裂有着直接的联系，断裂特征见表 4-17。Ⅱ级断块构造的划分在Ⅰ级断块构造划分的基础上进行。将已经确定的Ⅰ级断块边界转绘到 1∶100 万比例尺地形图上，进一步划分Ⅱ级断块构造；在研究区域共划出 23 条Ⅱ级断裂，如图 4-59 所示，断裂特征见表 4-18。由表 4-18 可以看出，Ⅱ-1、Ⅱ-2、Ⅱ-8 等断裂与已知断裂在动力作用、形态和展布方向等方面存在联系。

表 4-17　Ⅰ级断裂特征表

断裂名称	走向	与之有联系的已知断裂	地貌表现	运动性质	活动特性
Ⅰ-1	NE25°	依兰—伊通断裂	构造阶地、河谷		重力异常
Ⅰ-2	NE95°	通河断裂、穆棱河断裂	河谷		
Ⅰ-3	NE25°～160°	嫩江断裂	构造阶地		
Ⅰ-4	NE35°		河谷、阶地		重力异常
Ⅰ-5	NE80°	开原—赤峰断裂	新开河河谷	拉张	
Ⅰ-8	NE35°	抚顺—营口断裂	构造阶地	张剪	地震
Ⅰ-9	NE110°		河谷		

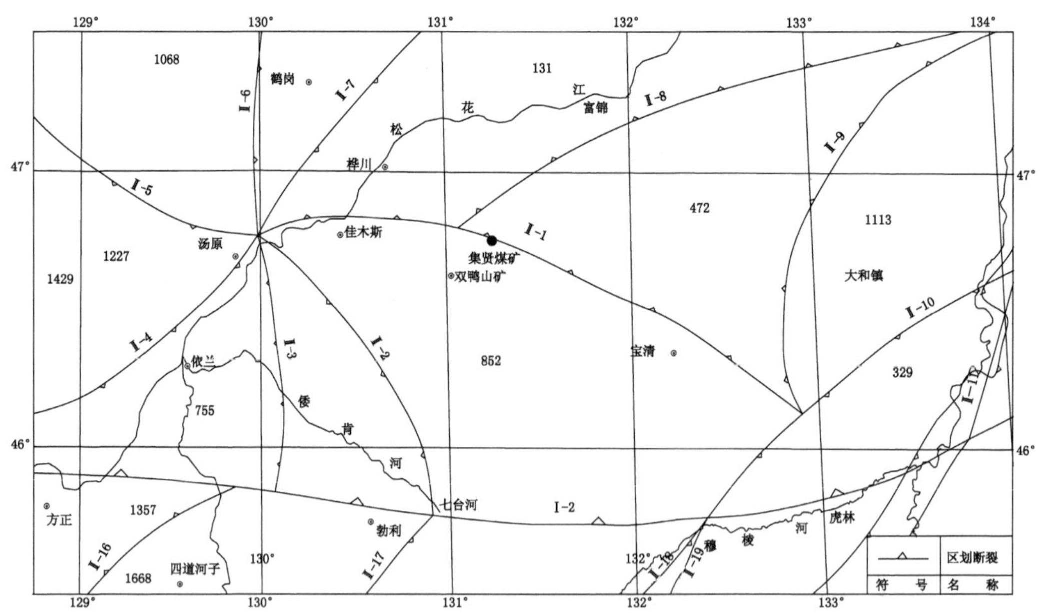

图 4-59 集贤煤矿Ⅱ级断块图

表 4-18 Ⅱ级断裂特征表

断裂名称	走向	与之有联系的已知断裂	地貌表现	运动性质	活动特性
Ⅱ-1	NE110°	富锦—小佳河断裂	构造阶地、河谷	压剪	地震
Ⅱ-2	NE120°	牡丹江断裂	河谷、坡脚		重力异常
Ⅱ-3	NE165°	牡丹江断裂分支	河谷、坡脚	拉张	地震
Ⅱ-4	NE275°	郯庐断裂北段	构造阶地、河谷		
Ⅱ-5	NE310°	南北河—勃利断裂	构造阶地、河谷	压剪	重力异常
Ⅱ-7	NE35°	依兰—伊通断裂	构造阶地、河谷		地震
Ⅱ-8	NE47°	挠力河断裂	构造阶地	压剪	
Ⅱ-9	NE35°	大河镇断裂	构造阶地、河谷		地震
Ⅱ-10	NE55°	穆棱河断裂	河谷、坡脚		
Ⅱ-12	NE300°	岔林河断裂	构造阶地		
Ⅱ-13	NE310°	岔林河断裂延续	构造阶地	压剪	重力异常
Ⅱ-18	NE15°	春化断裂	河谷		
Ⅱ-22	NE45°～55°	密山—敦化断裂	构造阶地、河谷	压剪	
Ⅱ-23	NE110°	富尔河—红旗河断裂	构造阶地、河谷	张剪	地震

Ⅲ级断块构造的划分在Ⅱ级断块构造划分的基础上进行。将已经确定的Ⅱ级断块边界转绘到 1∶20 万比例尺地形图上，进一步划分Ⅲ级断块构造。以集贤煤矿为中心，划分出的Ⅲ级断裂共有 29 条，如图 4-60 所示。由图 4-60 可知，集贤井田被Ⅲ-15、Ⅲ-17、Ⅲ-19 和

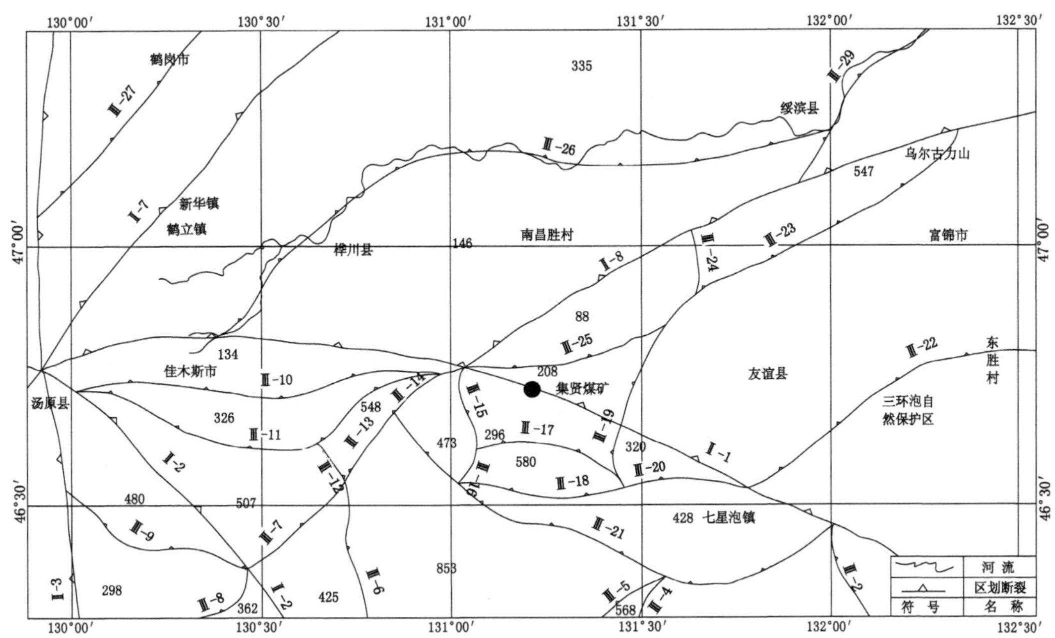

图 4-60　集贤煤矿Ⅲ级断块图

Ⅲ-25 断裂包围，形成“口”字形构造形式。

在 1∶5 万比例尺地形图上，以集贤煤矿为中心，以Ⅱ级断块构造和Ⅲ级断块构造为控制格架，进一步划分Ⅳ级断块构造。划分出的Ⅳ级断裂共有 19 条，如图 4-61 所示。集贤井田被Ⅳ-2、Ⅳ-4、Ⅳ-6 和Ⅳ-9 断裂包围，也形成了类似“口”字形构造形式。

在 1∶1 万比例尺地形图上，以集贤煤矿为中心，以Ⅱ级断块构造、Ⅲ级断块构造和Ⅳ级断块构造为控制格架，查明Ⅴ级断块构造，划分出的Ⅴ级断裂共有 23 条，如图 4-62 所示。Ⅴ-1 断裂与井田南部边界的北岗断层走向基本一致，与北岗断层相距 550～850 m，为井田外部的断裂构造。北岗断层走向为北东东-北东，落差 700 m 左右，区域延展长度达 11 km。Ⅴ-8 断裂与井田西部边界的集贤断层走向基本一致，距集贤断层 220～330 m，为井田外部的断裂构造。Ⅴ-13 断裂与井田东部的 R_{10} 断层有联系，Ⅴ-20 断裂与井田西北部的 R_5 断层有联系，Ⅴ-22 断裂与井田西北部的 R_2 断层有联系。

活动断裂识别与断块划分遵循从一般到个别的原则，从板块构造的尺度出发，通过Ⅰ—Ⅴ级断块的划分，最终将研究范围划定至井田尺度上。通过活动断裂的识别和断块的划分，形成了板块构造与人类工程应用之间的桥梁和纽带，建立了板块构造至工程应用之间的联系。通过地质动力区划，板块构造的研究成果可以应用到人类工作活动中，从而促进了人类工程活动的安全实施和稳定运行。目前还没有一种系统的方法能够像地质动力区划一样实现板块构造和人类工程活动之间的联系，地质动力区划具有重要创新性。

需要指出的是，活动断裂的划分是一项系统的工作，需要利用多种方法和手段；每一级别的构造划分都需要借助丰富翔实的资料，以确保准确性和精确度。

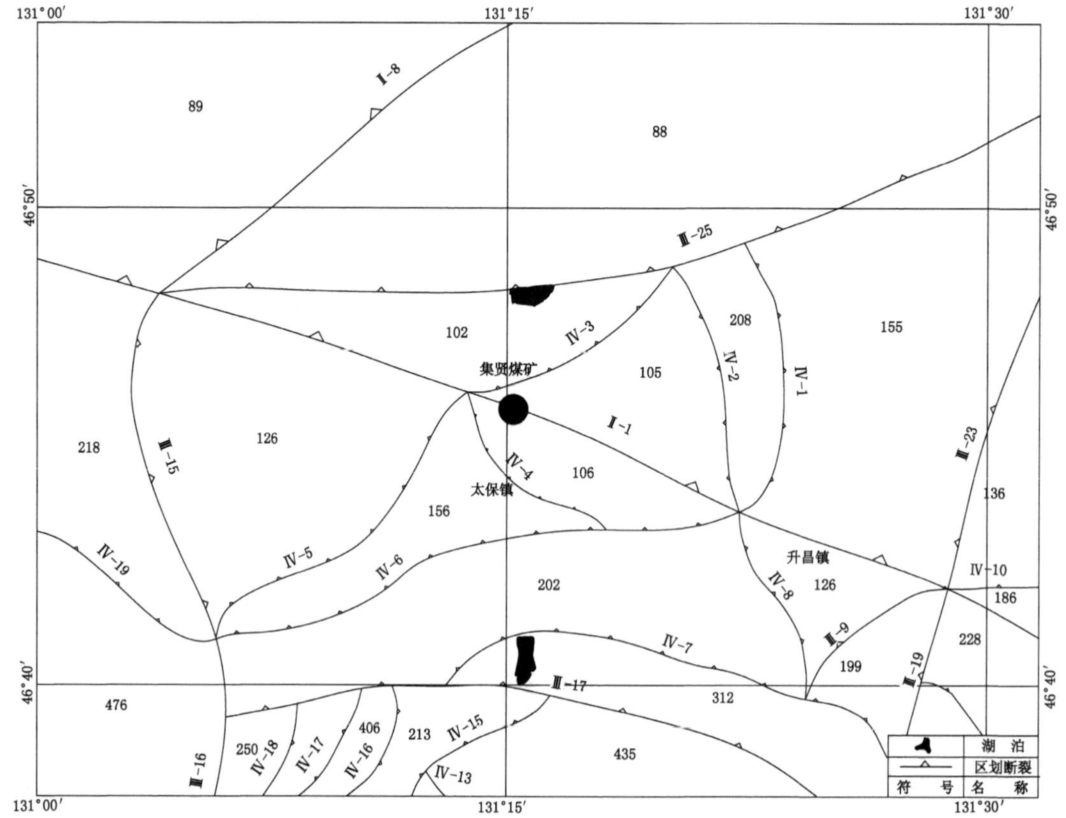

图 4-61 集贤煤矿Ⅳ级断块图

4.6.2 评估矿井动力灾害危险性

地质动力区划基于板块构造原理，从整体到局部逐级确定断裂构造、划分断块，作为其理论基础的板块构造理论是活动论，在整个断裂识别和断块划分及评估中始终秉持活动论的思想。通过断裂识别和断块划分，确定矿区/井田的动力学特征，为矿井动力灾害危险性评估提供科学的方法，特别强调内动力地质作用与工程活动耦合作用，从而克服了传统采矿工程知识体系中只关注工程活动的作用，具有重要的理论意义和实用价值。

活动断裂从本质上控制矿井动力灾害发生的地质动力学条件。矿井动力灾害多发生于断裂带附近，多个断裂带的交汇部位也是矿井动力灾害的多发地带。因此，活动断裂的研究成果可以作为矿井动力灾害分析和评估的初步依据，即根据地质动力区划所确定的活动断裂对矿井动力灾害发生的可能性进行初步的评估。

抚顺矿区位于抚顺—密山断陷带与沈阳东西向隆起带的复合部位。矿区老虎台矿采掘区域内的断裂构造主要有Ⅴ-1、Ⅴ-3、Ⅴ-5、Ⅴ-7 和Ⅴ-9 断裂。上述断裂所围限的区域是老虎台矿冲击地压和微震显现的主要区域，如图 4-63 所示。沿北东向的Ⅴ-1 断裂西侧集中了大量的冲击地压和微震，越靠近断裂带，冲击地压和微震越密集，随着远离断裂带，冲击地压和微震逐渐减少。在 83003 工作面和 73005 工作面中间的西部煤柱区，是冲击地压和微震集中显现的区域，冲击地压和微震更倾向于出现在Ⅴ-1 断裂附近，而不是煤柱区域。北西

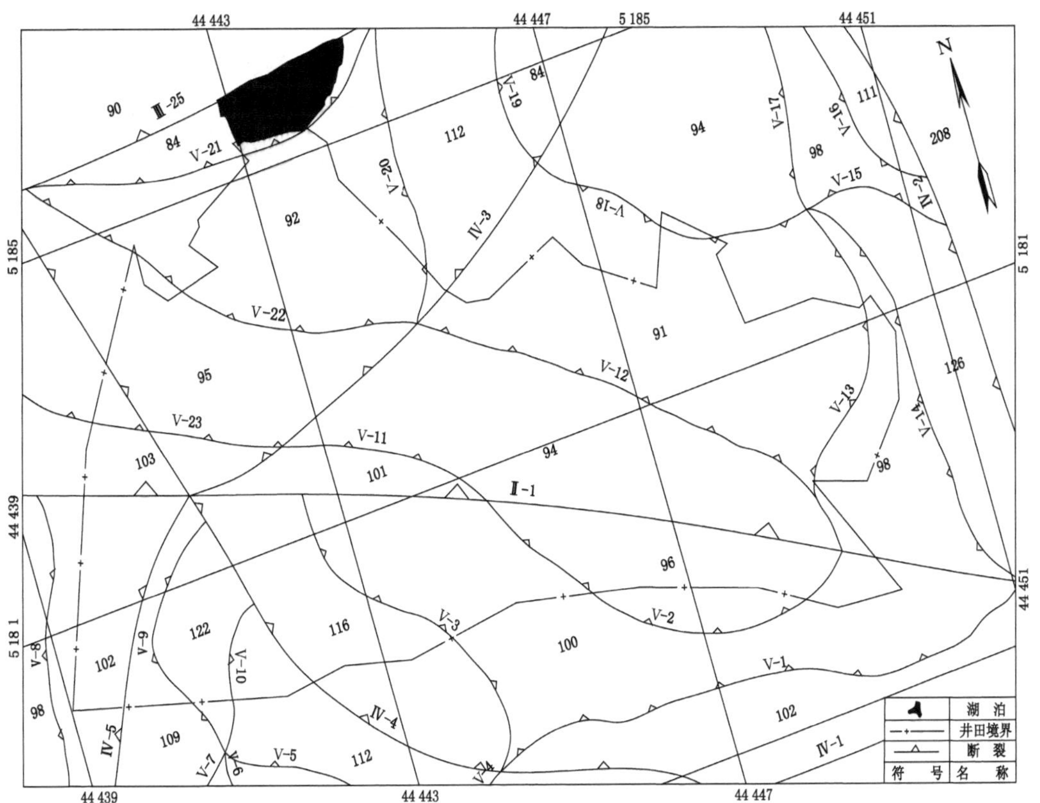

图 4-62 集贤煤矿Ⅴ级断块图

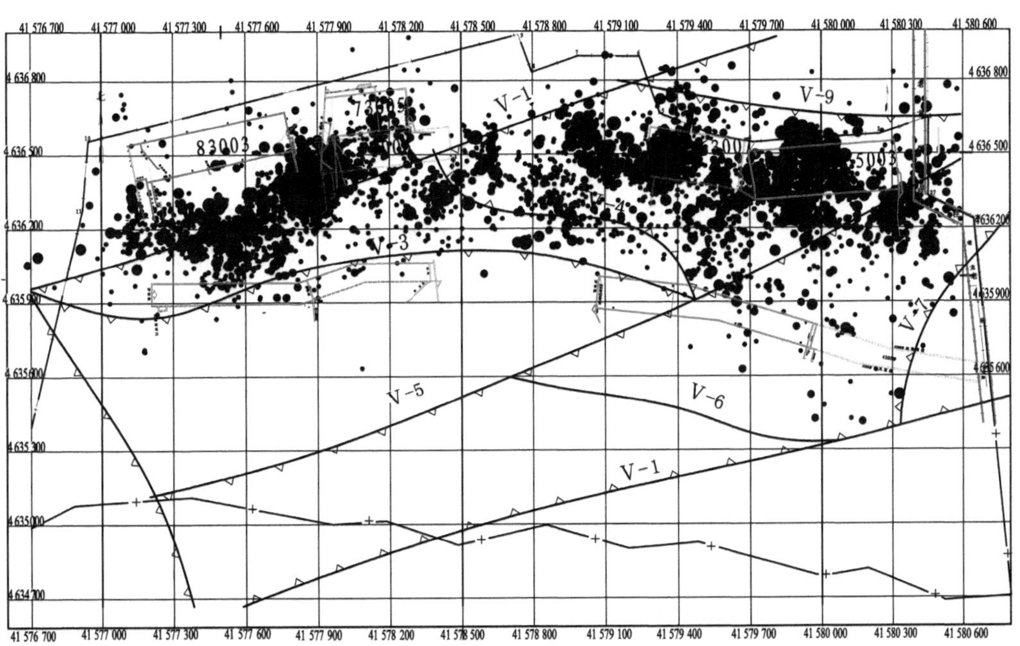

图 4-63 抚顺矿区冲击地压、微震与活动断裂的关系

西向的Ⅴ-4 断裂位于井田中部偏东区域，该断裂附近也集中了大量的冲击地压和微震事件，特别是Ⅴ-4 断裂与Ⅴ-1断裂的交汇地带，冲击地压和微震分布更为集中。Ⅴ-4 断裂的南端，冲击地压和微震事件相对较少。Ⅴ-5 断裂是井田中部偏南的一条北东向断裂，与Ⅴ-1 断裂近于平行。Ⅴ-5 断裂的东北端，与老龙煤柱的交汇地带，形成了一个冲击地压和微震密集分布的区域。北西西向的Ⅴ-9 断裂位于井田的东北端，该断裂与Ⅴ-4 断裂近于平行，与北东向的Ⅴ-1 断裂、Ⅴ-5 断裂共同构成了一个菱形区域。该区域集中了大量冲击地压和微震事件。Ⅴ-3 断裂以南，冲击地压和微震事件极少出现，似乎形成了一条冲击地压和微震显现的分界线。

乌东矿区位于准噶尔煤田东部博格达山复背斜西北翼、妖魔山—芦草沟逆断层以北，介于博格达山北麓与准噶尔盆地东南缘之间的低山丘陵地带。矿区内Ⅰ-1 断裂横穿乌东井田中部，其规模大、影响范围广，对乌东井田的地质动力条件具有重要的影响；Ⅳ-2 断裂、Ⅳ-4 断裂与地质界已查明的白杨南沟断裂密切相关；Ⅳ-1 断裂、Ⅳ-3 断裂与地质界已查明的碗窑沟断裂密切相关。乌东煤矿 2013 年 2 月 27 日、2013 年 7 月 2 日、2013 年 8 月 21 日和 2013 年 10 月 10 日发生在＋500 m 水平 B3＋6 工作面的 4 次冲击地压均位于断裂Ⅰ-1、Ⅳ-3 和Ⅳ-4 之间，如图 4-64 所示。2013 年 9 月 16 日发生在＋522 m 水平 B1＋2 工作面的

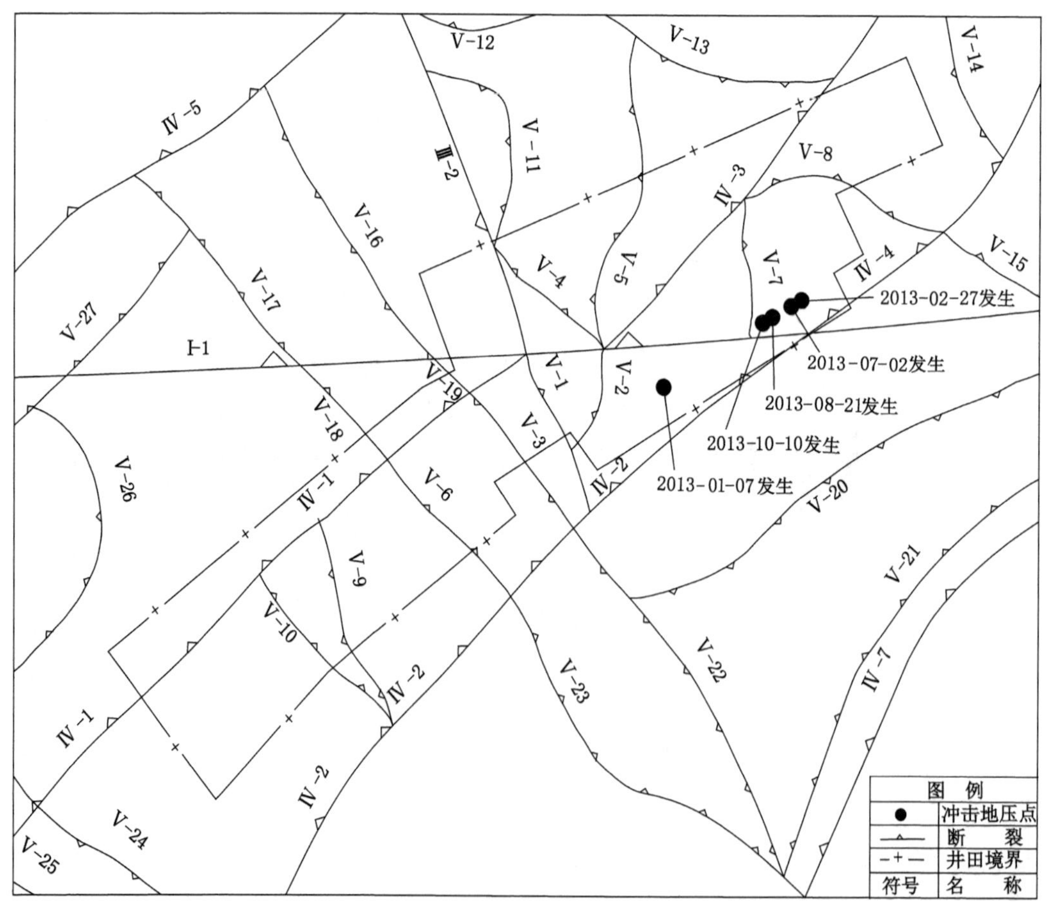

图 4-64 乌东煤矿冲击地压与活动断裂的关系

冲击地压位于Ⅰ-1 和Ⅳ-2、Ⅳ-4 断裂带的交汇处。整个井田处于Ⅰ-1、Ⅳ-3、Ⅳ-2、Ⅳ-4 断裂的影响范围内。这是乌东井田发生冲击地压的构造条件。

集贤矿区位于绥滨—集贤坳陷盆地内，其范围西起佳木斯隆起，东至富锦隆起。区内集贤煤矿冲击地压与活动断裂的关系如图 4-65 所示。Ⅱ-1 断裂与富锦—小佳河断裂有联系，与井田南部边界的北岗断层走向基本一致；北岗断层走向为北东东-北东，落差 700 m 左右，区域延展长度达 11 km，贯穿井田。井田内冲击地压主要受控于Ⅱ-1 断裂、Ⅳ-4 断裂和Ⅴ-3 断裂，冲击地压点位于Ⅳ-4 断裂和Ⅴ-3 断裂区域附近的 9 煤层中一下左五片、中一下左六片，西二采区一片、西二采区二片、西二采区三片工作面附近。

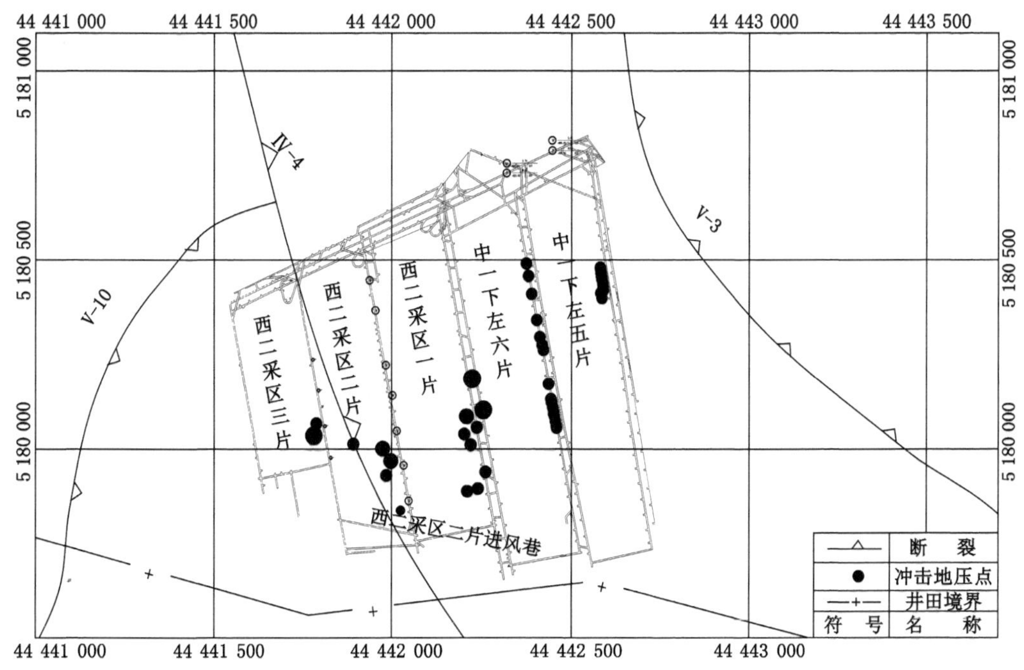

图 4-65 集贤煤矿冲击地压与活动断裂的关系

4.6.3 建立区域地质构造模型

所谓的地质构造模型，就是由不同级别的断裂构造为边界的断块组成的构造框架，这一构造框架覆盖了所研究的区域。地质动力区划研究中从总体到局部，逐步查清了矿区及其邻近区域的各级断块结构，建立了适合于进行具体工程应用的地质构造模型，为井田应力场的研究和矿井动力灾害预测奠定了基础，如图 4-66 所示。

一般的矿井地质工作是确定矿区或者井田内每个断裂的几何学特征，对于运动学和动力学特征并不关注，对不同断裂之间的关系关注不足。造成这一现象的原因，一方面是缺乏系统的方法开展相关工作，另一方面是从服务生产的角度也忽略了该方面的研究，从而限制了对区域应力分析和计算的深入研究。地质动力区划理论建立了一套系统的矿区/井田地质构造模型研究方法，是目前最为可行的方法。

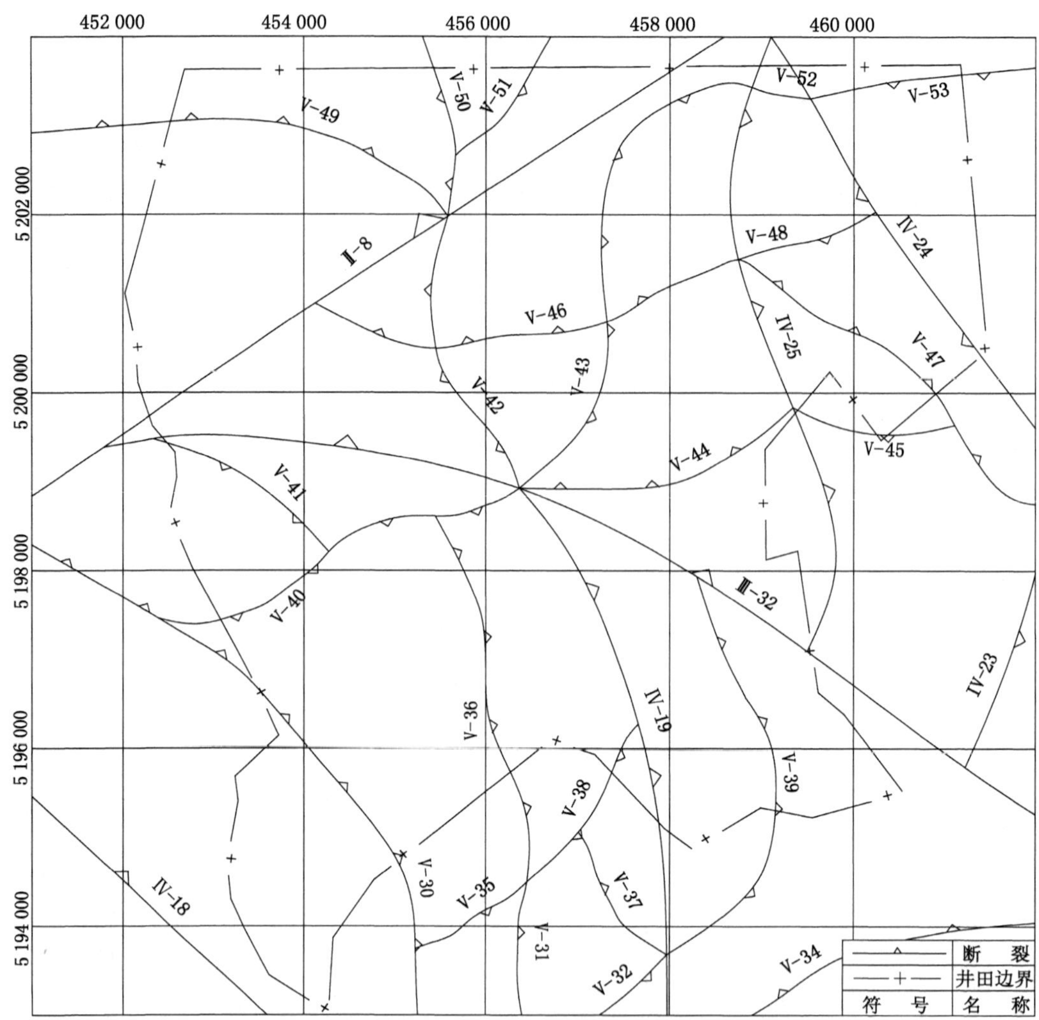

图 4-66 双鸭山矿区东荣三矿地质构造模型

第 5 章　地应力场与地应力测量

5.1　构造应力场成因和影响因素

5.1.1　构造应力场概念

工程施工前的岩体称为原岩体，在原岩体中存在着初始应力场（或称原岩应力场）。岩体的初始应力，是指岩体在天然状态下所具有的内在应力，通常将它称为地应力或原岩应力。它包括由上覆岩体或岩层重力所引起的及与构造运动有关的两部分。地下岩体内任意一点在重力场的作用下，由上覆岩体自重引起的应力叫自重应力。它在空间的分布状态称为自重应力场。假定岩体为均匀连续介质，应用连续介质力学原理计算岩体自重应力。设岩体为半无限体，地面为水平面，在距地表深度为 H 处任意取一单元体，其上作用的应力为 σ_v、σ_h，形成岩体单元的自重应力状态，如图 5-1 所示。

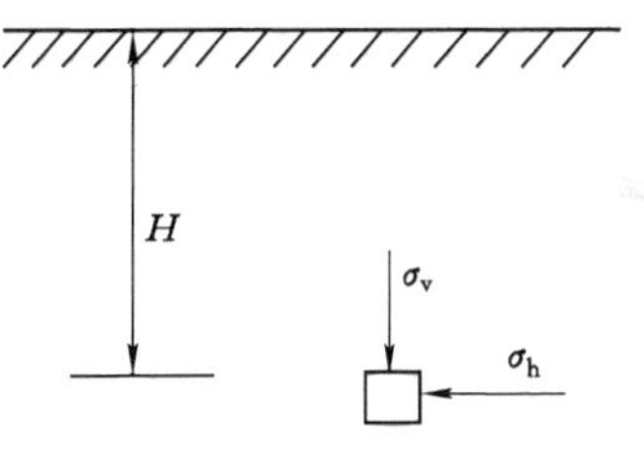

图 5-1　岩体内的自重应力

$$\sigma_v = \gamma H \tag{5-1}$$

$$\sigma_h = K\sigma_v \tag{5-2}$$

$$K = \frac{\mu}{1-\mu}$$

式中　σ_v ——垂直应力，MPa；

γ ——岩石的重度，N/m^3；

H ——埋深，m；

σ_h ——水平应力，MPa；

K ——岩体的侧压系数；

μ ——泊松比。

由式(5-1)可知，岩体的自重应力随埋深呈线性增长。在一定的埋深范围内，岩体基本上处于弹性状态。当埋深超过一定范围时，自重应力大于岩体的弹性强度，岩体将处于潜塑性状态或塑性状态。

岩体初始应力状态十分复杂，因此，侧压系数的确定是一个复杂的问题。目前，确定侧压系数的方法有金尼克假说、海姆假说和无黏结力松散岩体侧压系数确定方法等方法。关于构造应力影响下的侧压系数确定，常以实测值为准。对于大多数坚硬岩体，由于 μ 为 0.2～0.35，故 K =0.25～0.54。而在地表以下的较深部位，在上覆岩层较大载荷的长期作用下，岩体发生塑流，K 值接近 1，即该处岩体中的天然应力接近静水应力状态。

构造应力场通常指由于构造运动而产生的地应力场，工程上常简称为地应力场。安欧总结构造应力场特征时认为：构造应力场在空间上是势场，在时间上是不稳定场，在存在上是非独立场，在类型上是变形应力场[125]。

构造应力场是地矿学科研究的重要内容，对构造应力场的研究是探讨和认识构造运动根本原因的主要途径，是研究构造活动的重要环节之一。国际地质科学联合会、国际大地测量与地球物理联合会，将地应力状态研究列为国际固体地球科学研究规划的重要内容，并指出“应力场的研究对了解构造活动过程有明显的重要性；查明应力的方向和量级，对于理解地质构造的所有问题都是必要的，包括应力场的起源以及观察到的各种变形（褶曲、断裂）与应变速率的关系，定量估算作为板块运动驱动力的各种机制，也需要知道全球和区域应力分布的详细资料”。

各类构造体系，都是在地壳运动过程中的不同阶段形成的，一定方式的构造运动所产生的构造形迹，是地应力按一定条件在岩层中作用的反映。若干不同性质构造带在一定地区的排列和组合，往往呈现某种规律，它反映了该区应力场作用的特点。因此，从这些构造现象就可以追溯力的作用方式，而从力的作用方式又可以追溯地壳运动的方式，再根据各类构造体系的发育时期及其联合、复合关系，进而分析地质构造发生发展的全过程，就可追溯地壳构造运动的演化历史。

在进行大型工程建设前，为了保证工程的安全和资金合理使用，先要进行选址可行性研究或区域稳定性评价。而地应力状态的研究，正是开展此项工作不可缺少的重要内容。研究表明，地壳上层（深达 600～900 m）岩石应力状态有两种类型：一种类型为大地静力场，应力特征可用海姆和金尼克定理来描述，具有这种应力状态地区的构造活动性往往是不明显或很微弱的；另一种是大地动力场，其特征是水平压应力非常高，并具有十分明显的各向异性，其水平应力往往比大地静压力 γH 大 5～10 MPa，而且与现代构造活动有关。由此，根据地应力状态的不同类型，不仅可以确定活动区和稳定区，而且还能在构造活动区内寻找出相对比较安全的地带，合理选定工程建筑的场址。

构造应力场的研究内容，涉及场的各种影响因素，诸如地质构造条件、地球物理化学条件、介质条件、力学条件等。构造形变场、断裂位移场、地质灾害场、地壳物质的建造与改造场（包括矿产的形成与改造）、地壳深部地质构造等，都与构造应力场关系密切。由此可见，现今构造应力场是研究内容广阔、涉及范围宽大的系统工程。各种内动力灾害主要是构造应力推动其发生发展的。冲击地压、煤与瓦斯突出等矿井动力灾害预测的准确性和可靠性，从根本上说取决于对构造活动和构造应力场的研究水平。随着采矿规模的不断扩大和不断向深部发展，地应力的影响会越加严重，不考虑地应力的影响进行设计和施工往往会造成露天边坡的失稳、地下巷道和采场的坍塌破坏、冲击地压等矿井动力灾害的发生，使矿井生产无法进行，并经常引起严重的事故，造成人员伤亡和财产的重大损失。地应力测量结果主要用于确定外部地质体对井田的作用方向和应力量级，不能全面反映井田地应力场的分布特征。在分析井田不同区域工作面或巷道的应力时，用同一个地应力测量数据与实际情况不符，因此，需要对井田区域进行岩体应力分布规律的计算，为井下工程应力分析提供可靠的岩体应力数据，这是认识区域地壳构造运动和岩体应力问题的重要方法和途径。

5.1.2　构造应力场成因

早在20世纪20年代，李四光就曾预言，在许多地质构造中水平应力可能远远高于垂直应力。他认为这种现象在很大程度上归因于地球旋转，尤其是与旋转速度周期性变化有关的角动量。根据地球表面各地质历史时期以至现代所观察到的构造形变，人们确信在地球表面存在较强的构造应力场。20世纪50年代，瑞典学者哈斯特(N. Hast)在斯堪的纳维亚半岛进行的地应力测量结果证实了这一说法。20世纪中叶以来，地应力测试水平有了相当大的提高，世界上许多地区的测试结果都进一步证实了李四光的预言，即地壳浅部岩层中的水平应力分量往往高于垂直应力分量。不同国家在不同的岩性及构造区所完成的大量实测资料证实，在很多情况下，100～200 m深处的水平应力达到自重应力的10～20倍。

按板块构造理论，在岩石层板块"增生—分离—消减"的过程中，板块必然承受着各种构造力的作用。作用在板块上的驱动力有三种：洋脊推力、板块牵引力、海沟吸引力。M. L. Zoback等[126]指出，有两种力作用在板块上，决定着板块内部的应力状态，如图5-2所示。① 大尺度构造力：包括板块边界力(驱动或维持板块运动)、地球动力学过程中产生的力(如上下表面所受的载荷或密度不均匀分布引起大尺度岩石层的弯曲而产生的力)以及海洋岩石层冷却的热弹性力等。② 局部构造力：包括地形、岩石强度或弹性性质的各向异性以及剥蚀和人工开挖等因素的局部影响而产生的力。通常，可以通过原地应力场的空间均匀性区别这两类力。由大尺度构造力决定的构造应力场，一般在岩石层弹性部分的若干倍(几倍至上百倍)范围内是均匀的，而局部应力场作用范围仅为上述厚度的几分之一。大尺度构造力可为各种大规模的板内地质学问题提供重要的边界条件，如图5-3所示。

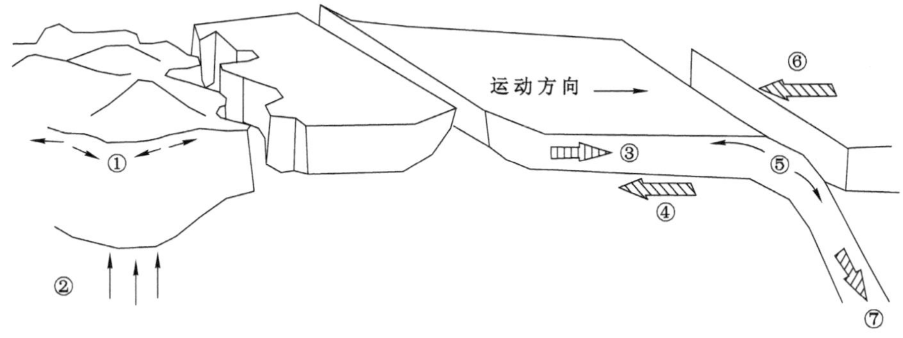

局部构造力：① 均衡补偿；② 表面载荷及其导致的弯曲；⑤ 岩石层弯曲；
大尺度构造力：③ 洋脊推力；④ 岩石层底部的剪切力；⑥ 海沟吸引力；⑦ 俯冲带处的净板块拉力。

图5-2　作用在岩石层板块上的力(据M. L. Zoback等，1989)

许多事实说明，板块确实是在不断进行水平移动的。例如：① 大陆地面上远程逆掩断裂和错距达数百千米的平移断层，以及洋底有近千千米的转换断层；② 地壳上层构造脱顶现象普遍存在，地壳上部构造运动较下部强烈；③ 现代地震的震源机制解表明，绝大多数的地震断裂都呈现水平错动，且很大一部分地震都属浅源地震；④ 构造体系的排列和分布规律等均与地球自转角速度变更造成水平应力为主导相吻合；⑤ 近年来的现今地应力测量结果也可证实板块是在不断进行水平移动的。

构造应力场的形成与地质构造作用过程有着密切联系。如果说，地质作用过程表现为

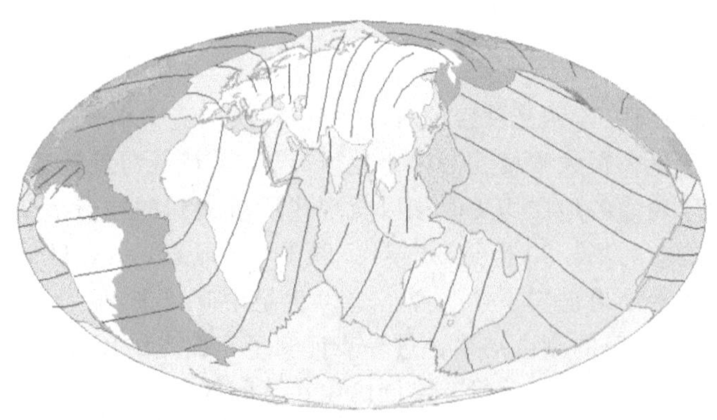

图 5-3　板块构造及其水平主压应力方向轨迹(据 M. L. Zoback 等,洪汉净修改)

外动力地质作用与内动力地质作用的对立统一过程的话,那么可以认为,地质历史的发展是一个渐变与突变的对立统一过程。在各种外动力(大气圈、地面流水、地下水、冰川、湖泊、海洋等产生的动力)作用下发生的风化作用、剥蚀作用、搬运作用、沉积作用和固结成矿作用是一种渐变的过程,它们常常是在相对稳定的地质环境中通过漫长的岁月而显示其作用的。各种内力作用,如火山喷发、地震和矿井动力灾害,则是一种突变的过程。它们把地壳内(或煤岩体内)长期积聚起来的能量迅速地释放出来,从而达到一种新的动态平衡。

5.1.3 构造应力场的主要影响因素

(1) 地质构造运动

地质构造运动的影响可分为宏观地质构造运动的影响和局部地质构造变化的影响两个方面。宏观地质构造运动影响因素作为形成因素,是一个地区应力场产生的基本背景,它与全球应力场分布有关,从板块构造学说看,全球应力场必然决定着区域应力场和局部应力场。地壳中的各种构造形迹、构造形式是地块在不同物理环境下遭受构造应力作用的结果。其表现形态、性质、强弱及组合关系,不但取决于地质体边界的几何形状以及载荷作用的大小、方向、性质、作用时间等因素,而且与地质体处的物理环境及在这种环境下地质体的力学性质有着密切关系。

中国大陆不是一个刚性整体,而且被环抱于周围的洲级板块之间,频遭其挤压、剪切和拉伸作用的扰动和破坏,板内变形受周围板块运动之影响远较来自地球深部的动力直接、容易和深刻;而且中国大陆的板内构造变形样式、时间、期次与周围板块运动的性质、时间和期次也具有良好的匹配关系。这说明促使中国大陆板内构造变形的动力明显来自中国大陆以外的板块运动,其决定着中国大陆的地应力场格架。中国大陆处于欧亚板块的东南隅,夹持在印度板块、太平洋板块以及菲律宾板块之间,是全球各大陆板块内部新构造运动异常活跃的一个地区,如图 5-4 所示。板块间的相互作用深刻地影响着中国大陆活动构造的面貌,使中国大陆的活动断裂在空间分布、力学属性和运动学特征方面都表现出明显的特点,并控制着大陆内部地质灾害活动的强度、频度。中国大陆板内构造特征必然对矿井动力灾害的发生产生重要影响。

岩体很少是均质的,特别是在大陆地壳中。岩体性质的变化与地质构造可以影响地应力的分布和量值,而且也是现场测量的地应力结果具有分散性的原因之一。许多文献中都

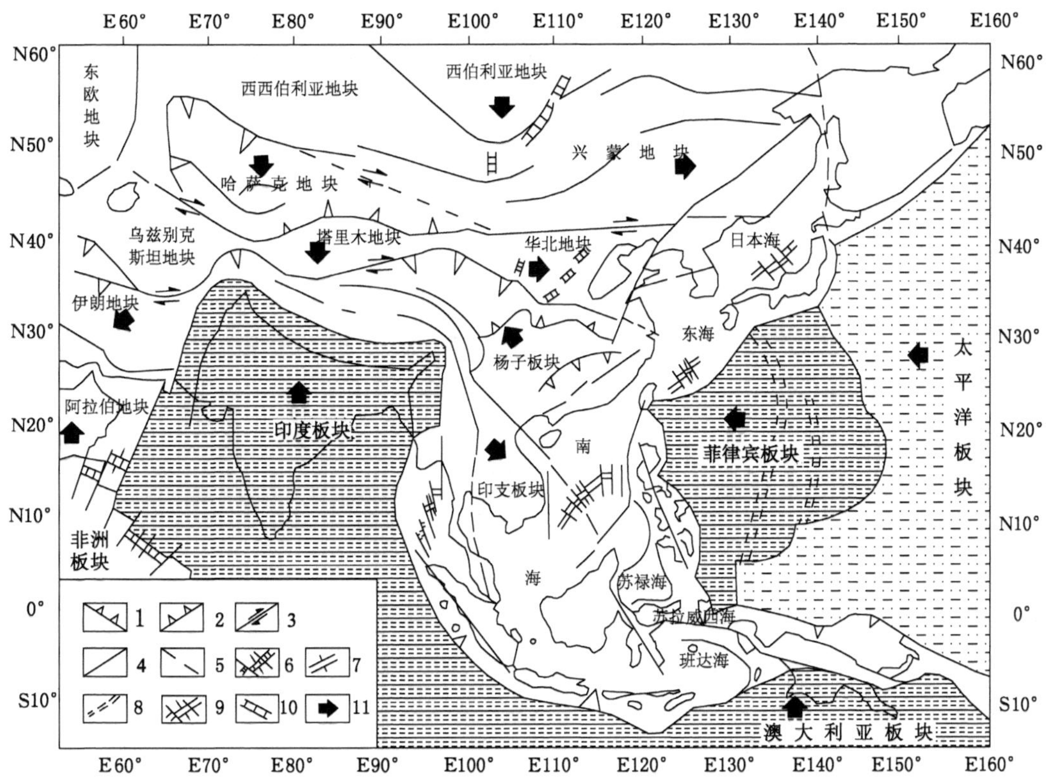

1—现代海洋俯冲-碰撞带；2—大陆碰撞-逆冲断裂带；3—大型走滑断裂带；4—大型断裂带；5—推测及隐伏断裂带；6—大洋中脊；7—大洋伸展裂谷；8—大洋海岭；9—边缘海伸展盆地；10—陆内伸展裂谷；11—中生代以来块体相对运移方向。

图 5-4　中国构造单元及地球动力学图

有关于在经过结构面、岩脉、断层、剪切带、不整合面、非均质矿体时地应力发生变化的情况。一般地，地质构造和岩体非均匀性干扰区域应力场，使局部应力场与区域应力场有很大差别，而且在地质构造发育的岩体中应力的变化往往可能十分复杂，如图 5-5 所示。O. Stephansson 报道了斯堪的纳维亚半岛跨过断层后达 10 MPa 以上的大的应力突变现象[127]。P. Aleksandrowski 等发现小到断层大到主断层系的构造形迹都能造成钻孔崩落方位的明显转向，因而，在同一个钻孔中测得的应力方位有较大的变化，而且局部应力方位的测量结果与区域应力方位不同[128]。K. Sugawara 等在距日本 Atotsuguwa 断层 1.25 km 处用剔芯法测量到的最大和中间主应力平行于断层面，最小主应力垂直于断层面，且与其他两个主应力分量相比，最小主应力的量值大大减小[129]。在加拿大地下研究实验室所进行的多种手段的地应力测量同样表明，小到微裂隙，大到主逆断层，对地应力都有明显影响，断层两盘的应力大小和方向都有差别[130]。据 C. D. Martin 等的研究，在加拿大地下研究实验室一条断裂附近的 209 号洞，最小主应力方向近水平，并垂直于断裂，而到 30 m 以外，最小主应力方向变成直立的[131]。

从更大尺度看，最明显的例子是圣安地列斯断层及其附近跨过断层的区域应力方位的变化。大量的地应力测量结果表明，在圣安地列斯断层附近，最大主应力方位与断裂近垂

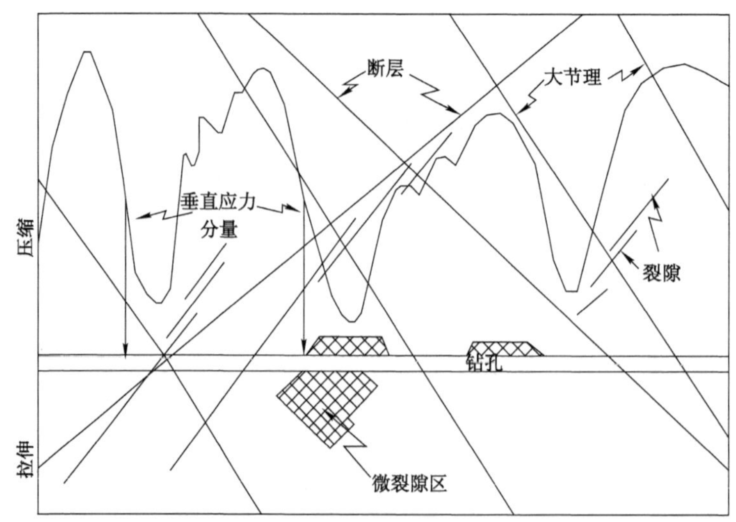

图 5-5 理想化的岩体垂直断面以及垂直应力分量可能的变化情况(据 J. A. Hudson 等,1997)

直,为北东-南西向,而远离断层,为近南北向[132]。在非常大的尺度上,欧洲的构造应力场的分布受阿尔卑斯这样的地质构造带的影响[133]。岩体中的应力还因局部非均质地层、岩脉和矿体等的出现而变化。B. Arjang 在加拿大几个直立的矿体附近的矿井中研究了最大和最小应力的方位,他发现,最大水平应力方向往往垂直于矿体走向,而最小水平应力方向平行于矿体走向[134]。

褶曲构造对地应力的影响表现在,褶曲类型与应力值间存在一定关系,并且同一褶曲的不同部位应力值也是有差异的。格佐夫斯基注意到,最大应力值出现在背斜地区,较小应力值出现在向斜地区,处于中间状态的是平缓的斜坡地区和盆地[135]。阿尔泰区兹良诺夫斯克矿区位于兹良诺夫斯克背斜的附加背斜褶曲上。测量区位于背斜顶部,在两个互为垂直的水平钻孔中用应力解除法进行了测量,一个钻孔垂直于背斜走向,另一个钻孔平行于背斜走向。测量结果表明,最大主应力方向近水平并垂直于背斜走向,主要是张应力;中间主应力方向近水平并平行于背斜走向,其量值接近零;最小主应力方向近直立,量值是岩体自重应力的 2.5～3 倍[136]。

隆起区和下降区的地应力值是不同的。一般来说,现代隆起区内最大水平应力值(或剪应力值)较高,而沉降区内最大水平应力值(或剪应力值)较低。莱茵地堑地区的应力测量结果就是有力的证据。阿尔卑斯北部前陆地带就是莱茵地堑,G. Greiner 等在从阿尔卑斯到莱茵地堑以北地区的 1 000 多处进行了应力解除法测量。从测量结果可以看出,在阿尔卑斯山脉一带普遍存在非常高的应力,其中一些地方高于 35 MPa。而在阿尔卑斯北部前陆地带,即莱茵地堑,应力值明显下降,一般平均值为 2 MPa。到莱茵地堑以北,应力值又明显上升[137]。Г. А. Марков 通过对大量测量资料的综合分析,得出如下认识:① 地壳上部的高水平应力和矿山压力异常往往出现在区域平面上的地壳上升运动带。② 在位于隆起构造地块中部的岩体中,可观测到最高水平应力。与这类构造的边缘地带相比,这里高水平应力地段最接近地表[138]。

(2) 构造地貌

构造地貌形态对地应力的影响主要表现在浅层岩体，而对深部岩体的地应力影响较小。构造地貌的形态能够反映地应力方向，如图 5-6 所示。1977 年，舍德格(A. E. Scheidegger)利用有限元法计算了复杂地形条件下岩体的应力分布情况；同年，又在奥地利弗尔博山谷和米尔赫河床下实地测量了地应力，实测结果表明，由于高大山体的影响，最大主应力偏向山体一方，且方向与山坡接近平行。B. C. Haimson 等研究了地形起伏地区表层岩体(埋深 0～20 m)中的主应力方向，认为最大水平应力方向与地形等高线方向一致[139]。于学馥利用有限元法计算了地形起伏地区的地应力，计算结果表明，某一水平面上的地应力分布状态与地表形状不相适应，较陡的山体中间应力小于两侧应力[140]。在印度尼西亚克拉塔发电站一个大型地下硐室中，E. 弗克等系统地研究了地形对地应力的影响，在同一地点不仅进行了实测，而且采用不同泊松比进行了有限元计算，得出了类似的结论。

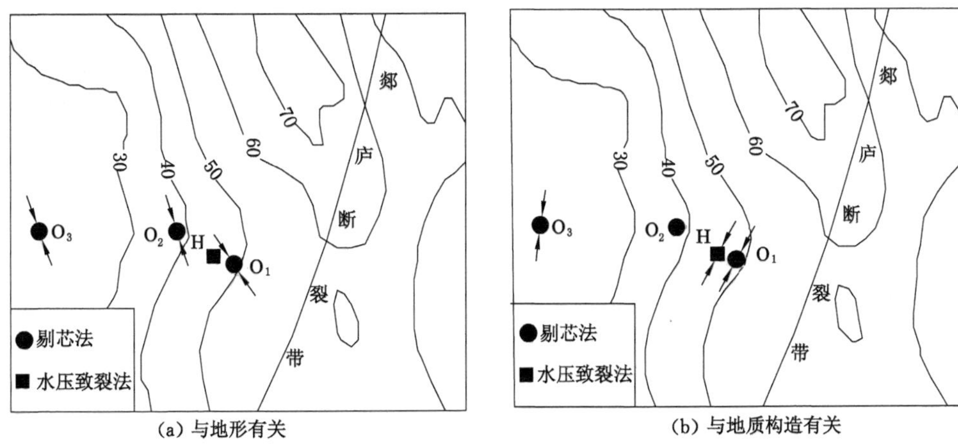

图 5-6　江苏新沂地区的地形轮廓、地质构造和最大水平应力方向的关系(据赵仕广等，1984)

在具有负地形的边坡及峡谷地区，地形对地应力状态的影响更为明显，其应力状态有独特的分布规律。一般地，坡脚或谷底是应力集中的部位，地形对岩体地应力的影响最明显，在谷底岩体中最大主应力方向近于水平，在谷坡或边坡岩体中两个主应力方向基本呈顺坡及垂直坡面方向[141]；随着深度的增加，地形对地应力的影响程度逐渐减弱。二滩水电站左岸谷坡倾角为 30°～40°，应力测量表明，最大主应力的倾角为 20°～45°，大致与岸坡平行[142]。威斯康星 Maeiloo 石英岩水压致裂测量表明，近地表 20 m 范围内，最大主应力作用方向为 NW30°；30～240 m 深部岩体的最大主应力作用方向为 NE60°，与区域性应力的作用方向一致。这主要是由于近地表岩体中的应力受到南西向平缓山坡地形的影响[143]。在沃特卢，B. C. Haimson 等应用水压致裂法实地测量了近地表和深部地应力，在近地表 20 m 范围内最大主应力方向与地形等高线方向一致，深部最大主应力方向与区域构造应力场方向一致[139]。相关研究表明，即使在坡度小于 10%的低缓斜坡区，地形对应力的分布也有影响[144-146]。

(3) 岩石岩性及力学性质

各种岩石具有不同的力学性质和强度。地应力作为赋存于岩石内部的内应力，必然要受到岩石各项物理力学性质的影响。由于岩石力学性质的不同，即使在同一地区的相同条件下，地应力也是不同的。因而，岩石力学性质对地应力的影响十分显著。据对世界范围内的 322 组实测地应力资料的统计分析，岩浆岩中水平应力最高，最大、最小水平应力之差较大；沉积岩中的水平应力较低，最大、最小水平应力之差较小；变质岩中水平应力很分散，应力差界于岩浆岩和沉积岩之间[147]。

在库尔斯克磁异常区的中部，研究人员曾在 125 m 长平巷的不同岩石中测量了 500 个点的应力。根据上覆岩体自重计算出的垂直应力大致相同；而由于岩性的不同，在不同的岩组中实测的垂直应力值变化很大（从 3.7 MPa 到 9.3 MPa）。Козырев 于 1983 年在塔吉克斯坦的坎达拉和别加尔矿区的应力测量得出了岩体中最大水平应力与弹性模量的关系：弹性模量 $E=(3\sim4)\times10^4$ MPa 时岩体的应力值大多数不超过 40 MPa，$E=(4\sim5)\times10^4$ MPa 时应力值为 40～60 MPa，$E=(5\sim6)\times10^4$ MPa 时应力值则超过 60 MPa[148]。

受岩性和不同岩层之间相对刚度的差别的影响，从一层到另一层岩层地应力值会有显著的变化。图 5-7 为 N. R. Warpinski 等在科罗拉多 Mesaverde 沉积地层中用水压致裂法测量的最小应力随埋深的变化情况，与上下的砂岩和粉砂岩相比，页岩层中的应力较高[149]。L. W. Teufel 得出了类似的结论，他用水压致裂法和滞弹性应变恢复法在定向岩芯上测量了 2 km 深处砂岩和页岩层中的应力，两者有截然差别。砂岩层中最小和最大水平应力与覆盖层自重应力之比值分别等于 0.82 和 0.96，而夹在砂岩之间的页岩层则处于静水应力状态[150]。N. R. Warpinski 等在熔结凝灰岩中进行的水压致裂应力测量也显示，由于岩石性质的变化和层理及断层的存在，应力差别极大。如果岩性差别很大，有时应力的差别在 1 m 的尺度内即出现。在高弹性模量和低泊松比的岩石中，最小水平应力较低；而在低弹性模量和高泊松比的岩石中，最小水平应力较高[151]。

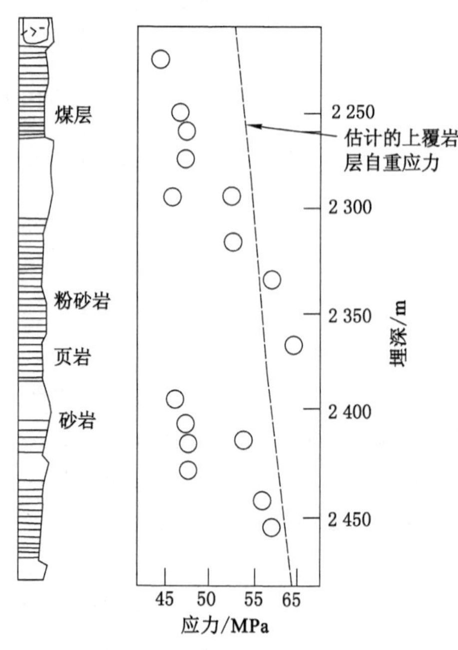

图 5-7　岩性对地应力分布的影响

H. Swolfs 整理了用水压致裂法在沉积盆地中测量的最小水平应力与垂直应力之比随埋深的变化情况，结果表明，在埋深 600 m 以下，岩性的影响是很大的[152]。R. A. Plumb 对世界上 1 000 个不同类型的沉积盆地的最小主应力测量结果进行了分析，发现岩性对最小水平应力与垂直应力之比的影响因盆地类型而异。在松弛状态的盆地中，较软弱的岩石如页岩中的应力比较坚硬的岩石如砂岩中高4%～15%；而在挤压状态的盆地中，坚硬的岩石中显示较高的应力比，碳酸盐岩中的应力比较砂岩中高40%，砂岩中的应力比较页岩中高20%[153]。

岩性不但对地应力的量值有影响，而且对地应力的方向也有影响，这种现象主要发生在层状岩体中。层状岩体常是软硬相间的。当岩层弹性模量相差较大时，高弹性模量的坚硬岩层内最大主应力方向一般与区域最大主应力方向一致；而低弹性模量的软弱岩层内由于产生了“应力软化”，最大主应力方向与区域最大主应力方向不一致[154]。

(4) 其他因素

除地质构造运动、构造地貌、岩性外，还有多种因素影响地应力的分布，如剥蚀作用、冰川作用和人类工程活动等。

剥蚀作用是一种广泛存在的地质作用，而且地壳中剥蚀作用的规模是相当大的。已有的研究表明，区域性的剥蚀卸荷作用在增大岩体内的水平应力方面有着重要的作用。剥蚀作用对地应力的影响一般有如下特点：① 在近地表数十米范围内表现最为显著；② 水平应力远比垂直应力要大，其比值随深度增大而减小，在单纯受到剥蚀作用的情况下，存在水平应力与垂直应力相等的深度，而这个深度与剥蚀程度有关；③ 剥蚀作用在岩体内造成的高水平应力不具方向性，所以易于和构造作用造成的各向不等的高水平应力相区别；④ 在平面上两个主应力几乎相等。如金川矿区应力测量结果表明，地表附近两个水平应力接近相等，两者相差不超过15%，最大水平应力比垂直应力大10倍左右；而在500 m左右的深部岩体中，最大水平应力仅比垂直应力大45%左右[143]。

在有冰川活动的地区，冰川的消退能引起区域地应力的变化。斯堪的纳维亚、加拿大等地区广泛存在的高地应力区与这些地区第四纪冰川活动有直接关系。在第四纪，北半球地区至少出现过4次陆相冰川活动期。在北美洲按先后顺序分别将这4次冰川活动期称为内布拉斯加、堪萨斯、伊利诺伊和威斯康星冰川活动期，这些名字反映各次冰川向南移动的边界。据分析，在威斯康星冰川活动期加拿大冰川系统的最大冰层厚度为3 000～3 750 m，这意味着在威斯康星冰川活动期上覆的冰层相当于在基岩上作用有附加的21～28 MPa的垂直载荷。在这样大的冰川载荷作用下，岩体势必发生明显的压缩变形。在冰川活动区域的各点，作用有大致均匀的垂直载荷，由此而导致岩体的刚性侧限状态（即侧向应变为零）[155-157]。

人类工程活动如加载、开挖和爆破对局部的地应力有明显影响。人工加载能引起载荷应力。载荷应力分布具有局限性，主要分布在建筑物下的浅部，一般随深度的增加载荷应力值迅速降低，远离建筑物的水平方向基岩中载荷应力降得更快。人工开挖地面工程和地下坑道、硐室，会引起工程周围应力调整和重分布。在湖南锡矿山南矿地表以下250 m处的一条石灰岩坑道中垂直坑道壁进行的地应力测量结果表明，应力变化情况随测量深度可分为三段：小于2 m为应力降低区，2～5 m为应力升高区，3 m附近为应力峰值点，大于7 m为原岩应力区。这里巷道宽2.2 m，应力扰动范围为巷道宽的3倍多。在苏联克里沃罗格地区的基洛夫矿山阿尔捷莫2号斜井地表以下300 m处的一条花岗岩坑道硐壁中进行的地应力测量结果表明，坑道硐壁处的应力几乎降到零，在深约4 m处应力达到最大值，在超过坑道宽度的1.2倍即8 m以后应力值趋于稳定，接近原岩应力。工程活动中进行的大规模爆破，就像地震一样，也会瞬时引起相当可观的应力重分布。

此外，岩石的物理、化学环境改变以后，其体积发生膨胀或收缩也能引起局部的地应力的变化，即产生胀缩应力。胀缩应力一般出现在地表附近、地下浅部或人为工程附近等局部地点。至于地壳深部岩石的胀缩变化以及岩浆作用、变质作用等引起的岩石体积胀缩所产生的应力，则属于构造应力。

总之，影响地应力的因素是多种多样的，且每种因素对地应力的影响程度不同。需要指出的是，上述因素对地应力的影响不是独立的，而往往是同时存在的，只不过在不同情况下各因素的重要性有差别。从前面的分析中可以看出，地形对地应力的影响因断层的出现而复杂，岩性对地应力的影响中岩层的层面是应力量值和方向变化的界面。因此，断裂构造（层面本身作为一种结构面，起到与断裂类似的作用）对地应力的影响处处存在，断裂构造是地壳岩体中应力复杂化的主要因素之一。

5.2 构造应力场的类型划分及研究方法

5.2.1 构造应力场的主要类型与划分

构造应力场的类型很多，按照不同的划分标准，诸如展布地域范围、构造形式类别、构造形迹类别、构造演化发展阶段、形成时代等，均可对构造应力场作出不同类型的划分[158]。常见的主要构造应力场划分如下。

（1）按照构造体系的典型构造形式划分

① 纬向构造应力场。

② 径向构造应力场。

③ 扭动构造应力场。

扭性构造应力场包括多字形构造应力场、山字形构造应力场、旋卷构造应力场、棋盘格式构造应力场和入字形构造应力场。

（2）按照构造应力场展布地域范围划分

① 全球构造应力场。地球大陆表层现今实测地应力方向的分布状况如图 5-8 所示，它属于全球构造应力场图件的一种类型。

② 区域构造应力场。其研究某一地区或某一构造形式的应力分布规律。黄海、日本海附近区域实测的现今最大水平应力方向分布如图 5-9 所示，其中多数接近东北-北西西向，显示了区域构造应力场的展布特征。

③ 局部构造应力场。其研究某一变形构造单元的应力分布规律。一般局部构造应力场与区域构造应力场的边界条件、外力作用方式是有区别的。局部构造应力场是受到区域构造应力场所制约的，而区域构造应力场又受到全球构造应力场的控制，因此它们彼此既有区别又有联系。北京八宝山断裂带在煤岭附近局部呈现弧形弯曲地段的实测资料表明，在断裂西侧各处最大主（压）应力方向与断裂走向均呈锐角相交，这表明该弧形断裂地段呈现水平顺扭活动的趋势，如图 5-10 所示。这种构造应力场显然受局部断裂构造控制，故称为局部构造应力场。

（3）按照构造应力场的形成和活动时代划分

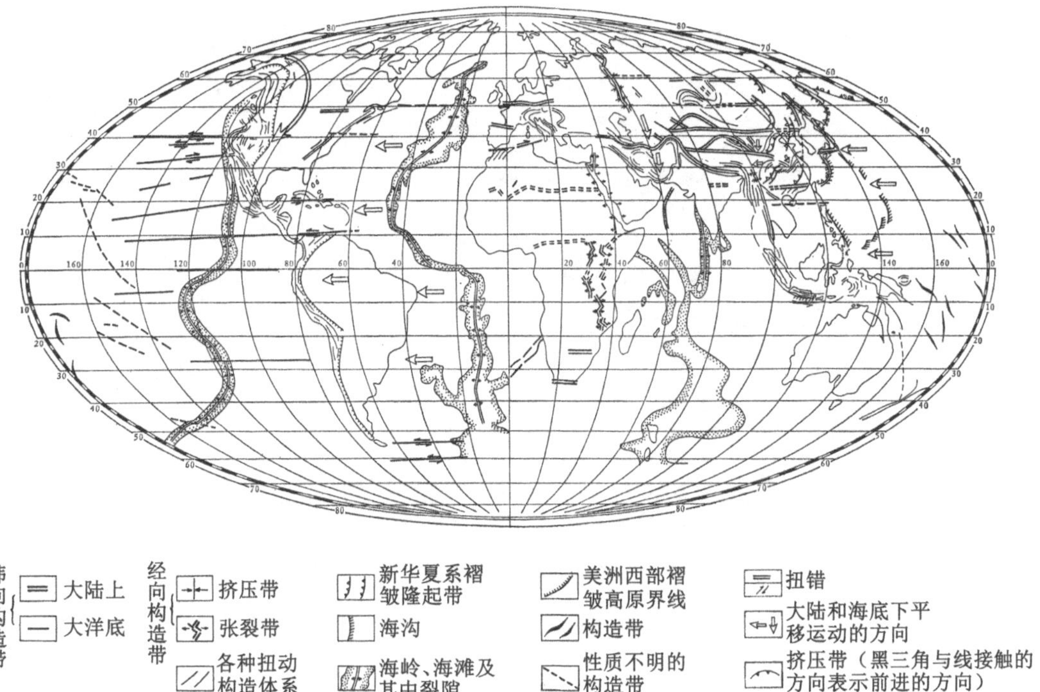

图 5-8　地球大陆表层实测地应力方向分布略图(底图由李四光于 1972 年编)

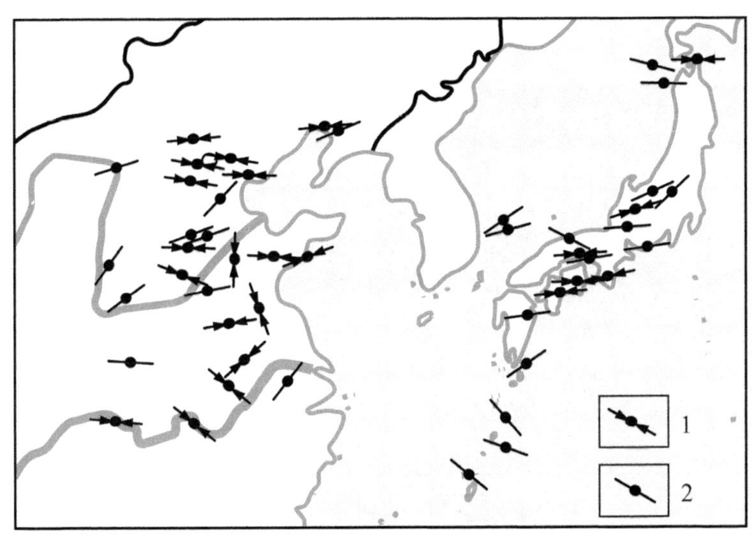

1—据震源机制解的最大主应力方向;2—实测最大主应力方向。

图 5-9　黄海、日本海附近区域地应力场略图

① 地质历史时期构造应力场。地质历史时期构造应力场一般是指相对较老地质时期的构造应力场,可按其具体地质时期进一步详细划分,诸如燕山期构造应力场等。

② 挽近地质时期构造应力场。挽近地质时期与新构造时期的时代大致相近,挽近时代

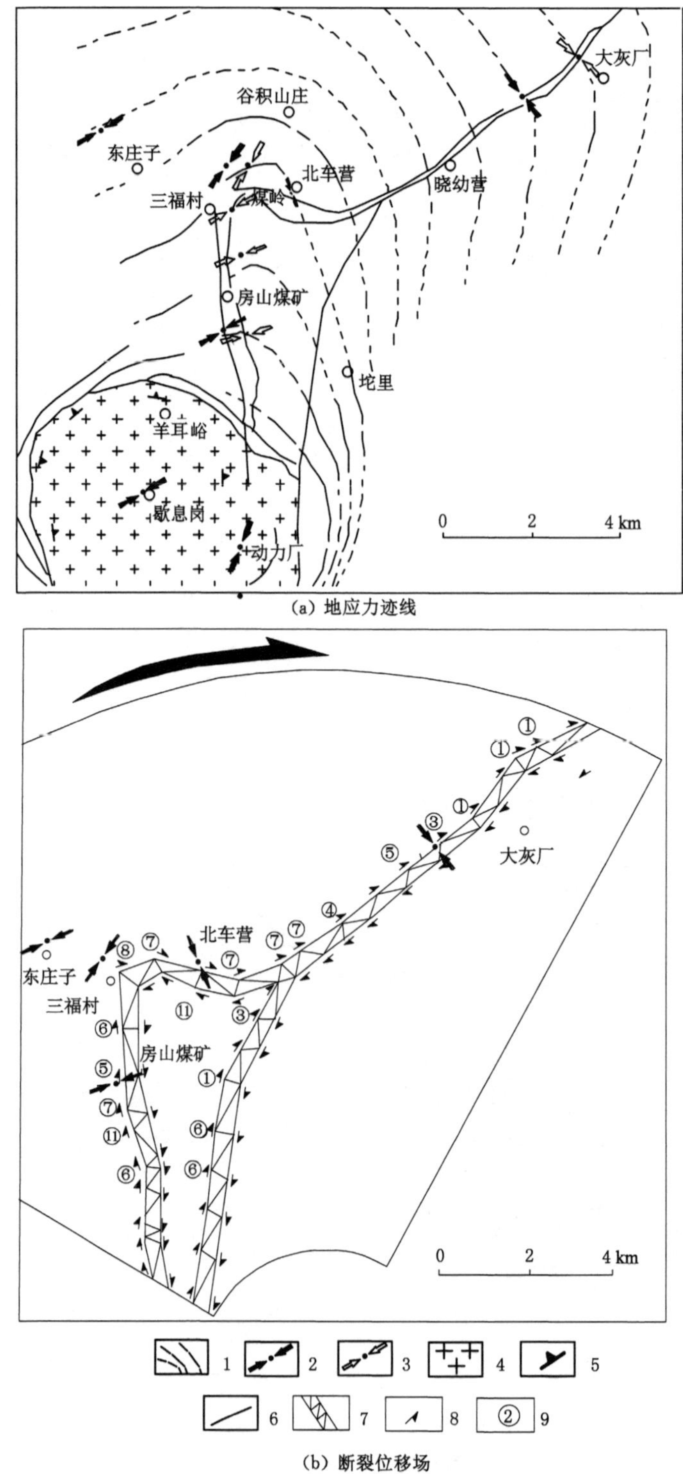

1—最大主(压)应力迹线；2—实测现今最大主(压)应力方向；3—岩组分析的最大主(压)应力方向；4—房山侵入体；5—岩体的面状构造产状；6—断层；7—断层内计算单元的划分；8—断裂盘相对位移方向；9—相对扭动位移量。

图 5-10 北京市房山区煤岭弧形断裂附近地应力迹线与断裂位移场

的沉积物一般胶结较弱或未发生胶结。它与人类工程建设具有较多的联系，故经常单独分出挽近期构造应力场。

③ 现今构造应力场。现今构造应力场是指新生代以来，现今地壳中仍在活动的应力场。其研究的时间尺度是由研究手段、方法来确定的。在构造形变急剧的情况下，现今构造形变可以通过宏观调查方法进行观测研究。但在一般情况下，往往构造形变量较小，以至肉眼难以识别，或者难以定量地识别，必须依靠各种仪器测定，进行连续观测或长期复测，或者根据历史文献记载了解其活动状况。一般使用仪器观测的时间范围为几年、几十年至百年左右。一般地面构造形变保存的时间仅为几个月至几年，特殊情况下可以保存几十年甚至更长。而历史文献记载资料的时间跨度较长，在中国可长达千年左右。例如，中国已有千余年记载地震活动、火山活动等的历史资料。由此可以确定现今年代尺度为几年、几十年、几百年至千年左右，这就是现今构造应力场研究的年代尺度范围。它反映着目前存在的或者正在活动的构造应力场。研究现今构造应力场，对分析地震机制、进行地震预报、研究工程地质区域稳定性等均有十分重要的意义。

除了上述的构造应力场划分类型以外，还可以按照其他标准进行划分，如褶曲构造应力场、断裂构造应力场、重力应力场、地磁应力场、体力应力场等。各种构造应力场均属于张量场，可以按照张量运算法则进行计算。

5.2.2 构造应力场的研究方法

(1) 地应力测量

冲击地压、煤与瓦斯突出等矿井动力灾害随着矿井采深加大，灾害程度逐渐严重。研究表明，影响矿井动力灾害的动力因素是区域应力场及其空间分布的非均匀性。矿区内应力场的分布异常复杂，有限个测点的应力测量结果并不能全面反映矿区构造应力场的特性，通常用数值模拟方法进行应力分析。因此，通过地应力测量和数值计算，确定外部地质体对井田区域的作用力以及井田区域的应力集中区和应力分布状态是预测预防矿井动力灾害的前提。

地应力测量是对测点的地应力状态(主应力方向、应力值及其变化情况)的直接观测方法。地应力测量技术发展经过岩体表面测量到钻孔测量两个阶段。

岩体表面测地应力在 20 世纪 30 年代用于工程实践中。1932 年美国垦务局在哈佛坝(Hoover Dam)的坝底泄水隧洞最早用应力解除法测量洞壁的围岩应力状态，从而开辟了现场实测地应力的新纪元。紧接着苏联、英国、法国、意大利、葡萄牙等国家也相继开展了这项试验，在测试技术和试验方法上都有所提高和发展。直至 20 世纪 50 年代，塞拉芬(J. L. Serafira)在葡萄牙的卡尼卡达(Canicada)和匹柯特(Picote)两座坝的地下厂房开展这项试验时，测试技术才走向成熟。

利用钻孔现场测定浅层岩体地应力自 20 世纪 50 年代初由哈斯特(N. Hast)开始。哈斯特研制了压磁式应力计，于 1952—1953 年在斯堪的纳维亚半岛的四个矿区，利用钻孔测量了浅层的地应力。由于钻孔应力测量可以克服表面应力测量的缺陷，不受开挖爆破的影响，因此自 20 世纪 60 年代以来，钻孔应力测量发展很快。根据测量元件安装方式和测量的物理量不同，钻孔应力测量又可分孔壁应变测量法、孔底应变测量法和孔径变形测量法三种。哈斯特研制的压磁式应力计和 1962 年美国矿务局欧贝特(L. Obert)等研制的 USBM

钻孔变形计，都用于测量钻孔直径变化的孔径变形测量法；而 1963 年南非的黎曼(E. R. Leemar)研制的“CSIR 门塞器”则是钻孔孔底应变测量法的一种测量元件；1964 年南非冶金采矿杂志发布的钻孔三向应变计，1976 年又经南非科学与工业研究委员会(CSIR)进一步改进定名为 CSIR 三轴应变计，它是孔壁应变的测量元件，现已成为国际化商品。瑞典国家电力局(SSPB)赫尔特希(R. Hiltscher)等于 20 世纪 80 年代初期研制成功水下三向应变计，在此基础上，他们又研制出带有自动数据采集系统的新型电脑式三向应变计探头，且使井下的测量元件与地面的接收仪表不需要连接任何电缆。研究人员利用此项设备于 1988—1989 年期间在现场进行了大约 60 次测量。从此深层岩体钻孔应力测量技术又达到一个新的水平。

中国地应力测量是自 20 世纪 50 年代后期由李四光和陈宗基两位教授分别指导的地质力学研究所和三峡岩基专题研究组开始的。1962—1964 年，在三峡平善坝坝址获得表面应力测量的成果。20 世纪 60 年代初，中国科学院武汉岩土力学研究所在大冶铁矿摸索浅层钻孔应力测量技术，获得可贵成果。与此同时，李四光教授指导地质力学研究所研制压磁式应力计，并于 1966 年首先在河北隆尧建立了第一个地应力观测站，接着又在全国 21 个省市自治区相继设站，形成地应力场相对变化的观测台网。现在中国深层岩体套芯应力解除法测地应力的深度，在孔中有水的情况下已超过 300 m；深层钻孔的水压致裂法测地应力的深度已突破 2 000 m；各种测地应力方法的设备也日趋完善。这些都标志着中国地应力测试和研究水平已为世界所瞩目。

(2) 地震地质分析

地震地质分析常用的分析方法是震源机制解(断层面解或 P 波初动解)。它是分析研究现今构造应力状态的重要方法之一。单个地震的震源机制解反映局部的应力释放状态，众多地震的震源机制解可以反映一定区域的应力释放状态和现今构造应力场属性。地质动力区划通常利用震源机制解分析外部地质体对井田区域的作用应力。

长期以来，震源机制解已经发现地震波 P 波初动按象限规律分布在对角象限内，而且可以分别划分压缩区或拉张区，因而被广泛用来确定地应力的主应力方向。有两种震源模型，即单力偶点源模型和双力偶点源模型。它们的 P 波初动符号分布图案相同，都按四象限分布，如图 5-11 所示。

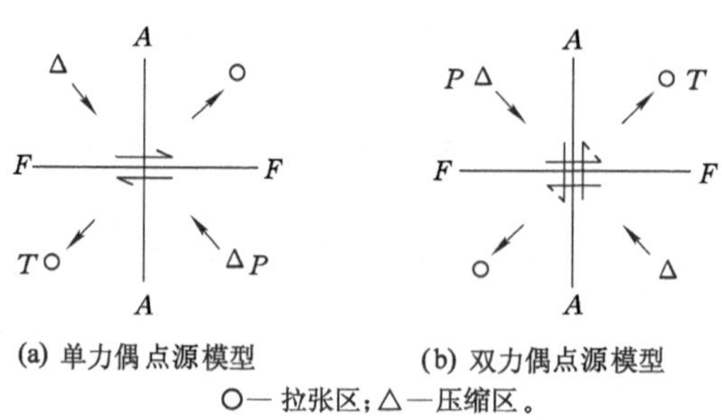

图 5-11　震源机制解压缩区和拉张区的分布示意图

图 5-11 中两个节面(AA 和 FF)中的一个是断裂面，另一个是辅助面。并且认为波长与震源体积相比足够大，以至于断裂端点和介质的不均匀性不影响 P 波初动符号。这样，

根据一次大地震尽可能多的地震台站观测资料，或者同一测站多次微小地震的资料，均可确定 P 波初动符号的分布，求出节面。然后就可以求出压缩轴（P 轴）、张力轴（T 轴）和中间轴（N 轴）。P 轴位于拉张象限内，与节面呈 45°并垂直于节面的交线；T 轴位于压缩象限内，与 P 轴正交；N 轴与节面交线平行。

由 P 波的初动符号分布只能求得两个可能的断层面解。这两断层面相互正交，它们中哪一个是真正的断层面？除了由横波、面波方法判别外，通常由构造断裂线成等烈度线的长轴方向来判断。

具体做法：P 波到达地表时，台站可监测到"膨胀波"和"压缩波"两种信号，根据 P 波初动符号分布，为区分两种不同信号，在赤平投影网上识别出两个相互垂直平面的大圆弧（即节面），两个节面的交线就是 N 轴，根据正交原理，分别经过两条节线并与 N 轴垂直的即 X 轴、Y 轴，此时 X-Y 平面坐标系 45°夹角线就是 P 和 T 主应力轴的方向。

收集整理的北纬 30°～37°、东经 110°～117°范围 95 个地震的震源机制解如图 5-12 和图 5-13 所示。由图 5-12 和图 5-13 可以看出，在北西向的秦岭—大别一级断块边界以北包含平顶山地区的区域内，应力球和主压应力轴分布的一致性较强。

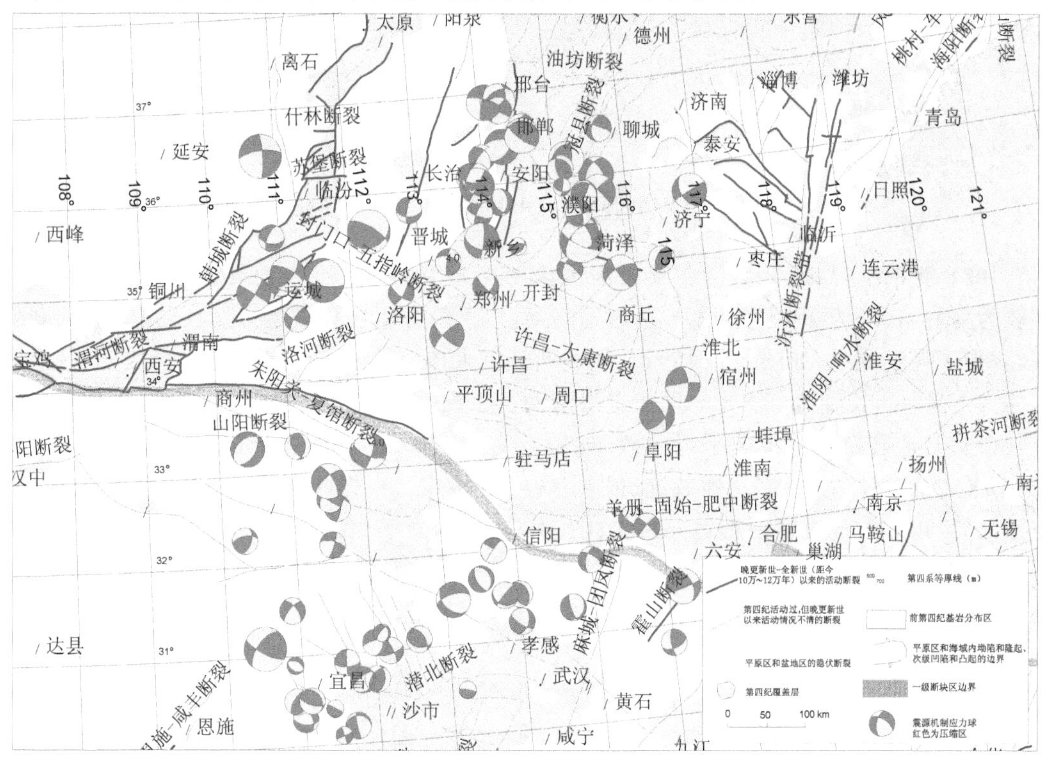

图 5-12　震源机制应力球平面分布图

（3）地质力学分析

在少数情况下，当现今构造形迹发育比较显著时，可以运用地质力学方法调查研究构造现今活动形迹的力学性质，反推构造应力状态。现以新疆富蕴 8 级地震的地震断裂带宏观调查结果为例，分析其现今地应力场特征。

① 地震断裂带的地表特征

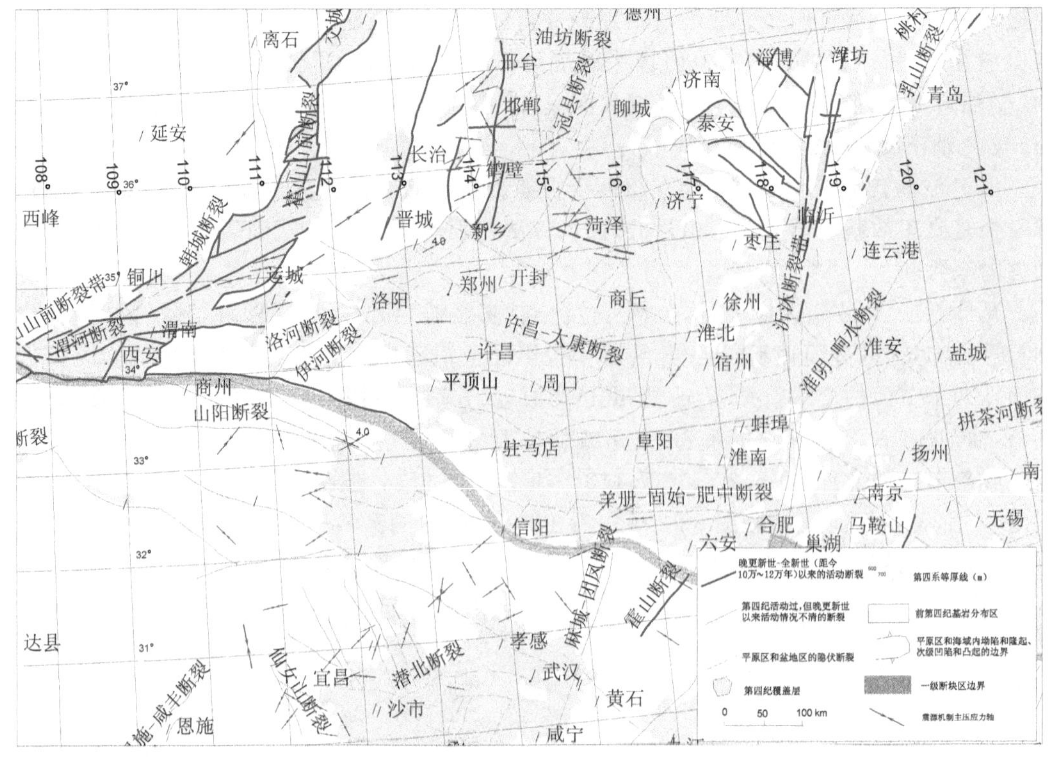

图 5-13　震源机制主压应力轴平面分布图

1931 年 8 月 11 日，新疆阿尔泰山区富蕴发生 8 级地震。迄今地震构造与地貌景观保存较为完好，1985 年新疆维吾尔自治区地震局（以下简称新疆地震局）进行了系统的宏观调查，获得了研究成果，如图 5-14 所示。地震断裂带大体沿着原有的二台断裂带活动，其总体走向为 NW18°，长度达 176 km，顺扭走滑活动。极震区地震烈度为 10～11 度，等烈度线呈狭长带状与地震断裂带走向平行一致，如图 5-14(a)所示。该带由长度在 0.1 km 以上的 285 条次级断裂，以及众多的地裂缝、鼓包、垅脊等组成。根据断裂层位位移错动的性质特点不同，可以将该地震断裂带划分为北、中、南三段，如图 5-14(b)所示。

通过分析可以看出，河西系二台断裂带在地块边界南北向顺扭外力作用下，孕育发生了富蕴 8 级地震；该断裂带中段主体断裂呈现压性顺扭，北段断裂被动拉张，南段断裂向外张扭性扩展延伸。

② 地震断裂带的构造应力场模拟试验

采用光弹模拟试验在断裂模型边界上进行 NE15°方向加压，模拟东西边界顺扭活动。其北段主（压）应力方向与主断裂带平面交角为 20°～30°，呈现张扭性活动；中段和南段与平面交角为 40°～60°，受纯剪作用或呈现压扭性活动，最大剪切应力相对等值线在断裂带中段震中部位相对集中。实验结果与断裂带分段活动特征和发震部位大体对应一致，如图 5-15 所示。

(4) 地形变测量分析

地形变测量分析是研究现今构造应力状态的重要方法之一。通常利用精密水准重复测量资料进行构造地形变编图研究，分析构造现今活动导致的地壳表面的变形特征及隆起、坳陷分布规律；利用跨断裂的路线水准复测资料研究断裂现今活动方式和强度；利用重复三角

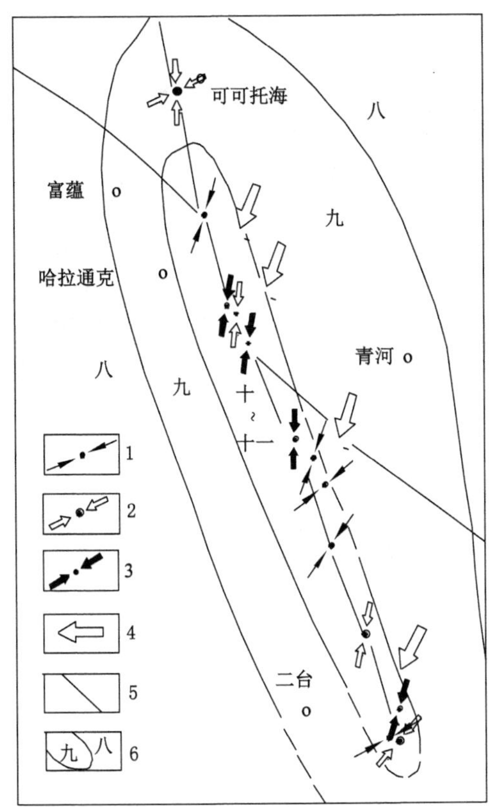

(a) 应力作用方式与烈度分布略图

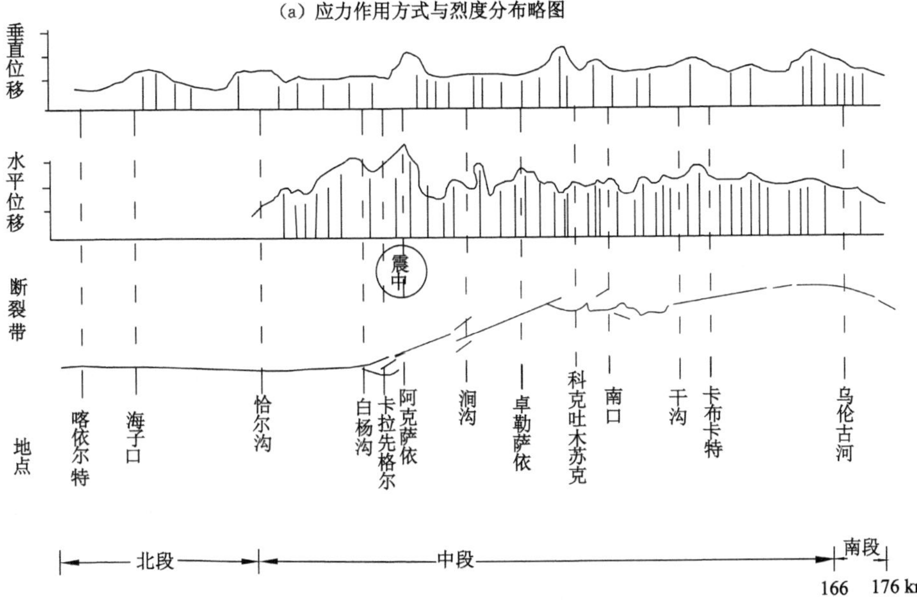

(b) 沿断裂带走向的位移错动分布变化图

1—岩组的主(压)应力方向；2—节理的主(压)应力方向；3—构造形变的主(压)应力方向；4—滑动拟合的主(压)应力方向；5—地震断裂带的产状与扭转方向；6—地震等烈度线与烈度。

图 5-14　新疆富蕴地震断裂带的平面及剖面活动分析图(据新疆地震局资料)

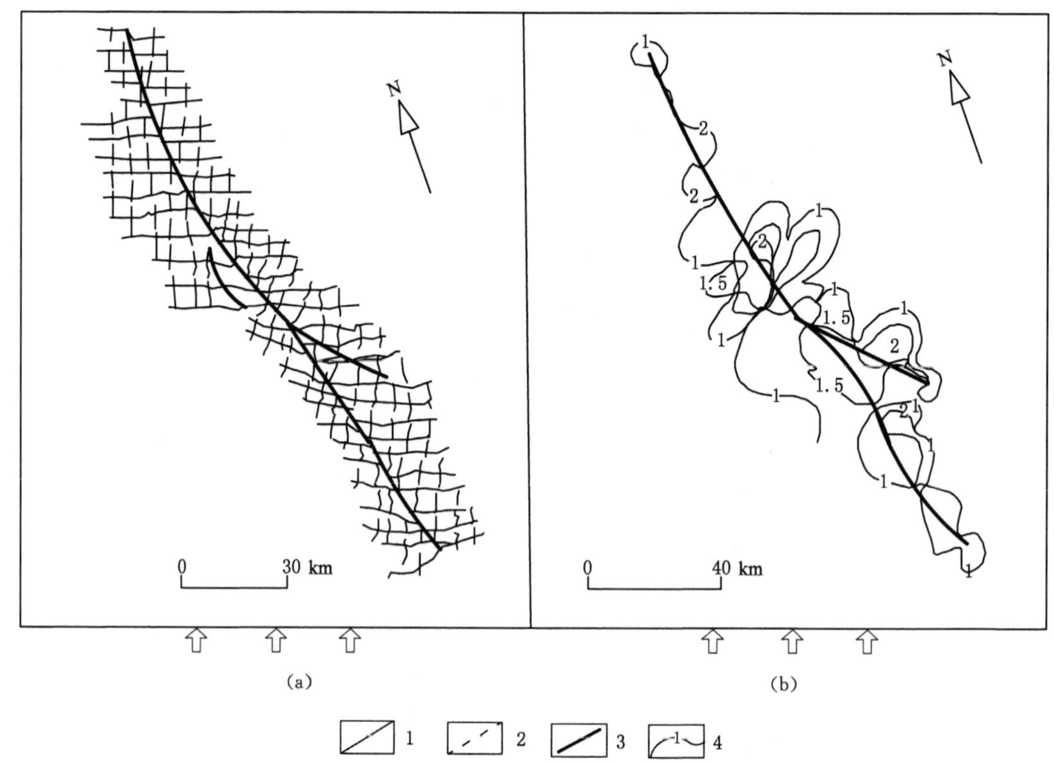

1—最大主(压)应力迹线;2—最小主(压)应力迹线;3—断层;
4—最大剪切应力相对等值线;图框外的箭头表示加力方向:NE15°压缩。

图 5-15 新疆二台地震断裂带光弹模拟试验的主应力迹线与最大剪切应力相对等值线(据新疆地震局资料合编)

测量资料,研究地壳表面水平形变特点;采用跨断层的短水准测量、短基线测量、三角网测量以及其他仪器测量等,观测断裂现今活动方式、强度。

以广东省 1960—1975 年构造地形变图为例分析,收集了区内 23 条总长度约 5 127 km 的重复大地水准测量路线资料,筛选其中 605 个复测高程点,组成 6 个水准闭合环,以 1966 年为第一期,1972 年为第二期,进行地壳形变速率平差计算,如图 5-16 所示。往返测量高差平均每千米偶然中误差均小于±0.5 mm,精度达到了一等水准测量的要求,平差后水准网精度为±1.5 mm。以各点形变速率平均值作为相对不动点(即零点),大者为正值,表示相对上升;小者为负值,表示相对下降。圈绘出地壳形变速率等值线。以区域地质构造图为底图,基于形变位移超过 2 倍中误差区分现今构造断裂。地壳形变速率等值线反映现今地壳的升降,配合断层现今活动情况,编制定量化的现今构造形变图。该图总体反映 15 年来(1960—1975)的构造形变和断裂位移活动概貌。

① 地形变长轴走向总体为北东向,自东南向西北倾斜。其东南部汕头、普宁一带上升,平均上升速率最大达 6.0 mm/a;往西北方向呈起伏状降低,至赣州—吴川一带形成鞍状沉降区,平均沉降速率最大可达−0.7~−1.3 mm/a。

② 现今活动的断裂以北东向为主,一般断裂位移速率均较小,最大位移速率均在 0.9 mm/a 以内;北西向断裂现今活动量达 2 倍中误差者数量较少。

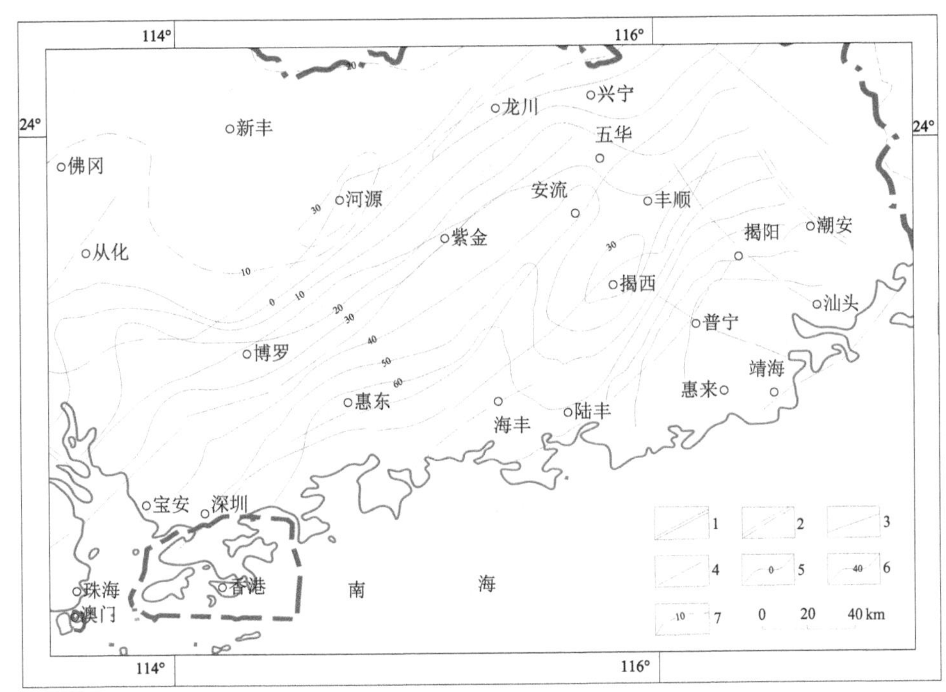

1—活动量超过 2 倍中误差的实测断裂；2—活动量超过 2 倍中误差的推测断裂；
3—活动量超过 1 倍中误差的实测断裂；4—活动量超过 1 倍中误差的推测断裂；
5—零等值线；6—正等值线；7—负等值线。

图 5-16　1960—1975 年广东省构造地形变图(据钱永靖等)

通过上述地形变和断裂位移活动方向分析，可以反演出广东省现今地壳活动主要受北西向最大主(压)应力支配。

同理，大范围的华北地区总体应力状况是北北东向挤压，在此应力环境下，华北地区块体的运动以近东西向的移动为主。因此，华北地区块体的东西向边界走向滑动较为明显，南北向边界则主要表现为张性和压性边界。图 5-17 和图 5-18 显示的是具体的计算结果。从图中可见，除阴山—燕山断块的南边界，以及阴山、燕山南麓—北京—唐山—渤海这一边界的走滑运动较为突出外，其他内部边界主要表现为拉张和压缩边界。

1992—1995 年时段，阴山—燕山断块同其他块体之间存在一定走滑错动，西部为右旋走滑，东部为左旋走滑，幅度为 1～2 mm，但方向相反。其他块体之间走滑不明显，鄂尔多斯断块和山西断陷带、山西断陷带和太行断块之间表现为张性，太行断块和冀鲁断块、冀鲁断块和胶辽断块之间表现为压性。

1996—2001 年时段，鄂尔多斯断块又恢复了东向运动，阴山—燕山断块同其他块体之间在走滑方向上也趋于一致，东部和西部均为左旋走滑，走滑幅度有所降低，大约为 1～2 mm。同时鄂尔多斯断块和山西断陷带之间的边界也转为压性边界。

(5) 现今构造应力场模拟试验研究

以上几种研究方法，主要是对某一地点或某一地段的地应力状态的测量与分析研究；而对某一区域现今地应力场的研究，则需要进行大量的地应力测量，才能得到该区地应力状态的分布规律，但是在实际工作中，这种方式是难以付诸实施的。因此，在进行一定数量的测

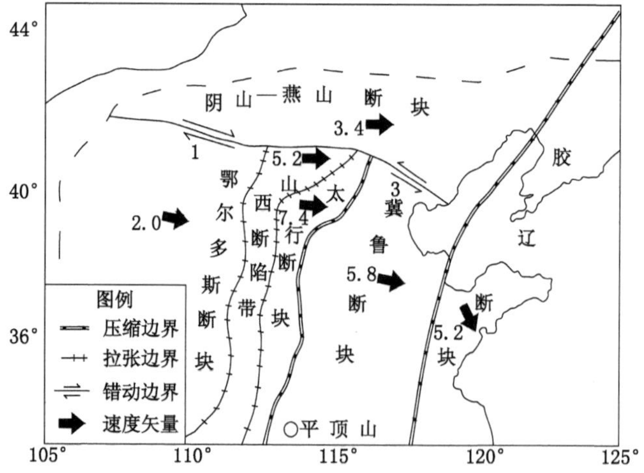

图 5-17 华北地区块体及其边界的相对运动(1992—1995 年)(单位:mm/a)

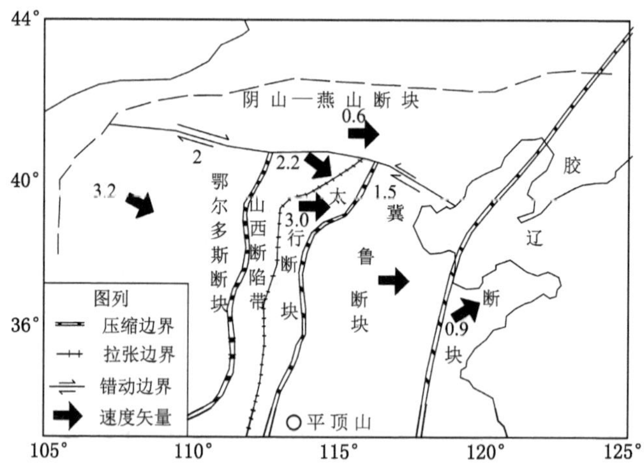

图 5-18 华北地区块体及其边界的相对运动(1996—2001 年)(单位:mm/a)

点资料控制的基础上,采用模拟试验方法进行研究是一条可行之路。采用这种方法时,将区域构造简化成模型,综合考虑区域内的岩石力学性质的变化、构造形式等,根据已知点的地应力数据及其他有关参数,以初步研究所得到的该区域应力场的应力作用方向、方式作为边界及加载条件进行试验,验证试验结果是否与采用上述方法研究所得的各已知点应力状态相对应,然后综合分析该区域应力场。

区域岩体应力状态的模拟方法可以分为物理方法和数值方法两大类。物理模拟以相似理论为依据,采用适当材料和近似自然条件来模拟自然界应力演化过程。目前常用的物理模拟方法包括云纹法、网格法、光学-力学方法(光弹性法、光塑性法、光黏弹性法)、脆性涂层法、全息干涉法等,以及岩石模型模拟方法。关于现今构造应力场数值模拟,以往做的多是二维模拟,近年来已逐渐进行三维模拟。三维模拟的成果更接近客观实际,但也更复杂难做。应该指出,应力场模拟试验可靠性的关键在于地质资料(包括地质构造、岩石力学性质、实测点地应力状态)的可靠性和模拟试验的合理性。

① 光弹模拟试验

做光弹模拟试验时，采用具有特殊性质的透明材料制成刻有构造线的模型，加载放置于偏振光场中进行透射，得出不同性质的条纹图案，即等差线和等倾线的条纹图案；然后利用物理光学原理，进行模型应力分析，如图 5-19 所示。

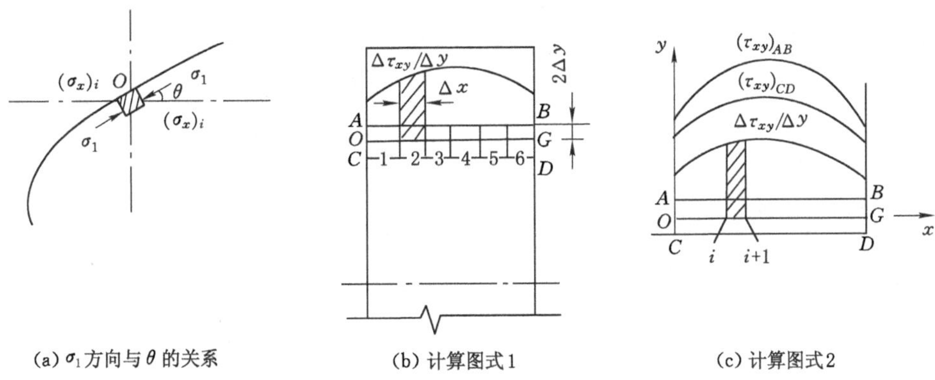

(a) σ_1 方向与 θ 的关系　(b) 计算图式1　(c) 计算图式2

图 5-19　二维剪应力差法的原理图

等差线是平面问题中最大与最小主应力之差 $\sigma_1-\sigma_2$ 等于常数的曲线。它在模型中表现为一系列光干涉条纹。条纹的干涉色序称为条纹级数，用 n 表示。由等差线条纹级数 n，就可以计算出该条纹上每一点的主应力差 $\sigma_1-\sigma_2=n\sigma_0$。其中，$\sigma_0$ 为常数，称为模型条纹值。它可通过单独的校准实验求得。等倾线是主应力（σ_1 或 σ_2）与选定参考方向的夹角 θ 为常数的曲线，θ 为等倾线参数。根据等倾线条纹，可画出主应力轨迹线图。主应力轨迹线上任意一点的切线和法线方向，即该点的两个主应力方向。

根据模型中的等差线和等倾线，利用差分法可求得模型内各点的应力：

$$(\sigma_x)_{i+1}=(\sigma_x)_i-\frac{(\Delta\tau_{xy})_i+(\Delta\tau_{xy})_{i+1}}{2\Delta y}\Delta x \tag{5-3}$$

试验所得的等差线条纹即模型内主应力差的等值线，其大小直接反映最大剪应力的大小。由光弹模拟试验得到的等差线条纹图，如图 5-20 所示。由图 5-20 可知，等差线条纹级数在大凌河断裂两侧存在明显差异。

② 数值模拟试验

对历次地壳运动在岩层与岩体中产生的永久变形的遗迹，要想恢复过去的构造应力场并追溯造成这些变形的外力条件，进一步总结地壳运动的规律，是一个很困难的反演问题，它具有多解性。由于初始应力对后继应力的影响、材料性质、介质连续性、构造形迹的边界条件等都相当复杂，无法用解析法求解。在这种复杂情况下，需要借助数值模拟的方法来求解。它包括以下几方面的工作。

a. 建立数值模型

分析所研究的问题，确定其中起控制作用的基本物理规律，建立基本方程组。这个基本方程组包括动量方程、能量方程、连续方程与本构关系。

b. 选择数值模拟方法

根据所建立的数值模型，选择不同的数值模拟方法，如有限元法、边界元法等。

c. 输入各种数据

要将研究对象转化为数值模型，比如研究某个地区的应力场时，要根据该地区的地壳构

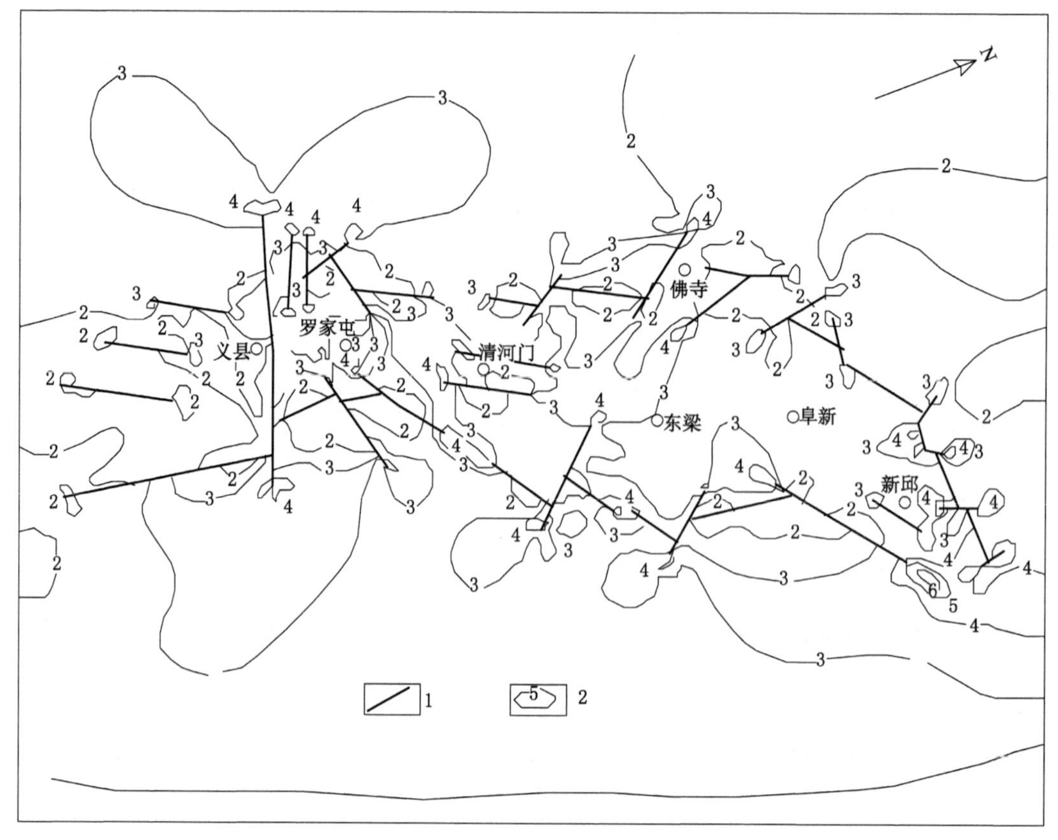

1—断裂；2—等差线条纹级数。

图 5-20 阜新—义县盆地成盆后光弹模拟试验等差线条纹图(据黄庆华,1991)

造划出一系列四边形构成的二维模型或六面体构成的三维模型。还需要输入各种物理参数和边界条件等。

d. 求解、检验与分析

一方面用一些已知的例子检验数值方法,另一方面用野外地质调查与地球物理资料来检验物理参数。

图 5-21 为平顶山某矿戊$_{9-10}$煤层顶板最大主应力图。该图可揭示井田范围内应力分布和变化的规律,以及其对区域构造运动的方式、方向及区域构造发育的制约关系。

(6) 构造体系的分析研究

构造体系的分析研究是现今构造应力场的综合分析研究方法。地质力学认为,一个构造体系,可以当作一幅应变图像来看待。它是一定方式的区域性构造运动的产物,反映一定类型的区域地应力状态。构造形式则是指具有共同组合形态特征、构成一定标准类型的构造体系。每一构造形式反映特定的外力作用方式和地应力场特征。因此,对研究区域的应力状态已知点、已知构造形迹进行现今活动构造体系划分、构造形式鉴定,即可分析与之有成生联系的其他未知点的应力状态,从而可以帮助分析区域现今构造应力场。

以平顶山矿区为例,图 5-22 显示平顶山地区三次大的构造运动,依次为三叠纪晚期的印支运动、中生代的燕山运动和新生代的喜山运动。

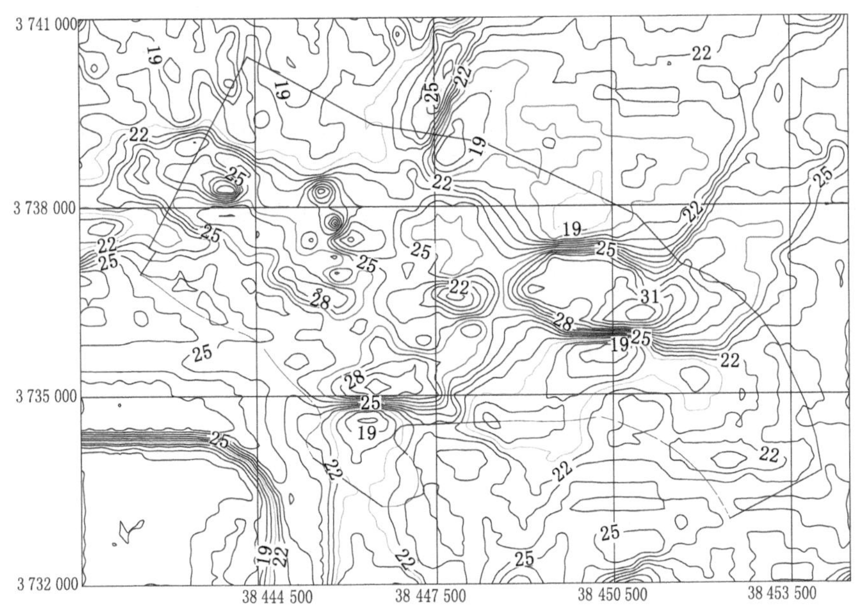

图 5-21　戊$_{9\text{-}10}$煤层顶板最大主应力图(单位:MPa)

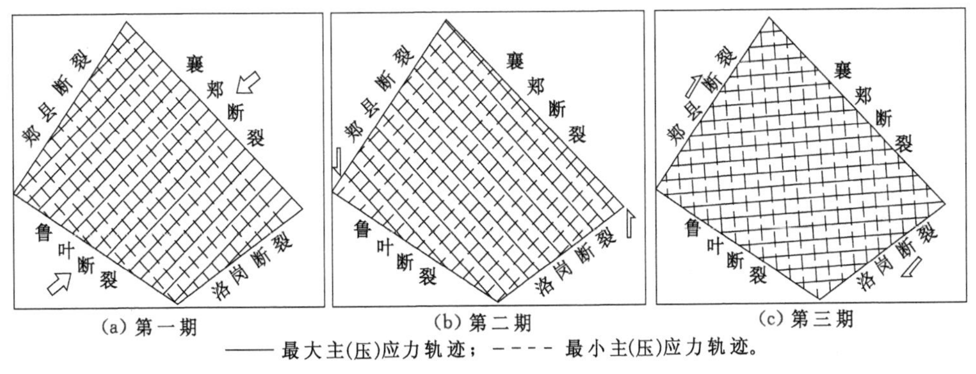

图 5-22　区域构造应力场主应力轨迹趋势图

① 印支运动。整个华北聚煤盆地三叠纪以前的地层发生了强烈的褶皱隆起和断裂运动。平顶山煤田位于华北聚煤盆地南缘逆冲推覆构造带,南北陆块沿近北西向北淮阳深大断裂发生碰撞作用,使该区三叠纪以前的地层发生了强烈的褶皱隆起和断裂运动,形成了开阔的以北西向为主的背、向斜构造,伴生相当发育的以北西向为主的压(扭)性断裂及发育较差的北东向张(扭)性断裂;构造应力场最大主应力方向为北东-南西向,并且主要由南西向北东推挤,这是该区中新生代以来第一期的构造应力场。

② 燕山运动。太平洋板块向北推移,形成区域左旋力偶作用的应力场。在该区表现为近南北向的左旋扭动,构造应力场最大主应力方向为近北西-南东向,这是第二期的构造应力场,使第一期产生的断裂构造又经受了近南北向的左旋扭动作用。原来北西向的断裂压(扭)性活动变为张(扭)性活动,原来北东向的断裂张(扭)性活动变为压(扭)性

活动。

③ 喜山运动。该地区受印度板块向北北东推挤作用的影响，形成了近北东向的区域右旋力偶作用的应力场，最大主应力方向发展为近东西向，这是第三期的构造应力场。原来北西向断裂和在第二期的构造应力场作用下产生的北西西向断裂，又发生了右旋压(扭)性活动；原来北东向断裂和在第二期的构造应力场作用下产生的北北西向断裂，又发生了张(扭)性活动。同时，该地区发生了规模较大的差异升降运动，并一直延续到近代。

平顶山地区三次大的构造运动使目前整个平顶山煤田位于中部拱托的宽条带状隆起处，其北西、南西、北东侧分别与高角度的郏县断裂、鲁叶断裂及襄郏断裂相切。

5.2.3 构造应力场的基本图件内容

为了表示构造应力场的空间状态，通常将构造应力场的研究成果编制成一套基本图件。常用的基本图件有：① 主应力迹线图；② 最大主应力等值线图；③ 最小主应力等值线图；④ 最大剪切应力等值线图；⑤ 能量等值线图等。

主应力迹线图主要表示各点主应力方向的变化，一般习惯以实线表示最大主(压)应力迹线，虚线表示最小主(压或张)应力迹线。由于两者直角相交，有时仅以最小主应力迹线表示。为了适应地质构造分析的习惯，地应力场中"正""负"符号的选取，与力学中的规定相反，即以压力为"正"，张力为"负"。最大主应力、最小主应力、最大剪切应力、能量等，都以相对等值线表示量值的分布变化。断层力学性质及其位移变化，通常在断层两侧或在断裂带内用规定的图例符号表示。

在地应力场中，主应力迹线相交且相等的点称为各向同性点。编图时应该注意正确使迹线合理弯曲表示之，一般分为三种情况，如图 5-23 所示。

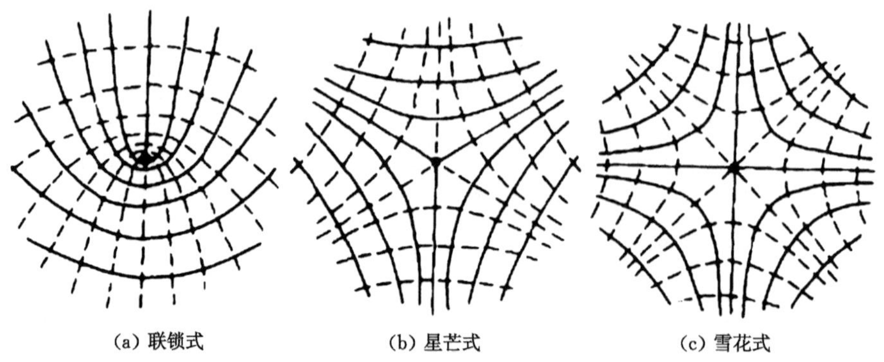

图 5-23　主应力迹线图中各向同性点的三种图式(图中圆点为各向同性点)

由于表示构造应力场的基本图件成系列，往往图件数量很多，研究讨论问题时显得杂乱，故经常根据分析构造应力场的资料，结合实际需要解决的问题，编制各种综合性图件。综合性图件将有关重要的资料和实测数据以符号图例表示，重点反映构造应力场与地质事件的关系，力争在少数图表或一张图上说明规律特征，有时辅以镶图和表格来说明问题。

5.3　中国现今构造应力场

5.3.1　中国现今构造应力场分区

中国现今构造应力场的格局明显受制于周边板块的动力学作用。印度板块的碰撞是奠定中国大陆现今构造应力场基本格局的主要动因；印度板块的碰撞作用还影响到中国东部地区，表现为受青藏块体推挤和太平洋板块俯冲的联合作用，中国华北地区形成以张剪应力作用为主要特征的构造环境。中国东北地区主要受太平洋板块的俯冲作用，以弱压剪应力作用为主。华南板块主要受菲律宾板块的推挤作用，表现为中强压剪应力作用的构造环境。

研究表明，在一个相当大的区域内，现今构造应力的方向是相对稳定的，并具有一定的分布规律，这与地质构造和现代地壳运动有一定的关系。中国的地应力分布具有分区性，不仅方向差异甚大，而且其数值亦不相同。孙叶等根据 850 m 深度以上地应力实测数据推算线性回归方程，求得最大主压应力梯度为华北区 29.32 MPa/km，华南区 30.3 MPa/km，西北区 41.67 MPa/km，西南区 26.74 MPa/km，全国平均 29.89 MPa/km。

中国东部及邻近地区，现今构造应力场的主体特征表现为近东西向挤压。其中，中国华北—东北地区的主压应力方向以北东东-南西西向为主导，而中国华南地区以南东-北西到南东东-北西西方向占优势的特点十分明显[159]，如图 5-24 所示。与中国东部相邻的东太平洋地区，现今构造应力场的主压应力方向为近东西向，应力结构兼具逆断型和走滑型；太平洋弧后地区，现今构造应力场呈近东西向扩张。

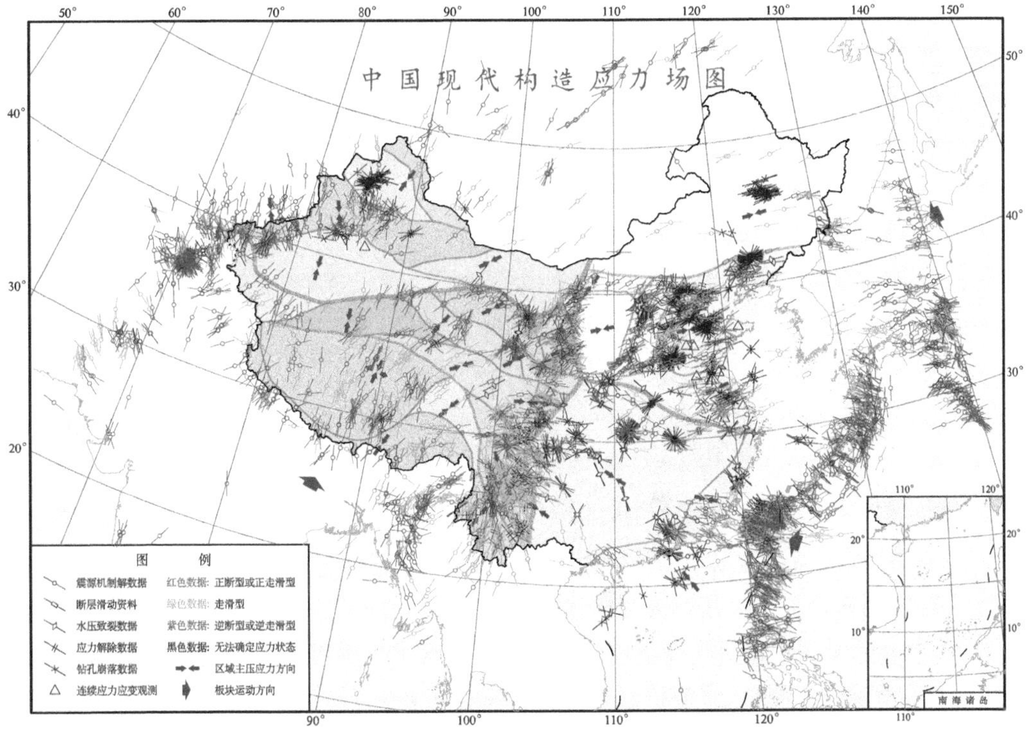

图 5-24　中国现今构造应力场图（据国家地震科学数据共享中心）

在中国西部及邻近地区，现今构造应力场的主压应力方向为北北东-北北西向。在青藏高原北、东边缘，构造应力场的主压应力方向从北北东-南南西向变化至北北东-北北西向。在青藏高原南部地区，地壳上部的现代构造应力表现为近东西向拉张的正应力状态；在鄂尔多斯地块周边，现代构造应力以拉张为主，应力方向和结构与华北区域构造应力场有明显的不同。与中国西部相邻的阿富汗、帕米尔地区，现今构造应力场的主压应力方向为近南北向，应力结构以挤压为主；与中国北部相邻的阿尔泰至贝加尔地区，现今构造应力场的主压应力方向为北北东-南南西向，应力结构自西向东由走滑型转为正断型。根据中国境内不同地点和不同深度的实测地应力数据所显示的不同的地应力状态，结合全国构造体系的展布进行现今区域地应力场分析，可以看出：纬向带、经向带将全国切割成条块状，现今地应力具有各自的特征，形成条块状现今地应力场分区，如图 5-25 所示。经向带将全国分为东、西两部分：东部最大主压应力方向，以北西西-东西向为主，主要显示新华夏系现今地应力场活动的特征；西部最大主压应力方向大都接近南北向，包括北东向和北西向，地应力值常常高于全国平均值，主要显示西域系、河西系和反“S”形现今地应力场活动特征。

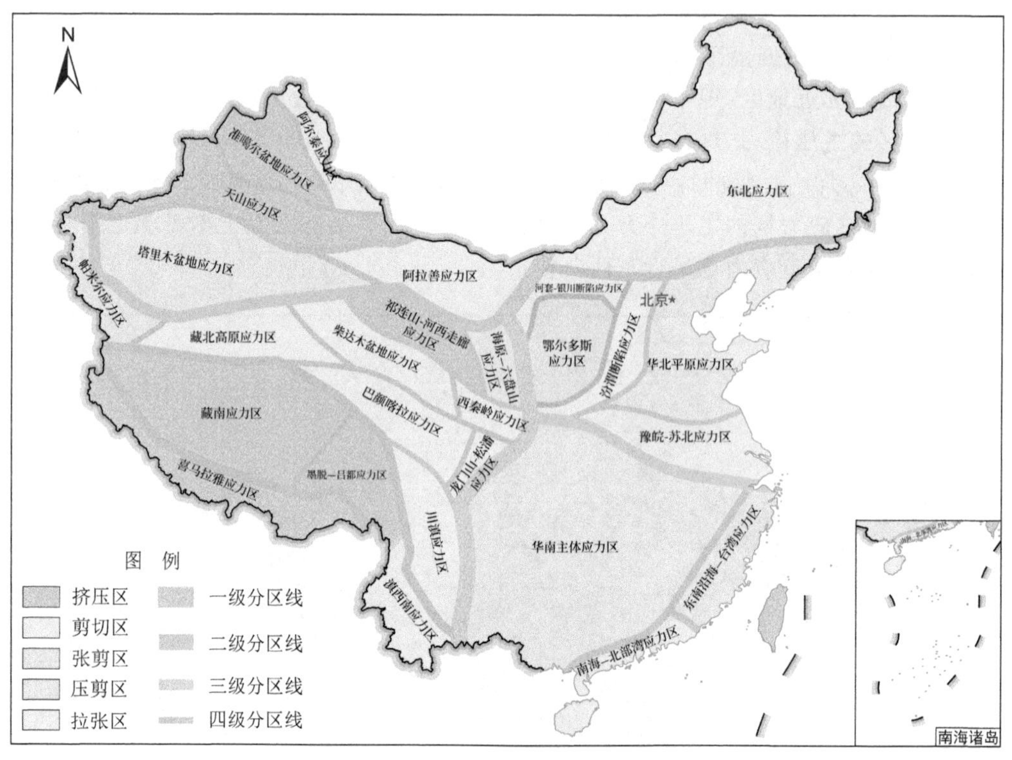

图 5-25　中国构造应力分区图

大量地震资料表明，中国大陆现今构造应力场的最大和最小主应力轴皆呈水平状态。中国现今构造应力场的格局及其特征如下。

① 中国大陆尤其是构造活动地区的现今地壳以水平应力占主导。地应力测量、地震宏观考察、断层微观位移测量、震源机制解的大量资料统计分析结果提供了如下证据：地应力水平分量约为垂直分量的 1.5 倍。20 世纪 20 年代以来产生的一些地震断层的水平错动量

是垂直错动量的 1.2～13.0 倍。一系列主要活动断裂的水平活动量约为垂直活动量的 2.0～3.0 倍。21 世纪以来绝大多数震源都以平推错动为主，其压应力的仰角都比较小。

② 浅层应力场不均匀，在各地有应力方位和相对强度的变化。

③ 中国西部以南北向以及近南北向水平压应力为主。东部内陆大部分地区中间主应力轴垂直，最大和最小主应力轴水平，这意味着以走滑型断层活动为主；最大主应力方向由北部的北东向向南转至近东西向和北西向。

将中国现今构造应力场进行综合对比分析和综合分区、分带，结果见表 5-1。中国经向、纬向现今活动构造带，是分区的主要边界。特别是银川—昆明现今活动经向带，将中国划分为东、西两大部分，应属一级分区边界。其两侧体系展布特征各异，但在地块运动趋势上具有对称性。根据中国现今活动的纬向带（即天山—阴山带、昆仑—秦岭带）进一步将东西两个大区（地域）再次划分亚区；中国西部可以按照不同现今活动构造体系划分出西北部西域系、河西系现今构造应力场活动地域和西南部青藏反“S”形系现今构造应力场活动地域，并可进一步再划分亚区。

表 5-1　中国现今构造应力场综合分析一览表

现今构造应力场综合分区		地壳深部结构构造	现今区域地壳形变特征	断裂现今位移特征	现今地应力状态	地质灾害发育特征
域带	亚区					
中国经向现今活动构造带（Ⅰ）	银川—昆明南北向地应力现今活动较强亚区（$Ⅰ_1$）	北段银川附近发育壳内断裂；南段昆明附近为穿壳断裂	现今地壳垂直形变速率表现为南段上升，中段、北段互有升降	断裂现今活动呈现南段较强，北段相对减弱	主应力多数近东西向，并为反“S”形应力方向复杂化。浅部地应力属高值区，但增长率属一般水平	地震灾害活动带，南段热害发育
中国纬向现今活动构造带（Ⅱ）	天山—阴山东西向亚区（$Ⅱ_1$）	西段天山发育穿壳断裂，东段阴山穿壳内断裂	总体呈现西降东升。天山段轻微沉降，但较其南北两侧相对隆升；阴山段相对下沉，往东又明显上升	总体呈现西强东弱。西段天山断裂现今活动相对较强，东段阴山相对较弱	实例资料很少	西段发育地震灾害，东段减弱，有煤与瓦斯突出灾害
	昆仑—秦岭东西向亚区（$Ⅱ_2$）	西段昆仑山发育穿壳断裂，东段秦岭为壳内断裂	总体呈现西升东降。昆仑段隆升速率高达 6 mm/a，往东上升速率减小，至秦岭、黄淮平原则以下降为主	总体呈现西强东弱。西段昆仑山断裂现今活动较强，东段秦岭相对减弱	带内实测数据缺少	西段有火山活动，东段没有

表 5-1(续)

现今构造应力场综合分区		地壳深部结构构造	现今区域地壳形变特征	断裂现今位移特征	现今地应力状态	地质灾害发育特征
域带	亚区					
中国东部新华夏系现今构造应力场活动地域(Ⅲ)	东北现今地应力场亚区($Ⅲ_1$)	区内地壳完整性好,厚 34～42 km,岩石圈厚 120 km 左右。属正平衡异常发育区,走向延伸方向为北北东向	总体沉降,往北倾斜,最大沉降速率达8 mm/a,位于北部边界附近	现今活动以平移正断层为主,属低速活动区	地应力的最大水平应力方向近东西向,在地下深处也稳定不变。地应力值属低值区,与华北区类似	大庆油田、扶余油田钻孔套损灾害严重,辽宁煤与瓦斯突出灾害较严重
	华北现今地应力场活动相对较强亚区($Ⅲ_2$)	区内断裂向深部切割,地壳完整性相对较差。地壳厚度自西往东减薄,厚 34～44 km,岩石圈厚 100 km 左右。地壳均衡状态一般	升降相间,呈北北东向条带展布	现今活动以平移正断层为主,属中速活动区	地应力方向以北西西-东西向为主,往地下深处走向较为稳定。属低应力值区,低于全国平均值	地震、构造地裂缝灾害较严重,并有煤与瓦斯突出、钻孔套损等多种灾害
	华南现今地应力场亚区($Ⅲ_3$)	区内地块相对较完整,深部断裂都在地块周边。地壳厚 34～40 km,岩石圈很厚,达 160 km 以上。均衡状态相对最好	总体呈现上升,垂直形变上升速率达 4 mm/a,东南沿海地带下降	现今活动以平移正断层为主,属低速活动区	地应力方向在浅部较为分散;500 m 以下地应力方向较为稳定,以北西西-东西向为主。浅处地应力值属低值区,深处高于全国平均值	煤与瓦斯突出灾害严重,部分矿山出现巷道变形灾害
	台湾现今地应力场强烈活动亚区($Ⅲ_4$)	区内穿壳断裂发育,地壳厚度在 34 km 以下。地壳处于失衡状态,活动相对强烈	剧烈降升,垂直形变速率达 20 mm/a 以上	现今断裂活动属较高速地区	震源机制解显示地应力近东西向。地应力值可能属于变异地带	地震、火山、热害等各种内动力地质灾害均严重发育
中国西北部西域系现今构造应力场活动地域(Ⅳ)	天山以北现今地应力场较强活动亚区($Ⅳ_1$)	西域系穿壳断裂发育,河西系为壳内断裂,地壳厚 40～44 km,地壳均衡异常,均近东西向	往北倾斜沉降,最大沉降速率在 10 mm/a 以下,位于北部边界附近	现今断裂活动属高速地区	地应力方向为北东向和北西向。地应力值属高值、高增长率变化急剧地区	地震灾害

表 5-1(续)

现今构造应力场综合分区		地壳深部结构构造	现今区域地壳形变特征	断裂现今位移特征	现今地应力状态	地质灾害发育特征
域带	亚区					
中国西北部西域系现今构造应力场活动地域(Ⅳ)	天山以南现今地应力场较强活动亚区($Ⅳ_2$)	西域系穿壳断裂发育,地壳厚44～56 km,地壳均衡异常,近东西向	以塔里木、柴达木盆地为中心下降,沉降速率最大达4～5 mm/a	现今活动的逆断层,属中至较高速地区	地应力方向以近南北向为主,北东向、北西向也发育。地应力值属高值、高增长率的变化急剧地区	地震、煤与瓦斯突出、巷道变形灾害严重
中国西南部青藏反"S"形系现今构造应力场活动地域(Ⅴ)	青藏高原现今地应力场强烈活动亚区($Ⅴ_1$)	地壳厚度为全国之冠,最厚达60～70 km以上。岩石圈厚140 km左右。正、负均衡异常发育。区内穿壳弧形断裂普遍发育	强烈隆升,以喜马拉雅带上升速率最大,最大上升速率在20 mm/a以上,高原的西北部相对下沉,沉降速率可达-4 mm/a	高原顶部断层现今活动属中至较高速区,周边地带为平移断裂,属高速活动地带	仅三江地区有实测地应力资料,地应力方向与弧形断裂大都斜交,属高应力值区,高于全国平均值	地震灾害严重,估计其他内动力地质灾害也较发育

中国各个地域、各个亚区、各个构造带,分别发育不同类型、不同严重程度的各种地质灾害。这些灾害无疑都与所在部位的主导控制性构造体系的现今活动、构造应力场的发展演化特征以及灾害场具体地质环境密切相关,与地壳深部结构构造特征密切相关,与具体灾害的发育条件密切相关。

5.3.2 中国赋煤区和煤矿井下地应力分布特征

按照中国大陆莫霍面格架,结合其他地质及地球物理资料,可将中国大陆分为三个地球动力学体系:西部体系、东部体系和中部体系。即南北构造带以西的印度板块与欧亚板块碰撞的活动体系(西部体系)、夹持于南北构造带与大兴安岭—太行山—武陵山重力梯度带的过渡体系(中部体系)和大兴安岭—太行山—武陵山重力梯度带以东受环太平洋构造运动影响的活动体系(东部体系)。

中国三大地球动力学体系的发展演化决定着古今构造应力场的总体特征。在古生代—早中生代,中国各大陆板块以南北向汇聚为主,华北和华南受到南北向挤压构造应力场的作用。三叠纪以来,各地块逐渐碰撞拼合,各赋煤区内以板内变形为主,构造应力场发生了规律性演化。中国最大主应力方向在印支期为近南北向,在燕山早期(侏罗纪)为北西西向,在燕山晚期(白垩纪)为北北东向,在喜马拉雅早期(古近纪)为北西西-北西向,在喜马拉雅晚期(新近纪)为近南北向。

东北赋煤区现代构造应力场表现为北东-南西向挤压和北西-南东向拉张,北西-南东向的拉张应力较强。西北赋煤区现代构造应力场以北北西向的水平挤压为主。华北赋煤区现代构造应力场总体呈北东东-南西西向挤压,垂直变形总体上以太行山东麓为界,西部上升,东部下降。据地应力测量结果,华北赋煤区局部地点的最大主压应力方向变化很大,与区域应力场的总体状况有所不同。华南赋煤区现代构造应力场受控于印度板块推挤引起的侧向压力及菲律宾、太平洋板块向西的俯冲力，最大主应力方向为北西-南东向。该区现今正向南东方向滑移，滑移速率小于 5 mm/a，并伴有顺时针的旋转，中西部地区以 1～4 mm/a 的速率抬升，东南沿海地区及海南岛西部以 1～3 mm/a 的速率沉降，台湾及海南岛东部则正在隆升。

煤炭科学研究总院收集了 1 357 条采用井下应力解除法、水压致裂法等获得的煤矿地应力数据，在此基础上建立了“中国煤矿井下地应力数据库”，绘制了中国煤矿矿区地应力分布图[53]。

(1) 垂直应力随埋深的变化规律

选取 226 组三维应力解除数据，并采用应力转化公式将三维应力转换成水平、垂直方向的应力值，在此基础上对垂直应力进行统计分析。考虑构造地貌对浅部测点应力影响较大，埋深小于 100 m 的测点不予考虑。垂直应力与埋深的关系如图 5-26 所示。可见，垂直应力有一定的离散性，但总体随埋深增加而不断增大。对数据进行线性回归，得到煤矿井下垂直应力随埋深变化的回归公式(相关系数 $R=0.906$)：

$$\sigma_v = 0.024\,5H \tag{5-4}$$

式中 H ——埋深，m；

σ_v ——垂直应力，MPa。

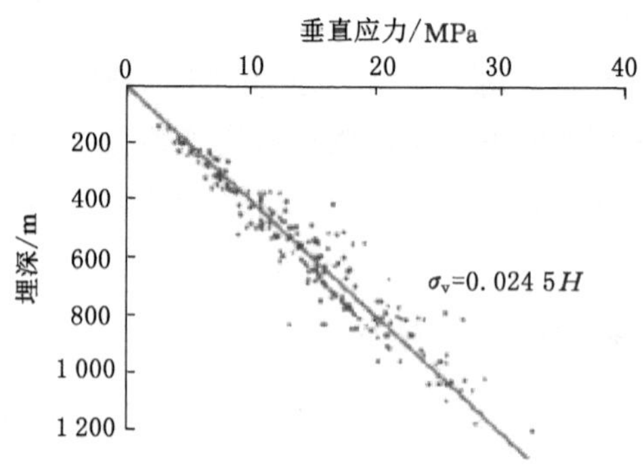

图 5-26 煤矿井下垂直应力随埋深的变化规律

上覆岩石重度大多为 0.025～0.033 MN/m³，平均为 0.027 MN/m³。式(5-4)中的垂直应力回归系数相较平均重度小一些，这可能与煤矿覆盖层不仅有岩层而且有松散层有关。

(2) 水平应力随埋深的变化规律

最大、最小水平应力随埋深的变化规律，如图 5-27 所示。对应力数据进行线性回归，得出最大、最小水平应力随埋深变化的回归公式：

$$\begin{cases}\sigma_H = 0.021\,5H + 3.267 \\ \sigma_h = 0.011\,3H + 1.954\end{cases} \tag{5-5}$$

式中 σ_H，σ_h ——最大、最小水平应力，MPa。

由图 5-27 可看出，最大、最小水平应力离散性很大，明显大于垂直应力的离散性，但总体上有随测点埋深增加而增大的趋势。

由线性回归公式(5-5)可看出，2 个表达式中均有一个系数和一个常数项。系数表示水

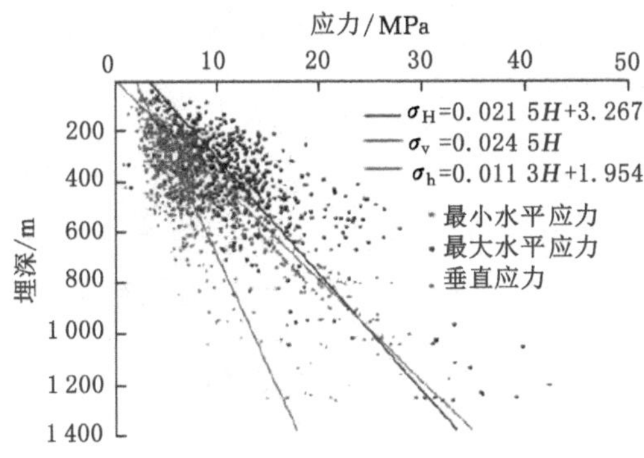

图 5-27　煤矿井下地应力随埋深的变化规律

平应力随埋深变化的程度，常数项表明在地壳浅部仍存在比较大的水平应力。最大、最小水平应力回归系数分别为 0.021 5、0.011 3，两者均小于垂直应力回归系数 0.024 5，这说明总体上水平应力随埋深增加的速度没有垂直应力大。随着埋深增大，σ_H、σ_h 和 σ_v 的大小关系将发生改变，图 5-27 中回归直线的交点即主应力转换点。

(3) 水平应力与垂直应力比值随埋深的变化规律

水平应力与垂直应力比值有多种形式，包括侧压系数，即最大水平应力与垂直应力的比值、最小水平应力与垂直应力的比值；两个水平应力的平均值与垂直应力的比值；两个水平应力之差与垂直应力的比值。这些比值能从不同角度反映井下地应力状态及分布特征。

图 5-28 为两个水平应力平均值与垂直应力的比值与埋深关系的散点图，以及通过回归分析得到的拟合曲线。最大、最小、平均水平应力与垂直应力比值的回归公式为：

$$\begin{cases} K_H = \dfrac{160.35}{H} + 0.801 \\ K_{av} = \dfrac{129.58}{H} + 0.606 \\ K_H = \dfrac{99.86}{H} + 0.405 \end{cases} \tag{5-6}$$

式中　K_H, K_{av}, K_h ——最大、平均、最小水平应力与垂直应力的比值。

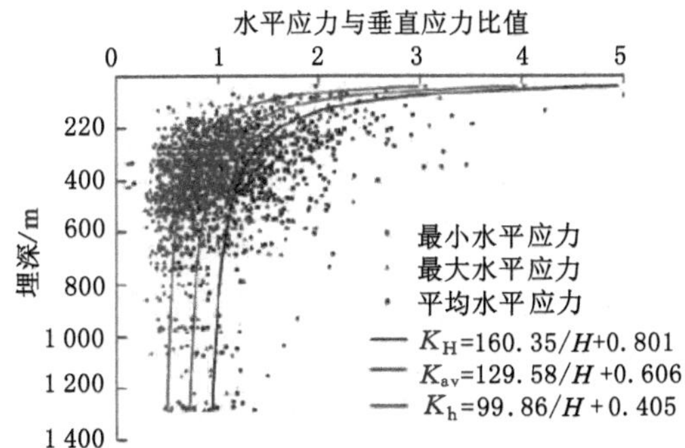

图 5-28　水平应力与垂直应力比值随埋深的变化

由图 5-28、式(5-6)可以看出，K_H、K_{av}、K_h 与埋深的关系曲线，曲率不断变大，常数项逐渐减小。曲率越小，曲线越靠近坐标轴。3个比值在浅部分布范围广，离散性大。随着埋深增加，离散性变小，比值趋于稳定。

K_H、K_h 与埋深的关系见表5-2。K_H 主要集中在0.46～5.00之间，K_H 为0.5～2.0的测点接近90%，$K_H>1$ 的测点达80%，这表明绝大部分情况下最大水平应力大于垂直应力。浅部 K_H 数值大且离散性大；随着向深部发展，K_H 离散性变小，数值趋于收敛。埋深增加到1 000 m时，K_H 为0.97，最大水平应力与垂直应力达到很接近的程度。

表5-2 K_H 和 K_h 与埋深的关系

分布范围	K_H（测点数/比例）	K_h（测点数/比例）	备 注
<1	231/20.3%	857/75.3%	
1～2	779/68.5%	276/24.3%	
2～3	117/10.3%	4/0.3%	
3～4	9/0.8%	1/0.1%	K_h 最大值为3.1
>4	2/0.2%		K_H 最大值为5.0

5.3.3 动力灾害矿区地应力分布规律实例

（1）平顶山矿区区域构造演化

煤与瓦斯突出主要发生在高瓦斯煤层受强构造挤压、剪切作用的构造煤发育区。平顶山矿区位于秦岭造山带后陆逆冲断裂褶皱带，受秦岭造山带的控制。矿区位于华北板块南缘，因此又受华北板块构造运动的控制。平顶山矿区在晚海西期、早印支期扬子地块与华北地块碰撞拼接之前属于华北型沉积，沉积了一套完整的石炭二叠系煤系，厚度800 m左右，煤层发育齐全，厚度大，煤层层数多达60余层，煤层总厚度最厚30余米，其中可采煤层十余层，可采煤层厚度15～18 m。煤的吸附瓦斯能力多在30～40 m^3/t 之间，最高可达63.21 m^3/t；在目前的开采深度内，测定的煤层瓦斯含量多在10 m^3/t 以上。平顶山矿区属于高瓦斯、有煤与瓦斯突出危险的矿区。

印支期以来，平顶山矿区受秦岭造山带隆起推挤作用，尤其是侏罗纪晚期到新生代初期，秦岭造山带发生了主造山期后的陆内造山的逆冲推覆和花岗岩浆活动，位于后陆区的秦岭造山带北缘边界断裂豫西渑池—义马—宜阳—鲁山—平顶山—舞阳区段，产生了由南向北指向造山带外侧的逆冲推覆构造。来自南西侧的推挤力，使平顶山矿区发生了逆冲推覆断裂褶皱作用，形成了九里山断裂、锅底山断裂、李口向斜、白石沟—霍堰断裂、襄郏断裂等一系列北西西-北西向构造，如图5-29所示。由于锅底山断裂的右旋压扭性活动，在该断裂的北东翼形成了北西西向展布的 G_2 断裂、E_2 断裂、三矿斜井断裂三条压性分支断裂。同时，在矿区中部十矿、十二矿井田形成了北西西-北西向展布的牛庄向斜、郭庄背斜、十矿向斜、牛庄逆断层和原十一矿逆断层等一系列压扭性构造，这些构造均是区域构造应力场由南西向北东推挤作用的结果。在郭庄背斜和牛庄向斜翼部揭露的小断层多为断层面向南西倾斜、向北东逆冲的逆断层，反映了构造作用力来自南西向北东的推挤力。李口向斜枢纽朝NW51°倾伏（6°～12°），南东端收敛仰起，北东翼倾角8°～24°，南西翼倾角10°～25°，也反映了推挤力来自南西向北东方向。位于李口向斜轴南东端收敛仰起部位的八矿井田，西侧与十矿、十二矿井田相邻，东侧受北东向的洛岗断裂控制。洛岗断裂此时期表现为北东向的左旋压扭活动，由于该断裂的影响作用，在井田内形成了轴向北东向展布的前聂背斜；另外，该断裂与北西向构造联合作用形成了盆形构造的任庄向斜，以及焦赞向斜。

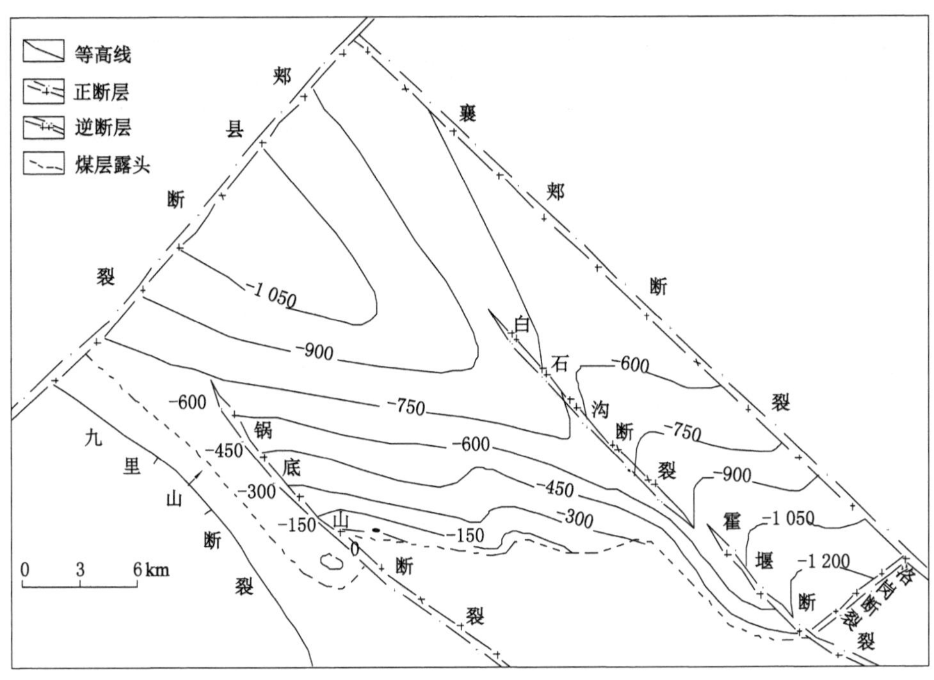

图 5-29　平顶山矿区戊$_{9\text{-}10}$煤层底板等高线简图

中生代以来，平顶山矿区受秦岭造山带隆起推挤作用，构造应力场以南西至北东向挤压作用为主，形成了以北西西向展布为主的构造，同时也形成了北北东向的复合构造，挤压着平顶山矿区复杂构造区和构造煤的发育区。大规模的挤压、剪切活动，使得煤层结构严重破坏，构造煤特别发育，厚度可达 1.5 m 以上。这是造成平顶山矿区发生严重的煤与瓦斯突出的主要原因之一。

另外，太行山—武陵山北北东向的重力梯级带横跨秦岭造山带对平顶山矿区北北东、北东向构造具有控制作用。先期表现为左旋挤压活动，后期表现为右旋张扭性活动。在平顶山矿区的表现，主要有北北东-北东向为主展布的郏县断裂、洛岗断裂等一系列构造。郏县断裂横跨平顶山矿区西部南北，矿区西部的十一矿戊$_{9\text{-}10}$煤层在标高 −450 m 工作面绝对瓦斯涌出量在 3.5 m^3/min 左右，主要与郏县断裂裂陷活动释放瓦斯有关。平顶山市西区的韩梁矿区全为低瓦斯矿井，主要受北北东-北东向构造裂陷活动影响。

北西西-北西向构造较长时期受近南北向的挤压，表现为大规模的逆冲推覆活动。北北东、北东向构造在燕山早、中期表现为压扭性活动。相比之下，北西西-北西向构造作用时间长，活动剧烈，遍及整个矿区。

(2) 平顶山矿区东部地应力场分布规律

国内诸多学者对平顶山矿区东部的八矿、十矿和十二矿共进行了 10 个测点的现场地应力测试，测试深度为 514～1 123 m。测试结果表明，最大水平应力 σ_H 为 13.74～

65.46 MPa，最小水平应力 σ_h 为 9.0～18.79 MPa，垂直应力 σ_v 为 7.23～28.075 MPa，且 $\sigma_H > \sigma_v > \sigma_h$，最大水平应力与垂直应力的比值 σ_H/σ_v 为 1.74～2.33，均大于 1。这说明该区域受构造运动影响强烈，构造应力对应力场起着控制作用，地应力以水平应力为主，属于构造应力场类型。

将平顶山矿区东部的 10 个测点的测试结果绘于图 5-30，形成散点图[160]。从图中可以看出，最大水平应力、最小水平应力、垂直应力与测点埋深大致呈近线性关系，三者均随测点埋深的增加而增大。根据各测点的最大水平应力 σ_H，最小水平应力 σ_h 和垂直应力 σ_v，获得综合线性回归方程：

$$\begin{cases}\sigma_H = 0.079\,0H - 28.396\,0 \\ \sigma_h = 0.032\,1H - 9.837\,6 \\ \sigma_v = 0.012\,0H + 4.215\,1\end{cases} \tag{5-7}$$

式中 H ——埋深，m；

$\sigma_H,\sigma_h,\sigma_v$ ——最大水平应力、最小水平应力、垂直应力，MPa。

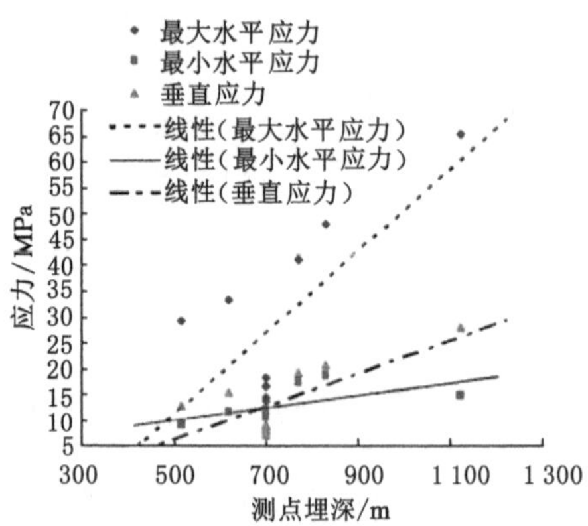

图 5-30 平顶山矿区东部地应力与埋深关系

5.4 地应力测量方法

5.4.1 地应力的测量方法简介

构造应力场的现场测量方法多采用地应力测量。根据测量原理的不同，测量方法可分为应力解除法、水力压裂法、压磁法、声发射法等。

(1) 应力解除法

该法是国内外普遍采用的方法，它假定岩体为各向同性、均质的弹性体，将测量元件装设在岩体中的钻孔里，在元件周围的岩体上套孔或掏槽，使装有元件的岩芯与周围岩体分开，即解除岩体中的应力对岩芯的作用，伴随岩芯弹性恢复变形，测量元件的测值发生变化。根据不同方向上测值的变化，计算出地应力的大小和方向。最常用的应力解除法是空芯包体测量方法。

(2) 水力压裂法

此法于 20 世纪 70 年代在石油行业兴起，它是测量深部岩体中地应力的有效方法，一般测深可达几百米，甚至几千米。但受岩石性质影响，所测结果很难精确，特别是当岩体中的剪应力大于一定值而发生剪切破坏时，测量会产生错误。

（3）压磁法

压磁法是地应力测量方法中应力解除法的一种。此种测量方法是以平面应力状态为基础，利用钻孔变形来测量应力的方法（即所谓哈斯特方法）。目前国内外采用该方法的很多。

（4）声发射法

采用声发射法时，在现场采得定向岩芯、在室内取定向试样，放在压力机上加载检测岩石试样声发射。根据岩石声发射的凯塞效应判定试样的先存应力，由此确定现场采岩芯地点的地应力。

煤矿井下地应力测量，与地面地应力测量相比具有一定的优势。由于煤矿井下巷道众多，可直接在井下进行地应力测量，多用空芯包体测量方法和水力压裂测量方法，其测量结果具有较高的可靠性。

5.4.2　空芯包体测量方法

（1）设备组成

① 空芯包体应力计

我国常用的空芯包体应力计是由中国地质科学院地质力学研究所制造的 KX-81 型空芯包体三轴地应力计，其三组应变花的分布位置如图 5-31 所示。它属于“CSIR（或 CSIRO）型钻孔三轴应变计”的一种，可在单孔中通过一次套芯解除获得三维应力状态，具有使用方便、安装操作简单、成本低、效率高等优点。

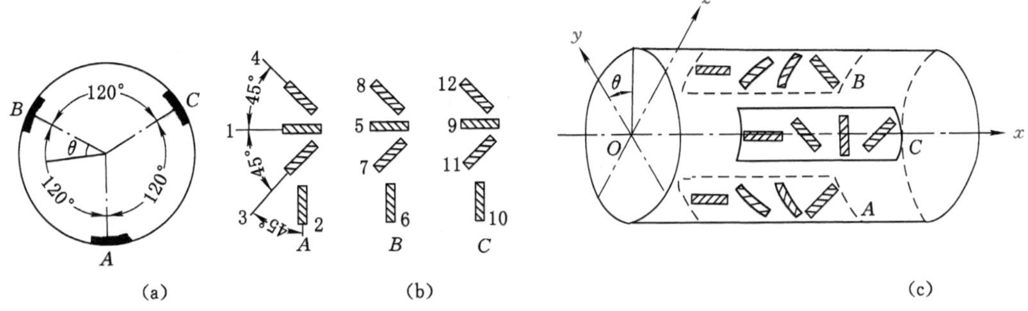

图 5-31　三组应变花的分布位置示意

KX-81 型空芯包体三轴地应力计结构如图 5-32 所示。该应力计的外径为 35.5 mm，工作长度为 150 mm，可安装在直径为 36 mm 的小钻孔中。该应力计具有良好的绝缘防水性能。

② 围压率定机

围压率定机用于现场测定岩芯弹性模量 E 和泊松比 μ 两个参数，计算方法见式（5-8）和式（5-9）。它还用于检测应力计可靠性。围压率定机主要由围压器和油泵组成，结构如图 5-33 所示。

$$E=\frac{2p_0/\varepsilon_t}{1-(d/D)^2} \tag{5-8}$$

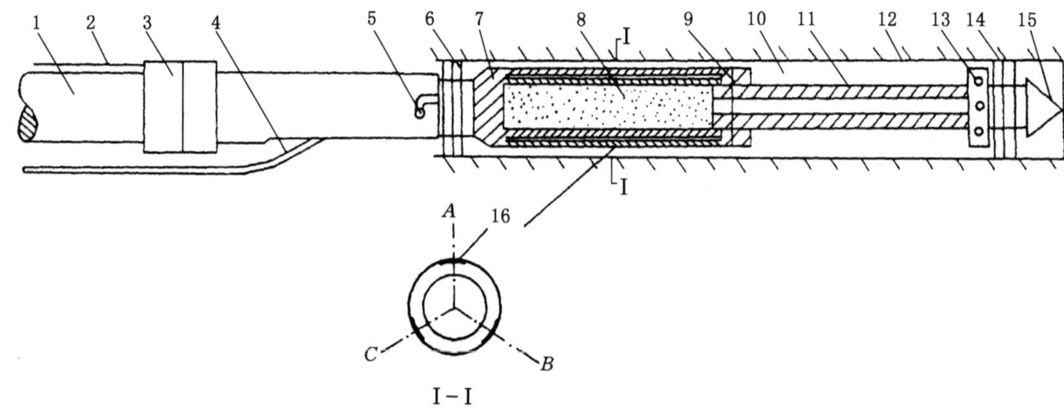

1—安装杆；2—定向器导线；3—定向器；4—读数电缆；5—定向销；6—密封圈；7—环氧树脂筒；8—空腔（内装黏胶剂）；9—固定销；10—应力计与孔壁之间的空隙；11—柱塞；12—岩石钻孔；13—出胶孔；14—密封圈；15—导向头；16—应变花。

图 5-32　KX-81 型空芯包体三轴地应力计结构示意

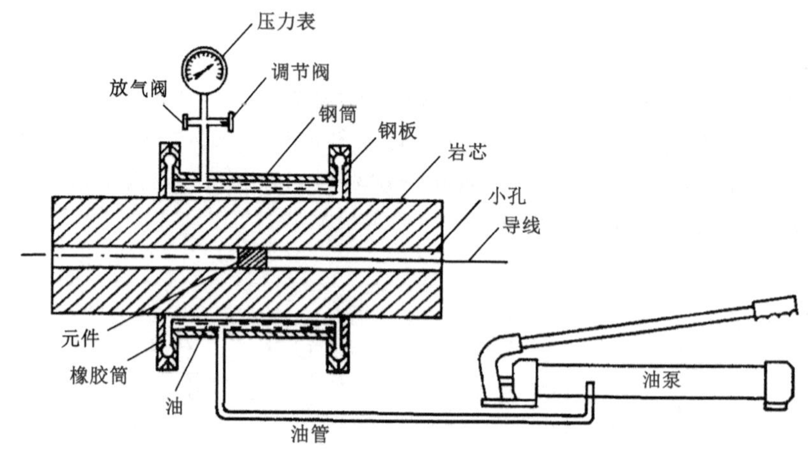

图 5-33　围压率定机结构

$$\mu = \frac{\varepsilon_x}{\varepsilon_t} \tag{5-9}$$

式中　p_0——围压，MPa；

d——岩芯小孔内径，mm；

D——岩芯外径，mm；

ε_x——轴向应变；

ε_t——周向应变。

③ KBJ-16 型矿用智能数字应变仪

KBJ-16 型矿用智能数字应变仪，是采用目前最先进的微处理器芯片和 Flash 存储器研制开发的技术先进、方便实用的智能数字应变仪。其主要特点：a. 具有简明快捷的人机对话窗口，主机或 PC 双向设置控制；b. 具有先进的电子开关技术；c. 灵活多样的设置控制使得每个通道的 3 种桥型和 5 种量纲（应变、应力、重力、位移、温度）变换自由；d. 具有自动、手动两种采集和平衡方式；e. 1 s～12 h 采集控制时间间隔；f. 理想实用的多点曲线实时显示同时生成数据文件，σ-ε 曲线自动生成；g. RS232C 接口可以实时通信或事后通信等，如图 5-34、图 5-35 所示。

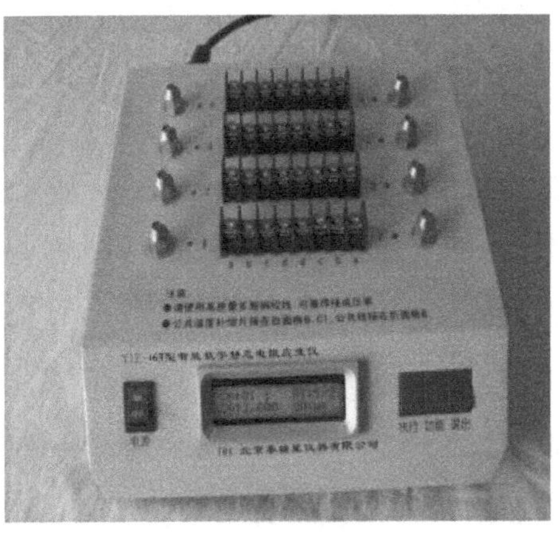

图 5-34 KBJ-16 型矿用智能数字应变仪

Microsoft Excel - 兴安矿4号孔.xls

通道号	通道 1	通道 2	通道 3	通道 4	通道 5	通道 6	通道 7	通道 8	通道 9	通道 10	通道 11	通道 12
桥型	1/4桥	1/4桥	1/4桥	1/4桥	1/4桥	1/4桥	1/4桥	1/4桥	1/4桥	1/4桥	1/4桥	1/4桥
量纲类型	应变με	应变με	应变με	应变με	应变με	应变με	应变με	应变με	应变με	应变με	应变με	应变με
系数	1.2	1.2	1.2	1.2	1.2	1.2	1.2	1.2	1.2	1.2	1.2	1.2
第 147遍	205	157	130	292	247	238	282	228	255	177	257	132
第 148遍	228	167	147	307	265	222	285	225	250	185	268	132
第 149遍	227	178	153	317	268	220	287	230	250	187	282	125
第 150遍	240	175	162	320	268	232	290	235	250	185	287	120
第 151遍	245	172	165	320	275	230	295	240	267	180	275	118
第 152遍	247	165	167	318	272	232	295	240	263	177	272	110
第 153遍	247	158	168	317	267	230	292	240	258	170	268	102
第 154遍	243	155	165	313	263	230	290	238	250	165	263	93
第 155遍	242	150	163	308	258	230	285	237	247	158	257	85
第 156遍	238	145	160	302	242	235	275	230	225	157	247	72
第 157遍	223	145	155	295	238	223	272	225	220	152	245	65
第 158遍	222	137	150	292	240	218	265	220	205	148	238	57
第 159遍	215	133	143	288	232	217	262	220	210	147	238	48
第 160遍	215	122	140	285	233	210	260	218	210	138	235	48
第 161遍	217	123	143	290	237	208	255	218	208	138	233	50
第 162遍	217	127	147	285	238	193	253	213	205	143	233	52
第 163遍	215	128	145	287	235	185	250	207	207	143	228	48
第 164遍	212	130	145	283	232	180	243	202	195	143	228	47
第 165遍	213	132	148	283	230	177	240	200	193	142	228	47
第 166遍	213	132	150	288	237	180	242	203	195	142	232	43
第 167遍	217	128	150	288	235	180	243	205	193	142	232	40
第 168遍	217	127	148	287	230	182	242	203	190	135	227	33
第 169遍	215	122	147	282	227	182	240	202	185	132	225	27
第 170遍	210	117	143	278	223	182	237	198	182	128	222	23
第 171遍	207	115	138	277	220	180	233	197	173	125	218	17

图 5-35 KBJ-16 型矿用智能数字应变仪采集的数据

④ 测量钻机

现场一般采用井下地质钻机施工钻孔，钻机采用机械动力头液压给进和拉送钻具，结构简单，质量轻，拆、装、搬迁、维修方便。

(2) 测量地点选择与测量工作流程

① 测量地点选择

地应力测量首先要做的工作是选择测量地点。测量地点要满足以下要求：

a. 测量地点的地应力值应能确切反映该区域岩体应力的一般水平。因此，选择的地点应避开褶曲、断层和地质构造带，无采动影响和工程影响。

b. 钻孔的深度一般为巷道宽度的 2～2.5 倍以上。

c. 用空芯包体应力计，测量地点应尽量选择在较完整、均质、层厚合适的稳定岩层中。

d. 选择测量地点时还必须注意避免地应力测量与巷道施工或其他生产工序的相互影响。同时，应选择接水接电方便的地点。

② 测量工作流程

a. 钻进测量孔：施工流程如图 5-36 所示。在选定的测量地点，先钻一直径 130 mm 的钻孔达预定深度，然后钻一直径 36 mm 的测量小孔，用于安装应力计。

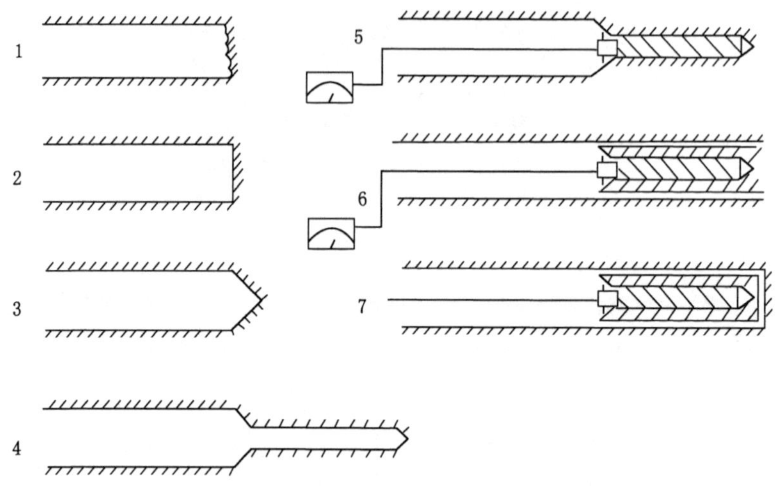

1—钻直径 130 mm 大孔；2—磨平孔底；3—钻喇叭口；
4—钻直径 36 mm 小孔；5—安装应力计；6—套芯解除应力；7—折断岩芯并取出。

图 5-36 测量孔施工流程

b. 定向：将 SDX 水平定向仪装在安装杆的前部，引出导线。定向仪的前部则用于安装探头。

c. 应力计的安装：将空芯包体应力计按规定方向安装于定向仪的前部，引出测量导线，用带有定向仪的安装杆细心地将应力计送到小孔内。

d. 解除过程：经 24 h 固化，在测量应力计安装角度之后，取出定向仪。用直径 130 mm 的套芯钻头在原钻孔内延伸钻进，随着应力解除槽的加深，岩芯逐渐脱离周围应力场作用而产生弹性恢复，安装于小孔中的应力计上的载荷随之变化，因而，仪器读数也发生变化。在应力解除过程中要跟踪测量，当套芯进尺超过应力计安装位置，且各应变片读数趋于稳定时，停止钻进取出岩芯。

(3) 数据处理和测量结果

表 5-3 为地应力测量数据，测量数据处理采用 KX-81 型空芯包体三轴地应力计算程序进行。该程序启动后，屏幕上提示操作方法，按屏幕上的提示和要求输入数据后，可根据测量的应变值计算出三个主应力值和方向，以及各应力分量值，见表 5-4 和表 5-5。

表 5-3　淮南矿区地应力测量数据

钻孔编号	测量地点	钻孔方位角/(°)	应变片安装角/(°)	应变片读数(1—12)	弹性模量/(×10⁵ MPa)	泊松比 μ
一号钻孔	谢一矿－660 m 南 B_{10} 槽底板巷	65	276	1 130　620　614　824 550　484　450　688 680　520　440　728	2.95	0.32
二号钻孔	谢一矿－780 m 南 B_{10} 槽底板巷	68	7.8	872　625　553　532 797　634　585　544 1 194　648　588　609	3.40	0.34
三号钻孔	潘一矿－530 m 井底车场外水仓	168	302	1 750　1 384　1 340　1 720 1 630　1 410　1 393　1 690 1 542　1 390　1 120　1 560	1.20	0.26
四号钻孔	潘一矿－530 m 西一轨道巷	130	—36.5	1 350　325　150　85 1 090　302　170　235 1 080　285　246　640	3.05	0.30

表 5-4　淮南矿区实测地应力状况

钻孔编号	测量地点	主应力类别	主应力值/MPa	方位角/(°)	倾角/(°)
一号钻孔	谢一矿－660 m 南 B_{10} 槽底板巷	最大主应力 σ_1	25.20	244.0	－3.0
		中间主应力 σ_2	17.78	－11.2	－78.3
		最小主应力 σ_3	12.89	153.4	－11.3
二号钻孔	谢一矿－780 m 南 B_{10} 槽底板巷	最大主应力 σ_1	31.20	247.8	－6.3
		中间主应力 σ_2	21.37	－35.2	63.8
		最小主应力 σ_3	17.89	160.8	25.3
三号钻孔	潘一矿－530 m 井底车场外水仓	最大主应力 σ_1	23.06	167.2	5.7
		中间主应力 σ_2	13.21	－72.6	78.8
		最小主应力 σ_3	12.18	256.2	9.6
四号钻孔	潘一矿－530 m 西一轨道巷	最大主应力 σ_1	17.14	235.4	－3.0
		中间主应力 σ_2	15.15	83.2	－86.6
		最小主应力 σ_3	10.98	145.5	1.6

表 5-5　淮南矿区实测地应力分量

钻孔编号	地应力分量/MPa					
	σ_x	σ_y	σ_z	τ_{xy}	τ_{yz}	τ_{zx}
一号钻孔	22.82	15.44	17.61	4.80	－0.67	0.77
二号钻孔	29.38	20.22	20.85	4.28	1.67	0.55
三号钻孔	12.75	22.42	13.28	－2.34	－0.99	0.05
四号钻孔	15.16	12.96	15.15	2.87	0.15	0.02

备注：地应力分量测量时取地理坐标系，其坐标轴为 x 轴指向东，y 轴指向北，z 轴指向上，取压应力为正。

5.4.3 水力压裂测量方法

(1) 测试原理

水力压裂就平面应力测量而言，它的三个基本假设条件为：① 岩石呈线弹性且各向同性；② 岩石是完整的、非渗透性的；③ 岩石中主应力之一的方向和钻孔轴平行。因此，水力压裂的力学模型可简化为一个平面问题，即相当于两个相互垂直的水平应力 σ_1 和 σ_2 作用在一个带圆孔的无限大平面上，如图 5-37 所示。根据弹性力学知识可知圆孔孔壁夹角为 90° 的 A、B 两点的应力分别为：

$$\left.\begin{aligned}\sigma_A &= 3\sigma_2 - \sigma_1 \\ \sigma_B &= 3\sigma_1 - \sigma_2\end{aligned}\right\} \tag{5-10}$$

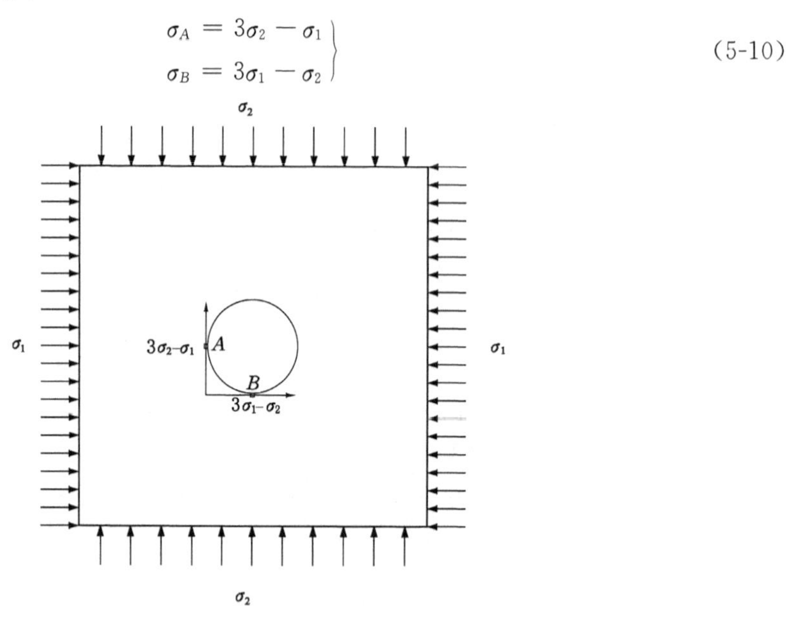

图 5-37 水力压裂原理

若 $\sigma_1 > \sigma_2$，则 $\sigma_A < \sigma_B$，因此，当在圆孔内施加的液压大于孔壁上岩石所承受的压力时，将在最小切向应力的位置上即 A 点及其对称点 A' 点处产生张破裂，并且破裂将沿着垂直于最小压应力的方向扩展。把使孔壁产生破裂的外加液压 p_b 称为临界破裂压力，临界破裂压力等于孔壁破裂处的应力加上岩石的抗拉强度 σ_t，即

$$p_b = 3\sigma_2 - \sigma_1 + \sigma_t \tag{5-11}$$

若考虑岩石中所存在的孔隙压力 p_0，将有效应力换为区域主应力，式(5-11)将变为：

$$p_b = 3\sigma_h - \sigma_H + \sigma_t - p_0 \tag{5-12}$$

式中 σ_h，σ_H ——最小和最大水平应力，MPa。

在实际测量中被封隔器封闭的孔段，在孔壁破裂后，若继续注液增压，裂隙将向纵深处扩展；若马上停止注液并保持压裂系统封闭，裂隙将立即停止延伸，在地应力场的作用下被高压液体涨破的裂隙趋于闭合。把保持裂隙张开时的平衡压力称为瞬时关闭压力 p_s，它等于垂直裂隙面的最小水平应力，即

$$p_s = \sigma_h \tag{5-13}$$

如果再次对封闭段注液增压，使裂隙重新张开，即可得到裂隙重张压力 p_r。由于此时岩

石已经破裂，$\sigma_t=0$，那么：

$$p_r = 3\sigma_h - \sigma_H - p_0 \tag{5-14}$$

用式(5-12)减去式(5-14)即得到岩石的抗拉强度：

$$\sigma_t = p_b - p_r \tag{5-15}$$

根据式(5-13)、式(5-14)可得到求取最大水平应力 σ_H 的公式：

$$\sigma_H = 3p_s - p_r - p_0 \tag{5-16}$$

式(5-13)和式(5-16)是平面水力压裂应力测量中的重要公式，而垂直应力可根据上覆岩层的重力来计算：

$$\sigma_v = \rho g H \tag{5-17}$$

对于平面应力测量，钻孔在巷道顶板中部垂直向上布置，用于测量水平面上的最大与最小水平应力。在这种状态下，孔隙压力为零，故通过读数仪采集到的数据计算地应力的公式如式(5-18)：

$$\left.\begin{aligned} \sigma_h &= p_s - \gamma_w h' \\ \sigma_v &= \gamma H \\ \sigma_H &= 3p_s - p_r - 2\gamma_w h' \end{aligned}\right\} \tag{5-18}$$

式中　p_s，p_r——读数仪上的瞬时关闭压力、重张压力，MPa；

γ_w——水的重度，MN/m^3；

h'——测点到读数仪的垂直距离，m；

γ——上覆岩层重度，MN/m^3；

H——埋深，m。

水力压裂测量在现场的巷道围岩钻孔中进行，如图 5-38 所示。在打好的钻孔中先用注水管将一对橡胶封隔器送到钻孔的指定位置，然后注入高压水，使封隔器涨起，将两个封隔器之间的岩孔封闭。对封隔器之间的岩孔进行高压注水，直到将围岩压裂，压裂的方向即最大水平应力方向。为了得到水压裂缝的形态及方位，在压裂后需进行印模。方法是把带有定向电子罗盘的印模器胶筒放在已压裂的孔段，然后对印模器注水加压，压力的大小和加压时间一般根据压裂参数设定；在印模器外层涂有半硫化橡胶（具有一定的塑性），因此，当印模器注水膨胀，压力达到一定数值后，其外层橡胶就挤入压裂缝隙中，并在卸压后把印痕留在胶筒上，这样就得到了压裂缝和原生裂缝。再根据印模装置中的定向电子罗盘测量出的胶筒基线方位确定破裂的方位。根据水力压裂测量原理，破裂方位就是最大水平应力 σ_H 的方位。

根据上述理论和方法，就可以通过实测和相应的计算得到测点的原岩应力场中的最大水平应力的数值和方位。

(2) 测量仪器

① 地应力测量系统

煤矿常用的地应力测量系统为 SYY-56 型小孔径水力压裂地应力测量装置。该装置采用小直径(56 mm)钻孔，可在井下进行快速、大范围地应力测量。同一钻孔还可以用于巷道围岩强度测量。该装置由以下部分组成，如图 5-39 所示。

a. 由隔爆电机驱动的高压泵站；

b. 蓄存压裂介质水和油的储能器；

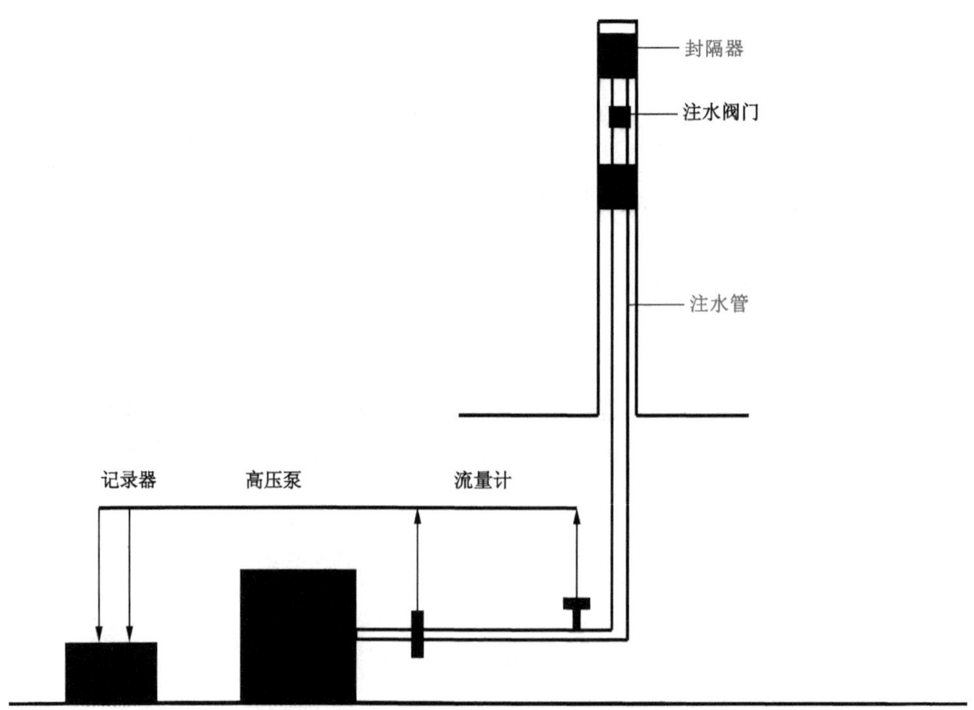

图 5-38 水力压裂地应力测量示意

图 5-39 SYY-56 型小孔径水力压裂地应力测量装置

c. 静压水进水管路；

d. 便携式数据采集分析装置；

e. 小孔径封隔器和印模器、定向仪；

f. 快速连接的高压供水管路；

g. 高压手动泵站；

h. 封隔器(印模器)和注水管路的辅助提升装置。

② 水力压裂液压系统

采用适于井下电压的隔爆电机驱动高压电动泵(用隔爆电机驱动，可在含有可燃气体的环境中安全运行)。运行该装置时,首先打开五通上的球形截止阀,在静水压力的推动下,储能器内活塞推动液压油返回油箱,水充满储能器,同时水通过注水管充满封隔器之间的将被压裂段岩孔。在压裂段岩孔充满水后,关闭入水口的球形截止阀,同时通过手动泵给封隔器加压,使封隔器胶囊与岩壁密贴,岩孔压裂段便形成一密封空间,压裂段内的水即使在高压作用下也不会外泄。启动电动泵,将油注入蓄能器,油推动蓄能器中的活塞,将活塞另一侧水压入岩孔的压裂段。通过数据采集装置显示、记录测试数据,并监控测试过程。煤矿井下巷道一般高 2.5～3.5 m,受空间限制,用水力压裂法进行原岩应力和岩性测试,只能用小型钻机打孔,水力压裂装置必须小型化,所有装置必须隔爆、防水和能在灰尘很大的恶劣环境下运行。

a. 封隔器

由中心管和封隔器胶筒组成两个水路通道。中心管注入高压水,通向压裂段,用水的高压压裂岩孔;而封隔器与中心管形成的空间存储高压水,用以密封压裂段。通过连杆将两个封隔器相连,岩孔压裂段处于两个封隔器之间。试验时,先用手动泵通过高压胶管给封隔器胶筒与中心管间隙加压,密封岩孔压裂段,使压裂段高压水不外泄。封隔器连杆拉住两个封隔器,保持封隔器平衡,使封隔器与岩孔没有相对位移。

b. 注水管

传统的大孔径注水管使用钻杆,钻杆密封用麻刀和黄油,操作时劳动强度大,效率低,且密封不可靠。为此,研制了新的压裂装置,用于小孔径岩孔测试,注水管连接处用“O”形圈密封,拆装方便,密封可靠,测试效率大为提高。注水管作用主要有两个:其一,作为连接构件将连接好的封隔系统和印模系统送至钻孔的指定位置;其二,作为加压通道对封隔的钻孔段进行压裂。

c. 电动泵与手动泵

电动泵的作用是给压裂段加压,手动泵用于给封隔器加压。

d. 蓄能器

基于油比水轻的原理,蓄能器竖向放置,使油在水上方,泵输出高压油推动蓄能器下部水输出进行压裂。

③ 印模系统

印模系统由印模器、定向仪、高压胶管及手动泵等几部分组成。下面简要介绍印模器和定向仪。

a. 印模器

印模器与封隔器结构相同,差别是在印模器密封胶筒外贴上一层流变性好的橡胶。为了在印膜上产生清晰裂痕印迹,必须有一定时间让橡胶膜产生塑性流动,形成印痕。

b. 定向仪

采用防爆电子罗盘进行裂纹定向。

④ 数据采集系统

为实时监控测试过程,显示、记录和分析测试结果,开发研制了水力压裂数据采集系统。该系统由 SYY-56 型小孔径水力压裂地应力测量装置和数据处理分析软件组成。

(3) 测试方法

① 选取测试孔段

测试孔段的选取主要根据钻孔完整程度，选择钻孔比较完整的孔段进行测量，可以通过钻孔窥视仪确定压裂段。为了避开开挖所产生的支承压力的影响，压裂段的深度根据理论计算，一般情况下要大于巷道跨度的1.5～2.5倍。

② 注水管泄漏试验

正式压裂以前，对所有的注水管进行高压下的泄漏试验。对有轻微泄漏的注水管及接头进行防漏处理或剔除，以保证试验的可靠性。

③ 压裂

待相关的准备工作结束，在各种仪器、设备运转正常的情况下，将封隔器下到某一预选的孔段，用手动泵给封隔器加压，并保持在某一压力下（压力视各方面条件而定）；然后接通高压油泵给压裂段加压，直到岩石破裂后关泵停止加压，待压力稳定后，使压裂管道与大气接通，这样第一个回次的试验结束。

④ 重张试验

待压裂管道内的压力完全回零后，即可开始第二个回次的试验，直到第一次产生的破裂缝重新张开，其实时曲线表现为偏离线性关系；然后关泵，再续记录一段压力随时间的衰减曲线后，将压裂管道与大气接通，使压力回零。一般情况下，重张试验需重复3～4次。

⑤ 印模

印模器装入钻孔前，其内的空气应排净。估计安装印模器花费的时间，为电子罗盘定时。为保证印模器上印痕清晰，应在印模器胶筒上涂三次四氢呋喃。完成上述准备工作后，用注水管把印模器送到压裂段位置。

用手动泵给印模器加压，压力稍大于岩石的重张压力 p_r（一般取 $1.2p_r$，该值可从数据采集仪曲线上得到）。若压力太大，钻孔会出现新的压裂裂纹，将无法判断实际的初始压裂裂纹位置；若压力太小或接近 p_r，裂纹不明显，印模上的压裂迹线不清楚，很难作出正确判断。印模的保压时间一般在1 h左右，以让印模器胶筒橡胶有充分的流变时间。在印模过程中若手动泵压力值下降，可进行补压操作。

⑥ 确定裂纹方向

将印模器胶筒上的基线和裂纹迹线描在一透明薄膜上，以测取裂纹与基线的夹角，并及时标注上下端。根据电子罗盘北向与基线夹角和基线与裂纹之间的夹角，便可确定裂纹的方位角。

(4) 测试数据处理与分析

从水力压裂过程中各回次的压力-时间曲线可以得到下列参数：临界破裂压力 p_b、瞬时关闭压力 p_s、重张压力 p_r。根据这些参数可以计算出最大水平应力 σ_H 及最小水平应力 σ_h、岩石抗拉强度 σ_t 等。本书给出了一条标准压裂曲线的各参数取值方法，如图5-40所示。

5.4.4 压磁法测量方法

(1) 测试原理

此种测量方法是以平面应力状态为基础，利用钻孔变形来测量应力的方法（即所谓哈斯特方法），目前国内外采用这个方法的很多。

目前多采用的地应力测量方法，是在地层中钻一个圆孔，当地应力变化时，钻孔形状也跟着产生变化，则该圆孔的直径在有些方向上变大，而在另一些方向上变小。我们记

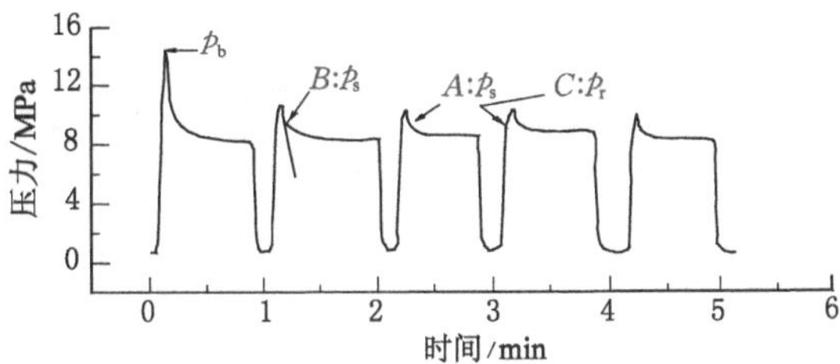

图 5-40　水力压裂地应力测量中各压力参数的选取

录这些方向上的孔径变化，然后根据孔径与地应力状态之间的数量关系，计算出地应力状态的变化。由于孔径变化量非常小，不易直接度量，要测量这个很小的物理量，通常的做法是，利用一系列仪器装置，将该物理量转换成能够看见的几何量，然后根据仪器装置的原理将几何量换算成物理量。于是我们利用各种传感器做测量元件，组成这种传感器的元件通常有电感型元件、电阻型元件、钢弦型元件等。如电感型元件，把孔径的变化转换成电感的变化，然后根据各个元件的特性曲线，即元件长度与电感之间的数量关系，由元件的电感变化得出孔径的变化。至于元件的电感变化，我们又可以利用电桥装置把电感量转换成仪表中指针的几何位移，然后根据电桥装置的原理，由仪表指针的几何位移算出元件电感量的变化数值。

压磁法地应力测量的基本过程为：在需要测量地应力的那一点上，钻一个直径约36 mm的小孔，把应力计安装在小孔中的适当位置，定向，同时给应力计施加预应力，并把仪器的读数记录下来。然后套芯，即钻一个与小孔同轴的大孔（直径约 130～150 mm），称为释放槽（图 5-41）。释放槽开完后，由于岩芯产生弹性恢复，小孔的直径发生变化，应力计上的负荷跟着发生变化，因而仪器读数也跟着变化，释放槽开出前后仪器的读数之差即“记录应力值”。在应力解除过程中，每进尺一定长度，进行一次仪器读数。当仪器读数不随应力解除钻进变化时，停止应力解除，并取出岩芯。将带有测量元件的岩芯放入围压率定机中进行率定，以得到率定曲线。利用三分量应力计可在 3 个直径方向上得到 3 个读数。根据这 3 个读数，能够计算出垂直于钻孔平面的主应力的大小及方向。如果需要进行三维地应力测量，则需要在方向不同的 3 个钻孔中至少得到 6 个读数，才能计算 3 个主应力。为了使结果更加可靠，一般要进行多次测量，用最小二乘法处理测量结果。

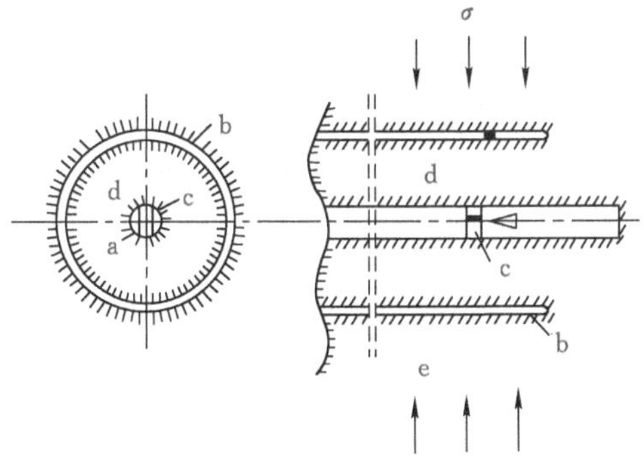

a—测量孔；b—释放槽；c—测量元件；
d—被解除应力的岩芯；e—受应力作用的围岩。

图 5-41　应力解除示意

(2) 压磁式地应力计

YJ-81 型压磁式地应力计由测量探头和预加应力装置组成。测量探头内置 3 个互成 60°角的压磁式测量元件,这样每次可同时测出垂直于钻孔轴向平面内 3 个直径方向上的应力,如图 5-42 所示。

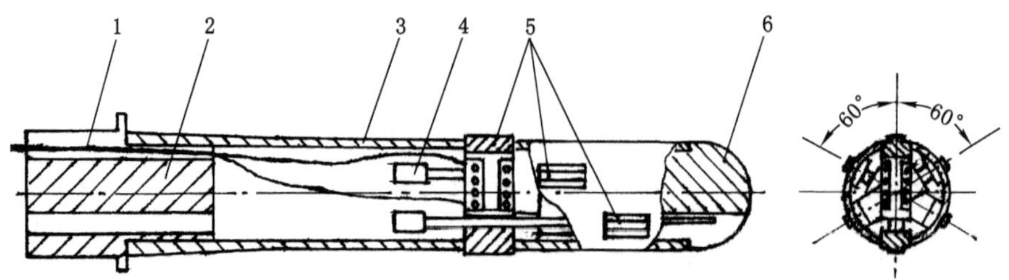

1—测量元件导线;2—探头连接套;3—探头外壳;4—滑楔;5—测量元件;6—测量元件分隔架。

图 5-42 YJ-81 型压磁式地应力计测量探头总体结构

(3) 压磁法地应力测量现场施工方法

① 测量钻孔布置与施工

压磁法测量方法与空芯包体测量方法的主要区别就是所用的测量探头不同,由于各自探头上测量元件的测量原理与布置方式不一样,在测量钻孔布置和对岩性要求方面略有不同。空芯包体式地应力计上测量应变片是全方位布置的,因此在一个测点只需要施工一个测量钻孔就可测出该点三维地应力值。而压磁式地应力计测量探头每次测出的只是垂直于钻孔轴向平面内 3 个方向上的应力,要想测出三维地应力,需要在同一测站施工 3 个不同方向的钻孔,并至少得到 6 个读数,才能计算出 3 个主应力。安装压磁式地应力计测量探头时要对围岩预加应力,因此要求安装探头处的岩石完整坚硬。钻孔与巷帮夹角 $\lambda=60°\sim120°$,为保证同一测点各钻孔岩性基本一致,3 个钻孔孔底位置应尽可能近些,如图 5-43 所示。

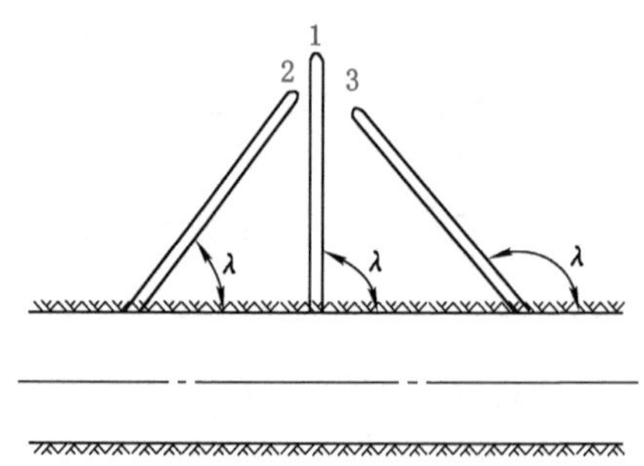

图 5-43 测量钻孔布置

② 压磁式地应力计安装与应力解除

a. 钻孔施工

压磁法地应力测量钻孔长度、大小孔直径和施工过程与空芯包体测量方法一样。钻孔施工完毕后用清水冲洗干净。

b. 压磁式地应力计安装

将定向仪、预加应力装置和压磁式地应力计测量探头连接在一起，并用紧固螺丝固定好。记录下探头缺口水平时定向仪的读数。调整探头上的滑楔使测量元件到最小尺寸。将第一节安装杆套上定向器并固定在杆的端部后与定向仪接好。测量各压磁式测量元件的读数后向孔内推送，当推送一半时在安装杆上再套一只定向器后推至大孔孔底。慢慢转动安装杆使定向仪的读数为探头缺口水平时的读数，然后慢慢将探头送至小测量孔内。待确信探头已进入小孔内，用力推动安装杆，使探头靠尾部锥面与小孔孔口贴紧而固定住。

c. 预加应力

往复推拉安装杆即可对测量元件预加应力，每拉推一次，就对一个元件加力一次。注意在拉的过程中不要用力过猛，以防加力装置与探头脱节。在加力同时，要监视各测量元件读数的变化，达到预定读数后，停止预加应力。最后用力拉动安装杆，使加力器与探头脱开拉出。

d. 套芯解除

压磁式地应力计预加应力完成之后，即可进行套芯解除工作。其具体方法与空芯包体测量方法一样。

③ 压磁式地应力计围压率定

为了把仪器的读数换算成折算位移，以便进行主应力的计算，必须对解除的带有探头的岩芯进行率定，作出率定曲线，即读数-折算位移曲线。压磁法测量方法的现场率定十分重要，压磁式测量探头可即装即测，不像空芯包体式探头那样要等胶黏剂干了再测。这样，解除后立即进行标定，如发现测量数据不理想，可在原孔内重新施工小钻孔，即刻安上探头进行补测。这样既可保证每一钻孔测量成功率，又可减小重复装卸钻机的劳动强度。

所使用的围压率定机和率定方法与空芯包体测量岩芯率定方法一样，只是折算位移由式(5-19)计算：

$$s=\frac{Eu}{3a}=\frac{2}{3\left(1-\frac{a^2}{b^2}\right)}\sigma \tag{5-19}$$

式中 s——折算位移；

σ——作用在岩芯周围的均匀应力；

a——小孔半径；

b——岩芯外半径；

E——岩石弹性模量；

u——小孔孔壁位移。

率定完毕，即可根据式(5-19)算出折算位移，绘出读数-折算位移曲线。

(4) 压磁法地应力测量结果计算

将测量数据输入计算机，计算主应力的大小和方向。

5.4.5　声发射测量方法

(1) 测量原理和方法

声发射是指材料内部储存的应变能快速释放时所产生的弹性波。通常声发射简称为AE(acoustic emission)。所谓凯塞效应是指这样一种物理现象，即材料在经受过一次或多次加载-卸载过程后，若再对其进行加载，只要未达到以前所施加的最大应力值，则很少发生声发射，而只有超过此值时才有显著的声发射活动。在图 5-44(a)所示岩石声发射率(AE率)记录曲线示意图上，K 点以后信号相对连续且幅度相对增高，AE 活动显著，即显示凯塞效应。K 点对应岩石试样的先存应力，K 点称为凯塞点。

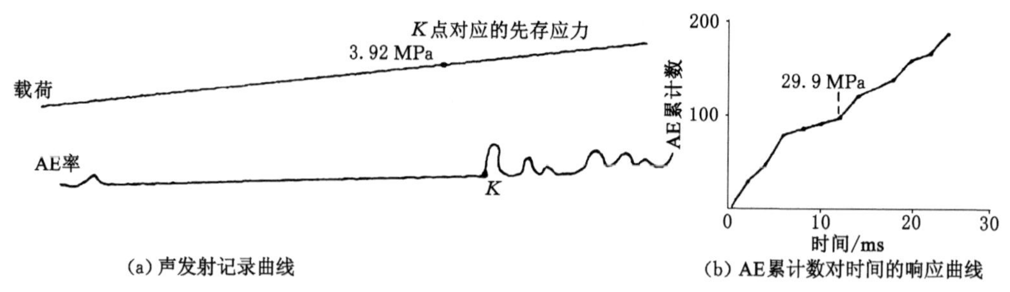

(a) 声发射记录曲线　　(b) AE累计数对时间的响应曲线

图 5-44　大理岩试样声发射记录曲线和 AE 累计数对时间的响应曲线

(2) 测量装置

图 5-45 为测量装置略图，装置中探头通过胶布和橡皮筋及耦合剂附着于岩石试样上，探头中心频率为 120 kHz。测试系统概述如下：两个压电传感器固定在试样上、下两端，将岩石试样在单向压缩下所产生的应力变化转变为电信号。这两个电信号经各自的前置放大器增益 40 dB 后输送至各自的输入鉴定单元；在此单元内信号经滤波器滤波，再经 40 dB 的增益，经固定门槛电压 1 V、前沿鉴定时间 100 μs、间隔时间 1 ms 的控制之后，送至定区检测单元；定区检测单元用于检测两个压电传感器之间特定区域的声发射信号。区域外的信号被认为是噪声，不被接收；定区检测单元输出的信号送至计数控制单元。将计数控制单元输出的模拟量输入 X-Y 函数记录仪上，并绘出记录曲线。

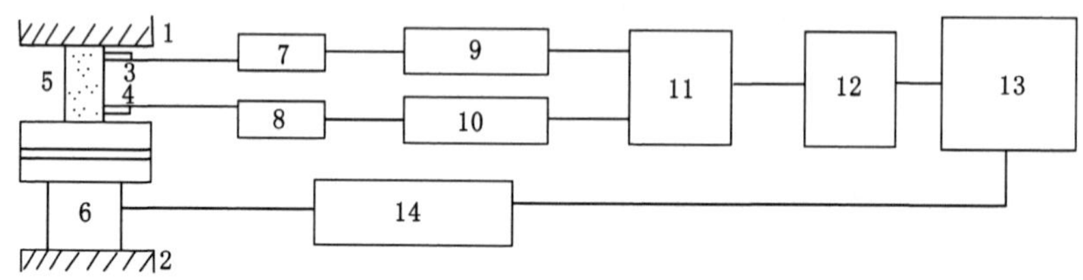

1,2—上、下压头；3,4—压电传感器(探头)；5—岩石试样；6—压力传感器；7,8—前置放大器 A、B；9,10—输入鉴定单元 A、B；11—定区检测单元；12—计数控制单元；13—函数记录仪；14—动态电阻应变仪。

图 5-45　测量装置略图

(3) 岩样试样加工

从现场钻孔中取出的岩芯或从野外采集的岩石标本，先用钻床钻取直径为 25 mm，高度为 55 mm 的小岩芯，再在平面磨床上磨成高度为 50 mm，两端面的平行度小于 0.01 mm 的试样。

5.4.6 地应力场方向确定原则

基于现代构造运动确定的中国构造应力场方向对地应力测量具有指导作用。煤矿进行地应力测量，当测得的地应力方向与现代构造应力场方向基本一致时，表明测得的应力场方向可以代表外部地质体对井田的作用方向；如果测量的方向差异较大，只可代表测量地点的应力场方向。

地应力测量结果主要用于确定外部地质体对井田的作用方向和应力量级。矿区内应力场的分布异常复杂，对于矿区而言测点还是很稀疏的，个别测点的应力测量结果并不能全面反映矿区地应力场的特性。通常用数值模拟方法进行应力分析，进而研究弹性应变能的密度及煤岩的破坏条件，进行区域应力场的分析研究，评价矿井动力灾害的危险性。

5.5　煤矿地应力场特征及其应用

5.5.1　地应力场类型判定方法

判断煤矿井田应力场是自重应力场还是构造应力场，是根据煤岩体的应力状态进行冲击地压分类的关键。根据古典假设——金尼克假设判定[式(5-1)、式(5-2)]，符合式(5-1)和式(5-2)的应力关系的地应力场即自重应力场，否则判定为构造应力场。关键参数是侧压系数 K，实质是泊松比 μ。

岩石的泊松比与岩石类别没有太大关系，而与岩石的强度、风化程度、节理裂隙发育程度有关。一般按岩体考虑比较合理，如Ⅴ类岩石泊松比为 0.3～0.35、Ⅳ类岩石为 0.3～0.25、Ⅲ类岩石为 0.25～0.2、Ⅱ类岩石或花岗岩为 0.2。但如果岩石破碎不堪，其泊松比也会很大。岩石的泊松比为 0.2～0.35 时，侧压系数为 0.25～0.54。实际上，冲击地压矿井岩石的泊松比很少大于 0.3，临界侧压系数为 0.43。

可以确定当水平应力大于 $K\gamma H$ 时[式(5-20)]，可判定为构造应力场。

$$\sigma_{\text{H测}} > \sigma_{\text{H}} = K\gamma H \tag{5-20}$$

中国煤矿多数矿区最大水平应力与垂直应力的比值集中在 0.5～2.5 之间，表明绝大部分情况下最大水平应力大于垂直应力，统计数据和实测数据均不符合金尼克假设，即中国绝大部分煤矿井田应力场属于构造应力场，煤矿冲击地压类型为构造应力型冲击地压。

中国具有冲击地压等矿井动力灾害的矿区，其应力场主要是构造应力起主导作用。在地层浅部，构造应力显现明显，逐渐过渡到深部后，应力场逐步转化为重力-构造应力相当的情形。

5.5.2　构造应力场对矿井动力灾害的影响

(1) 构造应力场与煤与瓦斯突出

在煤与瓦斯突出的发生过程中，地应力与瓦斯是突出发生和发展的动力，煤的强度是阻碍突出发生的因素，它们存在于同一体系之中(突出煤层及围岩)，既互相依存，又互相制约。在承受强烈挤压的构造带，围岩及煤层中存在不均匀的、较高的构造应力，煤层瓦斯压力随之增高，煤结构遭受破坏，机械强度降低，这给发生突出创造了有利条件，并决定了煤与瓦斯突出的区域性分布。地应力在突出中的作用如下：

① 储存在围岩或煤层中的弹性变形潜能做功，使煤体产生突然破坏和位移。

② 地应力场对瓦斯压力场起控制作用，高地应力决定高的瓦斯压力，从而促进瓦斯在

突出中的作用。

③ 煤层透气性决定于地应力状态，高地应力决定煤层的低透气性，有利于在巷道前方造成高的瓦斯压力梯度；煤体一旦发生突然破坏，又有较高的瓦斯放散能力，对突出发生十分有利。

因此，高地应力是发生煤与瓦斯突出的重要原因之一。在挤压构造带，即使深度不大，围岩中也可能存在很高的构造应力，具有发生突出的有利条件。应力状态的突然变化同样也能造成煤与瓦斯突出。应力缓慢变化时，煤体破坏不充分，只能转化为临界状态，而不会激发成突出。只有在应力状态突然变化时，如石门揭开煤层时，工作面爆破掘进、打钻孔，巷道从硬煤进入软煤带，煤层突然加载，煤的冒落等，高的地应力和瓦斯压力突然释放，便能使煤体破坏并激发突出。

平顶山矿区地应力测量结果表明，矿区西南部的五矿和十一矿，最大水平应力与垂直应力的比值为 0.60～0.79，均小于 1，说明该区域受构造运动影响相对较弱，以岩体自重为主的垂直应力场对应力场起着控制作用，地应力以垂直应力为主，属于自重应力场类型。东部的八矿、十矿和十二矿，最大水平应力与垂直应力的比值为 1.74～2.33，均大于 1，说明该区域受构造运动影响强烈，构造应力场对应力场起着控制作用，地应力以水平应力为主，属于构造应力场类型，对煤与瓦斯突出的发生起到控制作用，如图 5-46 所示。

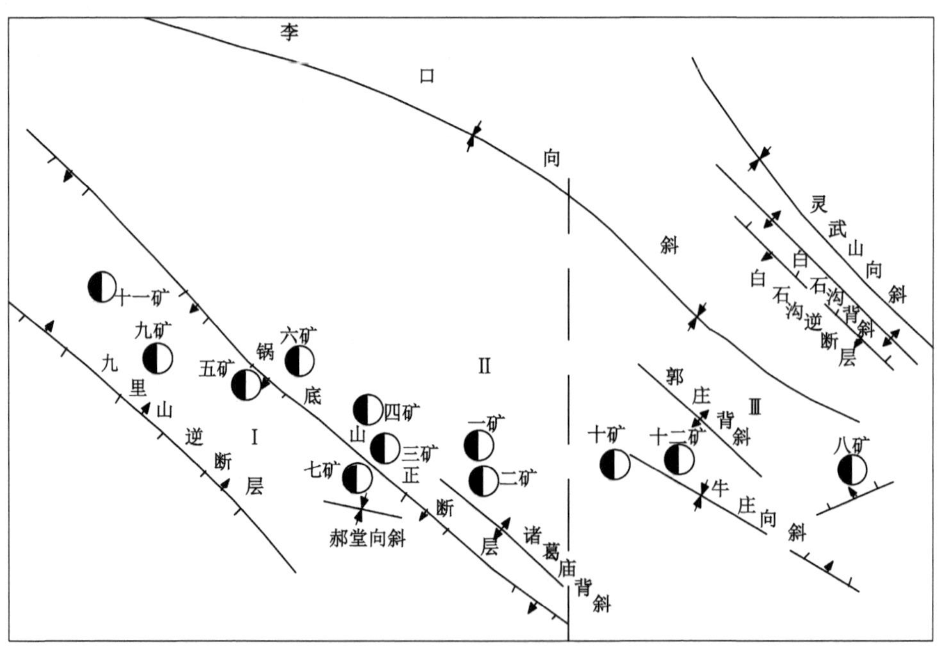

图 5-46　平顶山矿区区域构造分布及地应力分区

矿区历史上有记载的煤与瓦斯突出事故共 156 次，平均突出煤量 117.2 t/次，平均涌出瓦斯量 8 633.6 m^3/次，多发生在平顶山矿区东部，其中 122 次发生在八矿、十矿、十二矿、十三矿、首山一矿，占总次数的 78.2%。这表明煤与瓦斯突出区域分布明显。

(2) 构造应力场与冲击地压

冲击地压实质是一个力学问题，属于现今构造应力急剧活动的表现之一，是应力能量骤然释放的一种形式。因此,预测冲击地压的发生地点,首先要研究现今构造应力场中的应力和能量集中的区域,进而考虑采动应力的叠加关系,进行时间、空间和危险性的分析,进行预测预报。

根据能量准则,当煤岩体受到破坏,其瞬时释放的能量大于其消耗的能量时即发生冲击地压,可用式(5-21)表述。

$$U_e > U_c \tag{5-21}$$

式中　U_e——煤岩体瞬时释放的能量;

U_c——煤岩体消耗的能量。

根据岩体破坏最小能量原理,岩体在三向应力作用下存储了大量的体变弹性能。岩体破坏时,应力状态迅速由三向应力转成两向应力,最终变为单向应力。应力状态由三维变为一维时,破坏损耗能差异大,多出来的这部分能量转化为抛出岩石的动能。对中国冲击地压矿井应力条件进行分析发现,冲击地压矿井普遍存在于构造应力场条件下,可以认为构造应力场是引发冲击地压的主要因素。

京西矿区地应力测量结果表明,最大水平应力与垂直应力的比值,最大为 1.95,最小为 1.3,平均为 1.5。这反映出京西矿区地应力状态以水平应力为主导的特点。构造应力方向差异性比较明显。总体上,受北岭向斜的影响,最大主应力方向变化较大,部分测点与区域构造应力方位有一定的偏离,如图 5-47 所示。长沟峪矿和房山矿最大主应力远高于其他煤矿的平均水平,且房山矿的最大主应力高于长沟峪矿的最大主应力。构造应力是煤岩体产生能量积聚,矿井发生动力显现的动力来源。构造应力越高,矿井发生动力显现的危险性就越高。

5.5.3　地应力对煤矿开采的影响

地应力对煤矿开采的影响主要有以下几个方面:选择合理的巷道布置方向、选择合理的工作面推进方向、选择合理的巷道断面形状、选择合理的支护形式和支护参数、选择合理的开采顺序、选择合理的顶板管理方法等。本节以红墩子矿区红一煤矿为例,介绍地应力对煤矿开采的影响。

(1) 红墩子矿区区域地质构造

红墩子矿区位于银川盆地东部的鄂尔多斯西缘断褶带内。银川盆地夹于贺兰山构造带与鄂尔多斯地块之间,总体走向北北东向,盆地北侧收缩于石嘴山,南缘止于青铜峡,平面上总体呈北北东向的纺锤形,盆地南北长逾 180 km,东西宽约 60 km,黄河呈北北东向穿越盆地东缘。地球物理资料显示,银川盆地总体受 4 条主断裂带控制,从西向东依次为贺兰山东麓山前断裂、芦花台断裂、银川—平罗断裂和黄河断裂。

区域内构造活动主要受贺兰山东麓断裂、芦花台断裂、银川断裂及黄河断裂 4 条主控断裂控制。资料显示,贺兰山东麓断裂垂滑速率为 0.88 mm/a,芦花台断裂为 0.18 mm/a,银川断裂为 0.14 mm/a,黄河断裂为 0.04 mm/a,断裂垂滑速率偏小,说明整体构造活动较为稳定。

统计银川盆地 GPS 速度场在 1999—2007 年和 2009—2015 年两个时间段资料:整体上银川盆地位移方向基本保持不变,为向南东向运动,水平速率为 3.1～4.7 mm/a,主要受鄂尔多斯稳定块体阻挡,运动速率整体偏小,说明区域构造情况较为稳定。

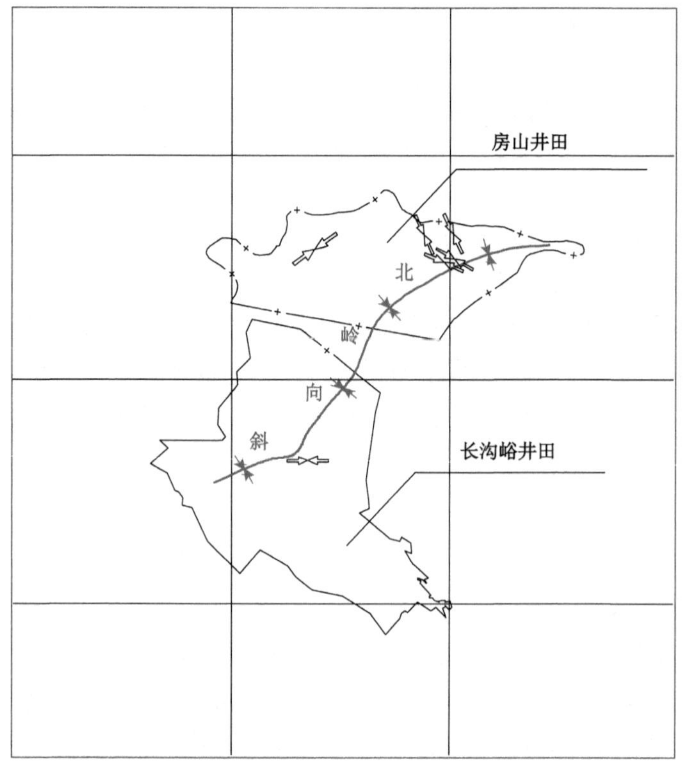

图 5-47　长沟峪井田和房山井田最大主应力方位示意

（2）地应力测量

井下地应力测量采用了应力解除法，选用了 CSIRO 型空芯包体应力计。测量工作结束后，经过岩芯率定和实验室试验后，将实测数据和试验数据输入计算机，计算各测点地应力大小和方向，结果见表 5-6。

表 5-6　红一煤矿实测地应力

钻孔编号	测量地点	主应力类别	主应力值/MPa	方位角/(°)	倾角/(°)
一号钻孔	回风立井井底车场（东西方向），埋深 449 m	最大主应力 σ_1	18.23	235.32	−4.41
		中间主应力 σ_2	10.56	17.02	−72.21
		最小主应力 σ_3	8.01	145.70	12.19
二号钻孔	回风立井井底车场（南北方向），埋深 449 m	最大主应力 σ_1	17.28	245.51	−5.79
		中间主应力 σ_2	11.32	11.75	81.16
		最小主应力 σ_3	5.97	169.58	−24.98
三号钻孔	第一中部车场顺槽联络巷（东西方向），埋深 589 m	最大主应力 σ_1	20.21	270.61	2.24
		中间主应力 σ_2	14.56	1.41	67.51
		最小主应力 σ_3	10.52	170.68	26.63

在 3 个测点中，回风立井井底车场 2 个地应力测点埋深为 449 m，2 个测点最大水平应力为 18.23 MPa，第一中部车场顺槽联络巷 1 个地应力测点埋深为 589 m，最大水平应力为 20.21 MPa。随着埋深增加，最大水平应力增加，最大水平应力增加梯度为1.41 MPa/100 m，即埋深每增大 100 m，最大水平应力增加 1.41 MPa。

(3) 地应力对巷道稳定性影响分析

综合红一煤矿现代构造、区域运动及应力场特征，确定红一煤矿受区域构造应力场影响程度为中等。最大主应力方向与工作面巷道及上山夹角如图 5-48 所示。

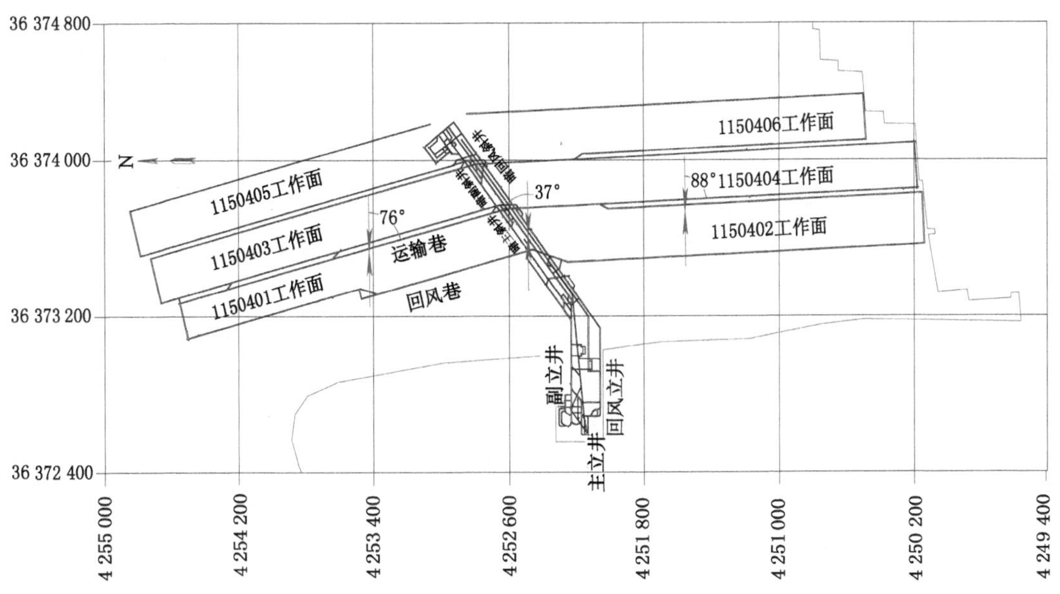

图 5-48　最大主应力方向与工作面巷道及上山夹角

红一煤矿三条暗斜井平行布置，与最大主应力方向夹角约为 37°，最大主应力方向对 1150404 工作面回采巷道稳定性存在一定影响。

1150404 工作面位于三条暗斜井的南翼，工作面运输巷在第二中部车场处开口，工作面在第一中部车场处开口。1150404 工作面回采巷道与最大主应力方向夹角约为 88°，最大主应力方向对 1150404 工作面回采巷道稳定性影响较大。

1150401 工作面位于三条暗斜井的北翼，工作面运输巷在第一中部车场联络巷处开口，工作面回风巷在回风联络巷处开口。1150401 工作面回采巷道与最大主应力方向夹角约为 76°，最大主应力方向对 1150401 工作面回采巷道稳定性影响较大。

第6章　岩体应力分析

6.1 概　　述

6.1.1 岩体应力分析的作用

地应力是引起采矿工程围岩、支护变形和破坏以及产生矿井动力现象的根本作用力，在诸多影响采矿工程稳定性的因素中，地应力是重要的因素之一[161]。在矿井设计、施工和生产的各个阶段，地应力与开拓部署、巷道布置与支护设计、采煤方法与工艺选择、矿山压力与岩层控制都有密切联系。对于常规开采矿井的支护设计而言，不仅要考虑巷道的工程地质、煤层赋存、布置方案等因素，还应根据巷道所处区域的地应力特征，采取必要的加强支护措施，如加密锚杆或增加锚杆长度等，保证巷道的正常使用。对于具有动力灾害的矿井，应在明确工程所处的区域煤岩体应力特征的基础上，经过综合分析，采取相应的解危措施。获得地应力的基础工作是进行地应力测量。通过地应力测量，可以得到地应力场的量值和方向，确定现代构造应力场特征，从而反映外部地质体对井田的作用关系。地应力测量数据是进行煤矿设计、开采活动和井下工程受力状态分析的最重要的基础数据。

采矿工程活动所在的煤系是由各种煤岩体组成的工程介质，具有不连续性、非均匀性、各向异性等物理力学特征，这样的工程介质处于同一地应力场作用下，井田内煤岩体应力状态具有异常复杂的分布格局[162]。有限的地应力测量数据不能反映全井田岩体应力分布规律。目前，国内外采矿工程界常用的数值模拟方法在进行井下工程受力状态分析时，多采用实测地应力数据作为加载条件，即使计算的井下工程在不同的区域，大多都是用同一个地应力测量数据进行加载，即默认为全井田地应力分布是相同的，这与井田岩体的实际应力分布规律不符。所以说，在井田的不同区域用同一个地应力测量数据作为加载条件模拟分析矿井各类工程效应是不够准确的，模拟计算结果可能出现较大误差。

地质动力区划理论认为，在现代构造运动作用下，构造应力场分布是不均匀的，煤矿井田应力场分布具有规律性；要研究岩体应力分布规律，首先要进行地应力测量，确定外部地质体对井田的作用关系；在进行井下工程受力状态分析计算之前，还必须对整个井田的岩体应力进行分析计算，得到井田应力分布规律。进行井下工程受力状态模拟计算时，计算的局部区域处于井田的哪个位置，就用相应位置的岩体应力值进行加载，提高加载条件的准确性。因此，在地应力测量的基础上必须对井田岩体应力进行分析计算，确定全井田的应力分布规律和分区特征，为煤矿开采、单项工程的应力分析计算等提供岩体应力分布数据。井田应力分布规律与分区特征，是煤矿开采与灾害防治等工作的分级、分区管理的基础。

6.1.2 岩体应力分析研究现状

20世纪90代至今，随着计算机技术的发展和数值分析方法的改进，用于应力分析的大型数值模拟和计算软件越来越多，如有限差分法（FDM）、有限单元法（FEM）、离散单元法（DEM）和边界单元法（BEM）等目前常用的数值模拟方法[163-165]。

对于工程区域地应力分析，一般采用有限元方法，有限元方法涉及力学、数学、物理学、计算方法、计算机技术等多学科知识，是进行科学计算的重要方法之一。工程区域地应力分析的有限元方法有位移反分析法和应力反分析法。

（1）位移反分析法

位移反分析是指利用测试所得的位移数据，通过一定的模型反演计算出岩体初始地应力，再根据岩体所赋存的力学环境，由不同岩石本构关系得到不同力学特性参数。根据力学特性参数，将位移反分析分为弹性位移反分析和黏弹性位移反分析及弹塑性位移反分析和黏弹塑性位移反分析。从计算方法层面考虑，地应力位移反分析分为解析法和数值法两类。对于几何形状简单、边界条件单一的问题，反演一般采用解析法；而对于复杂的岩土工程问题，则一般采用数值法。数值法实现反分析分为直接法和逆解法两类方法。

直接法即直接逼近法，把地应力反演问题直观地转化为模型边界条件的最优值问题：先运用正分析的格式以及过程，根据误差值逐次修正边界条件，进而得到最优解。

逆解法则是在各点位移与弹性模量成反比，与载荷成正比的假设前提下，利用位移观测值求解初始地应力的分布。此法仅适用于线弹性这类简单问题。

总的来说，位移反分析法适用于地下工程范围较小及地形地貌较为简单、岩层（组）分布均匀的工程岩体初始应力场分析。

（2）应力反分析法

由实测点初始地应力对地应力场回归分析的方法大致分为地应力场趋势分析法、边界载荷调整法、应力函数法、位移函数法和有限元多元线性回归分析法等几类。

① 地应力场趋势分析法：该方法基于弹性理论和地应力场的分布，假定特定应力函数满足平衡方程和变形协调条件，并使计算域内某定点借助函数计算得到的应力值与已知实测值相吻合。该趋势分析方法简易可行，但当研究区域介质不均或地形起伏变化较大时，拟合过程较为烦琐。

② 边界载荷调整法：该方法对计算区域调整边界载荷，并对区域内的应力场用有限元求解；经反复试算使得所求应力场在测点处的计算值与实测值相吻合。在有限元计算中考虑重力场和构造应力场，较多测点或三维地应力场的求解，其边界载荷的调整无规律可循且载荷调整的困难程度大幅增加，此外解的唯一性无理论依据，解的收敛性无法判别。

③ 应力函数法：该方法在弹性理论的基础上采取边界配点的方式，建立应力函数来描述域内的应力张量场，使该函数计算的应力值和实测值相吻合。应力函数法计算量小，在区域地质构造相对简单或岩性均一的情况下可得到较为准确的结果；而当地质条件和岩性复杂时，该法应用起来有很大局限性，因为不仅需要更高阶的应力函数，而且要注意边界上的连续条件等问题。

④ 位移函数法：该方法用位移函数来描述区域的位移场（根据位移函数计算的应力值和实测值相等），并通过数学计算确定出位移函数，由边界点的坐标得到模型所施加的位移，进而得到地应力场。当地质条件复杂、岩性及岩体结构变化较大时，位移函数法工作量大大增加，应用有局限性。

⑤ 有限元多元线性回归分析法：该方法根据实测资料及地质条件构建计算模型，并基

于多元回归理论，以地应力回归计算值为因变量，以有限元计算求得的实测点应力值为自变量建立回归方程，根据三维有限元模拟地应力场结果用最小二乘法进行回归分析，遵循因变量和自变量的残差平方和最小这一原则，求回归方程中所有待定系数，进而组合成地应力场。

前面叙述的几种分析方法及开发的计算软件应用在工程方面，如桥梁工程、土木工程与水利水电工程等领域时，由于应力分析中的模型材料的结构参数、运动参数、力学参数一般是已知的，边界与加载条件是明确的，计算和分析结果比较准确。

而煤矿工程中的应力计算与上述领域工程应用相比，影响因素多、计算范围大、结构参数复杂、材料参数多，一方面自然岩体材料的力学参数不易准确得到，另一方面受地质构造、岩性分布特征的影响，计算模型的结构形式也不易确定，边界与加载条件不明确，应用上述方法和软件进行煤矿井田应力计算效果不是很好。

6.1.3 岩体应力分析难点及解决方案

关于煤矿岩体应力状态分布规律的数值研究主要存在以下几个难点：

① 如何建立研究区域的地质构造模型？

② 如何确定研究区域岩性分区特征？

③ 如何确定研究区域煤岩体力学参数？

④ 如何对研究区域断裂构造进行赋值？

⑤ 如何准确计算井田区域的岩体应力？

上述几个难点是煤矿井田岩体应力分析需要解决的问题，涉及应力分析中的数值模型的建立、计算参数的选取、边界条件的设定以及计算单元的控制等。

地质动力区划团队根据上述 5 个难点，基于地质动力区划理论及方法进行了深入研究并提出了解决方案，为煤矿井田岩体应力状态分析系统开发及数据分析提供了可行的方法。

(1) 建立研究区域的地质构造模型

目前大都基于地质、地震界已经确定的断裂来建立区域构造模型[166-167]。地质动力区划团队通过对构造地貌的分析，查明区域活动断裂的形成与发展状况，基于地质构造形式、现代构造运动特征和断裂活动特征，从板块构造的尺度出发，根据断块的主从关系和大小从高级到低级按顺序确定出Ⅰ—Ⅴ级断块，将研究范围划定至井田尺度上，建立了现代构造运动与工程应用之间的联系，利用Ⅴ级断块图建立了井田地质构造模型[168]，为下一步井田岩体应力分析确定计算模型奠定了基础，如图 6-1 所示。

(2) 确定研究区域的岩性分区特征

由于煤田成煤时期与地质构造的影响，井田内不同区域岩性分布是不均匀的，因此，需要明确井田的岩性分区特征。顶板岩性分区需要建立顶板岩性分类及代码数据库。数据库的建立有两种方法：一是收集、统计井田内地质勘探钻孔台账数据；二是利用井下各类工程揭露的岩性数据进行补充。

井田内地质勘探钻孔台账数据：一般可从煤矿地测部门获得，应明确井田内部有多少条勘探线、每条勘探线上地质及补勘钻孔的数量与编号。某矿提供的地质勘探钻孔图纸与台账信息如图 6-2、图 6-3 和表 6-1 所示。

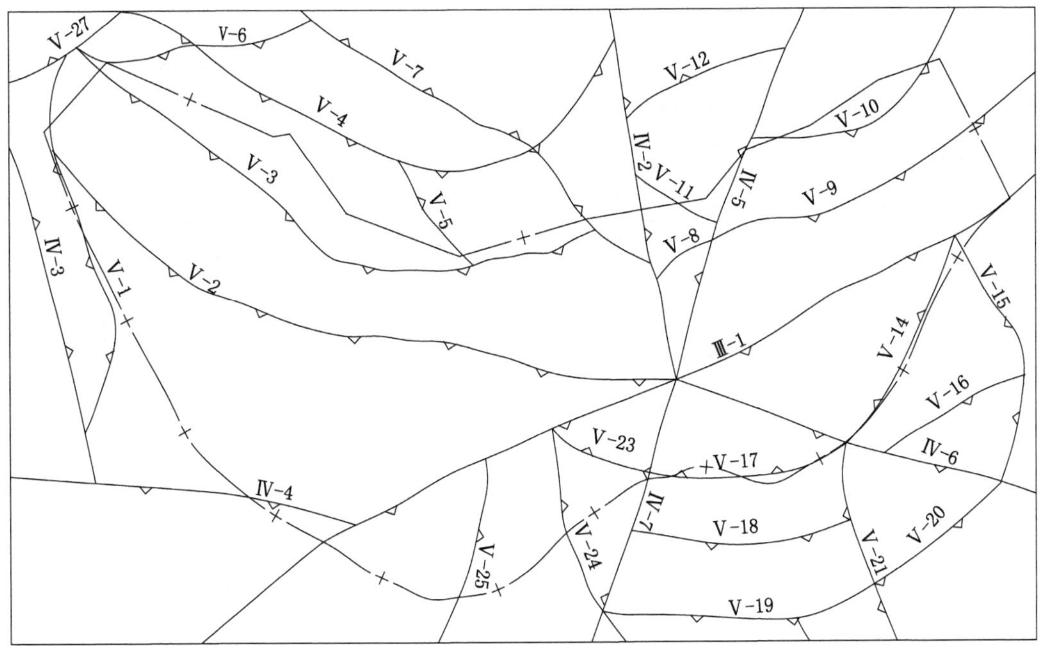

图 6-1　某矿地质构造模型

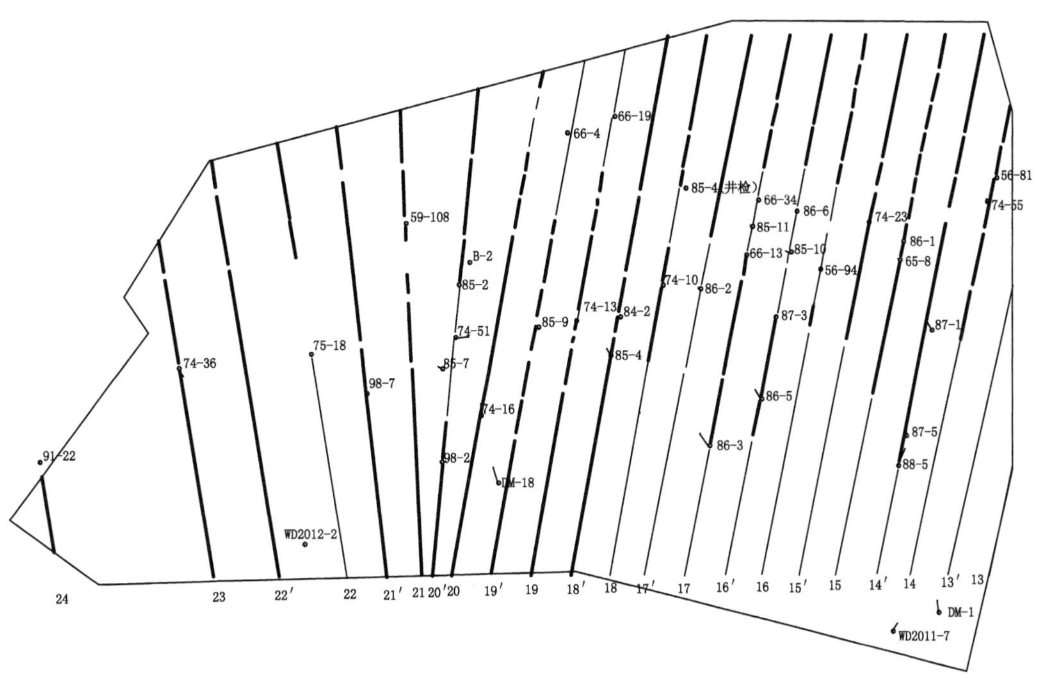

图 6-2　某矿勘探线钻孔图纸(平面图)

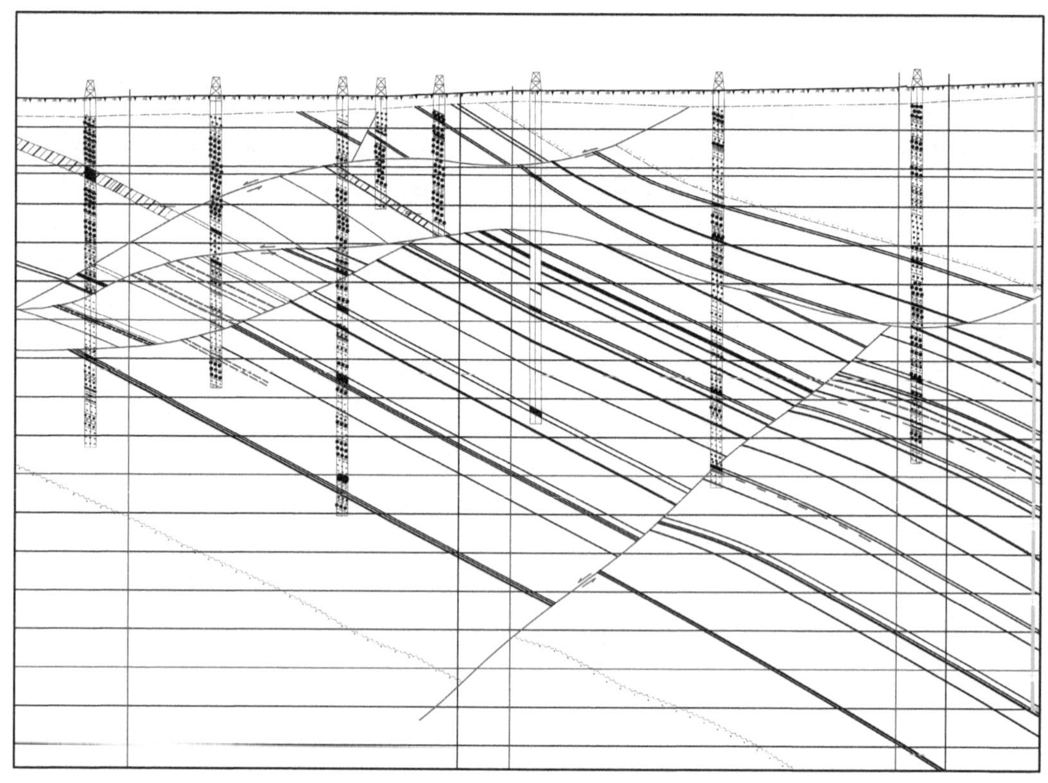

图 6-3 某矿勘探线钻孔图纸(剖面图)

表 6-1 某矿地质勘探钻孔台账

孔号	孔口坐标 (x,y,z)/m	终孔层位	开竣工时间	煤层厚度、煤层底板标高/m					
				2-2$_{上}$煤	3-1 煤	4-1 煤	5-1 煤	6-1$_{中}$煤	6-2$_{中}$煤
43	4 407 058.57,37 424 382.1,1 512.33	T_3y	1980-07-29—1980-08-13	4.47、1 387.99	1.60、1 354.54	2.36、1 313.71	6.67、1 282.7	1.40、1 260.64	1.40、1 241.60
检 55	4 406 620.56,37 427 125.79,1 547.04	T_3y	1984-12-01—1985-05-29	5.49、1 404.80	2.27、1 383.64	3.49、1 343.59	5.67、1 312.84	1.10、1 295.04	1.51、1 267.71

孔号	直接顶										松散层厚度/m	最上部可采煤层上覆基岩厚度/m
	2-2$_{上}$煤		3-1 煤		4-1 煤		5-1 煤		6-1$_{中}$煤			
	岩性	厚度/m	岩性	厚度/m	岩性	厚度/m	岩性	厚度/m	岩性	厚度/m		
43	砂质泥岩	1.29	砂质泥岩	4.35	砂质泥岩	11.6	砂质泥岩	23.77	粉砂岩	0.7	13.20	106.67
检 55	细砂岩	15.15	砂质泥岩	6.37	泥岩	3.37	粉砂岩	18.18	细砂岩	2.45	0.82	135.93

对勘探线平、剖面图进行梳理，确定井田范围内的钻孔数量，统计待测煤层涉及的全部钻孔信息，得到钻孔坐标、孔深、直接顶板岩性、岩层厚度等参数。

井下工程揭露岩性数据：煤矿开采过程中，地测部门一般根据巷道掘进和工作面推进过程中揭露的煤岩信息来补充井田地质资料，绘制煤岩柱状图。顶板岩性分类及代码数据库要根据这些数据进行补充。确定工程揭露补充规则时，可根据井田面积确定单元大小，一般来说 100 m×100 m 工程区域补充一个钻孔数据即可满足要求。某矿的某采区工作面开采揭露的部分岩性信息如图 6-4 所示。

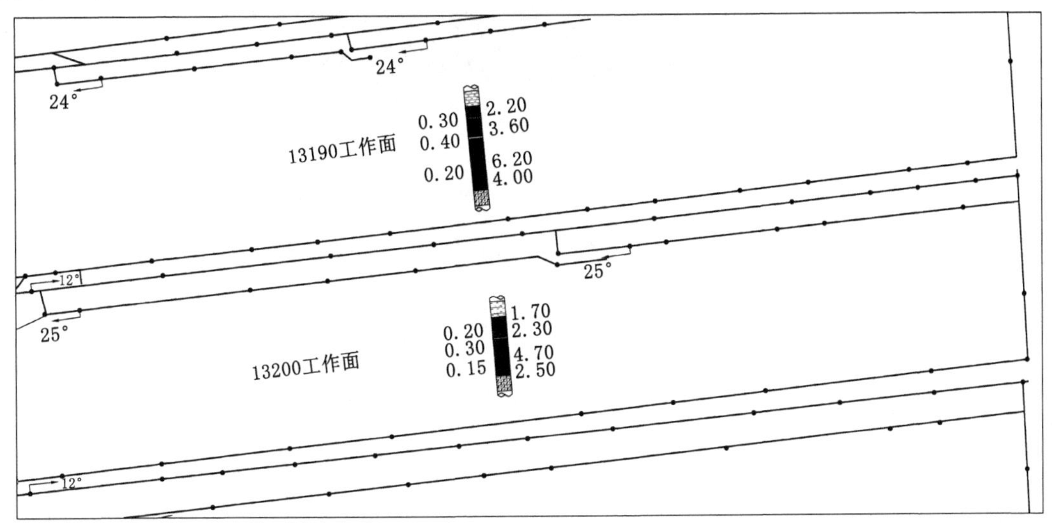

图 6-4 某矿某采区工作面开采揭露的部分岩性信息

将地质勘探钻孔台账与工程揭露的岩性数据进行汇总，建立煤层顶板岩性代码数据库，数据库数据包括钻孔编号、钻孔 x 和 y 坐标、待测煤层顶板岩性及岩性代码。煤层顶板岩性代码数据库见表 6-2。

表 6-2 煤层顶板岩性代码数据库

钻孔编号	钻孔坐标/m		顶板岩性	岩性代码
	x	y		
1	37 423 552.63	4 406 383.49	细砂岩	1
2	37 424 382.14	4 407 058.57	砂质泥岩	4
3	37 424 786.13	4 407 334.37	粉砂岩	2
…	…	…	…	…

利用煤层顶板岩性代码数据库数据，应用邻近域差值方法，通过团队开发的“岩性分区计算软件”，将 shp 文件导入系统，进行岩性分布计算，得到计算模型内部不同岩性岩体分区特征，顶板岩性分区结果如图 6-5 所示。

同时通过 CAD 软件将断裂、井田境界、计算边界和煤层顶板岩性分布分别置于单独的图层，保存为 dwg 格式文件，进一步利用 GIS 数据转换器将 dwg 格式文件转为 shp 文件。

(3) 确定研究区域岩体力学参数

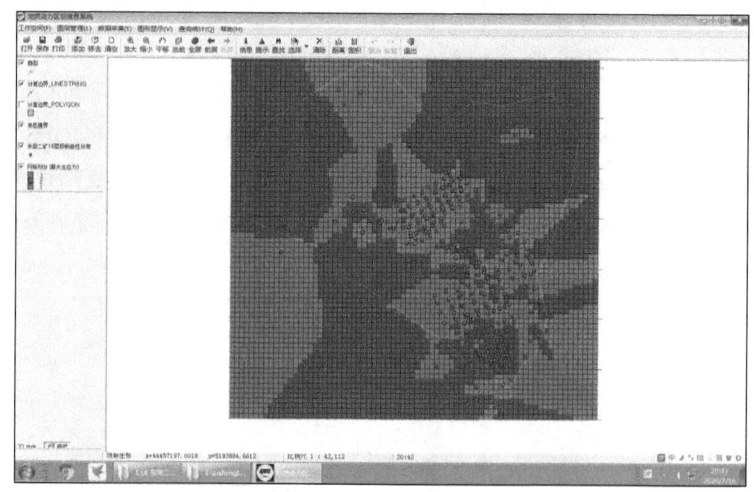

图 6-5 某矿计算模型的岩性分区图

确定研究区域岩体力学参数一般采用实验室测试与经验类比两种方法。

实验室测试是指在煤矿井下取煤岩样，按照《煤和岩石物理力学性质测定方法》等相关国家标准进行实验室试验。在实际工作中，在煤矿井下选择若干个受地质构造与开采影响较小的位置，通过地面钻孔取芯或井下取样，在实验室完成岩体力学参数测试工作，进而得到岩体力学参数。

然而，得到计算模型内所需要的全部岩体力学参数在工程上是极其困难的，经济上也是不合理的。此时可通过经验类比方法获得相关岩体力学参数。查阅相关岩性资料，结合《工程岩体分级标准》，不同岩性力学参数参考值见表 6-3。在选取参数过程中，应结合煤矿具体工程条件，按同一岩性在施工中的表现特征进行选取，表现为相对坚硬条件的岩性参数可取上限，反之取下限，正常条件下取中间值。

表 6-3 岩性力学参数

岩　性	抗压强度/MPa	抗拉强度/MPa	弹性模量/($\times 10^4$ MPa)	泊松比
泥　岩	11.70～59.00	0.16～0.72	0.87～1.98	0.20～0.33
粉砂岩	12.20～54.90	0.48～2.38	1.70～5.22	0.15～0.35
细砂岩	103.90～143.00	5.50～17.60	2.79～4.76	0.15～0.25
粗砂岩	56.80～123.50	5.40～11.60	1.66～4.03	0.10～0.45
砂质泥岩	18.00～69.00	0.70～1.72	1.30～2.42	0.22～0.31
页　岩	9.80～98.00	1.96～9.80	1.96～7.84	0.20～0.40
砾　岩	10.00～150.00	2.00～15.00	1.00～11.40	0.16～0.36

(4) 进行断裂构造赋值

从地质研究上看，中国大型断裂的宽度可达 40 km，而实际研究的断裂有时就是某一条断层，宽度可以小到几米。因此，仅用某一断面露头的宽度来表示某一断裂的宽度是不合适的。从理论上讲，利用高精度仪器，布设小间距的地球物理探测网可以揭示断裂带的实际宽度，但对地质构造模型中的Ⅰ—Ⅳ级断裂进行赋值，目前还没有这方面的完整资料。根据上述推断，根据断裂级别和计算上的要求来处理断裂的宽度，取Ⅰ级断裂影响宽度 1 000 m，Ⅱ级断裂影响宽度 500 m，Ⅲ级断裂影响宽度 200 m，Ⅳ级断裂影响宽度 100 m，Ⅴ级断裂影响宽度 50 m[169]。

（5）计算井田区域的岩体应力

地质动力区划团队应用有限元方法，利用 Fortran 77 语言和 Microsoft Visual C++6.0 开发了"岩体应力状态分析系统"，建立岩体应力计算模型，将已知的地应力数据作为边界及加载条件，进行相应数值分析、反演、回算和模拟，揭示区域构造和岩体应力状态间的内在关系，进而完成井田不同范围内的应力区划分。

岩体应力状态分析系统主要应用于煤矿井田岩体应力状态分析计算，确定应力分布规律，进而分析岩体应力分布规律对矿井动力灾害的影响。岩体应力状态分析系统是地质动力区划理论中的代表成果之一，经过二十余年的实际应用，效果良好。

6.2　岩体应力状态分析系统功能

6.2.1　岩体应力状态分析系统架构

岩体应力状态分析系统以 Microsoft Visual C++6.0 作为开发工具，以 Fortran 77 语言为核心编程语言，采用 ActiveX 技术，调用 Golden Software Surfer 绘图软件进行等值线的绘制，实现了有限元网格的自动剖分以及有限单元性质的图形化录入和修改。系统技术优势如下：

① 系统以 Microsoft Visual C++6.0 为开发工具。Microsoft Visual C++ 6.0 为面向对象的可视化集成编程系统，具有程序框架自动生成、灵活方便的类管理、代码编写和界面设计集成交互操作、可开发多种程序等优点，兼容性好，支持数据库接口、OLE 2.0 及 WinSock 网络。

② 系统以 Fortran 77 为核心编程语言。Fortran 77 语言是工程界最常用的编程语言，具有数值计算功能较强，开发速度快，系统扩展性强等优点，适合解决各类的数值和非数值问题。目前，由于计算的井田范围较大，考虑煤矿开采的特点，主要以二维平面计算为主。

③ 系统以 Golden Software Surfer 软件绘制等值线，实现了等值线的自动绘制与处理，提供了与外部程序如 AutoCAD、ArcView 等程序良好的接口，方便与其他程序进行数据交换。岩体应力状态分析系统如图 6-6 至图 6-9 所示。

图 6-6　岩体应力状态分析系统

图 6-7　网络剖分

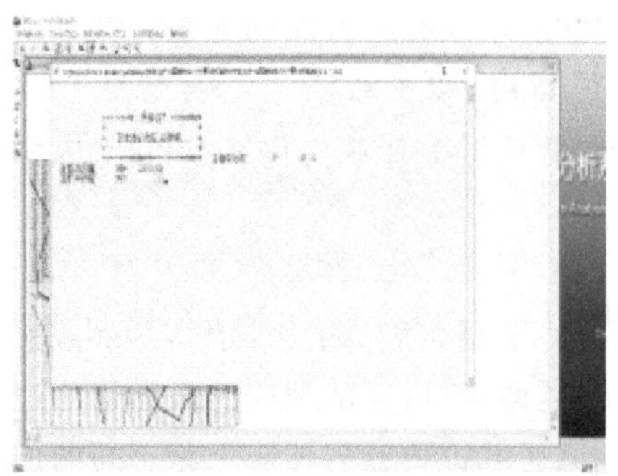

图 6-8 应力计算过程

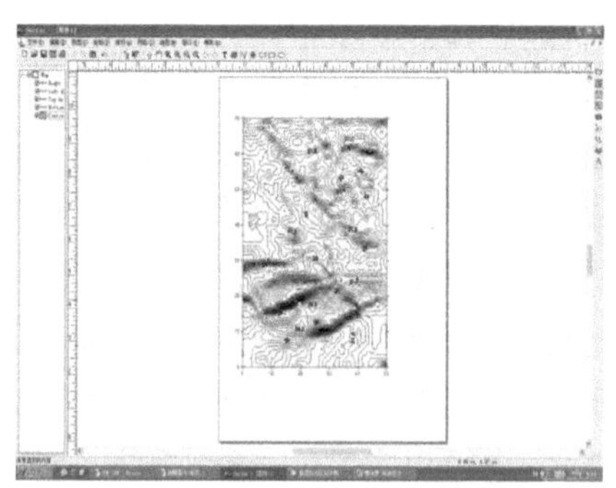

图 6-9 等值线绘制

岩体应力状态分析系统包含前处理、应力计算、后处理三部分。

前处理部分:包括计算模型建立、计算范围确定与网格剖分、初始条件与边界条件设定、顶板岩性分区、岩性与断裂力学参数录入。

应力计算部分:为岩体应力数值计算过程,可得到最大主应力、最小主应力、最大剪应力与相应的迹线值数据。

后处理部分:包括应力等值线绘制,高应力区、低应力区与应力梯度区确定。

岩体应力状态分析系统架构如图 6-10 所示。

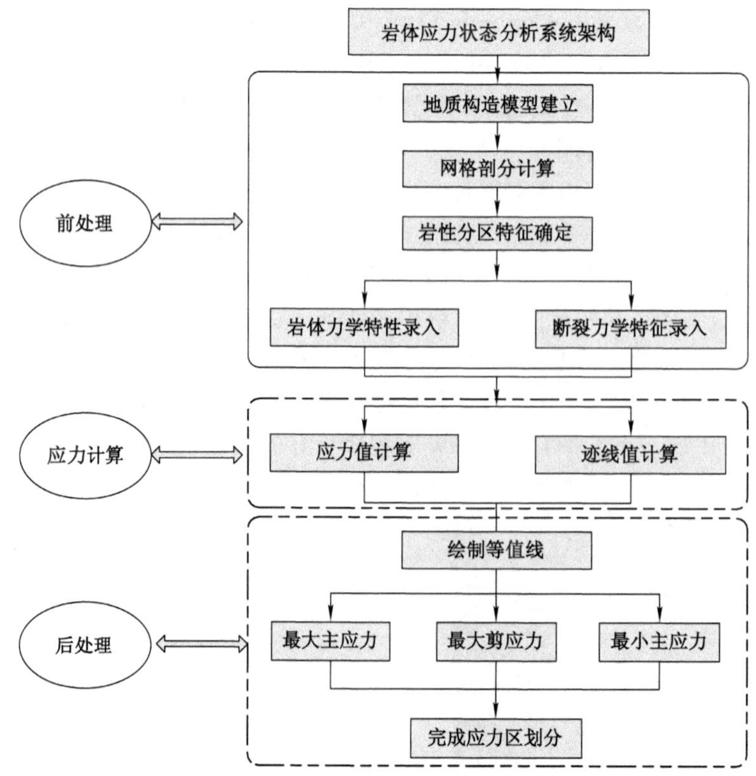

图 6-10 岩体应力状态分析系统架构

6.2.2　前处理部分

岩体应力状态分析系统前处理部分应用 Microsoft Visual C++6.0 开发，为有限元程序计算进行数据准备，具有灵活性、可视化、精度高、交互化等优点。

① 较强的灵活性。灵活性是利用 Microsoft Visual C++6.0 开发有限元计算程序的最大优点。系统的所有流程和数据都可以在设计者的控制之下；根据系统需求，可实现具体的操作功能，在一些有限元计算（特别是在一些小型或特定领域）系统开发时具有无可比拟的优势。

② 易于扩展成各种系统。开发者可根据实际需求不断完善开发内容，把系统的开发从应用项目级提高到开发工具级。

③ 有系统版权。开发者自身具有系统版权，这在一些行业的大规模推广中具有无可比拟的优势。Microsoft Visual C++6.0 开发主界面如图 6-11 所示。

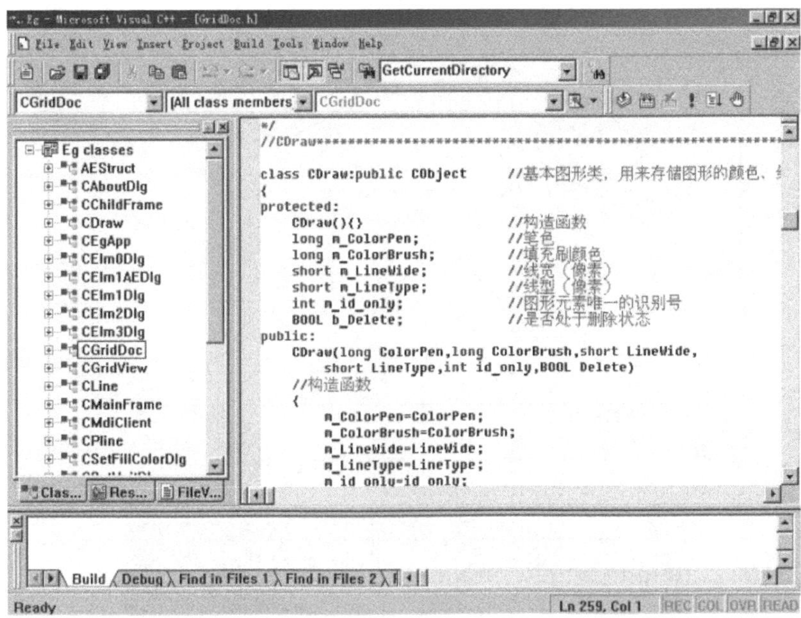

图 6-11　Microsoft Visual C++ 6.0 开发主界面

前处理部分功能如下：

(1) 计算模型建立

岩体应力计算一般选择Ⅴ级断块图作为地质构造模型，某矿地质构造模型如图 6-12 所示。

(2) 计算范围确定与网格划分

由于井田边界一般是不规则的，考虑数值计算的边界效应，应在井田各拐点处外延 0.5～1.0 km 规划出一个规则的矩形或正方形，得到岩体应力分析合理的计算区域，使得井田处于计算区域中心位置。岩体应力状态分析系统的前处理部分采用 Microsoft Visual C++ 6.0 作为开发工具，实现了有限元网格的自动剖分以及单元性质的图形化录入和修改[170]。网格划分模型如图 6-13 所示。

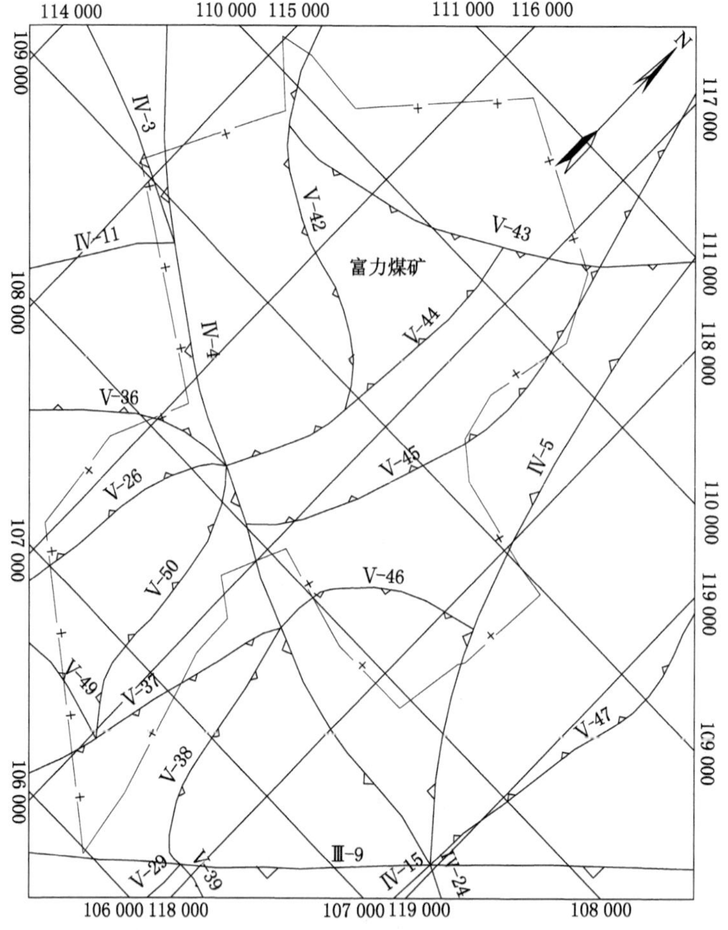

图 6-12 地质构造模型

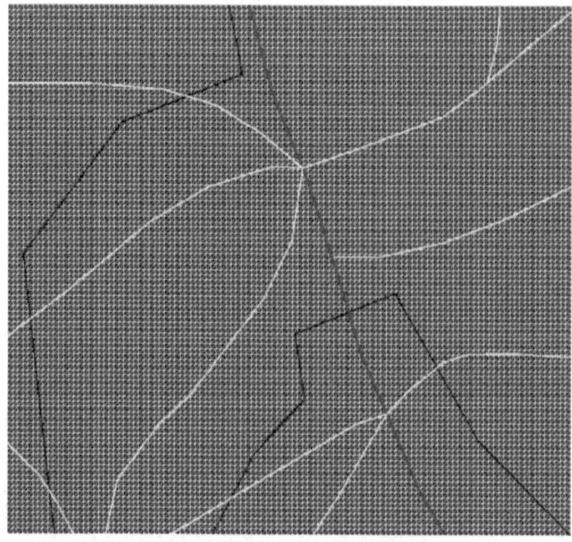
图 6-13 网格划分模型

（3）顶板岩性分区数据准备与顶板岩性分区

建立顶板岩性分类及代码数据库，为顶板岩性分区做数据准备；运用地质动力区划信息管理系统软件，进行岩性分布计算，完成不同岩性岩体分区[171]。顶板岩性分区如图 6-14 所示。

（4）边界条件与加载条件设定

根据计算模型试验与力学分析计算，井田边界尺寸变化对地应力的分布变化具有明显的影响。

井田边界上的外力作用方式、方向、大小的变化，可以导致井田内部应力分布的变化，随之形成的构造形迹也发生变化。因而在进行井田岩体应力场反演时，应该对区域地块边界及其所处力学环境进行深入研究。地应力数据通过现场地应力测量得到，为便于计算，分别将最大水平应力和最小水平应力分解到平面直角坐标系下的 x 轴方向和 y 轴方向，x 轴方向的合力和 y 轴方向的合力作为计算模型的边界应力加载条件。根据井田岩体应力计算的要求，确定计算模型的初始约束条件[172]。

（5）断裂带力学参数录入

取Ⅰ级断裂宽 1 000 m，Ⅱ级断裂宽 500 m，Ⅲ级断裂宽 200 m，Ⅳ级断裂宽 100 m，Ⅴ级断裂宽 50 m；Ⅰ—Ⅴ级断裂带弹性模量取正常岩体参数的 1/10～1/5，泊松比取正常岩体参数的 120%～150%，根据断裂的实际情况进行选择。

（6）顶板岩性力学参数录入

岩体应力分析中录入的力学参数包括顶板岩体的弹性模量、泊松比、厚度。前处理部分得到的某矿岩体应力分析系统计算模型如图 6-15 所示。

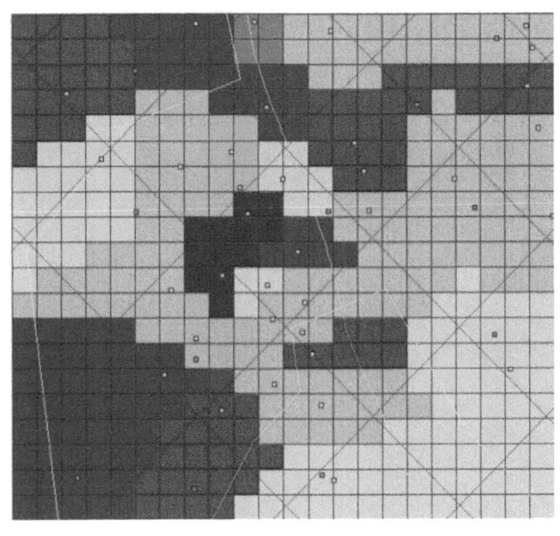

图 6-14　顶板岩性分区

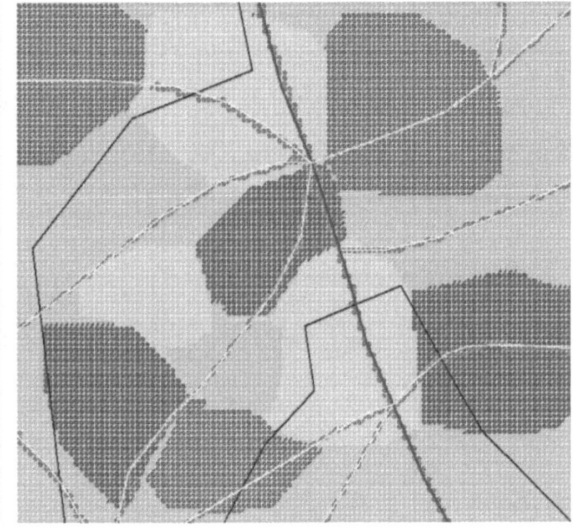

图 6-15　某矿岩体应力分析系统计算模型

6.2.3　应力计算部分

Fortran 77 语言是为科学、工程问题或企事业管理中的那些能够用数学公式表达的问题而设计的，是工程界数值计算领域最常用的编程语言，在科学计算中（如航空航天、地质勘探、天气预报和建筑工程等领域）发挥着极其重要的作用。其主要特点是计算能力强、速度快、扩展性强、可靠性高、功能较强。

岩体应力状态分析系统计算程序由 Fortran 77 语言编制而成，由网格剖分、应力计算、应力迹线计算 3 个 Fortran 77 程序组成。计算界面如图 6-16 所示。

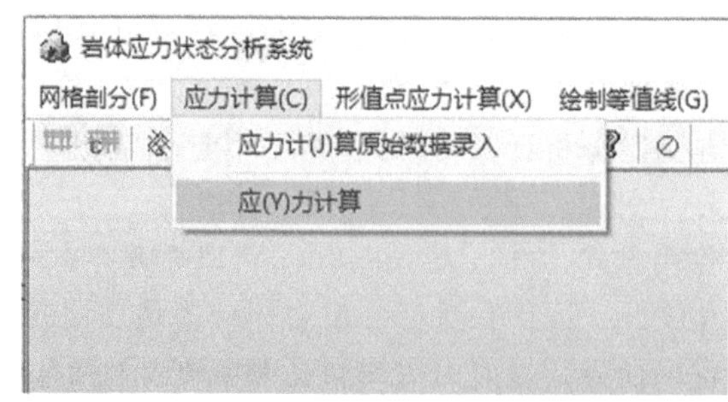

图 6-16 岩体应力状态分析系统计算界面

网格剖分是指对计算模型进行网格剖分计算，为前处理网格图形绘制提供数据。

应力计算是核心部分，计算确定井田各单元的应力值，为后处理绘制应力等值线图提供数据。

应力迹线计算用于确定各单元应力值和方向，为后处理绘制应力迹线图提供数据。

计算结果：形成各类数据文件，数据文件可以导入 Surfer 或 CAD 进行后处理应用。

6.2.4 后处理部分

(1) 后处理软件

应力计算结果采用数据文件方式输出，结果不能直观反映应力分布规律。为了输出应力分布等值线，系统采用 ActiveX 技术，应用 Golden Software Surfer 软件进行等值线的绘制，实现应力分布特征的可视化。

Golden Software Surfer 是一款功能强大的绘制等值线的软件，可以使用多种方式生成等值线图、等值线填充图和三维立体等值线图，而且有很强的数据处理功能，对于数值分析是个不可多得的强大平台，如图 6-17 所示。

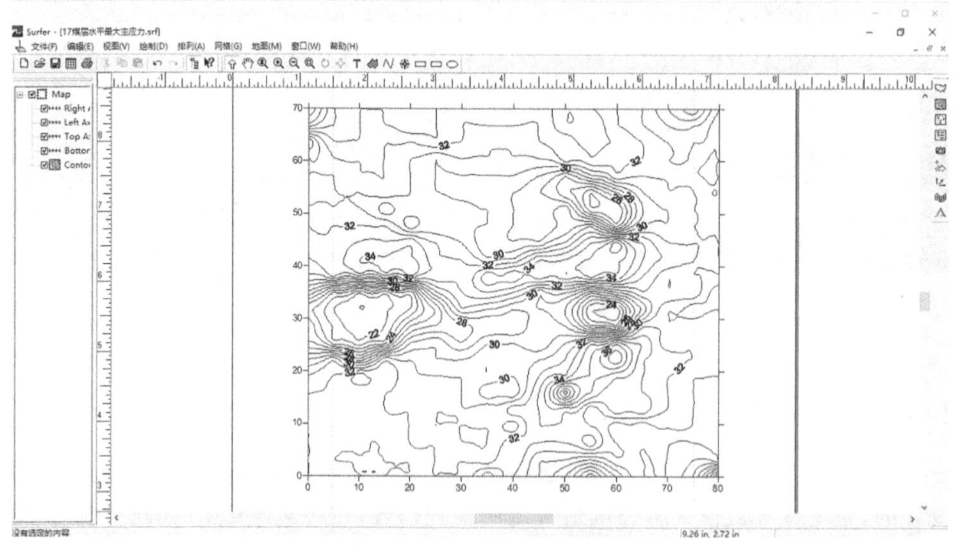

图 6-17 等值线绘制软件 Golden Software Surfer

(2) 应力分区划分规则

在研究工作中，根据岩体应力分布情况和应力值进行构造应力区的划分，应力区的划分在应力等值线图上用作图法进行。采用应力区划分系数划分岩体应力区，一般分为高应力区、应力梯度区和低应力区。其中，高应力区、低应力区为与之对应的主应力等值线圈定的范围，应力梯度区通常位于高应力区与低应力区之间的区域。

应力区的划分规则按照区域现代构造应力场对井田的影响程度的不同，将应力区划分系数 k 分为 3 类，应力区划分系数 k 等于区域岩体最大主应力值(σ_1)与垂直应力(γH)的比值[173]。应力分区规则见表 6-4。

$$k = \frac{\sigma_1}{\gamma H} \tag{6-1}$$

表 6-4 应力分区规则

区域现代构造应力场对井田的影响	强	中等	弱
高应力区	$k>1.20$	$k>1.15$	$k>1.10$
应力梯度区	$0.80<k<1.20$	$0.85<k<1.15$	$0.90<k<1.10$
低应力区	$k<0.80$	$k<0.85$	$k<0.90$

(3) 不同应力分区特点及对开采的影响

① 高应力区：高应力区岩体受到较大的构造应力挤压作用，积聚大量的弹性能，部分岩体接近极限平衡状态。当采掘工程对岩体产生扰动，外部因素破坏其力学平衡状态时，岩体内部积聚的高应力急剧降低，弹性能突然释放，其中大部分能量转变为动能。高应力区的工作面开采，工作面来压强度一般较大，持续时间长，工作面上覆岩层破断相对剧烈，易发生强矿压显现等情况，甚至发生冲击地压等动力灾害。高应力区巷道一般会受到较大切向应力的影响，围岩常处于高度挤压状态；围岩强度如果较小，极易受挤压破坏，从而造成冒顶、底板大幅度鼓起的现象。高应力区的巷道支护强度应适当加大，以保证巷道围岩稳定，同时应加强巷道围岩变形监测，发现问题及时上报，及时进行翻修加固处理。

② 应力梯度区：应力梯度区的岩体一般存在较大的应力差异，岩体的物理力学性质易发生改变，变形模量、内摩擦角、黏结力会下降，从而造成岩体脆性增大、破坏强度降低。应力梯度区内岩体易受到地质构造(如断层、褶曲等)等影响。同时，应力梯度区内的岩体，由于所受应力总体上较大，容易在内部积聚弹性能，并且部分受压较大的岩体已经达到极限平衡状态。在受到各种工程扰动过后应力转移，岩体内的高应力降低，积聚的弹性能释放，从而造成工作面强矿压显现及巷道围岩破坏情况。区域内岩体应力总体处于高水平且压力差大，巷道围岩易发生破坏，这会对巷道支护产生不利影响。

③ 低应力区：岩体内应力处于较低水平，岩体内部自然水分较大，岩体的力学参数如变形参数、强度等与高应力区、应力梯度区相比较小。由于处于低应力区的岩体受力较小，大量的其他物质向此区域运移，比如水、瓦斯等，岩体受到这些物质的侵蚀，强度进一步降低。低应力区岩体内部积聚弹性能较少，在该区域进行正常的采掘活动，矿压规律与覆岩运动多呈现正常的强度，一般不会发生严重的动力灾害，工作面巷道围岩整体稳定，但该区域是岩体的薄弱部位，易受地下水、瓦斯等因素的影响。

构造应力对矿井开采、巷道布置、支护方案选取、矿压显现等具有重要影响，明确岩体应力分区特征，能实现煤矿开采工程与灾害防治等工作的分级、分区管理。比如对于巷道支护方式及参数的设计而言，除了考虑巷道的工程地质、煤层赋存、布置方案等因素外，还应考虑巷道所处区域的岩体应力分布特征，在高应力区内，采取必要的加强支护措施，如加密锚杆或增加锚杆长度等，保证巷道的正常使用。同时，对于矿井动力灾害防治工作而言，不同应力分区内的煤岩体积聚-释放能量的程度不同，导致开采诱发动力灾害的危险的差异性。应在明确工程所处的岩体应力分布特征的基础上，经过综合分析，采取相应的动力灾害的解危措施。因此，井田岩体应力分析对开采工程效应具有很大的影响。

鄂尔多斯矿区某矿岩体应力分析结果如图 6-18 所示，井田内共分 3 个高应力区、2 个低应力区、2 个应力梯度区。

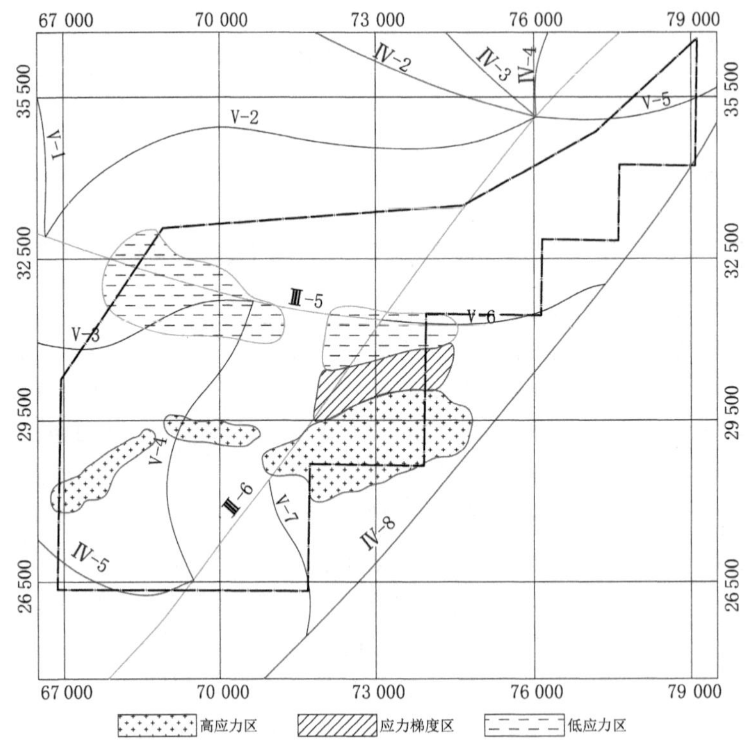

图 6-18 某矿应力区划分

6.3 岩体应力状态分析系统运行

6.3.1 岩体应力状态分析系统界面

岩体应力状态分析系统界面可分为菜单栏、快捷键栏、计算区，系统界面如图 6-19 所示。

菜单栏包括 5 个部分，从左至右分别为网格剖分、应力计算、形值点应力计算、绘制等值线与帮助，菜单栏选项如图 6-20 所示。

① 网格剖分包括网格剖分原始数据录入、网格剖分计算、断裂-井田边界原始数据录

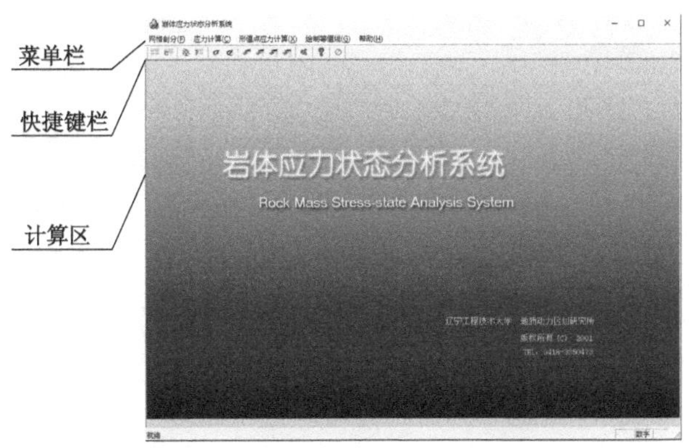

图 6-19　岩体应力状态分析系统界面

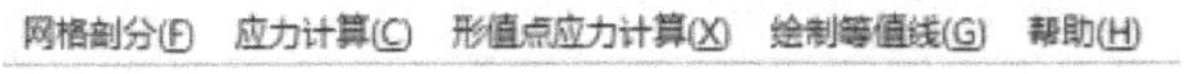

网格剖分(F)　应力计算(C)　形值点应力计算(X)　绘制等值线(G)　帮助(H)

图 6-20　菜单栏

入、网格图绘制前处理。

② 应力计算包括应力计算原始数据录入、应力计算。

③ 形值点应力计算包括形值点应力计算程序原始数据录入、形值点应力计算。

④ 绘制等值线包括最大主应力等值线、最大剪应力等值线和最小主应力等值线绘制。

⑤ 帮助为岩体应力状态分析系统版权信息。

快捷键栏包括 13 个命令，从左至右分别为网格剖分原始数据录入、网格剖分计算、断裂-井田边界原始数据录入、网络图绘制前处理、应力计算原始数据录入、应力计算、形值点应力计算程序原始数据录入、等值线计算、等倾线计算、迹线计算、绘制等值线、帮助与退出系统，菜单快捷键栏如图 6-21 所示。

图 6-21　菜单快捷键栏

6.3.2　网格剖分

(1) 网格剖分原始数据录入

点击“网格剖分”下拉菜单中“网格剖分原始数据录入”进行数据录入，输入计算范围，分别输入 x、y 方向的起点坐标、终点坐标和 x、y 方向上线条分段总数。输入步距比例与增-减剖分单元数，保存数据，即可生成网格剖分的原始数据文件，操作步骤如图 6-22 所示。

(2) 网格剖分计算

点击“网格剖分”下拉菜单中“网格剖分计算”，即可生成网格剖分的计算结果数据文件，操作步骤如图 6-23 所示。

(3) 断裂-井田边界原始数据录入

点击“网格剖分”下拉菜单中“断裂-井田边界原始数据录入”，依次将地质构造模型中的

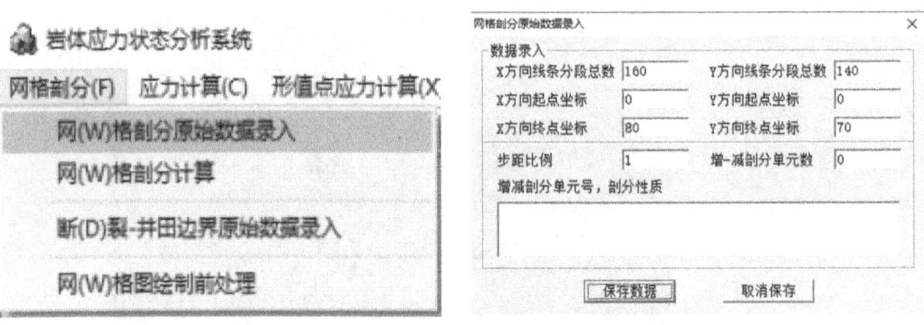

图 6-22 网格剖分原始数据录入

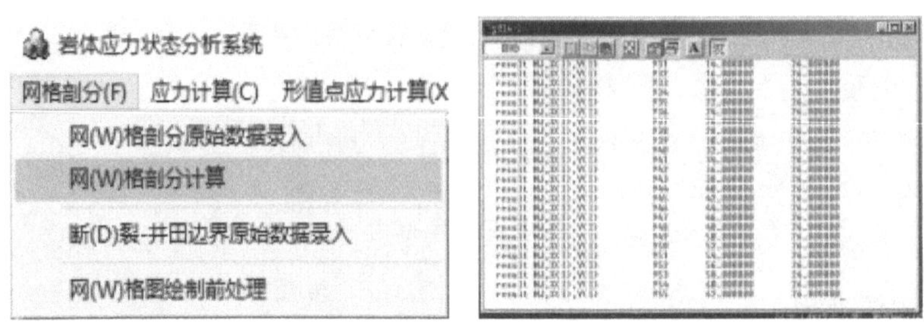

图 6-23 网格剖分计算

断裂、井田边界、岩性边界录入。其中，Ⅰ级断裂线宽设置为 6，Ⅱ级断裂线宽设置为 5，Ⅲ级断裂线宽设置为 4，Ⅳ级断裂线宽设置为 3，Ⅴ级断裂线宽设置为 2，岩性边界线宽设置为 1，井田边界线宽设置为 2，同时为不同级别断裂、井田边界与岩性边界设定不同颜色。录入数据后，点“保存数据”按钮即可生成断裂-井田边界的数据文件，操作步骤如图 6-24 所示。

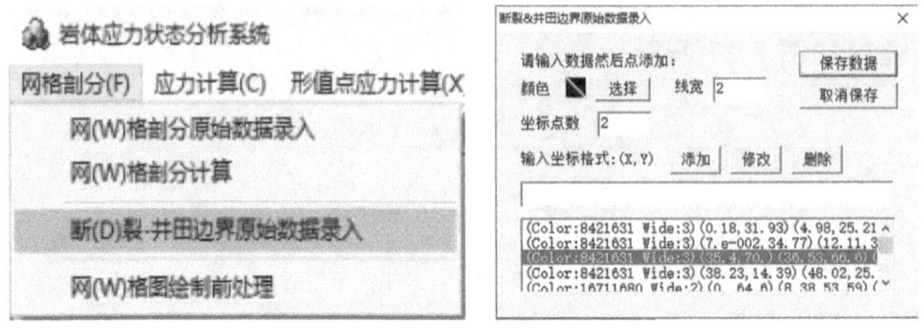

图 6-24 断裂-井田边界原始数据录入

(4) 网格图绘制前处理

点击“网格剖分”下拉菜单中的“网格图绘制前处理”，进入网格图绘制前处理界面。通过范围选择操作栏中的快捷键点选、线选、面选功能，选择断裂、岩性分布等区域，通过网格图绘制前处理快捷操作栏的“设置单元性质”工具设置单元性质，点击“保存单元性质”工具改变单元性质，即可自动完成有限元网格前处理过程，操作步骤如图 6-25 所示。

6.3.3 应力计算

(1) 应力计算原始数据录入

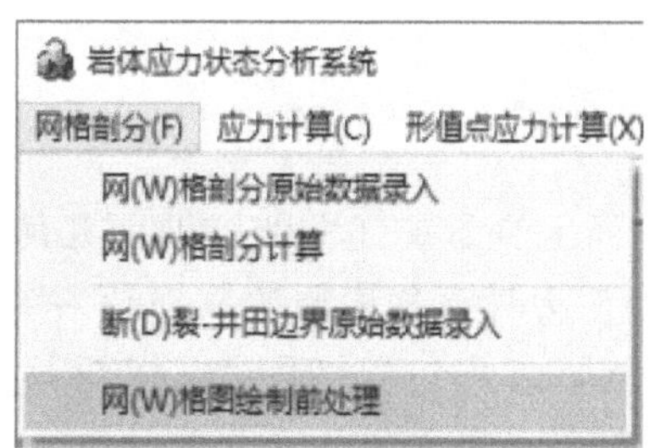

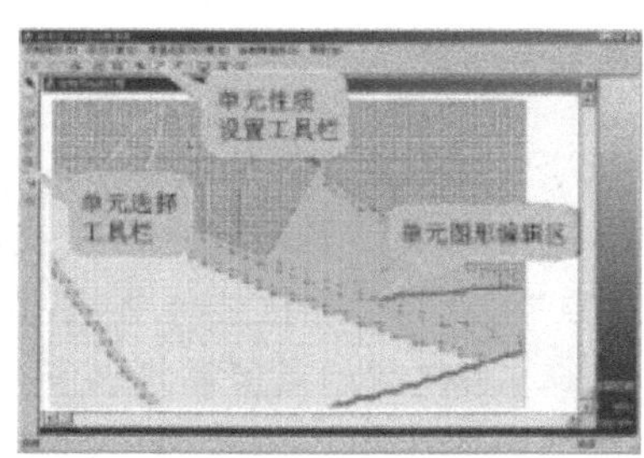

图 6-25　网格图绘制前处理

点击“应力计算”下拉菜单中的“应力计算原始数据录入”，提取计算模型的节点总数、单元总数和材料种类；输入受约束节点总数、已知位移节点总数、给定外载节点总数；选择应力应变类型和自重力，确定计算支座应力节点总数。

录入受 x、y 方向外载节点总数和受 x、y 方向外载边长，根据计算区域地应力测量结果确定 x、y 方向的主应力值及与 x 坐标轴的夹角，并输入计算模型的比例尺。

点击“输入材料性质”按钮，录入计算区域内不同岩性的力学参数，主要包括岩体的弹性模量和泊松比。录入应力计算数据后，点“保存数据”按钮即可生成应力计算的原始数据文件，操作步骤如图 6-26 所示。

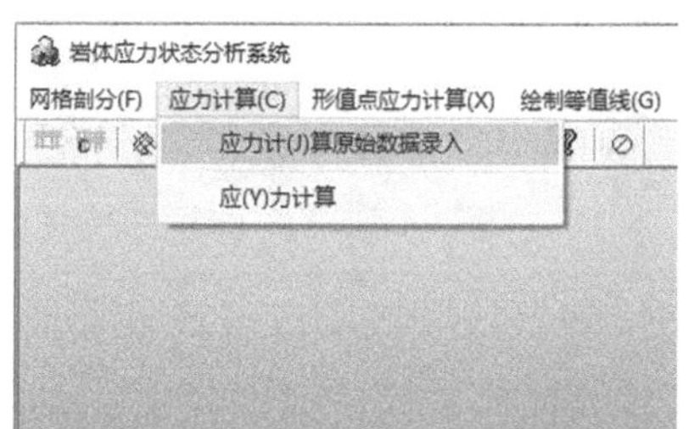

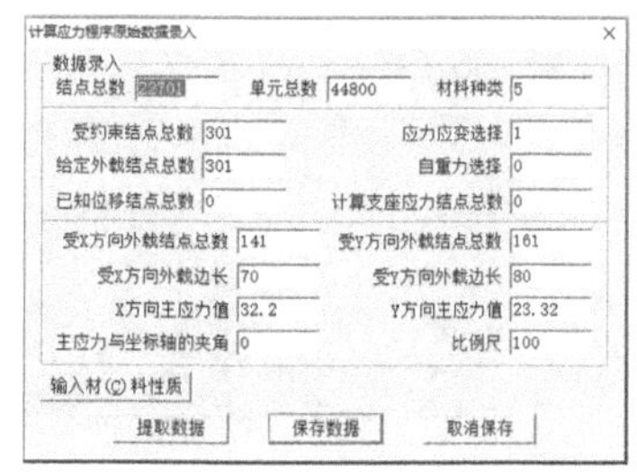

图 6-26　应力计算原始数据录入

(2) 应力计算

点击“应力计算”下拉菜单中的“应力计算”，即可生成应力计算结果数据文件，操作步骤如图 6-27 所示。

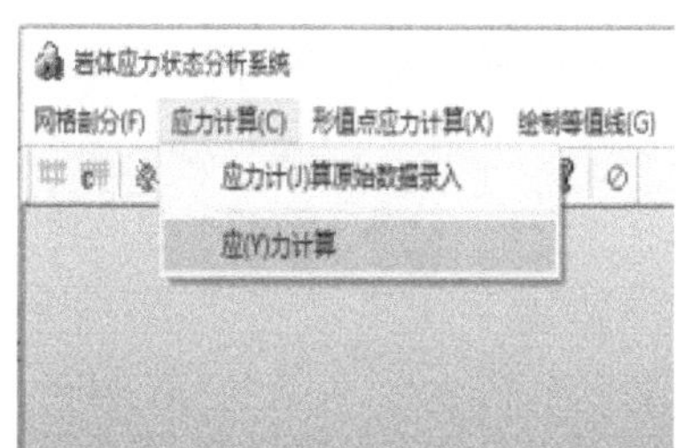

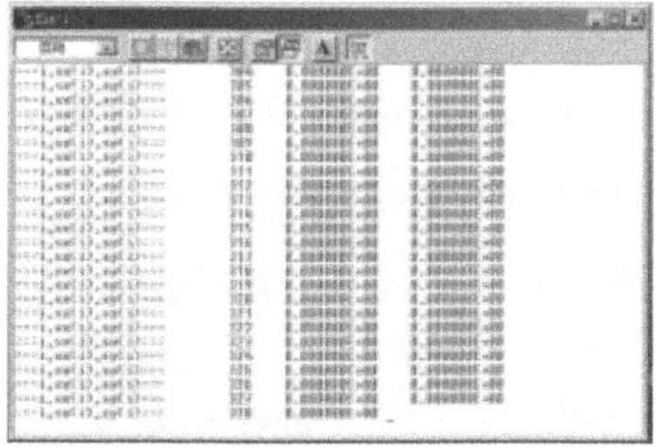

图 6-27　应力计算数据处理

6.3.4 形值点应力计算

(1) 形值点应力计算程序原始数据录入

形值点是通过测量或计算得到的曲线或曲面上少量描述曲线或曲面几何形状的数据点。点击“形值点应力计算”下拉菜单中“形值点应力计算程序原始数据录入”，提取节点总数、单元总数及 x、y 方向起始点值和终点值。输入 x、y 方向形值点数，以两者不等为宜，且不得大于 50，以保证应力曲线光滑。录入加权半径，一般取值为剖分单元边长的 2 倍左右。操作步骤如图 6-28 所示。

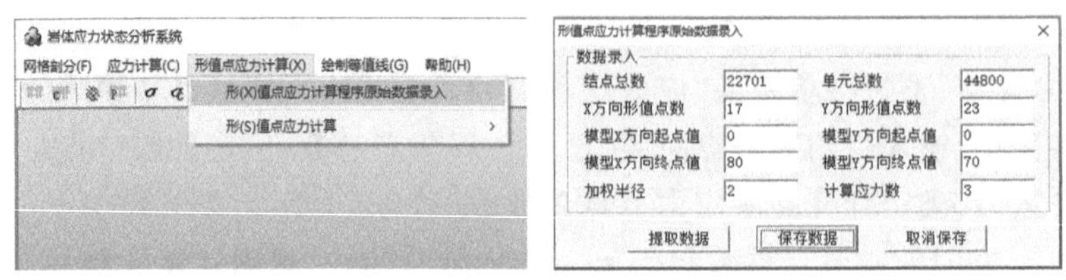

图 6-28 形值点应力计算数据处理

(2) 形值点应力计算

点击“形值点应力计算”下拉菜单中“形值点应力计算”，进行等值线计算、等倾线计算、迹线计算，操作步骤如图 6-29 所示。

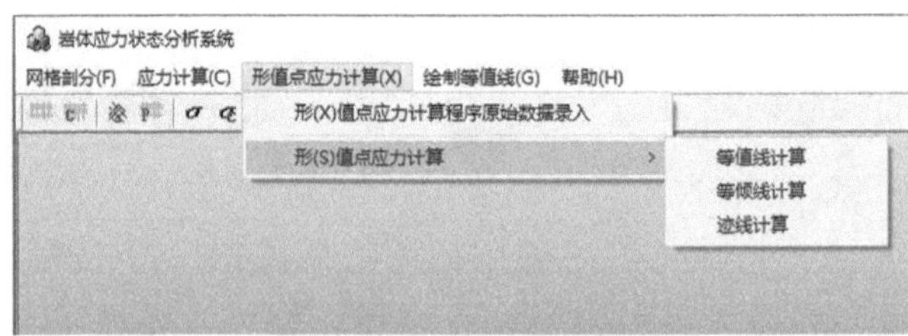

图 6-29 形值点应力计算

6.3.5 绘制等值线

点击“绘制等值线”下拉菜单中“在 Surfer 中绘制等值线”，进行最大主应力、最大剪应力、最小主应力等值线绘制，得到应力等值线的 Sufer 数据文件，并导出为 CAD 矢量数据文件进行应力分区，操作步骤如图 6-30 和图 6-31 所示，绘制完成的最大主应力等值线、最大

图 6-30 绘制等值线

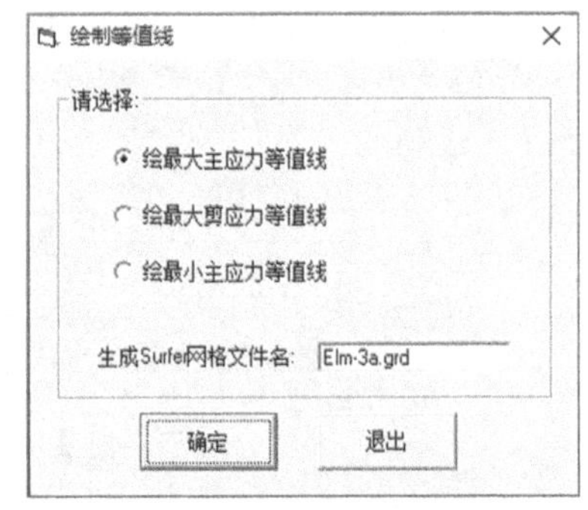

图 6-31 选择等值线

剪应力等值线如图 6-32 和图 6-33 所示。

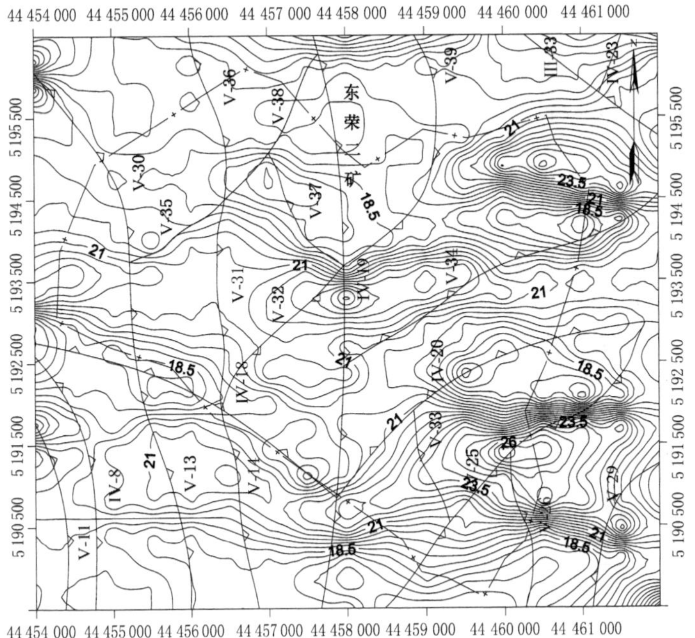

图 6-32　最大主应力等值线

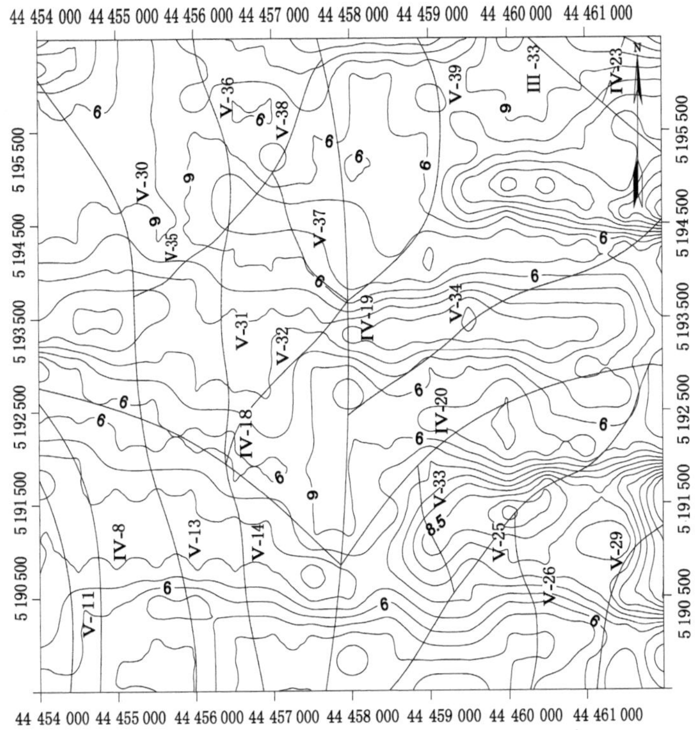

图 6-33　最大剪应力等值线

6.4 岩体应力分析应用

6.4.1 在冲击地压矿井中的应用

(1) 矿井概况

某矿位于鹤岗南部矿区，井田走向长度 6.2 km，倾向长度 4.0 km，面积 19.5 km^2，采用立井多水平、分区开拓的开拓方式，已开采煤层有 3、9、11、12、17 煤层等 7 个煤层，采煤方法为走向长壁采煤法，顶板管理方法为全部垮落法。冲击地压多发生在井田的北三、北四区，该区域处在 F_7、L_1、F_1 大断层包围之间，且地应力较大，顶板存在坚硬岩层，受上层遗留煤柱、区段煤柱影响会发生破坏性冲击地压灾害，以 3、17 煤层尤为严重。工作面巷道布置如图 6-34 所示。

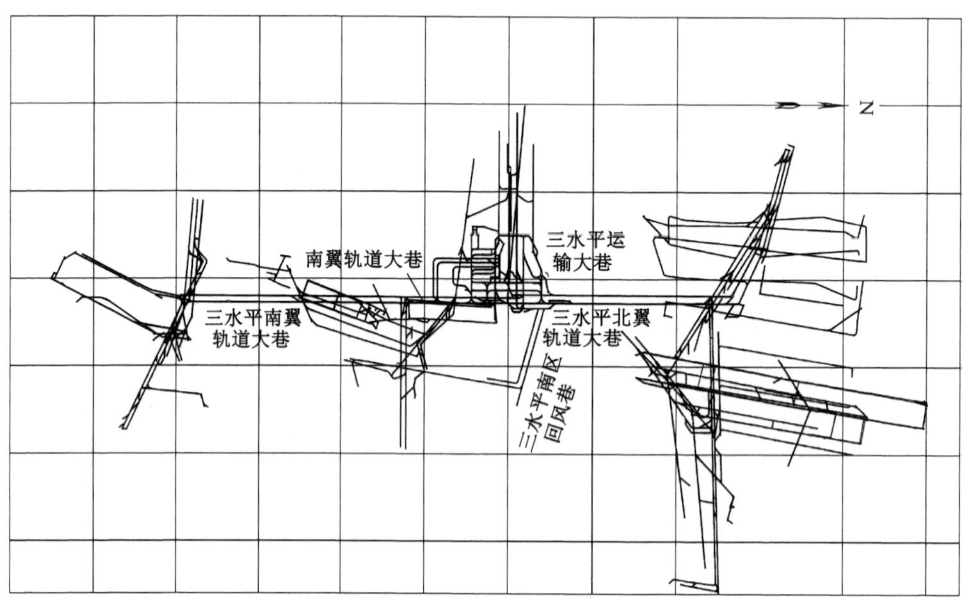

图 6-34 工作面巷道布置图

(2) 岩体应力分析计算

① 岩性分区特征及计算模型

基于地质构造模型，建立岩体应力计算模型，共划分了 4 131 个节点，8 000 个单元，单元划分完毕后，将相关断裂、井田边界、煤层边界线等信息输入模型。地质构造模型及计算模型如图 6-35、图 6-36 所示。

② 边界及加载条件设定

依据该矿提供的地应力测量结果，该矿三水平北一胶带石门埋深 720 m，最大主应力值为 33.42 MPa，方位角为 87°；垂直应力值为 10.81 MPa，方位角为 267°；最小水平应力为 18.73 MPa，方位角为 177°。该矿地应力场属于构造应力场，以水平挤压构造应力为主导。进行应力计算时将应力值分别投影到坐标轴的 x 向和 y 向，确定 x 向应力值为 32.39 MPa，y 向

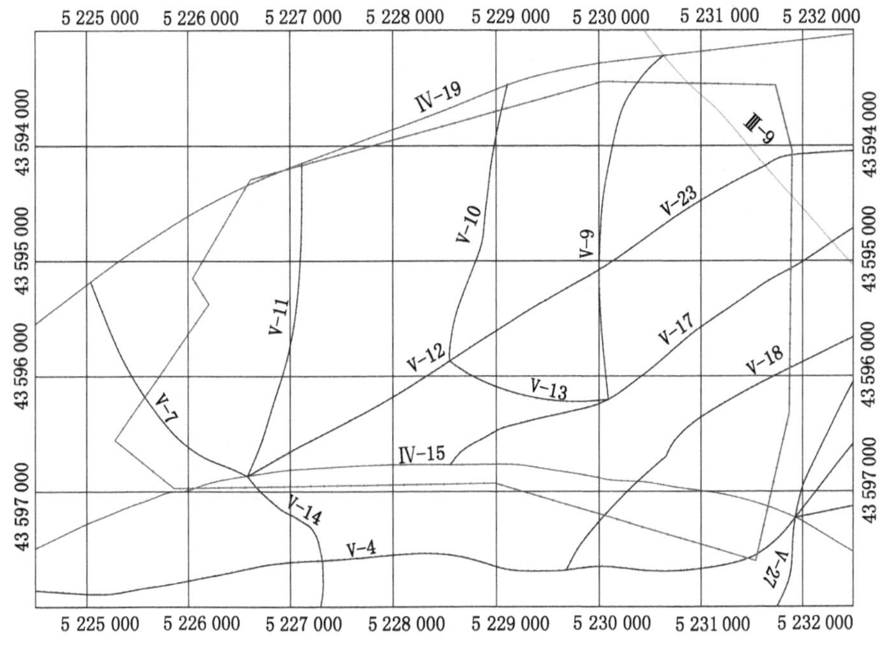

图 6-35　地质构造模型

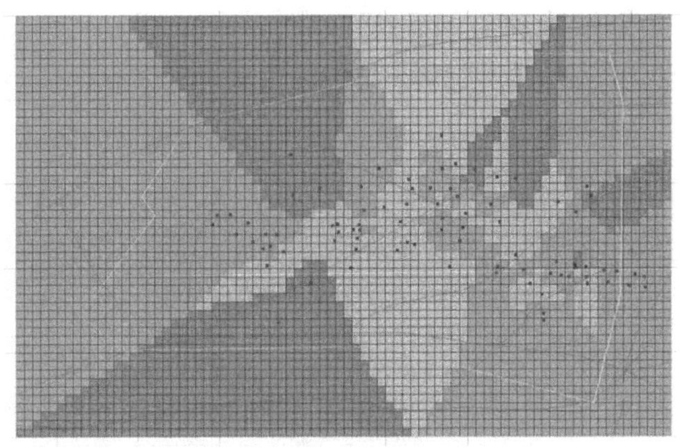

图 6-36　岩体应力状态计算模型

应力值为 20.45 MPa。确定模型的边界及加载条件，模型计算范围长度 8 km，宽度 5 km，面积 40 km^2。

③ 断裂及岩石力学参数录入

Ⅰ—Ⅲ级断裂的弹性模量取正常岩体参数的 1/10，Ⅳ—Ⅴ级断裂取 1/5。Ⅰ级断裂影响宽度取 1 000 m，Ⅱ级断裂影响宽度取 500 m，Ⅲ级断裂影响宽度取 200 m，Ⅳ级断裂影响宽度取 100 m，Ⅴ级断裂影响宽度取 50 m。

该矿 17 煤层顶板以粉砂岩为主，粉砂岩弹性模量为 17.29 GPa，泊松比为 0.25；细砂岩弹性模量为 47.12 GPa，泊松比为 0.23；碳质泥岩弹性模量为 12.10 GPa，泊松比为 0.24；Ⅳ级断裂弹性模量为 12.00 GPa，泊松比为 0.27；Ⅴ级断裂弹性模量为 7.00 GPa，泊松比为 0.30。

④ 应力计算结果

应用“岩体应力状态分析系统”软件，按前面选取的力学参数及边界条件，计算得到 17 煤层最大主应力值。17 煤层最大主应力等值线如图 6-37 所示。

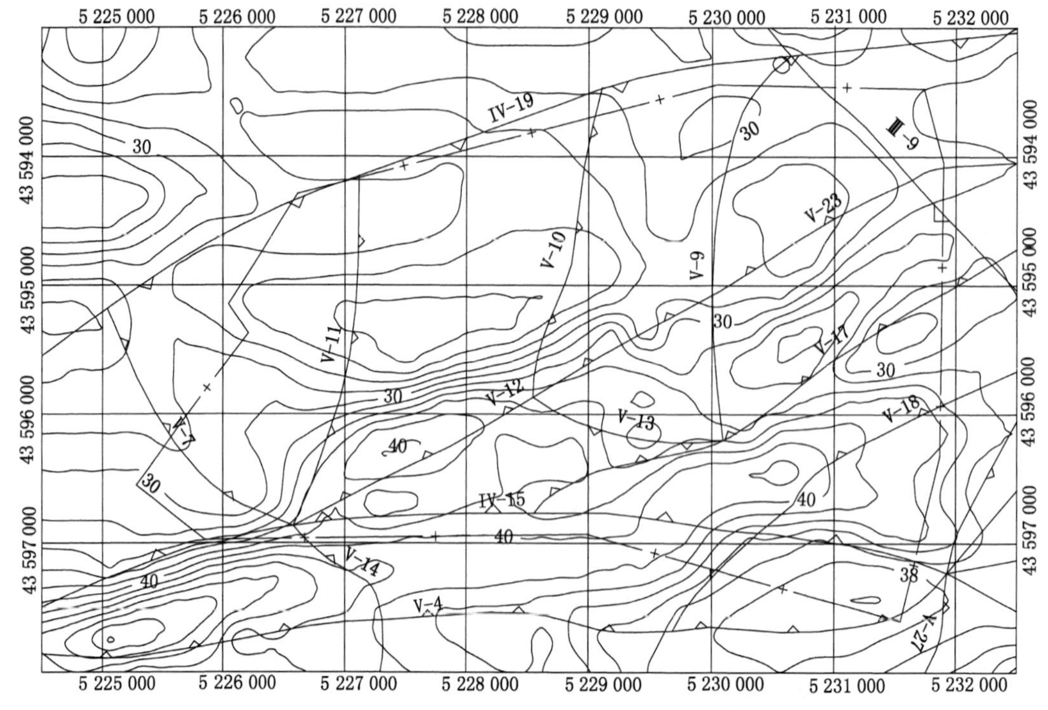

图 6-37　+500 m 水平最大主应力等值线(单位：MPa)

(3) 岩体应力分区

岩体应力分区规则应结合该矿的现代构造、区域运动及应力场特征情况综合分析。根据最新 GPS 基准站监测数据，该矿所在区域垂直运动速率 8～10 mm/a，水平运动速率 6～7 mm/a，说明该区域处于断块相对运动剧烈区。区域构造应力场属于水平挤压构造应力场，地应力以水平压应力为主导，方位为北东-北东东向，最大主应力为 36.61 MPa，中间主应力为 21.57 MPa，最小主应力为 18.61 MPa。

结合该矿区域地壳运动及应力场特征，综合确定该矿受区域构造应力场影响程度为强。

根据岩体应力划分规则，确定当 $k>1.20$ 时，圈定范围为高应力区；当 $k<0.80$ 时，圈定范围为低应力区；应力梯度区位于低应力区与高应力区之间。按照此规则划分出的最大主应力分区如图 6-38 所示。

高应力区：共 2 个区域。

① 位于井田东南部，应力值为 38～40 MPa，Ⅳ-15、Ⅴ-11、Ⅴ-12、Ⅴ-13、Ⅴ-17 断裂从其中穿过，影响范围 2.31 km^2；② 位于井田东北部，应力值为 38～44 MPa，Ⅳ-15、Ⅴ-18、Ⅴ-27 断裂从其中穿过，影响范围 2.34 km^2，该区域为井田深部开采区。东北部高应力区布置三水平北 17 煤层多个工作面，其中三水平北 17 煤层一段发生多次冲击地压，该区域共发生冲击地压 18 次。

应力梯度区：共 2 个区域。

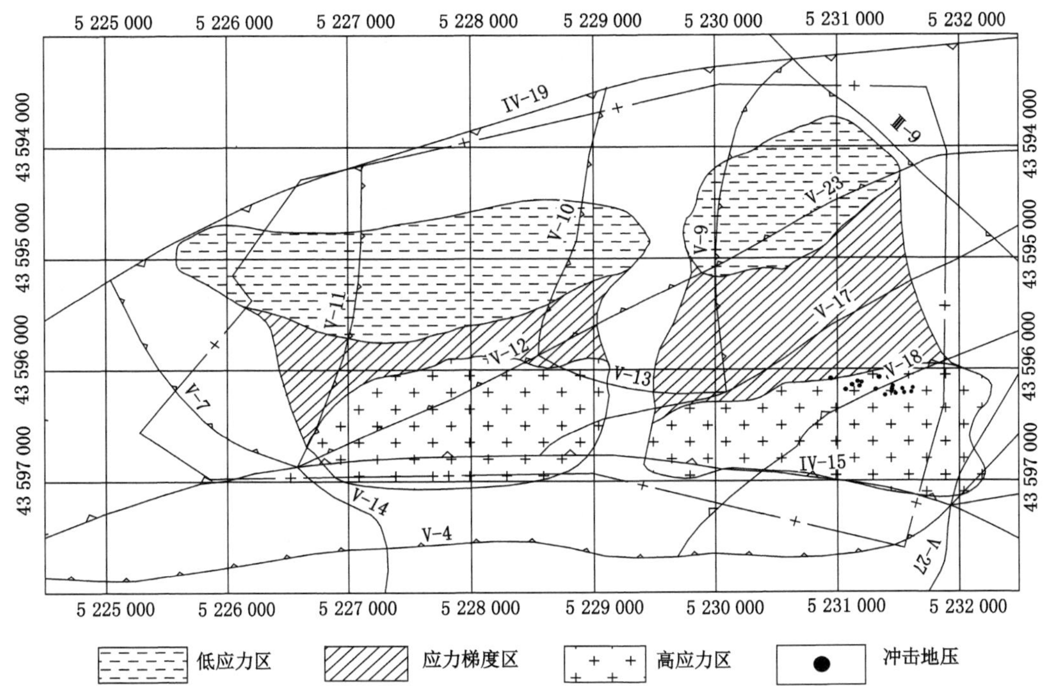

图 6-38　17 煤层最大主应力分区

① 位于井田中南部，应力值为 30～36 MPa，Ⅴ-10、Ⅴ-11、Ⅴ-12 断裂从其中穿过，影响范围 0.94 km^2；② 位于井田中北部，应力值为 30～36 MPa，Ⅴ-9、Ⅴ-13、Ⅴ-17 断裂从其中穿过，影响范围 1.98 km^2。应力梯度区布置三水平南一二区 17 煤层多个工作面。

低应力区：共 2 个区域。

① 位于井田西南部，应力值为 26～28 MPa，Ⅴ-10、Ⅴ-11 断裂从其中穿过，影响范围 3.13 km^2；② 位于井田西北部，应力值为 26～30 MPa，Ⅴ-9、Ⅴ-23 断裂从其中穿过，影响范围 1.58 km^2，该区域为井田浅部开采区。二水平南 17 煤层在西南部低应力区布置多个工作面。

（4）岩体应力分区对冲击地压的影响

17 煤层共布置 3 个现采及接续工作面，分别为三水平北三四区 17 煤层二段工作面、三水平南三区 17 煤层一段底分层工作面和三水平南一区 17 煤层二段底分层工作面，17 煤层最大主应力分区与未来规划工作面相对位置如图 6-39 所示。

将 17 煤层未来规划工作面与最大主应力分区图相结合可以看出：

① 三水平北三四区 17 煤层二段工作面位于东北部高应力区，应力分区对工作面影响较大，因此工作面开采时应加强支护，提前采取卸压防治措施。

② 三水平南三区 17 煤层一段底分层工作面位于中南部应力梯度区与西南部低应力区相接位置，应力分区对工作面影响较大，因此针对位于应力梯度区的部分工作面应加强支护。

③ 三水平南一区 17 煤层二段底分层工作面位于中南部应力梯度区与西南部低应力区相接位置，应力分区对工作面影响较大，因此针对位于应力梯度区的部分工作面应加强支护。

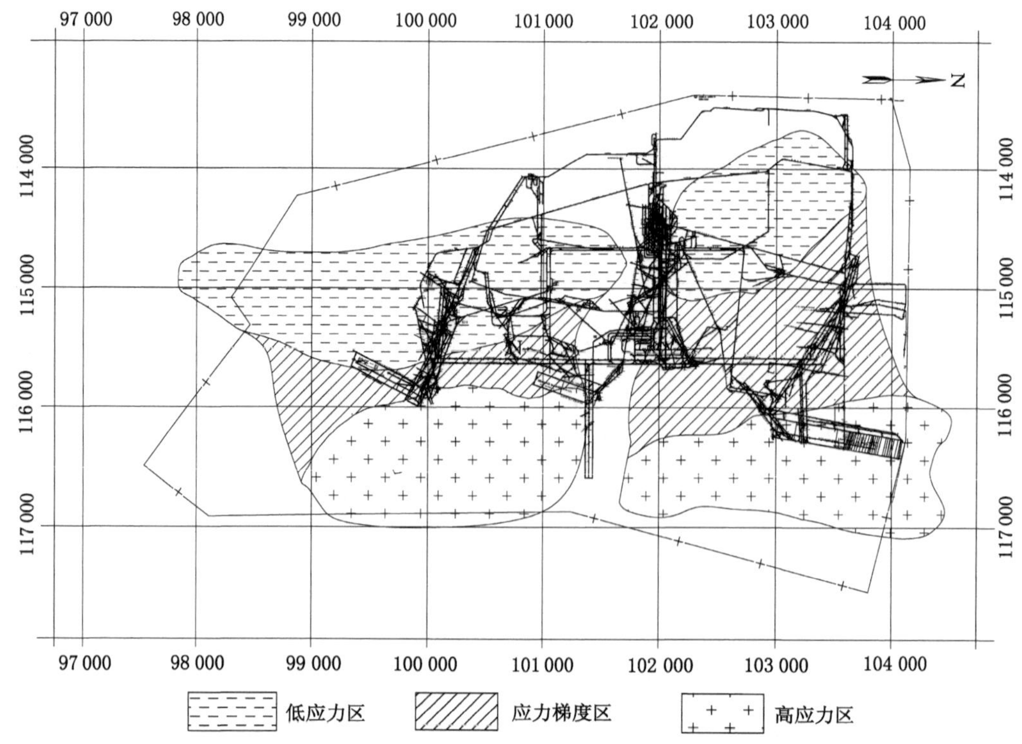

图 6-39　17 煤层最大主应力分区与未来规划工作面相对位置

17 煤层现采三水平北三四区 17 煤层二段工作面位于高应力区，17 煤层构造应力区划分与三水平北三四区 17 煤层二段工作面采掘工程位置关系如图 6-40 所示。

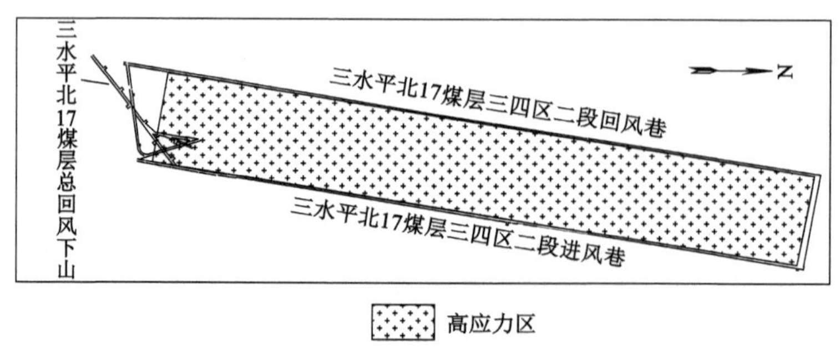

图 6-40　构造应力区划分与三水平北三四区 17 煤层二段工作面采掘位置关系

17 煤层接续三水平南三区 17 煤层一段底分层工作面位于应力梯度区与低应力区，17 煤层构造应力区划分与三水平南三区 17 煤层一段底分层工作面采掘工程位置关系如图 6-41 所示。三水平南三区 17 煤层一段底分层工作面应力梯度区与低应力区范围如下：

① 应力梯度区：回风巷向进风巷方向 145 m，回风巷距开切眼 319 m 至停采线处，进风巷距开切眼 53 m 至停采线处。

② 低应力区：开切眼(进风巷向回风巷方向 145 m)，回风巷从开切眼至 319 m 处，进风巷从开切眼至 53 m 处。

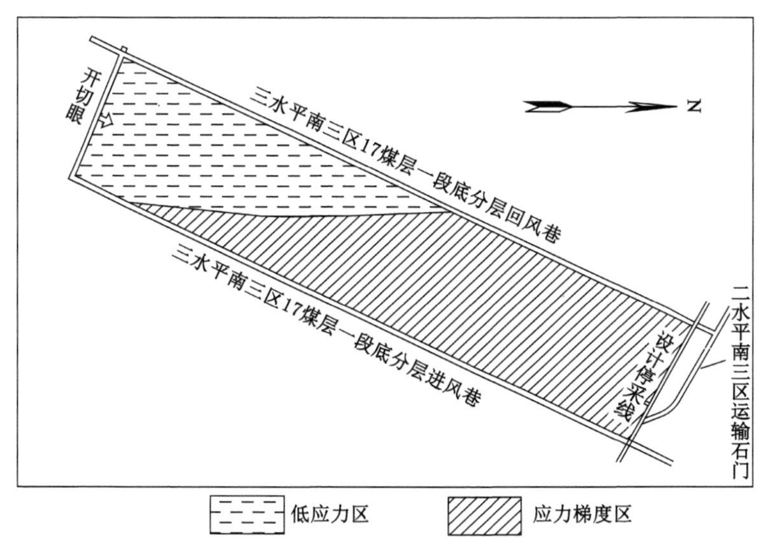

图 6-41　构造应力区划分与三水平南三区 17 煤层一段底分层工作面采掘位置关系

17 煤层接续三水平南一区 17 煤层二段底分层工作面位于高应力区、应力梯度区，17 煤层构造应力区划分与三水平南一区 17 煤层二段底分层工作面采掘工程位置关系如图 6-42 所示。三水平南一区 17 煤层二段底分层工作面高应力区、应力梯度区范围如下：

① 高应力区：回风巷向进风巷方向 110 m，回风巷距开切眼 427 m 至停采线处，进风巷距开切眼 307 m 至停采线处。

② 应力梯度区：开切眼(回风巷向进风巷方向 110 m)，回风巷从开切眼至 427 m 处，进风巷从开切眼至 307 m 处。

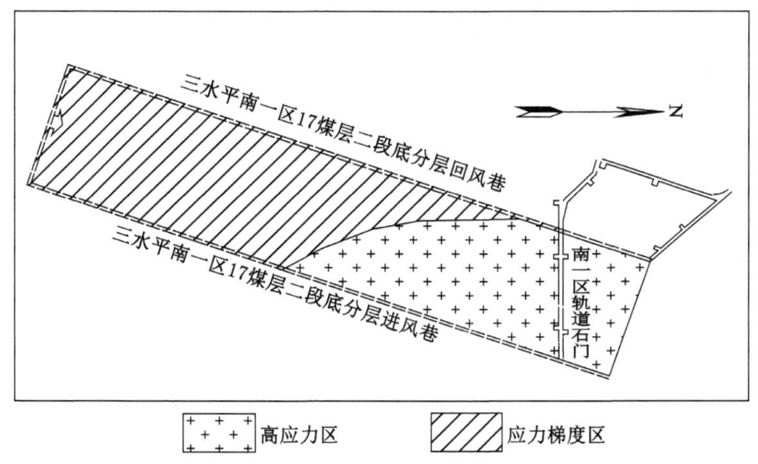

图 6-42　构造应力区划分与三水平南一区 17 煤层二段底分层工作面采掘位置关系

17 煤层现采及接续工作面范围内的高应力区、应力梯度区、低应力区和正常应力区面积对比情况见表 6-5。

表 6-5 17 煤层工作面应力分区面积对比情况

工作面名称	开采时间	高应力区面积/km^2	应力梯度区面积/km^2	正常应力区面积/km^2	低应力区面积/km^2	影响程度
北三四区 17 煤层二段工作面	2021 年 9 月—2023 年 8 月	0.17	无	无	无	较大
南三区 17 煤层一段底分层工作面	2021 年 12 月—2023 年 4 月	无	0.05	无	0.02	较大
南一区 17 煤层二段底分层工作面	2023 年 4 月—2024 年 11 月	0.02	0.03	无	无	较大

由表 6-5 可知，17 煤层现采北三四区 17 煤层二段工作面全部位于高应力区，影响范围为 0.17 km^2，应力分区对工作面的影响较大；接续南三区 17 煤层一段底分层工作面应力梯度区影响范围为 0.05 km^2，低应力区影响范围为 0.02 km^2，应力梯度区面积占比 71%，应力分区对工作面的影响较大；接续南一区 17 煤层二段底分层工作面高应力区影响范围为 0.02 km^2，应力梯度区影响范围为 0.03 km^2，高应力区面积占比 40%，应力分区对工作面的影响较大。

6.4.2 在正常开采矿井中的应用

(1) 矿井概况

某矿位于宁夏回族自治区东部的红墩子矿区，井田走向长度 6.8 km，倾向长度3.5 km，面积 23.8 km^2。井田西南距临河镇约 10 km，距银川市约 30 km，东距内蒙古自治区鄂托克前旗约 70 km。矿井设计生产能力为 2.4 Mt/a，共划分 1 个水平，上下山开采，水平标高为 +450 m。矿井采用立井转暗斜井开拓方式，主井、副井、风井均为立井，三条暗斜井兼作首采区三条上山，初期不设大巷。矿井主采 4 煤层，1150401 工作面位于首采区三条上山北翼，设计采高 1.6 m，走向长度 1 829 m。工作面采用综合机械化一次采全高采煤工艺，采用全部垮落法管理顶板。工作面巷道布置如图 6-43 所示。

(2) 岩体应力分析计算

① 岩性分区特征及计算模型

应用地质动力区划方法，完成了Ⅰ—Ⅴ级断块的划分，将研究范围划定至井田尺度上。选取Ⅴ级断块图，结合井田内地质构造特点，建立了地质构造模型。地质构造模型如图 6-44 所示，长度 5.6 km，宽度 2.4 km，面积 13.44 km^2。

利用 4 煤层顶板岩性代码数据库数据，应用邻近域差值方法，通过地质动力区划团队开发的“岩性分区计算软件”，将 shp 文件导入系统，进行岩性分布计算，得到计算模型内部不同岩性岩体分区特征，4 煤层顶板岩性分区结果如图 6-45 所示。地质构造模型的建立与煤层顶板岩性分布数据提取为岩体应力分析提供基础数据。

② 边界及加载条件设定

根据井田地应力测量结果，将应力值分别投影到坐标轴的 x 向和 y 向，确定 4 煤层应力计算模型的最大主应力值为 18.50 MPa，最小主应力值为 10.16 MPa。

③ 断裂及岩石力学参数录入

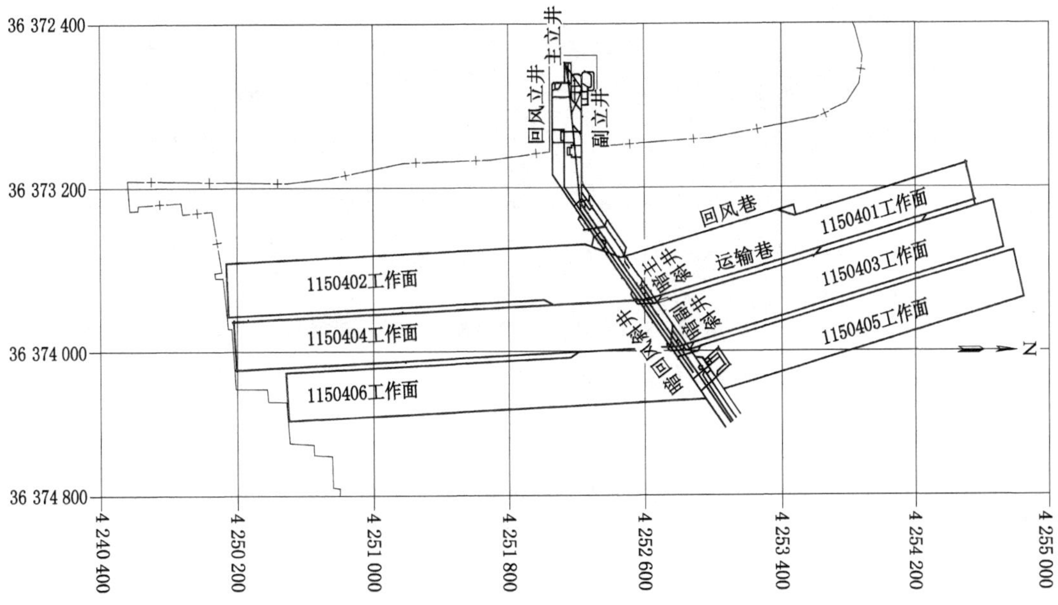

图 6-43 1150401 工作面巷道布置图

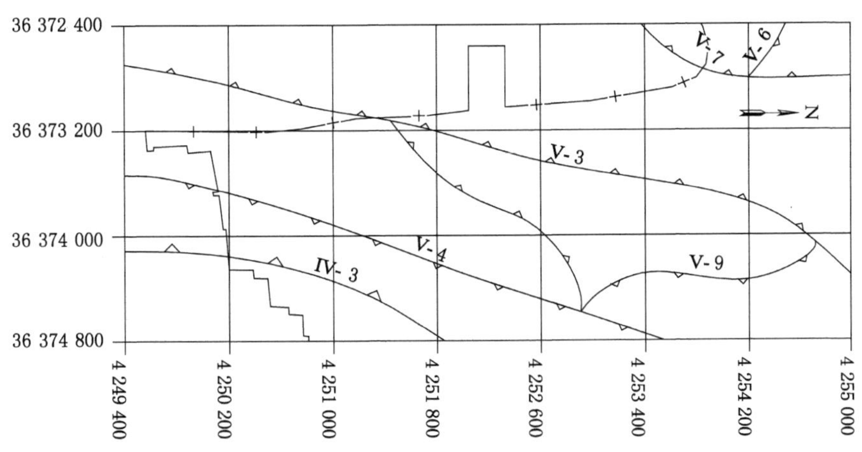

图 6-44 地质构造模型

断裂力学参数的选取原则：Ⅰ—Ⅲ级断裂的弹性模量取正常岩体参数的 1/10，Ⅳ、Ⅴ级断裂取 1/5。计算模型选取了Ⅳ、Ⅴ级断裂，计算模型顶板岩性与断裂选取的力学参数见表 6-6，应力计算模型如图 6-46 所示。

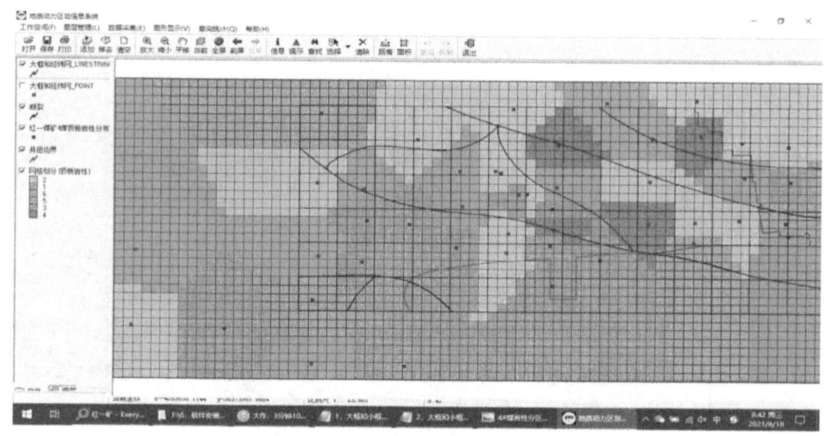

图 6-45 4 煤层顶板岩性分区结果

表 6-6 4 煤层计算模型顶板岩性与断裂选取的力学参数

岩性分类	弹性模量/GPa	泊松比
中粒砂岩、粗粒砂岩互层	48.09	0.24
粉砂岩、细砂岩互层	40.13	0.23
碳质泥岩与泥岩互层	28.04	0.23
Ⅳ级断裂	3.98	0.30
Ⅴ级断裂	7.84	0.28

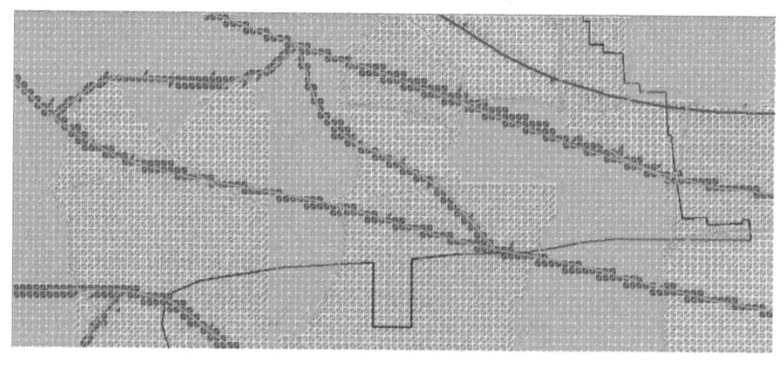

图 6-46 4 煤层应力计算模型

④ 应力计算结果

应用“岩体应力状态分析系统”软件，可计算得到煤层的水平最大主应力值；应用 Golden Software Surfer 绘图软件，可对应力数据进行等值线的绘制，得到水平最大主应力等值线图，4 煤层水平最大主应力等值线如图 6-47 所示。

(3) 岩体应力分区

岩体应力分区规则应结合该矿的现代地壳运动及应力场特征情况综合分析。该矿位于银川盆地东部的“鄂尔多斯西缘断褶带”内，区域内构造活动主要受贺兰山东麓断裂、芦花台断裂、银川断裂及黄河断裂 4 条主控断裂控制。银川盆地地质构造如图 6-48 所示，资料显示，贺兰山东麓断裂垂滑速率为 0.88 mm/a，芦花台断裂为 0.18 mm/a，银川断裂为

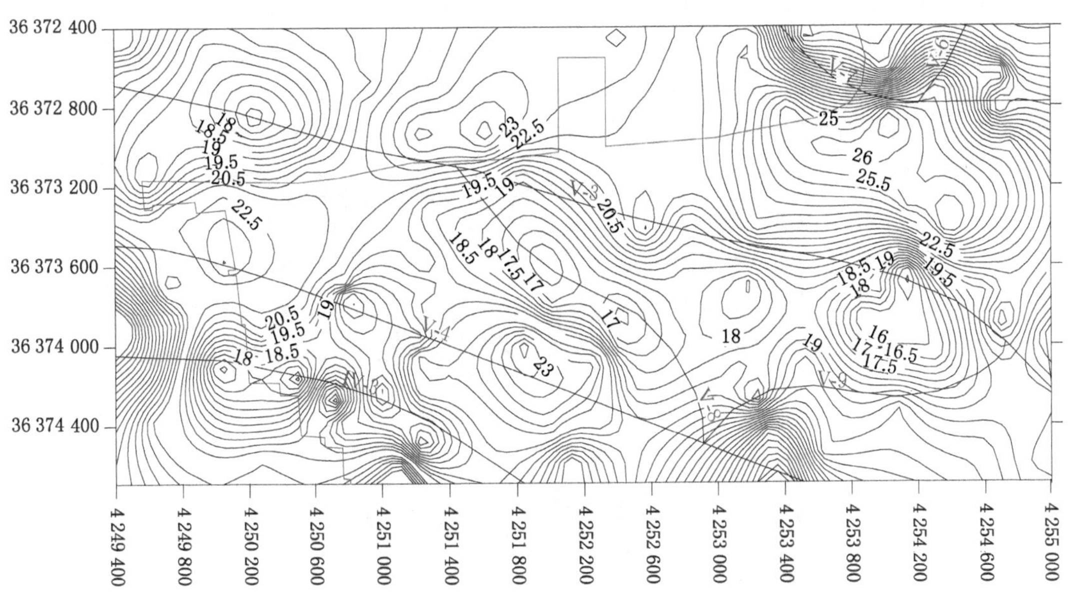

图 6-47　4 煤层最大主应力等值线(单位:MPa)

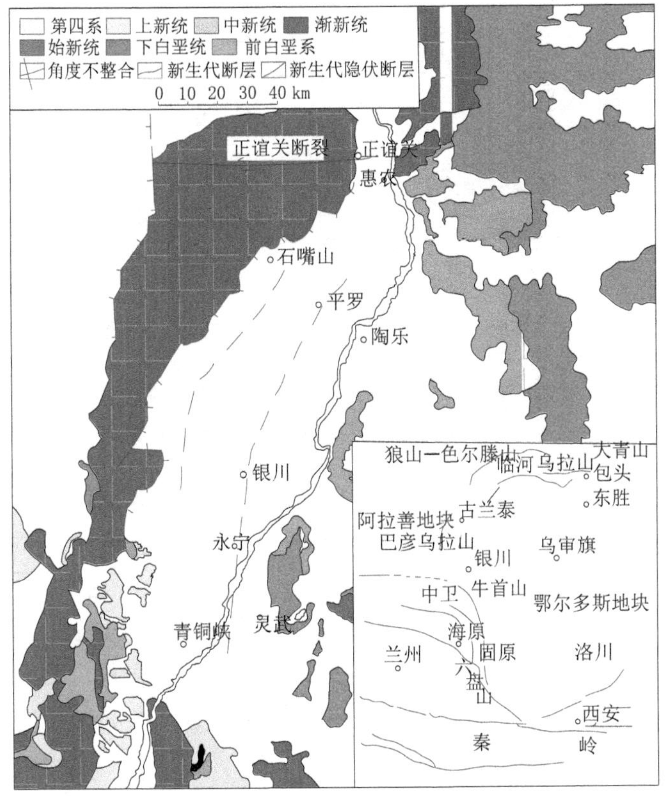

图 6-48　银川盆地地质构造简图

0.14 mm/a,黄河断裂为 0.04 mm/a,断裂垂滑速率偏小,这说明整体构造活动较为稳定。

统计银川盆地 GPS 速度场资料(1999—2015 年):整体上银川盆地位移方向基本保持不变,为向南东向运动,水平速率为 4 mm/a,银川盆地及周边地区 GPS 速度场如图 6-49 所示,主要受鄂尔多斯稳定块体阻挡,运动速率整体偏小,这说明区域构造情况较为稳定。

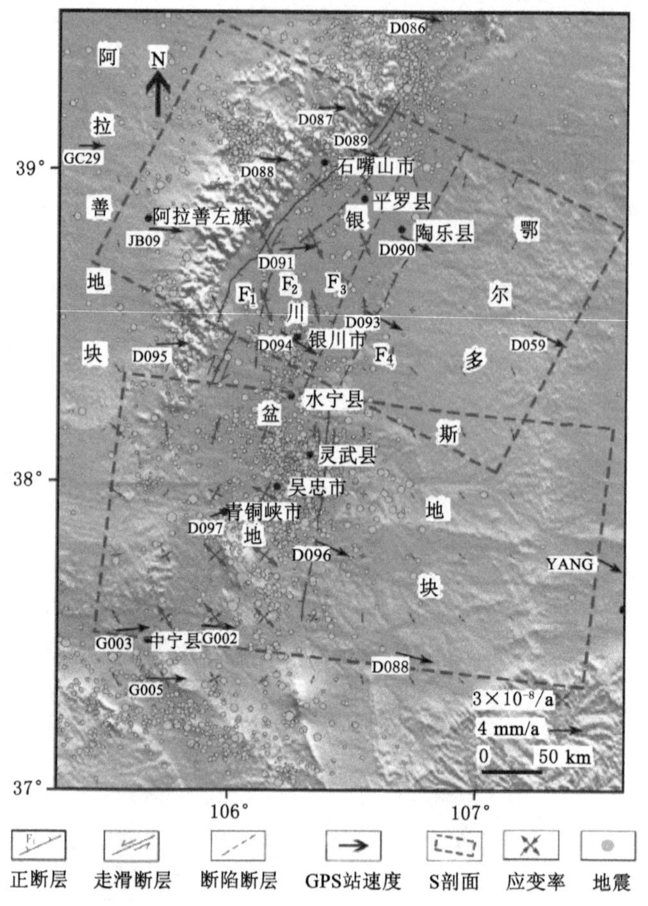

F_1—贺兰山东麓断裂;F_2—芦花台断裂;F_3—银川—平罗断裂;F_4—黄河断裂。

图 6-49 银川盆地及周边地区 GPS 速度场

该矿地应力场属于水平构造应力场,最大主应力的方向为 270.61°,最大主应力值为 20.21 MPa(为垂直应力的 1.38 倍)。结合该矿现代地壳运动及应力场特征,综合确定该矿受区域构造应力场影响程度为中等。

按照应力划分规则,确定当 $k>1.15$ 时,圈定范围为高应力区;当 $k<0.85$ 时,圈定范围为低应力区;应力梯度区位于低应力区与高应力区之间。根据岩体应力划分规则完成构造应力区的划分,划分为高应力区、应力梯度区和低应力区。4 煤层构造应力区划分结果如图 6-50 所示。

高应力区:划分 4 个区域。

① 位于计算模型北部,应力值为 22.5~29.0 MPa,Ⅴ-6、Ⅴ-7 断裂从其中穿过,影响范围 0.45 km²。② 位于计算模型西部,应力值为 22.5~29.0 MPa,影响范围 0.23 km²。

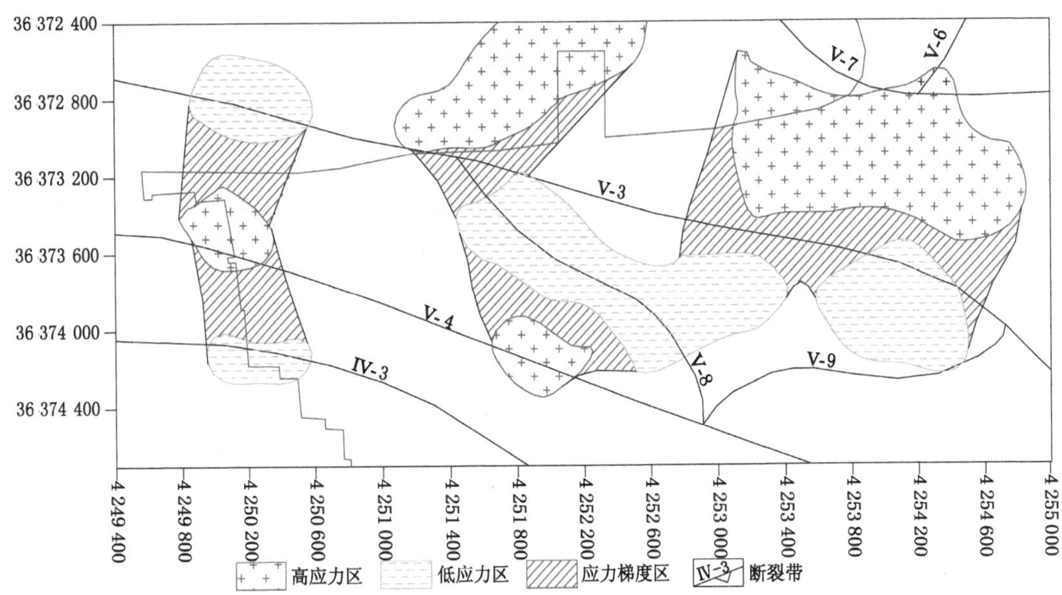

图 6-50　4 煤层水平构造应力区划分

③ 位于计算模型中部，应力值为 22.5～29.0 MPa，Ⅴ-4 断裂从其中穿过，影响范围 0.16 km²。④ 位于计算模型南部，应力值为 22.5～29.0 MPa，Ⅴ-4 断裂从其中穿过，影响范围 0.17 km²。

应力梯度区：划分 5 个区域。

① 位于计算模型北部，应力值为 18.5～22.5 MPa，Ⅴ-3 断裂从其中穿过，影响范围 0.43 km²。② 位于计算模型中部，应力值为 18.5～22.5 MPa，影响范围 0.17 km²。③ 位于计算模型中部，应力值为 18.5～22.5 MPa，Ⅴ-3 断裂从其中穿过，影响范围 0.16 km²。④ 位于计算模型南部，应力值为 18.5～22.5 MPa，Ⅴ-4 断裂从其边缘穿过，影响范围 0.15 km²。⑤ 位于计算模型南部，应力值为 18.5～22.5 MPa，影响范围 0.16 km²。

低应力区：划分 4 个区域。

① 位于计算模型北部，应力值为 14.0～18.5 MPa，Ⅴ-3、Ⅴ-9 断裂从其边缘穿过，影响范围 0.46 km²。② 位于计算模型中部，应力值为 14.0～18.5 MPa，Ⅴ-8 断裂从其中穿过，影响范围 0.82 km²。③ 位于计算模型南部，应力值为 14.0～18.5 MPa，Ⅳ-3 断裂从其中穿过，影响范围 0.14 km²。④ 位于计算模型南部，应力值为 14.0～18.5 MPa，Ⅴ-3 断裂从其中穿过，影响范围 0.19 km²。

(4) 岩体应力分区对工作面开采的影响

4 煤层首采区共布置 6 个工作面，分别为 1150401 工作面、1150403 工作面、1150405 工作面、1150402 工作面、1150404 工作面、1150406 工作面。上述 6 个工作面均会不同程度地进入高应力区、应力梯度区和低应力区。工作面与岩体应力分区对应关系如图 6-51 所示。

1150401 工作面开切眼位于高应力区，随工作面推进，进入应力梯度区，在停采线附近进入低应力区，停采线位于正常应力区。

1150403 工作面开切眼位于高应力区，随工作面推进，进入应力梯度区和低应力区，停

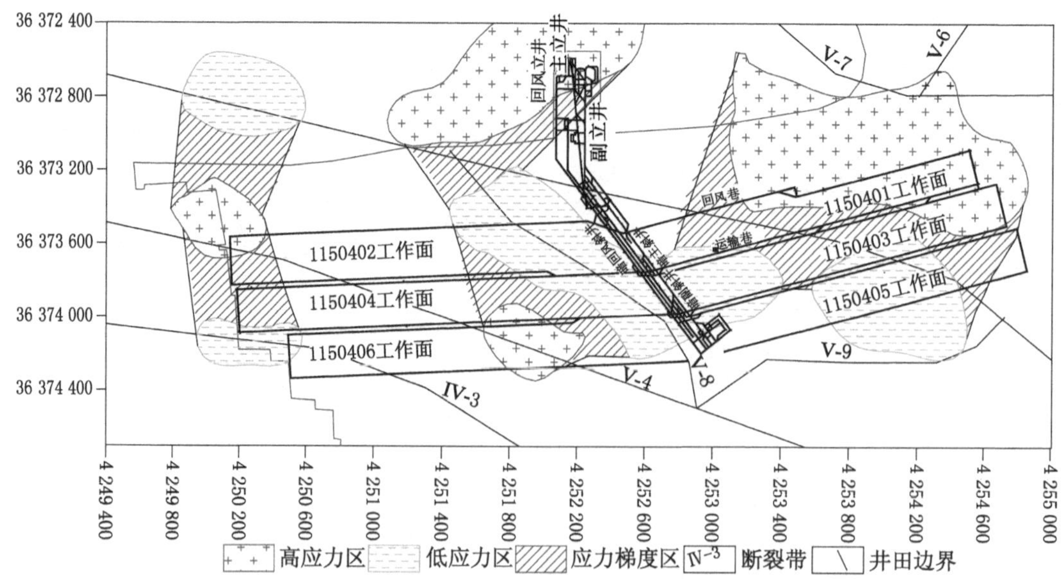

图 6-51 4 煤层岩体应力分区与采掘工程位置关系

采线位于低应力区。

1150405 工作面开切眼部分位于应力梯度区，部分位于正常应力区，随工作面推进，进入低应力区，停采线位于正常应力区。

1150402 工作面开切眼部分位于高应力区，部分位于应力梯度区，随工作面推进，进入正常应力区，继续推进，工作面进入应力梯度区、低应力区，停采线位于低应力区。

1150404 工作面开切眼部分位于低应力区，部分位于应力梯度区，随工作面推进，进入正常应力区，继续推进，工作面进入高应力区、应力梯度区与低应力区，停采线位于低应力区。

1150406 工作面开切眼部分位于低应力区，部分位于正常应力区，随工作面推进，进入正常应力区，继续推进，工作面进入高应力区、应力梯度区与低应力区，停采线位于低应力区。

6 个工作面范围内的高应力区、应力梯度区、低应力区面积对比情况见表 6-7。

表 6-7 4 煤层工作面应力分区面积对比情况

工作面名称	高应力区面积/km^2	应力梯度区面积/km^2	低应力区面积/km^2	影响程度
1150401 工作面	0.18	0.18	0.03	较大
1150403 工作面	0.10	0.19	0.15	较大
1150405 工作面	无	0.09	0.18	较小
1150402 工作面	0.01	0.05	0.15	中等
1150404 工作面	0.02	0.17	0.14	中等
1150406 工作面	0.11	0.07	0.08	较大

1150401、1150403、1150406 工作面内高应力区面积较大，1150402、1150404 工作面内高

应力区面积较小，1150405 工作面内无高应力区。确定 1150401、1150403、1150406 工作面开采受高应力条件影响较大，1150402、1150404 工作面开采受影响中等，1150405 工作面开采受影响较小。

(5) 岩体应力分区对工作面巷道支护及稳定性的影响

4 煤层构造应力区划分与 1150401 工作面采掘工程位置关系如图 6-52 所示，工作面回采巷道各应力区分布长度见表 6-8。

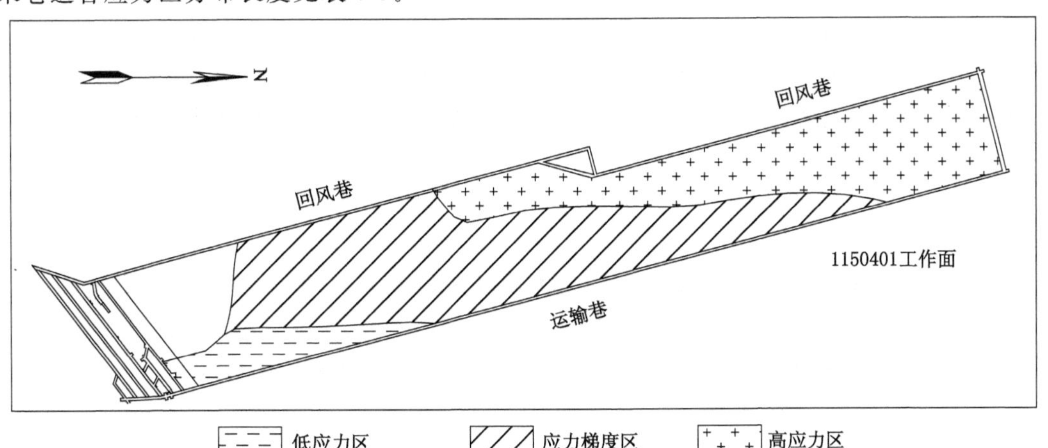

图 6-52 构造应力区划分与 1150401 工作面采掘工程位置关系

表 6-8 1150401 工作面各应力区内巷道长度

巷道名称	高应力区		应力梯度区		低应力区	
	长度/m	占巷道长度比例/%	长度/m	占巷道长度比例/%	长度/m	占巷道长度比例/%
开切眼	235	100.0	—	—	—	—
回风巷	1 291	79.0	343	21.0	—	—
运输巷	490	26.8	860	47.0	479	26.2

1150401 工作面回采巷道应力分区范围及其巷道稳定性影响情况如下：

① 高应力区

1150401 工作面高应力区范围及应力值为：工作面开切眼，范围 235 m，应力值为 25～26 MPa；回风巷从开切眼至 1 291 m 处，范围 1 291 m，应力值为 22.5～26 MPa；运输巷从开切眼至 490 m 处，范围 490 m，应力值为 23.5～25 MPa。

对于处在高应力区内的巷道，应适当加大巷道支护强度，采取增加锚杆(索)的直径与长度、减小锚杆(索)间排距等技术措施。在进行巷道掘进时，应及时观测巷道围岩破碎、离层情况；在顶板煤岩强度低、条件较差区域，可调整巷道支护方式，采用围岩注浆或架棚等联合支护方式。

高应力区内的巷道受超前支承压力的影响相对剧烈，特别是在工作面初次来压或周期来压时，工作面及巷道矿压显现强度大，围岩破坏程度高，应适当加大高应力区巷道的超前支护范围及支护强度，从而保证巷道的正常使用与工作面的安全回采。同时，加强首采工作面矿压监测与巷道变形监测，掌握首采工作面矿压显现规律与巷道围岩破坏特征，为后续工作面开采技术参数及巷道支护方案调整提供依据。

② 应力梯度区

1150401 工作面应力梯度区范围及应力值为：回风巷距开切眼 1 291～1 634 m 处，范围 343 m，应力值为 19.5～21.0 MPa；运输巷距开切眼 490～1 350 m 处，范围 860 m，应力值为 19.5～22.0 MPa。

应力梯度区内煤岩体易受到地质构造（如断层、褶曲等）等影响。应力梯度区内的岩体应力总体处于高水平，岩体内部易积聚弹性能，并且部分受压较大的岩体已经达到极限平衡状态。位于应力梯度区内的巷道围岩易发生破坏，从而对支护产生不利影响。应力梯度区内的巷道可正常掘进与支护，但如遇巷道围岩条件较差时，则需要进行补强支护。

③ 低应力区

1150401 工作面低应力区范围及应力值为：运输巷距开切眼 1 350～1 829 m 处，范围 479 m，应力值为 16～18.5 MPa；回风巷不存在低应力区。

低应力区内的巷道围岩与高应力区、应力梯度区相比，应力整体处于较低水平，积聚的弹性能较少，利于维护；巷道可以正常掘进及支护。但由于此区域巷道易受地下水影响，在采掘过程中应注意对地下水的封堵和及时排水，防止巷道围岩受水侵蚀软化。

第7章　煤岩动力系统与煤岩体能量特征

7.1　岩体能量场与冲击地压的能量基础

根据传统的地质动力学观点，地壳岩体发生构造运动的力学成因是构造应力场的作用，探讨岩体构造应力场对构造运动的控制。2013 年安欧提出了能量观点：认为地壳岩体发生构造运动的力学成因还可以是岩体构造能量场的作用，表述岩体能量场对构造运动的控制[174]。在研究岩体构造变形和断裂的力学原因中，前者运用岩体“应力场理论”和“应力强度理论”，后者运用岩体“能量场理论”和“能量强度理论”。

20 世纪 50 年代末期苏联学者 C. Г. 阿维尔申以及 20 世纪 60 年代中期英国学者 N. G. W. 库克等提出能量理论，认为只有当矿体与围岩系统的力学平衡状态破坏后所释放的能量大于自身消耗的能量时，冲击地压才有可能发生，冲击地压产生的能量为释放能量与消耗能量的差值[175-176]。И. М. 佩图霍夫认为围岩的弹性变形能和煤岩体自身积聚的能量为冲击地压的发生提供了基础[177]。赵阳升等认为，可以采用最小能量原理解释煤岩体弹性变形过程和塑性破坏过程；也可以认为虽然岩体破坏时会释放相当一部分能量，但使其破坏的能量远远小于释放的能量[178]。赵毅鑫等以耗散结构理论和平衡热力学理论为研究基础，对冲击地压发生前煤岩体的能量耗散机理进行了研究，提出了相应的冲击地压失稳评价方法[179]。

能量场同时也反映岩体储能的力学性质，这是应力场所不能的。力与能又是相联系的，与材料的应变有密切关系。弹性力学证明，岩体内的势能等于外力做的功，是外力的二次齐次函数[180]。从力学上看，构造运动是岩体变形能的聚集和释放过程，反映岩体能量场的时空变化。矿井动力灾害是煤岩体应变能的突发式释放过程，因此，研究矿井动力灾害从孕育到发生的动力学过程时，以能量场为矿井动力灾害的动力源，选用能量场同样重要。

岩体能量场是岩体应变能分布场，岩体应变能作用如下：

① 提供岩体位移能量：岩体中应力高，能量不一定也高，还要看岩体弹性；应变高，能量也不一定高，也还要看岩体弹性。只有当岩体弹性均匀分布时，应变能的差别才可用应力表示，也可用应变表示。岩体的弹性模量和泊松比不仅与岩体成分和结构有关，还随所处的温度、围压、介质以及受力大小、方式、速率、方向和时间等环境因素的改变而变化，岩体弹性一般不均匀分布，是变量。为了求取岩体能量场的时空分布，需要同时进行应力、应变测量，或应力、弹性测量，或应变、弹性测量。

② 引发岩体位移：岩体在能量场的作用下，岩体质点产生位移，形成构造变形、断裂、移动和转动。这说明能量场可使岩体发生运动，此时表示岩体强度的指标也是能量，为能量强度。只有在岩体弹性均匀分布时，应力才可单独作为表示岩体强度的一种参量，为应力强度。

③ 提供矿井动力灾害的释放能量：矿井动力灾害是岩体应变能随岩体破裂的突发式释放过程，在岩体应变能聚集和释放过程中不一定都发生矿井动力灾害，这是因为煤岩体中能量还可通过塑性变形、断层黏滑、小的动力事件、岩体移动和卸压解危措施等形式释放。只有当岩体应变能随岩体脆性破裂而突然大量释放才会发生矿井动力灾害，其发生条件是煤岩体释放能量大于消耗能量。

谢和平等认为，岩石内部存在大量的微裂隙、微空洞等缺陷。从变形的角度来看，当岩石受到外力作用时，这些微缺陷发生演化，新的微裂纹大量产生，原来的微裂纹逐步演变成宏观裂纹，宏观裂纹贯通成主裂纹，最终导致岩石的破坏[181]。赵忠虎等认为，从能量的角度来看，岩石的每一种应力应变状态对应着相应的能量状态，岩石从弹性变形、微裂纹演化直到破坏的过程中，始终和外界产生能量交换，存贮外界传递的能量，又以多种形式向外界释放能量[182]。

彭瑞东认为，岩石从发生变形到失稳破坏的整个过程中，释放出多种形式的能量。这些能量对岩石破坏所起的作用也有很大的不同。在冲击地压的孕育阶段，煤岩体受力发生弹性变形产生相应的弹性势能，超过弹性极限进入塑性变形阶段产生相应的塑性势能。在冲击地压的发生阶段，煤岩体内部的节理、裂隙在应力作用下逐渐贯通演化为宏观裂纹，直至煤岩体材料迅速断裂破坏，对应着裂纹扩展的表面能及辐射能等其他物理形式的能量；煤岩体材料破坏后块体弹射、抛出，对应着破碎煤岩块体抛出的动能和冲击区域围岩的振动能[183]。

俄罗斯 И. М. 佩图霍夫院士等研究认为，冲击地压是处于极限应力状态的煤层和岩层地段的弹性破坏，被破坏的煤岩体和与之相邻的岩体组成的系统参与了冲击地压的发生过程[184]。在发生冲击地压条件下围岩参与能量流如图 7-1 所示，发生冲击地压时，能量从动力源通过围岩作用于煤岩体，参与冲击地压的能量是由煤层所聚积的弹性变形能量和围岩所聚积的能量叠加而来的。当煤岩层的应力变化速度超过应力松弛速度时便发生冲击地压，同时，外部地质体传递的能量超过破坏时吸收的能量就会出现能量积聚条件，外部地质体的能量是冲击地压的主要动力源。

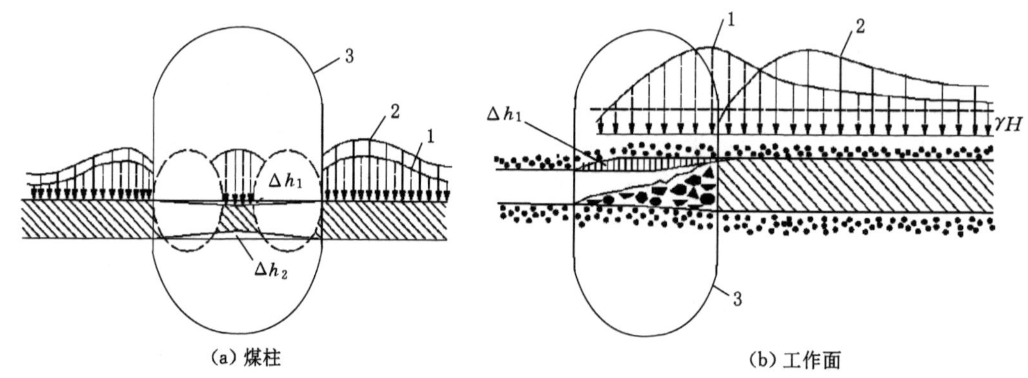

Δh_1 和 Δh_2—由于卸载区矿山岩体的弹性增大，顶底板相应移动量；

1—冲出地压发生之前的支承压力带和卸载带；2—冲击地压发生之后的支承压力带和卸载带；3—能量流来源区域。

图 7-1 发生冲击地压条件下围岩参与能量流

20 世纪 50 年代，哈斯特在测试地应力时发现地壳上部的最大主应力几乎处处是水平或接近水平的，而且最大主应力一般为垂直应力的 1～2 倍，这样就从根本上动摇了地应力是静水压应力的理论和以垂直应力为主的观点。根据地应力测量结果，中国大陆尤其是构造活动地区的地应力以水平应力占主导，因此，冲击地压的发生主要受构造应力控制。

由于构造应力场和能量场的作用，煤岩体的局部区域能量积聚，构成了冲击地压的能量来源。井田内不同区域煤岩体应力分布和能量积聚程度不同，存在高应力区和能量聚集区，在这样的区域进行采掘工程活动，能量进一步增加，可以导致煤岩动力系统失稳、能量释放，发生冲击地压等矿井动力灾害。本章以冲击地压为例进行论述，其原理和方法也可用于研究其他矿井动力灾害。

7.2　煤岩动力系统构建与能量释放规律

7.2.1　煤岩动力系统建立

本书第 3 章介绍了地质动力环境评价方法。矿井的地质动力环境研究是在地质动力条件下评价外部地质体对井田的宏观地质动力作用，评价结果有两种情况：一是具备产生矿井动力灾害的地质动力环境；二是不具备产生矿井动力灾害的地质动力环境。所以地质动力环境研究能够根据现代构造运动与现代构造应力场等评价指标，提前判别人类工程所处区域地质体是否具备发生矿井动力灾害的地质动力环境，同时能够解释为什么某些矿区从不发生冲击地压等矿井动力灾害，而其他一些矿区则频频发生矿井动力灾害。

冲击地压等矿井动力灾害是煤岩体积聚能量与释放能量的非线性动力过程，是煤岩体所处的地质动力环境、煤岩体的内部结构和煤岩体物理力学性质等共同作用的结果，是一个系统性的问题。冲击地压等矿井动力灾害产生的根源是在工程区域的煤岩体中有能量存在，其动力学基础是能量的积聚，研究冲击地压一定要确定煤岩体中的能量积聚条件。地质动力区划理论认为，冲击地压的孕育和发生是地质动力环境与开采扰动共同作用的结果，引发冲击地压的能量积聚主要来自两个方面，即地质条件和开采工程条件。地质条件下的煤岩体内的能量积聚与构造应力场有密切关系，是现代构造运动所导致的。1983 年，俄罗斯 И. М. 佩图霍夫院士研究认为，参与冲击地压等矿井动力灾害的形成与显现应当是“煤层-围岩”整个系统。从能量的角度来看，岩石的每一种应力应变状态对应着相应的能量状态。“煤层-围岩”系统始终和外界产生能量交换，存贮外界传递的能量，又以某种形式向外界释放能量，保持能量的平衡，当系统失稳时表现为冲击地压。

现场实践和研究成果表明，冲击地压的影响范围是有限的，巴图金（А. С. Батуги）等研究表明矿井冲击地压震源区尺度为 10～20 m，孕育区尺度约为震源区尺度的 10～20 倍，一般条件下冲击地压孕育区尺度为几十米至几百米的范围[185]。为冲击地压等矿井动力灾害提供能量及受到影响的煤岩体构成“煤岩动力系统”，冲击地压的影响范围可以通过煤岩动力系统描述，煤岩动力系统的主要属性是释放能量和尺度范围。系统的稳定性主要取决于系统能量变化，能量大小对系统失稳及其影响范围具有控制作用。地质动力条件下煤岩动力系统能量的主控条件是地质动力环境、现代构造应力场和能量场。可以说，没有构造运动、没有构造应力场和能量场，就形不成煤岩动力系统，也就不具备冲击地压发生的能量条件。

煤岩动力系统是关于地质动力区划的深化应用研究。为描述煤岩动力系统的结构特征及其对冲击地压的影响，建立了煤岩动力系统与冲击地压显现关系模型，如图 7-2 所示。通过该模型，确定系统不同尺度范围内煤岩的冲击危险性和系统能量对冲击地压的影响，这对于研究冲击地压孕育、发生和发展过程具有重要意义。对于矿井的实际生产，确定煤岩动力系统的能量特征和尺度范围，可用于确定采取冲击地压防治措施的时空关系，指导冲击地压防治技术措施的有效实施。

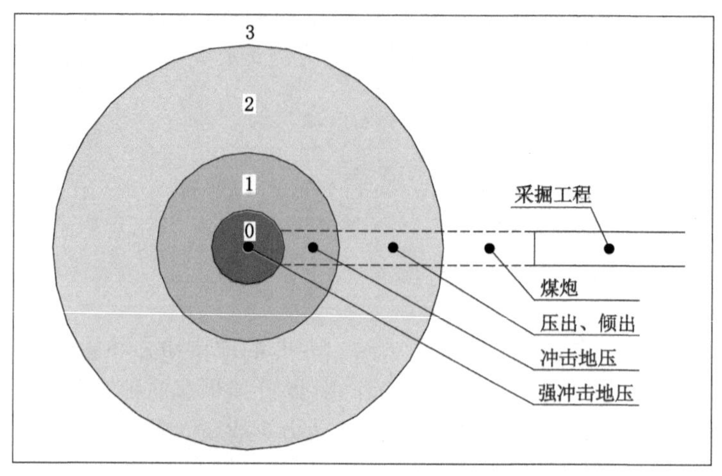

0—动力核区；1—破坏区；2—裂隙区；3—影响区。

图 7-2 煤岩动力系统与冲击地压显现关系模型

煤矿井下煤岩体的非均质性，决定煤岩动力系统结构的不确定性。为了便于研究煤岩动力系统能量释放的一般性规律，基于米塞斯(Mises)强度准则，根据冲击地压发生后冲击波、应力波在煤岩体中的潜在传递方向，将煤岩动力系统的结构假定为“球形体”，研究冲击地压煤岩动力系统的动力学演化过程。煤岩动力系统的结构由内向外可以划分为动力核区、破坏区、裂隙区和影响区。动力核区为冲击地压震源激发区，破坏区、裂隙区和影响区尺度的确定均以动力核区尺度为基础。煤岩动力系统失稳形成的冲击载荷，使系统动力核区内的煤岩发生变形破坏并向破坏区方向传递，动力核区破坏过程示意如图 7-3 所示。

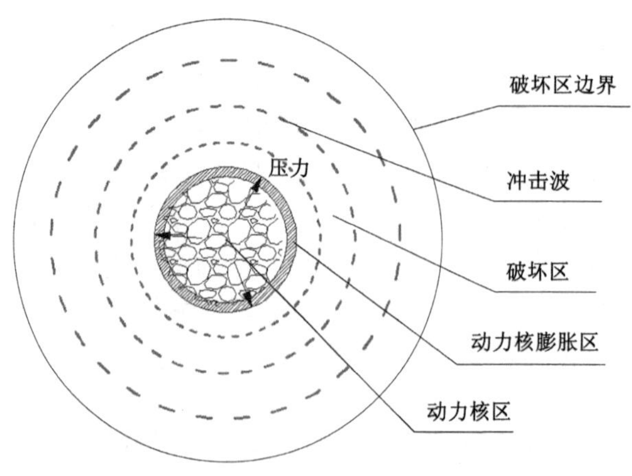

图 7-3 动力核区破坏过程示意

破坏区的尺度范围由其边界处的平衡条件确定，即煤岩动态抗压强度等于衰减后的冲击波强度。受动力核区破坏后瞬间产生的冲击波作用，动力核区外一定范围内的煤岩体受到远大于自身动态抗压强度的压应力作用。在这一过程中，煤岩体受到较强压应力作用而发生破碎，形成动力系统的破坏区，如图 7-4 所示。

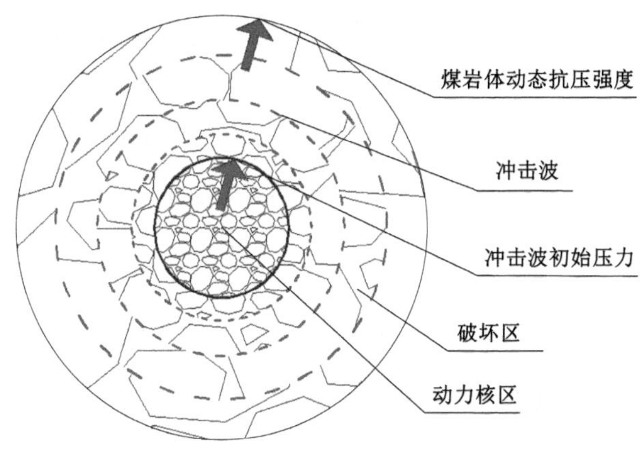

图 7-4　破坏区形成过程示意

裂隙区的尺度范围由其边界处的平衡条件确定，即煤岩动态抗拉强度等于耗散后的应力波强度。系统释放的能量在破坏区的边界衰减为应力波，能量继续以应力波的形式在破坏区外层传递，使煤岩受拉产生大量裂隙，并随裂隙的产生消耗应力波能量，降低应力波强度。在这一过程中，煤岩体在拉应力的作用下发生破碎，形成动力系统的裂隙区，如图 7-5 所示。

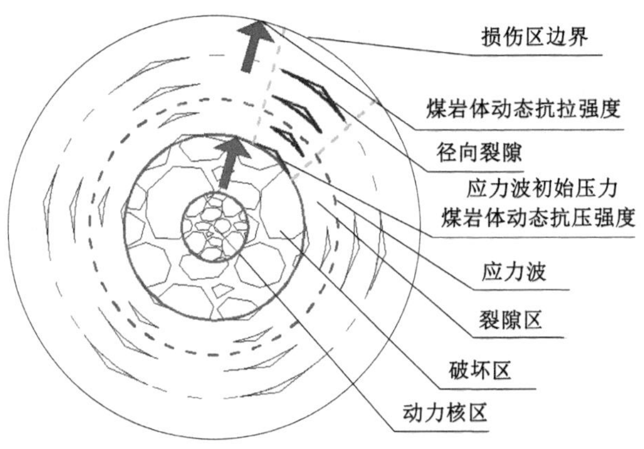

图 7-5　裂隙区形成过程示意

影响区的尺度范围由其边界处的平衡条件确定，即煤岩能够产生损伤的抗拉强度等于残余的应力波强度。系统能量通过破坏区煤岩破坏耗散和裂隙区裂隙演化耗散后，裂隙区外层的应力波强度已不足以使煤岩整体发生受拉破裂。应力波继续向外层传递过程中，逐渐以震动的形式被煤岩体吸收，形成动力系统的影响区，如图 7-6 所示。在影响区内，煤岩局部劣化区可能会在残余能量吸收过程中发生小型破坏，出现煤炮等动力显现。

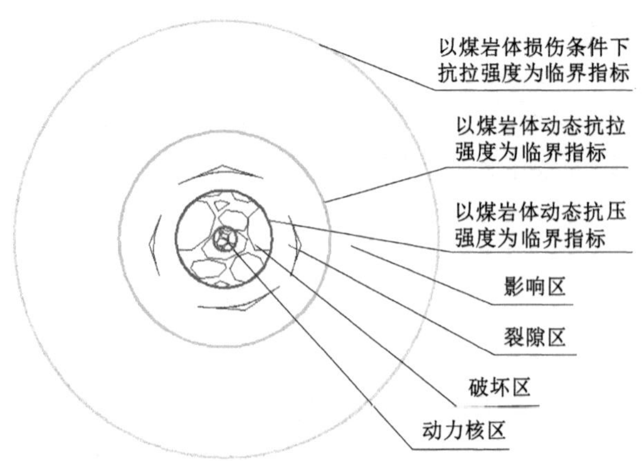

图 7-6 影响区形成过程示意

7.2.2 煤岩动力系统的能量来源和能量释放规律

7.2.2.1 煤岩动力系统的能量来源

冲击地压等矿井动力灾害产生的动力机制是在工程区域的煤岩体中有能量存在，其动力学基础是能量的积聚，所以研究冲击地压等矿井动力灾害首先要确定能量积聚的条件。按目前冲击地压定义，煤矿井巷或工作面周围煤岩体积聚的弹性变形能瞬时释放而产生的突然、剧烈破坏的动力现象，常伴有煤岩体瞬间位移、抛出、巨响及气浪等。关键问题是回答“积聚的弹性变形能”的来源。首先可以确定煤矿开采不是冲击地压等矿井动力灾害能量积聚的全部来源，否则中国所有煤矿均会受到采掘工程活动的影响，应该全部有冲击地压等矿井动力灾害发生，而实际冲击地压矿井数量比例不足 5%。由此表明，除采掘工程活动外，冲击地压等的能量积聚还有其他来源。

地质条件下的煤岩体内的能量积聚与构造应力场变化有关，是现代构造运动所导致的。地质条件下，煤岩动力系统处于平衡状态，系统能量对冲击地压的发生起着控制作用，并影响整个煤岩动力系统的稳定性。煤岩动力系统主控条件是大地构造环境和现代构造应力场，可以说，没有构造运动和构造应力场，就形不成煤岩动力系统，也就没有冲击地压等矿井动力灾害发生的能量条件。地质条件是矿井动力灾害发生的必要条件，采掘工程活动是矿井动力灾害发生的充分条件。

在矿井生产过程中，煤岩动力系统的能量来源必然包括采掘工程活动引起的应力和能量。采掘工程活动包括开采、掘进、采空区、煤柱等对矿井动力灾害产生积极影响的扰动，也包括钻孔卸压、卸压爆破等对矿井动力灾害产生消极影响的扰动。采掘工程活动对煤岩动力系统能量会产生重要影响，在不同的开采技术和工艺参数下，采掘工程活动引起煤岩体应力和能量变化是不同的。开采、掘进等工程活动可使煤岩体积聚的能量进一步升高，增大冲击地压等矿井动力灾害发生危险；钻孔卸压等解危措施可使卸压区煤岩体应力降低，可对煤岩动力系统能量起到控制作用，降低冲击地压等矿井动力灾害发生危险。

不同矿井、不同地质条件下，采掘工程活动引起煤岩动力系统能量变化多种多样，没有统一的计算方法，需要根据现场实际情况，应用已有的知识，通过计算、模拟、实验和测试等多种方法确定。在本书中，仅对地质条件下的煤岩动力系统能量进行研究和计算。

7.2.2.2 煤岩动力系统的能量释放规律

地质条件下,煤岩动力系统煤岩体失稳破坏是以不可逆变形为主的能量耗散过程。在冲击地压的孕育发生阶段,煤岩体内部的节理、裂隙逐渐贯通演化为宏观裂纹,直至煤岩体迅速断裂破坏,释放能量。发生冲击地压时,煤岩动力系统总能量主要由三部分构成:第一部分是煤岩体破碎消耗的能量;第二部分是破碎煤岩块体抛出的动能,煤岩体破坏后块体弹射、抛出所消耗的能量;第三部分是残留于煤岩体中的弹性能量。

$$\hat{U} = U_1 + U_2 + U_3 \tag{7-1}$$

式中 $\hat{U}$——煤岩动力系统的总能量,J;

U_1——煤岩体破坏的耗能,J;

U_2——破碎煤岩块体抛出的动能,J;

U_3——残留于煤岩体中的弹性能量,J。

除上述能量外,当冲击地压发生时,煤岩动力系统还将伴随其他形式的能量释放,包括煤岩体裂纹扩展的表面能及辐射能,煤岩体内表面摩擦产生的热量,声音能量和电磁波等[182]。为了简化计算过程,考虑表面能、辐射能、热能和声能等对构造应力场下的能量贡献度较小,将其统一归类到煤岩体残余能量中。因此,在地质条件下,冲击地压发生时煤岩动力系统的能量主要由煤岩体破坏耗能、破碎煤岩块体抛出的动能和残留于煤岩体中的弹性能量这三部分构成。

煤岩体破坏的耗能、破碎煤岩块体抛出的动能和残留于煤岩体中的弹性能量计算方法如下:

(1) 煤岩体破坏的耗能

根据最小能量原理,煤岩体在三向受载条件下应力状态发生变化,破坏过程中由初始的三向受力状态最终转变为单向受力状态[178]。煤岩体破坏消耗能量与应力状态变化无关,总是等于煤岩单轴破坏消耗的能量。

煤岩体破坏的耗能与煤岩体的单轴抗压强度和弹性模量有关,煤岩体破坏的耗能依据式(7-2)计算[186]。

$$U_1 = \iiint \frac{\sigma_c^2}{2E} \mathrm{d}V_p \tag{7-2}$$

式中 σ_c——煤岩体的单轴抗压强度,MPa;

V_p——破碎煤岩块体的体积,m^3。

(2) 破碎煤岩块体抛出的动能

冲击地压发生过程中,煤岩体被破碎为块体后,部分能量转化为煤岩块体弹射、抛出的动能。依据式(7-3)计算冲击地压发生后煤岩块体抛出的动能 U_2[186]。

$$U_2 = \iiint \frac{1}{2}\rho_1 v_p^2 \mathrm{d}V_p \tag{7-3}$$

式中 ρ_1——破碎煤岩块体的密度,kg/m^3;

v_p——冲击地压发生时破碎煤岩块体抛出的初速度,m/s。

(3) 残留于煤岩体中的弹性能量

从力-能角度分析,冲击地压发生时,煤岩动力系统的总能量迅速释放,系统影响范围内煤岩体的最大和最小主应力快速下降,主应力短时间内不能通过应力传递进行补充;垂直应力始终受上覆岩层的重力作用,可认为垂直应力仍具备做功的能力。从煤岩体破坏角度分析，冲击地压发生时，煤岩动力系统内部煤岩体发生由内向外失稳破坏的渐进式过程，呈现动力核区到影响区破坏、损伤程度逐渐降低的趋势。

因此，根据岩体极限储能理论，冲击地压发生后煤岩动力系统尺度范围内仅存在较低水平的构造应力，煤岩体近似处于自重应力作用下。因此，残留于煤岩体中的弹性能量 U_3 可依据式(7-4)计算。

$$U_3 = \frac{1}{2E}\iiint[\sigma_v^2 + 2\sigma_h^2 - 2\mu(2\sigma_h^2 + \sigma_v\sigma_h)]dV_p \tag{7-4}$$

式中 σ_v——自重应力，MPa；

σ_h——侧向应力，MPa；

μ——泊松比。

冲击地压发生时，煤岩动力系统的总能量中两部分用于对外做功，主要是煤岩体破坏的耗能 U_1 和破碎煤岩块体抛出的动能 U_2。弹性能量 U_3 作为背景能量残留于煤岩体中，经过能量的不断积聚和补充后，作为下一次冲击地压等矿井动力灾害发生的能量基础。

从煤岩动力系统角度分析，冲击地压是煤岩动力系统能量由内向外的能量耗散过程。系统能量产生于动力核区的瞬间破坏释能，能量逐层向外传递，以冲击波的形式使煤岩破碎、以应力波的形式使煤岩破裂实现耗能，残余能量最终被煤岩吸收。在冲击地压实际发生过程中，地质条件与采掘空间均较为复杂。因此，在研究过程中将煤岩动力系统置于无限煤岩体介质中进行能量传递分析。采掘工程与煤岩动力系统各区域相对位置关系如图 7-7 所示。

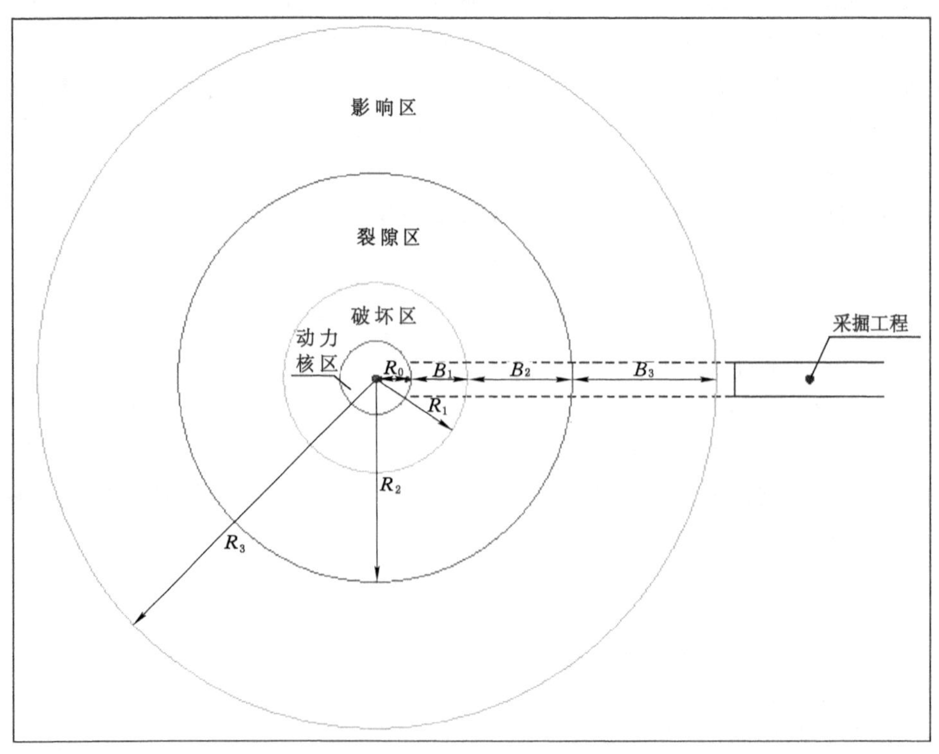

图 7-7 采掘工程与煤岩动力系统各区域相对位置关系

煤岩动力系统的能量主要集中在动力核区内，当冲击地压或高能量微震事件发生时，煤岩动力系统动力核区内的能量得到激发，形成高强度冲击波。冲击波为煤岩动力系统的破坏区提供了强大的压应力，冲击波逐层破坏周边煤岩体的同时，能量逐渐向动力核区外部的破坏区、裂隙区和影响区等各区域耗散。

煤岩动力系统结构尺度计算需首先判定系统释放的能量，在此基础上结合地应力、深度和煤岩体力学参数等逐一计算得到。将煤岩动力系统释放能量作为自变量，煤岩动力系统动力核区半径作为因变量；系统释放能量由微震、地音等监测结果确定，结合煤岩体弹性模量、泊松比、重度，应力集中系数和工作区域埋深等参量，确定系统动力核区半径；根据系统动力核区半径，结合煤岩体密度、抗压强度、抗拉强度等参量，分别确定破坏区、裂隙区和影响区的半径，进而确定冲击地压防治技术措施的安全防护范围。

7.3 地质条件下煤岩动力系统的能量计算方法

7.3.1 自重应力条件下煤岩动力系统的能量计算方法

自重应力条件下煤岩动力系统的能量为背景能量。自重应力条件下煤岩动力系统内单元体受力状态如图 7-8 所示。

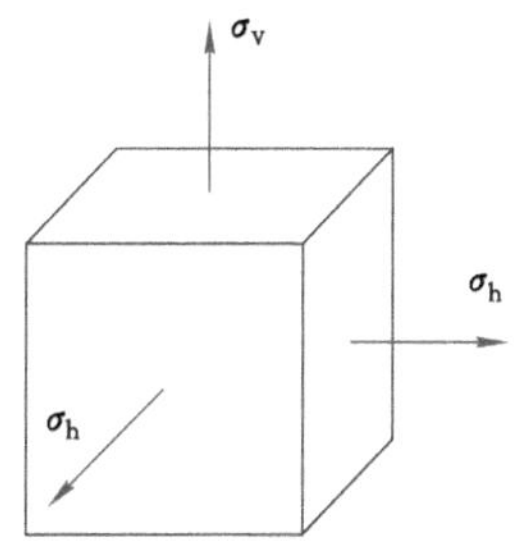

图 7-8 自重应力条件下岩体中单元体受力情况

通过线弹性应变能密度计算方法计算自重应力条件下煤岩系统内储存的能量，并进行积分，得到：

$$U_G = \frac{1}{2E}\iiint[\sigma_v^2 + 2\sigma_h^2 - 2\mu(2\sigma_h^2 + \sigma_v\sigma_h)]dV \tag{7-5}$$

式中 U_G——自重应力条件下煤岩系统积聚的能量，J。

$$V = \frac{4}{3}\pi R_0^3 \tag{7-6}$$

式中 V——动力核区体积，m^3；

R_0——动力核区半径，m。

岩体在自重应力 σ_v 的作用下产生压缩变形，而在侧向产生膨胀变形，但由于侧向受到外界岩体约束限制作用，其变形量为零，侧向应力为 σ_h，且侧向应力与自重应力成比例关系。自重应力条件下，处于某一深度岩层中动力系统内单元体所受的自重应力 σ_v 计算方法为：

$$\sigma_v = \gamma H \tag{7-7}$$

式中 γ ——上覆岩层重度的平均值，kN/m^3；

H ——单元体所处位置的埋深，m。

假设该岩体是均质的弹性体，单元体受力平衡条件为：

$$\sigma_h = \lambda\sigma_v = \lambda\gamma H \tag{7-8}$$

$$\lambda = \frac{\mu}{1-\mu} \tag{7-9}$$

式中 μ ——泊松比；

λ ——侧压系数。

将式(7-7)至式(7-9)代入式(7-5)得到：

$$U_G = \frac{1}{2E}\iiint\left\{\gamma^2 H^2 + 2\frac{\mu^2}{(1-\mu)^2}\gamma^2 H^2 - 2\mu\left[2\frac{\mu}{(1-\mu)}\gamma^2 H^2 + \frac{\mu^2}{(1-\mu)^2}\gamma^2 H^2\right]\right\}dV \tag{7-10}$$

将式(7-6)代入式(7-10)得到：

$$U_G = \frac{2\pi R_0^3}{3E}\frac{1-\mu-2\mu^2}{1-\mu}\gamma^2 H^2 \tag{7-11}$$

由式(7-4)和式(7-5)可知，残留于煤岩体中的弹性能量与自重应力条件下煤岩动力系统的能量相等，即冲击地压等矿井动力灾害发生后，煤岩动力系统的残余能量 U_3 与煤岩动力系统的背景能量 U_G 相等。

7.3.2 构造应力场下煤岩动力系统的能量计算方法

在构造应力场条件下，由于地应力测量得到的应力值包含自重应力条件下的应力，所以构造应力场条件下计算出的能量也包含自重应力场的能量。

自然状态下的三维应力需要通过井下地应力测量得到。对线弹性应变能密度进行积分，得到构造应力场条件下煤岩系统内储存的能量 U_T：

$$U_T = \frac{1}{2E}\iiint[\sigma_1^2 + \sigma_2^2 + \sigma_3^2 - 2\mu(\sigma_1\sigma_2 + \sigma_2\sigma_3 + \sigma_3\sigma_1)]dV \tag{7-12}$$

式中 U_T——构造应力场下煤岩系统储存的能量，J。

将式(7-6)代入式(7-12)得到：

$$U_T = \frac{2\pi R_0^3}{3E}[\sigma_1^2 + \sigma_2^2 + \sigma_3^2 - 2\mu(\sigma_1\sigma_2 + \sigma_2\sigma_3 + \sigma_1\sigma_3)] \tag{7-13}$$

由式(7-13)可知，在构造应力场条件下，煤岩系统内储存的能量 U_T 主要取决于煤岩体受到的三向地应力和煤岩体的力学参数。

在地质条件下，构造应力场下煤岩动力系统的能量等于系统总能量。

7.3.3 煤岩动力系统释放能量计算方法

煤岩动力系统总能量由地质条件下煤岩动力系统的能量和采动应力场下能量组成。其中在地质条件下，构造应力场下煤岩动力系统的能量等于系统总能量，构造应力场条件下的系统能量包含自重应力场的能量，自重应力场下系统的能量为背景能量。

地质条件下煤岩动力系统的总能量如式(7-14)所示。受构造运动的影响，系统煤岩体出现变形的同时将伴随着弹性能量积聚。一旦煤岩体结构失稳，积聚的能量将得以释放，对外做功。释放的能量计算方法如式(7-15)所示。

$$\hat{U} = U_{\mathrm{T}} \tag{7-14}$$

$$\Delta U = U_{\mathrm{T}} - U_{\mathrm{G}} \tag{7-15}$$

式中　ΔU——煤岩动力系统的释放能量,J。

在构造应力场条件下,煤岩体承受三向应力与自重应力的关系可表示为:

$$\sigma_1 = k_1 \gamma H \tag{7-16}$$

$$\sigma_2 = k_2 \gamma H \tag{7-17}$$

$$\sigma_3 = k_3 \gamma H \tag{7-18}$$

式中　k_1——最大主应力 σ_1 与自重应力的比值;

k_2——中间主应力 σ_2 与自重应力的比值;

k_3——最小主应力与自重应力的比值。

将式(7-11)、式(7-13)、式(7-16)、式(7-17)和式(7-18)代入式(7-15),得到煤岩动力系统的释放能量,如式(7-19)所示。

$$\Delta U = \frac{2\pi\gamma^2 H^2 R_0^3}{3E}\left[(k_1^2 + k_2^2 + k_3^2) - 2\mu(k_1 k_2 + k_2 k_3 + k_1 k_3) - 1 + \frac{2\mu^2}{(1-\mu)}\right] \tag{7-19}$$

在地质条件下,当冲击地压发生时,煤岩动力系统释放的能量等于构造应力场能量与自重应力场能量的差值。系统释放出的这部分能量主要用于对外做功,以煤岩体破碎消耗的能量和破碎煤岩块体抛出的动能体现,如式(7-2)和式(7-3)所示。将上述各式进行联立,如式(7-20)所示。

$$\Delta U = U_{\mathrm{T}} - U_{\mathrm{G}} = U_1 + U_2 \tag{7-20}$$

式中　ΔU——煤岩动力系统的释放能量,J;

U_{T}——构造应力场下系统储存的能量,J;

U_{G}——自重应力条件下系统积聚的能量,J;

U_1——煤岩体破坏的耗能,J;

U_2——破碎煤岩块体抛出的动能,J。

7.3.4　煤岩动力系统释放能量确定原则

煤岩动力系统结构尺度与系统释放能量、煤岩体的物理力学参数、地应力和工作区域埋深等因素相关。对于矿井实际生产区域,煤岩体的弹性模量、泊松比、重度等物理力学参量以及地应力均为固定参量;系统释放能量和工作区域埋深是可变参量;而对于指定研究区域,埋深也是固定参量。因此,煤岩动力系统结构尺度直接取决于系统释放能量。

煤岩动力系统释放能量需要综合考虑地质条件、采掘工程活动和解危措施的综合作用计算得出,更多的情况是根据动力事件的微震、地音等监测结果来确定。

在实际应用中,为提高安全性,矿井应该注重冲击地压发生的最大释放能量和临界释放能量,根据矿井实际动力显现的特征和综合监测结果判定矿井冲击地压等动力灾害发生的最大释放能量,依此来计算系统各区域尺度,作为确定冲击地压防治技术措施的安全防护范围的依据,以指导冲击地压防治技术措施的有效实施。

如矿井没有冲击地压等矿井动力灾害发生的最大释放能量判定结果,也可根据我国冲击地压发生时释放能量的一般规律,将 10^6 J 作为冲击地压发生的最大释放能量,作为煤岩动力系统结构尺度计算的能量依据。

7.4 煤岩动力系统的结构尺度计算方法

7.4.1 动力核区半径计算方法

根据上述煤岩动力系统能量耗散过程的分析可知，系统能量主要以动力核区瞬间破坏的形式向外释放，首先应对系统动力核区尺度进行计算，可由动力核区半径表示。

由式(7-19)可推导得到动力核区半径：

$$R_0=\sqrt[3]{\frac{3E(1-\mu)\Delta U}{2\pi[2\mu^2(k_1k_2+k_1k_3+k_2k_3+1)-\mu(2k_1k_2+2k_1k_3+2k_2k_3+k_1^2+k_2^2+k_3^2-1)+k_1^2+k_2^2+k_3^2-1]\gamma^2H^2}} \tag{7-21}$$

煤岩动力系统动力核区半径影响因素见表 7-1。

表 7-1 煤岩动力系统动力核区半径影响因素

正相关因素	负相关因素
① 煤岩体弹性模量 E； ② 系统释放能量 ΔU； ③ 煤岩体泊松比 μ	① 应力集中系数 k_1、k_2、k_3； ② 煤岩体重度 γ，通常取值 25～27 kN/m^3； ③ 工作区域埋深 H

根据式(7-21)和表 7-1 所示结果，煤岩动力系统动力核区半径与煤岩体弹性模量、系统释放能量和煤岩体泊松比呈正相关关系，与应力集中系数、煤岩体重度和工作区域埋深呈负相关关系。对于矿井实际生产区域，煤岩动力系统动力核区半径取决于系统释放能量和工作区域埋深。在工作区域埋深相同时，系统释放能量越大，动力核区半径越大；在系统释放能量相同时，工作区域埋深越小，动力核区半径越大。

7.4.2 破坏区半径计算方法

系统破坏区尺度范围内，冲击波造成煤岩逐层破碎，同时冲击波强度得以衰减。依据破坏区最大尺度范围的平衡条件，即煤岩动态抗压强度等于衰减后的冲击波强度，计算系统破坏区的尺度。

由动能定理和动量定理可知：

$$Ft=\Delta P=\Delta(mv) \tag{7-22}$$

$$\Delta U=\frac{1}{2}mv^2 \tag{7-23}$$

联立式(7-22)和式(7-23)得到：

$$Ft=\sqrt{2m\Delta U} \tag{7-24}$$

式中 F——动力核区外边界上的冲击力(由冲击波产生)，N；

t——冲击力在动力核区外边界上的做功时间，s；

m——动力核区尺度范围内煤岩体的质量，kg。

冲击力在动力核区外边界上的做功时间可由式(7-25)计算：

$$t = \frac{R_0 \varepsilon}{v_b} \tag{7-25}$$

式中 ε——动力核区外边界的应变；

v_b——冲击波传播速度，m/s。

动力核区外边界的应变可由式(7-26)计算：

$$\varepsilon = \frac{\sigma_c}{E} \tag{7-26}$$

将式(7-26)代入式(7-25)可得：

$$t = \frac{\sigma_c R_0}{E v_b} \tag{7-27}$$

将式(7-27)代入式(7-24)可得：

$$F = \frac{E v_b}{\sigma_c R_0} \sqrt{2m\Delta U} \tag{7-28}$$

动力核区外边界上的应力可由以下公式计算：

$$p = \frac{F}{S} \tag{7-29}$$

式中 p——动力核区外边界上的应力，MPa；

S——动力核区外边界的面积(球体表面积)，m^2。

动力核区外边界的面积可由式(7-30)计算：

$$S = 4\pi R_0^2 \tag{7-30}$$

将式(7-30)代入式(7-29)可得：

$$p = \frac{F}{4\pi R_0^2} \tag{7-31}$$

动力核区半径范围内的煤岩质量和体积，可由式(7-32)和式(7-33)计算：

$$m = \rho V \tag{7-32}$$

$$V = \frac{4}{3}\pi R_0^3 \tag{7-33}$$

式中 ρ——动力核区范围内的煤岩密度，kg/m^3。

将式(7-33)代入式(7-32)可得：

$$m = \frac{4}{3}\pi R_0^3 \rho \tag{7-34}$$

联立式(7-28)、式(7-31)和式(7-34)可得动力核区外边界上的应力：

$$p = \frac{E v_b}{\sigma_c R_0} \sqrt{\frac{\rho \Delta U}{6\pi R_0}} \tag{7-35}$$

动力核区外边界上冲击波产生的冲击力主要用于破坏区煤岩的破碎，并逐渐通过破碎耗能的方式衰减至破坏区外边界。在破坏区尺度范围内，任一质点的径向应力、切向应力可表示为：

$$\sigma_r = p \left(\frac{B_{1i}}{R_0}\right)^{-\alpha_1} \tag{7-36}$$

$$\sigma_\theta = -\lambda\sigma_r \tag{7-37}$$

式中 σ_r——破坏区尺度范围内任一质点的径向应力，MPa；

σ_θ——破坏区尺度范围内任一质点的切向应力，MPa；

B_{1i}——破坏区尺度范围内任一质点与动力核区外边界的距离，m；

α_1——冲击波在破坏区传播过程中的衰减系数，$\alpha_1=2+\lambda$。

在平面应变条件下，破坏区尺度范围内任一质点的轴向应力可表示为：

$$\sigma_z = \mu(\sigma_r + \sigma_\theta) = \mu(1-\lambda)\sigma_r \tag{7-38}$$

在破坏区尺度范围内，任一质点的应力强度可表示为：

$$\sigma_i = \sqrt{\frac{(\sigma_r-\sigma_\theta)^2+(\sigma_\theta-\sigma_z)^2+(\sigma_z-\sigma_r)^2}{2}} \tag{7-39}$$

将式(7-36)至式(7-38)代入式(7-39)，可得：

$$\sigma_i = \frac{\sigma_r}{\sqrt{2}}\sqrt{(1+\lambda)^2-2\mu(1-\lambda)^2(1-\mu)+(1+\lambda^2)} \tag{7-40}$$

$$\sigma_i = \frac{p}{\sqrt{2}}\sqrt{(1+\lambda)^2-2\mu(1-\lambda)^2(1-\mu)+(1+\lambda^2)}\left(\frac{B_{1i}}{R_0}\right)^{-(2+\lambda)} \tag{7-41}$$

应用 Mises 强度准则，确定破坏区最大尺度范围的平衡条件：煤岩体内部的应力等于煤岩体动态抗压强度，如式(7-42)所示：

$$\sigma_i = \sigma_{cd} \tag{7-42}$$

式中 σ_{cd}——煤岩体动态抗压强度(通常为单轴抗压强度的 10～15 倍)，MPa。

将式(7-41)代入式(7-42)可得：

$$\sigma_{cd} = \frac{p}{\sqrt{2}}\sqrt{(1+\lambda)^2-2\mu(1-\lambda)^2(1-\mu)+(1+\lambda^2)}\left(\frac{B_1}{R_0}\right)^{-(2+\lambda)} \tag{7-43}$$

式中 B_1——破坏区尺度，等于系统半径方向上动力核区外边界与破坏区外边界之间的距离，m。

将式(7-35)代入式(7-43)，可得：

$$\sigma_{cd} = \frac{1}{\sqrt{2}}\frac{Ev_b}{\sigma_c R_0}\left(\frac{\rho\Delta U}{6\pi R_0}\right)^{\frac{1}{2}}\left[(1+\lambda)^2-2\mu(1-\lambda)^2(1-\mu)+(1+\lambda^2)\right]^{\frac{1}{2}}\left(\frac{B_1}{R_0}\right)^{-(2+\lambda)} \tag{7-44}$$

由式(7-44)推导可得破坏区尺度：

$$B_1 = \left[\frac{Ev_b}{\sigma_c R_0}\sqrt{\frac{\rho\Delta U}{6\pi R_0}}\frac{\left[(1+\lambda)^2-2\mu(1-\lambda)^2(1-\mu)+(1+\lambda^2)\right]^{\frac{1}{2}}}{\sqrt{2}\sigma_{cd}}\right]^{\frac{1}{2+\lambda}}R_0 \tag{7-45}$$

破坏区半径如式(7-47)所示：

$$R_1 = R_0 + B_1 \tag{7-46}$$

$$R_1 = \left\{1+\left[\frac{Ev_b}{\sigma_c R_0}\sqrt{\frac{\rho\Delta U}{6\pi R_0}}\frac{\left[(1+\lambda)^2-2\mu(1-\lambda)^2(1-\mu)+(1+\lambda^2)\right]^{\frac{1}{2}}}{\sqrt{2}\sigma_{cd}}\right]^{\frac{1}{2+\lambda}}\right\}R_0 \tag{7-47}$$

式中 R_1——煤岩动力系统破坏区半径，m；

B_1——煤岩动力系统破坏区尺度，m。

煤岩动力系统破坏区半径影响因素见表 7-2。

表 7-2　煤岩动力系统破坏区半径影响因素

正相关因素	负相关因素
① 动力核区半径 R_0； ② 冲击波波速 v_b； ③ 煤岩体弹性模量 E； ④ 系统释放能量 ΔU； ⑤ 煤岩体密度 ρ	① 煤岩体泊松比 μ； ② 侧压系数 λ； ③ 煤岩体动态抗压强度 σ_{cd}； ④ 煤岩体单轴抗压强度 σ_c

根据式(7-46)、式(7-47)和表 7-2 所示结果，煤岩动力系统破坏区半径与动力核区半径、冲击波波速、煤岩体弹性模量、系统释放能量和煤岩体密度呈正相关关系，与煤岩体泊松比、煤岩体动态抗压强度和煤岩体单轴抗压强度呈负相关关系。

对于矿井实际生产区域，煤岩体的弹性模量、泊松比、密度、动态抗压强度、单轴抗压强度和冲击波波速等均为固定参量，系统释放能量和动力核区半径是可变参量，煤岩动力系统破坏区半径取决于系统释放能量和动力核区半径；而动力核区半径也取决于系统释放能量，两者呈正相关关系。在工作区域埋深相同时，系统释放能量越大，煤岩动力系统动力核区半径越大，破坏区半径也越大。

7.4.3　裂隙区半径计算方法

系统裂隙区的初始边界为破坏区的外边界，在应力波作用下逐层向外煤岩受拉产生裂隙，裂隙区外边界由煤岩受拉破坏的应力平衡条件确定，即煤岩动态抗拉强度等于耗散后的应力波强度。

在裂隙区尺度范围内，任一质点的径向应力、切向应力可表示为：

$$\sigma_r' = \sigma_{cd}\left(\frac{B_{2i}}{R_0}\right)^{-\alpha_2} \tag{7-48}$$

$$\sigma_\theta' = -\lambda\sigma_r' \tag{7-49}$$

式中　σ_r'——裂隙区尺度范围内任一质点的径向应力，MPa；

σ_θ'——裂隙区尺度范围内任一质点的切向应力，MPa；

B_{2i}——裂隙区尺度范围内任一质点与破坏区外边界的距离，m；

α_2——应力波在裂隙区传播过程中的衰减系数，$\alpha_2=2-\lambda$。

在裂隙区尺度范围内，任一质点的轴向应力可表示为：

$$\sigma_z' = \mu(\sigma_r' + \sigma_\theta') = \mu(1-\lambda)\sigma_r' \tag{7-50}$$

在裂隙区尺度范围内，任一质点的应力强度可表示为：

$$\sigma_i' = \sqrt{\frac{(\sigma_r' - \sigma_\theta')^2 + (\sigma_\theta' - \sigma_z')^2 + (\sigma_z' - \sigma_r')^2}{2}} \tag{7-51}$$

将式(7-46)至式(7-50)代入式(7-51)可得：

$$\sigma_i' = \frac{\sigma_r'}{\sqrt{2}}\sqrt{(1+\lambda)^2 - 2\mu(1-\lambda)^2(1-\mu) + (1+\lambda^2)} \tag{7-52}$$

$$\sigma_i' = \frac{\sigma_{cd}}{\sqrt{2}}\sqrt{(1+\lambda)^2 - 2\mu(1-\lambda)^2(1-\mu) + (1+\lambda^2)}\left(\frac{B_{2i}}{R_0}\right)^{-(2-\lambda)} \tag{7-53}$$

应用 Mises 强度准则，确定裂隙区最大尺度范围的平衡条件：煤岩体内部的应力等于煤岩体动态抗拉强度，如式(7-54)所示：

$$\sigma_i{}' = \sigma_{td} \tag{7-54}$$

式中 σ_{td}——煤岩体动态抗拉强度(通常等于单轴抗拉强度)，MPa。

将式(7-53)代入式(7-54)可得：

$$\sigma_{td} = \frac{\sigma_{cd}}{\sqrt{2}}\sqrt{(1+\lambda)^2 - 2\mu(1-\lambda)^2(1-\mu) + (1+\lambda^2)}\left(\frac{B_2}{R_0}\right)^{-(2-\lambda)} \tag{7-55}$$

式中 B_2——裂隙区尺度，等于系统半径方向上破坏区外边界与裂隙区外边界之间的距离，m。

将式(7-55)进一步简化可得：

$$\sigma_{td} = \frac{\sigma_{cd}}{\sqrt{2}}\left[(1+\lambda)^2 - 2\mu(1-\lambda)^2(1-\mu) + (1+\lambda^2)\right]^{\frac{1}{2}}\left(\frac{B_2}{R_0}\right)^{-(2-\lambda)} \tag{7-56}$$

由式(7-56)推导可得裂隙区尺度：

$$B_2 = \left[\frac{\sigma_{cd}}{\sqrt{2}\sigma_{td}}\left[(1+\lambda)^2 - 2\mu(1-\lambda)^2(1-\mu) + (1+\lambda^2)\right]^{\frac{1}{2}}\right]^{\frac{1}{2-\lambda}} R_0 \tag{7-57}$$

裂隙区半径如式(7-59)所示：

$$R_2 = R_1 + B_2 \tag{7-58}$$

$$R_2 = R_1 + \left[\frac{\sigma_{cd}}{\sqrt{2}\sigma_{td}}\left[(1+\lambda)^2 - 2\mu(1-\lambda)^2(1-\mu) + (1+\lambda^2)\right]^{\frac{1}{2}}\right]^{\frac{1}{2-\lambda}} R_0 \tag{7-59}$$

式中 R_2——煤岩动力系统裂隙区半径，m；

R_1——煤岩动力系统破坏区半径，m；

B_2——煤岩动力系统裂隙区尺度，m。

煤岩动力系统裂隙区半径影响因素见表 7-3。

表 7-3 煤岩动力系统裂隙区半径影响因素

正相关因素	负相关因素
① 煤岩体动态抗压强度 σ_{cd}； ② 动力核区半径 R_0； ③ 煤岩体泊松比 μ； ④ 侧压系数 λ	煤岩体动态抗拉强度 σ_{td}

根据式(7-57)至式(7-59)和表 7-3 所示结果，煤岩动力系统裂隙区半径与煤岩体的动态抗压强度、泊松比和动力核区半径呈正相关关系，与煤岩体的动态抗拉强度呈负相关关系。

对于矿井实际生产区域，煤岩体的动态抗压强度、泊松比和动态抗拉强度均为固定参量，动力核区半径是可变参量。煤岩动力系统裂隙区半径取决于动力核区半径。在工作区域埋深相同时，煤岩动力系统动力核区半径越大，裂隙区半径越大。

7.4.4 影响区半径计算方法

在影响区尺度范围内，任一质点的径向应力、切向应力可表示为：

$$\sigma_r'' = \sigma_{td}\left(\frac{B_{3i}}{R_0}\right)^{-\alpha_2} \tag{7-60}$$

$$\sigma_\theta'' = -\lambda\sigma_r'' \tag{7-61}$$

式中 σ_r''——影响区尺度范围内任一质点的径向应力,MPa;

σ_θ''——影响区尺度范围内任一质点的切向应力,MPa;

B_{3i}——影响区尺度范围内任一质点与裂隙区外边界的距离,m。

在影响区尺度范围内,任一质点的轴向应力可表示为:

$$\sigma_z'' = \mu(\sigma_r'' + \sigma_\theta'') = \mu(1-\lambda)\sigma_r'' \tag{7-62}$$

在影响区尺度范围内,任一质点的应力强度可表示为:

$$\sigma_i'' = \sqrt{\frac{(\sigma_r''-\sigma_\theta'')^2+(\sigma_\theta''-\sigma_z'')^2+(\sigma_z''-\sigma_r'')^2}{2}} \tag{7-63}$$

将式(7-60)至式(7-62)代入式(7-63)可得:

$$\sigma_i'' = \frac{\sigma_r''}{\sqrt{2}}\sqrt{(1+\lambda)^2-2\mu(1-\lambda)^2(1-\mu)+(1+\lambda^2)} \tag{7-64}$$

$$\sigma_i'' = \frac{\sigma_{td}}{\sqrt{2}}\sqrt{(1+\lambda)^2-2\mu(1-\lambda)^2(1-\mu)+(1+\lambda^2)}\left(\frac{B_{3i}}{R_0}\right)^{-(2-\lambda)} \tag{7-65}$$

应用 Mises 强度准则,确定影响区最大尺度范围的平衡条件:煤岩体内部的应力等于煤岩体损伤状态下的抗拉强度,如式(7-66)所示:

$$\sigma_i'' = D\sigma_{td} \tag{7-66}$$

式中 D——震动波能量衰减指数。

将式(7-65)代入式(7-66),整理得到:

$$D\sigma_{td} = \frac{\sigma_{td}}{\sqrt{2}}\sqrt{(1+\lambda)^2-2\mu(1-\lambda)^2(1-\mu)+(1+\lambda^2)}\left(\frac{B_3}{R_0}\right)^{-(2-\lambda)} \tag{7-67}$$

式中 B_3——影响区尺度,等于系统半径方向上裂隙区外边界与影响区外边界之间的距离,m。

将式(7-67)进一步简化可得:

$$D\sigma_{td} = \frac{\sigma_{td}}{\sqrt{2}}\left[(1+\lambda)^2-2\mu(1-\lambda)^2(1-\mu)+(1+\lambda^2)\right]^{\frac{1}{2}}\left(\frac{B_3}{R_0}\right)^{-(2-\lambda)} \tag{7-68}$$

由式(7-68)推导可得影响区尺度:

$$B_3 = \left[\frac{1}{\sqrt{2}D}\left[(1+\lambda)^2-2\mu(1-\lambda)^2(1-\mu)+(1+\lambda^2)\right]^{\frac{1}{2}}\right]^{\frac{1}{2-\lambda}}R_0 \tag{7-69}$$

影响区半径如式(7-71)所示:

$$R_3 = R_2 + B_3 \tag{7-70}$$

$$R_3 = R_2 + \left[\frac{1}{\sqrt{2}D}\left[(1+\lambda)^2-2\mu(1-\lambda)^2(1-\mu)+(1+\lambda^2)\right]^{\frac{1}{2}}\right]^{\frac{1}{2-\lambda}}R_0 \tag{7-71}$$

式中 R_3——煤岩动力系统影响区半径,m;

R_2——煤岩动力系统裂隙区半径,m;

B_3——煤岩动力系统影响区尺度,m。

根据爆破震动波能量的计算方法,对爆破引起震动波的能量衰减规律进行了统计。岩体介质的不连续性阻碍震动波应力的传递和能量的传播，震动波在传播过程中，质点峰值速度与震动波能量之间具有内在联系。震动波峰值速度、能量均与传播距离呈负指数关系，测点处的爆破震动波能量计算方法如式(7-72)所示。

$$E_r = E_0 e^{-Dr} \tag{7-72}$$

式中 E_0——震源震动能量，J；

E_r——测点处震动能量，J；

D——震动波能量衰减指数；

r——测点处与震源之间的距离，m。

煤岩动力系统影响区半径影响因素见表 7-4。

表 7-4 煤岩动力系统影响区半径影响因素

正相关因素	负相关因素
① 煤岩体泊松比 μ； ② 侧压系数 λ； ③ 动力核区半径 R_0	震动波能量衰减指数 D

根据式(7-69)至式(7-71)和表 7-4 所示结果，煤岩动力系统影响区半径与煤岩体的泊松比和动力核区半径呈正相关关系，与震动波能量衰减指数呈负相关关系。对于矿井实际生产区域，煤岩体的泊松比为固定参量，动力核区半径和能量衰减指数是可变参量。煤岩动力系统影响区半径取决于动力核区半径。

在工作区域埋深相同时，煤岩动力系统动力核区半径越大，影响区半径越大。震动波的能量传递受多种因素影响，根据相关文献统计结果，震动波能量衰减指数的取值范围为 0.007 5～0.026。为了保证安全生产，在计算煤岩动力系统的影响区半径时，震动波能量衰减指数通常取下限值 0.007 5。

7.5 煤岩动力系统方法的应用步骤

7.5.1 煤岩动力系统方法应用步骤

(1) 计算和判定煤岩动力系统释放能量

煤岩动力系统释放能量需综合考虑地质条件、采掘工程活动和解危措施的综合作用计算得出，更多的情况是根据动力事件的微震、地音等监测结果进行判定。矿井在确定煤岩动力系统释放能量时，一般用三种方法：① 临界能量判定；② 最大能量判定；③ 监测系统监测。

(2) 计算煤岩动力系统的结构尺度

对于具体矿井，将煤岩动力系统释放能量作为自变量，煤岩动力系统动力核区半径作为因变量。系统释放能量由微震、地音等监测结果确定；结合煤岩体弹性模量、泊松比、重度，应力集中系数和工作区域埋深等参量，确定系统动力核区半径；根据系统动力核区半径，结合煤岩体密度、抗压强度、抗拉强度等参量，分别确定破坏区、裂隙区和影响区的半径。

(3) 确定理论安全范围

目前,常规的采矿工程知识体系确定的多数技术参数均有理论依据,如超前支护距离等。但多数关于冲击地压的技术参数主要依据现场实践经验确定,大多缺少理论支撑,如临界采深、采掘工作面之间的安全距离、采煤工作面超前支护距离、冲击地压临界能量等。这说明冲击地压理论研究严重滞后,很难满足现场工程需要。这也是导致冲击地压防治工作难度大的原因之一。

根据煤岩动力系统的结构尺度可以确定井下工程、煤炭开采、防治措施等需要的安全保护尺度,即理论安全范围。根据煤岩动力系统研究成果,指导冲击地压防治技术措施和超前支护的有效实施。可根据矿井冲击地压严重程度和防治措施的可靠性要求,将破坏区和裂隙区半径作为冲击地压矿井防治措施和超前支护的重要依据。

防治措施安全距离:建议根据矿井冲击地压严重程度和防治措施的可靠性要求,以破坏区半径(参考裂隙区半径)作为防治措施采取的安全范围。

超前支护安全距离:建议以裂隙区半径(参考影响区半径)作为超前支护采取的安全范围。有特殊影响因素时可进一步加大。

7.5.2　系统释放能量计算和判定

本书主要针对地质条件下煤岩动力系统的能量进行分析。

地质条件下煤岩动力系统释放能量,可直接应用式(7-11)、式(7-13)、式(7-19)计算。对于矿井实际生产区域,煤岩动力系统释放能量是多种条件耦合作用的结果,其中自然地质条件和采掘工程活动是煤岩动力系统能量的主要来源,而解危措施对煤岩动力系统能量起到削弱作用。

7.5.3　系统结构尺度计算

对于地质条件下煤岩动力系统结构尺度的计算,释放能量为系统总能量与背景能量的差值,可直接应用式(7-21)、式(7-47)、式(7-59)和式(7-71)计算。对于矿井实际生产区域,需要综合考虑地质条件、采掘工程活动和解危措施的综合作用,依据微震、地音等监测结果,对煤岩动力系统的释放能量进行判定后再计算煤岩动力系统的结构尺度。

7.5.4　煤岩动力系统成果一般性应用

煤岩动力系统为“球体”结构,不同区域影响半径表征动力核与工程区域的尺度范围,理论上动力核可能存在于不同区域影响半径球形系统表面的任意位置,通常将采掘工程区域前方和侧方的各个位置作为重点关注区域,如图 7-9 所示。因此,对于动力核位置的判定,一方面需要根据微震、地音等能量监测结果,结合煤岩物理力学参数,确定系统动力核区、破坏区、裂隙区和影响区的半径,依此判定动力核与工程区域的距离,作为采取防治措施的安全范围;另一方面需要根据工程区域具体条件,分析采掘工程附近地质构造、顶板岩层结构特征等,确定不同区域的动力灾害发生的危险程度,进一步优化防治措施。

前已述及,确定煤岩动力系统的能量特征和结构尺度特征,可用于确定采取冲击地压防治措施的时空关系,用于指导安全生产。煤岩动力系统动力核区、破坏区等各区域半径均与系统释放能量正相关,系统释放能量的大小和方位可由微震监测系统等煤矿监测设备定位

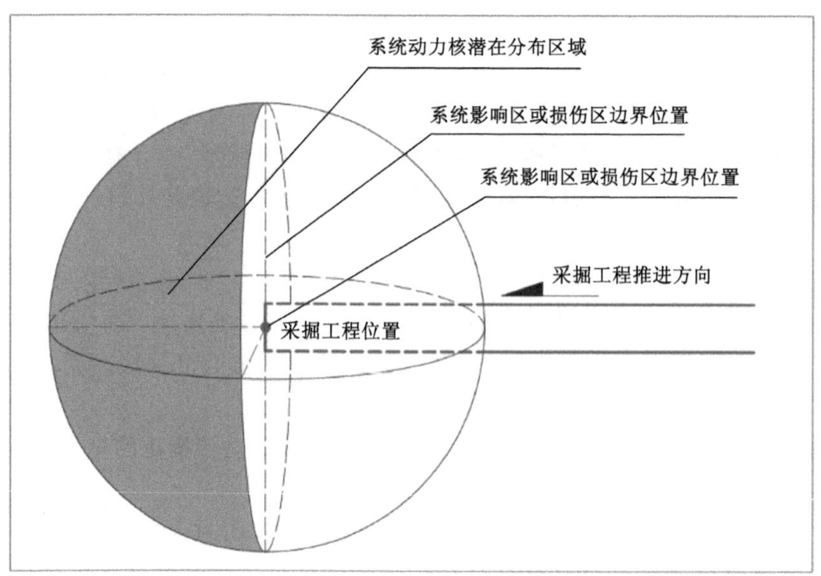

图 7-9 煤岩动力系统安全范围的确定

结果确定。

煤矿可根据确定的冲击地压临界能量值，应用煤岩动力系统的计算方法，结合煤岩物理力学参数，确定系统动力核区、破坏区、裂隙区和影响区的半径，根据该半径确定井下工程、煤炭开采、防治措施等需要的安全保护尺度，即理论安全范围；同时，需要根据工程区域具体条件，分析采掘工程附近地质构造、顶板岩层结构特征等的特殊影响，在遵守《煤矿安全规程》的基础上，确定实际安全保护尺度。

煤岩动力系统结构尺度与系统释放能量、煤岩体的物理力学参数、地应力和工作区域埋深等因素相关。其中，相关的煤岩体物理力学参数包括弹性模量、泊松比、重度、单轴抗压强度、单轴抗拉强度等，进行煤岩动力系统尺度一般性分析计算如下：

① 根据统计规律，冲击地压发生释放的能量通常为 10^6 J，因此系统释放能量取值范围为 10^6 J。

② 发生冲击地压的工作面埋深取值 400～600 m。

③ 地应力测量结果表明，k_1 取值 1.2～2.0，k_2 取值 1.0，k_3 取值 0.6～0.9。

④ 煤岩体物理力学参数取值：

a. 弹性模量取值范围：2.50～4.80 GPa；

b. 泊松比取值范围：0.19～0.30；

c. 重度取值范围：25～27 kN/m^3；

d. 单轴抗压强度取值范围：10.00～20.00 MPa；

e. 单轴抗拉强度取值范围：0.20～1.70 MPa。

将上述参量代入煤岩动力系统各区域尺度计算公式，计算得到：

a. 动力核区半径上限值：2.90 m；

b. 破坏区半径上限值：24.22 m(采取解危措施的参考值)；

c. 裂隙区半径上限值：130.22 m(采取解危措施和超前支护的参考值)；

d. 影响区半径上限值:248.46 m(采取超前支护的参考值)。

分别根据式(7-21)、式(7-47)、式(7-59)、式(7-71)计算煤岩动力系统动力核区、破坏区、裂隙区和影响区半径。分别将弹性模量、泊松比、重度、单轴抗压强度、单轴抗拉强度等煤岩体物理力学的一般性参量代入相应计算公式,得到煤岩动力系统各区域半径的一般性计算结果,见表 7-5。

表 7-5　煤岩动力系统各区域半径一般性计算结果

能量/J	动力核区半径/m	破坏区半径/m	裂隙区半径/m	影响区半径/m
10^1	0.05	0.51	2.75	5.13
10^2	0.12	1.14	6.51	12.23
10^3	0.25	2.43	13.62	25.54
10^4	0.54	5.24	29.41	55.16
10^5	1.15	11.24	62.72	117.55
10^6	2.48	24.22	130.22	248.46
10^7	5.35	52.21	291.68	546.75
10^8	11.53	112.49	628.58	1 178.30
10^9	24.85	242.39	1 354.70	2 539.48
10^{10}	53.57	522.33	2 920.18	5 474.25
10^{11}	115.35	1 125.08	6 288.26	11 787.84
10^{12}	248.50	2 423.86	13 546.97	25 394.78

应用煤岩动力系统的结构尺度计算结果可以确定冲击地压工作面的超前支护距离、冲击地压矿井 2 个采煤工作面之间的距离等。按计算结果应用如下:

(1) 确定冲击地压工作面超前支护距离

可依据煤岩动力系统裂隙区半径计算结果,确定冲击地压工作面超前支护距离的一般性应用结果。《煤矿安全规程》第二百四十四条第一款规定:"采煤工作面必须加大上下出口和巷道的超前支护范围与强度,弱冲击危险区域的工作面超前支护长度不得小于 70 m;厚煤层放顶煤工作面、中等及以上冲击危险区域的工作面超前支护长度不得小于 120 m,超前支护应当满足支护强度和支护整体稳定性要求。"煤岩动力系统释放能量与超前支护范围的对应关系见表 7-6。

表 7-6　煤岩动力系统释放能量与超前支护范围的对应关系(系统裂隙区半径)

系统释放能量/J	1×10^1	1×10^2	1×10^3	1×10^4	1×10^5
超前支护范围/m	2.75	6.51	13.62	29.41	62.72
系统释放能量/J	1×10^6	1×10^7	1×10^8	1×10^9	1×10^{10}
超前支护范围/m	130.22	291.68	628.58	1 354.70	2 920.18

对于非冲击地压矿井,开采也引起能量释放,统计认为一般多为 10^3J 及以下级别的能量。根据《煤矿安全规程》第九十条相关规定,采煤工作面所有安全出口与巷道连接处超前

压力影响范围内必须加强支护，且加强支护的巷道长度不得小于 20 m。根据表 7-6 所示结果，10^3～10^4 J 级别能量对应的超前支护范围为 13.62～29.41 m。对于 10^3 J 及以下级别的能量显现，根据煤岩动力系统计算得到的超前支护范围满足具体矿井关于工作面超前支护距离的要求，与《煤矿安全规程》要求具有一致性。

根据大量实践统计结果，我国冲击地压发生的临界能量一般为 10^4～10^6 J。冲击地压显现强度与煤岩动力系统释放能量成正比，根据表 7-6 所示结果，10^4～10^6 J 级别的能量显现对应的系统裂隙区半径为 29.41～130.22 m。因此，我国冲击地压矿井的超前支护范围应不小于 29.41～130.22 m。对于冲击地压矿井普遍的 10^4～10^6 J 级别的临界能量显现，煤岩动力系统计算得到的超前支护范围满足冲击地压矿井关于工作面超前支护距离的要求。根据煤岩动力系统计算得出的"裂隙区半径上限值"结果与《煤矿安全规程》要求具有一致性。对于严重冲击地压矿井，个别存有 10^7～10^8 J 级别的能量显现，超前支护距离应结合表 7-6 计算结果，根据现场实际情况进行选择。计算结果为冲击地压矿井确定超前支护范围提供了依据。

(2) 确定冲击地压矿井 2 个采煤工作面之间的距离

可依据煤岩动力系统影响区半径计算结果，确定冲击地压矿井 2 个采煤工作面之间距离的一般性应用结果。《煤矿安全规程》第二百三十一条第一款规定："开采冲击地压煤层时，在应力集中区内不得布置 2 个工作面同时进行采掘作业。2 个掘进工作面之间的距离小于 150 m 时，采煤工作面与掘进工作面之间的距离小于 350 m 时，2 个采煤工作面之间的距离小于 500 m 时，必须停止其中一个工作面。"根据表 7-5 所示结果，10^4～10^6 J 级别的能量显现对应的系统影响区半径为 55.16～248.46 m。因此，对于冲击地压矿井普遍的 10^4～10^6 J 级别的能量显现，根据煤岩动力系统计算得出的 2 倍"影响区半径上限值"结果与《煤矿安全规程》要求具有一致性。计算结果为冲击地压矿井确定 2 个采煤工作面之间的距离提供了依据。

(3) 煤岩动力系统分析方法在冲击地压矿井的具体应用

以上内容是一般性研究成果。针对冲击地压矿井，应用煤岩动力系统分析方法时，在确定矿井冲击地压释放能量大小、煤岩体的物理力学参数、地应力值和工作面埋深等参数的基础上，利用式(7-21)、式(7-47)、式(7-59)、式(7-71)计算矿井煤岩动力系统裂隙区、影响区等各个区域的半径，在遵守《煤矿安全规程》的基础上，确定工程的实际安全保护范围。

7.6 煤岩动力系统方法在煤矿中的应用

7.6.1 东荣三矿已发生能量事件的煤岩动力系统结构尺度计算

东荣三矿位于双鸭山市集贤县境内双鸭山矿区北部。井田东西长 6.4 km，南北宽 7.2 km，井田面积 48.02 km^2。矿井目前核定生产能力为 210 万 t/a，开拓方式为立井单水平，上下山集中大巷布置，采用走向长壁和倾斜长壁采煤方法，全部垮落法管理顶板。井田地质构造复杂程度为中等，煤层稳定程度为较稳定。

东荣三矿共有断层 47 条，其中落差大于 100 m 的断层有 14 条，50～100 m 有 8 条，30～50 m 有 5 条，小于 30 m 有 20 条。矿井含煤地层有穆棱组和城子河组，其中穆棱组含薄煤 2～3 层，均不可采，无工业价值。城子河组为主要含煤地层，含煤 63 层，煤层总厚度 31.43 m，含煤系数 3.3%。其中 9、14、16、18、20-2、23、24、29-1、$30_{上}$、30 煤层等 10 个煤层可采，可采煤层平均总厚度为 13.35 m，可采煤层含煤系数 1.4%，矿井现采煤层为 14、16、18、29-1、30 煤层等 5 个煤层。

应用煤岩动力系统分析方法，对 2017 年 12 月 3 日发生在东荣三矿东十采区十片胶带巷的一次动力显现(微震能量 8×10^4 J，深度 777 m)进行分析，如图 7-10 所示。

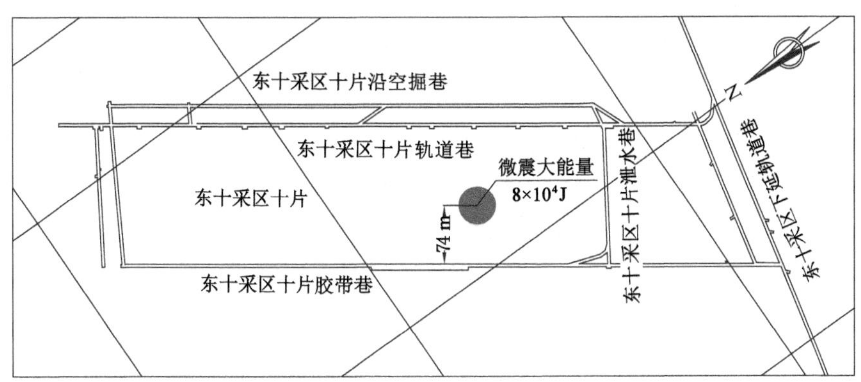

图 7-10 东十采区十片胶带巷动力显现位置

煤岩动力系统的物理力学参数取值参考煤岩物理力学参数测试结果，确定煤岩动力系统煤体的单轴抗压强度为 14.32 MPa、单轴抗拉强度为 1.51 MPa、弹性模量为 2.84 GPa、泊松比为 0.28、重度为 25 kN/m³，冲击波在砂岩中的波速取 6 000 m/s。

将上述物理力学参数、埋深及动力显现的释放能量值分别代入煤岩动力系统动力核区、破坏区、裂隙区、影响区半径的计算公式，得到东十采区十片胶带巷煤岩动力系统的动力核区半径 R_0、破坏区半径 R_1、裂隙区半径 R_2 和影响区半径 R_3：

$$R_0 = \sqrt[3]{\frac{3\times 2\,840\,000\,000\times(1-0.28)\times 80\,000}{2\pi(8.77\times 0.28^2-9.50\times 0.28+2.73)\times(25\,000\times 618)^2}} = 0.69\ (\text{m})$$

$$B_1 = \left[\frac{2\,840\,000\,000\times 6\,000}{14\,320\,000\times 0.58}\times\sqrt{\frac{2\,500\times 80\,000}{6\pi\times 0.58}}\times\frac{1.65}{\sqrt{2}\times 14\,320\,000}\right]^{\frac{1}{2+0.37}}\times 0.69 = 0.90\ (\text{m})$$

$$R_1 = R_0 + B_1 = 1.59\ (\text{m})$$

$$B_2 = \left[\frac{14\,320\,000}{\sqrt{2}\times 1\,510\,000}\times 1.65\right]^{\frac{1}{2-0.37}}\times 0.69 = 16.85\ (\text{m})$$

$$R_2 = R_1 + B_2 = 18.44\ (\text{m})$$

$$B_3 = \left(\frac{2.8\,573^{\frac{1}{2}}}{\sqrt{2}\times 0.007\,5}\right)^{\frac{1}{2-0.37}}\times 0.69 = 34.70\ (\text{m})$$

$$R_3 = R_2 + B_3 = 53.14\ (\text{m})$$

由上述计算结果可知，此次动力显现对应的煤岩动力系统的动力核区半径为 0.69 m，破坏区半径为 1.59 m，裂隙区半径为 18.44 m，影响区半径为 53.14 m。

7.6.2 煤岩动力系统特征在东荣三矿冲击地压防治技术中应用

(1) 防治措施采取的安全范围

根据矿井冲击地压发生的临界能量，建议东荣三矿以 4.70～18.44 m 作为防治措施采取的安全范围；根据矿井冲击地压发生的最大能量，建议以 13.72～37.20 m 作为防治措施采取的安全范围。防治措施采取的安全范围见表 7-7。

表 7-7 防治措施采取的安全范围

系统释放能量判定结果	防治措施的安全范围/m
临界能量	4.70～18.44
最大能量	13.72～37.20

(2) 超前支护采取的安全范围

根据矿井冲击地压发生的临界能量，建议东荣三矿以 18.44～53.14 m 作为超前支护采取的安全范围；根据矿井冲击地压发生的最大能量，建议以 37.20～117.54 m 作为超前支护采取的安全范围。超前支护采取的安全范围见表 7-8。

表 7-8 超前支护采取的安全范围

系统释放能量判定结果	超前支护的安全范围/m
临界能量	18.44～53.14
最大能量	37.20～117.54

7.6.3 东荣二矿已发生能量事件的煤岩动力系统结构尺度计算

东荣二矿隶属集贤县，行政区划属国营二九一农场管辖；南北走向长 7.5 km，东西宽 5 km，北宽南窄，井田有效面积 22 km^2。矿井核定生产能力为 260 万 t/a，开拓方式为立井单水平，矿井采用走向长壁、倾斜长壁采煤方法，顶板管理方法为全部垮落法。

东荣二矿位于绥滨-集贤拗陷带东荣向斜的东翼。井田构造特征以 F_9 断层为界，北部为轴向北东 30°～75°的八队向斜构造，南部为地层走向主体呈北西 10°、倾角 15°～25°的单斜构造，并有次一级缓波状褶曲。井田内断裂较发育，主干断层方向以北西向至南北向和北东向为主。井田内含煤地层为侏罗系中统鸡西群。具有工业价值的可采煤层均赋存于该群的城子河组中，城子河组厚 933 m，分上、中、下三段，共含煤 63 层，煤层总厚度为 31.43 m，含煤系数为 3.37%。矿井现采煤层为 16、17、18、24、30 煤层等 5 个煤层。

2022 年 4 月 4 日，东荣二矿 KJ768 微震监测系统接收到 1 个有效事件。该微震事件位于南二下采区－800 m 17 煤层三面，能量为 45 000 J。南二下采区 17 煤层的单轴抗压强度为 9.96 MPa，单轴抗拉强度为 0.4 MPa，弹性模量为 4.02 GPa，泊松比为 0.27，密度取 1 256 kg/m^3。冲击波在砂岩中的波速取 6 000 m/s。

应用煤岩动力系统分析方法对该动力显现进行分析。该动力显现位置如图 7-11 所示。

将上述物理力学参数、埋深及微震事件能量分别代入煤岩动力系统动力核区、破坏区、裂隙区和影响区半径的计算公式，可得：

$$R_0 = \sqrt[3]{\frac{3 \times 4\,020\,000\,000 \times (1-0.27) \times 26\,000\,000}{2\pi(8.77 \times 0.27^2 - 9.50 \times 0.27 + 2.73) \times (25\,000 \times 807)^2}} = 0.58\ (\mathrm{m})$$

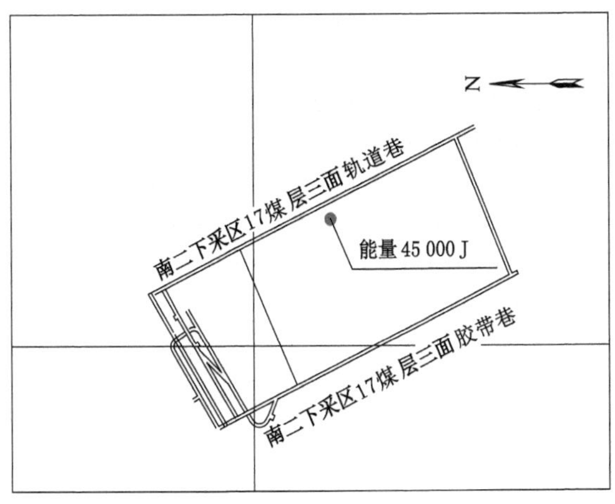

图 7-11　南二下采区－800 m 17 煤层三面动力显现位置

$$B_1=\left[\frac{4\ 020\ 000\ 000\times 6\ 000}{9\ 960\ 000\times 0.58}\times\sqrt{\frac{2\ 500\times 26\ 000\ 000}{6\pi\times 0.58}}\times\frac{1.65}{\sqrt{2}\times 9\ 960\ 000}\right]^{\frac{1}{2+0.37}}\times 0.58=4.29\ (\mathrm{m})$$

$$R_1=R_0+B_1=4.87\ (\mathrm{m})$$

$$B_2=\left[\frac{9\ 960\ 000}{\sqrt{2}\times 400\ 000}\times 1.65\right]^{\frac{1}{2-0.37}}\times 0.58=24.49\ (\mathrm{m})$$

$$R_2=R_1+B_2=29.36\ (\mathrm{m})$$

$$B_3=\left(\frac{2.857\ 3^{\frac{1}{2}}}{\sqrt{2}\times 0.007\ 5}\right)^{\frac{1}{2-0.37}}\times 0.58=27.65\ (\mathrm{m})$$

$$R_3=R_2+B_3=57.01\ (\mathrm{m})$$

由上述计算结果可知，此次动力显现煤层对应的煤岩动力系统动力核区半径为 0.58 m，破坏区半径为 4.87 m，裂隙区半径为 29.36 m，影响区半径为 57.01 m。

7.6.4　煤岩动力系统特征在东荣二矿动力灾害防治技术中应用

（1）防治措施采取的安全范围

根据矿井动力灾害发生的临界能量，建议东荣二矿以 5.91～29.36 m 作为防治措施采取的安全范围；根据矿井动力灾害发生的最大能量，建议以 16.06～65.69 m 作为防治措施采取的安全范围。防治措施采取的安全范围见表 7-9。

表 7-9　防治措施采取的安全范围

系统释放能量判定结果	防治措施的安全范围/m
临界能量	5.91～29.36
最大能量	16.06～65.69

（2）超前支护采取的安全范围

根据矿井动力灾害发生的临界能量，建议东荣二矿以 29.36～57.01 m 作为超前支护采取的安全范围；根据矿井动力灾害发生的最大能量，建议以 65.69～141.97 m 作为超前支护采取的安全范围。超前支护采取的安全范围见表 7-10。

表 7-10 超前支护采取的安全范围

系统释放能量判定结果	超前支护的安全范围/m
临界能量	29.36～57.01
最大能量	65.69～141.97

第 8 章 矿井动力灾害及其影响因素

8.1 矿井动力灾害发生条件与分类

8.1.1 矿井动力灾害发生条件

发生矿井动力灾害的共性特点是有大量能量的释放，无论是冲击地压，还是煤与瓦斯突出，这些灾害的发生需要一个相同的条件，那就是煤岩体中积聚大量的能量。因此，研究岩体能量的来源是探究矿井动力灾害发生机理的重要内容之一。地质动力区划观点认为，导致矿井动力灾害发生的能量来源分别为自然地质条件和人为开采扰动（开采工程条件），而矿井动力灾害的防治措施对能量起到转移和释放的作用。

地质条件下的煤岩体内的能量积聚与构造形式、构造运动、应力场变化有关，煤岩体的每一种应力应变状态对应着相应的能量状态，是现代构造运动所导致的。而矿井所处的地质体的地质条件有两种情况：一是具备产生矿井动力灾害的地质动力环境；二是不具备产生矿井动力灾害的地质动力环境。可见，矿井动力灾害是在区域地质环境影响下的动力破坏过程，其时空强分布特征受控于区域地质动力环境。煤矿开采前，应对地质条件下的动力环境进行评价，通过分析断块构造垂直运动、断块构造水平运动、断裂构造影响范围、构造凹地地貌、构造应力条件、煤层开采深度条件、上覆坚硬岩层条件、本区及邻区条件等内容，评估地质条件下岩体中能量的级别水平，初步判断矿井是否具备动力灾害发生的地质动力环境[66-68,168,187-190]。

在地质条件下，人为开采扰动后岩体的原始平衡状态遭到破坏，岩体应力重新分布，能量分布也随之变化，从而引起开采区域出现能量积聚现象，如采掘布置、保护层开采、煤柱留设、底煤留设、工作面来压、推采、悬顶、掘进揭煤等都会控制和影响动力灾害的发生。人为开采扰动产生的能量与地质条件下的能量相互叠加，当能量级别超过某一水平时就可能发生矿井动力灾害。

矿井动力灾害的防治通常是从改变“应力因素”“物性因素”和“结构因素”角度设计措施降低或消除动力灾害发生的危险性。具体措施包括区域性措施和局部措施。区域性措施有优化采掘布置和开采顺序、开采保护层等。局部措施有对煤层实施注水、爆破或钻孔卸压，对顶板实施水压致裂或爆破[191-192]，对底板实施断裂爆破[193]，对巷道进行加强支护，对断层进行爆破，对局部软弱岩层实施加固，顶板压裂抽采等。通过采取防治措施，积聚能量得到转移或释放，从而控制矿井动力灾害的发生。

综上，地质动力区划观点认为，地质动力环境是矿井动力灾害发生的必要条件，开采扰动是矿井动力灾害发生的充分条件，防治措施是矿井动力灾害发生的控制条件。本章主要从地质条件角度出发分析对矿井动力灾害发生产生影响的因素。

8.1.2 矿井动力灾害分类

(1) 冲击地压分类

煤矿冲击地压属于矿井动力灾害,是矿山压力的一种特殊显现形式。冲击地压往往造成采掘空间支护设备的破坏以及采掘空间的变形,严重时造成人员伤亡和井巷的毁坏,甚至引起地表塌陷而造成局部地震。

我国煤矿冲击地压特征:

① 突发性。冲击地压发生前一般无明显前兆,冲击过程短暂,持续时间为几秒到几十秒。

② 一般表现为煤爆(煤壁爆裂、小块抛射)。有浅部冲击(发生在距煤壁 2～6 m 范围内,破坏性大)和深部冲击(发生在煤体深处,声如闷雷,破坏程度不同)。最常见的是煤层冲击,也有顶板冲击和底板冲击,少数矿井发生了岩爆。在煤层冲击中,多数表现为煤块抛出,少数为数十平方米煤体整体移动,并伴有巨大声响、岩体震动和冲击波。

③ 破坏性。冲击地压发生时往往造成煤壁片帮、顶板下沉、底鼓、支架折损、巷道堵塞、人员伤亡。

④ 复杂性。在地质条件下,除褐煤以外的各煤种,采深 200 m 以下,地质构造从简单到复杂,煤层厚度从薄层到特厚层,倾角从水平到急倾斜,顶板岩性包括砂岩、灰岩、油母页岩等,都发生过冲击地压;在采煤方法和采煤工艺等技术条件方面,不论水采、炮采、普采或是综采,采空区处理方法采用全部垮落法或是水力充填法,长壁、短壁、房柱式开采或是柱式开采,都发生过冲击地压。

我国对冲击地压类型的划分目前还没有一个统一的标准,更多的是不同研究者从理论上给出冲击地压类型。比如,针对冲击地压是发生在煤层中还是岩层中,将冲击地压分为煤层冲击地压和岩层冲击地压;根据应力种类和加载方式,将冲击地压分为重力型、构造型、震动型和综合型等类型;根据煤岩层失稳类型,将冲击地压分为煤体压缩型、顶板断裂型和断层错动型等类型;依据冲击力源条件,将冲击地压分为岩爆型、顶板垮落型和构造型等类型;根据材料与结构失稳的不同,将冲击地压分为材料失稳、结构失稳和滑移错动失稳等类型[194];根据冲击地压的发生过程,将其分为集中静载荷型和集中动载荷型等类型[195];根据煤层埋深,将浅部开采冲击地压分为静载型、动载型和叠加或混合型等类型[196],将深部开采冲击地压分为应变型、断层滑移型和坚硬顶板型等类型[197]。按照如何控制采动应力,将冲击地压矿井分为以下 5 种类型:浅部冲击地压矿井、深部冲击地压矿井、构造冲击地压矿井、坚硬顶板冲击地压矿井、煤柱冲击地压矿井[198]。

辽宁工程技术大学地质动力区划团队根据地质动力环境的评价指标划分了冲击地压矿井类型:非冲击地压矿井、冲击地压矿井和严重冲击地压矿井。具体指标见表 3-12。

地质动力环境评价方法为新建矿井和生产矿井的冲击地压危险性评价提供了一种新方法,为矿井冲击地压危险性预测及防治提供了理论依据和指导作用。

(2) 煤与瓦斯突出分类

煤与瓦斯突出是煤矿中一种极其复杂的动力灾害,能在很短的时间内由煤体向巷道或采场突然喷出大量的瓦斯和碎煤，在煤体中形成特殊形状的空洞，并形成一定的动力效应，如推倒矿车、破坏支架等；喷出的煤粉可以充填数百米长的巷道，喷出的瓦斯-煤粉流有时带有暴风般的性质，瓦斯可以逆风流运行，充满数千米长的巷道。

我国煤与瓦斯突出具有如下一些基本规律：

① 突出危险性随采掘深度和突出煤层厚度增加而增大；

② 突出与巷道类别和作业方式有关系；

③ 突出前大多数均有预兆；

④ 突出大多发生在地质构造带。

煤与瓦斯突出的规模常用突出强度来表述。突出强度是指每次突出中抛出的煤(岩)量(t)和涌出的瓦斯量(m^3)，因瓦斯量计量困难，通常以突出的煤(岩)量作为划分依据。按照突出强度，煤与瓦斯突出一般分为四种：

① 小型突出：突出强度＜100 t；

② 中型突出：突出强度 100～500 t(含 100 t)；

③ 大型突出：突出强度 500～1 000 t(含 500 t)；

④ 特大型突出：突出强度≥1 000 t。

按成因和特征，将煤与瓦斯突出分为三类：

① 煤与瓦斯突出(简称为突出)；

② 煤与瓦斯压出(简称为压出)；

③ 煤与瓦斯倾出(简称为倾出)。

(3) 矿震分类

采矿诱发地震是指地面或几百米浅层和上千米深层的矿山开采引起的地震活动，简称矿震[199]。在煤矿中，矿震与冲击地压不能一概而论，矿震不一定会导致冲击地压的发生[200]。但少数强矿震发生后，可能诱发煤矿井下冲击地压和煤与瓦斯突出等灾害，有时甚至导致地面晃动、地表塌陷、建筑物损坏等严重后果，在造成人员伤亡和设备损坏的同时，容易引发社会问题[201-203]。

窦林名等基于 SOS 微震监测系统及矿井矿震远程在线监测预警平台，捕获并积累了大量不同地质、开采技术条件下煤矿开采过程中的矿震震动信号；在海量数据的基础上，通过对矿震能量、波形特征、震源位置、震动时煤壁震动速度以及煤矿井下矿压显现特征等的综合分析，提出将矿震分为采动破裂型、巨厚覆岩型和高能震动型 3 种类型[204]，见表 8-1。其中，采动破裂型矿震是指采掘过程中由煤层及附近顶底板岩层破裂产生的矿震，其能量一般小于 10^4 J，属于采掘状态下采场周围煤岩体破裂有序释放能量的正常现象；巨厚覆岩型矿震是指距煤层 100 m 以上、厚度大于 100 m、岩石强度相对不大的巨厚岩层在采空区上方破断、滑移产生的矿震，能量大于 10^5 J，这类矿震大部分能被地震台网记录；高能震动型矿震是指能量在 10^4 J 以上，且震源位于采掘工作面附近实体煤及其顶底板岩层之中的矿震，此类矿震也可能被地震台网记录，根据发生主体不同，可将高能震动型矿震进一步细分为煤体内爆型、顶板失稳型和断层活化型等类型。

表 8-1 煤矿矿震分类

矿震类型	震动能量/J	煤壁震动速度/(mm/s)	波形特征	震源位置	矿压显现情况
采动破裂型	$<10^4$	<200	P波、S波不清晰，持续时间短，主频大于10 Hz	采掘工作面煤层及其50 m范围内顶底板岩层中	煤炮声，采掘工作面有轻微震动，地面无震感
巨厚覆岩型	$>10^5$	100～400	P波、S波清晰，持续时间长，主频小于10 Hz	工作面采空区上方距煤层100 m以上的巨厚覆岩中	井上下均有震感，地震监测系统有响应
高能震动型	$>10^4$	200～400	P波、S波清晰，持续时间长，主频小于10 Hz	采掘工作面附近实体煤及其顶底板岩层中	井下有强烈震动和声响，地面有时有震感，可能诱发冲击地压，造成井巷破坏

8.2 矿井动力灾害的共性影响因素

8.2.1 地质构造对矿井动力灾害的影响

中国大陆由众多小型地块多幕次汇集形成，多次发生陆块间的碰撞、俯冲，产生强烈的板内变形，这使煤盆地经受挤压变形的强烈构造，致使中国煤田地质条件复杂，如图 8-1 所示。地质动力区划理论认为，在现代构造应力场条件下，矿井动力灾害受不同级别活动构造的影响，活动构造的几何特征、运动特征及相互作用使构造应力场、能量场在矿井动力灾害的孕育过程中起着主导和控制作用。根据中国矿井动力灾害发生矿区特征，按照现代构造体系分布特征，可初步得出矿井动力灾害矿区的分布呈现“110”分区特征。

地质构造是指地壳中的岩层在地壳运动的作用下发生变形与变位而遗留下来的形态，不同的地质构造不仅出现在不同的煤田中，而且在同一煤田、同一煤层或者煤层的一个小区域内构造也会发生变化。地质构造对矿井动力灾害具有重要影响[205-207]。

R. F. Pescod 于 1947—1948 年详细分析了西威尔士无烟煤矿井地质构造与煤与瓦斯突出的关系[208]。典型的突出地质条件包括褶曲的转折端、逆冲断层、煤层变薄带等，如图 8-2 所示。

大量煤与瓦斯突出实例表明，地质构造对煤与瓦斯突出具有重要影响。蔡成功等在“九五”期间系统统计了中国 15 个矿区 106 个矿井的煤与瓦斯突出实例，在 3 082 次有准确记录的突出实例中，有 2 525 次突出地点有断层、褶曲、岩浆岩侵入区、煤层厚度变化带等地质构造，占 81.9%。易发生突出的地质构造带主要有向斜轴部地带，帚状构造收敛端，煤层扭转处，煤层产状急剧变化区，煤包及煤层厚度变化带，煤层分岔处，压性及压扭性断层地带，岩浆岩侵入区[209]。鹤壁煤业(集团)有限责任公司统计发生的 43 次突出，其中 38 次突出发

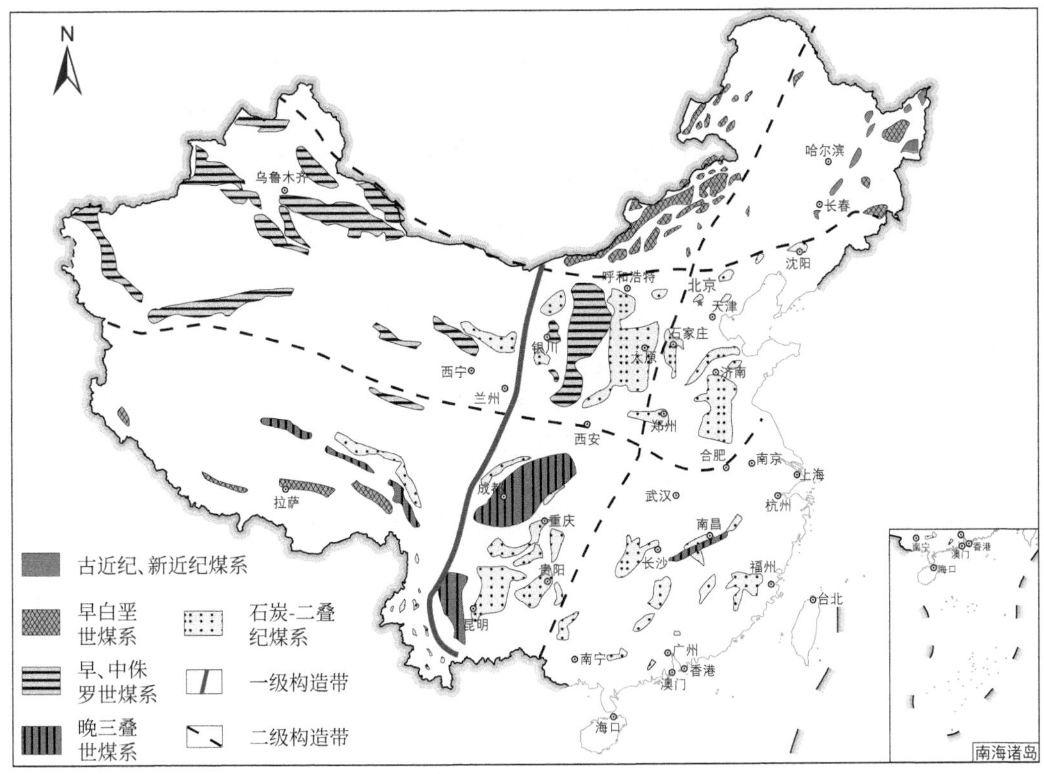

图 8-1　中国赋煤构造单元划分示意图

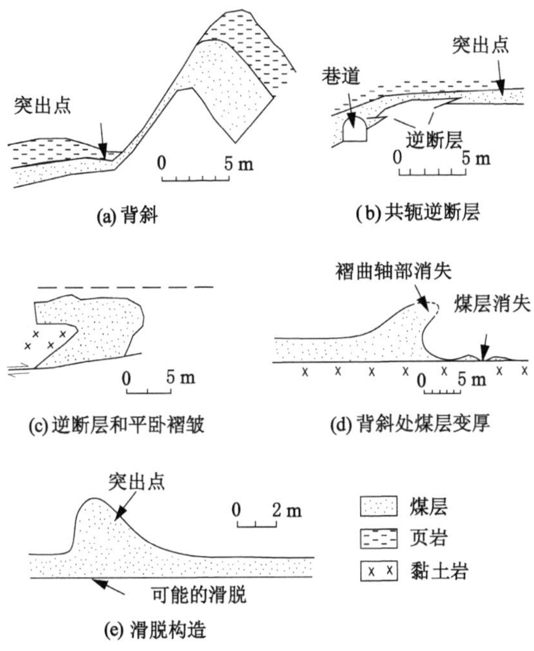

图 8-2　西威尔士煤田地质构造和煤与瓦斯突出的关系

生在地质构造附近，地质构造主要包括断层、褶曲和倾角变化带等。其中有 17 次发生在断层附近(距断层不超过 30 m)，占 39.5%，其中 100 t/次以上的突出有 5 次，占大型突出的 55.6%，断层性质均为张扭性正断层。26 次突出发生在褶曲轴部及转折端，向斜和背斜处均有发生，且基本都发生在附近没有大断层或连通地表断层发育的封闭性褶曲内。但褶曲附近有小断层发育时，往往是突出的多发部位。

统计淮南矿区 8 对突出矿井发生的 129 次突出，有 72 次与地质构造有关，占总突出次数的 55.81%。其中，断层影响带共发生突出 46 次，占总突出次数的 35.66%；褶曲构造区发生突出 16 次，占总突出次数的 12.40%；煤厚急剧变化带发生突出 6 次，占总突出次数的 4.65%。

断裂带、褶曲轴部是冲击地压发生的高峰区。北京门头沟矿在开采九龙山向斜处 3 煤层时，发生较大冲击地压 37 次，均集中在孙桥断层附近。四川天池煤矿在 20 世纪七八十年代发生的较大的 28 次冲击地压，其中 20 次(占 71%)发生在向斜构造带[210]。对新汶矿区孙村矿、协庄矿和潘西矿已发生的冲击地压的分析表明，矿井已发生的冲击地压大多与活动构造有着密切的联系。

近年来的一个重要研究进展就是发现了断层类型与冲击地压的相互作用机制，工作面过正断层时为减压型，一般不易发生冲击地压；工作面过逆断层时为增压型，容易引发强烈的冲击地压[211-212]。

断裂构造是矿井动力灾害发生的一个重要地质因素，但矿井动力灾害又不是与所有的断裂构造都相关，这有别于传统的构造地质、瓦斯地质观点。按地球动力学和板块构造学原理，地质动力区划观点认为：冲击地压、煤与瓦斯突出等矿井动力灾害，是不同规模的地质断裂活动、发展过程中的一种伴生现象，是次级断裂裂隙孕育、形成过程中产生的能量释放的结果。矿井动力灾害与断裂之间是否具有相关性以及相关度的大小，取决于断裂是否具有活动性以及活动性的强弱。对大型地质断裂，国内外学者大都用年平均移动速率指标界定其活性，并据此研究地震震级、大震周期等大型地质灾害的显现规律。在矿区，对于相应较小规模的断裂构造，И. М. 巴图金娜、И. М. 佩图霍夫和张宏伟等进行了大量的研究工作，并建议用指标法评价其活动性[213-214]。断裂的指标得分值越高，其活动与矿井动力灾害的相关度越大。

8.2.2 地应力对矿井动力灾害的影响

地应力是地质构造运动的动力，亦是矿井动力灾害的主要动力来源，在矿井动力灾害研究中受到广泛的重视，并得到了深入的研究[215-216]。地应力作用，可引起地壳形变、断裂活动和各种地质灾害。就矿山而言，冲击地压、煤与瓦斯突出等矿井动力灾害的发生是地应力作用最直接的表现。

在高应力区内，岩石承受着较大的应力作用，积聚了大量的弹性能，部分岩体接近极限平衡状态。当外部因素使其力学平衡状态破坏时，岩体内部的高应力急剧降低，弹性能突然释放，其中大部分能量转变为动能，导致动力灾害的发生。

国内外大量开采实践统计分析表明，煤与瓦斯突出显现在井田内的分布是不均匀的，比较集中分布在某些地质构造区，称之为区域性分布。图 8-3 为淮南潘一矿 C13-1 煤层顶板构造应力区划分图，把矿区内划分出的活动断裂及高应力区和应力梯度区同煤与瓦斯突出显现点的信息进行对比分析得出：在潘一矿井田内，90％以上的煤与瓦斯突出显现地点位于高应力区和应力梯度区。

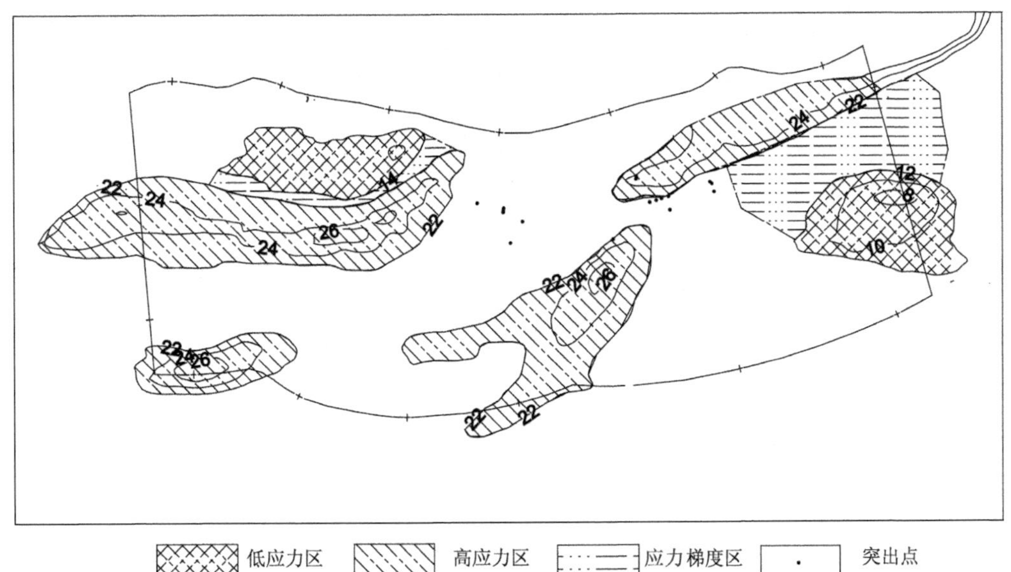

图 8-3　潘一矿 C13-1 煤层顶板构造应力区划分图

针对新汶矿区冲击地压的研究也表明，地应力对冲击地压具有重要的影响。例如，2000 年 10 月 19 日，新汶矿区协庄矿掘进五区施工的 －850 m 矸石暗斜井下车场石门在从底板揭露 4 煤层时发生一次冲击地压。－850 m 矸石暗斜井下车场冲击地压位于高应力区及应力梯度区，如图 8-4 所示。高应力区最大主应力在 37～42 MPa，应力梯度区的最大主应力在 27～37 MPa。从总体上看，－850 m 矸石暗斜井下车场所处的高构造应力状态是其发生冲击地压的主要原因。

8.2.3　能量对矿井动力灾害的影响

矿井动力灾害的发生需要具备能量基础，其影响范围是有限的，为矿井动力灾害发生提供能量及受到影响的煤岩体构成煤岩动力系统[217-219]。地质动力区划观点认为，矿井动力灾害的孕育和发生是地质动力环境和开采扰动共同作用的结果，也是煤岩动力系统能量的积聚与释放的动态过程。在不同地质动力环境和开采条件下，煤岩体积聚能量和释放能量的形式不同，矿井动力灾害显现特征也会不同。

当煤岩动力系统积聚的能量能够支撑动力灾害发生时，在开采活动诱发下就会发生动力灾害；当煤岩动力系统积聚的能量不能够支撑动力灾害发生时，需要其他工程条件补充能量，在开采活动诱发下才有可能发生动力灾害。

煤岩动力系统的能量来源是大地构造环境和现代构造应力场，可以说，没有构造运动，就不会产生构造应力场和能量场，就不具备动力灾害发生的地质动力环境，就不会形成煤岩动力系统，也就没有矿井动力灾害发生的能量条件。

煤岩动力系统能量的构成包括 3 个方面：① 自然地质条件，主要是构造应力(包括自重应力)作用下的能量；② 采掘工程效应，即采动应力引起的能量升高；③ 解危措施，即采取

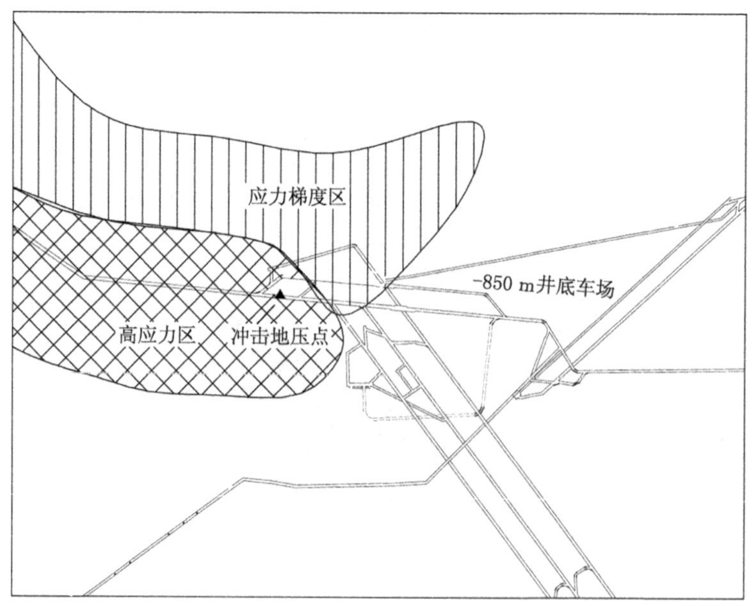

图 8-4 冲击地压发生地点

解危措施后对系统能量的控制。采掘工程活动主要包括开采、掘进等，采掘工程活动形成的应力集中会提高煤岩动力系统的能量水平，增大冲击地压发生危险；解危措施主要包括保护层开采、钻孔卸压、爆破卸压等，作用是使煤岩动力系统能量得到控制，降低冲击地压发生危险。不同矿井、不同地质条件下，采掘工程活动和解危措施引起煤岩动力系统能量变化多种多样，没有统一的计算方法，需要根据现场实际情况具体分析计算。

8.2.4 坚硬顶板对矿井动力灾害的影响

煤矿顶板事故起数和死亡人数长期以来一直位居煤矿各类事故前列。统计表明，我国有约 30%～40%矿井煤层上覆岩层中存在厚度在 6 m 以上、坚固性系数在 4 以上的坚硬岩层。坚硬岩层覆岩结构具有系统性、复杂性，在矿井开采时，会造成矿山压力显现强烈，甚至诱发冲击地压等矿井动力灾害，危及井下人员安全。2022 版《煤矿安全规程》第二百二十六条第(二)款规定：埋深超过 400 m 的煤层，且煤层上方 100 m 范围内存在单层厚度超过 10 m 的坚硬岩层，应当进行煤岩冲击倾向性鉴定。这表明煤层上覆的坚硬岩层对冲击地压具有重要影响。

在地应力场中，岩石受到力的作用而发生变形。正如物体加工后残留应力一样，岩体也能残留构造应力。以同样的力作用同样长的时间，软岩石更易于发生塑性变形，而硬岩石多发生弹性变形。因此，硬岩石能够储存由构造应力引起的残余变形。围岩为坚硬的弹性岩石是存在较高的残余构造应力的必要条件。所以，处于同一构造带的各个煤层，由于其围岩力学性质的差异，其冲击危险性或突出危险性是不同的。

根据研究统计得到的一般规律，我国发生冲击地压的临界能量为 10^4 J。煤岩体中积聚的能量来源主要有两类，即地质构造运动和开采工程活动，坚硬岩层失稳主要是煤矿开采活动造成的。煤层上覆不同层位的坚硬岩层结构的初次垮断、周期垮断释放的能量都将传递到井下工程上，当传递的能量超过冲击地压发生的临界能量时，就会引发冲击地压等矿井动力灾害。具有坚硬岩层的矿井在我国很多地区均有分布，其中典型的有大同矿区、北京矿区、神新矿区、义马矿区、枣庄矿区、鹤岗矿区、神东矿区、辽源矿区、靖远矿区等。

8.2.5　开采深度对矿井动力灾害的影响

具有冲击地压煤层的矿井为冲击地压矿井，如矿井在达到一定开采深度后开始发生冲击地压，此深度称为该冲击地压矿井的临界深度。临界深度随地质条件不同而异。总体趋势为冲击地压危险性随开采深度增加而增大。对于不同的冲击地压矿井，定量判断冲击地压等矿井动力灾害发生的临界深度对于矿井动力灾害的有效防控尤为重要。

不同的矿井由于其地质条件、岩石力学性质及开采条件等因素不同，其发生矿井动力灾害的深度有所变化。表 8-2 和表 8-3 给出了我国几个主要冲击地压矿井和几个主要国家发生冲击地压的临界深度统计结果。苏联基泽洛夫和库兹涅茨等矿区的冲击地压临界深度为 180～400 m，波兰煤矿的冲击地压临界深度为 200 m，德国煤矿的冲击地压临界深度为 300～400 m。

表 8-2　我国部分冲击地压矿井的临界深度

矿井	冲击地压临界深度/m	矿井	冲击地压临界深度/m
碱沟煤矿	240	大台煤矿	460
大洪沟煤矿	280	金河煤矿	500
宽沟煤矿	300	耿村煤矿	570
晋华宫煤矿	380	集贤煤矿	600
老虎台煤矿	400	胡家河煤矿	640

表 8-3　国外冲击地压矿井的临界深度

国家	南非	美国	加拿大	苏联	波兰	德国	印度	捷克
冲击地压临界深度/m	120	150	180	90～130	240	300～400	300	200

地质动力区划团队基于煤岩动力系统能量提出了冲击地压等矿井动力灾害临界深度的计算方法[220]，参见式(8-1)。通过构建的煤岩动力系统模型，研究了煤岩动力系统的能量特征及其与冲击地压显现的关系。

$$H_{\min}=\sqrt{\frac{\rho v_0^2 E+\sigma_c^2}{\left[(k_1^2+k_2^2+k_3^2)-2\mu(k_1k_2+k_2k_3+k_1k_3)-\dfrac{1-2\mu-\mu^2+2\mu^3}{(1-\mu)^2}\right]\gamma^2}} \tag{8-1}$$

式中　$H_{\min}$ ——冲击地压等矿井动力灾害临界深度；

E ——煤岩体的弹性模量，MPa；

μ ——泊松比；

k_1 ——最大主应力 σ_1 与自重应力的比值；

k_2 ——中间主应力 σ_2 与自重应力的比值；

k_3 ——最小主应力 σ_3 与自重应力的比值；

v_0 ——抛出煤岩体的平均初速度，m/s；

ρ——煤岩体的平均密度，kg/m^3；

γ——煤岩体重度，kN/m^3；

σ_c——煤岩体的单轴抗压强度，MPa。

8.2.6 地震活动对矿井动力灾害的影响

地壳在构造运动中发生形变，引起地壳体内的应力和能量重新分布，当变形超出地壳岩体的承受能力时，岩石发生破裂，在构造运动中长期积累的能量迅速释放，若能量的释放与人类活动没有任何关系，地壳中积聚的能量常以地震、海啸、火山喷发等形式释放。煤矿开采的工程区域处于板块构造体内，受板块构造运动的影响，系统的能量来源于板块构造运动过程中碰撞挤压的弹性能，板块运动产生的巨大能量通过地壳岩体介质传递到各次级亚板块和构造块体内，也必然传递到煤矿开采的工程区域。当聚集能量的工程区域受到采矿工程活动影响，原有系统平衡破坏时，就会引起能量的释放，从而引起冲击地压等矿井动力灾害。可见，板块构造运动引起地壳内构造块体（煤岩体）中应力和能量的重新分布，煤矿开采区域的应力（能量）积聚区能量的骤然释放将表现为天然地震或冲击地压等矿井动力显现。由于不受人类活动的干扰，天然地震的活动是构造活动及应力场变化最为真实客观的表现。可见，天然地震与冲击地压等矿井动力灾害之间具有相同的动力源和能量基础，具有统一的作用机理，如图 8-5 所示。

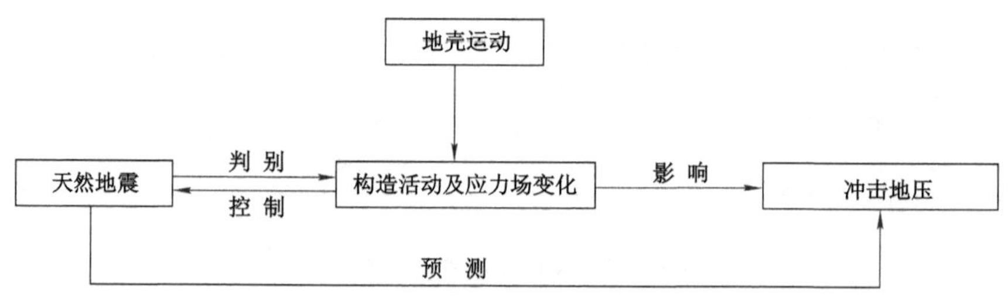

图 8-5 天然地震与冲击地压相关性原理

(1) 矿井动力灾害与地震的时间相关性

矿井动力灾害与地震在时间上具有相关性。矿井动力灾害与地震同处于统一的构造应力场中，以地震为重要象征之一的区域构造应力的变化可能引起矿井局部构造应力的相应变化，这是两者时间相关的原因。

2001 年 11 月 14 日 17 时中国新疆、青海交界昆仑山处发生 8.1 级特大地震，青海、四川、甘肃部分地区有震感，至 11 月 15 日 11 时，震区还连续发生多次余震，昆仑山出现一条大裂缝带，如图 8-6 所示。与此同时，在 2001 年 11 月 14—22 日，山西省阳泉市盂县清榆煤矿、山西省交城县镇城底煤矿、山西省大同市大泉湾煤矿、山西省晋城市沁水县湘峪煤矿、山西省中阳县乔家沟煤矿尚家峪新井等煤矿相继发生煤层瓦斯爆炸事故。

郑文涛等对 2001 年的煤层瓦斯爆炸和地震（震级大于 5.0 级）的对比表明，矿山瓦斯爆炸峰值与代表地应力活动强度的地震频次峰值基本吻合，瓦斯爆炸事故发生率与破坏性地震发生率均在 2001 年 4、7 和 11 月出现 3 次高峰期，如图 8-7 与图 8-8 所示，两者在时间上具有良好的相关性[221]。

2016—2017 年，东荣三矿累计发生了 14 次冲击地压，其中 2016 年发生了 13 次，均位

(a) 地震裂缝带

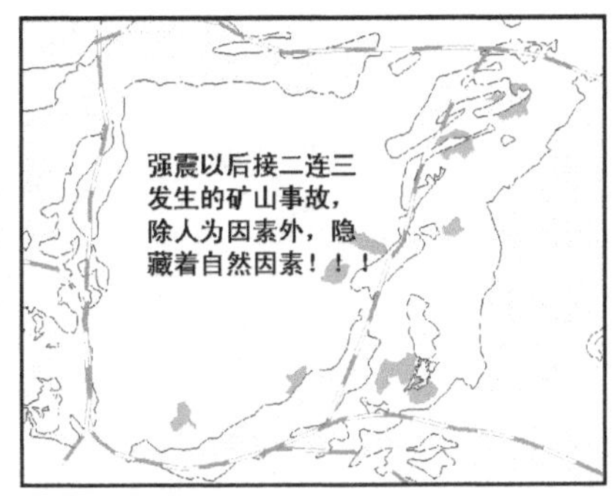

(b) 地震之后相关矿山事故

图 8-6　昆仑山口东的地震断裂及其相关效应

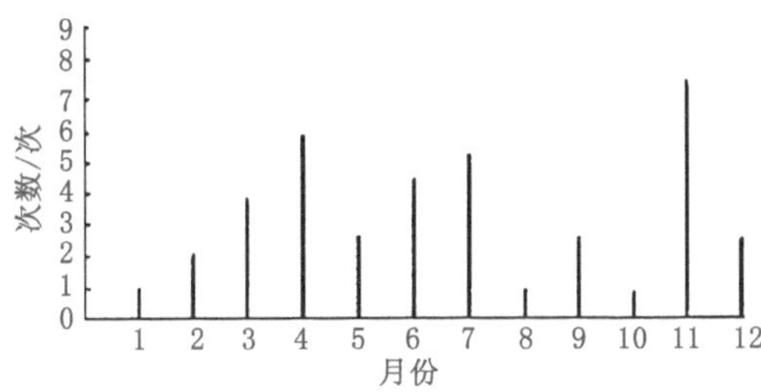

图 8-7　2001 年煤矿瓦斯爆炸频次统计

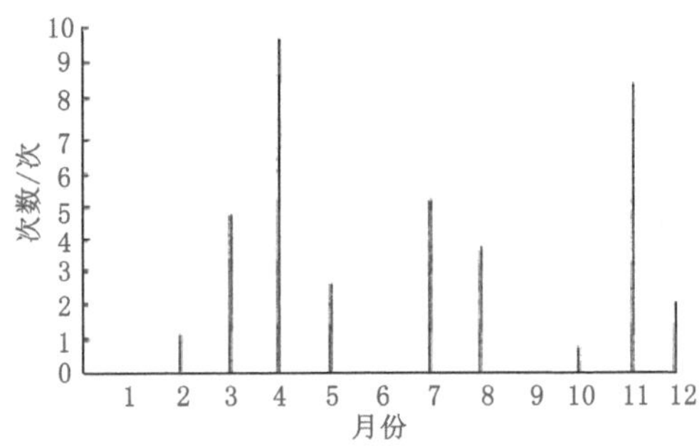

图 8-8　2001 年 $M_s \geqslant 5.0$ 级的地震次数统计

于 30 煤层。分析 2016 年天然地震与冲击地压的相关性，可以得到东荣三矿冲击地压与天然地震的相关性对比图，如图 8-9 所示。由图 8-9 可以看出，2016 年 6—8 月，地震和冲击地压的发生趋势具有较好的时间相关性；而 2016 年 7 月东荣三矿地震处于活跃期，在此时间内，地壳应变能量处于释放阶段。

(2) 矿井动力灾害与地震的空间相关性

浅源地震的发生与冲击地压等矿井动力灾害具有统一的地质动力环境和能量基础。在自然条件下，地壳中积聚的能量骤然释放表现为天然地震；对于煤矿开采的工程区域，当区域内聚集的煤岩体弹性能量达到或大于冲击地压发生所需的临界能量时，若受到采矿工程活动的影响，煤岩动力系统失稳，就可能引起工程区域能量的瞬时释放，进而产生冲击地压

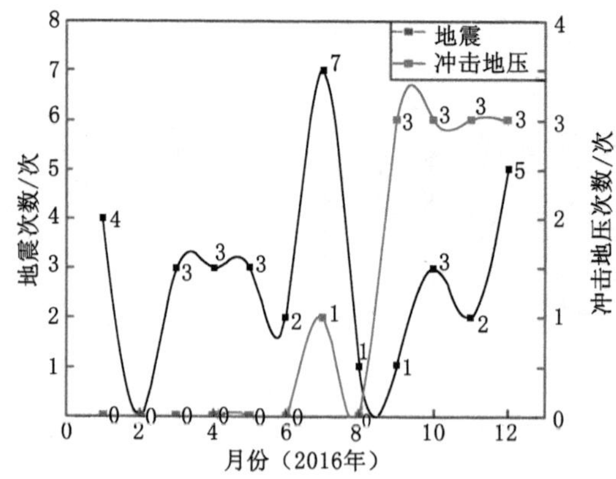

图 8-9 天然地震与东荣三矿冲击地压时间相关性

或者矿震。

矿井动力灾害与地震在空间上具有相关性，地震发生的地方往往在活动断裂带附近，此处的构造变形尤为突出。断裂活动导致的区域高应力集中为矿井冲击地压和地震的发生提供了必要的条件。

根据地震发生次数，将东荣三矿划分为 0.25°×0.25°的等间距网格，统计出各个网格内发生过地震的频次，绘制东荣三矿的地震频次等值线图，将东荣三矿发生的冲击地压事件与地震频次等值线图对比分析，如图 8-10 所示。由图 8-10 可知，东荣三矿地震频次整体处于 8～9 次区间，但在井田的东北部地震相对活跃，而东荣三矿冲击地压多发地点处于地震频次等值线密集区域，这表明地震与冲击地压具有空间相关性。

8.2.7 固体潮对矿井动力灾害的影响

固体潮是指在日、月引潮力的作用下固体地球产生的周期形变的现象。月球和太阳对地球的引力不但可以引起地球表面流体的潮汐（如海潮、大气潮），还能引起地球固体部分的周期性形变。月球的引潮力比太阳的引潮力大（前者是后者的 2.25 倍）。固体潮主要指太阳固体潮和月球固体潮。地球、太阳、月亮三者的位置不同，地球所受到的引力大小也不同。阴历每月的初一、十五，日、地、月基本在一条直线上，地球各点所受到的日、月引力相互叠加，使高潮极高，低潮极低，称之为大潮（初一的月相叫作新月或朔，初一前后各一天叫朔期。十五的月相称满月或望，十五前后各一天称望期）。到阴历的初七、初八（这两天的月相叫作上弦），或二十二、二十三（这两天的月相叫作下弦），月亮转到了和日、地连线成 90°（或 270°）的位置上，日、月引力呈近垂直状态，两者抵消，使高潮、低潮的差异最小，称之为小潮。

月球围绕地球旋转，地球围绕太阳旋转，不同时间，它们的相对位置是不同的。当月球在地球和太阳之间排成一条直线时，为农历初一，日、月对地球的引潮力作用方向相同，起潮力方向也相同，互相叠加；当地球转到月球和太阳中间并且成一直线时，为农历十五，日、月对地球的作用力并不因为方向相反而简单地抵消，而是对地球造成更大的引力效应。所以在农历初一和十五，日、月引潮力达到极限值。

由于采矿工作一般处在地表浅层，固体潮主要由日地距离和太阳的赤纬决定。地球绕太阳呈椭圆轨道，每年一月初，地球经过近日点；而在 7 月初，地球经过远日点。每年大约 3

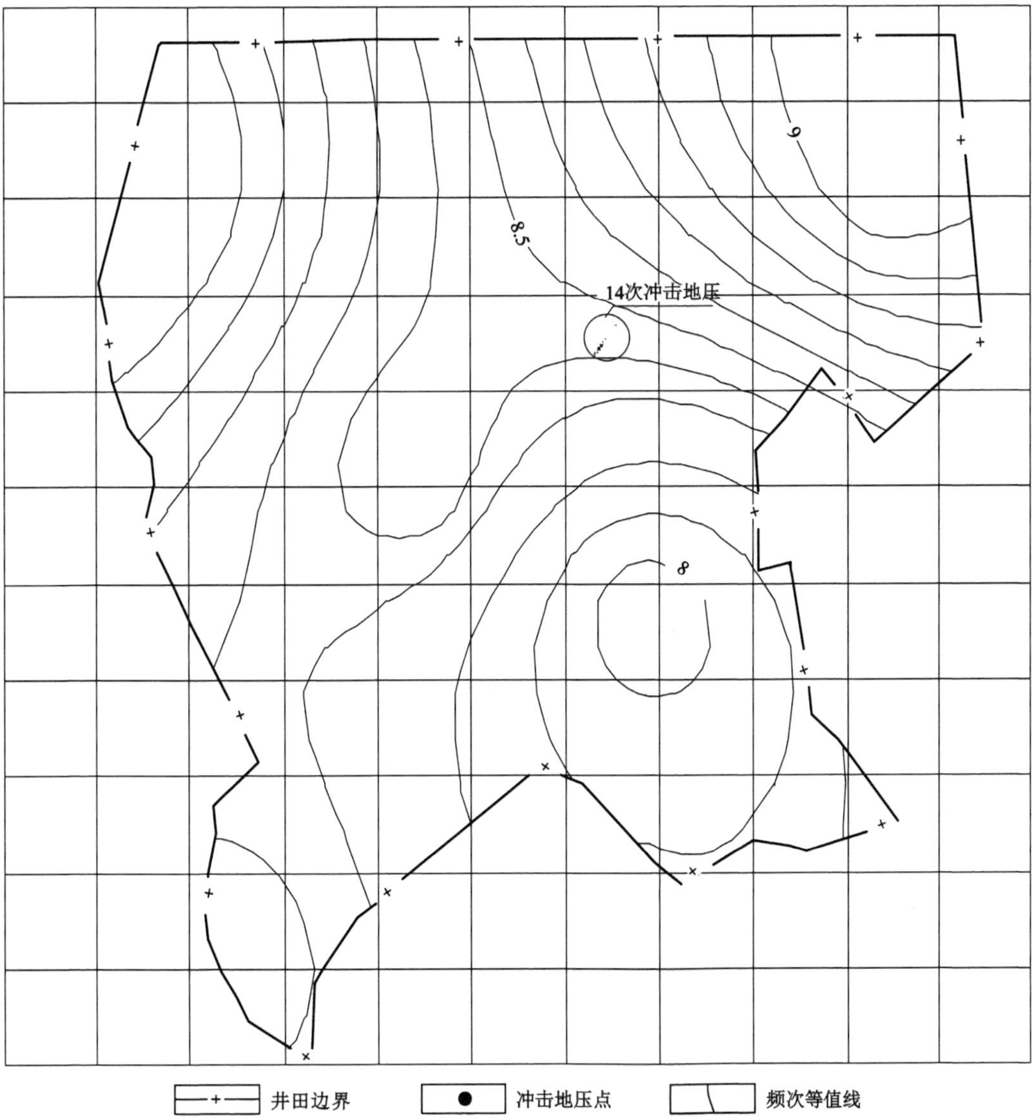

图 8-10　东荣三矿地震频次等值线与冲击地压事件

月 21 日，即春分时节，太阳的赤纬为零，此时太阳对地球的引潮力达到最大。固体潮的变化如图 8-11 所示。可以看出，每年的 3 月和 9 月附近固体潮达到最大，6 月附近达到最小。

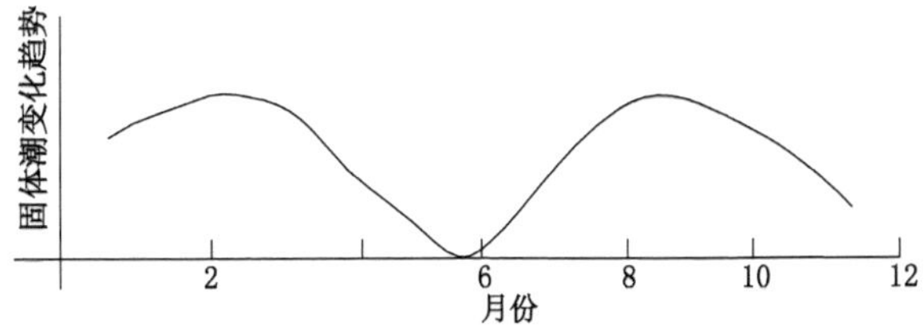

图 8-11　固体潮变化与月份的关系

对国内外矿井动力灾害发生的时间统计结果表明，固体潮活动和区域性的动力灾害有一定关系，很多大型突出都发生在固体潮活动的高强度期间(即农历初一和十五附近)。例如，中国最大的一次煤与瓦斯突出发生在天府三汇一矿，时间为1975年8月8日(农历七月初二)；1970年的3月10日(农历二月初三)发生了天府磨心坡矿煤与瓦斯突出，突出强度5 270 t；1974年10月29日(农历五月十五)，发生在白沙红卫煤矿的煤与瓦斯突出的突出强度为2 500 t；1953年7月7日(农历五月十七)，发生在德国门寸格拉本矿的煤与瓦斯突出，其突出强度达到100 000 t；1969年5月16日(农历四月初一)，发生在日本歌志内矿的煤与瓦斯突出，突出强度为3 000 t。1982年1月7日(农历十二月十三)，发生在陶庄煤矿的冲击地压震级为3.6级；1978年11月19日(农历十月十九)，发生在门头沟煤矿的冲击地压，震级为3级；1978年2月22日(农历一月十六)，发生在抚顺龙凤煤矿的冲击地压，死伤5人；1982年4月8日(农历三月十五)，发生在抚顺龙凤煤矿的冲击地压，震级为1级，死伤9人。

淮南矿区谢一矿1978年8月至2002年6月发生的煤与瓦斯突出的日期分布的统计结果如图8-12所示。可以看出，在每月的初一和十五这两天固体潮的峰值附近，固体潮对地球这一系统起到了一定的扰动作用，谢一矿的突出有一半以上集中在大潮期间：① 突出发生的次数和时间的关系与固体潮吻合很好，即在农历初一和十五附近，突出次数明显多于其他时间。同时，周期性非常明显。② 上弦和下弦期间，突出情况有反弹迹象，间或有增加趋势，不太符合固体潮规律。③ 谢一矿突出次数随农历日期的变化既有符合固体潮规律性的一面，也有其自身的特殊性。④ 突出在潮期发生的次数最多(占52.9%)，具有集中性(即局部化特征)。

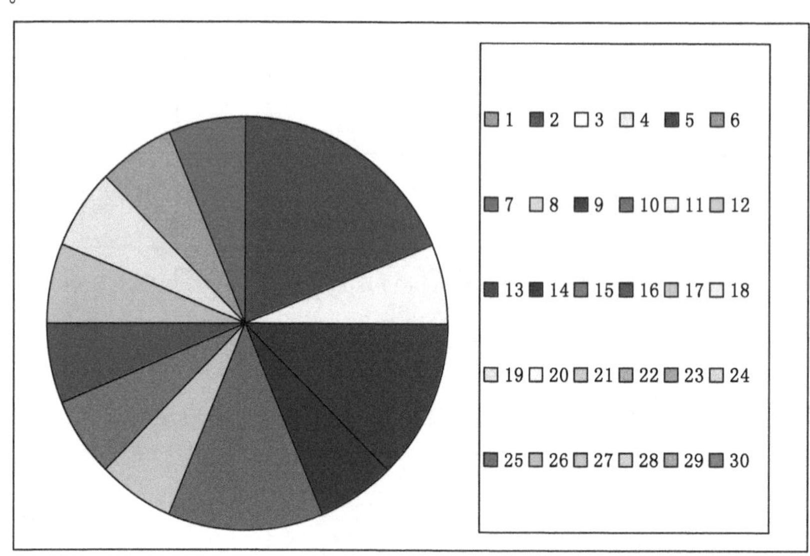

图8-12 淮南矿区谢一矿煤与瓦斯突出日期(农历)与固体潮关系图

华丰煤矿2006年“9·9”冲击地压事故发生于农历七月十七，千秋煤矿2011年“11·3”冲击地压事故发生于农历十月初八，峻德煤矿2013年“3·15”冲击地压事故发生于农历二月初四，大安山煤矿2016年“4·19”冲击地压事故发生于农历三月十三，梁宝寺煤矿2016年“8·15”冲击地压事故发生于农历七月十三，红阳三矿2017年“11·11”冲击地压事故发生于农历九月二十三，门克庆煤矿 2018 年“4・8”冲击地压事故发生于农历二月二十三，龙家堡煤矿 2019 年“6・9”冲击地压事故发生于农历五月初七，唐山煤矿 2019 年“8・2”冲击地压事故发生于农历七月初二，龙堌煤矿 2020 年“2・22”冲击地压事故发生于农历正月二十九。统计的上述近年发生的 10 次典型的冲击地压事故，有 6 次发生在固体潮活跃期。

尽管固体潮不是矿井动力灾害发生的主要动力，但是固体潮使得处于极限应力状态的煤岩体的失稳破坏的可能性增加。固体潮和矿井动力灾害之间的联系，有助于揭示矿井动力灾害的发生规律和制定预防矿井动力灾害发生的方法。

8.3 矿井动力灾害的个性影响因素

8.3.1 冲击地压影响因素分析

(1) 煤岩体冲击倾向性

大量的试验研究和生产实践表明，发生冲击地压的煤岩体具有突然破坏并瞬间释放大量弹性变形能的能力。冲击倾向性是产生冲击地压的煤岩的固有属性，决定煤岩产生冲击破坏的能力，是冲击地压发生的内因。

煤的冲击倾向性的衡量指标有多种。如波兰以煤的单轴抗压强度作为衡量指标，单轴抗压强度大于 16 MPa 的煤即判定具有冲击倾向性。苏联采用弹性变形法，以试件进行反复加卸载循环得到的弹性变形量与总变形量之比作为衡量指标，比值超过 0.7 的即认为具有冲击倾向性。我国目前采用的是 4 个指标：动态破坏时间 DT、弹性能量指数 W_{ET}、冲击能量指数 K_E、单轴抗压强度 σ_c。动态破坏时间 DT 是指煤样在单轴压缩状态下，从极限强度到完全破坏所经历的时间。DT 越小，则煤层冲击倾向性越强烈。弹性能量指数 W_{ET} 是指煤样在单轴压缩状态下，当受力达到某一值时(破坏前) 卸载，其弹性变形能与塑性变形能(耗损变形能) 之比。W_{ET} 越大，煤层冲击倾向性越强烈。冲击能量指数 K_E 是指煤样在单轴压缩状态下，在应力-应变全程曲线峰值前所积蓄的变形能与峰值后所消耗的变形能之比。K_E 越大，煤层冲击倾向性越强烈。单轴抗压强度 σ_c 是指在实验室条件下，煤样在单轴压缩状态下承受的破坏载荷与其承压面面积的比值。σ_c 越大，煤层冲击倾向性越强烈。

根据 DT、W_{ET}、K_E 和 σ_c 值，按照《冲击地压测定、监测与防治方法 第 2 部分：煤的冲击倾向性分类及指数的测定方法》(GB/T 25217.2—2010)，将煤层冲击倾向性分为无冲击倾向性、弱冲击倾向性和强冲击倾向性三类，其临界判别值及分类方法见表 8-4。

表 8-4 煤层冲击倾向性判别标准

类别		Ⅰ类	Ⅱ类	Ⅲ类
冲击倾向性		无	弱	强
指数	动态破坏时间 DT/ms	DT>500	50<DT≤500	DT≤50
	弹性能量指数 W_{ET}	$W_{ET} < 2$	$2 \leqslant W_{ET} < 5$	$W_{ET} \geqslant 5$
	冲击能量指数 K_E	$K_E < 1.5$	$1.5 \leqslant K_E < 5$	$K_E \geqslant 5$
	单轴抗压强度 σ_c/MPa	$\sigma_c < 7$	$7 \leqslant \sigma_c < 14$	$\sigma_c \geqslant 14$

冲击倾向性是煤矿井下发生冲击地压的内在原因，层理角度对其有重要影响。研究表明：① 层理面与加载方向夹角对煤样力学参量影响显著，宏观破坏模式及细观断裂特征存在强烈层理效应；② 当层理面与加载方向夹角为90°时煤样冲击倾向性最强，0°时次之，45°时最弱；③ 煤样声学特征各向异性明显，轴向垂直层理煤样波速比轴向斜交层理煤样高15.1%；④ 同一层理煤样超声波波速与弹性模量、单轴抗压强度、冲击能量指数及冲击能量速度指数正相关，且线性拟合优度良好[222]。

试验研究表明，煤层冲击倾向性与煤层含水率呈反比关系，且在原始含水率状态下对含水率的升高最为敏感；煤层饱和含水率与煤层孔隙率呈正比关系[223]。

(2) 围岩及煤层赋存条件

煤岩层的岩性和厚度与冲击地压的发生具有密切的关系。如顶板坚硬的煤层比顶板较软的煤层发生冲击地压的危险性大。从煤层赋存条件看，倾斜或急倾斜的厚及中厚煤层，且煤层厚度变化较大、分叉和合并的条件下发生冲击地压的危险性更大。坚硬厚层砂岩顶板容易聚积大量的弹性能，在其破断或滑移过程中，大量的弹性能突然释放，形成强烈震动，导致顶板型冲击地压。

根据地质力学的观点，煤层厚度变薄及倾角变大处往往是应力集中处。煤层厚度的变化对形成冲击地压的影响，往往要比厚度本身更为重要，在厚度突然变薄或变厚处，煤体内因静载荷作用易产生应力集中现象。煤层局部厚度的变化对应力场的影响规律为：

① 煤层厚度局部变薄和变厚所产生的影响不同。煤层厚度局部变薄时，在煤层薄的部分垂直应力会增加。煤层厚度局部变厚时，在煤层厚的部分，垂直应力会减小；而在煤层厚的部分两侧的正常厚度部分，垂直应力会增加。而且煤层局部变薄和变厚，产生的应力集中的程度不同。

② 煤层厚度变化越剧烈，应力集中的程度越高。

③ 当煤层变薄时，变薄部分越短，应力集中程度越高。

④ 煤层厚度局部变化区域应力集中的程度，与煤层和顶底板的弹性模量差值有关，差值越大，应力集中程度越高。

⑤ 当煤层内存在明显结构时，会造成煤层受力不均，而承载能力也不同，在应力达到极限强度后，煤体沿着弱面摩擦滑动，从而造成掘进头顶板煤体冒落抛出。

(3) 相变

相变主要是指煤层硬度、煤层厚度、煤层倾角、岩性等发生变化。现场实践证明，当采掘工作面接近相变带时，经常发生煤炮、冲击地压等动力现象[224]。相变带产生的原因包括沉积环境变化和其他构造运动。产生相变后，相变带周围岩体的应力状态发生改变。煤层与冲刷层交界处的应力分布情况为：由于煤层硬度比冲刷层的硬度大，煤层中易产生应力集中。褶曲、断层的形成通常伴有煤层厚度、倾角的变化。根据地质力学的观点，煤层厚度、倾角变化处往往是应力集中处，易产生能量的大量积聚。

在岩浆岩侵蚀区，由于岩浆侵入，完整的岩层产生破断，形成弱面结构。弱面结构在外界扰动下，微裂隙优先扩展，形成大的断裂面，错动、破断释放能量形成大能量震动事件，也易诱发冲击地压。

(4) 煤的细观结构

赵毅鑫等基于煤体细观结构参数定量地研究了煤体冲击倾向性的强弱，得到了煤层细观结构参数、有机组分分布等因素与冲击倾向性的关系[225]。显微硬度和显微脆度均较大的煤体较易发生冲击;镜质组最大反射率与最小反射率之差越小,冲击倾向性越弱;显微组分分布简单且原生损伤越小,冲击倾向性越弱。试验结果表明,煤岩细观结构形态分布差异明显,强冲击倾向性煤岩裂隙结构不发育,呈现“短直”的特点;无冲击倾向性煤岩裂隙结构发育,呈“网”状分布。

8.3.2 煤与瓦斯突出影响因素分析

(1) 瓦斯参数

瓦斯参数是煤与瓦斯突出的必要因素。影响煤与瓦斯突出的主要瓦斯参数为煤体中的瓦斯生成量、瓦斯含量、瓦斯压力和瓦斯放散初速度等。

瓦斯生成量主要与煤变质程度有关,而煤体中的瓦斯含量及瓦斯压力除与煤变质程度有关外,还与煤系封闭瓦斯的条件有关。

瓦斯含量是指煤体中含有的瓦斯量。煤中瓦斯一般为游离瓦斯和吸附瓦斯。在煤与瓦斯突出过程中,游离瓦斯可以自由逸出,吸附瓦斯亦可从煤体中解吸。显然,煤体中的瓦斯含量越高,突出的强度及瓦斯涌出量越大。现今煤层中的瓦斯含量不仅取决于成煤中瓦斯生成量的多少,而且与煤层及围岩的赋存条件有关。国内外大量测定结果表明,煤层原始瓦斯含量不超过 20～30 m^3/t,仅为成煤过程生成瓦斯量的 1/10～1/5 或更少。影响煤层瓦斯含量的主要因素有煤层的埋藏深度、煤层与围岩的透气性、煤层的倾角和露头、地质构造、煤的吸附特性、地层的地质史和水文地质条件。《防治煤与瓦斯突出细则》规定,当煤体中瓦斯含量≥8 m^3/t 时,煤层具有突出危险性,见表 8-5。

表 8-5 根据煤层瓦斯压力和瓦斯含量进行区域预测的临界值

瓦斯压力 p/MPa	瓦斯含量 $W/(m^3/t)$	区域类别
$p<0.74$	$W<8$(构造带 $W<6$)	无突出危险区
除上述情况以外的其他情况		突出危险区

煤层瓦斯压力是指煤孔隙中所含游离瓦斯的气体压力,即气体作用于孔隙壁的压力。煤层瓦斯压力是决定煤层瓦斯含量的一个主要因素,当煤的吸附瓦斯能力相同时,煤层瓦斯压力越高,煤中所含瓦斯量越大。瓦斯压力参与煤与瓦斯突出的过程是显而易见的,为其提供了一定的动力来源,且在瓦斯压力突然降低,释放膨胀潜能的过程中,促使及加速煤的破碎过程。瓦斯压力随着开采深度的增加一般呈增加趋势,但因受各种地质因素的影响而可能呈现复杂的情况。瓦斯压力与突出的关系亦比较复杂,一般来说瓦斯压力越大,突出的危险性亦越大,这不但表现在不同的煤层,而且同一煤层不同的区段或深度亦有所体现,显然瓦斯压力与突出危险性的关系虽然具有一般的相关规律,但亦存在特殊情况,这说明煤与瓦斯突出是相当复杂的多因素综合作用的结果,具体情况应该作具体分析。《防治煤与瓦斯突出细则》规定,当煤体中瓦斯压力≥0.74 MPa 时,煤层具有突出危险性,见表 8-5。

(2) 煤体结构及煤质

煤体结构及煤质是决定突出条件的物质基础,前者反映煤的结构特征,而后者则反映煤变质程度。根据大量的突出资料统计,发生突出地点附近的煤都具有层理紊乱、煤质松软的特点，人们习惯上将这种煤称为构造煤。构造煤是在地质构造应力作用的后期改造过程中形成的层间剪切带，往往沿煤层顶板或底板发育，有时整个煤层都为构造煤。构造煤不但强度低，而且松散易碎，手捻即成碎屑或煤粉，其孔隙率及比表面积均比通常的煤要大得多。

煤体结构破坏的程度与突出的关系极为密切，破坏越严重，其强度越低，构造裂隙越多，则突出的危险性越大。工程实践中往往将煤的破坏类型分成五类，其中Ⅰ、Ⅱ两类为非构造煤，指未经破坏或轻度破坏的煤，这种煤一般无突出危险性，属非突出煤，Ⅲ、Ⅳ、Ⅴ三类煤为构造煤，基本上对应于碎裂煤、碎粒煤及糜棱煤，为有突出危险性的构造煤，且其突出危险性随着构造煤破坏程度的增加而增加。

煤与瓦斯突出与煤变质程度亦有明显的关系。随着煤变质程度的增加，煤体经褐煤、气煤、肥煤、焦煤、瘦煤、贫煤、无烟煤的顺序，由低变质煤逐渐变为高变质煤，在上述变质过程中不但煤生成的瓦斯量逐渐增加，而且煤吸附瓦斯的能力亦逐渐增加，这些都是煤与瓦斯突出的必要条件。根据资料，在相同条件下煤变质程度越高，突出的危险性越大。

煤结构和力学性质与突出的关系很大，这是因为煤体的强度性质（抵抗破坏的能力）、瓦斯解吸和放散能力、透气性能等，都对突出的发动与发展起着重要作用。一般来说，煤越硬、裂隙越小，所需的破坏功越大，要求的地应力和瓦斯压力越高；反之亦然。因此，在地应力和瓦斯压力为一定值时，构造煤易被破坏，突出往往只沿构造煤发展。尽管在构造煤中裂隙丛生，但裂隙的连通性差，因而煤体透气性差，易于在构造煤中形成大的瓦斯压力梯度，从而促进突出的发生。同时，根据断裂力学的观点，煤层中薄弱地点，如裂隙交汇处、裂隙端部等，最易产生应力集中，所以煤体的破坏将从这里开始，而后再沿整个构造煤分层发展。从煤质与煤的破坏类型角度确定煤层突出危险性评价指标，见表 8-6。

表 8-6 煤层突出危险性评价指标

判定指标	煤层原始瓦斯压力（相对）p/MPa	煤的坚固性系数 f	煤的破坏类型	煤的瓦斯放散初速度 ΔP/mmHg
有突出危险的临界值及范围	≥0.74	≤0.5	Ⅲ、Ⅳ、Ⅴ	≥10

（3）煤层厚度及其变化

煤与瓦斯突出除与煤的结构有关外，还与煤层的特征有关。在煤层厚度较稳定的多煤层突出矿井，一般煤层的厚度越大，突出危险性亦越大，且同一煤层中厚度大的区段比厚度较薄的区段突出危险性要大，厚度变化大的煤层的突出危险性当然也比厚度变化较小煤层的要大。研究说明，突出点常分布在煤层厚度大和煤层厚度变化大的部位，见表 8-7 和表 8-8。突出危险程度的差异与煤厚及其变化的关系有以下几种：

① 煤层厚度较稳定的多煤层矿井：各煤层的突出危险性决定于煤层的厚度，随着煤层厚度的增加，突出危险性增加。

② 煤层厚度变化大的矿井：突出多发生在厚煤地段和煤厚变化带。透镜状煤包和被薄煤带包围的厚煤带的突出危险性大。

③ 煤层厚度变化大的多煤层矿井：不同煤层相比较，煤厚变化大的地段比煤厚变化小的地段突出危险性大。

表 8-7 部分矿井煤与瓦斯突出与煤层厚度变化关系统计

矿 区	矿 井	突出总次数/次	不同煤厚变化带突出次数/次			备 注
			变薄	增厚	正常	
洪山殿矿区	立新矿蛇形山井	134	47	61	26	煤巷突出
梅山矿区	一矿	37	2	17	18	
	二矿	29	1	22	6	
	三矿	4		4		
	四矿	15	6	5	4	
英岗岭矿区	建山矿	44	6	35	3	
	枫林矿	32	14	18		
	桥一矿	12		11	1	
	桥二矿	32	6	22	4	

表 8-8 江西涌山矿煤与瓦斯突出与煤层厚度的关系统计

煤层名称		二煤层	三煤层	四煤层	六煤层	七煤层
突出情况	突出次数/次	1	3	18	5	7
	最大强度/t	30	4	3 988	2 200	90
	平均强度/t	30	4	321	895	45
煤层厚度/m		2.48	1.82	2.88	2.47	0.88

煤层厚度变化造成瓦斯分布上的差异性。煤厚变化梯度在一定程度上反映瓦斯变化梯度，是造成瓦斯突出点分布不均衡性的因素之一。

目前，普遍利用煤厚变异系数来分析煤厚的变化特征。变异系数是反映一组数据的离散性特征数，又称"标准差率"。标准差与平均数的比值称为变异系数，记为 c_v。变异系数是一个无量纲的，表示测量数据的总体中个体数据偏离平均值相对波动幅度的重要参数。煤厚变异系数的计算方法如下。

① 煤厚标准差 ∂。煤厚标准差 ∂ 是反映煤厚变化大小的一个量，其计算公式为：

$$\partial = \sqrt{\sum_{i=1}^{n}(m_i - \overline{m})^2 \frac{1}{n-1}} \tag{8-2}$$

式中 ∂ ——煤厚标准差；

m_i ——每一测点的煤厚，m；

$\overline{m}$ ——统计单元的平均煤厚，m；

n ——统计次数。

② 煤厚变异系数 c_v。煤厚变异系数 c_v 是反映评定区内煤厚变化偏离平均厚度程度的参数。

$$c_v = \frac{\partial}{\overline{m}} \times 100\% \tag{8-3}$$

8.4 矿井动力灾害危险性预测方法

8.4.1 冲击地压危险性预测方法

(1) 综合指数法

综合指数法在分析工程地质条件和开采技术条件的基础上确定各种影响因素，求其简单综合指数，进行冲击危险性预测[226]。2018 年 5 月国家煤矿安全监察局颁布的《防治煤矿冲击地压细则》指出，冲击危险性评价可采用综合指数法或其他经实践证实有效的方法，评价结果分为四级：无冲击地压危险、弱冲击地压危险、中等冲击地压危险、强冲击地压危险。综合指数法中的地质因素包括采深、冲击地压发生历史、顶板结构特征、煤层弹性能量指数、煤层单轴抗压强度等 7 项因素；开采技术因素包括保护层卸压、煤柱留设、工作面长度、周边采空区影响、底煤厚度等 11 项因素。综合指数法是根据开采和地质条件对发生冲击地压的影响程度确定各种因素的影响权重，而建立起的冲击地压危险性评价和预测的综合方法。

某采掘工作面的冲击地压危险状态等级评定综合指数用 W_t 表示，以此可以圈定冲击地压危险程度，有 $W_t=\max\{W_{t1},W_{t2}\}$，式中 W_{t1} 为地质因素对冲击地压的影响程度及冲击地压危险状态等级评定指数，W_{t2} 为开采技术因素对冲击地压的影响程度及冲击地压危险状态等级评定指数，冲击地压危险状态等级评定综合指数应取两者中的最大值，其中：

$$W_{t1}=\frac{\sum_{i=1}^{n_1}W_i}{\sum_{i=1}^{n_1}W_{i\max}} \tag{8-4}$$

$$W_{t2}=\frac{\sum_{i=1}^{n_2}W_i}{\sum_{i=1}^{n_2}W_{i\max}} \tag{8-5}$$

式中 W_i——第 i 个影响因素的实际指数；

$W_{i\max}$——第 i 个影响因素的最大冲击危险指数；

n——影响因素的个数。

冲击地压的危险程度，按评定其等级的综合指数法可定量化分为五级。表 8-9 给出了划分标准及应采取的防治对策。

表 8-9 冲击地压危险状态的分级及对策

冲击地压 危险等级	冲击地压 危险状态	冲击地压危险状态 等级评定综合指数	防治对策
A 无危险	无冲击	$W_t\leqslant0.25$	正常进行设计及生产作业

表 8-9(续)

冲击地压危险等级	冲击地压危险状态	冲击地压危险状态等级评定综合指数	防治对策
B 弱危险	弱冲击	$0.25<W_t\leqslant0.5$	考虑冲击地压影响因素进行设计，还应满足： ① 配备必要的监测检验设备与治理装备。 ② 制定监测与治理方案，作业中进行冲击地压危险监测、解危和效果检验
C 中等危险	中等冲击	$0.5<W_t\leqslant0.75$	考虑冲击地压影响因素进行设计，合理选择巷道及硐室布置方案、工作面接替顺序；优化主要巷道及硐室的技术参数、支护方式、掘进速度、工作面超前支护距离及方式等。还应满足： ① 配备完备的区域与局部监测检验设备和治理装备。 ② 作业前对采煤工作面支承压力影响区、掘进煤层巷道迎头及后方的巷帮等区域采取预卸压措施。 ③ 设置人员限制区域，确定避灾路线。 ④ 制定监测和治理方案，作业中进行冲击地压危险监测、解危和效果检验
D 强危险	强冲击	$W_t>0.75$	考虑冲击地压影响因素进行设计，合理选择巷道及硐室布置方案、工作面接替顺序；优化主要巷道及硐室的技术参数、支护方式、掘进速度、工作面超前支护距离及方式等；优化采煤工作面顶板支护、推进速度、超前支护距离及方式等参数。还应满足： ① 配备完备的区域与局部监测检验设备和治理装备。 ② 作业前对采煤工作面回采巷道、掘进煤层巷道迎头及后方的巷帮等区域实施全面预卸压，经检验冲击地压危险解除后方可进行作业。 ③ 制定监测和治理方案，作业中加强冲击地压危险的监测、解危和效果检验措施；监测对周边巷道、硐室等的扰动影响，并制定相应的治理措施。 ④ 设置人员限制区域、躲避硐室等，确定避灾路线。 ⑤ 如果生产过程中经充分采取监测及解危措施后仍不能保证安全时，应停止生产或重新设计

表 8-10 为评价区域地质条件因素对冲击地压危险状态的影响程度与指数。根据表 8-10 和式(8-4)计算地质因素对冲击地压的影响程度及冲击地压危险状态等级评定指数 W_{t1}。

表 8-10　评价区域地质条件因素对冲击地压危险状态的影响程度及指数

序号	影响因素	因素说明	因素分类	评定指数
1	W_1	同一水平煤层冲击地压发生历史(次数 n)	$n=0$	0
			$n=1$	1
			$2\leqslant n<3$	2
			$n\geqslant3$	3

表 8-10(续)

序号	影响因素	因素说明	因素分类	评定指数
2	W_2	开采深度 h	$h \leqslant 400$ m	0
			400 m$<h \leqslant$600 m	1
			600 m$<h \leqslant$800 m	2
			$h>$800 m	3
3	W_3	上覆裂缝带内坚硬厚层岩层距煤层的距离 d	$d>$100 m	0
			50 m$<d \leqslant$100 m	1
			20 m$<d \leqslant$50 m	2
			$d \leqslant$20 m	3
4	W_4	煤层上方 100 m 范围顶板岩层厚度特征参数 L_{st}	$L_{st} \leqslant$50 m	0
			50 m$<L_{st} \leqslant$70 m	1
			70 m$<L_{st} \leqslant$90 m	2
			$L_{st}>$90 m	3
5	W_5	开采区域内构造引起的应力增量与正常应力之比 $\gamma=(\sigma_g-\sigma)/\sigma$	$\gamma \leqslant 10\%$	0
			$10\%<\gamma \leqslant 20\%$	1
			$20\%<\gamma \leqslant 30\%$	2
			$\gamma>30\%$	3
6	W_6	煤的单轴抗压强度 σ_c	$\sigma_c \leqslant$10 MPa	0
			10 MPa$<\sigma_c \leqslant$14 MPa	1
			14 MPa$<\sigma_c \leqslant$20 MPa	2
			$\sigma_c>$20 MPa	3
7	W_7	煤的弹性能量指数 W_{ET}	$W_{ET}<2$	0
			$2 \leqslant W_{ET}<3.5$	1
			$3.5 \leqslant W_{ET}<5$	2
			$W_{ET} \geqslant 5$	3

表 8-11 为评价区域开采技术因素对冲击地压危险状态的影响程度及指数。根据表 8-11 和式(8-5)计算开采技术因素对评价区域冲击地压危险状态的影响程度及冲击地压危险状态等级评定指数 W_{t2}。

表 8-11 评价区域开采技术因素对冲击地压危险状态的影响程度及指数

序号	影响因素	因素说明	因素分类	评定指数
1	W_1	保护层的卸压程度	好	0
			中等	1
			一般	2
			很差	3

表 8-11(续)

序号	影响因素	因素说明	因素分类	评定指数
2	W_2	工作面距上保护层开采遗留的煤柱的水平距离 h_z	$h_z \geqslant 60$ m	0
			30 m $\leqslant h_z <$ 60 m	1
			0 m $\leqslant h_z <$ 30 m	2
			$h_z <$ 0 m(煤柱下方)	3
3	W_3	工作面与邻近采空区的关系	实体煤工作面	0
			一侧采空	1
			两侧采空	2
			三侧及以上采空	3
4	W_4	工作面长度 L_m	$L_m \geqslant 300$ m	0
			150 m $\leqslant L_m <$ 300 m	1
			100 m $\leqslant L_m <$ 150 m	2
			$L_m <$ 100 m	3
5	W_5	区段煤柱宽度 d	$d \leqslant 3$ m,或 $d \geqslant 50$ m	0
			3 m $< d \leqslant$ 6 m	1
			6 m $< d \leqslant$ 10 m	2
			10 m $< d <$ 50 m	3
6	W_6	留底煤厚度 t_d	$t_d = 0$ m	0
			0 m $< t_d \leqslant$ 1 m	1
			1 m $< t_d \leqslant$ 2 m	2
			$t_d >$ 2 m	3
7	W_7	向采空区掘进的巷道,停掘位置与采空区的距离 L_{jc}	$L_{jc} \geqslant 150$ m	0
			100 m $\leqslant L_{jc} <$ 150 m	1
			50 m $\leqslant L_{jc} <$ 100 m	2
			$L_{jc} <$ 50 m	3
8	W_8	向采空区推进的工作面,停采线与采空区的距离 L_{mc}	$L_{mc} \geqslant 300$ m	0
			200 m $\leqslant L_{mc} <$ 300 m	1
			100 m $\leqslant L_{mc} <$ 200 m	2
			$L_{mc} <$ 100 m	3
9	W_9	向落差大于 3 m 的断层推进的工作面或巷道,工作面或巷道迎头与断层的距离 L_d	$L_d \geqslant 100$ m	0
			50 m $\leqslant L_d <$ 100 m	1
			20 m $\leqslant L_d <$ 50 m	2
			$L_d <$ 20 m	3

表 8-11(续)

序号	影响因素	因素说明	因素分类	评定指数
10	W_{10}	向煤层倾角剧烈变化(>15°)的向斜或背斜推进的工作面或巷道,工作面或巷道迎头与之的距离 L_z	$L_z \geqslant 50$ m	0
			20 m $\leqslant L_z <$ 50 m	1
			10 m $\leqslant L_z <$ 20 m	2
			$L_z <$ 10 m	3
11	W_{11}	向煤层侵蚀、合层或厚度变化部分推进的工作面或巷道,工作面或巷道迎头与煤层变化部分的距离 L_b	$L_b \geqslant 50$ m	0
			20 m $\leqslant L_b <$ 50 m	1
			10 m $\leqslant L_b <$ 20 m	2
			$L_b <$ 10 m	3

2023 年 6 月国家矿山安全监察局颁布的《冲击地压矿井鉴定暂行办法》规定:煤层冲击危险性评价采用煤层冲击危险综合指数法,危险指数计算方法和危险等级确定见表 8-12 和表 8-13,评价结果分为四级:无、弱、中等和强(严重)冲击地压危险。

表 8-12 煤层冲击危险综合指数计算表

序号	评价指标	指标因素	指标区间划分	危险指数(w)	备注
1	W_1	冲击地压发生历史次数(N)	$N=0$	0	
			$N=1$	1	
			$N=2$	2	
			$N \geqslant 3$	3	
2	W_2	开采深度(H)	$H \leqslant 400$ m	1	
			400 m $< H \leqslant$ 600 m	2	
			600 m $< H \leqslant$ 800 m	3	
			800 m $< H \leqslant$ 1 000 m	4	
			$H >$ 1 000 m	5	
3	W_3	煤层厚度(M_c)	$M_c \leqslant 1.3$ m	1	
			1.3 m $< M_c \leqslant$ 3.5 m	2	
			3.5 m $< M_c \leqslant$ 8 m	3	
			$M_c >$ 8 m	4	
4	W_4	煤的弹性能量指数 W_{ET}	$W_{ET} < 2$	0	
			$2 \leqslant W_{ET} < 3.5$	1.5	
			$W_{ET} \geqslant 3.5$	3	
5	W_5	煤的冲击倾向性	无	0	
			弱	1.5	
			强	3	

表 8-12(续)

序号	评价指标	指标因素	指标区间划分	危险指数(w)	备注
6	W_6	坚硬厚岩层与煤层的厚距关系(M,d)	$M-0.9d\leqslant 10$	0	M为岩层厚度,d为岩层与煤层距离
			$\begin{cases}M-0.9d>10\\M-1.35d\leqslant 15\end{cases}$	1	
			$\begin{cases}M-1.35d>15\\M-1.8d\leqslant 20\end{cases}$	2	
			$M-1.8d>20$	3	
7	W_7	顶板岩层厚度特征数(L_{st})	$L_{st}\leqslant 80$ m	0	煤层上方 100 m 范围岩层
			80 m$<L_{st}\leqslant 90$ m	1	
			$L_{st}>90$ m	2	
8	W_8	地质构造复杂程度	简单	0	
			中等	1	
			复杂	2	
			极复杂	3	

表 8-13 煤层冲击危险等级确定表

冲击危险综合指数	指数区间划分	冲击危险等级
$W_t=\dfrac{\sum_{i=1}^{n}w_i}{\sum_{i=1}^{n}w_{i\max}}$	$W_t\leqslant 0.25$	无
	$0.25<W_t\leqslant 0.5$	弱
	$0.5<W_t\leqslant 0.75$	中等
	$W_t>0.75$	强(严重)

(2) 多因素耦合分析法

多因素耦合分析法是指综合分析综合指数法中对应的各类(种)影响因素及其权重,考虑多因素相互叠加影响,评估不同地段冲击地压危险多因素叠加指数和冲击地压危险程度(弱、中等、强),并对采掘区域进行划分[227]。多因素耦合分析法的相应划分方法见表 8-14。

表 8-14 多因素耦合分析法分区分级划分表

序号	影响因素	因素说明	区域划分	危险等级
1	W_1	落差大于 3 m、小于 10 m 的断层区域	前后 20 m 范围	强
			前后 20～50 m 范围	中等
2	W_2	煤层倾角剧烈变化(大于 15°)的褶曲区域	前后 10 m 范围	中等
3	W_3	煤层侵蚀、合层或厚度变化区域	前后 10 m 范围	强
			前后 10～20 m 范围	中等
4	W_4	顶底板岩性变化区域	前后 50 m 范围	强
			前后 50～100 m 范围	弱

表 8-14(续)

序号	影响因素	因素说明	区域划分	危险等级
5	W_5	上保护层开采遗留的煤柱下方区域	煤柱下方及距离煤柱水平距离 30 m 范围	强
			距离煤柱水平距离 30～60 m 范围	中等
6	W_6	落差大于 10 m 的断层或断层群区域	距离断层 30 m 范围	强
			距离断层 30～50 m 范围	中等
7	W_7	向采空区推进的工作面	距离采空区 50 m 范围	强
			距离采空区 50～100 m 范围	中等
			距离采空区 100～200 m 范围	弱
8	W_8	不规则工作面或多个工作面的开切眼及停采线不对齐等区域	拐角煤柱前后 20 m 范围	强
9	W_9	巷道交岔区域	“四角”交岔前后 20 m 范围	强
			“三角”交岔前后 20 m 范围	中等
10	W_{10}	沿空巷道煤柱	区段煤柱宽 6～10 m 时	弱
			区段煤柱宽 10～30 m 时	强
			区段煤柱宽 30～50 m 时	中等
11	W_{11}	工作面超前支承压力区	工作面煤壁超前 0～50 m 范围	强
			工作面煤壁超前 50--100 m 范围	中等
			工作面煤壁超前 100～150 m 范围	弱
12	W_{12}	基本顶初次来压	前后 20 m 范围	中等
13	W_{13}	工作面采空区“见方”区域	单工作面初次“见方”前后 50 m 范围	强
			多工作面初次“见方”前后 50 m 范围	强
			单或多工作面周期“见方”前后 20 m 范围	中等
14	W_{14}	留底煤区域	底煤厚度 0～1 m 时	弱
			底煤厚度 1～2 m 时	中等
			底煤厚度大于 2 m 时	强
15	W_{15}	采掘扰动区域	—	强
说　明	① 多个“强冲击危险”等级叠加或“强冲击危险”等级与其他等级叠加时，定为“强冲击危险”等级； ② 1 个“中等冲击危险”等级与 1 个或多个“弱冲击危险”等级叠加时，定为“中等冲击危险”等级； ③ 2 个及以上“中等冲击危险”等级叠加时，定为“强冲击危险”等级； ④ 2 个及以上“弱冲击危险”等级叠加时，定为“弱冲击危险”或“中等冲击危险”等级。			

(3) 可能性指数法

发生冲击地压危险区的危险程度受到很多因素的影响，但是应力状态和煤岩体的性质是最主要的因素，因此，评价中拟采用冲击地压发生的可能性指数法为基本方法，以构造分析、工程类比等为辅助方法进行综合研究。

可能性指数法是一种基于采动应力和冲击倾向性的冲击危险度评价方法。该方法应用模糊数学理论，计算某一应力状态和冲击倾向性指数对“发生冲击地压”的隶属度，进而判断发生冲击地压的可能性[228]。

应力状态对“发生冲击地压”事件的隶属度 U_{I_c}：

$$U_{I_c}=\begin{cases}0.5I_c & I_c\leqslant 1.0\\ I_c-0.5 & 1.0<I_c<1.5\\ 1.0 & I_c\geqslant 1.5\end{cases}\tag{8-6}$$

$$I_c=\sigma/\sigma_c,\sigma=k\gamma H$$

式中　k ——应力集中系数；

γ ——覆岩平均重度；

H ——埋深；

σ_c ——煤体单轴抗压强度。

冲击倾向性指数对“发生冲击地压”事件的隶属度 $U_{W_{ET}}$：

$$U_{W_{ET}}=\begin{cases}0.5W_{ET} & W_{ET}\leqslant 2.0\\ 0.133W_{ET}+0.333 & 2.0<W_{ET}<5.0\\ 1.0 & W_{ET}\geqslant 5.0\end{cases}\tag{8-7}$$

式中　W_{ET} ——弹性能量指数。

发生冲击地压的可能性指数 U：

$$U=(U_{I_c}+U_{W_{ET}})/2\tag{8-8}$$

根据可能性指数 U 评价冲击地压发生的可能性，评价标准见表 8-15。

表 8-15　冲击地压发生的可能性评价标准

U	0～0.6	0.6～0.8	0.8～0.9	0.9～1.0
可能性	不可能	可能	很可能	能够

8.4.2　煤与瓦斯突出危险性预测方法

基于当前对突出机理的认识，世界各开采突出煤层的国家结合各自的科研和生产实践提出了许多预测突出的指标，概括起来可分为单因素预测方法、综合预测方法和多因素预测方法，见表 8-16。

表 8-16　突出危险性预测的方法及其评价

预测方法		内　容	评　价
单因素预测方法	瓦斯含量指标法	提出了不同的瓦斯突出临界值	单因素预测方法都是以各个单因素临界值作为指标进行区域预测的。预测可靠程度取决于试验数据的多少、范围和代表性，受人为选点、煤岩体与瓦斯参数等分布不均匀因素的影响。
	瓦斯压力指标法	≥0.74 MPa 有突出危险 <0.74 MPa 无突出危险	
	煤体结构指标法	煤分成 5 种破坏类型，Ⅲ、Ⅳ、Ⅴ类煤具有突出危险	
	瓦斯放散初速度指标法	≥10 mmHg 有突出危险 <10 mmHg 有无突出危险	

表 8-16(续)

<table>
<tr><th colspan="2">预测方法</th><th>内　　容</th><th>评　　价</th></tr>
<tr><td rowspan="5">单因素预测方法</td><td>煤的坚固性系数法</td><td>≥0.5 有突出危险
＜0.5 无突出危险</td><td rowspan="5">单因素预测方法操作简单，预测工作时间短，比较实用。但是单因素预测较少考虑其他因素的影响，特别是构造和应力的影响；另外，单因素指标多按有限个点选取，以局部参数预测整体，预测的准确性和可靠性有待提高</td></tr>
<tr><td>地质统计法</td><td>根据已开采区域突出点分布与地质构造的关系，结合未开采区域的地质构造条件大致预测突出可能发生的范围</td></tr>
<tr><td>瓦斯地质单元法</td><td>根据地质构造、煤层厚度及其变化、煤体结构和煤层瓦斯等瓦斯地质参数，把煤层按照突出危险程度划分为不同的瓦斯地质单元</td></tr>
<tr><td>无线电波透视探测技术</td><td>利用无线电波透视探测出采煤工作面内存在的地质构造破碎带，达到预测煤与瓦斯突出危险区域的目的</td></tr>
<tr><td>挥发分和电阻率对数法</td><td>当烟煤的挥发分＞35％和无烟煤的比电阻的对数＜3.3时，无突出危险；而当挥发分为18％～22％时，突出危险程度最高</td></tr>
<tr><td rowspan="2">综合预测方法</td><td>地质指标法</td><td>原湖南省煤研所提出用煤层围岩指标、地质构造指标、煤质指标和瓦斯压力进行综合判断</td><td rowspan="2">综合预测多是将单因素分析结果简单组合。其特点是选取参数简单，易于操作，但是仅根据局部的数据对突出进行区域预测具有一定的随机性</td></tr>
<tr><td>D、K 法</td><td>D、K 法主要考虑开采深度、煤层瓦斯压力、软分层煤的瓦斯放散初速度和平均坚固性系数等影响因素指标，依据计算出的 D、K 值进行突出预测</td></tr>
<tr><td rowspan="2">多因素预测方法</td><td>三因素法</td><td>将应力、构造和煤体结构这三个主要因素作为预测指标，对煤层进行区域预测</td><td>三因素法将单因素分析结果简单组合，单独进行分析。其特点是用区域数据进行预测</td></tr>
<tr><td>模式识别预测方法</td><td>确定多个影响煤与瓦斯突出的因素，将预测区域划分为预测单元。以各单项影响因素区域分析数据建立煤与瓦斯突出模式识别数据库，通过模式识别考虑各影响因素之间的联系和相互作用关系。对突出的区域预测主要应用单元的危险性概率值进行，对煤与瓦斯突出的危险性作出分类和预测</td><td>应用多种方法综合分析，考虑多个影响因素之间的联系。用区域分析数据进行预测，分单元概率预测提高了精度和预测的准确性，建立了管理系统。该方法的工作量大，专业性强，周期长</td></tr>
</table>

(1) 瓦斯地质分析法

瓦斯地质分析法的基本要求[229]：

① 煤层瓦斯风化带为无突出危险区域。

② 根据已开采区域的煤层赋存特征、地质构造条件、突出分布规律以及对预测区域煤层地质构造的探测、预测结果，采用瓦斯地质分析法划分出突出危险区域。

当突出点及具有明显突出预兆的位置分布与构造带有直接关系时，则根据上部区域突出点及具有明显突出预兆的位置分布与地质构造的关系确定构造线两侧突出危险区边缘到构造线的最远距离，并结合下部区域的地质构造分布划分出下部区域构造线两侧的突出危险区；否则，在同一地质单元内，突出点及具有明显突出预兆的位置以上 20 m（埋深）及以下的范围为突出危险区，如图 8-13 所示。

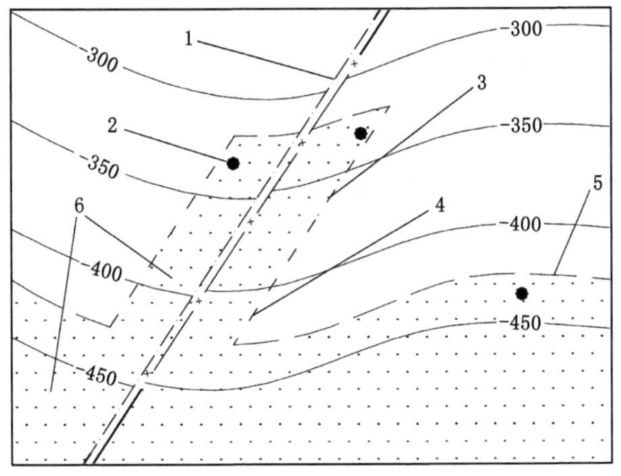

1—断层；2—突出点或具有明显突出预兆的位置；
3—上部区域突出点在断层两侧的最远距离线；4—推测的下部区域断层两侧突出危险区边界线；
5—推测的下部区域突出危险区上边界线；6—突出危险区（阴影部分）。

图 8-13　根据瓦斯地质分析划分突出危险区域示意

③ 在上述①、②项划分出的无突出危险区和突出危险区以外的区域，应当根据煤层瓦斯压力 p 进行预测。如果没有或者缺少煤层瓦斯压力资料，也可根据煤层瓦斯含量 W 进行预测。预测所依据的临界值应根据试验考察确定，在确定前可暂按表 8-5 预测。

④ 预测所主要依据的煤层瓦斯压力、瓦斯含量等参数为地质勘探资料、上水平及邻近区域的数据资料。其分析方法有瓦斯压力梯度法和瓦斯含量分析法。

a. 瓦斯压力梯度法：在地质条件不变的情况下，煤层瓦斯压力随深度变化的规律可用式(8-9)描述：

$$p = p_0 + m(H - H_0) \tag{8-9}$$

式中　p ——深度 H 处的瓦斯压力，MPa；

p_0 ——瓦斯风化带深度 H_0 处的瓦斯压力，取 0.15～0.2 MPa；

H_0 ——瓦斯风化带深度，m；

H ——距地表垂深，m；

m ——瓦斯压力梯度，MPa/m。

按已有的地质勘探资料、上水平及邻近区域的实测数据，利用式(8-6)推算出未采区域的瓦斯压力，绘制瓦斯压力等值线图，划分出突出危险区域和无突出危险区域。

b. 瓦斯含量分析法：瓦斯含量分析法包括地勘瓦斯含量统计法和瓦斯含量梯度法。

地勘瓦斯含量统计法：按已有的地勘瓦斯含量资料绘制瓦斯含量等值线图，划分出突出危险区域和无突出危险区域。地勘瓦斯含量的取值要求，应符合《地勘时期煤层瓦斯含量测定方法》(GB/T 23249—2009)规定。

瓦斯含量梯度法：在同一地质单元内，瓦斯带内瓦斯含量与开采深度之间的关系近似呈线性关系。瓦斯含量梯度 α 可用式(8-10)描述：

$$\alpha = \frac{H_2 - H_1}{W_2 - W_1} \tag{8-10}$$

式中　H_1——瓦斯带内下水平的开采深度，m；

H_2——瓦斯带内上水平的开采深度，m；

W_1——H_1 深度处的瓦斯含量，m^3/t；

W_2——H_2 深度处的瓦斯含量，m^3/t。

按已有的瓦斯含量，利用式(8-10)推算出未采区域的瓦斯含量，绘制瓦斯含量等值线图，划分出突出危险区和无突出危险区。

(2) 单项指标预测方法

采用单项指标预测方法预测煤层区域突出危险性的指标可用煤的破坏类型、瓦斯放散初速度(ΔP)、煤的坚固性系数(f)和煤层瓦斯压力(p)，其判断煤层区域突出危险性的临界值应根据矿井的实测资料确定，如无实测资料，可参考表 8-6 所列数据划分，只有全部指标达到突出危险指标值时方可划为突出危险区域[230]。

区域预测应符合下列要求：

① 测点布置：测定煤层瓦斯压力等参数的测试点应根据其范围、地质复杂程度等实际情况和条件分别布置；同一地质单元内沿煤层走向布置测试点不少于 2 个，沿倾向不少于 3 个，并有测试点位于埋深最大的开拓工程部位。

② 各指标取值：各指标值取预测区域煤层各测点的最高煤的破坏类型、煤的最小坚固性系数、最大瓦斯放散初速度和最大瓦斯压力值。

③ 施工现场煤样采取：如开拓工程已揭露煤层，取样方法为，在煤层断面内尽量选取软分层；如没有软分层，则沿煤层断面上、中、下各取煤样混合在一起取样。如在钻孔中取样，则应采取粒度为 1～3 mm 的煤样。

④ 煤的坚固性系数 f 和瓦斯放散初速度 ΔP 的测定：应符合相关规定。

(3) 多指标综合预测法

多指标综合预测法，应根据已开采区域的地质、煤层、瓦斯和应力等指标与突出的关系，应用数学分析方法来划分出未开采区域的突出危险区与无突出危险区[231]。应按以下步骤进行：

① 影响因素确定：根据已开采区域相关数据，建立突出预测综合指标与瓦斯、地质和应力等因素之间的对应关系，确定突出危险性预测综合指标临界值。因素可包括地质构造、地应力、煤层瓦斯含量、瓦斯放散初速度、煤的坚固性系数、煤厚变异系数、软分层厚度、基岩厚度、含砂率等。

② 对比分析：按已开采区域确定的对应关系，将相似构造单元内未开采区域各预测单元影响因素与之对比分析，根据相似条件确定各预测单元突出危险性综合指标。

③ 确定区域突出危险性：按突出危险性预测综合指标临界值，确定各预测单元的突出危险性。

(4) 综合指标预测法

预测煤层区域突出危险性，可按下列两个综合指标判断：

$$D = (0.0075H/f - 3)(p - 0.74) \tag{8-11}$$

$$K = \Delta P/f \tag{8-12}$$

式中　D,K——煤层突出危险性综合指标；

H——煤层埋藏深度，m；

p——煤层瓦斯压力，取各测点实测瓦斯压力的最大值，MPa；

ΔP——软分层煤的瓦斯放散初速度，mmHg；

f——软分层煤的平均坚固性系数。

综合指标 D、K 的临界值应根据矿区实测数据确定。如无实测资料，可参照表 8-17 所列的临界值确定煤层区域突出危险性。

表 8-17 用综合指标 D 和 K 预测煤层区域突出危险性的临界值

煤层突出危险性综合指标 D	煤层突出危险性综合指标 K	
	无烟煤	其他煤种
0.25	20	15

若测定的指标 D、K 值均大于或等于临界值，则判定为突出危险区域；否则，判定为无突出危险区域[当式(8-11)中两个括号内的计算值都为负数时，则不论 D 值大小，都为无突出危险区域]。

综合指标预测法参数测定要求[230]：

① 在每一测点应至少向突出煤层施工两个测压钻孔测定煤层瓦斯压力。

② 在施工测压钻孔的过程中，每米煤孔采取一个煤样，测定煤的坚固性系数(f)。

③ 将两个测压钻孔所得的坚固性系数最小值加以平均作为煤层软分层平均坚固性系数。

④ 将坚固性系数最小的两个煤样混合后，测定煤的瓦斯放散初速度(ΔP)。

8.4.3 矿井动力灾害统一预测方法

(1) 矿井动力灾害统一预测基础

本章分析了矿井动力灾害的共性影响因素和个性影响因素，主要是从自然地质条件角度出发的。共性因素包括地质构造、地应力、能量、坚硬顶板、开采深度、地震活动、固体潮等；影响冲击地压的个性因素包括煤岩冲击倾向性、煤岩及煤层赋存条件、相变、细观结构等；影响煤与瓦斯突出的个性因素包括瓦斯参数、煤体结构及煤质、煤层厚度及其变化等。同时，矿井动力灾害的发生与开采活动密切相关，如采掘布置、煤柱、底煤、工作面来压、悬顶面积、掘进揭煤等都会控制和影响矿井动力灾害的发生。不同条件下，某个(几个)因素起主导作用，其他因素起次要作用。在对矿井动力灾害进行预测时，考虑的影响因素越全面、各因素的主次关系越明确，预测的准确性越高。

矿井动力灾害统一预测方法就是在充分考虑矿井动力灾害影响因素的基础上提出的，通过不同因素的不同组合产生的不同致灾模式来预测矿井动力灾害。

(2) 多因素模式识别预测方法

模式是指对具体的物理对象或者抽象对象的定量或结构性描述，模式识别利用计算机对一系列过程或事件进行分类，在错误率最小的前提条件下自动把待识别模式分配到各自的模式类中，使识别的结果与客观情况相符。

导致矿井发生动力灾害的因素很多，如断裂构造、地应力、坚硬顶板、瓦斯参数、煤体结构等，矿井动力灾害发生机理十分复杂。不同矿井发生动力灾害的主控因素或因素组合存在差异，这就使得不同矿井或同一矿井不同区域发生的动力灾害的模式有着较大区别。多因素模式识别方法将引起矿井动力灾害的不同因素的组合认为是一种模式，不同模式对应着不同的特征参数的组合。将矿井区域划分成有限预测单元，并将各特征参数映射到不同的单元（每个单元具有不同的模式），进行单元的相似度分析。如果预测单元的模式与已发生动力灾害的单元模式越相似，可认为其发生动力灾害的概率越大，即危险性大；反之，危险性小或无危险性。因此，通过多因素模式识别可实现矿井动力灾害危险性分单元预测，确定其发生动力灾害的危险性（概率值），进而通过不同的危险性临界值划分不同的危险区。

地质动力区划方法采用多因素模式识别预测矿井动力灾害危险性，综合考虑煤层厚度、煤层埋深、煤岩力学性质、顶底板岩性、瓦斯压力与含量、地质构造（活动断裂、褶曲、断层）和地应力等自然的地质动力环境因素，确定矿井动力灾害危险性的概率预测准则，建立矿井动力灾害危险性多因素模式识别概率预测模型，对矿井动力灾害危险性作出评估和预测。多因素模式识别预测方法可提高矿井动力灾害危险性预测的准确性。

第9章　矿井动力灾害多因素模式识别

9.1　矿井动力灾害防治工作内容

9.1.1　矿井动力灾害防治主要工作

矿井动力灾害防治工作是一项复杂的系统工程，主要包括四个方面内容：危险性预测、监测预警、防范治理和效果检验、安全防护等，称之为“四位一体”[232]。

矿井动力灾害危险性预测是对矿井、水平、煤层、采（盘）区、采掘工作面、巷道、硐室等区域或局部进行的危险性评价工作，可分为区域预测和局部预测两类[233-234]。区域预测即对矿井、水平、煤层、采（盘）区进行矿井动力灾害危险性评价，划分矿井动力灾害危险区域和确定危险等级；局部预测即对采掘工作面和巷道、硐室进行矿井动力灾害危险性评价，划分矿井动力灾害危险区域和确定危险等级。对于冲击地压危险性预测，通常采用综合指数法，即在分析已发生的各种矿井动力灾害的基础上，分析各种采矿地质因素对冲击地压发生的影响，确定各种因素的影响权重，然后将其综合起来，进行冲击地压危险性预测[235]。对于煤与瓦斯突出危险性预测，通常根据煤层瓦斯参数并结合瓦斯地质分析的方法进行，相关指标有煤层瓦斯压力、瓦斯含量、钻屑量和瓦斯解吸初速度等[236]。

矿井动力灾害监测预警是指实时监测灾害发生前兆信息并发出灾害预警工作。矿井动力灾害监测预警的方法主要有基于岩石力学的钻屑法、应力监测法，以及基于地球物理的声发射法、微震法、电磁辐射法等。采用微震法进行区域监测时，微震监测系统的监测与布置可以覆盖矿井采掘区域，对微震信号进行远距离、实时、动态监测，进而确定微震发生的时间、能量（震级）及三维空间坐标等参数。采用钻屑法进行局部监测时，钻孔参数根据实际条件确定，记录每米钻进时的煤粉量，达到或超过临界指标时，判定为有矿井动力灾害危险；记录钻进时的动力效应，如声响、卡钻、吸钻、钻孔冲击等现象，可作为判断矿井动力灾害危险的参考指标。采用电磁辐射法进行局部监测时，煤岩体受载变形破裂过程中向外辐射电磁能量的过程或物理现象，与煤岩体的受载状况及变形破裂过程密切相关，电磁辐射信息综合反映矿井动力灾害的主要影响因素，可实现真正的非接触式预测，无须打钻，对生产影响小。可采用矿压监测法进行局部补充性监测，掘进工作面每掘进一定距离设置顶底板动态仪和顶板离层仪，对顶底板移近量和顶板离层情况进行定期观测；采煤工作面通过对液压支架工作阻力进行监测，分析采场来压程度、来压步距、来压征兆等，对采场位置矿井动力灾害进行预测预报。

矿井动力灾害防范治理和效果检验是“四位一体”防治工作中关键环节，即针对预测或预警得到的矿井动力灾害危险区域或局部范围，采取相应的防范措施，消除矿井动力灾害危险性，并检验防治措施的实施效果。通常先行采取区域防治措施，并及时跟进局部解危措施。区域防治措施有矿井选择合理的开拓方式、采掘部署、开采顺序、煤柱留设方式、采煤方法、采煤工艺及开采保护层等。局部解危措施可选择有针对性、有效的煤层钻孔卸压、煤层爆破卸压、煤层注水、顶板爆破预裂、顶板水力致裂、底板钻孔等。实施解危措施后，应进行效果检验。效果检验可采用瓦斯含量法、钻屑法、应力监测法或微震法等，解危效果检验的指标参考监测预警的指标执行。确认检验结果小于临界值后，方可进行采掘作业。

矿井动力灾害安全防护是在严重(强)矿井动力灾害危险区域，进入人员采取安全防护措施，包括穿戴防护服以及采掘工作面压风自救系统、巷道加强支护措施、避灾路线等。穿戴防护服属于特殊的个体防护措施，重点对人体胸部、腹部、头部等主要部位加强保护。采掘工作面设置压风自救系统，同时在危险区域的巷道采取加强支护措施，采煤工作面加大上下出口和巷道的超前支护范围与强度。制定采掘工作面矿井动力灾害避灾路线，绘制井下避灾线路图。

危险性预测工作将矿井划分为不同矿井动力灾害危险区域和危险等级，为矿井动力灾害防治的后续工作(监测预警、防范治理和效果检验、安全防护等)提供决策依据[237-239]。因此，矿井动力灾害危险性预测是矿井动力灾害防治工作的基础，具有重要作用。

9.1.2 矿井动力灾害多因素模式识别危险性预测

地质动力区划工作重点和主要成果就是对矿井动力灾害进行危险性预测，是经实践证明有效的预测方法。矿井动力灾害的发生受多因素影响，地质动力区划方法采用多因素模式识别方法预测矿井动力灾害危险性，在不考虑工程扰动的情况下，综合考虑煤层厚度、煤层埋深、煤岩力学性质、顶底板岩性、瓦斯压力与含量、地质构造(断裂构造、褶曲、断层)和地应力等自然的地质动力环境因素，将不同因素组合成不同模式，对比分析预测区域模式和已开采区域模式，确定矿井动力灾害危险性的概率预测准则，建立矿井动力灾害危险性多因素模式识别概率预测模型，对矿井动力灾害危险性作出评估和预测。

具体来说，矿井动力灾害多因素模式识别方法在查明多个矿井动力灾害影响因素与危险性之间的内在联系的基础上，对各影响因素进行定量化分析，确定模式识别准则、建立识别模型，完成模式识别系统设计、模式识别算法研究和矿井动力灾害危险性预测系统的开发[240]。依据地质动力区划的研究成果提取有关信息，将研究区域划分为有限个预测单元，在空间数据管理的基础上，确定各影响因素的量值并将其映射到相应的预测单元，各单元多因素数据的组合构成模式。在此基础上，运用多因素模式识别技术进行综合智能分析，通过对已发生矿井动力灾害区域分析学习，确定开采区域多因素的组合危险性预测模式。将未开采区域各单元的多因素组合模式与确定的矿井动力灾害危险性预测模式进行相似度分析，应用神经网络和模糊推理方法确定各预测单元的相似度(危险性概率)。建立井田动态单元概率预测图，按概率预测准则划分井田内矿井动力灾害危险区[241]。

采用模式识别方法分析矿井动力灾害的多个影响因素和矿井动力灾害的模式，通过对研究区域划分预测单元，实现分单元模式识别概率预测，促进矿井动力灾害预测工作从点预测向区域预测、从单因素预测向多因素预测、从定性预测向定量预测方向发展。依据预测得出的矿井动力灾害发生的危险性概率值，地质动力区划将整个井田划分为不同危险程度的区域，有效指导矿井动力灾害防治工作，为矿井安全生产提供保障。

9.2 多因素模式识别原理和方法

9.2.1 多因素模式识别原理

模式识别是人类的一项基本智能，在日常生活中，人们经常在进行模式识别。随着20世纪40年代计算机的出现以及50年代人工智能的兴起，人们当然也希望能用计算机来代替或扩展人类的部分脑力劳动。计算机模式识别在20世纪60年代初迅速发展并成为一门新学科。

模式识别是指对表征事物或现象的各种形式的(数值的、文字的和逻辑关系的)信息进行处理和分析，以对事物或现象进行描述、辨认、分类和解释，是信息科学和人工智能的重要组成部分。模式还可分成抽象的和具体的两种形式。前者如意识、思想、议论等，属于概念识别研究的范畴，是人工智能的一个研究分支。我们所指的模式识别主要是对语音波形、地震波、心电图、脑电图、照片、文字、符号、生物信号等对象的具体模式进行分类和辨识。

模式识别研究主要集中在两方面：一是研究生物体是如何感知对象的，属于认识科学的范畴；二是在给定的任务下，如何用计算机实现模式识别的理论和方法。前者是生理学家、心理学家和生物学家的研究内容；后者通过数学家、信息学专家和计算机科学工作者近几十年来的努力，已经取得了系统的研究成果。

应用计算机对一组事件或过程进行鉴别和分类，所识别的事件或过程可以是文字、声音、图像等具体对象，也可以是状态、程度等抽象对象。这些对象与数字形式的信息相区别，称为模式信息。模式识别所分类的类别数目由特定的识别问题决定。有时，开始时无法得知实际的类别数，需要识别系统反复观测被识别对象以后确定。模式识别与统计学、心理学、语言学、计算机科学、生物学、控制论等都有关系，也与人工智能、图像处理的研究有交叉关系。例如，自适应或自组织的模式识别系统应用人工智能的学习机制，而人工智能中景物理解、自然语言理解又应用模式识别的技术。此外，模式识别中的预处理和特征抽取环节应用图像处理技术，图像处理中的图像分析也应用模式识别技术。

将形式逻辑、统计学、运筹学、神经科学和认知科学等基础理论引入模式识别，进行模式识别、机器学习、数据挖掘等交叉融合，使其具有模式识别能力，进而实现生物特性识别、语音识别和自然语言处理。模式识别已被广泛应用于卫星遥感、地质科学、气象预报、矿业开发等领域，如图9-1所示。

9.2.2 多因素模式识别方法

模式是对具体的物理对象或者抽象对象的定量或结构性描述，多因素模式识别方法包括模型建立、影响因素映射和模式确定方法。

(1) 模型建立

为使计算机能够完成识别任务，首先必须将待分类识别对象的信息输入计算机，对分类识别对象进行科学的抽象，建立数学模型，用以描述和代替原有识别对象。一般情况下，进行煤与瓦斯突出模式识别时，总是尽可能多地采集测量数据，这会造成样本在模式空间的维数很大，处理十分困难，处理时间很长，费用很高，有时甚至直接导致模式识别不可能，即所

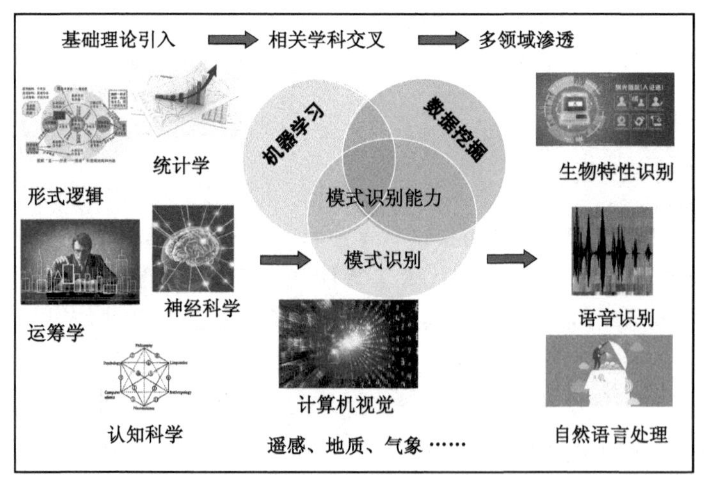

图 9-1　模式识别原理及运用领域

谓“维数灾难”。另外，在过多的数据中，有些特征对矿井动力灾害的影响程度不大。因此，模型的建立十分重要，这是进行定量预测的基础。

事件发生的影响因素众多，特定地点各种影响因素的组合称为特征，模式就用其所具有的特征描述。对一种模式与样本来说，将描述它们的所有特征用一特征集表示：

$$O=\{f_1,f_2,\cdots,f_n\} \tag{9-1}$$

式中　O——模式或样本的名称；

f——模式或样本所具有的特征，包括定性与定量两种描述。

定性的描述是指对模式所包含的成分进行分析，称为定性描述或结构性描述，指特征的有与无。然而一些不同类别的事物往往具有相同的特征种类，或者可用同样的特征度量去检测，但这些特征在取值上有差别，在这种情况下特征的取值范围成为辨别事物的重要依据。模式的特征集表示，又可写成处于同一个特征空间的特征向量表示。待识别的不同类模式都在同一特征空间中考察，不同参数由于性质的不同，它们在特征取值范围上有所不同，因而在特征空间的不同区域出现。

定量的描述就是用各种尺度对事物进行度量。对事物的度量是多方面的，因此要用合适的数据结构将它们记录下来，以便在同一种度量之间进行比较。常用的方法是将这些度量值排序，用向量表示，该向量有两个分量，每个分量有特定的含义。模式样本表示方法有向量表示、矩阵表示和几何表示，向量表示见表 9-1。

表 9-1　模式的向量表示

	变量 x_1	变量 x_2	…	变量 x_n
样本 X_1	X_{11}	X_{12}	…	X_{1n}
样本 X_2	X_{21}	X_{22}	…	X_{2n}
…	…	…		…
样本 X_N	X_{N1}	X_{N2}	…	X_{Nn}

向量表示：假设一个样本有 n 个变量（特征），则 $\boldsymbol{X}=(x_1,x_2,\cdots,x_n)^{\mathrm{T}}$。

矩阵表示：N 个样本，n 个变量(特征)。

几何表示：包含一维表示、二维表示和三维表示。

确定性模式是指如果试验对象和测量条件相同，所有的测量具有重复性，即在多次测量中它们的结果不变。与之相对应，若测量结果是随机的，则这样的模式称为随机模式。随机模式可以采用基于贝叶斯(Bayes)决策理论的分类方法进行分类，其前提是各类别总体的概率分布已知，要决策的分类的类别数一定。对于确定性模式，如果类别已知，则训练样本属性也已知，可以进行识别。

(2) 影响因素映射

映射是一种特殊的对应，在不同的领域有不同的名称，但它们的本质是相同的。影响因素映射是将定量的影响因素作为变量输入，建立各影响因素与各预测单元之间的非线性映射，从而处理各个影响因素的数据。

需要将这些以各种形式表现的信息转换为计算机能够处理的数据。数据有下列三种类型：① 二维图像，如地貌考察照片等；② 物理参量和逻辑值，如现场测量数据和各种试验数据等；③ 矢量数据，如各种 CAD 图件。通过测量、采样向量化，可以用矩阵或向量表示。数据获取是一个重要的环节，完整而准确的数据是保证识别结果正确的基础。预处理主要是指去除所获取数据中的噪声，增强有用的信息，以及一切必要的使信息纯化的处理过程。由于影响因素众多，不同要素的数据往往具有不同的单位和量纲，因而其数值的差异可能很大，这就会对分类结果产生影响。因此，当影响因素确定之后，在进行模式识别之前，还要对数据进行预处理。

标准化是常用的数据预处理方法，标准化的方法很多，原始数据是否应该标准化，应采用什么方法标准化，都要根据具体情况来定。常用的数据预处理方法有如下几种。

① 极差标准化。在一批样本中，极差指每个特征的最大值与最小值之差。

极差：

$$R_i = \max x_{ij} - \min x_{ij} \tag{9-2}$$

极差标准化：

$$x_{ij}' = \frac{(x_{ij} - \overline{x}_i)}{R_i} \tag{9-3}$$

经过极差标准化所得的新数据，各要素的极大值为 1，极小值为 0，其余的数值均在 0 与 1 之间。

② 方差标准化，即

$$x_{ij}' = \frac{(x_{ij} - \overline{x}_i)}{s_i} \tag{9-4}$$

式中 s_i——方差。

③ 标准差标准化，即

$$x_{ij}' = \frac{x_{ij} - \overline{x}_j}{s_j} \quad (i = 1,2,\cdots,m;j = 1,2,\cdots,n) \tag{9-5}$$

式中：

$$\overline{x}_j = \frac{1}{m}\sum_{i=1}^{m} x_{ij}, s_j = \sqrt{\frac{1}{m}\sum_{i=1}^{m}(x_{ij} - \overline{x}_j)^2} \tag{9-6}$$

标准差标准化所得的新数据满足各要素的平均值为0，标准差为1，即

$$\overline{x_j}' = \frac{1}{m}\sum_{i=1}^{m} x_{ij}' = 0, s_j = \sqrt{\frac{1}{m}\sum_{i=1}^{m}(x_{ij}' - \overline{x}_j')^2} = 1 \tag{9-7}$$

④ 总和标准化。分别求出因素所对应的数据的总和，以各要素的数据除以该要素数据的总和，即

$$x_{ij}' = x_{ij} / \sum_{i=1}^{m} x_{ij} \quad (i = 1,2,\cdots,m; j = 1,2,\cdots,n) \tag{9-8}$$

标准化所得的新数据满足 $\sum_{i=1}^{m} x_{ij}' = 1 (j = 1,2,\cdots,n)$。

⑤ 极大值标准化，即

$$x_{ij}' = \frac{x_{ij}}{\max\{x_{ij}\}} \quad (i = 1,2,\cdots,m; j = 1,2,\cdots,n) \tag{9-9}$$

经过极大值标准化所得的新数据，各要素的极大值为1，其余各数值小于1。

(3) 模式确定方法

模式确定是指在已确定的特征空间中，对作为训练样本的量测数据进行特征选择与提取，得到它们在特征空间的分布，依据这些分布确定分类器的具体参数。一个模式样本对应特征空间里的一个点，选择适当的模式的特征时，同类样本会密集地分布在一个区域，不同类的模式样本就会远离。因此，点间距离远近反映相应模式样本所属类型有无差异，可以作为样本相似性度量。距离越近，样本相似性越大，属于一个类型。

矿井动力灾害模式识别研究中最常用的就是距离相似性，模式样本向量 $\boldsymbol{x}$ 与 $\boldsymbol{y}$ 之间的欧氏距离定义为：

$$D_e(x,y) = || \boldsymbol{x} - \boldsymbol{y} || = \sqrt{\sum_{i=1}^{d} | x_i - y_i |^2} \tag{9-10}$$

式中　d——特征空间的维数。

当 $D_e(x,y)$ 较小时，表示 $\boldsymbol{x}$ 和 $\boldsymbol{y}$ 在一个类型区域；反之，则不在一个类型区域。这里有一个门限值 d_s 的选择问题。

若 d_s 选择过大，则全部样本被视作一个唯一类型；若 d_s 选取过小，则可能造成每个样本都单独构成一个类型。必须正确选择门限值以保证正确分类。

欧氏距离具有旋转不变的特性，但对于一般的线性变换其不是不变的，此时要将数据标准化。使用欧氏距离时，量纲不同结果差异较大，必须将特征数据标准化，使之与量纲无关。同时还要注意模式样本测量值的选取，应能有效反映类别属性特征，各类属性的代表值应均衡。

应用基于欧氏距离测度的特征提取方法，在 D 维特征空间选取 d 个特征，应使 c 个类别的各样本间的平均距离 $J(x)$ 最大，即

$$\left.\begin{aligned}
&J(x^*) = \max J(x) \\
&J(x) = \frac{1}{2}\sum_{i=1}^{c} p_i \sum_{j=1}^{c} p_j \frac{1}{n_i n_j}\sum_{k=1}^{n_i} p_k \sum_{l=1}^{n_j} p_l \delta(x_k^{(i)}, x_l^{(i)}) \\
&p_i = n_i / n \\
&p_j = n_j / n
\end{aligned}\right\} \tag{9-11}$$

式中　x——D维特征向量；

x^*——x的最优值；

$x_k^{(i)}$——c个类别中ω_i类与ω_j类的D维特征向量(样本值)；

$J(x)$——c个类别中各样本间的平均距离；

p_i,p_j——第i类与第j类的先验概率，当p_i与p_j未知时可用式(9-11)估计；

n——设计的样本总数；

n_i,n_j——设计集中ω_i类与ω_j类的样本数；

$\delta(x_k^{(i)})$——类别各样本间的平均距离的测度，在多数情况下利用欧氏距离测度δ_E，以便于计算分析。

$$\delta_E(x_k,x_l)=\left[\sum_{j=1}^{d}(x_{kj}-x_{lj})^2\right]^{1/2}=\left[(x_k-x_l)^{\mathrm{T}}(x_k-x_l)\right]^{1/2} \tag{9-12}$$

若用$\boldsymbol{S}_{\mathrm{b}}$表示类间离散度矩阵，$\boldsymbol{S}_{\mathrm{w}}$表示类内离散度矩阵，并用期望值代替式(9-11)中的样本值，可得以下5种判据：

$$\left.\begin{aligned}
J_1(x)&=\mathrm{tr}(\boldsymbol{S}_{\mathrm{w}}+\boldsymbol{S}_{\mathrm{b}})\\
J_2(x)&=\mathrm{tr}(\boldsymbol{S}_{\mathrm{w}}^{-1}+\boldsymbol{S}_{\mathrm{b}})\\
J_3(x)&=\ln\left[\frac{|\boldsymbol{S}_{\mathrm{b}}|}{|\boldsymbol{S}_{\mathrm{w}}|}\right]\\
J_4(x)&=\frac{\mathrm{tr}\ \boldsymbol{S}_{\mathrm{b}}}{\mathrm{tr}\ \boldsymbol{S}_{\mathrm{w}}}\\
J_5(x)&=\frac{|\boldsymbol{S}_{\mathrm{w}}+\boldsymbol{S}_{\mathrm{b}}|}{|\boldsymbol{S}_{\mathrm{w}}|}
\end{aligned}\right\} \tag{9-13}$$

上述判据中，J_2，J_3和J_5判据在任意一种非奇异线性变换下保持不变，J_4判据判断与坐标系相关联。从煤与瓦斯突出多因素模式识别的具体应用看，J_1与J_3判据无须存储任何矩阵，计算最方便。应用J_5判据可以得到在两类和多类中都有用的可分性的特征。而用J_2判据时，在其$\boldsymbol{S}_{\mathrm{b}}$的本征值$\lambda_j(j=1,2,\cdots,n)$中有一个很大就会出现对两类有很好的可分性，但对多类中的其他各类的可分性不好的现象。

模式确定的任务是找到一组对分类最有效的特征，有时需要一定的定量准则来衡量特征对分类系统分类的有效性。在从高维的测量空间到低维的特征空间的映射变换中，存在多种可能性，到底哪一种映射变换对分类最有效，需要一个比较标准。此外，选出低维特征后，其组合的可能性也不是唯一的，故还需要一个比较准则来评定哪一种组合最有利于分类。

从理论上讲，可以用分类系统的错误概率作为判据，选取分类系统错误概率最小的一组特征作为最佳特征。但在实践中，类条件分布密度经常是未知的，即使已知其分布，也难以用计算机实现。因此，需要研究实用的判据。研究证明，当它们满足以下条件时可作为实用判据：与分类的错误率的上界、下界有单调关系时，这样判据取最大值时，一般其错误率较小；当各特征相互独立且有可加性时，可分离准则函数值越大，则类的分类程度越大；在加入新的特征后，判据并不减少；具有度量特性，即

$$\left.\begin{aligned}
&J_{ij}>0 && \text{当 } i\neq j \text{ 时}\\
&J_{ij}<0 && \text{当 } i=j \text{ 时}\\
&J_{ij}=J_{ji}
\end{aligned}\right\} \tag{9-14}$$

式中 J_{ij} ——第 i 类和第 j 类的可分性判据函数。

按识别的问题和条件预先选定一个判别函数，再用样本值确定判别函数中的未知参数。这一思路的数学表现常常是某个特定的函数形式的优化问题，即用最优化方法解决模式识别问题。

线性判别函数一般表达为下述矩阵式：

$$\boldsymbol{g}(x)=\boldsymbol{W}^{\mathrm{T}}\boldsymbol{X}+\boldsymbol{W}_0 \tag{9-15}$$

式中 $\boldsymbol{X}$——d 维特征向量的样本；

$\boldsymbol{W}$——权向量；

$\boldsymbol{W}_0$——阈值权。

线性判别函数适用于一些简单的模式分类，而在线性平面无法分割决策区域时，要采用非线性判别函数。处理非线性判别函数的一种方法是进行变换，把低维空间中的点映射到较高维空间，这样可使判别函数线性化，从而归结于上述方法。

9.3 矿井动力灾害危险性预测的模式识别方法

9.3.1 模式识别系统设计

矿井动力灾害的发生受到多因素的影响，且不同条件下矿井动力灾害具有不同的模式。虽然准确地预测矿井动力灾害发生的时间和地点极其困难，但矿井动力灾害的发生概率是可以预测的[242]。理论分析和生产实践均表明，矿井动力灾害的发生是多种因素共同作用的结果。煤与瓦斯突出机理的综合作用假说认为，煤与瓦斯突出是地应力、瓦斯参数和煤体结构等因素综合作用的结果。从生产实践来看，煤与瓦斯突出和地质构造、围岩性质、地下水等因素也具有密切的关系。影响冲击地压的因素包括地质构造、煤的力学性质、顶板的岩石组分及强度和厚度、煤层埋藏深度、煤层厚度、煤层倾角变化带等。矿井动力灾害受到多种因素影响，进行矿井动力灾害统一预测时，需要考虑各个影响因素的作用。以应力场和能量场为例，矿井动力灾害显现的特点是伴随大量的应力和能量释放。矿井能否发生动力灾害取决于其所处的地质动力环境。井田煤岩体和井下工程处在一个动力系统中，其力学和动力属性被更大的动力系统所制约。矿井动力灾害多发生在高应力区和应力梯度区，因此区域构造应力场及其空间分布的非均匀性是矿井动力灾害的重要影响因素。依此可部分地解释矿井动力灾害发生的时间和地点分布的不均衡性，即具有明显的构造带控制性、分段变化性、区域分布不均匀性，在时间和空间上受地质构造和地应力的影响和控制。矿井生产过程引发的动力过程与区域动力系统所发生的动力过程相互作用，即矿井的地质动力环境是产生矿井动力灾害的必要条件，也是矿井动力灾害统一预测的基础之一。

影响矿井动力灾害的因素很多，其机理十分复杂。不同的矿区、不同的矿井，其动力环境、地质构造、构造应力、煤岩体结构、瓦斯压力、瓦斯含量等因素的空间分布特征是不同的。因此，矿井动力灾害的发生虽然是上述因素（或其中的部分因素）综合作用的结果，但是在不同的区域，每一种因素的作用特征及在矿井动力灾害中所发挥的作用的重要程度是不同的，亦即不同矿区、不同矿井、不同煤层、不同构造和应力条件下矿井动力灾害具有不同的模式。

模式识别方法可以对影响矿井动力灾害的多种因素进行处理和分析，以对研究区域矿井动力灾害影响因素的组合特征进行分类。矿井动力灾害模式识别基本原理是基于矿井动力灾害是受多因素影响的。多个因素的每一种组合就是一种模式（向量），假设同类模式在特征空间相距很近，不同类的模式相距较远，相距很近模式的特征相差较小。模式识别的任务就是用某种方法划分特征空间，使得同类的模式位于同一个区域。

地质动力区划对矿井动力灾害的统一预测从地质动力环境的角度出发，首先分析各类矿井动力灾害发生机理和动力源，确定影响和制约矿井动力灾害显现的空间和强度的共性因素（构造、煤层顶底板岩性、煤体物理力学性质、构造应力等）和个性因素（瓦斯解吸能力、煤岩冲击倾向性、浅源地震等），揭示矿井发生动力灾害的地质动力环境背景。通过划分矿井活动构造，建立多尺度构造的动力状态的评价方法，确定构造活动性和影响范围。通过井下调查和数学地质方法获得井田内煤层顶底板岩性及结构分布特征，研究煤层顶底板岩性及结构对矿井动力灾害的影响及其定量化指标。通过现场实测、试验研究和数值模拟，研究矿井构造应力场的分布规律，划分高应力区和应力梯度区。分别研究煤与瓦斯突出、冲击地压和矿震的个性影响因素及其对矿井动力灾害的影响的定量化评价方法。在此基础上，确定矿井动力灾害发生的模式、矿井动力灾害相似性度量准则、矿井动力灾害模式识别准则、矿井动力灾害识别模型、矿井动力灾害模式识别系统设计方法以及模式识别算法，从而建立以模式识别为核心的矿井动力灾害的统一预测方法。

矿井动力灾害模式识别基本原理是基于这样的认识：矿井动力灾害受多因素控制，除地应力、构造、瓦斯参数、煤体结构外，很可能还与重力异常、航磁 $\sum t$ 极化等因素有关。如果取 n 个因素研究，把每一个因素看作一个向量的元素，那么 n 个因素就组成一个 n 维向量。n 个因素的每一种组合就是一种模式，都在 n 维特征空间唯一对应一个位置。一个合理的假设是同类模式在特征空间相距很近，不同类的模式相距较远，相距很近模式的特征相差较小。如果用某种方法分割空间，使得同一类模式大体在特征空间的同一个区域，对于待分类的模式，就可根据它的特征向量在特征空间的哪一个区域而判定它属于哪一类模式。模式识别的任务就是用某种方法划分特征空间，使得同类的模式位于同一个区域。

以冲击地压灾害危险性预测为例，模式识别依据地质动力区划的研究成果提取地质构造、构造应力、煤的力学性质、顶板的岩石组分及强度和厚度、煤层埋藏深度、煤层厚度、煤层倾角等有关信息，将研究区域划分为有限个预测单元，在空间数据管理的基础上，对各影响因素进行定量化分析，确定各影响因素的量值并将其映射到相应的预测单元。确定冲击地压灾害模式识别准则，运用多因素模式识别技术进行综合智能分析，确定开采区域多因素的组合危险性预测模式，建立冲击地压灾害识别模型。将未开采区域各单元的多因素组合模式与确定的冲击地压灾害危险性预测模式进行相似度分析，确定各预测单元的相似度，即危险性概率。建立井田动态单元概率预测图，按概率预测准则划分冲击地压灾害危险区及其分布状况，以及与矿井动力灾害发生地点的空间关系。

模式识别程序采用 VC、VB、Matlab 等高级语言开发，以模块为单位实现程序的各种功能，如图 9-2 所示。核心模块是多因素区域预测识别模块和训练学习模块。程序初次运行时，首先由样本数据预处理模块制作样本库，交由训练学习模块产生分类器，加入预测数据，启动多因素区域预测识别模块进行识别。程序基于 GIS 技术实现信息的可视化，最大限度地实现处理过程的自动化，由推理机建立规则程序，并启动执行模块来执行规则。全面收集研究区域的每一个单元的信息,包括一般数据、图形数据、声音数据等。信息收集是一个重要的环节,完整而准确的数据是保证识别结果正确的基础。预处理就是对数据进行加工,去除干扰和噪声的影响。特征选择要分析各因素与矿井动力灾害的关联性,选择关系密切的因素形成样本集合和待测集合。分类器应具有良好的学习能力,不仅能够准确地分类,还应具有分析因素间制约关系的能力。

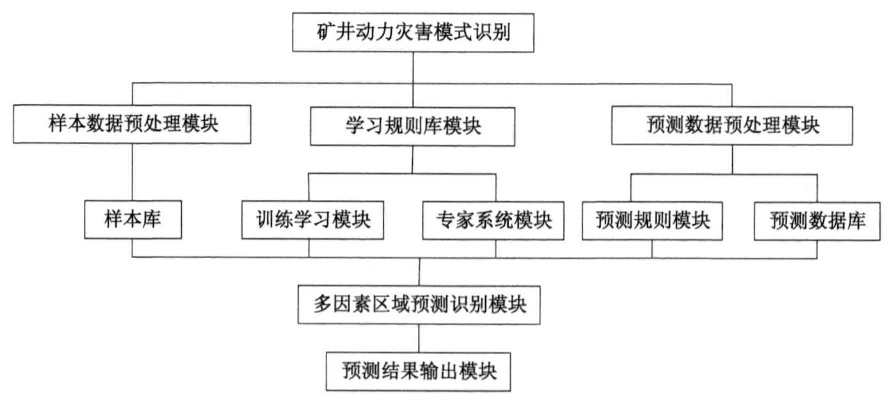

图 9-2 模式识别与预测软件系统

9.3.2 模式识别工作流程

地质动力区划多因素模式识别危险性预测的工作流程包括:① 确定矿井动力灾害影响因素及各影响因素的研究方法;② 确定具体井田矿井动力灾害发生的模式,在实际工作中不但要确定矿井动力灾害发生的模式,同时也要确定不发生矿井动力灾害的模式;③ 预测矿井动力灾害发生的概率,涉及算法设计和矿井动力灾害危险性概率确定,进而划分井田矿井动力灾害危险区域。

在系统分析矿井动力灾害影响因素的基础上,确定矿井动力灾害的共性和个性影响因素,将研究区域划分为有限个预测单元,通过相应的研究方法确定各影响因素的量值。运用多因素模式识别技术进行综合智能分析,通过对已发生矿井动力灾害区域的分析,确定多个影响因素的组合模式及与矿井动力灾害之间的内在联系。将确定的矿井动力灾害发生模式与已开采区域的矿井动力灾害模式对比分析,应用神经网络和模糊推理方法确定预测区域各单元的危险性(危险性概率);根据各单元危险性,按不同的危险性概率临界值划分井田的无、弱、中、强等矿井动力灾害危险区域,对井田的矿井动力灾害危险性作出评估,如图 9-3 所示。

9.3.3 模式识别数据准备

(1) 网格划分

通过网格划分与数据前处理,将井田划分为正方形单元网格,以每一网格为研究对象进行系统建模,如图 9-4 所示。

(2) 数据准备

数据从系统中空间属性数据或非空间属性数据文件中选择;或者按自定义筛选方式进

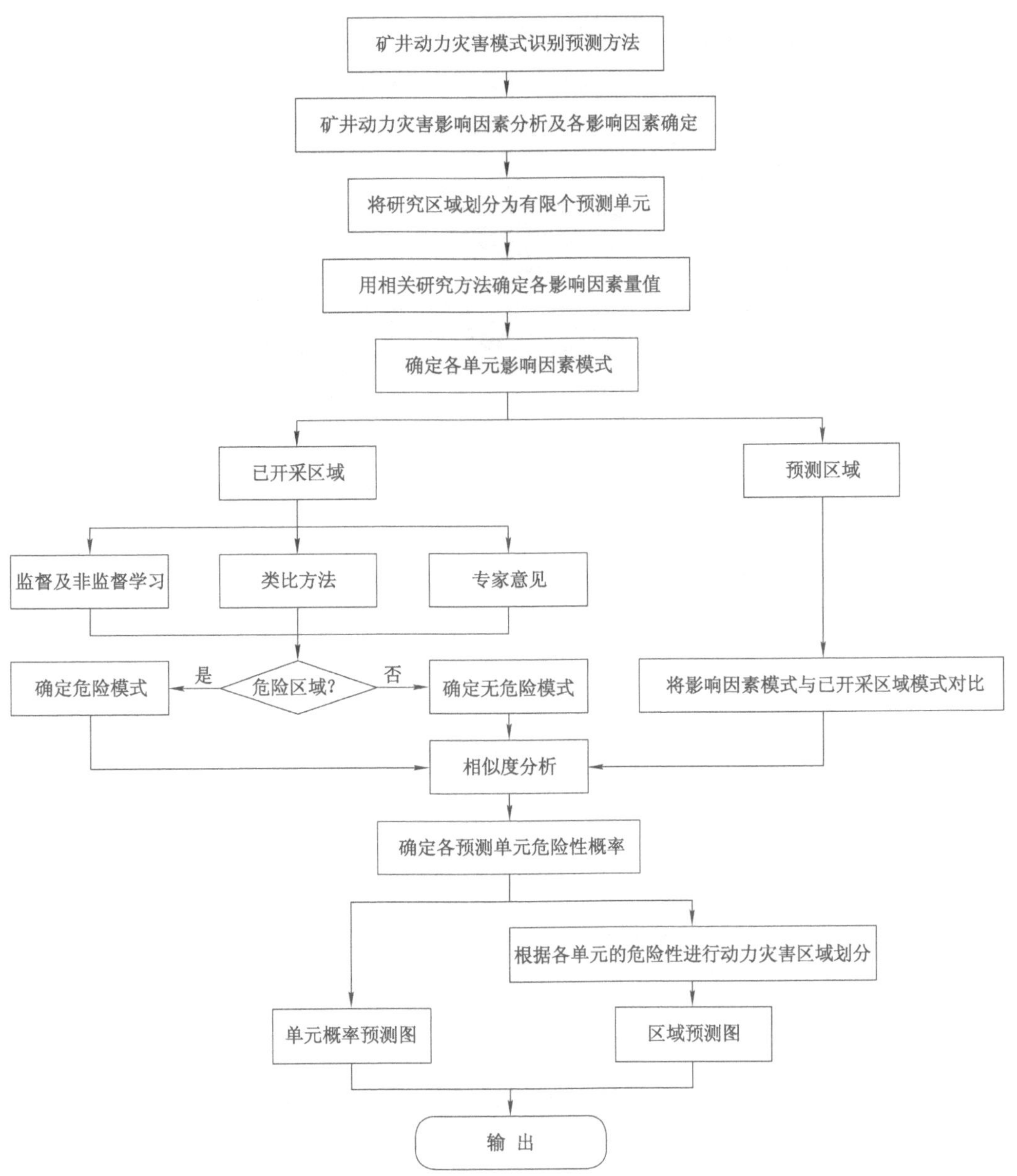

图 9-3 矿井动力灾害模式识别步骤

行分析，可以选择 3 种筛选原始数据的方式（图 9-5）：① 在底图上用矩形、多边形、圆形选取用于处理的区域；② 由用户给定筛选数据的数值范围，然后显示指定范围内的数据；③ 显示插值图后，用户指定某种颜色的区域，区域内的数据用于分析和处理。选择以上 3 种方式筛选数据，对选定的数据进行批量赋值、空间插值或等值线数据提取。

需要进行前处理的数据类型有矢量图形、文档资料、属性数据、多媒体资料等。其中，矢量图形包括煤与瓦斯突出点、地震点等点状结构数据，断裂、巷道等线状结构数据，也包括网格单元、危险性区域等面状结构数据。系统矢量图形包括各种比例尺的地形图，矿井地质地形图，矿井及采矿工程平面图，井上下对照图，断裂构造图以及矿区Ⅰ—Ⅴ级断块区划图，如

图 9-4　网格划分

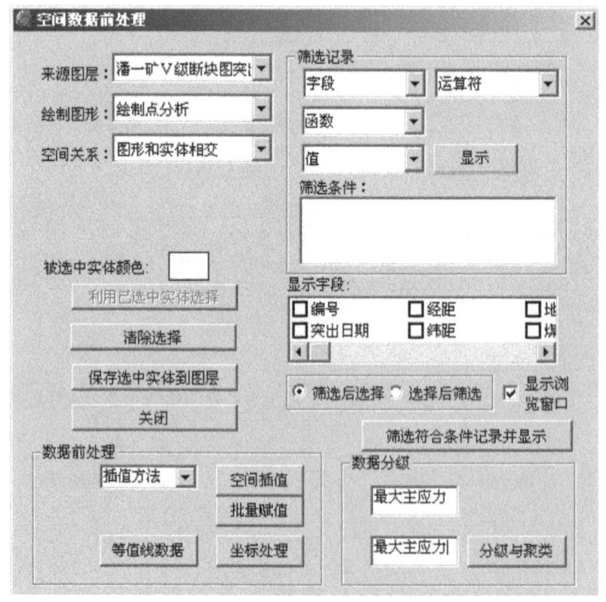

图 9-5　数据筛选与前处理

图 9-6 所示。文档资料包括矿井地质报告，矿压显现情况的记录，地震资料，岩体应力资料和断裂构造描述资料等。属性数据一般是相对图形数据而言的，是指描述各种图形特征的信息。系统可显示、修改实体属性，还可以通过函数灵活设置实体的各种状态，设置属性信息、空间信息，获取实体各种属性，如大小、长度、面积、节点坐标、属性数据等，查询数据库可以得到矿井范围内历史上发生矿井动力灾害的详细信息。

(3) 网格数据计算

网格数据计算通过数据插值实现，插值是确定某个函数在两个采样值之间的数值时采用的运算方法。插值通常利用曲线拟合的方法，通过离散地输入采样点建立一个连续函数，用这个重建的函数便可以求出任意位置的函数值。这样便可以不受仅在采样点处抽取输入

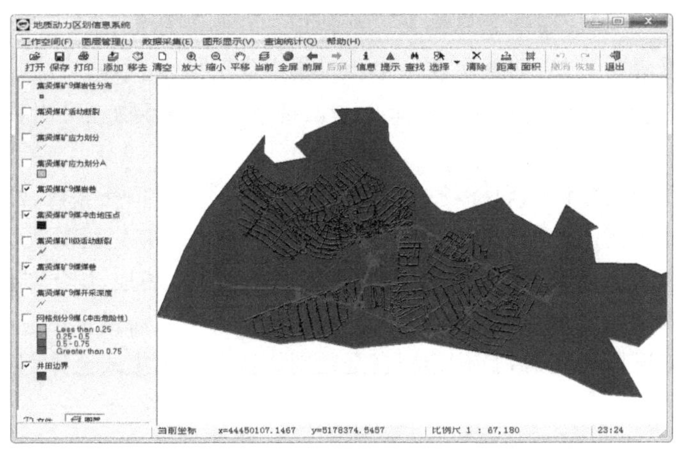

图 9-6　图形数据准备界面

数值的限制。对有限的数据进行插值可以对采样数值起到平滑作用，补充和恢复受测点数量所限的信息量。对于等间隔网格数据，插值可以表示为：

$$f(x) = \sum_{k=0}^{k-1} C_k h(x - x_k) \tag{9-16}$$

式中　h——插值核；

C_k——权系数，使用卷积对 k 个数据作处理。

式(9-16)将插值用卷积操作表示，在实际应用中，h 总是对称的，即 $h(x)=h(-x)$，C_k 即测点数值。

最近邻域法是最简单的插值算法，每一个输出值都赋给输入数据中与其最邻近的测点，此插值方法主要用于生成岩性分布图。

$$f(x) = f(x_k), \frac{x_{k-1} + x_k}{2} < x \leqslant \frac{x_k + x_{k+1}}{2} \tag{9-17}$$

线性插值：

$$f(x) = a_1 x + a_0$$

$$f(x) = f_0 + \left(\frac{x - x_0}{x_1 - x_0}\right)(f_1 - f_0) \tag{9-18}$$

9.3.4　模式识别算法实现

首先将井田预测区域划分为有限个单元，将影响因素的作用映射到网格单元，通过预测单元“计算出的模式”与已发生动力现象地点的计算机“记忆的模式”进行对比分析，确定预测单元危险性概率。由于影响因素具有不同量纲，需要在系统中对各影响因素进行模糊化处理，将每个影响因素无量纲化。多个影响因素的概率算法是概率预测的核心，研究中采用反向传播(BP)算法、支持向量机(SVM)算法等方法得到各预测单元的危险性概率。

单元危险性预测利用历史数据记录中自动推导出的对给定数据的描述，从而能对未知数据进行预测，是模式识别的最后一步，其主要方法是计算待识别特征的属性，判断其是否满足矿井动力灾害发生模式。对于每一模式而言，由其属性得到它的描述，表示成相应的特征向量，因此每一模式在特征空间中表示成一个点。一般来说，同一类特征之间属性应比较接近，而不同类特征之间的属性差异较大。这种现象在特征空间的分布中往往表现为同类特征的特征向量聚集在一起，即聚集在一个相对集中的区域，而不同特征则分别占据不同的区域。因此，待识别的特征，如果它的特征向量出现在某一类事物经常出现或可能出现的区域，该特征就被识别为该类特征。

单元危险性预测根据已知训练场地提供的样本，通过选择特征参数、建立判别函数对未知区域各单元进行预测。这种方法对所要分类的区域必须要有先验的类别知识，即先要从所研究的区域选择出包括所有要区分的各类地物的所谓训练场地，用于训练分类器、建立判别函数。每当输入一个已知类别的模式时，模式识别系统可以通过自适应反应自我调整，即所谓的“学习”来修正所建立的判别函数，直至判别函数对训练模式全体都能正确分类为止，如图 9-7 所示。

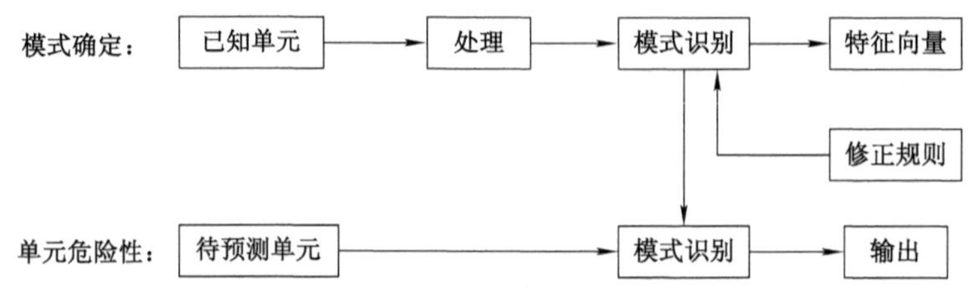

图 9-7 模式识别与危险性预测

各类训练样本应该有足够样本数。训练样本的个数与所采用的分类方法、特征空间的维数、各类的大小和分布等有关。当采用最大似然法时，训练样本数目至少要 $M+1$ 个（M 为特征空间的维数），这是因为少于这个数协方差矩阵将是奇异的，行列式为 0，也无逆矩阵。BP 算法是一种计算单个权值变化引起网络性能变化值的较为简单的方法。BP 算法过程包含从输出节点开始，反向地向第一隐含层（即最接近输入层的隐含层）传播由总误差引起的权值修正，所以称为“反向传播”。鲁梅尔哈特（D. E. Rumelhart）和麦克莱兰（J. L. McClelland）于 1985 年发展了 BP 网络学习算法[243]。BP 网络不仅含有输入节点和输出节点，而且含有一层或多层隐（层）节点。输入信号先向前传递到隐节点，经过作用后，再把隐节点的输出信息传递到输出节点，最后给出输出结果。节点的激发函数一般选用 S 型函数。

BP 算法的学习过程由正向传播和反向传播组成。在正向传播过程中，输入信息从输入层经隐单元层逐层处理后，传至输出层。每一层神经元的状态只影响下一层神经元的状态。如果在输出层得不到期望输出，就转为反向传播，把误差信号沿原连接路径返回，并通过修改各层神经元的权值使误差信号最小。

BP 网络是神经网络中采用误差反向传播算法作为其学习算法的前馈网络，通常由输入层、输出层和隐含层构成，层与层之间的神经采用全互连的连接方式，通过相应的网络权系数 W 相互联系，每层内的神经元之间没有连接。BP 网络也可以看作从输入到输出的一种高度非线性映射 F，映射中保持拓扑不变性。BP 算法设计神经元的网络输入：

$$\mathrm{net}_i = x_1 w_{1i} + x_2 w_{2i} + \cdots + x_n w_{ni} \tag{9-19}$$

神经元的输出：

$$f'(\mathrm{net}) = -\frac{1}{(1+\mathrm{e}^{-\mathrm{net}})^2}(-\mathrm{e}^{-\mathrm{net}}) = o - o^2 = o(1-o) \tag{9-20}$$

输出函数：

$$o = \frac{1}{1 + e^{-net}} \tag{9-21}$$

应该将 net 值尽量控制在收敛比较快的范围内，可以用其他函数作为激活函数，只要该函数是处处可导的。

矿井动力灾害区域预测的单元危险性的输出是每一单元离散的危险性概率，需要确定特定的临界值将区域划分为突出危险区和无突出危险区（煤与瓦斯突出），或者无冲击、弱冲击、中等冲击、强冲击等区域（冲击地压）。基于地质动力区划的矿井动力灾害多因素模式识别与预测将井田区域划分为有限个单元，考虑多个影响因素，使用区域数据实现定量预测，大大提高矿井动力灾害预测的准确性，从理论上讲可划分为 N 种预测区域。

图 9-8 为一个二维特征空间模式的分布状况，其中 x_1 与 x_2 分别为两个特征坐标。由于各类样本分布呈现出聚类状态，可以将该特征空间划分成由各类占据的子空间，确定相应的决策分界。一般说来采用什么样式的分界由系统决定，如上述二维特征空间中可用直线、折线或曲线作为类别的分界线。分界线的类型可由设计者直接确定，也可通过训练过程产生，但是这些分界线的具体参数则利用训练样本经训练过程确定。

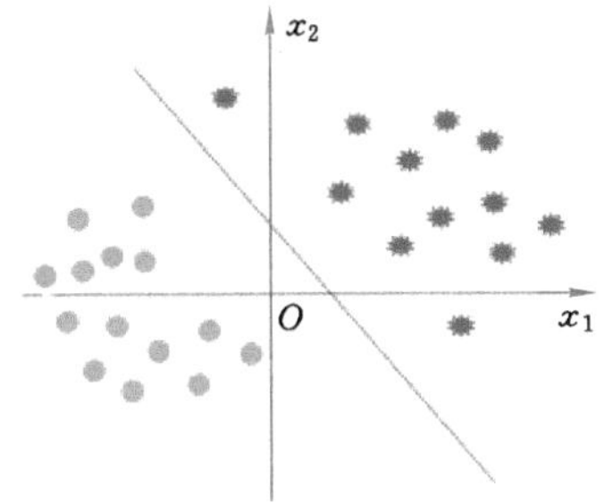

图 9-8　临界值确定及危险区划分

在预测中把历史数据应用到新的变量，然后分析该变量未来的情况。预测过程是指分类器在分界形式及其具体参数都确定后，对待分类样本进行分类的过程。在图 9-8 所示的情况中，待识别样本按处于分界线左下方，或右上方分类。确定临界值的方法有：

（1）专家系统法

根据现有的认识水平并咨询专家意见，对造成矿井动力灾害的有关因素进行综合分析与比较，确定权重，构造判断矩阵。不同特征对矿井动力灾害发生的影响程度是不同的，有些是本质特征，有些是派生特征，有些因素影响较大，有些因素则只起到一些促进作用。为了体现这些差异和区别，对造成矿井动力灾害发生的特征进行加权处理，评估矿井动力灾害发生的危险程度及发生总体范围所占比例，确定临界值。

（2）计算机学习法

以计算机对类似矿井动力灾害发生的历史数据的学习及认识为依据，在学习过程中，分析判断灾害发生状况及相关因素的影响程度，由计算机自动调整各区域的相应权重。结合整个识别区域的具体情况，确定临界值。

（3）统计分析法

以煤与瓦斯突出为例，用突出危险区比例，或用突出危险区和无突出危险区的比例来确定临界值，这是目前应用最多和比较可靠的方法。20 世纪 80 年代，于不凡就提出矿井动力灾害的发生呈区域性分布，而灾害发生区域只占整个开采区域的8%～12%。研究表明，随着煤矿开采深度和强度的增大，这一比例进一步提高。经过多个矿井预测实践，确定矿井动力灾害危险区的临界值。

9.3.5 模式识别结果输出

采用矿井动力灾害模式识别方法，计算得到网格单元危险性概率，见表9-2和图9-9。网格单元危险性概率图显示矿井动力灾害发生危险性分布情况与巷道的对应关系，灾害发生危险性是对特定网格单元矿井动力灾害发生可能性的定性描述。由于数据量大，对图形显示方式设置按比例尺显示，即只有当达到一定比例尺时巷道才会显示，这样可以有效地实现图形显示的层次性。

表9-2 网格单元危险性概率(部分数据)

网格编号	经距/m	纬距/m	活动构造距离/m	应力梯度	顶板岩性	煤层坚固性系数 f	瓦斯放散初速度 ΔP/mmHg	最大主应力/MPa	瓦斯压力/MPa	瓦斯含量/(m^3/t)	危险性概率
4141	79 288	30 294	188.68	0	砂质泥岩	0.4	10	18	3.2	10	0.34
4144	79 588	30 294	329.01	0	砂质泥岩	0.4	10	17	3.2	10	0.34
4263	79 288	30 394	346.40	0	砂质泥岩	0.4	10	17	3.2	10	0.34
4264	79 388	30 394	407.87	0	砂质泥岩	0.4	10	16	3.2	10	0.33
4266	79 588	30 394	486.74	1	砂质泥岩	0.4	11	17	4.2	11	0.60
4383	79 288	30 494	488.64	0	砂质泥岩	0.4	10	17	3.2	10	0.34

注：① 活动构造距离，表示预测单元与某断裂的距离，m；应力梯度，0—位于应力梯度区之外，1—位于应力梯度区之内。

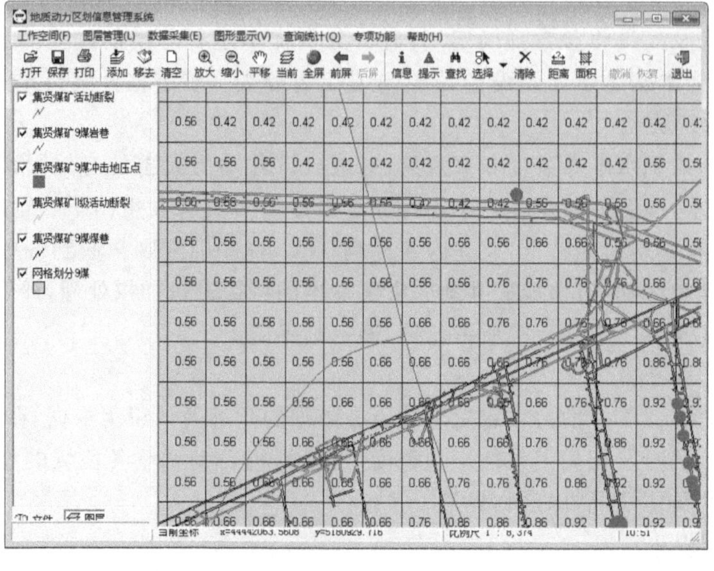

图9-9 网格单元危险性概率

设定标签显示方式，可以清楚地显示每一网格单元危险性概率。以冲击地压预测为例，将井田划分为无冲击、弱冲击、中等冲击、强冲击等区域，各区域分别用相应的颜色表示，即区域性预测结果，如图 9-10 和图 9-11 所示。

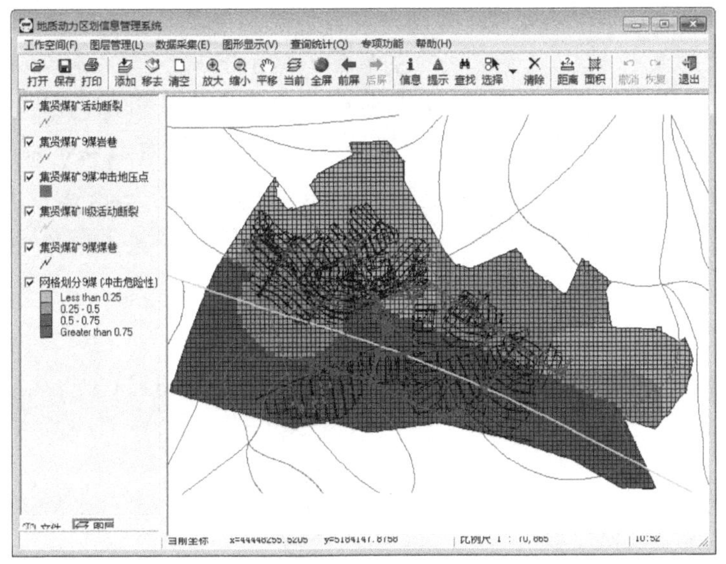

图 9-10　危险性区域预测

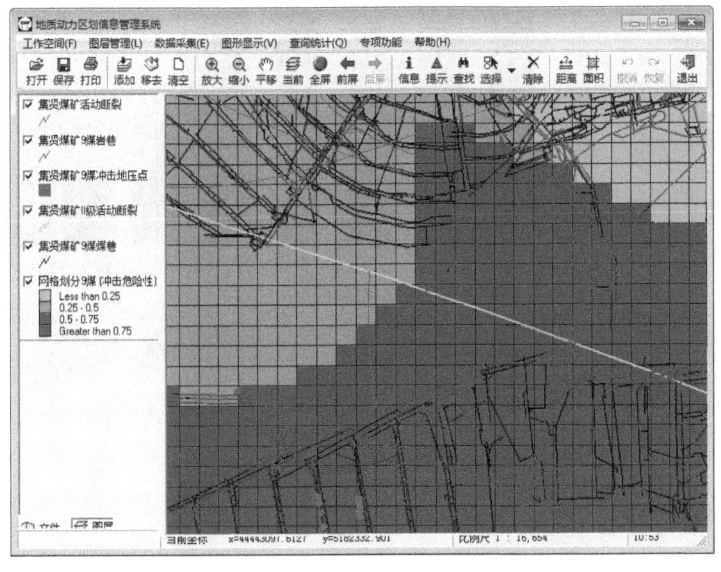

图 9-11　网格单元危险性与巷道对应关系

各预测单元的概率统计可用直方图表示。研究矿井各煤层区域预测的结果，可用数据库方式表示，可以生成等值线图、分层着色图、三维图、各类统计图，与工程图结合生成单元预测图。可以通过系统实现数据的浏览、查询、检索、统计等；可以通过绘图仪输出矿用标准图纸。

9.3.6 模式识别结果分析

(1) 矿井动力灾害模式识别结果置信度分析

应用多因素模式识别方法完成矿井动力灾害危险性分单元概率预测，找出样本最小的概率 $x_{\min}$ 与最大的概率 $x_{\max}$；选定区间的左端点 a(略小于 $x_{\min}$)与右端点 b(略大于 $x_{\max}$)，并把区间 $[a,b)$ 等分成 m 个小区间 $[a_i,a_{i+1})$，$i=0,1,2,\cdots,m-1$；计算样本观测值落在每一个小区间 $[a_i,a_{i+1})$ 中的个数 v_i；画出直方图，在 xOy 平面上以 x 轴上每个小区间 $[a_i,a_{i+1})$ 为底边，画出高为 $\frac{v_i}{n}\frac{m}{b-a}$ 的矩形，这 m 个矩形合在一起即矿井动力灾害危险性概率直方图，如图 9-12 所示。

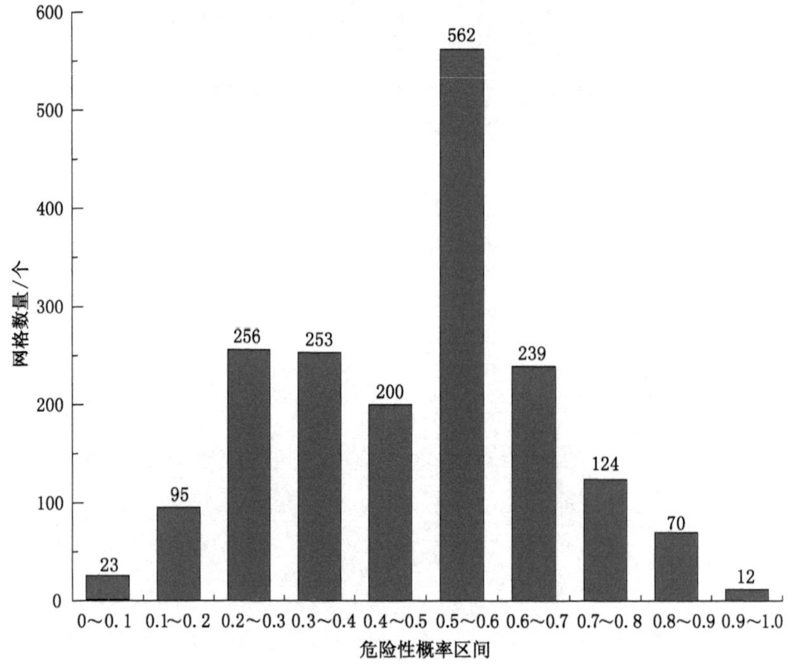

图 9-12 危险性概率分布直方图

(2) 正态分布参数估计

X 的概率密度为：

$$f(x)=\frac{1}{\sqrt{2\pi}\sigma}\mathrm{e}^{-\frac{(x-\mu)^2}{2\sigma^2}},-\infty<x<+\infty \tag{9-22}$$

似然函数为：

$$L(\mu,\sigma^2)=\prod_{i=1}^{n}\mathrm{e}^{-\frac{(x-\mu)^2}{2\sigma^2}} \tag{9-23}$$

令：

$$\begin{cases}\dfrac{\partial}{\partial\mu}\ln L=\dfrac{1}{\sigma^2}\Big[\sum\limits_{i=1}^{n}x_i-n\mu\Big]=0\\ \dfrac{\partial}{\partial\sigma^2}\ln L=-\dfrac{n}{2\sigma^2}+\dfrac{1}{2(\sigma^2)^2}\sum\limits_{i=1}^{n}(x_i-\mu)^2=0\end{cases} \tag{9-24}$$

从而得出 μ,σ^2 的估计量分布：

$$\begin{cases} \hat{\mu} = \overline{X} \\ \hat{\sigma}^2 = \dfrac{1}{n}\sum_{i=1}^{n}(X_i - \overline{X}) \end{cases} \tag{9-25}$$

(3) 正态分布均值 μ 的置信区间估计

样本平均值：

$$\overline{X} = \frac{1}{n}\sum_{i=1}^{n}X_i \tag{9-26}$$

样本标准差：

$$\sigma = \sqrt{\frac{1}{n-1}\sum_{i=1}^{n}(X_i - \overline{X})^2} = \sqrt{\frac{1}{n-1}\left(\sum_{i=1}^{n}X_i^2 - n\overline{X}^2\right)} \tag{9-27}$$

(4) 正态分布随机变量特征值

$$X \sim (\mu,\sigma^2) \tag{9-28}$$

(5) 3σ 准则

正态分布随机变量 X 的取值范围为 $(-\infty,+\infty)$，但其值几乎全部集中在 $(\mu-3\sigma,\mu+3\sigma)$ 区间内，超出该范围的可能性仅为不到 0.3%，这在统计学上称为 3σ 准则。

正态分布随机变量 $X \sim (\mu,\sigma^2)$，则：

$$P\{\mu-\sigma \leqslant X \leqslant \mu+\sigma\} = P\left\{-1 \leqslant \frac{X-\mu}{\sigma} \leqslant 1\right\} = \varphi(1)-\varphi(-1) \tag{9-29}$$

$$P\{\mu-2\sigma \leqslant X \leqslant \mu+2\sigma\} = \varphi(2)-\varphi(-2) \tag{9-30}$$

$$P\{\mu-3\sigma \leqslant X \leqslant \mu+3\sigma\} = \varphi(3)-\varphi(-3) \tag{9-31}$$

(6) 煤层不同等级危险性概率置信度

$$P\{X \leqslant 0.25\} = \varphi\left(\frac{0.25-\mu}{\sigma}\right) \tag{9-32}$$

$$P\{X \leqslant 0.5\} = \varphi\left(\frac{0.5-\mu}{\sigma}\right) \tag{9-33}$$

$$P\{X \leqslant 0.75\} = \varphi\left(\frac{0.75-\mu}{\sigma}\right) \tag{9-34}$$

$$P\{X \leqslant 1\} = \varphi\left(\frac{1-\mu}{\sigma}\right) \tag{9-35}$$

9.3.7　综合指数法与多因素模式识别法预测结果对比分析

(1) 矿井动力灾害综合指数法预测原理

《煤矿安全规程》规定：冲击地压矿井必须进行区域危险性预测和局部危险性预测。区域与局部危险性预测可根据地质与开采技术条件等，优先采用综合指数法确定冲击危险性。2023 年 6 月 8 日，国家矿山安全监察局印发了《冲击地压矿井鉴定暂行办法》，指出在评价煤层危险性时只考虑地质因素。但本书的研究工作在该办法发布时间之前已完成。因此，本书采用了地质类和采矿类因素进行冲击地压危险性评价。综合指数法在分析已发生的冲击地压的基础上，通过综合分析评估开采区域的地质类和采矿技术类因素对冲击地压发生影响的权重，分别计算得出两者的危险指数，并取其中的最大值作为最终的冲击地压危险综合指数，依此对工作面冲击地压危险性进行评价，确定开采区域的冲击地压危险等级、状态和防治对策。

矿井冲击地压危险性评价与预测的综合指数由式(9-36)计算：

$$W_t = \max\{W_{t1}, W_{t2}\} \tag{9-36}$$

$$W_{t1} = \frac{\sum W_{gi}}{\sum W_{mgi}} \tag{9-37}$$

$$W_{t2} = \frac{\sum W_{mj}}{\sum W_{mmj}} \tag{9-38}$$

式中 W_t——矿井冲击地压危险状态等级评定综合指数；

W_{t1}——地质因素对冲击地压影响程度及冲击地压危险状态等级评定的指数；

W_{t2}——采矿技术因素对冲击地压影响程度及冲击地压危险状态等级评定的指数；

W_{mgi}——各种类地质影响因素的最大危险指数；

W_{gi}——各种类地质影响因素的实际危险指数；

W_{mmj}——各种类采矿技术影响因素的最大危险指数；

W_{mj}——各种类采矿技术影响因素的实际危险指数。

矿井冲击地压危险状态等级评定综合指数 W_t 越大，开采区域的矿井冲击地压危险等级越高。根据矿井冲击地压危险状态等级评定综合指数 W_t，将矿井冲击地压危险程度分为四个等级，分别为无冲击危险、弱冲击危险、中等冲击危险、强冲击危险，见表 9-3。根据矿井冲击地压危险等级，采取相应的防治对策。

表 9-3 矿井冲击地压危险状态等级评定综合指数、等级划分

危险等级	危险状态	综合指数
A	无冲击危险	$W_t \leqslant 0.25$
B	弱冲击危险	$0.25 < W_t \leqslant 0.50$
C	中等冲击危险	$0.50 < W_t \leqslant 0.75$
D	强冲击危险	$W_t > 0.75$

(2) 冲击地压多因素模式识别法与综合指数法预测结果对比分析

《〈煤矿安全规程〉专家解读》指出：除综合指数法之外，还可采用其他经实践证实有效的方法进行冲击地压危险性的预测评价及区域划分，如多因素模式识别法、多因素耦合分析法、可能性指数法等。地质动力区划理论认为，当工作面冲击地压危险性综合指数法的评价结果与冲击地压多因素模式识别法的预测结果相同时，应按照危险区等级采取相应的冲击地压防治措施。当综合指数法的评价结果与多因素模式识别法的预测结果不同时，应按照评价危险性大的结果采取防治措施。

采用多因素模式识别方法，可以得到井田范围内任一采区、任一工作面、任一地点的危险性概率预测值。某矿采煤工作面冲击地压危险性单元概率预测值如图 9-13 所示，此工作面按照 100 m×100 m，共划分为 12 个单元网格。危险性概率 0.66 的单元网格 10 个，占工作面预测单元网格的 83.33%，工作面的大部分区域为中等冲击地压危险区；危险性概率

0.76 的单元网格 2 个，占工作面预测单元网格的 16.67%；工作面下料巷中部至开切眼为强冲击地压危险区，该区域也是应力集中区域和冲击地压多发区。

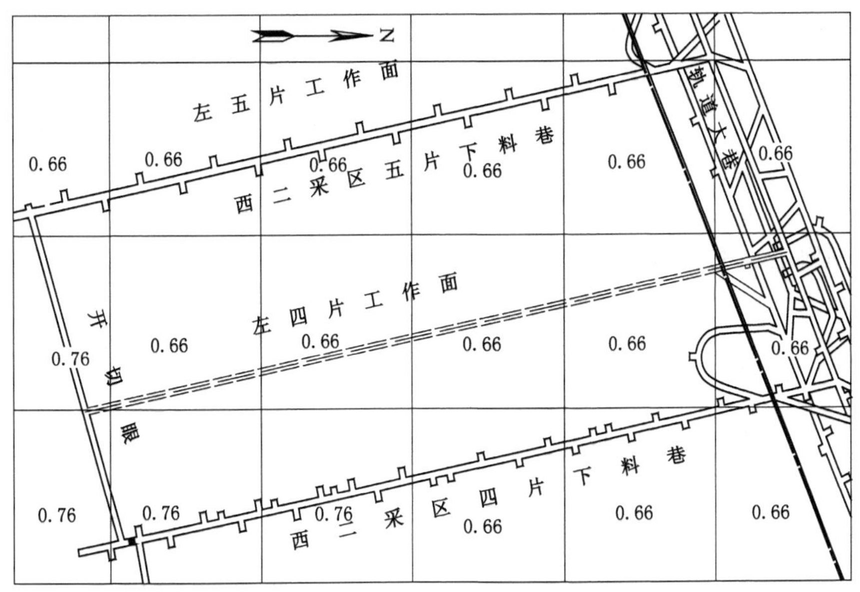

图 9-13　四片工作面冲击地压危险性多因素模式识别预测结果

通过对比分析可知，多因素模式识别分单元预测可以将预测的工作面划分为多个预测单元，并得到每个单元的危险性概率，同时可以在巷道掘进或工作面回采进入不同预测单元时预先确定工程所处位置的危险性，提前采取相应的治理措施。对比综合指数法评价此工作面的危险性概率 0.62，多因素模式识别方法提高了预测精细度。

9.4　冲击地压危险性多因素模式识别应用实例

9.4.1　矿井简介与冲击地压概况

东荣三矿位于黑龙江省双鸭山市集贤县境内，向南距双鸭山市约 41 km，属双鸭山矿区北部。东荣三矿于 1993 年 10 月开工建设，2000 年 3 月投产，设计生产能力为 150 万 t/a，目前核定生产能力为 210 万 t/a。截至 2021 年 12 月末，剩余地质储量 21 188.8 万 t，可采储量 15 734.1 万 t，矿井剩余服务年限 53.5 a。井田东西长 6.4 km，南北宽 7.2 km。矿井开拓方式为立井单水平上下山集中大巷布置。矿井采用走向长壁和倾斜长壁采煤方法，全部垮落法管理顶板。

2016—2017 年东荣三矿共发生 14 次冲击地压，均位于 30 煤层。2017 年至 2022 年没有发生冲击地压。其中，最严重的一次冲击地压显现情况如下：2016 年 9 月 8 日，东十采区 30 煤层九片下料巷 7# 点后 9 m 至 35 m 范围发生冲击地压，距工作面迎头 10～40 m，冲击地压造成巷道下帮位移 0.5 m，上帮位移 0.2 m，底板鼓起约 0.5 m，顶板无明显位移。靠近工作面上帮的耙斗机被冲至下帮，耙头侧翻。同时在九片下料巷距离此次冲击地压地点

36 m 区域(冲击地压地点后方),巷道受冲击影响,底鼓平均高度 0.5 m,上帮片帮深度平均 0.4 m。

9.4.2 矿井冲击地压多因素模式识别与危险性预测结果

(1) 东荣三矿冲击地压影响因素与预测单元划分

东荣三矿冲击地压模式识别选用的影响因素为断裂构造、最大主应力、最大剪应力、岩体应力分区、顶板岩性分布、开采深度等。对井田区域进行预测单元划分,将东荣三矿 30 煤层划分为 50 m×50 m 的网格,共计 6 654 个网格单元,如图 9-14 所示。将各影响因素量值映射到单元网格,通过插值算法实现。根据矿井已经发生的动力显现点(单元)及微震能量事件影响因素数值组合,确定矿井冲击地压模式。根据矿井冲击地压发生模式,将各预测单元"影响因素组合的模式"与已发生动力显现点(单元)的"危险模式"进行相似度分析。

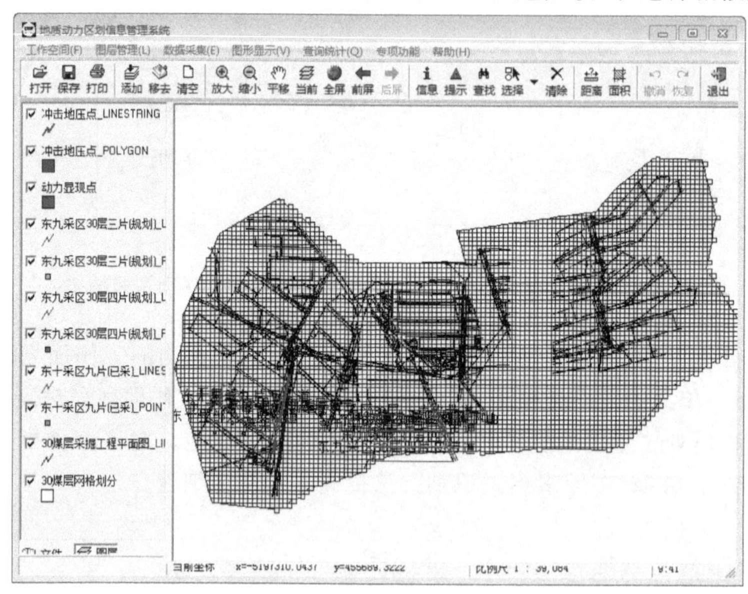

图 9-14 30 煤层网格单元划分

(2) 东荣三矿 30 煤层冲击地压影响因素确定

① 断裂构造的确定

井田范围内的Ⅴ级断裂主要用于分析各级断裂与矿井已知断层的联系,并在此基础上建立东荣三矿井田的地质构造模型。依据 1∶1 万比例尺地形图,结合井田断层井下考查结果,划定东荣三矿井田范围内的Ⅴ级断块构造。在 1∶1 万的地形图上,东荣三矿划分出的Ⅴ级断裂共有 23 条,如图 9-15 所示。东荣三矿井田被Ⅱ-8、Ⅲ-32、Ⅳ-19、Ⅳ-24、Ⅳ-25 等高级别断裂穿过,井田中部存在Ⅲ-32、Ⅳ-19、Ⅴ-40、Ⅴ-42、Ⅴ-43、Ⅴ-44 等断裂交汇形成的断裂交汇点,井田西北部存在Ⅱ-8、Ⅴ-42、Ⅴ-49、Ⅴ-50 等断裂交汇形成的断裂交汇点。东荣三矿冲击地压和微震大能量事件发生在断裂构造交汇处和地质构造复杂区域,为矿井冲击地压等动力灾害发生提供了断裂构造条件。

② 最大主应力的确定

在地质动力区划方法查明了Ⅰ—Ⅴ级断块的基础上,利用东荣三矿Ⅴ级断块图,建立了

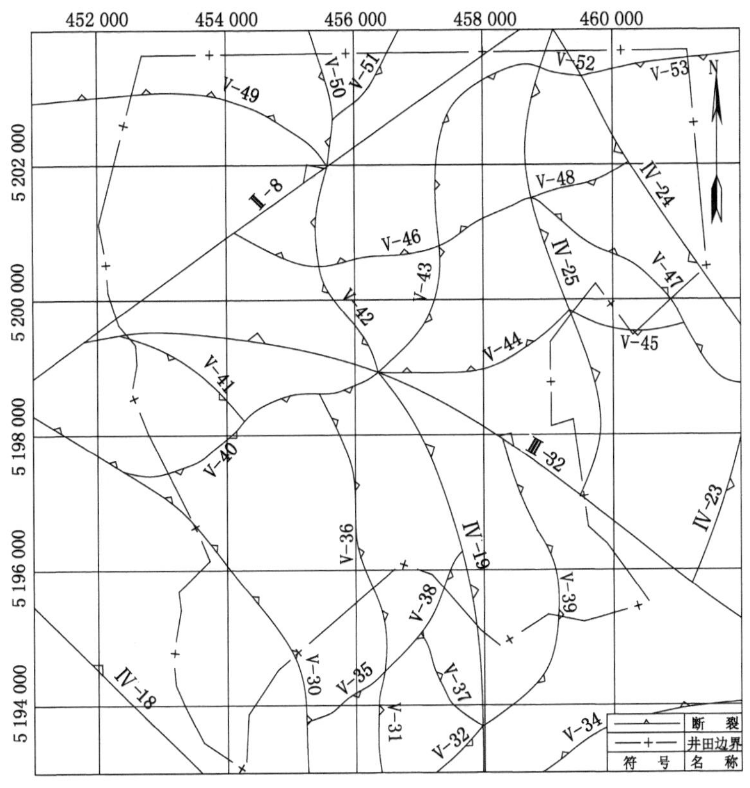

图 9-15　东荣三矿Ⅴ级断块图

板块构造与矿井工程实践联系的地质构造模型。根据 30 煤层的可采范围确定应力计算模型尺寸，其长度为 6.8 km，宽度为 4.5 km，面积为 30.6 km^2。应用“岩体应力状态分析系统”构建模型并划分网格单元。30 煤层应力计算模型划分为 11 097 个节点，21 760 个单元。单元划分完毕后，将相关断裂、井田境界、岩性分布等信息输入计算模型。

依据东荣三矿提供的地应力测量结果，西一采区－480 m 机轨合一巷测得的最大主应力为 21.08 MPa，方向为 NE74.8°，最小主应力为 12.23 MPa，垂直应力为 13.28 MPa。东荣三矿地应力场属于构造应力场，以水平挤压构造应力为主导。岩体应力计算时将应力值分别投影到坐标轴的 x 向和 y 向，确定 x 向主应力为 23.01 MPa，y 向主应力为6.35 MPa。东荣三矿 30 煤层最大主应力等值线如图 9-16 所示。井田内 30 煤层水平最大主应力为 14～33 MPa。

通过岩体应力分区方法对最大主应力进行分区，分区结果如图 9-17 所示。

高应力区：共 1 个区域。位于计算范围中北部，应力值为 26～33 MPa，Ⅲ-32、Ⅳ-25、Ⅴ-43、Ⅴ-44、Ⅴ-46 断裂从其中穿过，影响范围 5.87 km^2，该区域发生冲击地压 14 次。

应力梯度区：共 3 个区域。第一区域，位于计算范围东北部，应力值为 17～26 MPa，Ⅳ-25 断裂从其中穿过，影响范围 0.50 km^2；第二区域，位于计算范围东北部，应力值为 17～26 MPa，Ⅲ-32、Ⅴ-44 断裂从其中穿过，影响范围 0.88 km^2；第三区域，位于计算范围中北部，应力值为 17～26 MPa，Ⅲ-32、Ⅳ-19、Ⅴ-43、Ⅴ-44、Ⅴ-46 断裂从其中穿过，影响范围 1.29 km^2，该区域发生微震大能量事件 1 次。

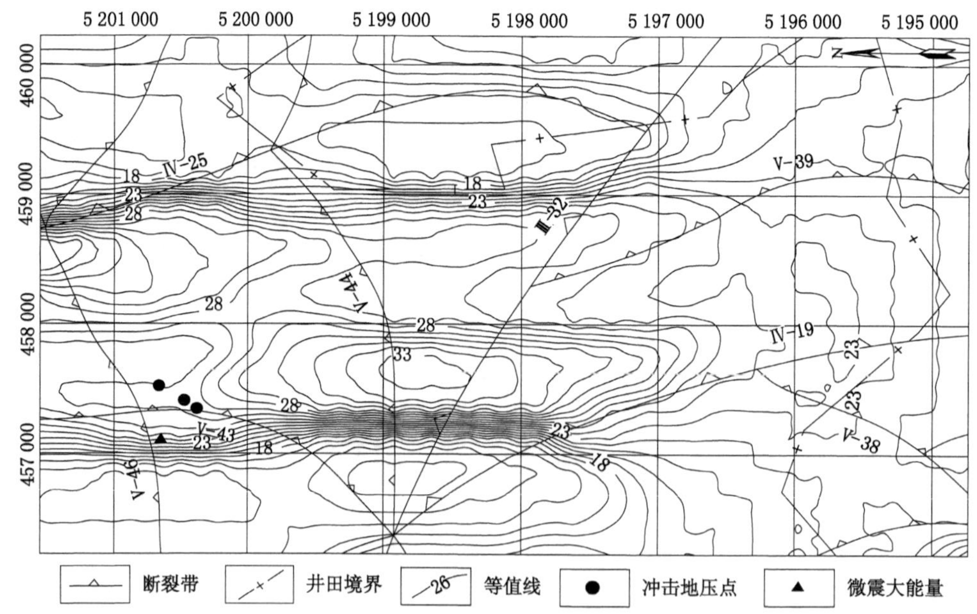

图 9-16 东荣三矿 30 煤层最大主应力等值线(单位:MPa)

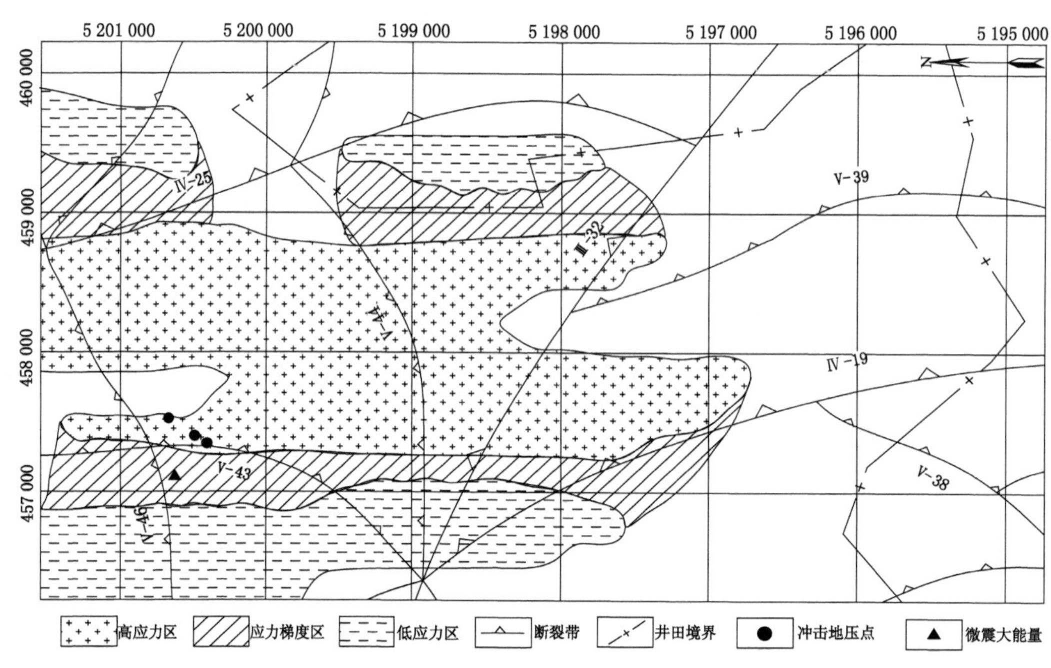

图 9-17 东荣三矿 30 煤层最大主应力分区

低应力区:共 3 个区域。第一区域,位于计算范围东北部,应力值为 14～17 MPa,Ⅴ-46 断裂从其中穿过,影响范围 0.48 km^2;第二区域,位于计算范围东北部,应力值为 14～17 MPa,Ⅳ-25 断裂从其中穿过,影响范围 0.55 km^2;第三区域,位于计算范围西北部,应力值为 14～17 MPa,Ⅲ-32、Ⅳ-19、Ⅴ-43、Ⅴ-44、Ⅴ-46 断裂从其中穿过,影响范围 1.80 km^2。

③ 最大剪应力的确定

计算东荣三矿井田岩体最大剪应力，得出东荣三矿 30 煤层最大剪应力等值线如图 9-18 所示。最大剪应力的分布规律与最大主应力的基本相同，应力集中程度较高区域与最大主应力集中区相对应。井田内 30 煤层水平最大剪应力值为 3.5～13.5 MPa。

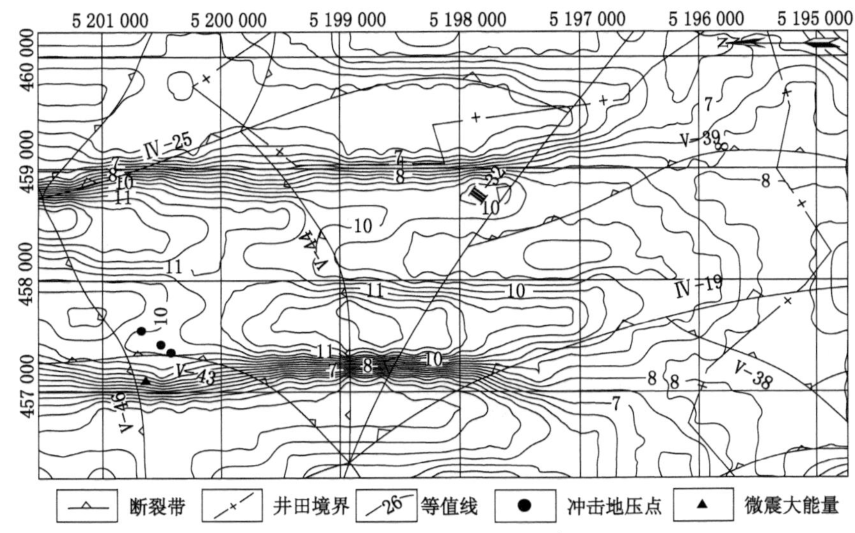

图 9-18　东荣三矿 30 煤层最大剪应力等值线(单位：MPa)

根据最大主应力分区的划分原则，将 30 煤层最大剪应力划分为高剪应力区、剪应力梯度区和低剪应力区，如图 9-19 所示。东荣三矿 30 煤层最大剪应力区划分与最大主应力区划分形态、位置基本类似。

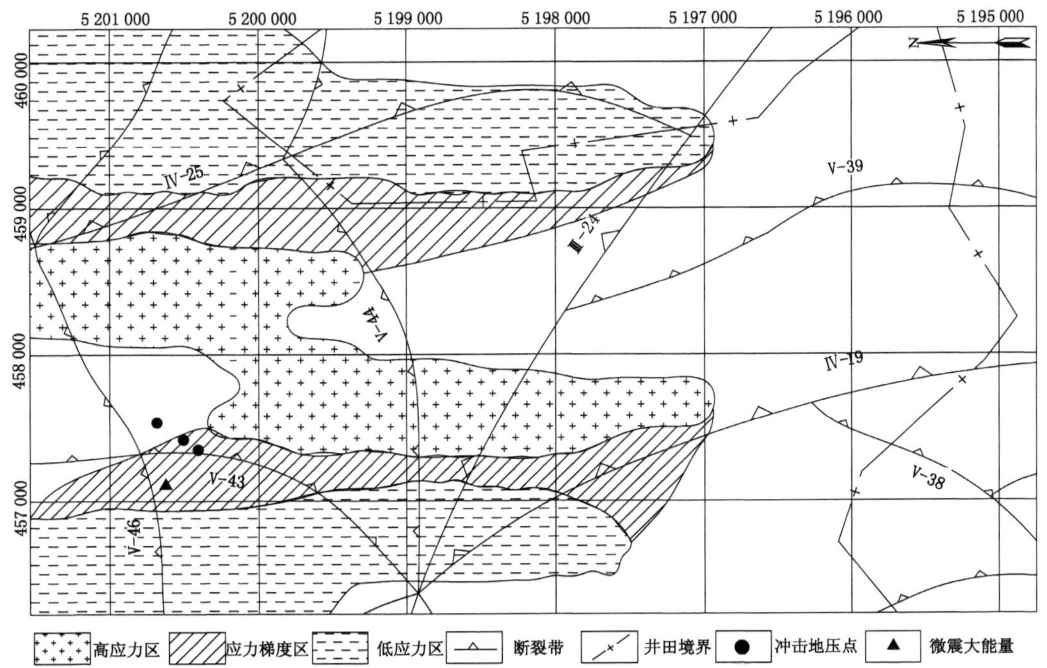

图 9-19　东荣三矿 30 煤层最大剪应力区划分

④ 岩体应力分区的确定

东荣三矿 30 煤层共有 4 个生产采区，分别为东八采区、东九采区、东十采区及北三采区。30 煤层规划工作面为东九采区 30 煤层三片和东九采区 30 煤层四片。东荣三矿 30 煤层岩体应力分区如图 9-20 所示。

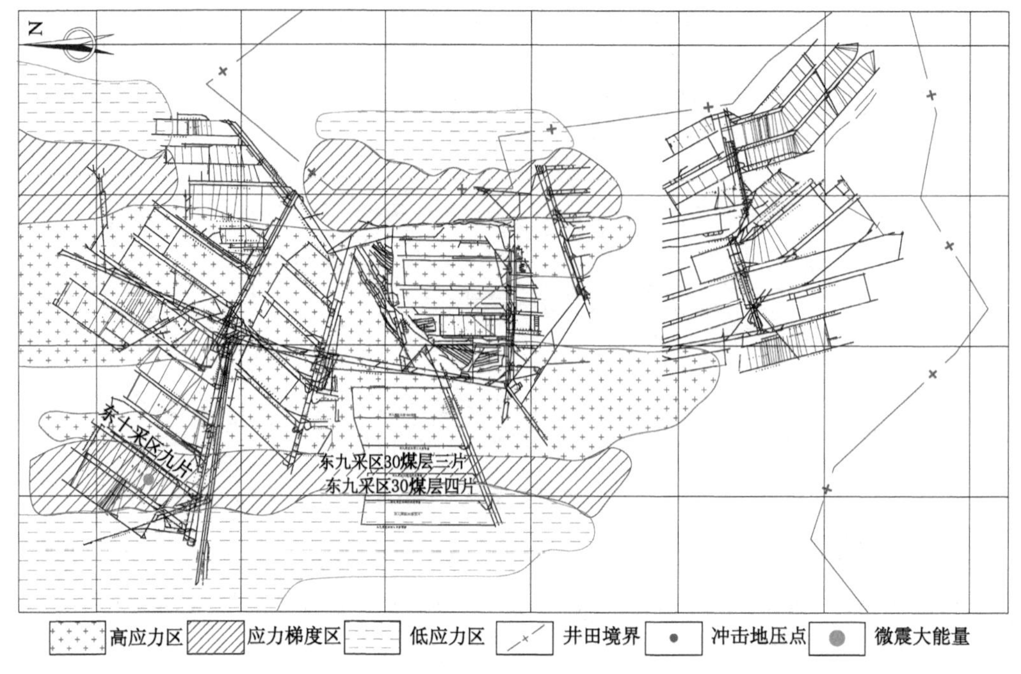

图 9-20　30 煤层岩体应力分区

⑤ 顶板岩性分布及开采深度的确定

东荣三矿 30 煤层顶板以粉砂岩为主，应根据钻孔资料实况进行顶板岩性分类及特征参数选取，见表 9-4。30 煤层在井田西部区域和中部部分区域的埋深大于 600 m，在其他区域埋深小于 600 m。

表 9-4　30 煤层顶板岩性分类及特征参数

岩性分类	弹性模量/GPa	泊松比
粉砂岩	28.69	0.23
粗砂岩	13.25	0.25
细砂岩、中砂岩、中细砂岩	42.65	0.22
碳质泥岩	8.56	0.27
Ⅲ—Ⅴ级断裂	5.25	0.30

(3) 30 煤层冲击地压危险性多因素模式识别预测结果分析

应用多因素模式识别方法对东荣三矿 30 煤层进行了冲击地压危险性预测。无冲击地压危险区面积占 24.4%，弱冲击地压危险区面积占 37.8%，中等冲击地压危险区面积占

28.0%，强冲击地压危险区面积占 9.8%。30 煤层冲击地压危险性分层着色图和冲击地压危险性概率预测图，如图 9-21 和图 9-22 所示。

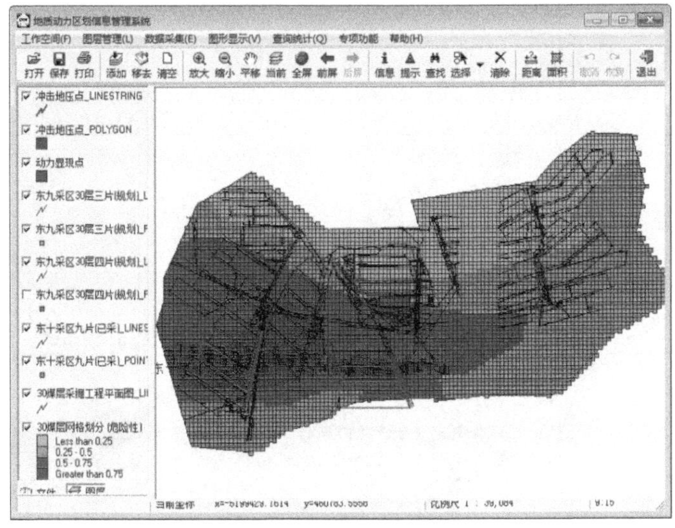

图 9-21　东荣三矿 30 煤层冲击地压危险性分层着色图(四级)

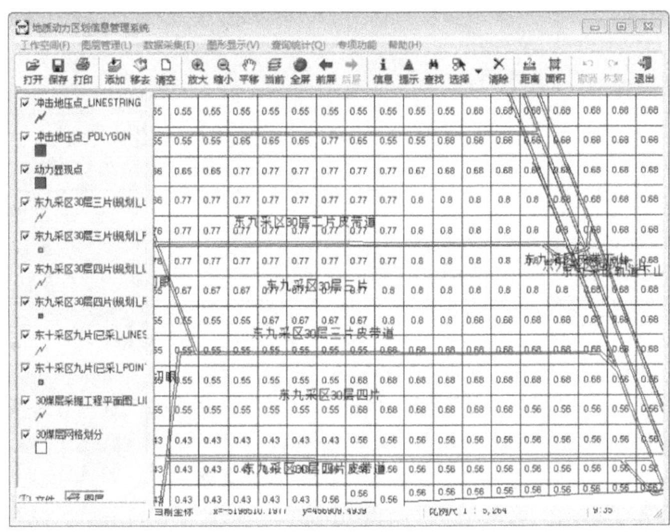

图 9-22　东荣三矿 30 煤层冲击地压危险性概率预测图(局部)

9.4.3　工作面冲击地压多因素模式识别与预测结果

东荣三矿东十采区 30 煤层九片工作面，主采 30 煤层，煤层倾角约为 12°，煤层厚度为 2.8～3.0 m。该工作面下料巷发生多次冲击地压，均位于地质动力区划确定的Ⅴ-43 和Ⅴ-46 断裂构造交叉影响范围内。东荣三矿 30 煤层岩体应力分区与东十采区 30 煤层九片采掘工程位置关系如图 9-23 所示。

东十采区 30 煤层九片应力分区包括高应力区、应力梯度区与正常应力区。① 高应力区：沿开切眼从胶带巷向下料巷 91 m 处，胶带巷从开切眼至 189 m 处，沿停采线从下料巷

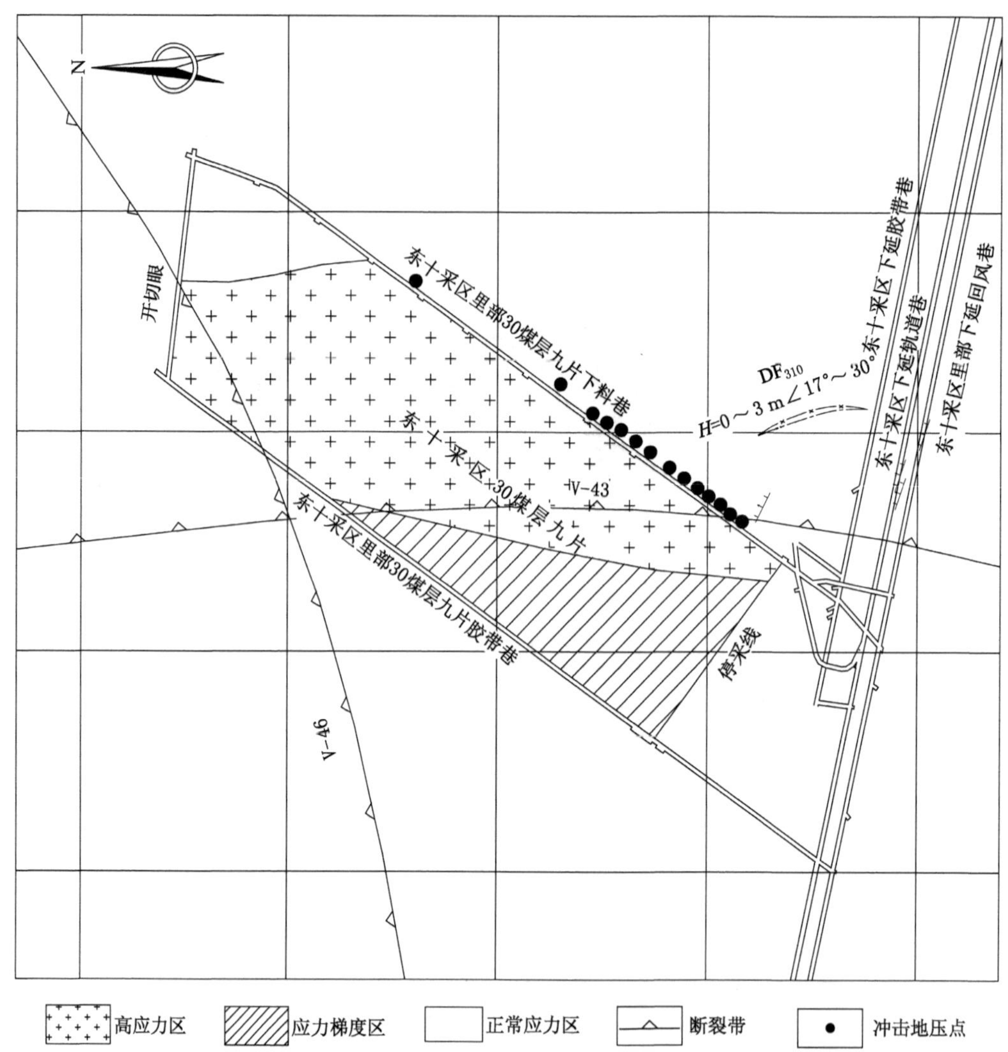

图 9-23 岩体应力分区与东十采区 30 煤层九片采掘工程位置关系

向胶带巷 21 m 处，下料巷从停采线至 181 m 处；② 应力梯度区：胶带巷 189 m 处至停采线，停采线 21 m 处至胶带巷；③ 正常应力区：开切眼 91 m 处至下料巷，下料巷 190 m 处至开切眼。东十采区 30 煤层九片高应力区影响范围为 0.080 km^2，高应力区面积占比 65%；应力梯度区影响范围为 0.032 km^2，应力梯度区面积占比 26%；正常应力区影响范围为 0.011 km^2，正常应力区面积占比 9%。

基于东荣三矿东十采区 30 煤层冲击地压危险性预测多因素模式识别结果，进行东十采区 30 煤层九片的冲击地压危险性预测分析，工作面冲击地压危险性概率预测图和分层着色图如图 9-24 和图 9-25 所示。东十采区 30 煤层九片按照 50 m×50 m 共划分为 66 个单元网格，危险性概率为 0.66～0.89。危险性概率 0.66 的单元网格 6 个，占工作面预测单元网格的 9%，为中等冲击地压危险区；危险性概率 0.78 和 0.89 的单元网格 60 个，占工作面预测单元网格的 91%，为强冲击地压危险区。东十采区 30 煤层九片冲击地压危险性预测结果见表 9-5。

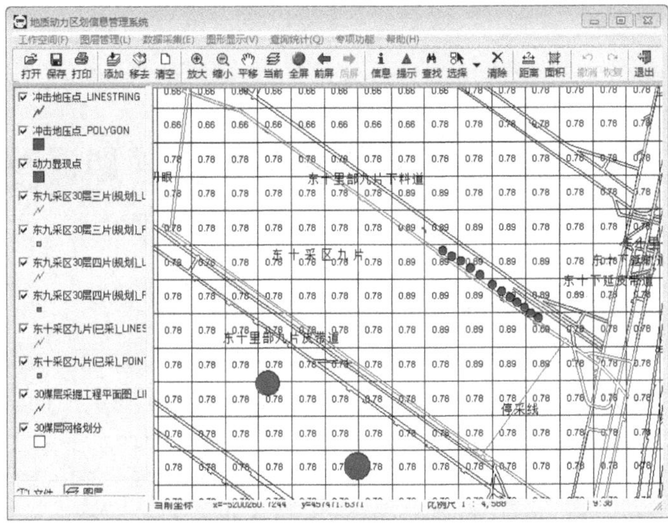

图 9-24　东十采区 30 煤层九片冲击地压危险性概率预测图

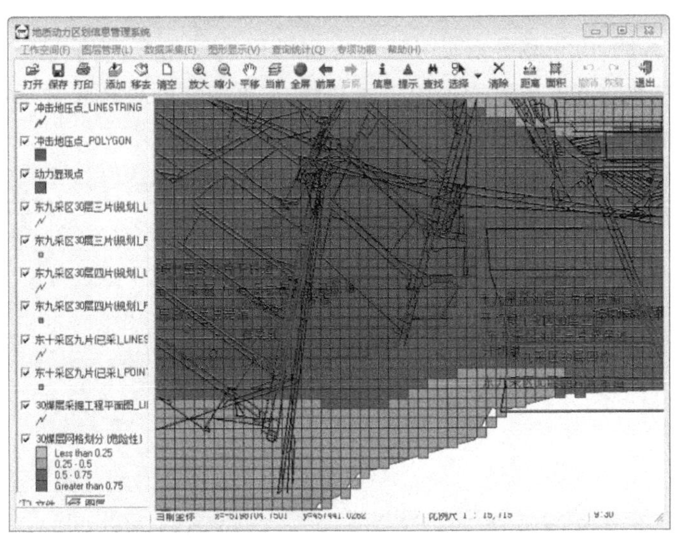

图 9-25　东十采区 30 煤层九片冲击地压危险性分层着色图

表 9-5　东十采区 30 煤层九片冲击地压危险性预测结果

无冲击地压危险区		弱冲击地压危险区		中等冲击地压危险区		强冲击地压危险区		影响程度
单元网格数/个	占比/%	单元网格数/个	占比/%	单元网格数/个	占比/%	单元网格数/个	占比/%	
0	0	0	0	6	9	60	91	较大

综合上述分析可知，多因素模式识别分单元概率预测方法可以将工作面划分为多个预测单元，得到每个单元的危险性。当巷道掘进或工作面回采进入不同预测单元时，预先确定工程所处位置的危险性，提前采取相应的治理措施。

第10章 地质动力区划信息管理系统

10.1 地质动力区划信息管理系统简介

地质动力区划研究过程涉及数据多、信息量大，且多数信息具有空间定位特征并具有较强的时效性，如何有效地将它们管理起来，是体现矿井安全管理水平和先进程度的重要标志。地质动力区划信息管理系统基于地理信息系统(GIS)技术，采用 Visual Basic 6.0 和 Matlab 等计算机语言开发，将模式识别软件系统与矿井动力灾害预测系统集成在一起，实现地质动力区划和矿井动力灾害资料的有效管理。系统启动界面如图 10-1 所示[244-245]。在 GIS 技术对矿井空间数据集成环境的支持下，地质动力区划信息管理系统用于研究矿井地质构造、煤体结构特征、应力场等对矿井动力灾害的影响及相互间的关系，构建影响因素空间分布状况与矿井动力灾害危险程度的关系，实现数据的空间可视化管理，提高矿井动力灾害预测的准确性和时效性[246]。

图 10-1 地质动力区划信息管理系统启动界面

地质动力区划信息管理系统为地质动力区划提供集成的数据环境和可视化的分析平台，可实现空间信息管理与模式识别的集成，有利于多源信息的复合和多源数据的集成，从而实现区域预测与防突措施决策的一体化[247-249]。系统主要功能由基本功能和专项功能构成。

(1) 系统基本功能

系统基本功能包括工作空间管理、图层管理、数据采集、图形显示和查询统计。

① 工作空间管理

在地质动力区划信息管理系统中，工作空间是指可以实现对各个图层数据的管理、设置与存储的地方。工作空间菜单主要实现对文件的管理，具体功能包括打开工作空间、保存工作空间和设置工作空间，还可以设置地图工程的整体属性和系统的工具栏状态。

② 图层管理

图层管理主要实现图层（SDE图层和本地图层）的导入，并导入图层中所需的各类资料（地震资料、钻孔资料、文字标注和CAD文件），可以实现对图层的编辑和导出等操作。

③ 数据采集

数据是系统的核心和基础，系统支持的数据格式广泛（包括ESRI的SHP文件，各种格式的图像文件和AutoCAD的DXF文件），主要包括图形数据、图像数据、属性数据、文本文件、声音文件和数字视频文件。

④ 图形显示和查询统计

图形显示主要实现图层的显示控制功能，主要包括图层是否可见、全图层显示、按比例缩放显示和分级显示功能。各类数据和信息通过系统可视化地表现出来，运用多媒体技术管理地质动力区划中文字、图形、图片、数字视频等资料。查询统计主要通过建立的属性数据库，实现各类资料的统计分析、查询检索、动态分析等功能。

（2）系统专项功能

专项功能内容包括地质动力环境评价、断裂构造管理、井田岩体应力数据管理、煤岩动力系统与能量数据管理和矿井动力灾害模式识别。

① 地质动力环境评价

评价矿井所处的区域地质体的结构特征、运动特征和应力特征，计算获得地质动力环境评价指标影响程度级别，获得综合评价指数和矿井地质动力环境等级，划分冲击地压矿井类型。

② 断裂构造管理

从板块构造的尺度出发，根据断块的主从关系和大小从高级到低级按顺序确定出Ⅰ—Ⅴ级断块，最终将研究范围划定至井田尺度上，实现断裂构造计算机辅助划分与管理功能。

③ 井田岩体应力数据管理

在井田Ⅴ级断块图基础上建立区域地质构造模型，处理井田的地质钻孔和井下工程揭露的煤岩层资料数据并计算生成岩性分布模型，实现井田岩体应力数据管理功能。

④ 煤岩动力系统与能量数据管理

根据采掘工程与煤岩动力系统相对位置不同导致的冲击地压显现形式不同，进行煤岩动力系统尺度确定和能量计算，实现煤岩动力系统与能量数据管理功能。

⑤ 矿井动力灾害模式识别

通过矿井动力灾害模式识别分析计算和预测，可得到各预测单元的矿井动力灾害发生的危险性数据、矿井动力灾害数据可视化图件、矿井和工作面动力灾害危险性预测图。

地质动力区划信息管理系统可实现对数据的存储、检索、处理和维护，并能从各种渠道的各类信息资源中获取数据，实现各类数据的查询、编辑和输出管理，具体包括空间数据、地震资料、遥感资料、煤与瓦斯突出点、矿压显现点、矿震数据、冲击地压点、断裂构造、应力分布、瓦斯压力、模式识别结果等数据。系统运用多媒体技术，将地质动力区划中空间图形、文字属性、声音、视频多媒体资料等各类数据和信息可视化地表现出来，可实现图、文、声和像等 4 类数据的可视化与管理，能自动生成各类专题图、数据库，并辅助有声音、图像。同时，通过建立属性数据库，可实现各类资料的统计分析、查询检索和动态分析。地质动力区划信息管理系统可及时、迅速、准确地为煤矿开采提供矿井动力灾害危险区域预测分析，为矿井安全高效生产奠定基础[250-253]。

10.2 地质动力区划信息管理系统基本功能

10.2.1 系统运行界面

从启动界面进入地质动力区划信息管理系统，系统运行界面采用 Windows 标准图形用户界面(GUI)，包括菜单栏、工具栏、图层文件栏、状态栏和图层显示区等，如图 10-2 所示。

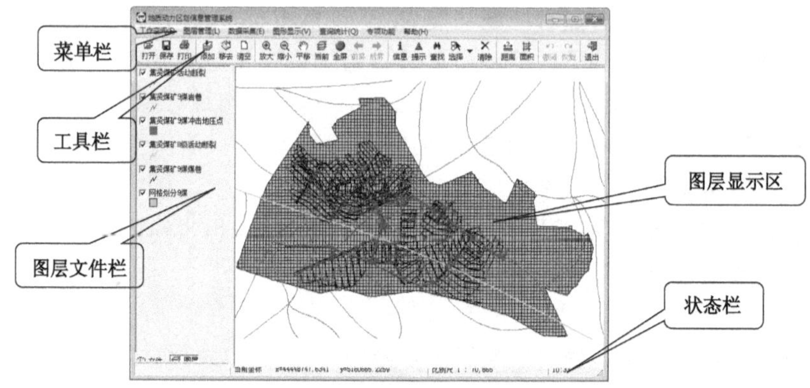

图 10-2 地质动力区划信息管理系统运行界面

菜单栏包含地质动力区划信息管理系统中几乎所有的命令，用户可以直接通过相应的菜单选择要执行的命令。菜单栏共有 7 个选项，包括工作空间、图层管理、数据采集、图形显示、查询统计和帮助菜单等 6 项基本功能，以及地质动力区划专项功能，如图 10-3 所示。

图 10-3 菜单栏

① 工作空间菜单：主要实现工作空间文件的打开和保存，图形文件的输出和打印设置以及图形操作设置。

② 图层管理菜单：主要实现图层数据和各类数据资料的导入，图层的基本操作(剪切、移除等)以及图层的导出等功能。

③ 数据采集菜单：主要实现对实体的基本操作(复制、移动等)，在图层中添加各类实体以及多媒体数据等功能。

④ 图形显示菜单：包括专题图(简单符号、点密度、等级符号、范围值、独立值、标签、饼状图和直方图)的显示，图层显示设置(缩放比例)和全图导航等功能。

⑤ 查询统计菜单：实现对实体信息的多种查询方式，对属性数据的不同统计方法，并用

不同的成图类型表示属性数据的变化等功能。

⑥ 专项功能菜单：实现地质动力区划工作涉及的专项功能管理，包括地质动力环境评价、断裂构造划分与管理、井田岩体应力数据管理、煤岩动力系统与能量数据管理、矿井动力灾害危险性多因素模式识别等功能。

⑦ 帮助菜单：用于系统的升级和操作说明。

工具栏是为方便用户使用而设立的快捷访问方式，将用户经常使用的功能选项以按钮的方式显示在其中，用户使用时只需用鼠标单击即可，从而增加了软件使用的便捷性，如图 10-4 所示。

图 10-4　工具栏

按照按钮功能的不同，将工具栏分为 7 个部分，相邻两个部分间用竖线隔开，每个部分内的按钮功能相近或相关。工具栏按钮共分两大类：一类为普通按钮，这类按钮的功能在菜单栏的选项中有相对应的选项，操作系统时经常会用到这些功能，为方便使用而设置，如“打开”“保存”“添加”等按钮；另一类为特殊按钮，是工具栏特有的功能按钮，如“前屏”“后屏”“信息”“选择”“清除”等。工具栏中按钮包括：

① 打开工具：用于打开一个工作空间文件。

② 保存工具：用于将当前图层数据保存。

③ 打印工具：用于打印当前图层，通过点击该按钮后弹出的打印设置框进行打印设置。

④ 添加工具：用于本地图层的导入，通过点击该按钮后弹出的路径选择框选择要导入的图层文件。

⑤ 移去工具：用于删除所选图层或当前图层。

⑥ 清空工具：用于删除所有图层。

⑦ 放大工具：点击此按钮后，鼠标由箭头状变为放大标志，在图层显示区内点击一次，图层以点击位置为中心按一定的比例放大一次。

⑧ 缩小工具：点击此按钮后，鼠标由箭头状变为缩小标志，在图层显示区内点击一次，图层以点击位置为中心按一定的比例缩小一次。

⑨ 平移工具：点击此按钮后，在图层显示区按住鼠标左键可任意拖放整个图层。

⑩ 当前工具：用于将当前选中的图层缩放到全屏显示的状态。

⑪ 全屏工具：用于将整个图层缩放到可以全屏显示的状态。

⑫ 前屏和后屏工具：进入系统时，该按钮为不可用状态；当对图层显示区的图层进行比例缩放后，按钮变为可用状态，此时点击该按钮，图层可恢复前一种或变回后一种比例显示状态。

⑬ 信息工具：可以查询图层上所有实体的信息资料，只需要点击所要查询的实体即可，系统左侧会弹出信息显示框，信息显示框显示实体的位置坐标、所在图层和各种属性数据。

⑭ 提示工具：实现图层信息的浮动提示功能，点击该按钮后，系统弹出图层标注设置框，在图层标注设置框上部选择需要浮动提示的图层。

⑮ 查找工具：利用所要查询数据相关字符或数值查找所需数据。

⑯ 撤销工具:用于撤销上一步操作。

⑰ 恢复工具:用于恢复撤销的操作。

⑱ 退出工具:用于退出地质动力区划信息管理系统。

⑲ 选择工具:选择按钮能实现在当前图层中选择任意实体,或任意区域内的实体,并将实体所对应的数据资料以数据表形式显示出来,为实体数据的查询提供方便。其下拉选框包括点选、矩形选择、多边形选择、圆形选择、半径选择、全选、全不选等。

⑳ 清除工具:用于清除选择集,即取消对当前图层中所有实体的选择。

㉑ 距离工具:用于测量图层中任意点间的距离,也可用于测量多段线的长度。

㉒ 面积工具:用于测量任意区域的面积,用鼠标在图层上点击,像绘制多段线一样,形成一个封面区域,图层显示区下方会显示该区域的面积。

图层文件栏显示当前打开工作空间的图层列表;图层显示区用于操作当前打开的所有图层;状态栏显示当前的比例尺和鼠标所在位置坐标,坐标与矿井坐标一致。

10.2.2 工作空间管理

在地质动力区划信息管理系统中,工作空间针对特定矿井的图、文、声、像全部数据集合进行管理,是软件系统所有操作的初始步骤,可以实现对矿井的各个图层数据的管理、设置与存储等功能。工作空间菜单主要实现文件的管理,具体功能包括打开工作空间、保存工作空间、打印、输出和图形操作设置等选项,如图 10-5 所示。图形操作设置用以设置地图工程的整体属性和系统的工具栏状态。

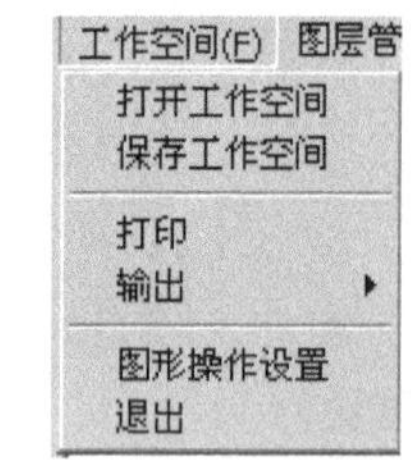

图 10-5 工作空间菜单

① 打开工作空间选项:点击此选项弹出路径选择对话框,选择需要操作的矿井,双击可打开此矿井所有图形文件,如图 10-6 所示。

② 保存工作空间选项:点击此选项弹出文件保存对话框,填入相应的文件名,系统自动保存工作空间包含的图形文件,图像文件的路径,以及相关图形及文件的配置信息。

③ 打印选项:点击此选项可调出打印设置页面,如图 10-7 所示。有“打印页面”和“按比例打印”两个选项卡,默认为“打印页面”选项卡,可以对打印方向进行调整,选择横向或纵向打印,快捷方式为点击工具栏上的“打印”按钮。点击“按比例打印”选项卡,设置图纸的单位和输出比例,然后点击“打印机设置”按钮,配置好打印机即可打印。

④ 输出选项:有两项内容,“输出到文件”和“输出到剪贴板”,如图 10-8 所示。点击“输出到文件”选项,系统弹出输出文件对话框,如图 10-9 所示。在输出文件格式下拉菜单中可选择 emf、jpeg、bmp 三种格式,确定输出文件名称和比例后点击“确定”按钮,输出图层文件。点击“输出到剪贴板”选项,可将当前图层信息放入剪贴板,移动到其他地方。

⑤ 图形操作设置选项:点击此选项弹出系统设置对话框,分别有“地图设置”“显示设置”和“系统设置”三个选项卡对系统进行相应配置。在“地图设置”选项卡上,可以选择图层的边界样式,可以设定按下“Esc”键时执行的操作,可以设定地图的单位和背景颜色,还可以选择是否有“滚动”效果或“3D 界”,如图 10-10 所示。在“显示设置”选项卡上,可以选择选中实体时是否弹出属性表,是否显示内部字段;选中实体时以什么颜色显示,缩放倍数和

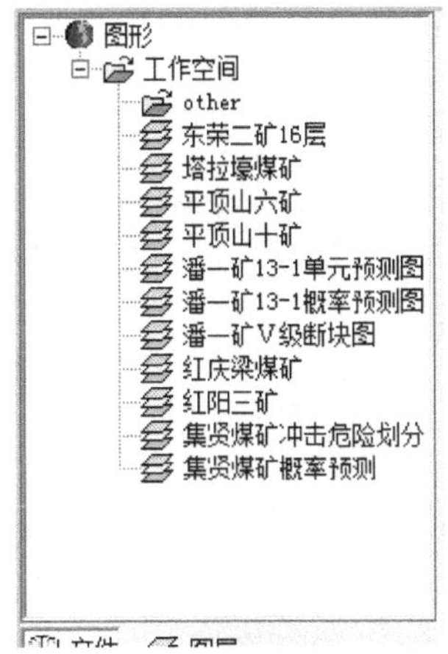

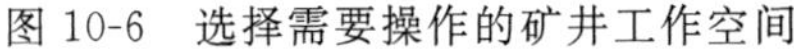

图 10-6　选择需要操作的矿井工作空间

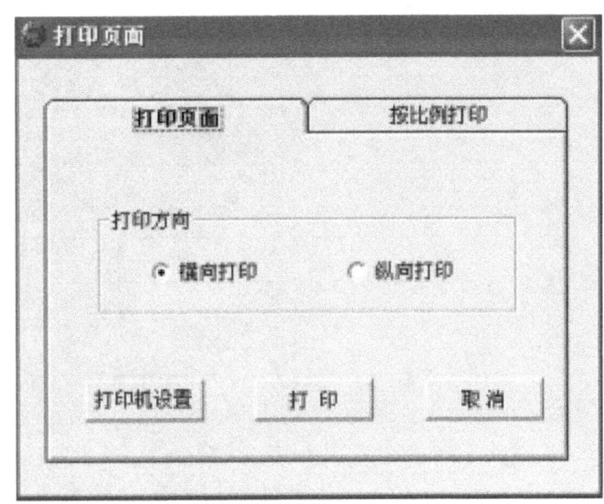

图 10-7　“打印”选项

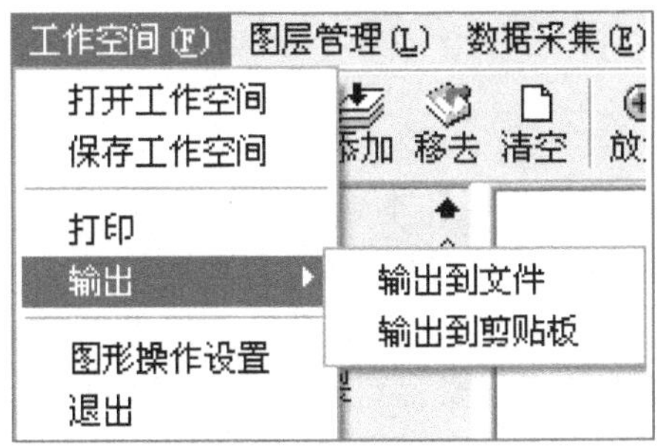

图 10-8　“输出”选项

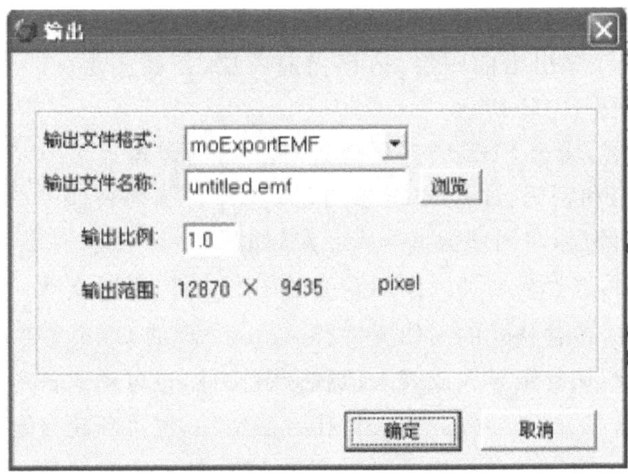

图 10-9　输出文件对话框

标签专题显示的比例参数。在“系统设置”选项卡上，可以设置工作空间路径和 SDE 图形数据的系统字段，还可以设置系统启动时是否打开上次退出时的工作空间。

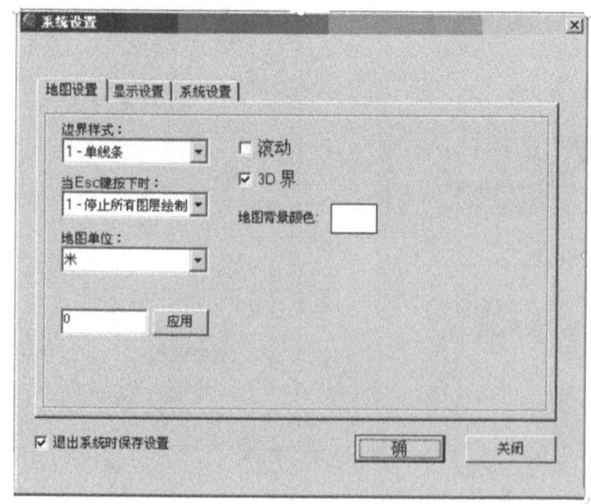

图 10-10 “地图设置”选项卡

10.2.3 图层管理

图层管理菜单主要实现 SDE 图层和本地图层的导入，并导入图层中所需的各类资料，如地震资料、钻孔资料、文字标注和 CAD 文件等，还可以实现对图层的编辑和导出等操作。SDE 图层是指存放在空间数据引擎服务器上的图层文件，使用 SDE 图层必须与 Internet 网络接通，即与空间数据引擎服务器接通；而本地图层是指存放在当前计算机中的图层文件。图层管理菜单的具体功能包括添加 SDE 图层、添加本地图层、导入地震目录、导入钻孔台账、导入文本标注、导入 CAD 文件、移去当前图层、移去所有图层、剪裁图层、移去剪裁图层、导出当前图层、另存当前图层、新建图层、数据关联等 14 项，如图 10-11 所示。

图 10-11 图层管理菜单

① 添加 SDE 图层：输入 SDE 服务器地址和所需的数据库名称，填入正确的用户名和密码，连接 SDE 服务器，选择右侧列表框中数据库中要导入的图层，将图层数据导入系统，如图 10-12 所示。

② 添加本地图层：选择需要加入图形空间的图形文件，系统支持 ESRI 的 SHP 文件，各种格式的图像文件和 AutoCAD 的 DXF 文件。

③ 导入地震目录：从外部导入或载入地震资料文件，也可新建自定义的地震资料。

④ 导入钻孔台账：从外部导入或载入钻孔台账文件，也可新建自定义的钻孔台账。

⑤ 导入文本标注：输入文本标注文件的名称（如“最大主应力值.txt”），点击“确定”按钮，可将标注文件导入系统，如图 10-13 所示。

⑥ 导入 CAD 文件：从外部导入或载入 AutoCAD 的 DXF 文件等。

⑦ 移去当前图层：将选中的图层从图层选择区中删除。

⑧ 移去所有图层：将图层选择区的所有图层删除。

⑨ 剪裁图层：可将选中的部分图层剪切出来。

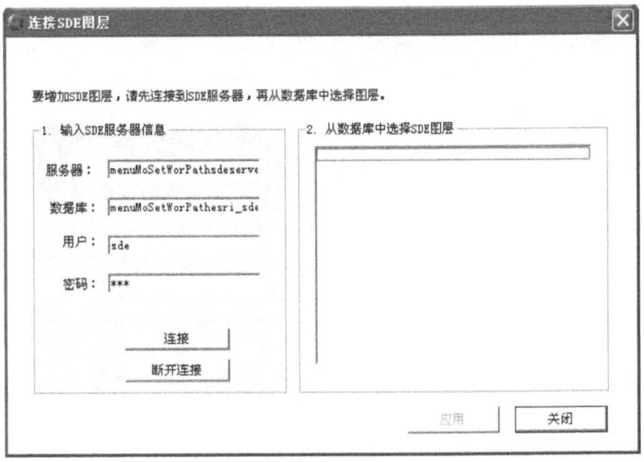

图 10-12　添加 SDE 图层

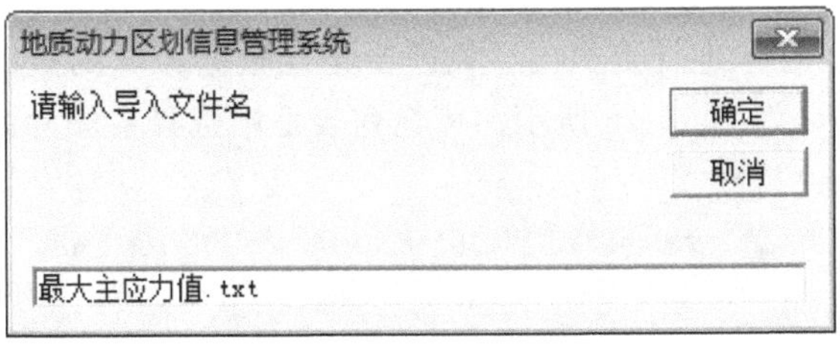

图 10-13　导入文本标注

⑩ 移去剪裁图层：从图层中将选中的部分剪切掉。

⑪ 导出当前图层：可将原图层的属性部分或全部添加给输出的图层，如图 10-14 所示。

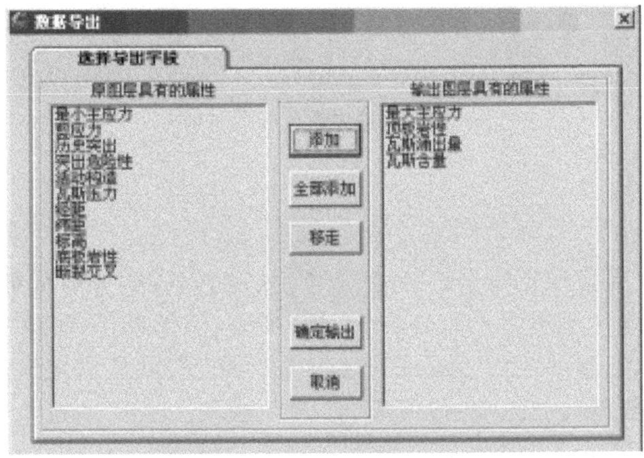

图 10-14　导出当前图层

⑫ 另存当前图层：将当前图层保存为其他名称的文件。

⑬ 新建图层：如果没有现成的图形文件，可以新建图层，选择图层实体类型并添加相应字段。新建的文件是一个空白文件，通过扫描矢量化或直接加入实体的方式添加数据，新建图层属性表，如图 10-15 所示。

⑭ 数据关联：数据关联是指在数据与源文件之间或引用了相同数据的文件之间建立密

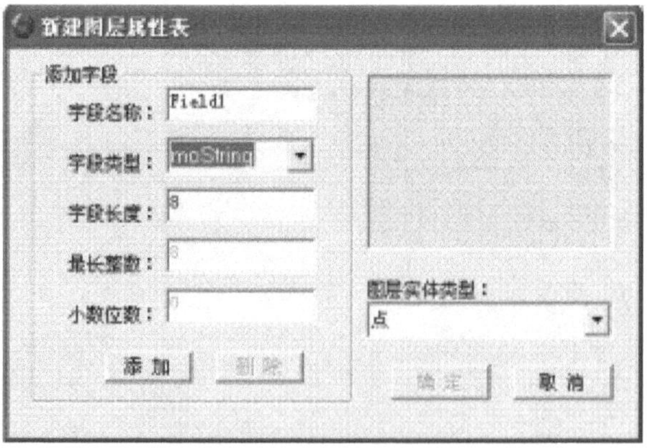

图 10-15　新建图层属性表

切的联系，当其中一个文件的数据发生变化时，其他文件中的数据也随之变化，从而使数据更新变得非常便捷。可在本地计算机内寻找需要建立数据关联的数据文件，选中的资料会在下方的列表框中显示，如图 10-16 所示。可在列表框中选择要删除的相关资料，删除选定的关联资料或全部删除。

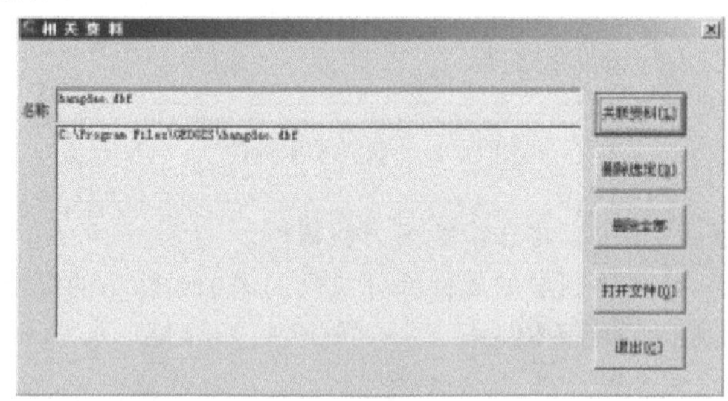

图 10-16　相关资料选择对话框

10.2.4　数据采集

数据采集菜单主要实现对数据的存储、检索、处理和维护，并能从各种渠道的各类信息资源中获取数据，功能包括实体的基本操作（选中实体、添加点、添加线、添加多边形、网络划分、撤销、恢复、删除、复制、粘贴、“移动该点到…”、整体平移、编辑实体属性）和多媒体数据的基本操作（多媒体数据），如图 10-17 所示。

（1）实体的基本操作

实体就是图形中的元素，一个点、一条线、一条巷道等都称为图形元素，图层是由各种元素组成的。在数据采集菜单中，选中实体可在图层上点选实体，对选中的实体进行编辑操作，如图 10-18 所示。由于多个图层重叠，点选实体时可能会出现点选一个实体却选择了多个实体的情况，此时系统会弹出实体选择框，可根据实体编号选择所需的实体。“添加点”“添加线”和“添加多边形”选项可在相应的图层中用鼠标增加点、线和多边形。系统具有底图重绘功能，在进行实体操作后，系统将刷新地图显示。

（2）多媒体数据

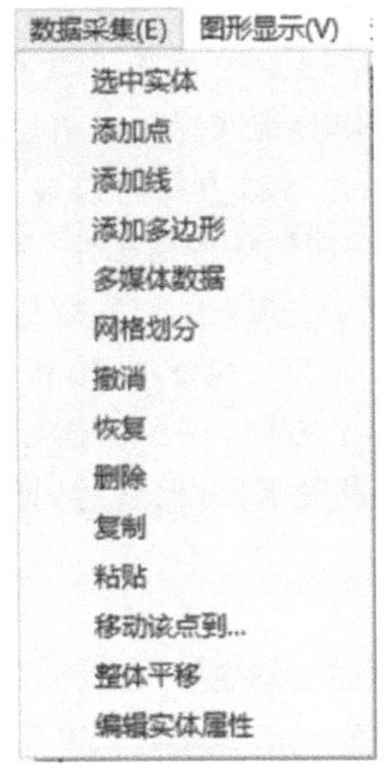

图 10-17　数据采集菜单

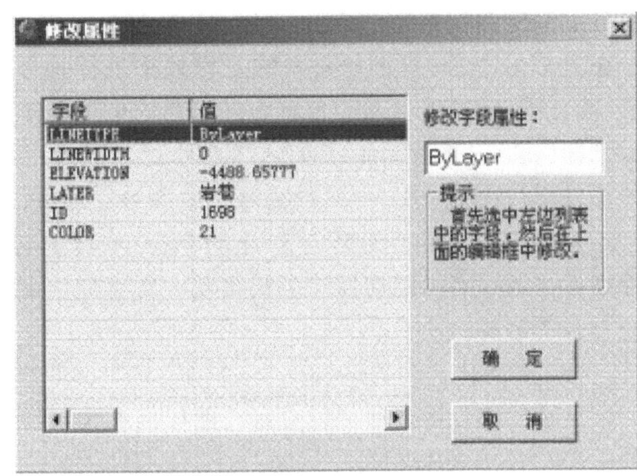

图 10-18　修改属性对话框

地质动力区划信息管理系统将文本、图形、图像、声音、动画和视频等多媒体统合起来并建立了逻辑连接，集成为一个具有交互性的系统。多媒体数据选项用以管理区域预测工程中存在的声音和视频资料，包含扫描图像、遥感图片、航片、卫片和数字视频等。多媒体数据选项可定位文件，将多媒体数据保存到数据库中，并在右下方的浏览窗口显示多媒体资料，如图 10-19 所示。

10.2.5　图形显示

图形显示菜单主要实现图层的显示控制功能，主要包括专题图显示、显示比例设置、图层的缩放（放大、缩小、平移、当前层、全屏、按比例缩放）、显示全视图和隐藏所有图层，如图 10-20 所示。

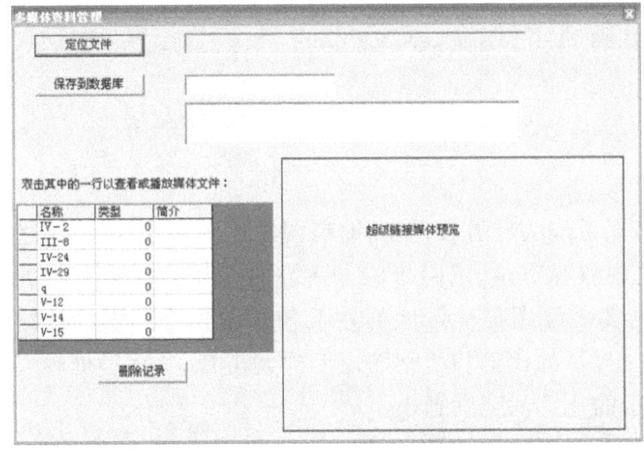

图 10-19　添加多媒体资料

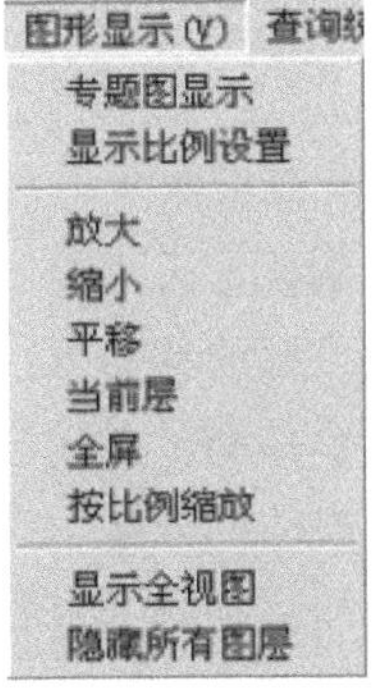

图 10-20　图形显示菜单

(1) 专题图显示

专题图显示选项实现的功能主要包括符号化操作和标注，可直接在菜单上点击访问，也可通过双击图例条轻松访问，如图 10-21 所示。符号化操作可以分别选择单一值、独立值和分级方式对点状、线状和面状的工程数据进行符号化处理，通过分级方式可以显示点密度图、统计图、分层着色图等专题图件。系统中可以采用的标注功能包括普通标注、智能标注、浮动标注。① 普通标注：标注在实体中心点或者中心点周围八个方向上。② 智能标注：智能识别标注中重叠部分，自动隐藏重叠部分。还可以设置线实体为沿线标注，按其可见部分动态调整标注的显示位置。③ 浮动标注：在鼠标移动到实体上方时，显示实体标注文本。浮动标注通过点击浮动标注按钮实现。所有标注的文本均可设置字体、前景色、背景色、背景是否透明等。

(2) 显示比例设置

显示比例设置选项可以对每个图层的最大、最小显示比例进行设置。

(3) 图层的缩放

图层的缩放包括放大、缩小、平移、当前层、全屏、按比例缩放等选项。平移选项可任意拖放整个图层，方便用户查找定位。当前层选项用于将当前选中的图层缩放到全屏显示的状态。全屏选项能将当前图层按一定比例缩放到可以全部显示在图层显示区中。此外，可采用按比例缩放选项自定义放大比例，如图 10-22 所示。

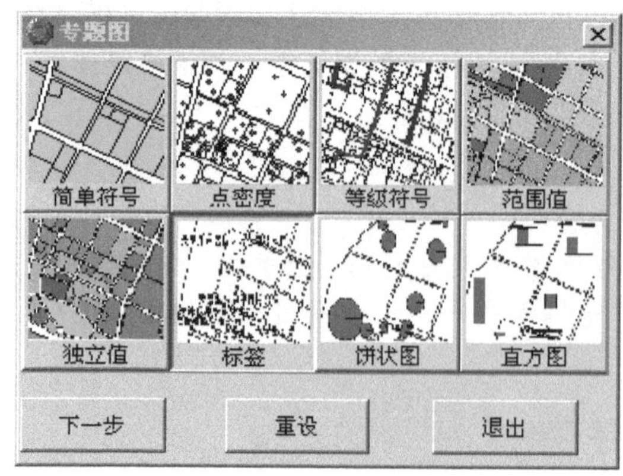

图 10-21 专题图选择框

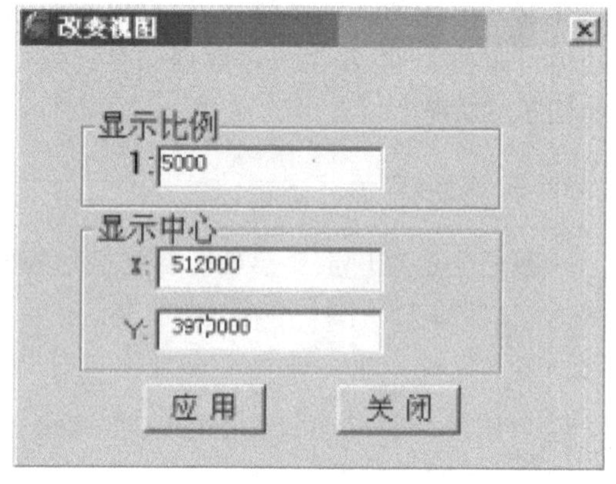

图 10-22 视图比例设置框

(4) 显示全视图

全图导航技术采用全图的缩略图实现系统的导航和定位，缩略图与原图是互动的，通过缩略图中矩形框的移动可以很方便地实现目标定位，用附带的上下左右微调按钮可以很方便地实现图形移动。显示全视图选项能实现在图形显示区的右上角显示整个图层的缩略图。矩形框内的部分显示在图层显示区，显示的比例和所划的矩形框大小有关，矩形框越大显示的比例和范围越大，矩形框越小显示的比例和范围越小。

(5) 隐藏所有图层

该选项可将所有的显示图层隐藏，方便之后选择不同图层，并进行编辑等操作。

10.2.6　查询统计

查询统计菜单主要通过建立的属性数据库，实现各类资料的统计分析、查询检索、动态分析等功能，如图 10-23 所示。查询操作能实现对实体属性数据的查询，分为简单查询、复杂查询和模糊查询三种方式。统计操作可实现对各种实体数据的统计和分析，并生成统计图表，帮助用户分析数据变化的趋势等，包括简单统计、综合统计、条件统计等选项。属性数据一般是相对图形数据而言的，是指描述各种图形特征的信息。用户可显示、修改实体属性，还可以通过函数灵活设置实体的各种状态，设置属性信息、空间信息，获取实体各种属性，如大小、长度、面积、节点坐标、属性数据等。查询数据库可以得到矿井范围内历史上发生矿井动力灾害的详细信息。

(1) 简单查询

可以选择数据所在的图层及其相应字段，确定查询对象需要满足的条件，如图 10-24 所示。在简单查询选项卡内，样本按钮可给出一个有效的查询条件作为参考，选中需要显示在查询结果中的字段可获得选中记录属性表，如图 10-25 所示。

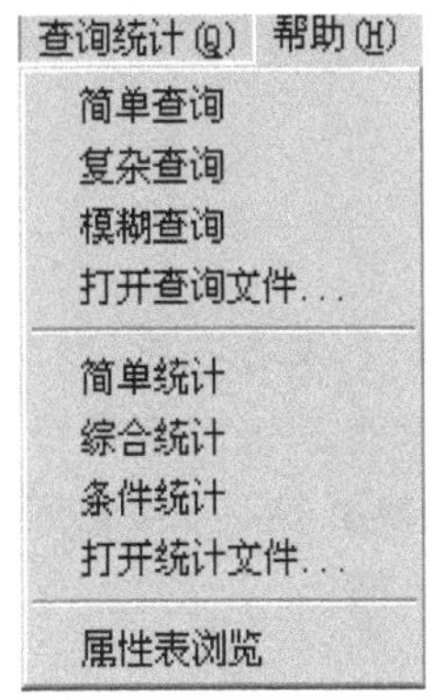

图 10-23　查询统计菜单

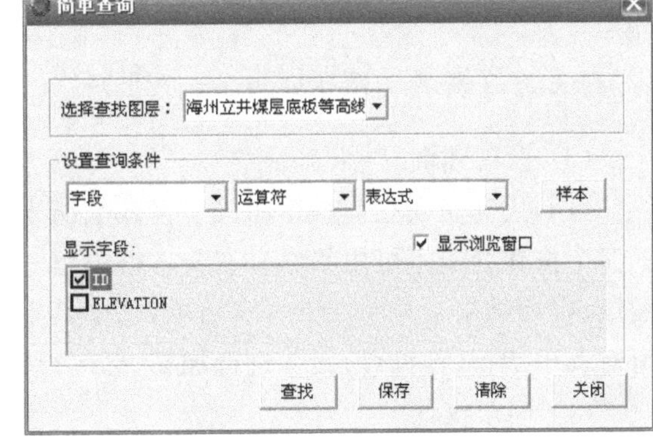

图 10-24　简单查询选项

选中记录属性表

	最小主应力	剪应力	突出危险性	活动构造	FEATUREID
1	12	8	0.55	3.51	1
2	12	9	0.55	2.87	5
3	12	6	0.57	10.46	6
4	12	6	0.57	15.75	7
5	12	6	0.79	0.28	9
6	12	10	0.55	4.61	11
7	12	6	0.57	18.33	13
8	12	6	0.57	24.35	14
9	12	6	0.7	18.45	15
10	12	6	0.75	8.48	16
11	12	8	0.79	1.48	17
12	12	7	0.8	1.82	18
13	12	6	0.57	12.24	21
14	12	6	0.57	21.8	22
15	12	6	0.7	27.99	23

图 10-25　选中记录属性表

(2) 复杂查询

属性数据的结构化查询语言(structured query language，SQL)查询，可实现数据查询、插入、删除、更新和定义等功能。使用标准的 SQL 语句，可以得到满足查询条件的结果集合。如图 10-26 所示，复杂查询选项在 SQL 表达式中填写标准 SQL 语句，选择要查询的数据所在的图层、运算符和函数等，系统可获取选中记录属性表。

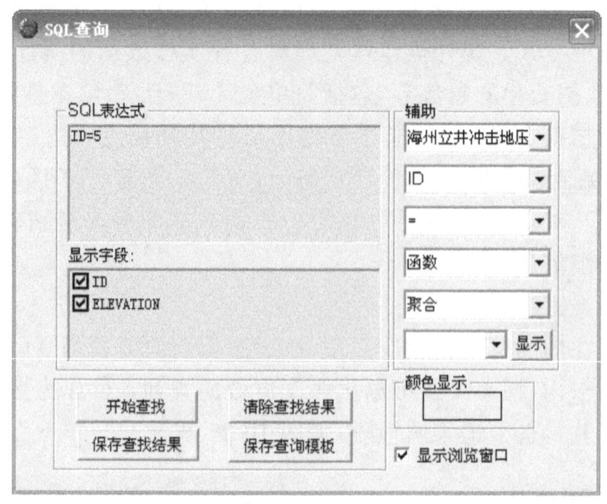

图 10-26 SQL 查询

(3) 模糊查询

可利用和所要查询数据相关字符或数值来查找所需数据。未查询前，查询对话框下方的四个按钮处于不可用状态。在文本框中填入与所要查询数据相关的字符串，选择查找的图层，查询结果会显示在下方表格中，选中其中一个数据，表格下的四个按钮变为可用状态，可对选中数据所对应的实体进行加亮、插入标记、移动和缩放操作。

(4) 简单统计

在查询统计菜单上，简单统计选项的统计对话框如图 10-27 所示。可以选择需要统计数据的图层和字段，统计结果栏中会自动列出记录数、最大值、最小值、标准差等数据。

(5) 综合统计

该选项可以根据选择的统计字段自动生成统计图，如图 10-28 所示。每个使用列可选择一个字段，在统计图类型栏中选择成图类型，有直方图、线型图、饼状图和三维图四种，如图 10-29 所示。

(6) 条件统计

在条件统计选项的对话框中，可以选择要统计的图层和字段，如图 10-30 所示。统计范围分全区、当前选择集和自定义区域三种。全区是指整个图层范围，当前选择集指当前选择的统计范围，选择自定义区域可任意指定统计的范围。

在统计项中可进行自由选择，选中需要统计的选项。点击"统计"按钮将给出统计结果显示框，显示框下半部分提供统计的数据，上半部分为统计结果成图区，如图 10-31 所示。可选择二维(2D)直方图、饼图、折线图、XY 散点图、阶梯图、面积图、组合图和三维(3D)条形图、折线图、面积图、阶梯图和组合图等 12 种成图方式。系统根据统计数据自动成图，可将统计模板保存，也可直接点击"输出打印"按钮进行输出。

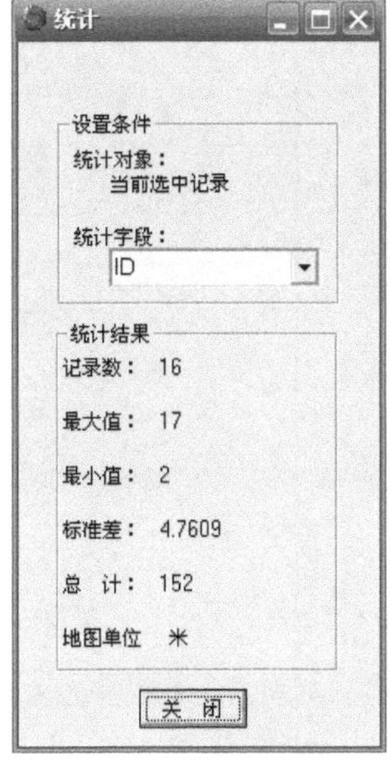

图 10-27　简单统计

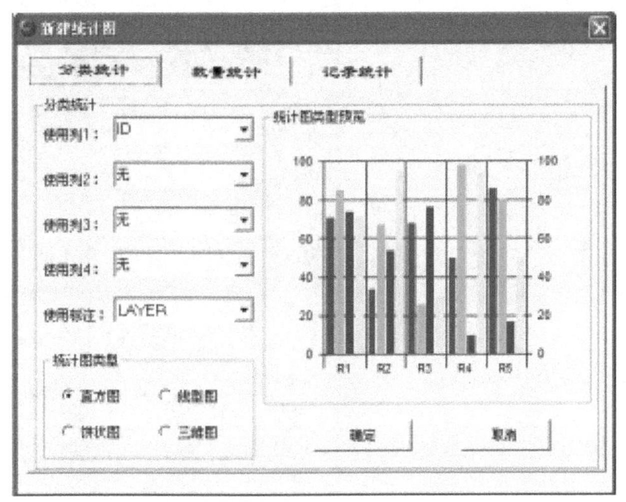

图 10-28　新建统计图对话框

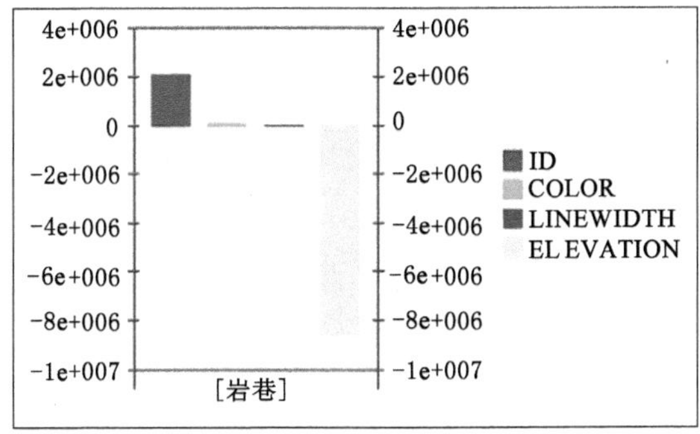

(a) 直方图

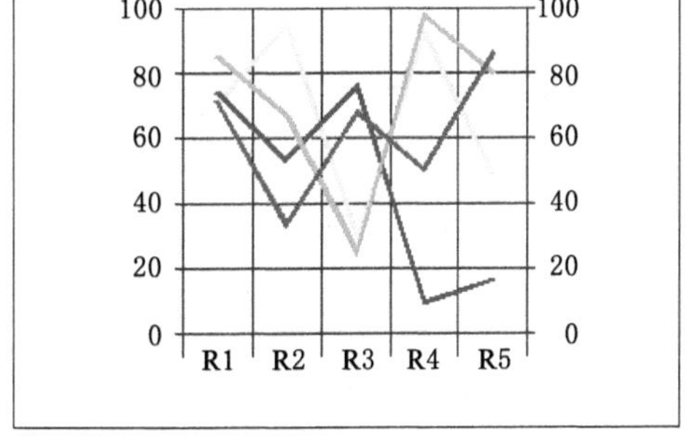

(b) 线型图

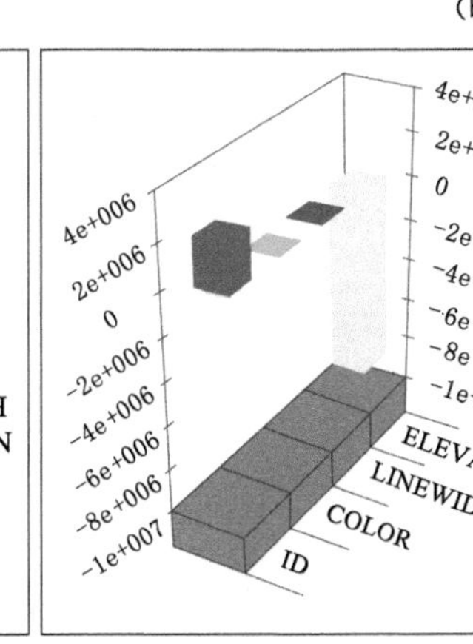

(c) 饼状图

(d) 三维图

图 10-29　四种成图类型

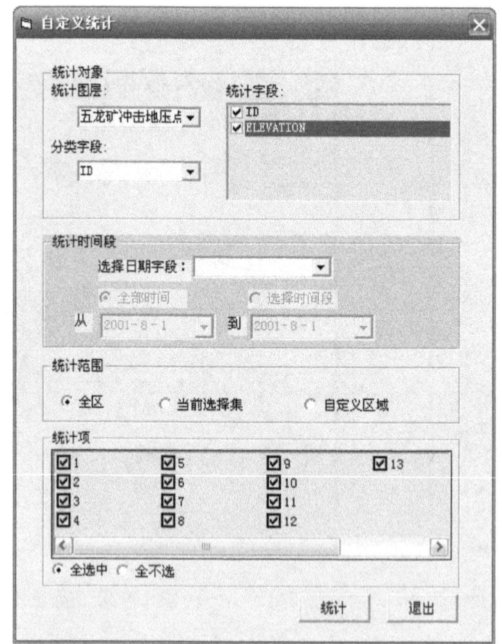

图 10-30　自定义统计对话框

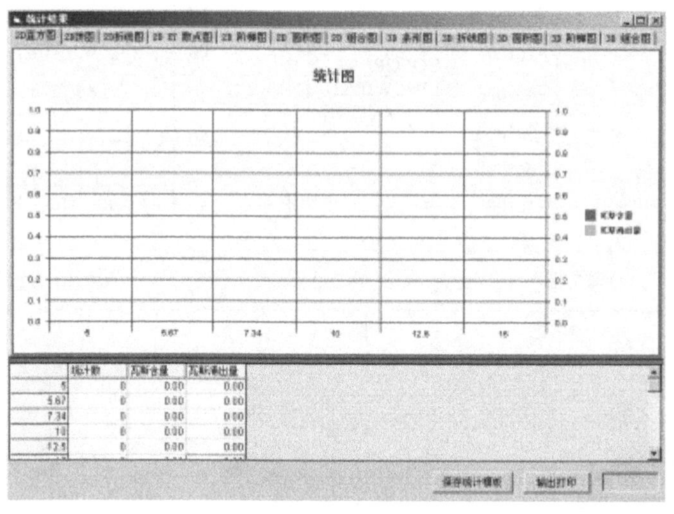

图 10-31　统计结果显示框

(7) 属性表浏览

属性表是指记录所有实体属性数据的表。属性表浏览选项可以直接访问属性数据库，在图层选择区中单击要查看的图层，将该图层所有属性资料以数据表的方式显示出来，如图 10-32 所示。

选中记录属性表

	底板岩性	最大主应力	最小主应力	剪应力	突出危险性	活动构造	构造
1	10	29	12	8	0.55	3.51	1
2	10	30	13	8	0.55	2.09	2
3	10	27	13	7	0.54	6.84	2
4	10	27	13	7	0.54	10.56	2
5	10	31	12	9	0.55	2.87	
6	10	26	12	6	0.57	10.46	1
7	10	26	12	6	0.57	15.75	2
8	10	26	13	6	0.75	9.61	2
9	10	26	12	6	0.79	0.28	1
10	22	27	13	6	0.71	3.94	2
11	10	33	12	10	0.55	4.61	1
12	10	26	11	7	0.57	9.28	1
13	10	26	12	6	0.57	18.33	1
14	10	26	12	6	0.57	24.35	2
15	10	26	12	6	0.7	18.45	3

图 10-32　属性表

10.2.7　专项功能管理

专项功能下拉菜单内容包括地质动力环境评价、活动断裂管理、井田岩体应力数据管理、煤岩动力系统与能量数据管理和矿井动力灾害模式识别，如图 10-33 所示。专项功能是地质动力区划信息管理系统的核心，内容详见 10.3 节。

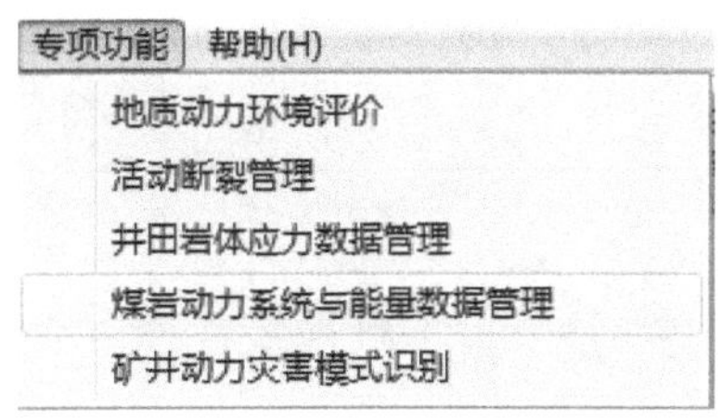

图 10-33　专项功能

10.3　地质动力区划信息管理系统专项功能

10.3.1　地质动力环境评价

地质动力区划信息管理系统实现了地质动力环境评价功能，即对煤矿所处的区域地质体的结构特征、运动特征和应力特征的评价，分析在自然地质条件下，构造形式、构造运动、构造应力、岩层特征等及其组合模式对井田煤岩体的动力作用，如图 10-34 所示。

计算构造凹地地貌条件、断块构造垂直运动条件、断块构造水平运动条件、断裂构造影响范围、构造应力、煤层开采深度、上覆坚硬岩层条件和本区及邻区冲击地压判据条件等地质动力环境评价指标影响程度级别，输入对应评价指数，获得综合评价指数和矿井地质动力环境等级，如图 10-35 和图 10-36 所示。分析地质动力背景对冲击地压的作用，评价矿井地质动力环境等级，确定矿井地质动力环境类型，计算地质动力环境提供的能量和冲击地压发生的临界能量，依据地质动力环境评价结果划分冲击地压矿井类型。

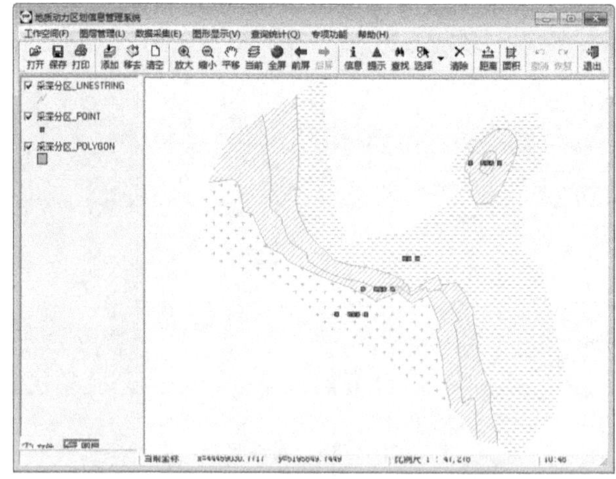

图 10-34　地质动力环境评价数据管理

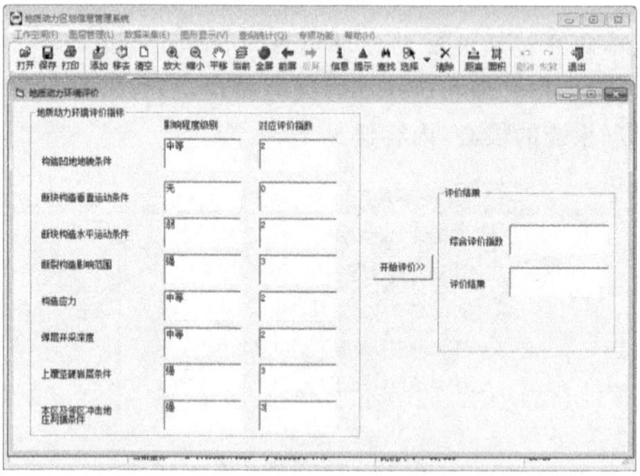

图 10-35　地质动力环境评价指标输入

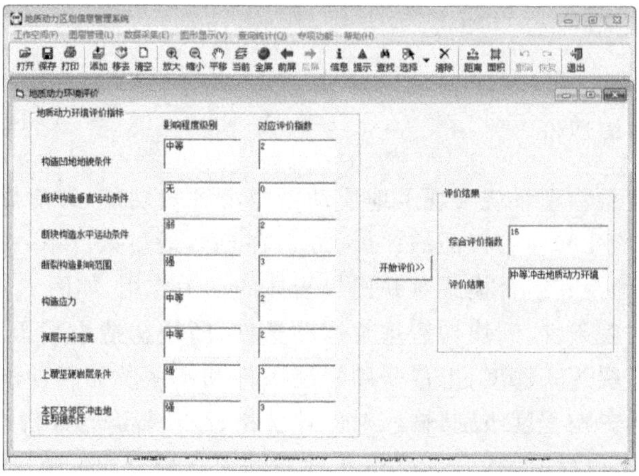

图 10-36　地质动力环境评价计算与结果输出

10.3.2　断裂构造管理

地质动力区划信息管理系统实现了断裂构造计算机辅助划分与管理功能，如图 10-37 所示。从板块构造的尺度出发，根据断块的主从关系和大小从高级到低级按顺序确定出Ⅰ—Ⅴ级断块，最终将研究范围划定至井田尺度上。用绘图法进行断块划分主要是基于断裂构造的地貌特征进行的，根据地形地貌的基本形态和主要特征决定于地质构造形式的原理，通过对地形地貌的分析，查明区域断裂构造的形成与发展状况。划分的各级断块图建立了现代构造运动与工程应用之间的联系，其中Ⅴ级断块图建立了井田地质构造模型。

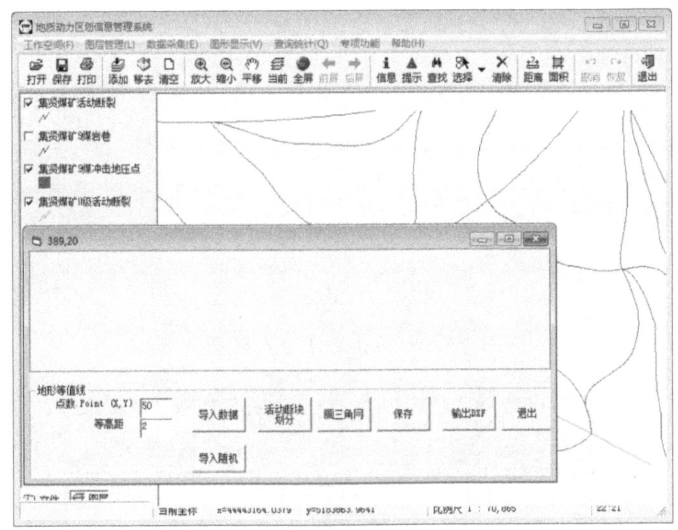

图 10-37　断裂构造辅助划分与管理

选中后点击“信息”可查询断裂构造名称、断裂方位角、断裂长度、地貌表现和运动性质等详细信息，点击热链接可显示相应图片，如图 10-38 所示。

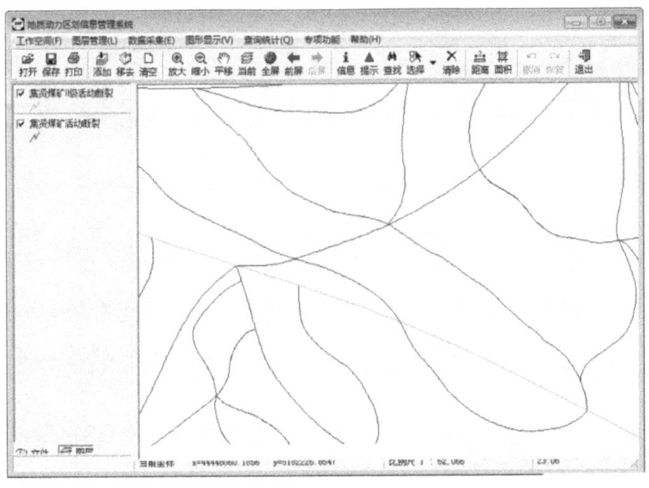

图 10-38　断裂构造信息查询

10.3.3 井田岩体应力数据管理

地质动力区划信息管理系统实现了井田岩体应力数据管理功能，基于在井田Ⅴ级断块图上建立的区域地质构造模型，处理井田地质钻孔和井下工程揭露的煤岩层资料数据并计算生成岩性分布模型，如图 10-39 和图 10-40 所示。

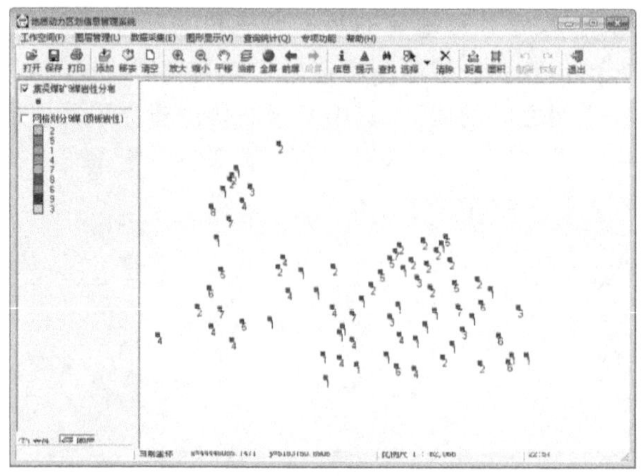

图 10-39 钻孔岩性导入与管理

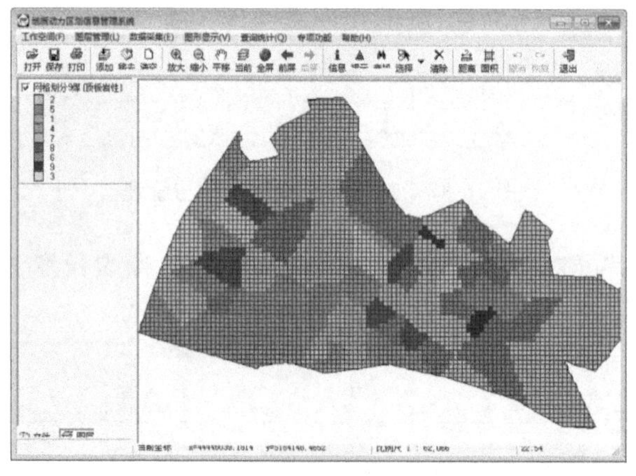

图 10-40 计算生成岩性分布模型

将岩性分布模型数据导入“岩体应力状态分析系统”有限元程序，将井田Ⅴ级断块图作为区域地质构造模型，以地应力测量数据作为加载条件，以煤矿井田赋存特征作为边界条件，完成数值计算工作，将计算结果导入地质动力区划信息管理系统，生成最大主应力等值线图、剪应力图、最小主应力等值线图、构造应力划分图，从而确定区域岩体应力分布规律，如图 10-41、图 10-42、图 10-43 所示。

10.3.4 煤岩动力系统与能量数据管理

地质动力区划信息管理系统实现了煤岩动力系统与能量数据管理功能，构建了煤岩动力系统与冲击地压显现关系模型，根据能量积聚程度和影响范围等特征将煤岩动力系统的结构

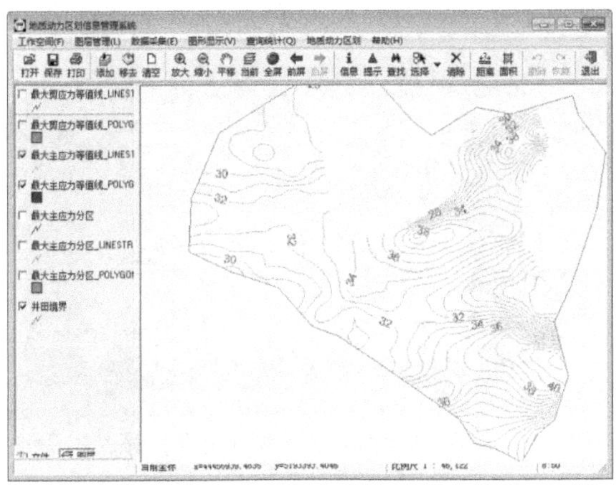

图 10-41　最大主应力数据管理

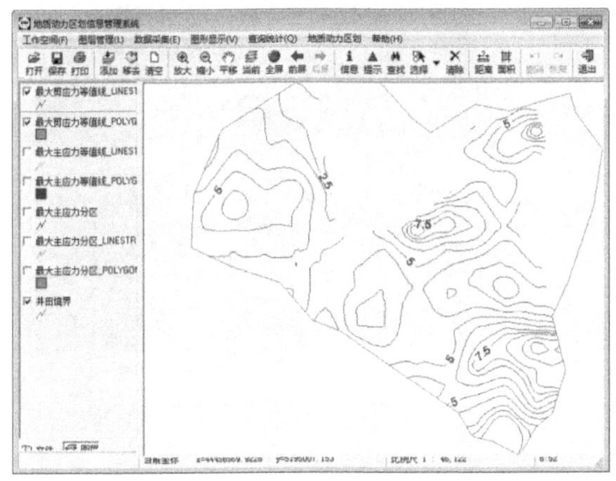

图 10-42　剪应力数据管理

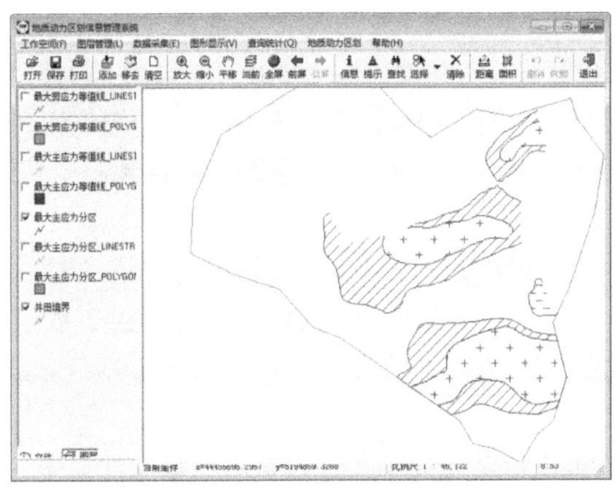

图 10-43　应力分区数据管理

划分为“动力核区”“破坏区”“裂隙区”和“影响区”等 4 个区域。可计算和判定煤岩动力系统释放能量，计算煤岩动力系统的结构尺度，计算安全开采范围，如图 10-44 和图 10-45 所示。

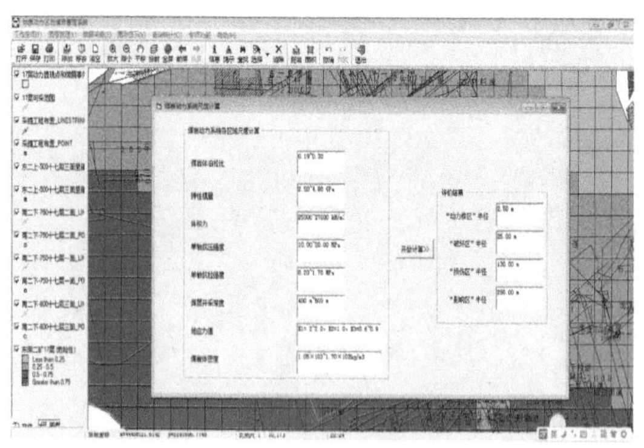

图 10-44 煤岩动力系统尺度计算

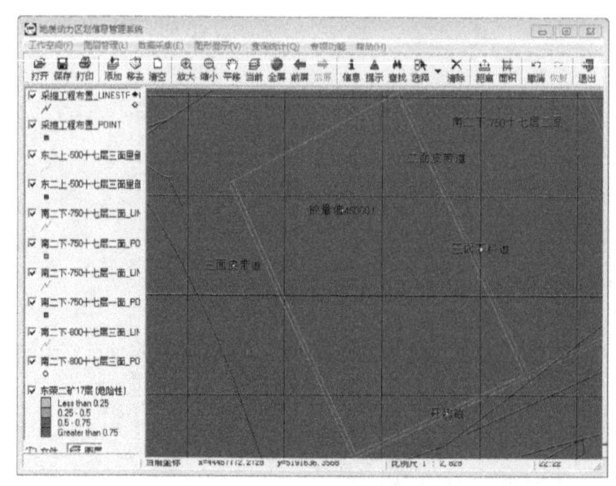

图 10-45 煤岩动力系统与能量数据管理

10.3.5 矿井动力灾害模式识别

地质动力区划信息管理系统实现了矿井动力灾害模式识别功能，通过分析计算和预测(图 10-46)，可得到成果包括：① 矿井动力灾害发生的模拟模型；② 矿井动力灾害数据可视化图件；③ 区域危险程度分布图。其由空间数据、模式识别知识库和模型库组成，包括数据管理子系统、数据前处理子系统、矿井动力灾害危险性区域预测子系统和数据可视化与输出子系统[254-255]。

该功能可显示矿井动力灾害发生危险性分布情况与巷道的对应关系，灾害发生危险性是对特定网格单元矿井动力灾害发生可能性的定性描述。由于数据量大，将图形显示方式设置为按比例尺显示，即只有当达到一定比例尺时巷道才会显示，这样可以有效地实现图形显示的层次性。

设定标签显示方式，可以清楚地显示每一网格单元危险性概率，其是对特定网格单元灾害发生可能性的定量描述。将井田划分为无、弱、中等、强危险性等区域，各区域分别用相应的颜色表示，即区域性预测结果，如图 10-47 所示；进而获得危险性分区与巷道对应关系，如图 10-48 所示。

各预测单元的概率统计可用直方图表示，矿井各煤层区域的预测结果可用数据库方式

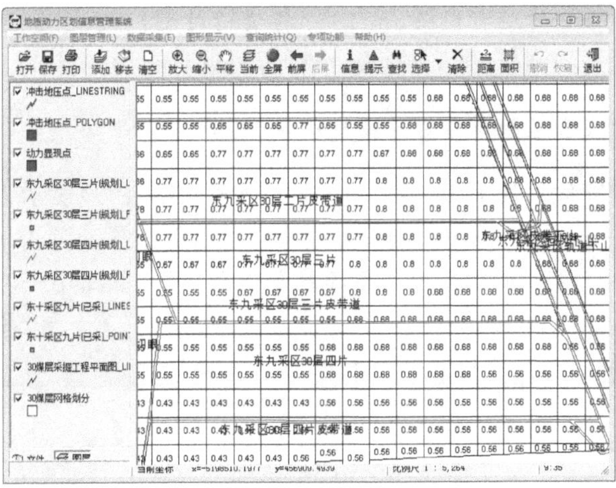

图 10-46　网格单元危险性概率

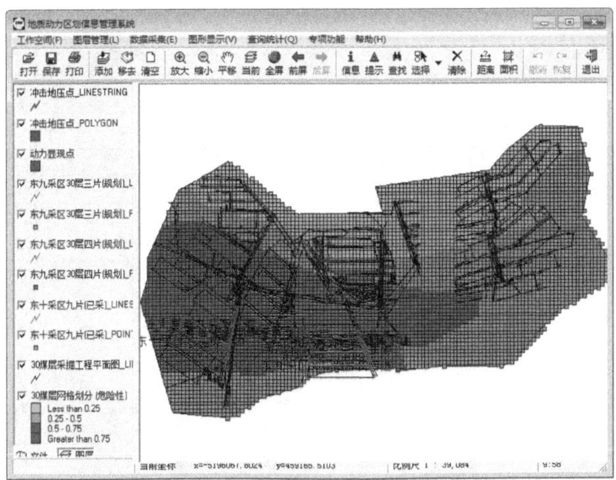

图 10-47　危险性区域预测

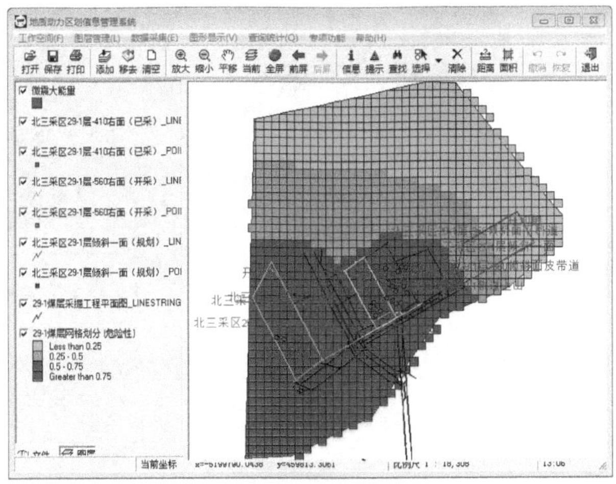

图 10-48　网格单元危险性与巷道对应关系

表示，可以生成等值线图、分层着色图、三维图、各类统计图，与工程图结合生成单元预测图。可以通过系统实现数据的浏览、查询、检索、统计等；可以通过绘图仪输出矿用标准图纸。

10.3.6 工作面动力灾害危险性多因素模式识别预测

基于矿井动力灾害危险性多因素模式识别区域预测结果，地质动力区划信息管理系统可进一步将预测结果显示到工作面，可得到成果包括：① 工作面冲击地压危险性概率预测图，如图 10-49 所示；② 工作面冲击地压危险性分层着色图，如图 10-50 所示。

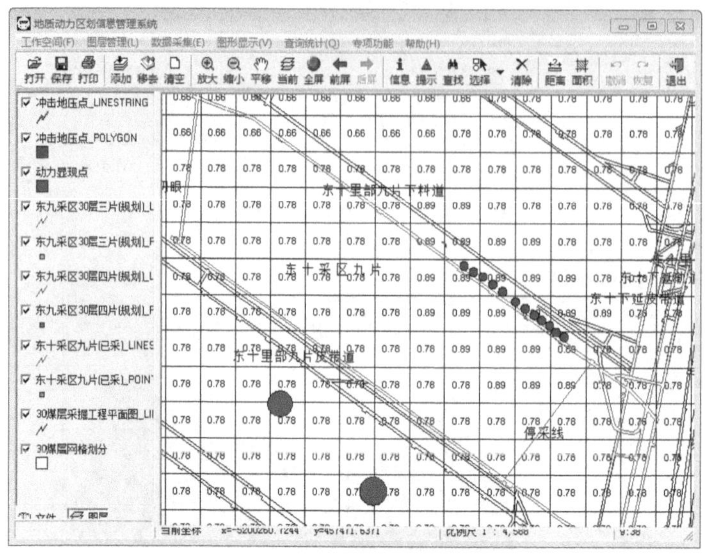

图 10-49 工作面冲击地压危险性概率预测图

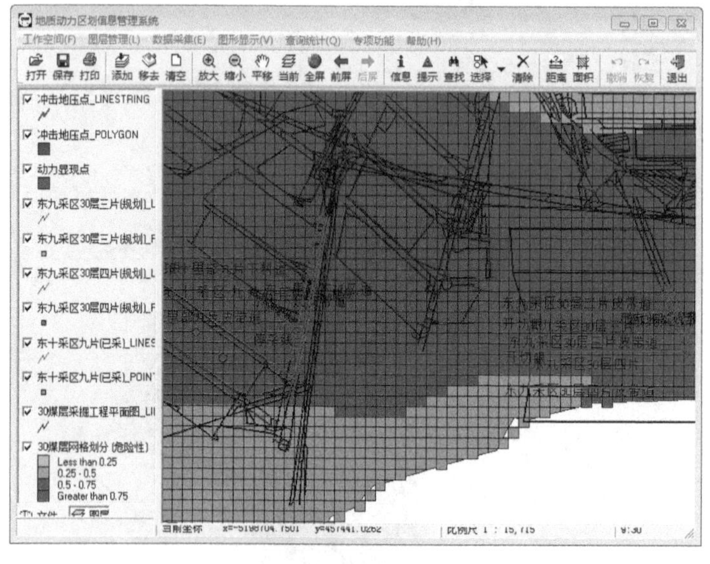

图 10-50 工作面冲击地压危险性分层着色图

系统可显示工作面动力灾害发生危险性分布情况与工作面开切眼、运输巷道、回风巷道及停采线的对应关系，灾害发生危险性是对特定网格单元工作面动力灾害发生可能性的定性描述。设置比例尺，可以实现工作面网格单元危险性概率的精细化图形显示。

设定标签显示方式，可以清楚地显示工作面每一网格单元危险性概率，其是对特定网格单元灾害发生可能性的定量描述。将工作面划分为无、弱、中等、强危险性等区域，各区域分别用相应的颜色表示，即工作面危险性预测结果，进而获得危险性分区与工作面巷道对应关系。

第11章 断裂构造与地壳变形监测方法

11.1 矿井动力灾害常用监测方法

11.1.1 矿井动力灾害监测发展现状

为进一步提高煤矿安全生产水平，针对矿井动力灾害发生特点，研发更为科学的矿井动力灾害辨识及监测系统，实现对矿井动力灾害的有效监测，从而降低煤炭开采过程中的动力灾害风险[256]。

《防治煤矿冲击地压细则》[257]以及《防治煤与瓦斯突出细则》[232]明确规定，存在冲击地压及煤与瓦斯突出等动力灾害的矿井必须建立区域与局部相结合的动力灾害危险性监测制度。区域监测指对大范围的区域应力水平和覆岩空间运动进行监测，其监测范围应当覆盖矿井采掘区域。矿井动力灾害常用区域监测方法有微震监测、震动波 CT 监测、地表形变监测等。局部监测指对工作面围岩应力水平及破裂程度进行监测，局部监测应当覆盖矿井动力灾害危险区域。矿井动力灾害常用的局部监测方法有采动应力监测、电磁辐射监测、电荷感应监测、地音法监测、钻屑法监测、钻孔瓦斯涌出初速度法监测等。

矿井动力灾害孕育-发生过程通常伴随着煤岩体变形导致的顶板下沉、巷道两帮移近、煤岩体破裂声电信号、支架阻力以及瓦斯涌出量等响应量的变化。矿井动力灾害监测预警就是通过科学的方法，监测矿井动力灾害孕育-发展过程中的响应量，并与临界预警值进行比较，判断采掘工作面的动力灾害危险性。当判别无动力灾害危险时，采取安全防护措施后可正常生产；当判别具有动力灾害危险时，根据危险等级采取相应解危措施，直至响应量小于临界预警值。矿井动力灾害监测预警体系如图 11-1 所示。

矿压观测和瓦斯监测是煤矿常规的安全监测方法，主要监测矿井开采过程中的矿山压力变化及瓦斯浓度、涌出量等。动力灾害矿井应基于矿压监测系统及瓦斯动态监测系统，并与微震监测、采动应力监测等动力灾害常用的区域与局部监测方法相结合，提高矿井动力灾害监测的准确度。

11.1.2 矿井动力灾害常用区域监测方法

(1) 微震监测

近年来，矿井动力灾害地球物理监测预警方法发展迅速，主要包括微震、声发射、电磁辐射、震动波 CT 等技术手段。其中，微震监测技术是利用煤岩体受力破坏过程中产生的震动，其能量一般大于 100 J、频率 0.1～150 Hz，通过微震监测仪器记录煤岩体破裂所产生的微震信息来研究煤岩结构和稳定性的一种实时、动态、连续的地球物理监测方法，广泛应用于煤与瓦斯突出、冲击地压等矿井动力灾害监测领域。

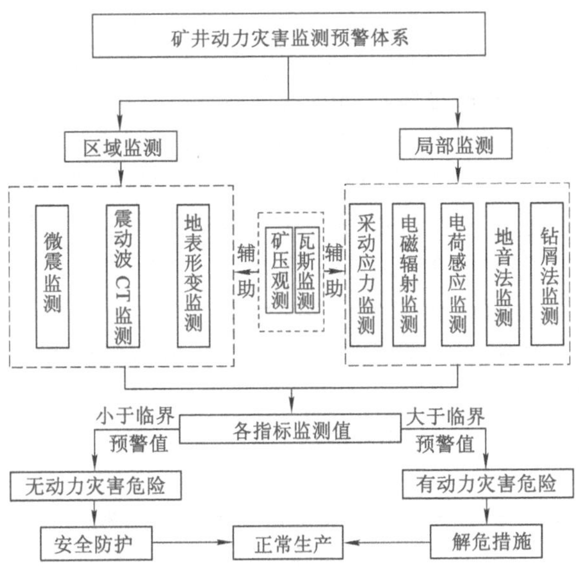

图 11-1　矿井动力灾害监测预警体系

中国学者对利用微震技术在矿井动力灾害中进行监测预警做了大量的研究。陆菜平等[258]根据频谱特征进行微震信号辨识，为预测矿井动力灾害提供了新的途径。邓志刚等259提出了一种新型自震式微震监测技术，有效提高了监测精度。姜福兴等[260]提出了工作面微震活动，应力及声发射的原始记录数据可行的耦合模式。潘一山等[261]研制了矿震监测定位系统并进行了现场应用。赵兴东等[262]将煤矿微震活动信息、应力和瓦斯相结合，对冲击地压和煤与瓦斯突出危险性进行监测预警。目前，常用的微震监测系统由微震传感器（检波器）、信号采集系统、数据传输系统、时间同步系统和数据分析系统等组成。微震监测系统示意如图 11-2 所示。

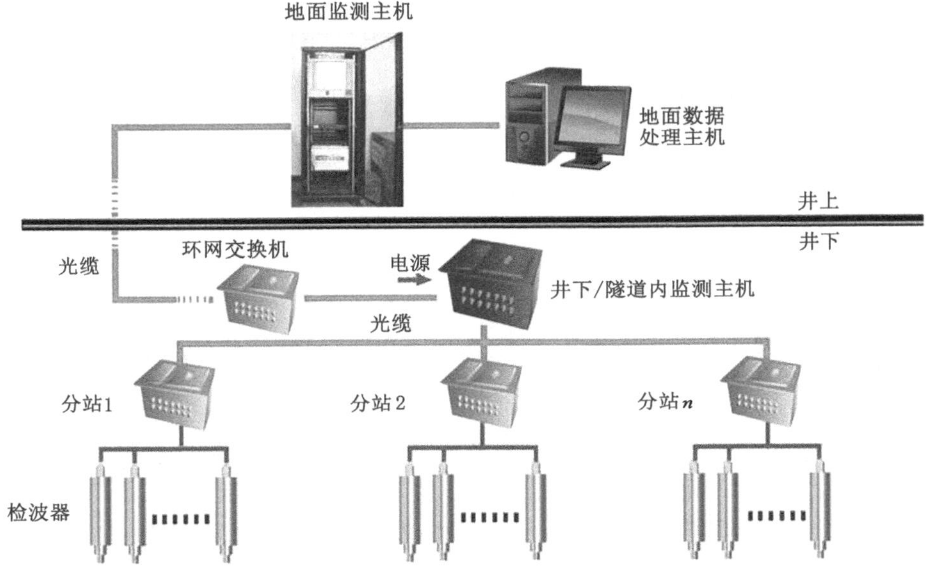

图 11-2　微震监测系统示意

微震监测以微震频度和微震总能量为主要监测指标，微震能量最大值等为辅助监测指标。其中，微震频度指一定条件下，一段时期内，相同时间间距内微震发生次数的累加值。微震总能量指一定条件下，一段时期内，相同时间间距内的微震能量总和。微震能量最大值指一定条件下，一段时期内，相同时间间距内的微震能量最大值。冲击地压微震预警方法主要包括绝对值法和趋势法两类。其中，绝对值法是指当微震频度、微震总能量或微震能量最大值达到或超过临界预警值时进行预警的方法。参考邻近相似条件的矿井和工作面，确定初始微震监测指标临界预警值；结合钻屑法、采动应力法和矿压观测法等局部监测结果，分析和优化微震监测临界预警值。趋势法是指当出现微震频度和微震总能量连续增大，微震频度和微震总能量发生异常变化，微震事件向局部区域积聚等情况时进行预警的方法。

(2) 震动波 CT 监测

震动波 CT(computed tomography)监测利用地震波射线对工作面的煤岩体进行透视，通过地震波走时和能量衰减的观测对工作面的煤岩体进行成像。特别是将震动波 CT 监测和微震实时监测相结合，是矿井动力灾害评价和预测的最新发展方向。通过震动波波速的反演，确定工作面范围内的震动波速度场的分布，根据震动波速度场确定工作面范围内应力场，划分出高应力区，为矿井动力灾害的监测和防治提供依据。

根据震源来源不同，可将震动波 CT 监测技术分为主动 CT 技术及被动 CT 技术两类，如图 11-3 所示。主动 CT 技术采用人工激发震源的方式进行分析反演计算。彭苏萍等[263]将主动 CT 技术应用于地质构造勘探，结果表明该技术探测精度高，构造线性成像明显。窦林名等[264]采取主动 CT 技术在兖州矿区研究了波速分布与强矿震分布的关系，发现强矿震落入冲击危险预警区域的准确率较高，从而证明了主动 CT 技术在监测和预警冲击地压或强矿震危险分布方面的可行性。被动 CT 技术利用采矿过程中产生的矿震作为震源进行分析反演计算。K. Luxbacher 等[265]采用被动 CT 技术，以自然发生的矿震作为激发源对工作面开采过程中的 P 波速度分布进行了反演，发现高应力区与高波速区吻合较好。A. Lurka[266]利用被动 CT 技术对波兰煤矿冲击危险性进行评价，发现冲击或强矿震往往出现在高波速区和高波速变化梯度区。相较被动 CT 技术，由于受到巷道分布和炸药激发震动波能量客观条件限制，主动 CT 技术监测强矿震或冲击危险的范围较小，并且实施该技术的劳动强度和经济成本也较高，从而导致该方法在应用推广方面受到一定的限制。但是人

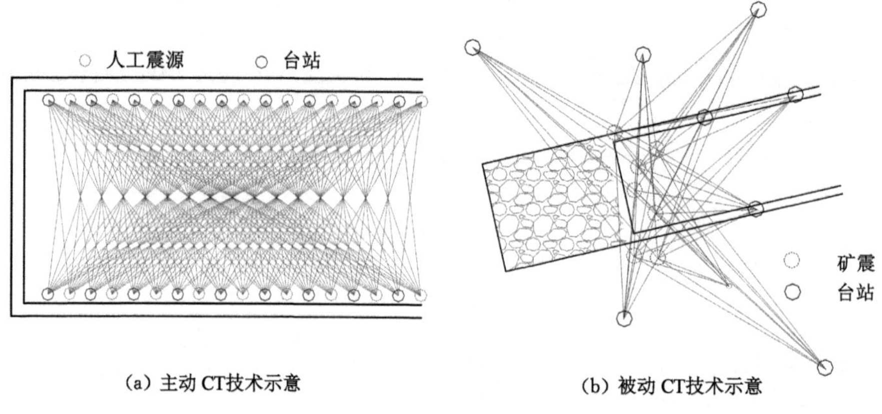

(a) 主动 CT技术示意

(b) 被动 CT技术示意

图 11-3 震动波 CT 监测技术示意

工激发的震源是可控、可优化的，而矿震的发生与地质条件和开采技术条件有很大关系，其数量、能量和发生位置具有一定的不确定性。所以，对于重点观察的危险区域，采用主动 CT 技术进行监测的准确性较高，监测效果较好。

震动波 CT 监测的主要监测指标为弹性波波速异常系数 A_n 及波速梯度变化系数 V_G。根据试验结果确定的波速正异常系数与冲击地压危险性之间的关系见表 11-1。同样，开采过程中顶底板岩层必然会产生裂隙及弱化带，而岩体弱化及破裂程度与弹性波波速相关，因此通过弹性波波速的负异常可以判断反演区域的开采卸压弱化程度，波速负异常系数与煤岩体弱化程度之间的关系见表 11-2。对于高波速向低波速过渡的区域，即波速变化较大的区域，采用波速梯度变化系数 V_G 评价该区域冲击地压危险性。V_G 与冲击地压危险性之间的关系见表 11-3。

表 11-1　波速正异常系数 A_n 与冲击地压危险性之间的关系

冲击地压危险性	波速正异常系数 A_n/%
无冲击地压危险	<5
弱冲击地压危险	5～15
中等冲击地压危险	15～25
强冲击地压危险	>25

表 11-2　波速负异常系数 A_n 与煤岩体弱化程度之间的关系

煤岩体弱化程度	弱化特征	波速负异常系数 A_n/%	应力降低概率
0	无	0～−7.5	<0.25
−1	弱	−7.5～−15	0.25～0.55
−2	中	−15～−25	0.55～0.8
−3	强	<−25	>0.8

表 11-3　波速梯度变化系数 V_G 与冲击地压危险性之间的关系

冲击地压危险性	波速梯度变化系数 V_G/%
无冲击地压危险	<5
弱冲击地压危险	5～15
中等冲击地压危险	15～25
强冲击地压危险	>25

(3) 地表形变监测

矿区地表沉降及移动是煤层开采过程中上覆岩体结构受力变形的一种综合反映形式，而诸如冲击地压等矿井动力灾害的主要诱因是上覆岩层运动使采场周围煤岩体应力平衡状态被打破，地表形变与矿井动力灾害发生有着紧密的联系。地表形变监测的基本内容：按照规定的观测周期，持续、反复测定各个监测点在整个工作面回采过程中的空间位置变化情况。其主要监测指标为地表下沉量及地壳形变量等。

传统的地表形变监测方法主要有基于点的水准测量、卫星遥感系统等，如图 11-4 所示。近年来，合成孔径雷达(synthetic aperture radar，SAR)以及合成孔径雷达干涉测量(interferometric synthetic aperture radar，InSAR)技术，作为主动式地表形变监测技术，被广泛应用于区域地表形变监测、滑坡灾害预测及地震形变监测。该技术能实现全天时、全天候监测，与传统方法相比，可极大地提高监测效率及监测精度。

(a) 点水准测量全站仪

(b) 卫星遥感系统

图 11-4　传统地表沉降监测方法

差分合成孔径雷达干涉测量(differential InSAR，D-InSAR)技术是 InSAR 技术的延伸，通过两景 SAR 影像联合外部地形数据获取地表的微小形变。差分干涉图由两景不同时间获取的 SAR 影像组成，假如在这段时间内地表发生了形变，如图 11-5 所示，差分干涉图中将会记录相关信息。L. K. Dong 等[267]在 D-InSAR 技术的基础上使用能有效克服时空相干、大气延迟异常以及地形影响等问题的时间序列 InSAR 技术结合开采沉陷对称特征对煤矿区进行三维位移反演。罗伟等[268]等以无人机为平台，如图 11-6 所示，搭载 SAR，采用无人机遥感技术对采区地表形态变化进行监测，可极大地提高作业效率和感知精度。辽宁工程技术大学地质动力区划团队将全球导航卫星系统(global navigation satellite system，GNSS)与 D-InSAR 技术相结合研制了一种矿区地壳形变的监测方法，并在鹤岗南部矿区进行了应用。

11.1.3　矿井动力灾害常用局部监测方法

(1) 采动应力监测

采动应力监测原理是将受压传感器安装在煤体的深孔内，通过受压传感器把围岩应力变化转化为电信号，最终换算为压力，得到煤体应力相对变化情况，进而判断矿井动力灾害危险性。钻孔应力测试技术是目前中国工程现场测量煤层采动应力的主要技术，常用传感器基于格鲁兹压力盒，在传感器外观及信号转换方式上进行改进，常用的包括直读式钻孔应力计(KS 型)和钢弦式钻孔应力计(KSE 型)两种。

学者们基于传统的液压钻孔应力计开展了大量的研究工作，付东波等[269]在晋城矿区某煤矿综采工作面超前 30 m 范围内的两侧实体煤中布置不同深度的钻孔应力传感器，实时监测采动影响条件下工作面前方煤岩体的应力变化。于正兴等[270]对 KS 和 KSE 型液压钻孔应力计进行模拟试验，认为应力计初始压力的设置可根据煤岩介质的弹性模量估算。为了实现实时、连续的三向应力监测，武汉大学纪杰等[271]和中国矿业大学沈荣喜等[272]分

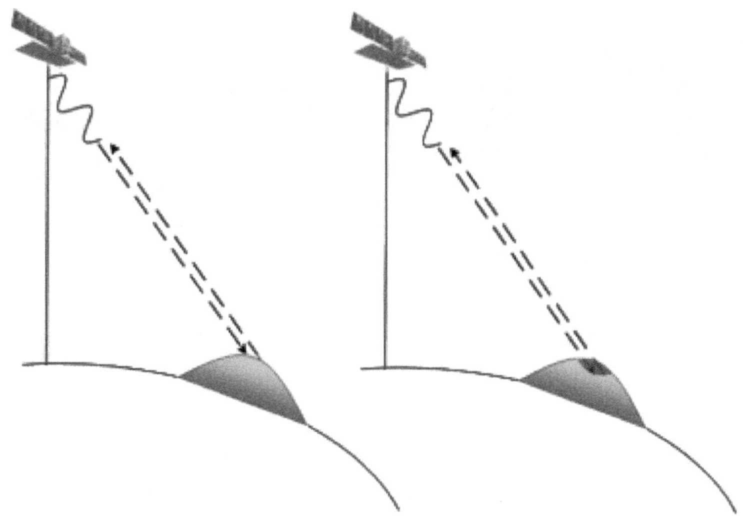

图 11-5　差分干涉形变测量示意

图 11-6　无人机平台

别对钢弦式钻孔应力计进行改进，设计出的新型传感器如图 11-7 所示。将两个传感器组成测试单元可测得空间内一点的应力状态，原理简单。

采动应力监测的主要监测指标为监测点应力以及监测点应力变化率。可采用类比法设定采动应力监测指标临界预警值，再根据现场实际考察资料和积累的数据进一步修正初始值。类比时，应选用开采及地质条件相似的冲击地压巷道。在危险性判别中，根据应力和应力变化率两项指标综合判别监测点冲击地压危险性，只要通过一项指标判别有冲击地压危险，则判别该监测点具有冲击地压危险。浅部监测点和深部监测点的指标临界预警值应有所区别。对于浅部监测点，首先分别判别监测组内所有监测点的冲击地压危险性，然后根据各监测点判别结果综合确定监测组冲击地压危险性。对于深部监测点，只要监测组内有一个监测点具有冲击地压危险，则判别该监测组具有冲击地压危险。

(2) 电磁辐射监测

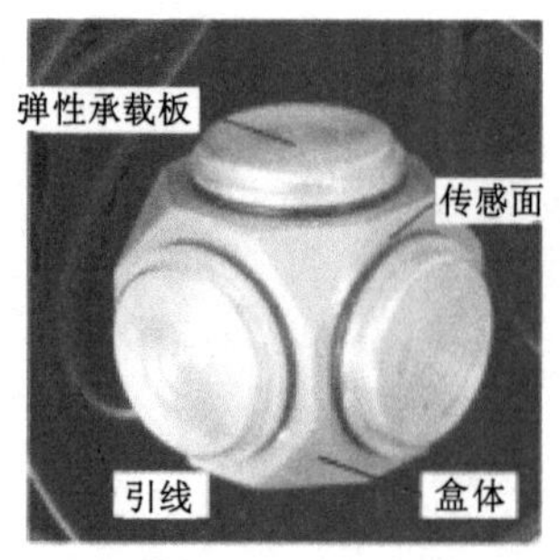

(a) 武汉大学三正交面振弦传感装置

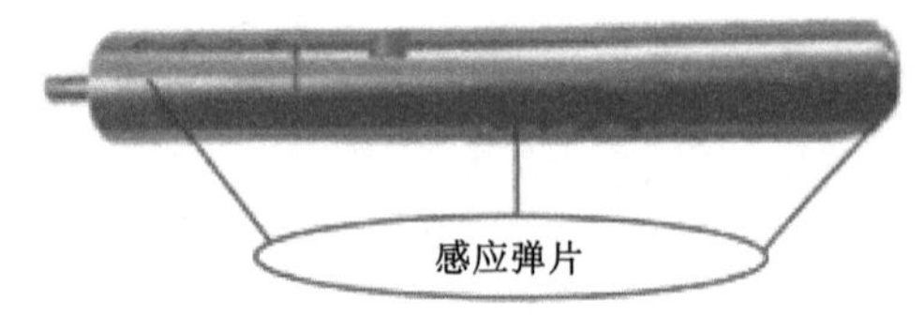

(b) 中国矿业大学三向应力测试装置

图 11-7 三向采动应力监测传感器

煤岩体的电磁辐射是由非均质煤岩体在应力作用下非均匀变形及裂纹形成与扩展过程中内部电荷的迁移而产生的。通过监测煤岩体破坏过程中的电磁波，反映煤岩体破坏特征，进而预测矿井动力灾害发生的可能性。因此，可用电磁辐射法进行矿井动力灾害监测。电磁辐射法是一种非接触式的矿井动力灾害监测方法，电磁辐射信息的接收比较简单，所用时间短，不影响采掘速度，可节约大量的人力、物力。

从 20 世纪 90 年代开始，中国矿业大学电磁辐射课题组对煤岩电磁辐射的产生机理、特征、规律及传播特性等进行了深入研究，提出了电磁辐射预测煤岩动力灾害的原理及方法[273]，研发了 KBD5 型便携式电磁辐射监测仪及 KBD7 型在线式电磁辐射监测系统[274]，如图 11-8 所示，并在中国 40 多个煤矿应用于冲击地压、煤与瓦斯突出等灾害的预测[275]。KBD5 型便携式电磁辐射监测仪由定向接收电磁天线、主机和电磁辐射测试及分析预警软件组成。KBD7 型在线式电磁辐射监测系统由电磁辐射传感器、监测分站、电源、传输网络、监测中心机、服务器、终端计算机等组成，具有多区域多点电磁辐射信号实时采集、传输，以及数据存储和处理，结果显示，危险性报警等功能。

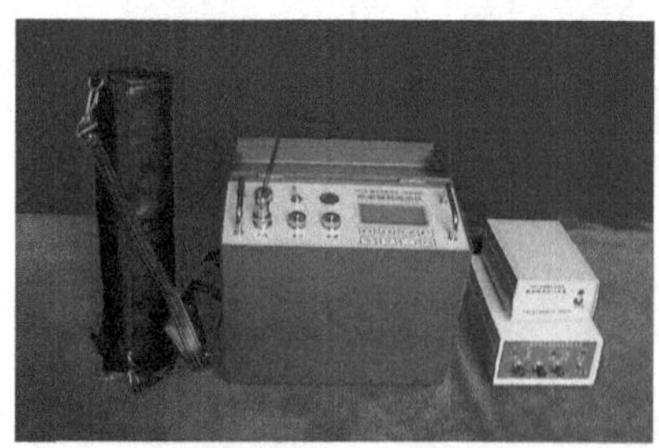

(a) KBD5 型便携式电磁辐射监测仪

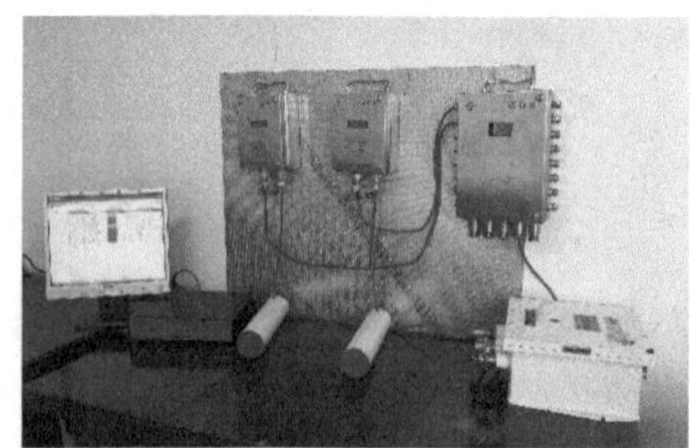

(b) KBD7型在线式电磁辐射监测系统

图 11-8 电磁辐射监测系统

电磁辐射监测指标主要包括电磁辐射强度和电磁辐射脉冲数。电磁辐射强度反映煤岩体的受载程度及变形破裂强度，电磁辐射脉冲数反映煤岩体变形破裂的频次。电磁辐射监测矿井动力灾害的预警方法主要包括临界值法和动态趋势法两类。当监测值超过电磁辐射监测指标临界预警值时，说明监测区域具有动力灾害危险。各矿井应根据煤岩电磁辐射水平、具体的地质及采矿条件，确定电磁辐射监测指标临界预警值。动态趋势法主要分析同一测点或同一区域的电磁辐射监测指标随时间的变化规律，并判定是否具有持续或波动式增长(或下降)趋势,数据分析周期至少为 7 d。各矿应根据具体的地质和开采技术条件及电磁辐射变化规律,确定电磁辐射强度或电磁辐射脉冲数相应的趋势变化率的趋势预警值和最小持续时间尺度。

(3) 电荷感应监测

处于电场中的孤立导体、半导体或绝缘体,外加电场将对其内部或表面的自由电荷(电子、离子等)产生力的作用,在力的作用下电子沿着电场的反方向运动,从而导致材料一端积聚正电荷,另一端积聚负电荷,这种现象称为电荷感应。煤岩变形破裂过程中有电荷产生,且煤岩变形破裂过程产生的电荷信号与煤岩动力过程密切相关,煤岩破裂面上分离电荷量的异常升高或降低与应力突变有较好的对应关系。煤岩电荷感应监测原理如图 11-9 所示,当煤岩体变形破裂分离的电荷经过电荷传感器敏感元件有效感应区时,在电荷感应作用下,敏感元件表面产生等量异种感应电荷;当带电物体移动时,传感器敏感元件周围产生的电场也相应发生变化,从而导致传感器敏感元件上感应电荷量发生变化;感应电荷的变化反映煤岩内部应力状态,因此可以通过监测煤岩感应电荷变化规律预测地质动力灾害危险性。

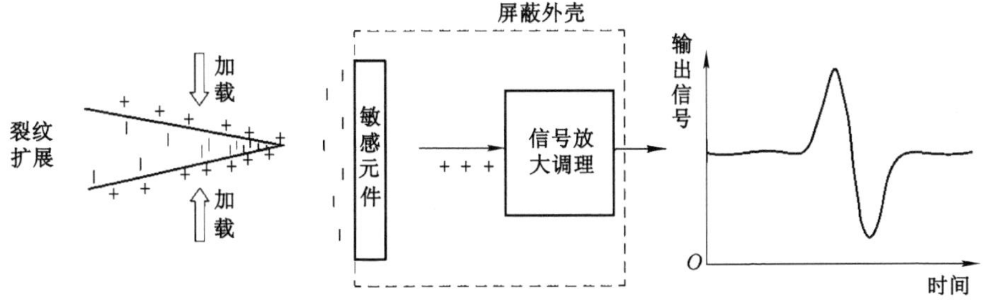

图 11-9　电荷感应监测原理

近年来关于电荷感应监测中国学者进行了大量研究,赵扬锋[276]对单轴压缩条件下煤样电荷信号规律进行了试验研究,发现煤样内部原生裂纹由于受压有电荷信号产生,并且随着载荷的不断增大,电荷信号数量有所增加且电荷幅值增大。潘一山等[277]等在单轴压缩试验结果的基础上对三轴条件下含瓦斯煤岩破裂电荷信号规律进行了研究,结果表明煤样破裂过程中不断有电荷信号产生,且电荷信号数量逐渐增多,电荷幅值逐渐增大。王岗等[278]对煤体单轴加载下以及剪切过程中的破坏特征与电荷规律进行了研究,研究结果表明煤样变形破坏特征可分为单剪型、共轭剪切型和破碎型三类,其中单剪型破坏冲击危害程度较大,并通过现场试验验证了实验室试验结果的可靠性。

目前常见的电荷感应监测设备为便携式电荷感应监测仪,如付琳等[279]研发的 YCD5 型便携式矿用煤岩电荷监测仪,如图 11-10 所示。便携式电荷感应监测仪具有低耗电、方便携带及手持测量、抗干扰能力强、工作稳定性高、数据可视化、能及时掌握煤岩受力状态等优点。

电荷感应监测指标包括电荷强度和电荷变异系数。电荷强度反映煤岩体在外部载荷作用下应力的整体水平;电荷变异系数为一定时间内电荷强度的离散程度,反映煤岩体破裂程度。电荷感应监测的预警方法和电磁辐射监测的预警方法类似,主要包括临界值法和动态趋势法两类。当监测值超过电荷感应监测指标临界预警值时,说明监测区域具有动力灾害

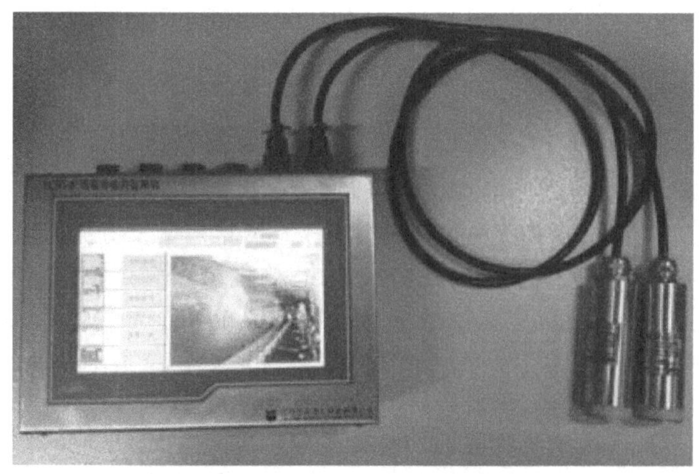

图 11-10 YCD5 型便携式矿用煤岩电荷监测仪

危险。各矿井应根据煤岩电荷感应水平、具体的地质及开采技术条件，确定电荷感应监测指标临界预警值。动态趋势法主要分析同一测点或同一区域的电荷感应监测指标随时间的变化规律，并判定是否具有持续或波动式增长（或下降）趋势，数据分析周期至少为 7 d。各矿应根据具体的地质和开采技术条件及电荷感应变化规律，确定电荷强度或电荷变异系数相应的趋势变化率的趋势预警值和最小持续时间尺度。

(4) 地音法监测

煤岩体在外界条件作用下受载破裂，在损伤破裂的过程中释放应变能，并以弹性波的形式快速释放传播，其能量一般小于 100 J，频率大于 150 Hz，这种现象称为声发射(acoustic emission，AE)。地音法监测就是利用声发射技术预测矿井动力灾害的发生，其原理为通过监测煤岩体内部破裂及应力卸载下的弹性波活动实时反映煤岩体及其周围的应力变化状况，得到包括能量、频次等表征煤岩体破裂程度的监测指标，进而判断工作面的冲击危险性及突出危险性，实现对矿井动力灾害的监测预警作用。

邹银辉等[280]研制的 AEF-1 型声发射监测系统，实现了声发射对煤与瓦斯突出的预测。文光才等[281]建立了煤岩体声发射传播理论模型，依据现场试验得出了不同强度煤岩介质中的声发射传播规律，为确定声发射监测煤岩动力灾害的适用条件奠定了基础。J. G. Li 等[282]利用自行研发的声发射监测系统 YSFS(A)对平顶山矿区十矿试验工作面的突出动力现象进行了现场监测。王恩元等[283]为了提高动力灾害预测的准确性和可靠性，提出了声电协同的监测技术，将电磁辐射和声发射技术相融合，研发了 GDD12 型声电传感器，并构建了连续地音监测系统，如图 11-11 所示。该系统采用光纤传输技术将采集的地音信号实时传输到地面监控主机，再进行数据处理分析。这种将声、电技术结合的监测技术，能最大限度捕捉煤岩破裂信息，提高矿井动力灾害监测预警的准确性。

地音法监测冲击地压危险性的指标包括：以班为单位的班频次变化率 A_a、班能量变化率 A_e；以小时为单位的小时频次变化率 B_a、小时能量变化率 B_e。定义班地音指数为 K_1，小时地音指数为 K_2[$K_1=\max(A_a,A_e)$；$K_2=\max(B_a,B_e)$]。根据地音法监测指数的临界值确定预警级别，预警级别从低到高可分为 A、B、C、D 四个等级，见表 11-4。

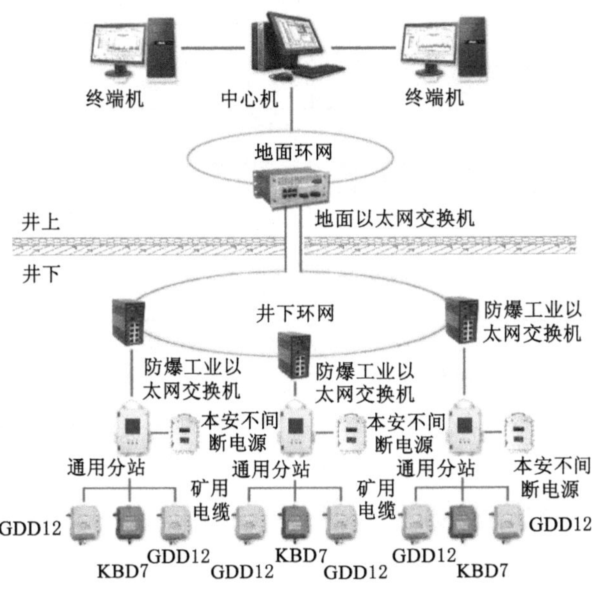

图 11-11　连续声电监测系统

表 11-4　地音法监测预警级别判别指标

预警级别	地音指数(K_1或 K_2)
A 级	K_1(或 K_2)<0.25
B 级	$0.25\leqslant K_1$(或 K_2)<1.0
C 级	$1.0\leqslant K_1$(或 K_2)<2.0
D 级	K_1(或 K_2)$\geqslant 2.0$

(5) 钻屑法监测

钻屑法监测是通过在煤层中打直径 42～50 mm 钻孔，根据不同钻孔深度排出的钻屑量及其变化规律和有关动力效应鉴别矿井动力灾害危险性的一种方法。这种方法能同时检测多项与冲击地压以及煤与瓦斯突出有关的因素，而且简便易行，已成为中国煤矿一种普遍采用的矿井动力灾害监测方法。

对于冲击地压危险性监测，钻屑法的理论基础是钻出的煤粉量与煤体应力状态具有定量的关系。当应力状态不同时，其钻孔的煤粉量也不同；当单位长度的钻屑量增大或超过临界值时或有夹钻、顶钻、煤炮等现象时，表示应力集中程度增加和有冲击地压危险性。钻屑法监测冲击地压危险性的指标包括钻粉率指数及打钻过程中的动力效应。具体判定参数可根据表 11-5 以及表 11-6 确定。在表 11-5 所列的孔深巷高比内，当钻粉率指数(钻粉率指数＝每米实际钻屑量/每米正常钻屑量)达到相应指标时，可判定工作地点具有冲击危险性；在表 11-6 所列的动力效应中，在打钻过程中出现一种动力现象即可判定工作地点具有冲击危险性。

表 11-5 冲击地压危险性的钻粉率指数指标

孔深/巷高	<1.5	1.5～3.0	>3.0
钻粉率指数	⩾1.5	⩾2.0	⩾3.0

表 11-6 冲击地压危险性的动力效应指标

动力效应	冲击地压危险性	
	有	无
卡钻、顶钻、异响、孔内冲击	有动力现象	无动力现象

对于煤与瓦斯突出危险性监测，涉及的主要指标有钻屑量、钻屑瓦斯解吸指标、钻孔瓦斯涌出初速度等。钻屑量指标在以地应力为主导因素的煤与瓦斯突出预测中是敏感指标；而对于较坚硬煤层，应使用钻屑瓦斯解吸指标作为敏感指标。因而预测煤与瓦斯突出时要结合矿井的具体情况选取适当敏感指标进行判断。

11.1.4 地质动力区划工作中的监测方法

目前，矿井动力灾害的监测方法大多围绕开采扰动作用下煤岩体的应力水平、位移变化及破裂程度进行监测，对矿区大型断裂构造活动性、地壳形变及区域地震发生特点等地质动力环境的相关指标的监测较少。

因此，在矿井动力灾害监测方面，地质动力区划团队提出了井下断裂构造监测方法、基于 EH-4 连续电导率剖面测量仪的断裂构造探测方法、基于 GNSS 和 InSAR 的矿区地壳形变监测方法和基于地震流动监测的矿区地震监测方法。井下断裂构造监测方法通过对井下原位跨断层锚索应力、变形进行监测，确定断层在开采过程中位移和应力的变化情况，为煤矿现采及接续工作面冲击地压预防和解危提供基础数据；断裂构造探测方法应用 EH-4 连续电导率剖面测量仪探测地层和断裂的结构特征；矿区地壳形变监测方法分别通过 GNSS 和 InSAR 技术进行区域地壳水平形变监测和区域地壳垂直形变监测，为矿区地壳形变研究和地质动力环境评价提供基础数据；矿区地震监测方法通过在矿井周边布置流动地震监测台站，结合矿井微震监测数据，定量分析矿井动力灾害发生前地震分布规律，确定矿井动力灾害与区域地震活动的相关性，揭示地震发生规律和地质体运动特征对矿井动力灾害的控制作用，建立基于地震监测的矿井动力灾害危险性预测评估方法。

11.2 井下断层及坚硬岩层远场监测方法及应用

11.2.1 井下断层及坚硬岩层监测目的

(1) 井下断层活动特征监测目的

断裂构造在井下的主要表现形式就是各类断层。断层的活动性对矿井动力灾害具有重要影响，是地质动力区划的主要研究内容之一。采掘工程活动位于断层活动影响区域时，易发生冲击地压等矿井动力灾害。

工作面开采，使断层上下盘产生错位和活动，引起煤岩体应力升高，能量积聚，为微震大能量事件和冲击地压的发生提供了能量条件。目前,对井下断层活动的研究多采用理论分析、相似材料模拟、数值模拟和微震监测等方法,这些方法很难获得井下断层运动产生的应力、位移变化的直接数据,对准确掌握断层活动特征具有一定的局限性。因此,进行井下断层应力、位移监测,掌握工作面开采过程中断层应力和位移的变化情况,为煤矿冲击地压监测预警提供可靠的断层活动信息是必要的。

(2) 坚硬岩层活动特征监测目的

顶板坚硬岩层强度高,破断步距大,失稳后易引发强烈矿压显现和微震大能量事件。煤层开采厚度越大,坚硬覆岩垮落失稳释放的能量越大,采场矿压显现越强烈,甚至会引发冲击地压等矿井动力灾害。具有坚硬岩层的典型矿区有义马、大同、京西、鹤岗、神新、枣庄、辽源和靖远矿区等。

《煤矿安全规程》第二百二十六条规定:"埋深超过 400 m 的煤层,且煤层上方 100 m 范围内存在单层厚度超过 10 m 的坚硬岩层"作为矿井应当进行煤岩冲击倾向性鉴定的情况之一。因此,坚硬岩层采场覆岩运动对矿井动力灾害具有重要影响。工作面上覆坚硬岩层活动特征监测工作包括确定目标层,设计监测钻孔长度、方位角和倾角,进行坚硬岩层应力监测。掌握工作面开采过程中上覆坚硬岩层的活动规律,可为冲击地压防治措施的确定提供依据,同时可以确定工作面开采与上覆岩层活动的相互影响。

11.2.2 井下断层及坚硬岩层监测原理

井下断层活动和上覆坚硬岩层失稳引起的应力变化信息通过测力锚索或在线锚索应力监测系统进行监测;断层活动位移信息通过施工在断层上下盘的测孔,由锚固位移测管进行监测。

(1) 断层活动应力监测原理

根据工作面与断层位置空间关系,在工作面区段运输巷或回风巷等位置选择与断层相交区域,设计测孔方位,布置钻场。根据监测要求向断层面施工测孔,终孔深度需到达断层上下盘附近稳定岩层内。应用测力锚索和测力计进行断层活动的拉力监测,将测力锚索固定在断层上下盘附近的稳定岩层内,锚索自由段位于巷道测孔外端,在测孔外端锚索上安装测力计。当断层活动时,采集锚索拉力数据,需要时再将其转换成应力。

(2) 断层活动位移监测原理

应用贴好长度标尺的测管进行位移监测。根据监测要求,在测点位置向断层面方向施工两个位移测孔,一个终孔位于断层上盘,另一个终孔位于断层下盘。将两组位移测管的锚固端分别固定于断层的上盘和下盘,测管的另一端伸出孔口。当断层活动时,通过长度标尺读取两个测管孔口端的伸出长度变化情况,即可计算得到断层活动位移量。

(3) 坚硬岩层应力监测原理

对于工作面上覆坚硬岩层,确定其目标层位,并确定钻孔的长度、倾角和方位角。针对工作面不同开采阶段,选择合适的测区位置,布置钻场,向工作面上覆坚硬岩层布置测力锚索。锚索锚固段位于坚硬岩层中,自由段延伸至测孔外,安装测力计。当上覆坚硬岩层运动时,通过记录锚索的拉力变化,完成对坚硬岩层活动特征的监测。

11.2.3 井下断层及坚硬岩层应力监测方法

井下断层及坚硬岩层远场应力监测系统从监测钻孔孔底至孔口，分为水泥浆液锚固段、封孔段、自由段及测力段。监测钻孔内布置测力锚索、注浆管与排气管，其中测力锚索用于断层及坚硬岩层拉力监测，注浆管用于锚固段注浆，排气管用于排出锚固段内空气。钻孔内部监测装置示意如图 11-12 所示。

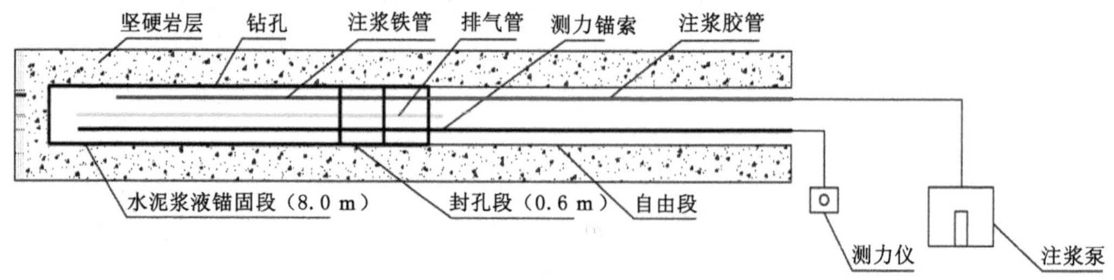

图 11-12 钻孔内部监测装置示意

11.2.3.1 坚硬岩层应力监测方法

井下坚硬岩层拉力监测包括层位确定、监测系统参数确定、监测钻孔施工、封孔、注浆和监测设备安装等。

(1) 层位确定

根据工作面钻孔柱状图，分析上覆岩层结构特征，确定关键层；结合工作面微震能量事件，确定远场应力监测的目标层。

(2) 监测系统参数确定

根据目标坚硬岩层层位，确定钻孔的长度、方位角和倾角等参数。选择合适的测区位置布置钻场，向工作面上覆坚硬岩层布置测力锚索。锚索锚固段位于坚硬岩层中，自由段固定于测孔外端，在安装锚索锁具前安装测力计，并对测力锚索施加预紧力。

(3) 监测钻孔施工

为避免与工作面生产相互影响，要求监测钻孔施工位置位于工作面前方大于 100 m 位置，按需要布置多个测点。钻孔施工工作空间应满足钻机钻进、测力锚索安装、人员站位、材料摆放等工序的要求。

按照设计的长度、方位角和倾角等技术参数施工监测钻孔，通过接钻杆过程的排尺，计算钻进深度，判断钻孔施工到位情况。

(4) 封孔

采用矿用封孔袋封堵测孔。将封孔袋与锚索管、注浆管和排气管进行固定，同步送入孔底。待封孔袋充分膨胀固化后，进行注浆锚固。

(5) 注浆

采用注浆管注浆。将水和封孔材料倒入搅拌桶内充分搅拌，通过注浆管将预设体积浆液完全注入钻孔后，迅速将注浆管口阀门关闭；注浆结束后，钻机继续保持夹紧锚索状态，待封孔段浆液完全固化后，钻机撤离。

(6) 监测设备安装

① 锚固段结构和组装方法

选用矿用锚索进行拉力监测，将测力锚索、排气管、注浆胶管和封孔装置进行装配，锚索端部安装锚索导向帽(图 11-13)，锚索前部安装锚索定向滑轮(图 11-14)。

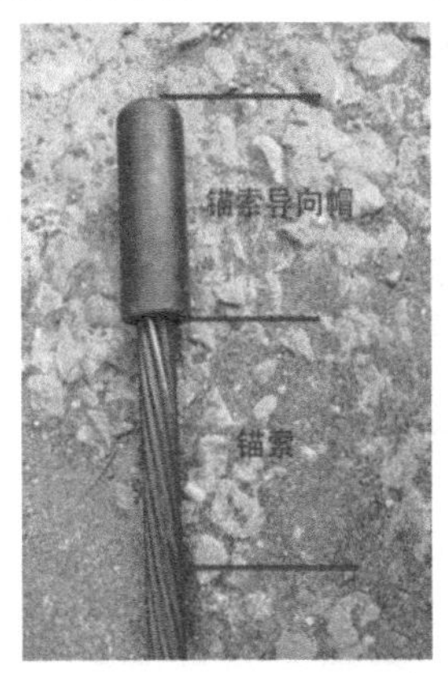

图 11-13 锚索导向帽

图 11-14 锚索定向滑轮

为增大锚索锚固摩擦力，在锚固段内每间隔一定尺寸装配锚索卡箍，卡箍结构如图 11-15 所示。锚索锚固段靠近孔底部分安设出浆管和排气管，出浆管结构如图 11-16 所示。

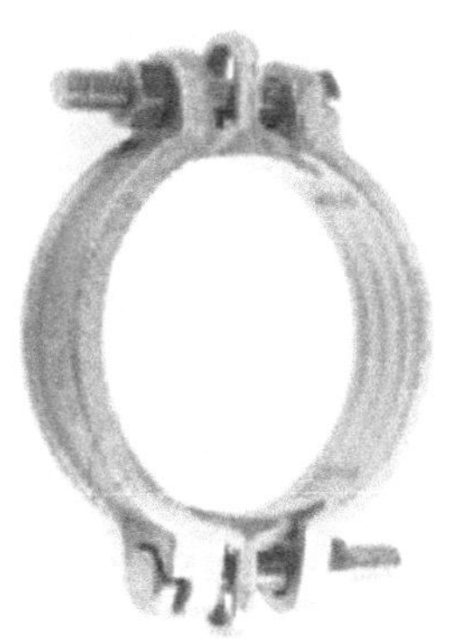

图 11-15 锚索卡箍

图 11-16 出浆管

封孔装置由挡片和铁管焊接形成，形成若干封孔单元；每个单元布置若干封孔药袋；挡片需留设锚索孔、注浆孔和排气孔；装置上、下挡片外侧布置顶丝环，用于固定锚索。封孔装置如图 11-17 所示。

图 11-17 封孔装置

② 测力锚索安装及封孔流程

测力锚索送孔及封孔流程：通过钻机将封孔装置、测力锚索与注浆胶管同步送入孔底，并实时记录测力锚索送入长度。锚索安装到位后，钻机夹紧锚索保持不动，待封孔药袋充分膨胀固化后，开始注浆锚固。

③ 测力锚索注浆锚固

按照预设水灰比，将水和封孔材料倒入搅拌桶内；连接注浆管与注浆泵，将预设体积浆液注入钻孔，注浆结束后钻机继续保持夹紧锚索状态，将锚索外露段充分固定；待封孔段浆液完全固化后，钻机撤离。注浆泵如图 11-18 所示。

图 11-18 注浆泵

④ 测力计安装

待锚索锚固段达到固化强度后，安装在线锚索测力计，设置预紧力，在线锚索测力计如图 11-19 所示。井下坚硬岩层远场拉力监测设备安装示意如图 11-20 所示。

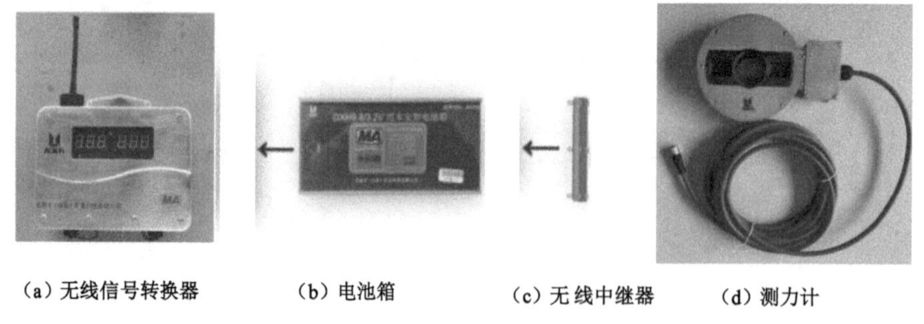

(a) 无线信号转换器 (b) 电池箱 (c) 无线中继器 (d) 测力计

图 11-19 在线锚索测力计

11.2.3.2 井下断层应力监测方法

测力锚索详细安装方法与坚硬岩层远场应力监测相同，锚索的锚固段位于断层的一盘，自由段跨过断层面延伸到孔外，在孔口处安装测力计。井下断层应力监测设备安装示意如图 11-21 所示。

11.2.4 井下断层拉力和位移监测方法

在断层附近施工两个邻近钻孔，一终孔位于断层上盘稳定的岩层内，另一终孔位于断层下盘煤体内。在孔口外露段测管上设置长度标尺，通过观测两根测管孔口端伸出长度变化情况，可计算得到断层上、下盘的相对变形量，井下断层活动位移监测示意如图 11-22 所示。采用封孔袋封堵钻孔，封孔后，通过测管注浆锚固。注浆锚固流程与断层应力监测相同。

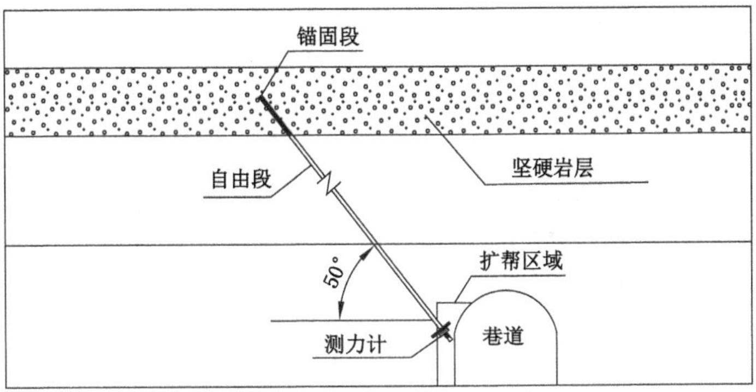

图 11-20　坚硬岩层远场应力监测设备安装示意

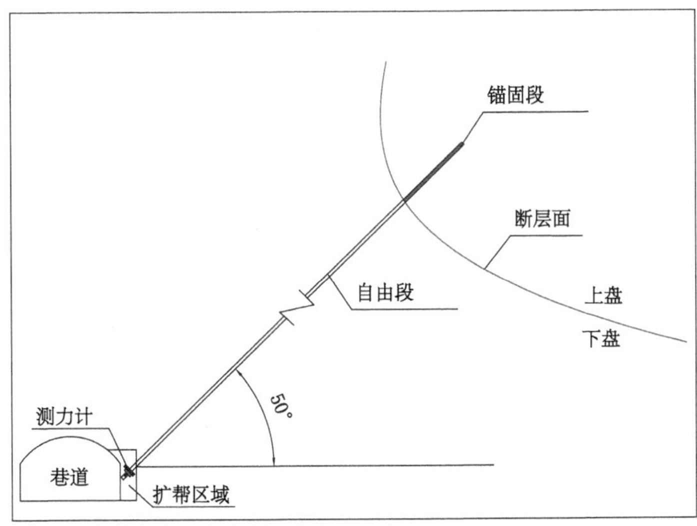

图 11-21　断层应力监测设备安装示意

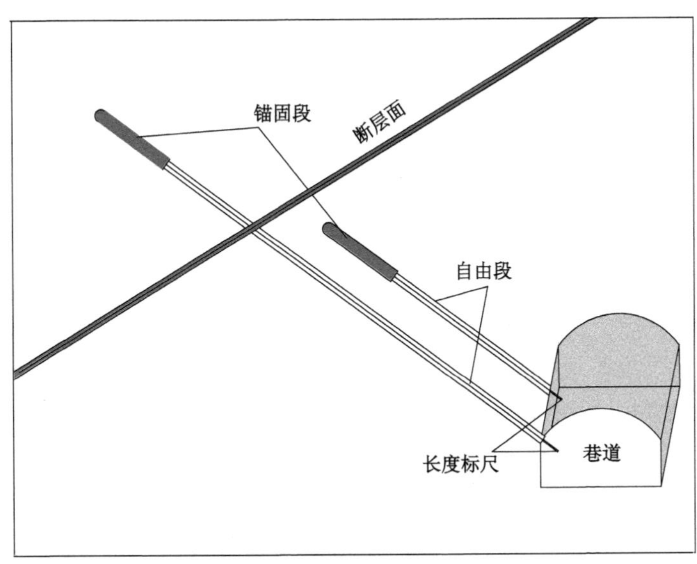

图 11-22　井下断层活动位移监测示意

注浆结束后，将测管最外端标记刻度，用于测量断层滑移后的位移变化，井下断层位移监测总体施工效果如图 11-23 所示。

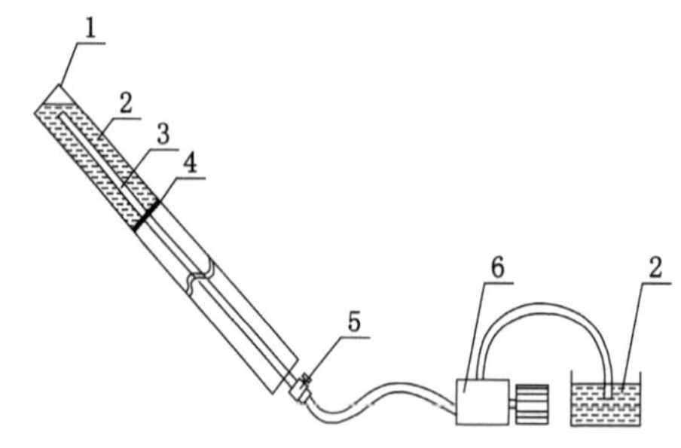

1—钻孔；2—水泥浆；3—注浆管；4—封孔装置；5—注浆阀门；6—注浆泵。

图 11-23　井下断层位移监测总体施工效果图

11.2.5　13200 工作面断层监测现场应用

2020—2021 年，地质动力区划团队与耿村煤矿合作，在 13 采区 13200 工作面对 F_{16} 断层拉力和位移进行监测，现场监测情况具体如下。

(1) 13200 工作面布置及与 F_{16} 断层空间关系

13200 工作面倾向长度为 249 m，可采走向长度为 749 m；工作面可采煤厚为 13～38 m，平均厚度为 19.3 m，煤层倾角为 9°～18°；F_{16} 断层下推覆线切过下巷距开切眼 155 m 处，上推覆线切过下巷距开切眼 625 m 处。

(2) 断层监测方案

测区位置：13200 工作面下巷布置两个测区，第一测区位于距开切眼 145～160 m 处，第二测区位于距开切眼 620～635 m 处，如图 11-24 所示。

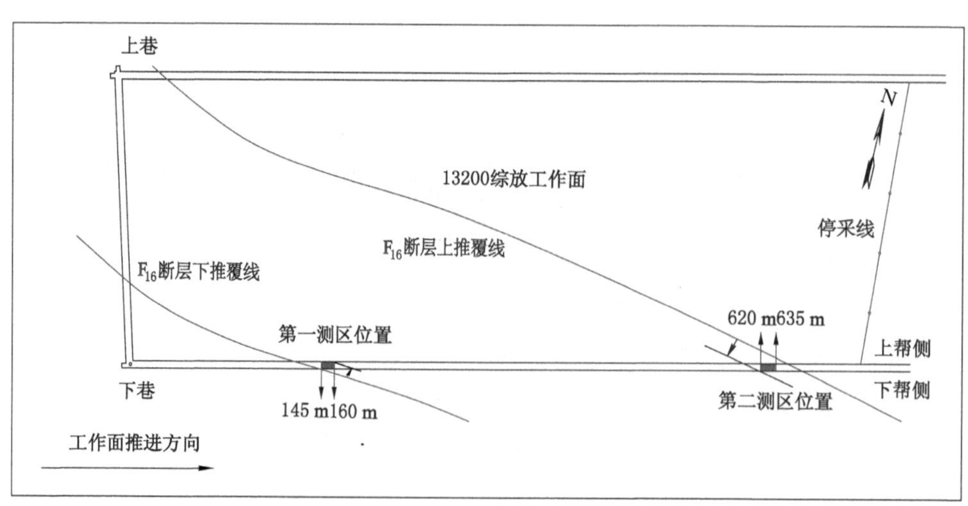

图 11-24　13200 工作面测区布置平面图

监测钻孔：每个测区布置 2 个拉力监测钻孔、2 个位移监测钻孔。第一测区测孔长度为

36～45 m，测孔仰角为 50°～53°，如图 11-25 所示；第二测区测孔长度为 42～53 m，测孔仰角为 36°～47°，如图 11-26 所示。

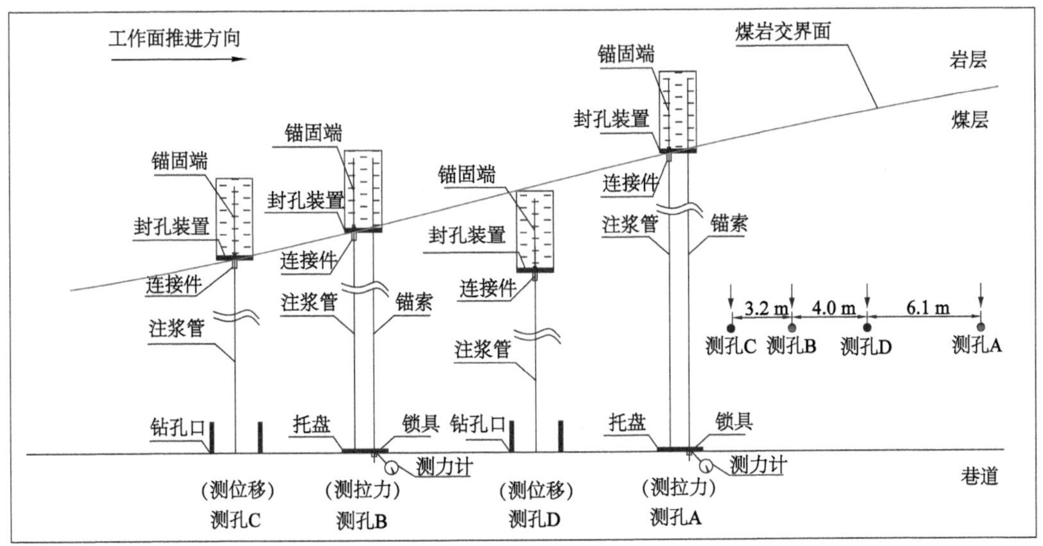

图 11-25　13200 工作面第一测区测孔布置方案

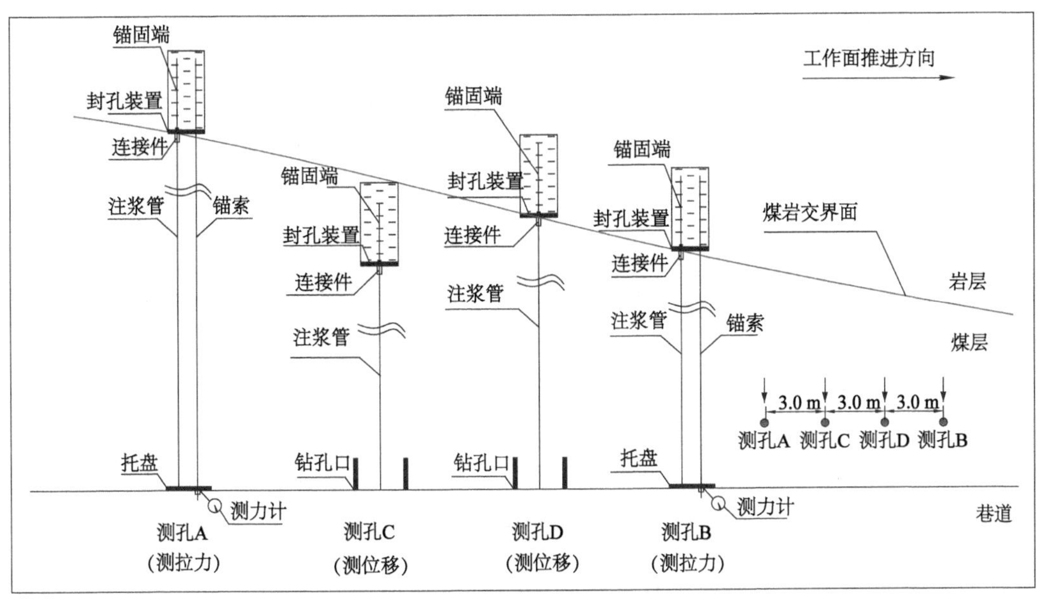

图 11-26　13200 工作面第二测区测孔布置方案

(3) F_{16}断层位移监测结果分析

以第一测区数据分析为例。工作面距离监测点 37 m 时，监测点离层量增幅明显，监测期间 F_{16}断层位移量最大为 100 mm，这表明工作面开采引起 F_{16}断层活动，出现离层。F_{16}断层煤岩交界面离层量与测点距工作面距离的关系如图 11-27 所示。

(4) F_{16}断层拉力监测结果分析

以第二测区数据分析为例。锚索拉力计为手动采集式。2022 年 7 月 24 日至 9 月 17

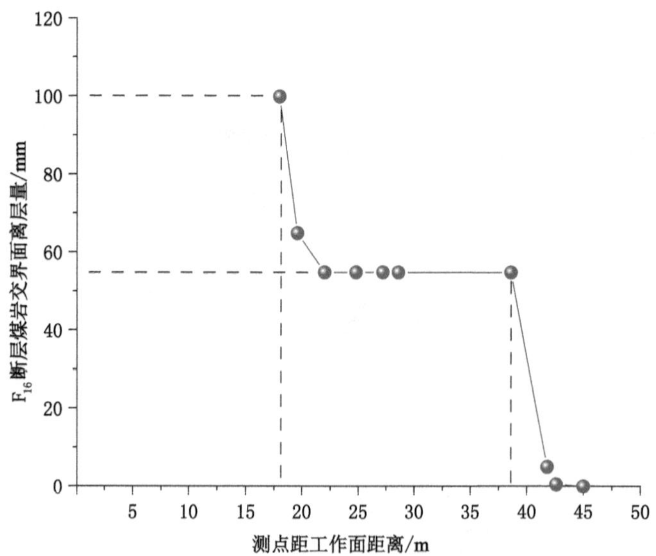

图 11-27 F_{16}断层煤岩交界面离层量与测点距工作面距离的关系

日监测期间共采集了 2 624 组数据。该期间工作面累计推进 31 m。

7 月 24 日至 9 月 17 日，测点 B 锚索拉力值变化经历 4 个阶段，见表 11-7。锚索拉力与监测时间对应关系如图 11-28 所示。

表 11-7 锚索拉力值变化分段情况

序号	按锚索拉力变化划分	时间点	锚索拉力值/kN
1	拉力缓慢增加阶段	7 月 24 日 09:46—9 月 6 日 07:24	132.32～143.07
2	拉力第 1 次急速激增阶段	9 月 6 日 07:24—9 月 6 日 21:24	由 143.07 急速升高至 268.17，稳定在 268.17，之后急速降低至 143.55
3	拉力下降稳定阶段	9 月 6 日 21:24—9 月 12 日 19:24	143.55～146.97
4	拉力第 2 次急速激增后稳定阶段	9 月 12 日 19:24—9 月 17 日 11:24	由 146.97 升高至 264.65，稳定在 267.58

7 月 24 日至 9 月 6 日期间，锚索拉力值缓慢增加，为 132.32～143.07 kN。9 月 6 日拉力值出现第 1 次激增，由 143.07 kN 升高至 268.17 kN，持续 10 h 后又迅速降低到 143.55 kN，这表明 F_{16}断层开始活动；9 月 12 日 19:24—21:24，锚索拉力值出现第 2 次激增，由 146.97 kN 升高至 264.65 kN，锚索拉力增加 62 min 后，工作面发生 1 次 10^6 J 大能量微震事件，判断 F_{16}断层活动加剧，引起大能量微震事件。

建立了井下 F_{16}断层信息监测方法，获得远场煤岩体活动的前兆预警信息，为预测冲击地压与微震事件的发生提供直接的预警数据，开创了冲击地压监测预警的新途径。

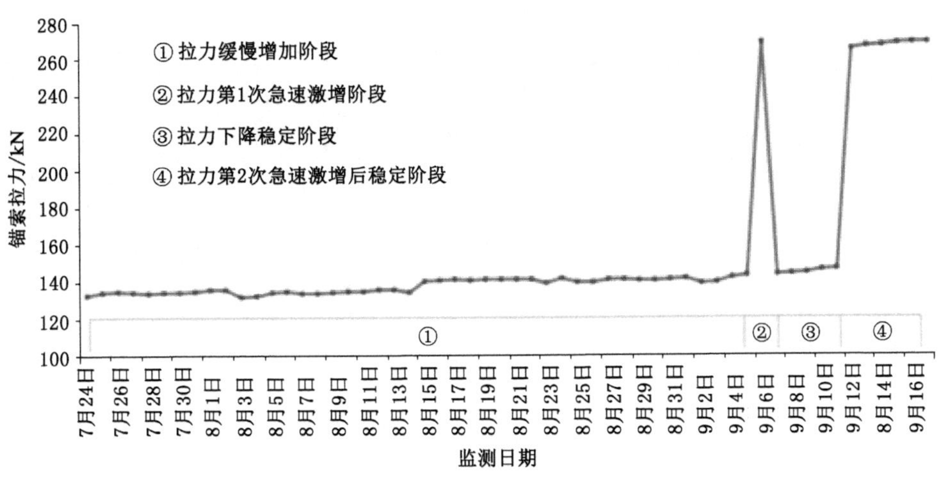

图 11-28　锚索拉力与监测时间对应关系

11.2.6　12240 工作面坚硬岩层监测方案

2023—2024 年，地质动力区划团队将与耿村煤矿合作，计划对耿村煤矿 12 采区 12240 工作面坚硬顶板运动和工作面 F_{16} 断层应力与位移进行监测，现场监测情况具体如下。

(1) 12240 工作面地质情况及与坚硬顶板空间关系

12240 工作面开采 2-3 煤层，平均埋深为 547.45 m，煤层厚度为 6.8～16.7 m，煤层沿倾向平均倾角为 16°。工作面长度为 202 m，推进长度为 829 m，采厚为 15.5 m。工作面巷道布置情况如图 11-29 所示。F_{16} 断层与 12240 工作面在回风巷距开切眼 505 m 处相交。

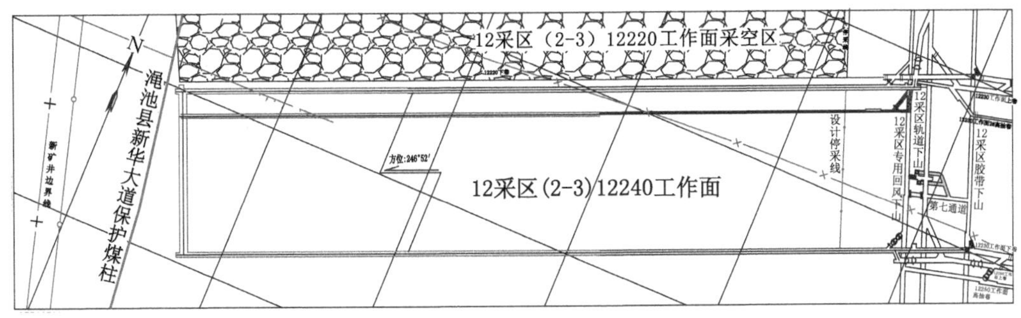

图 11-29　12240 工作面巷道布置图

12240 工作面上覆两个中位坚硬岩层对工作面开采影响较大，故对工作面初采时期的中位坚硬岩层进行监测。12240 工作面坚硬岩层层位分布情况见表 11-8。

表 11-8　12240 工作面监测目标层分布情况

序号	岩性	坚硬岩层类别	岩层厚度/m	距离 2-3 煤层顶板距离/m
Y13	细粒砂岩	中位坚硬岩层 2	13.45	47.64
Y10	细粒砂岩	中位坚硬岩层 1	9.25	27.39

(2) 12240 工作面坚硬岩层监测方案

2023 年 8 月在 12240 工作面下巷内布置 3 个测区。其中,I测区距开切眼水平距离 100 m 处,I测区和II测区的距离为 50 m,II测区和III测区的距离为 100 m,测区布置如图 11-30 所示。根据工作面实际工程现状,在工作面下巷进行钻孔施工、注浆及测力锚索安装工作。

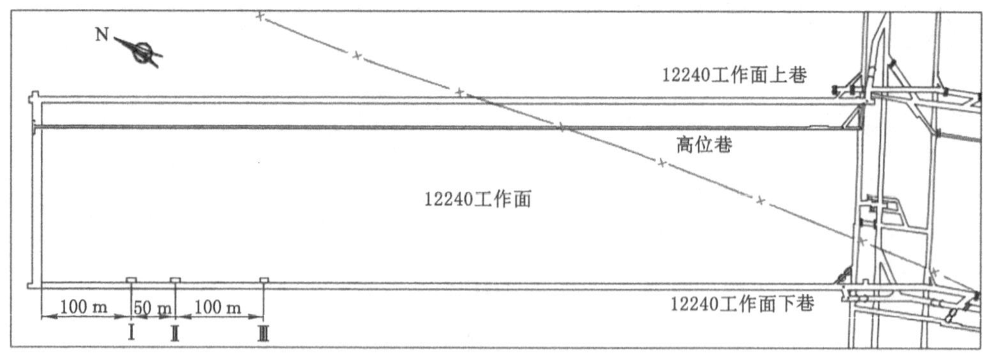

图 11-30 12240 工作面坚硬岩层测区布置平面图

每个测区布置 2 个测孔,分别监测中位坚硬岩层 1、中位坚硬岩层 2。根据使用钻机性能,确定测孔开孔仰角为 50°,测孔剖面如图 11-31 和图 11-32 所示。

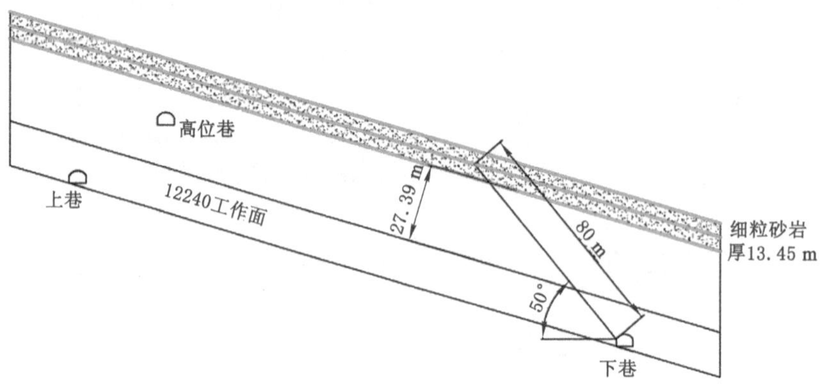

图 11-31 中位坚硬岩层 1 钻孔剖面图(沿倾向)

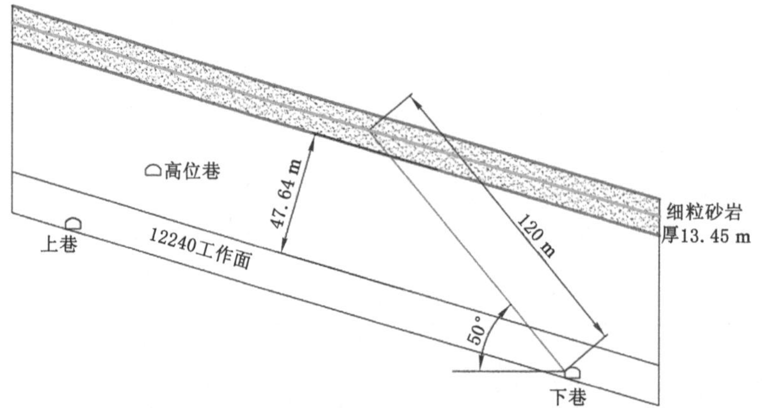

图 11-32 中位坚硬岩层 2 钻孔剖面图(沿倾向)

Ⅰ—Ⅲ测区测孔技术参数一致，测孔技术参数见表 11-9，测孔布置如图 11-33 所示。

表 11-9　12240 工作面坚硬岩层监测钻孔技术参数(开孔仰角 50°)

测区名称	测孔编号	开孔仰角/(°)	与巷道正帮夹角/(°)	测孔长度/m	沿工作面走向投影长度/m	沿工作面倾向投影长度/m	锚索长度/m	注浆胶管长度/m
Ⅰ	中位坚硬岩层 1 测孔	50	60	120	39	100	130	120
	中位坚硬岩层 2 测孔	50	75	80	13	67	90	80
Ⅱ	中位坚硬岩层 1 测孔	50	60	120	39	100	130	120
	中位坚硬岩层 2 测孔	50	75	80	13	67	90	80
Ⅲ	中位坚硬岩层 1 测孔	50	60	120	39	100	130	120
	中位坚硬岩层 2 测孔	50	75	80	13	67	90	80

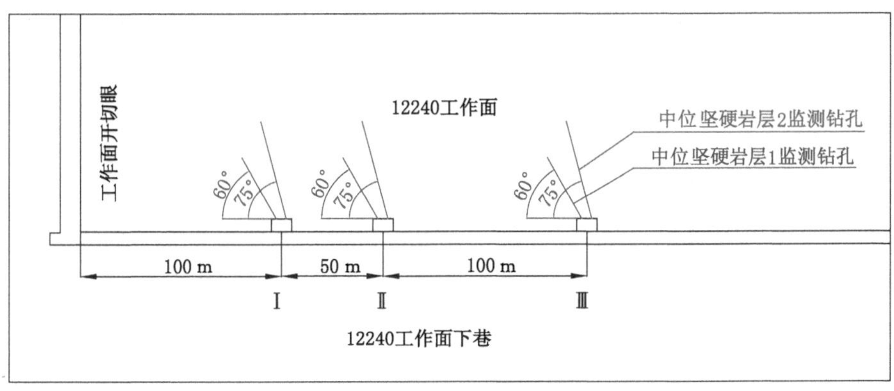

图 11-33　3 个测区测孔设计平面图

根据 12240 工作面、坚硬岩层与 F_{16} 断层空间关系，将工作面远场监测工作从时间上划分为 3 个阶段。

第一阶段(2023 年 9 月—2023 年 10 月)：12240 工作面初采及首次见方时期，从开切眼推进约 400 m，此时工作面未受到 F_{16} 断层活动的影响，该阶段只针对坚硬岩层进行监测。

第二阶段(2023 年 11 月—2023 年 12 月)：12240 工作面中部开采时期，根据第一阶段监测结果，对工作面后续坚硬岩层监测方案进行优化，优化坚硬岩层监测参数。

第三阶段(2024 年 3 月—2024 年 5 月)：12240 工作面末部开采时期，工作面受到坚硬岩层和 F_{16} 断层活动的双重影响。根据前面的监测结果，进一步对工作面后续坚硬岩层监测方案进行优化，同时完成 F_{16} 断层切过上巷、高位巷现场探测工作；确定了 F_{16} 断层的分布特征后，制定坚硬岩层和 F_{16} 断层的远场联合监测方案。

12240 工作面的坚硬顶板与 F_{16} 断层的监测方案已制定完毕，监测结果于 2024 年工作面开采后给出。

11.2.7　冲击地压综合监测预警系统

(1) 系统功能

冲击地压综合监测预警系统基于 Python 语言开发，用于实时监测和预警煤矿微震事件。通过实时采集井下监测的煤岩应力、位移和微震等远近场前兆信息，应用深度神经网络对采集的数据建立机器学习模型，应用模式识别方法确定发生微震事件的能量级，实现分级预警功能。在浏览器端发布“红黄蓝”微震事件分级预警信息，并将预警信息发送至相关人员。

系统可实现远场和近场监测数据的采集、存储、分析和可视化，形成完整的监测、分析、预测和报警流程，实现微震事件实时分级预警和“微震大能量事件分析报告”自动生成。冲击地压远近场综合监测预警系统如图 11-34 所示。

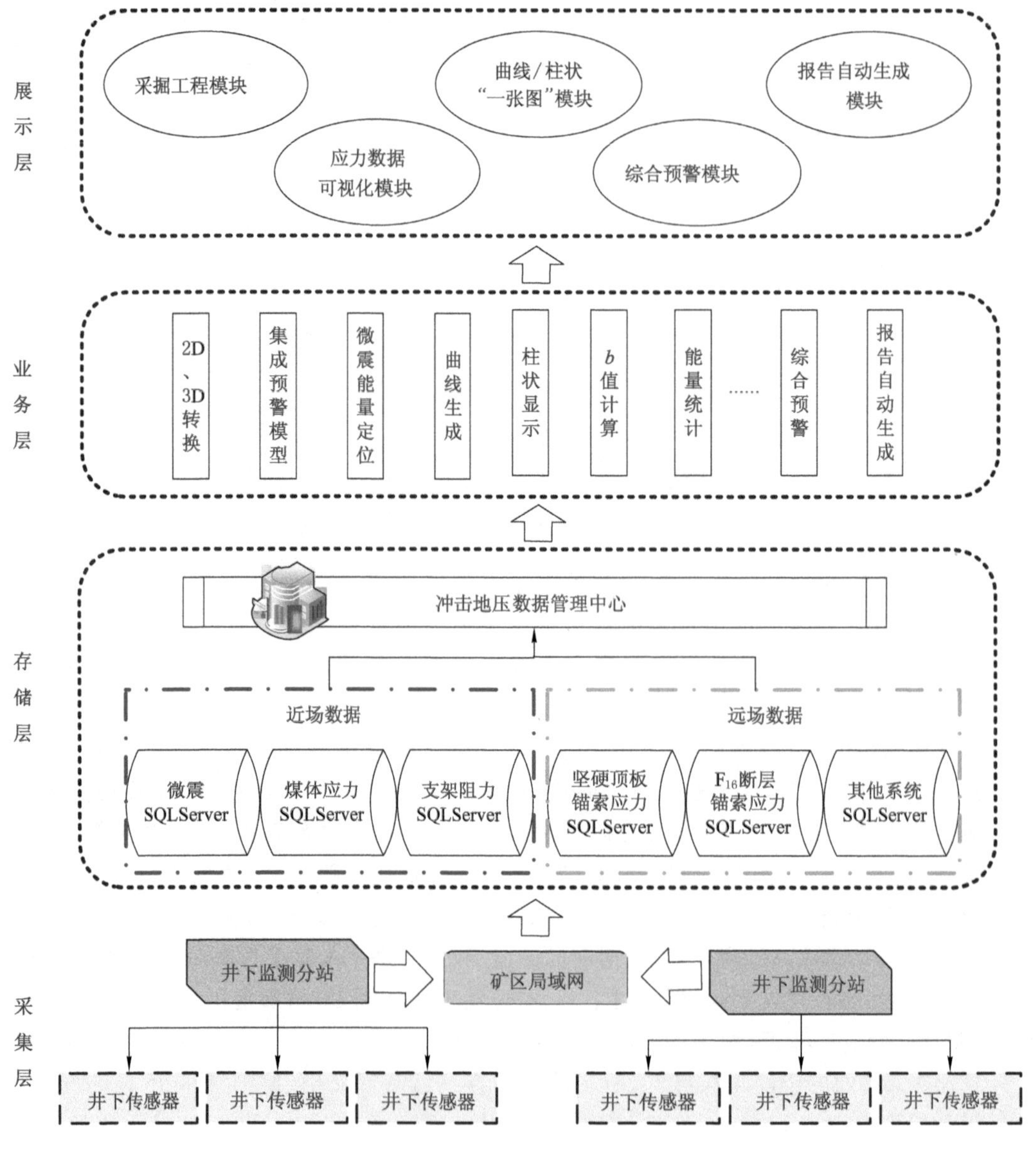

图 11-34　冲击地压远近场综合监测预警系统

（2）系统组成

冲击地压远近场综合监测预警系统由监测数据采集子系统、数据可视化子系统、综合预警子系统和报告自动生成子系统等组成。

监测数据采集子系统依托物联感知、大数据并行处理等技术获取坚硬顶板应力、断层应力、煤层应力、变形、支架阻力和微震等在线监测数据。基于煤矿井下的各种物理传感设备、网络传输设备和数据采集卡获取微震、地质信息和监测信息等相关数据，对数据进行清理、归一化等统一规范化管理，建立各项数据仓库，存储于数据库服务器。

数据可视化子系统将监测数据生成柱状图、云图、横道图、推演图、折线图、列表等，在 Web GIS 采掘工程平面图的基础上，利用矿图导入功能，叠加井巷工程、待采煤层、采空区、煤柱、特殊地质构造等信息，形成时间和空间统一的大数据“一张图”集成平台。通过智能化识别各类监测设备的位置信息，直观地显示监测数据所在位置，将离散的设备数据转换为可视的矿图数据。结合综合预警子系统可以快速、准确地判断潜在危险及其所在位置。

综合预警子系统基于模式识别的机器学习实现微震能量事件预测和分级预警，将远场和近场实时监测数据作为预测数据的输入，计算当前数据与历史数据相似度，预测微震事件可能发生的时间、位置、强度等。预警信息可通过短信、邮件、手机应用等形式推送给预警信息接收人。

报告自动生成子系统可以生成“微震大能量事件分析报告”。冲击地压或微震大能量事件发生后，该子系统可以快速完成报告文本的生成，为上级部门提供事件发生的信息。

11.3　EH-4 连续电导率剖面探测方法及应用

11.3.1　探测目的和原理

（1）探测目的

断裂构造是矿井动力灾害的主要影响因素之一。断裂构造破坏了地层的连续性，造成地下岩层密度、电阻率、弹性性质等物理特性的不连续变化，因此在断裂构造探测中可以采用相应的地球物理方法，其中电磁方法的种类最多。EH-4 连续电导率剖面探测方法作为电磁方法中的一种，凭借其工作效率高、抗干扰能力强、勘探深度大、分辨率高等优点，在断裂构造探测中得到了广泛的应用，已成为地质动力区划研究工作的重要内容之一。

煤层赋存于成层分布的煤系中，煤层被开采后形成采空区，破坏了原有的应力平衡状态。当开采面积较小时，由于残留煤柱较多，压力转移到煤柱上，未引起地层塌落、变形，采空区以充水或不充水的空洞形式保存下来；但多数采空区在重力和地层应力作用下，顶板塌落，形成垮落带、裂缝带和弯曲带。上述地质因素的变化，使得采空区及其上部地层的地球物理特征发生了显著变化。明确工作面覆岩结构动态变化和采空区形态演化对工作面安全开采具有重要影响。

（2）探测原理

EH-4 是美国 Geometrics 公司和 EMI 公司联合研制的双源型电磁/地震系统，如图 11-35 所示。该仪器设计精巧，坚实，适合地面二维、三维连续张量式电导率探测，在技术上率先突破传统单点测量壁垒，走向电磁测量拟地震化，联合地面二维、三维连续观测和资料解译。EH-4 利用大地电磁原理设计而成，其赖以工作的场源为天然电磁场和人工磁偶极子产生的高频电磁场[284]。天然背景场源成像反映深部地质信息，其信号源频率范围为10～100 Hz。浅部信息通过便携式低功率发射系统发射 0.1～100 kHz 人工电磁信号，补偿天然信号某些频段的不足。EH-4 具有高分辨率和大勘探深度的优点，且在同一个测点上通过宽变频测量获得深部信息，不需要加大极距来增加勘探深度，测量效率高。作为一种全新概念的高分辨率电磁成像系统，EH-4 在地下水勘查、煤田地质勘查、矿产勘查、工程勘查等方面得到了广泛的应用。

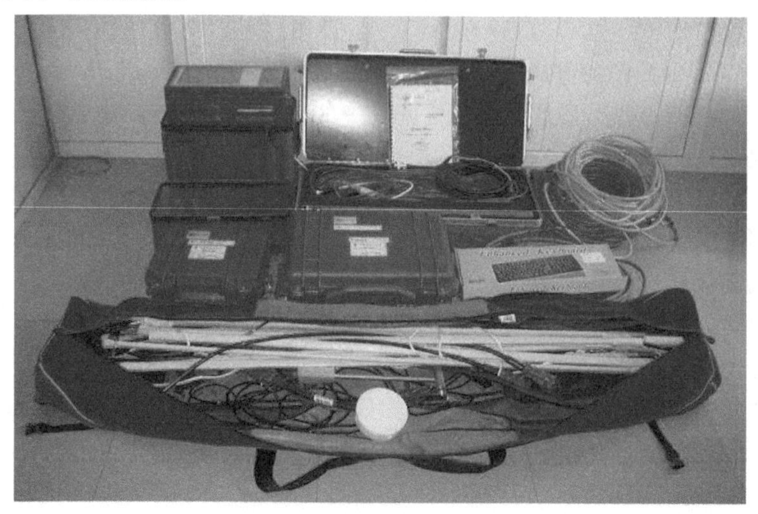

图 11-35 EH-4 连续电导率剖面测量仪

断裂构造作为地下空间的破裂面，在地下空间表现为一平面体。由于断裂面两侧存在一定范围的破碎带，与周围介质相比，断裂构造总体上应该是具有一定厚度的板状体。在二维条件下，断裂构造表现为具有一定宽度的线性体。断裂构造是地下空间中的非均质不连续地带，相对周围介质，其电性特征可表现为高阻或低阻。决定断裂构造的电性特征的因素包括断层破碎带的发育程度、胶结程度、含水特征等。总体上，断裂破碎带越发育，其电阻率越低；张性断裂因富水而具有低电阻率；有岩浆侵入的断裂，其电阻率则高；老断裂破碎带的胶结程度强于新断裂，因此其电阻率高于活动断裂。

煤层采空区垮落带与完整地层相比，岩性变得疏松、密实度降低，其内部充填的松散物的视电阻率明显高于周围介质，在电性上表现为高阻异常；煤层采空区裂缝带与完整地层相比，岩性没有发生明显的变化，但由于裂缝带内岩石的裂隙发育，裂隙中充入空气致使导电性降低，在电性特征上也表现为高阻异常；煤层采空区垮落带和裂缝带若有水注入，松散裂隙区充盈水分达到饱和的程度，则会引起该区域的电导率迅速增加，表现为其视电阻率明显低于周围介质，在电性特征上表现为低阻异常。这种电性变化为以导电性差异为应用前提的 EH-4 大地电磁方法的应用提供了地球物理应用前提。

11.3.2 EH-4 探测方法

(1) EH-4 的基本组成和特点

EH-4 的结构和数据采集装置示意如图 11-36 和图 11-37 所示，包括接收和发射两部分。接收部分由 STRATAGEM 数据采集单元、模拟前端电路(AFE)、磁棒、电极及连接线组成;发射部分由 TXIMI 型便携式低功率发射机和垂直环形天线构成。

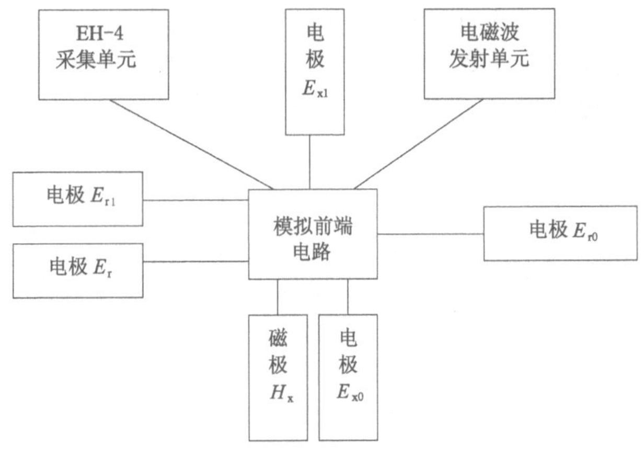

图 11-36　EH-4 结构示意

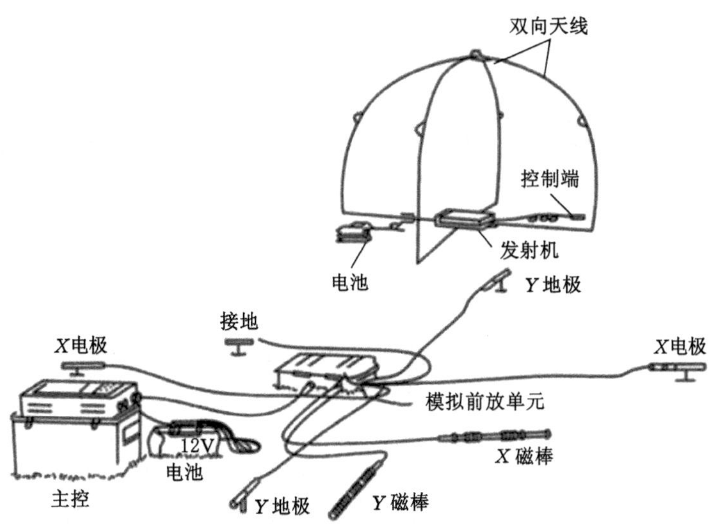

图 11-37　EH-4 数据采集装置示意

① 传感器

EH-4 使用两对电传感器和磁传感器同时接收电场和磁场信号。电传感器为 BE-20 型高频偶极子和 SSE 型不锈钢电极,磁传感器为 BF-IM 型磁传感器。

② 采集单元

采集单元主要由一台便携式 486 微机及内插采集板组成,同时接收由 AFE 送来的 4 道信号(2E,2H),AFE 用于模拟信号处理 2 电场道和 2 磁场道与数据包相耦合。采用 18 位模数转换器和 32 位数字信号处理器,带宽为 DC-96 kHz。配液晶 VGA 显示器和大容量硬盘,测量数据可由 SCSI 口传到磁带或 PD 光盘。内置 4 in 宽绘图仪,可绘制测量记录。

③ 发射机

发射机用于发射人工电磁波,由 TxTM2 型发射仪和垂直环形天线构成。频率范围为

1～75 kHz,可单频发射,也可扫频发射。由 12 V,60 Ah 电瓶供电,功耗较低。

EH-4 的特点如下:① 自然源、可控源联合接收;② 独一无二的垂直磁偶极子发射方式,发射天线轻便灵活,耗电量小,可用 12 V 轻便汽车电瓶供电;③ 测量时间短,测量精度高,兼备调频接收、操作方便的优点,又具有时间域高分辨率的特点;④ 联合 X-Y 电导率张量剖面解译,对判断二维构造特别有利;⑤ 频率范围为 0.01～100 kHz,勘探深度可达 1 000 m;⑥ 地震、电法联合测量和解译,是综合勘探最理想的仪器;⑦ 实时处理,实时显示,资料解译简捷,图像直观。

(2) EH-4 探测选址原则

EH-4 探测方法对具有明显电性特征区别的介质的探测是有效的,在这种情况下,其作为一种价廉、无损、快速的探测方法在地质动力区划研究工作中可起到非常重要的作用。另外,在实际测试过程中,由于不同区域人工场源的干扰强度不同,EH-4 探测效果会有很大的不同,在进行探测选址时应充分考虑这一点,以保证探测结果的准确合理。

① 高压线的影响。一般矿区均有高压线通过,一些煤矿在某个区域高压线相对密集。实测结果表明,沿高压线两侧 100～150 m 的范围内,高压线所产生的电磁场强度大大高于天然场和人工场。因此,该范围内电磁法探测会出现比较大的偏差。

② 矿区离散电流的影响。煤矿地下开采的机电设备和载波通信设备,特别是井下高压电缆和电机车均会产生离散电流。机械化程度越高的煤矿,采掘设备功率越大,地下离散电流对电磁法探测的影响也越大。煤矿离散电流一般分布不均,有强区也有弱区。在弱区,当背景噪声基本满足探测条件时,可以采取适当增加叠加次数的方式增强有效频点信号。在强区,当背景噪声不满足最基本的探测条件时,采取探测区井下局部断电的方式。

③ 静态效应。所谓静态效应实际上是一种电流聚集现象,产生的原因主要是近地表存在局部电性不均匀体,当电流经过其表面时形成电荷聚集,大地电磁场的分布改变,单一测点在不均匀体以下的测深数据在对数坐标上产生一定量的上下平移,从而导致深度解译产生误差,构造解译变得复杂。

(3) EH-4 野外探测方法

EH-4 野外探测方法分为单点法和剖面法两种。单点法在测点上记录互相垂直的两个水平电场和两个水平磁场的时间系列。剖面法在垂直于构造走向的剖面上,连续地进行类似单点的测量,根据标量测量或张量测量的设计,所测参数个数可为 2～4 个。单点测量适用于测点之间电阻率变化不剧烈的情况,给出接收点下垂向电阻率分布的估计。剖面测量适用于预测电阻率沿侧向有变化的区域,能获得垂向和侧向电阻率分布,沿特定的方向在相邻测点采集数据,并把这些数据一起处理。剖面可以沿任意方向布设,不必沿严格的直线。在实际施工中,一般使用剖面测量工作方式,因为此方式能充分发挥系统信号处理软件的能力。

野外实测中极距原则上采用 40 m,在地形不好、比较狭窄的地段可适当缩小极距,但不应小于 10 m。发射机离测点距离(即收发距离)为 150～400 m,发射和接收保持同步,野外探测布置如图 11-38 所示。应尽量避免周围环境中的不利因素对探测的影响。首先,避免人工电场的影响,在无法避免的情况下,适当减少信号的增益,避免信号溢出,同时适当延长探测时间和增加叠加次数。其次,当风动影响较大时,将接收装置的电缆、探头等用土埋压,以保证信号不受干扰。最后,每一个测点要保证各个电极接地良好。

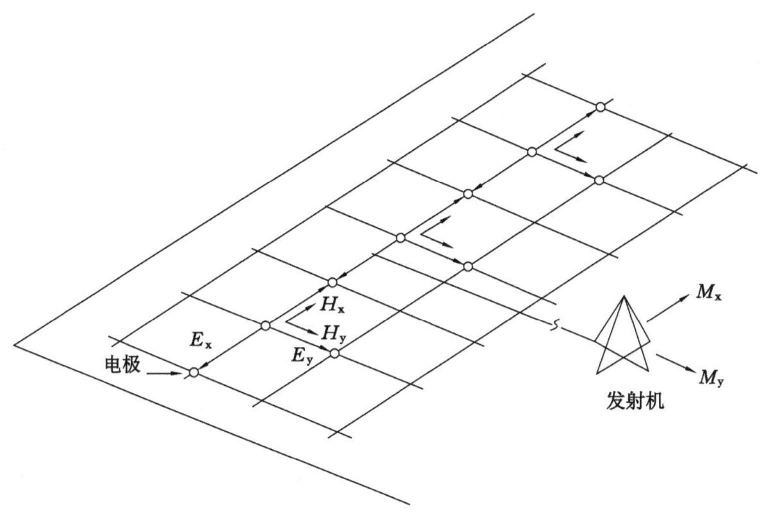

图 11-38　野外探测布置

(4) EH-4 数据分析方法

EH-4 具有数据综合处理和解译的能力。特别是其现场处理功能,可以使用户在现场看到探测结果并据之调整野外探测参数,不会影响野外施工。数据处理主要由 IMAGEM 程序控制,编辑过程是人机联作形式,可对某些不光滑频率点的数据进行修改,使频率曲线趋于光滑。一般认为,这些数据点是干扰所造成的,对其修改在理论上是成立的,而且可使得到的二维解译电阻率更接近大地真实电阻率。一维数据处理将时间数据变换为频率数据,得到振幅、相位及相关曲线。对功率谱文件数据进行一维反演即可得到电阻率曲线。二维数据处理对连续几个测点进行联合处理,在完成 EMAP 静态校正及平滑处理后,最终获得电阻率断面图。

EH-4 连续电导率剖面探测资料分析建立在经过多项数据处理后的图像基础上,借此研究电磁场在大地中的空间分布特征及规律,并利用这些特征与规律识别大地的电性特征。据此推断异常形态、部位、产状等,定性划分地层,圈定不良地质体的发育区等,最终结合地质、水文及钻探资料等,为地质解译提供地球物理依据。

数据分析方法具体流程如下:

① 干扰信号的剔除

在信号采集过程中由于各种原因,有可能出现随机的干扰信号。干扰信号影响着视电阻率曲线,使其中的个别频点发生跳跃,如果未剔除,将会影响最终的反演解译结果。剔除干扰信号的方法有两种:对采集的时间序列信号进行编辑,直接剔除发生畸变的信号;对视电阻率曲线进行编辑,直接删除个别跳跃较大的频点。

② 圆滑系数的选取

利用 EMAG 软件进行二维反演时,需要选择圆滑系数,系统提供的圆滑系数范围比较大(0～999),但一般情况下,在 0.05～10 之间选择就足够了。多数情况下,只选择一个圆滑系数是不能获得较理想的二维成图结果的,时常需要选择几个不同的圆滑系数,形成不同的.dat 文件,比较它们的二维成图结果,找出其中较理想的一个作为最终结果。

③ 地形修正与插值

EH-4 的理论基础是将大地看作水平介质作为基本假设，但实际情况是：地形不是平坦的，同一个剖面的测点存在高程差，需要进行地形修正。修正的方法是用每个测点的实际高程作为二维反演.dat 文件该测点的第一个频点的高程，其他频点的高程相应做加减运算，形成修正后的.dat 文件。

同一测点，随着测深的增加，数据点变得越来越少，一般经过插值处理后形成的图像更完美。插值时采用两点间线性法。对于深部没有数据的部分，可以采用外延法，即利用最深的两点的数据按线性关系计算出深部未知点的电阻率。

④ Surfer 下数据网格化

EH-4 没有提供专门的二维成图软件，一般可用 Plot 或 Surfer 软件成图。用 Surfer 软件成图时，首先要进行数据网格化。网格化时，需要注意网格化方法的选择，实践表明，选取不同的网格化方法对成图结果有一定的影响。通常选择“距离 n 次方反比法”和“克里金法”可以获得较理想的结果。

网格化之后，需要采用光滑插值方法对网格化数据进行圆滑处理，以获得更好的图像。

(5) EH-4 探测成果解译

砂岩的电阻率一般在几欧米至几千欧米之间变化。分选差、颗粒粗、胶结程度高的致密砂岩，其电阻率高；反之，分选好、颗粒细、胶结程度低的疏松砂岩往往具有低的电阻率。砾岩由于颗粒粗、分选性差，故常具有比砂岩较高的电阻率。一般土层结构疏松，孔隙率大，且与地表水密切相关，因而它们的电阻率均较低，一般为几十欧米。通过分析勘探钻孔综合测井曲线得出研究区不同岩性的电阻率参数的统计结果，煤的电阻率约为 162～218 Ω·m，砾岩为 112～125 Ω·m，粗砂岩为 136～151 Ω·m，中砂岩为 95～112 Ω·m，细砂岩为90～100 Ω·m，粉砂岩为 75～85 Ω·m，凝灰岩为 70 Ω·m 左右。从总体上看，岩体(煤)的电阻率与其粒径有关，沉积岩粒径变小，电阻率也相对变小，不过浅部砾岩的电阻率比较小，可能与其密实度有关。

11.3.3 断裂构造 EH-4 探测现场应用

(1) 工程背景

兴安矿位于鹤岗煤田南部小鹤立河下游河床、河谷及东岸的丘陵地带，总体上全区走向 NE10°～18°，在该区域南部折转为北西向，呈一宽缓向斜，沿走向亦有小的起伏。总体为向东倾斜的单斜构造，倾角为 15°～35°，矿区构造中部简单、两翼复杂。区域内所见断层大致可分为二组：一组呈弧形，倾角较缓(25°左右)，多倾向西；另一组呈北东向，一般在 NE55°左右，倾角陡(70°左右)，多倾向南东，未出露地表。

以兴安矿断裂构造 EH-4 探测为例。地质动力区划方法内业工作中确定了Ⅲ-1 断裂和Ⅳ-3 断裂的位置，在地面的相应位置分别布置了 1 号测线和 2 号测线进行断裂带的 EH-4 现场探测，如图 11-39 所示。探测时间为 2006 年 5 月。

(2) 现场探测方案

1 号测线位于兴安矿井田东部，鹤岗市卫校东侧，测线横跨鹤岗矿区Ⅲ-1 断裂带。1 号测线走向 NE83°。测线布置极距为 20 m，共布置 14 个测点，测线长度为 540 m。所测Ⅲ-1 断裂走向 NE40°～60°，与已知的依兰—依通断裂有联系。

图 11-39　断裂构造 EH-4 现场探测

2 号测线走向 NE65°。测线布置极距为 20 m，共布置 13 个测点，测线长度为 500 m。Ⅳ-3 断裂走向近南北，延展长度为 15.5 km。所测Ⅳ-3 断裂走向近南北，延展长度为 15.5 km。

具体测线布置如图 11-40 所示。

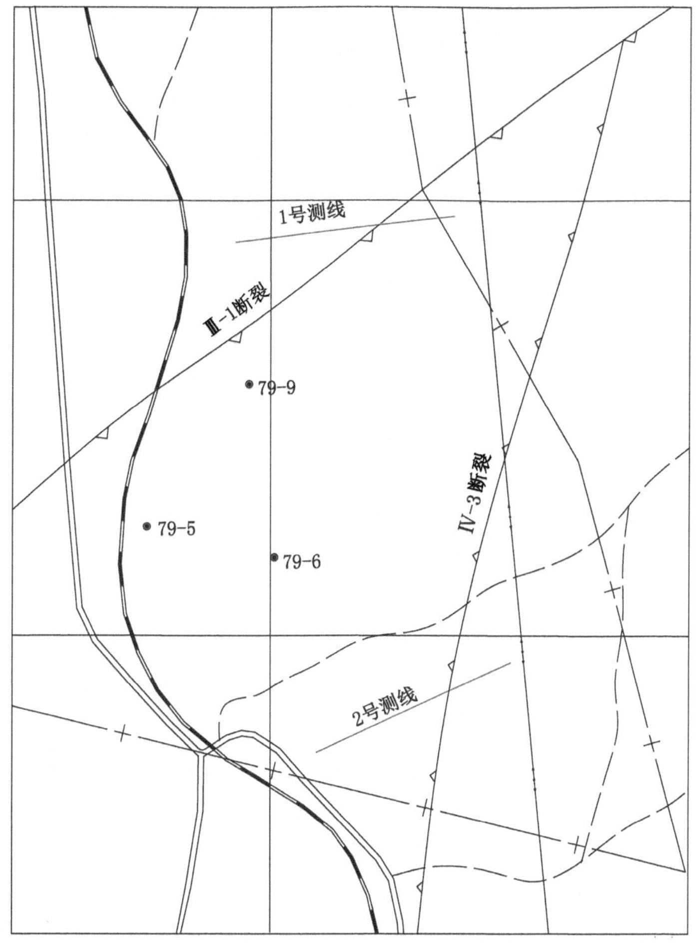

图 11-40　EH-4 探测测线布置图

(3) 1 号测线成果解译

1 号测线 1# —3# 测点的探测深度为 550 m 左右。4# —14# 测点的探测深度由 720 m 增加到近 1 000 m，如图 11-41 所示。

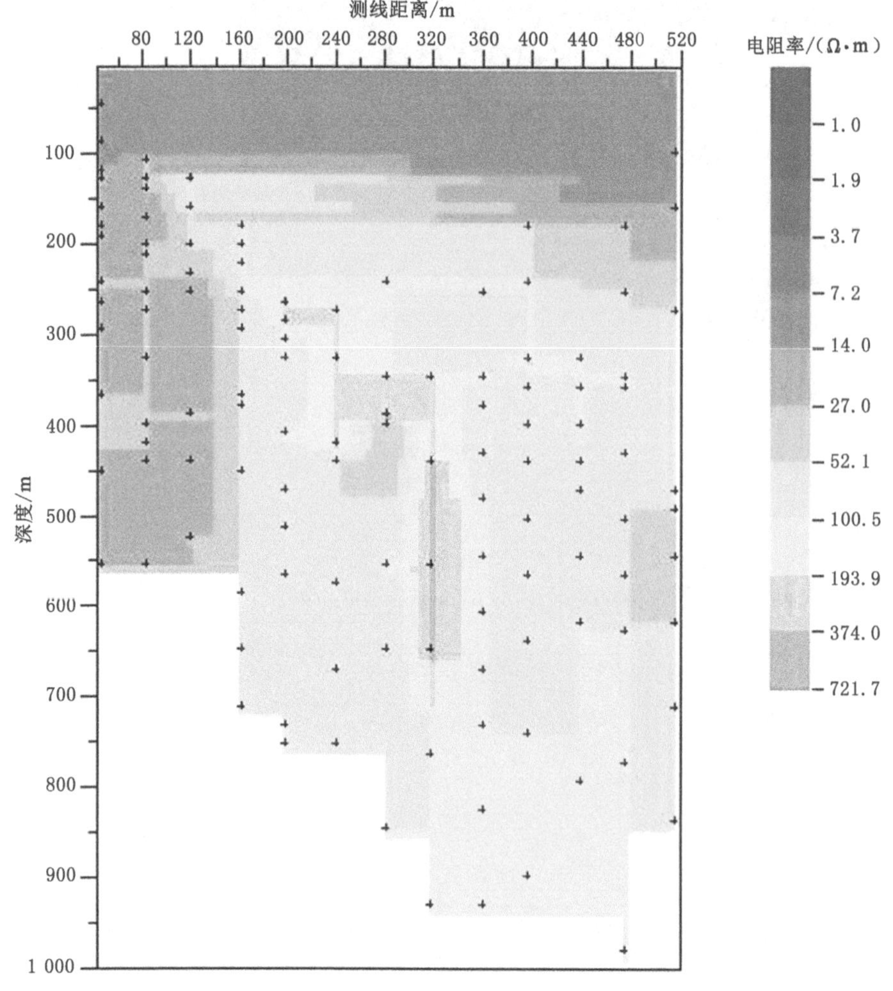

图 11-41 1 号测线数据点分布

1 号测线 EH-4 探测解译成果如图 11-42 所示。由图 11-42 可知，电阻率的分布范围较大，为 0～380 Ω·m。高电阻率集中在一个长条形的区域，电阻率变化显著。在测线水平距 110～130 m 段，深度为 130 m 处开始，电阻率明显增大，达到 200 Ω·m 以上。在 400 m 深度以上，这一异常表现为一倾斜的条带，高阻的位置随深度和水平距的增加向测线的终点移动。在 400～700 m 深度范围内，高阻带表现为一竖直的条带，电阻率在 280～380 Ω·m 之间变化。在 700 m 深度以下，异常高阻消失，电阻率小于 130 Ω·m。在 1 000 m 左右深度处，电阻率又有一个升高区域。

根据以上异常可以推断，在所测剖面范围内可能存在两条断裂构造。其中一条断裂倾向北东或南西，倾角大约为 40°；另一条断裂近于直立。从电阻率异常程度来看，后者比前者具有更为明显和强烈的异常特征，在近地表(深度 0～200 m)没有显示出这一特点，分析

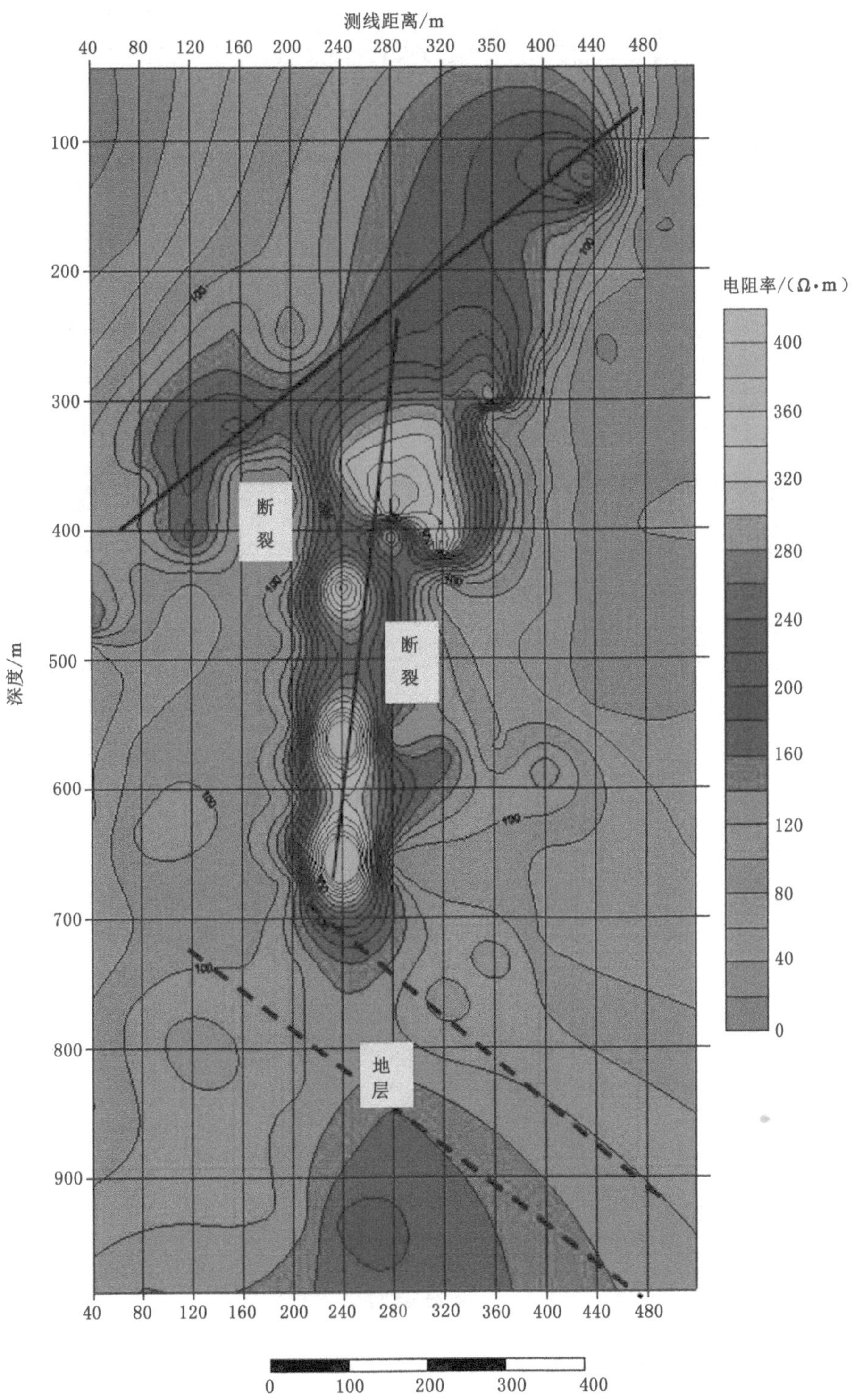

图 11-42　1 号测线 EH-4 探测解译成果

其原因，存在两点可能：第一，由于本次剖面探测未使用高频段发射天线，基本上未探测到近地表（深度 0～200 m）电阻率的情况；第二，倾斜的断裂限制了竖直断裂向地表延伸，竖直断裂在其与倾斜断裂相交部位（深度 300 m 左右）便终止。不管是以上何种原因，这两条断裂的位置基本上是确定的。

1 号剖面显示了地层的大致形态。由图 11-42 可知，地层倾角大约为 35°。

（4）2 号测线成果解译

2 号测线的探测深度范围为 50～650 m，局部探测深度达到 1 000 m，如图 11-43 所示。

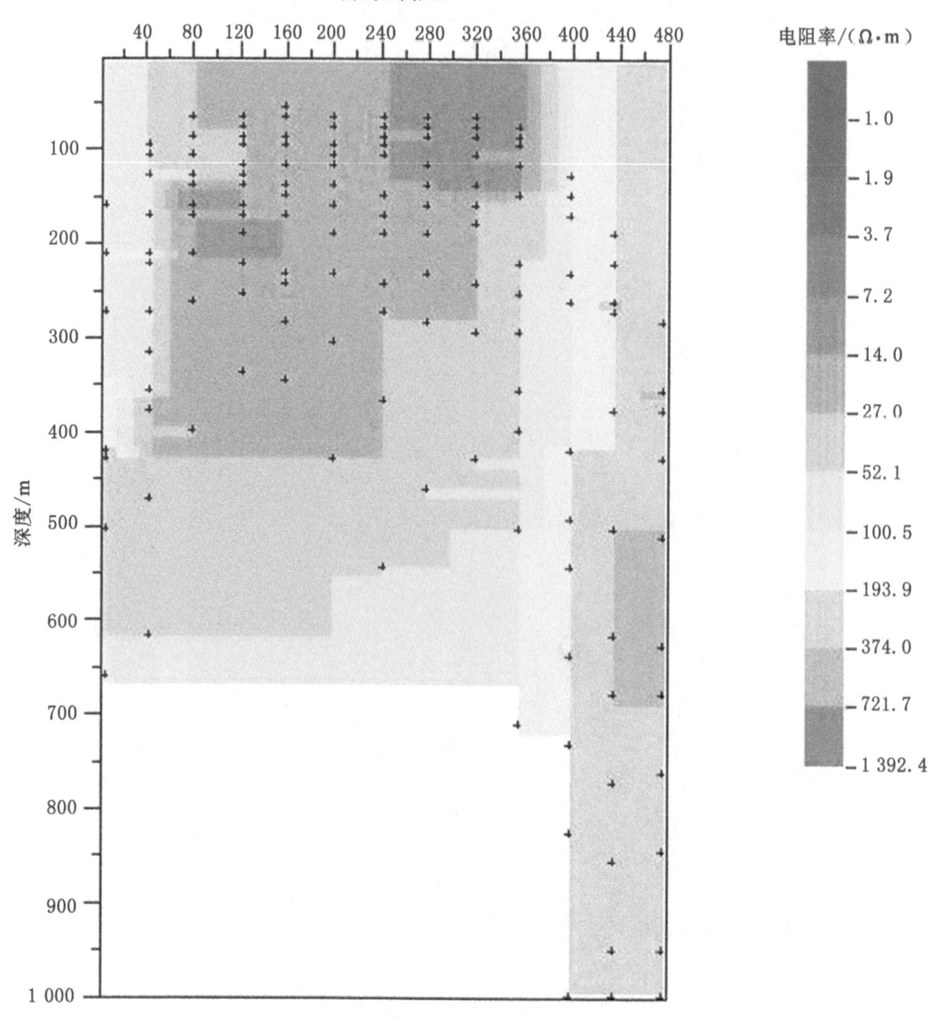

图 11-43 2 号测线数据点分布

2 号测线 EH-4 探测解译成果如图 11-44 所示。由图 11-44 可知，电阻率为 0～1 000 Ω·m。电阻率分布特征为，中间区域电阻率较低（低于 100 Ω·m），两侧电阻率较高，其中左侧电阻率为 100～600 Ω·m，右侧电阻率为 200～300 Ω·m，电阻率异常也体现在左右两侧，尤其左侧的电阻率异常表现非常明显。

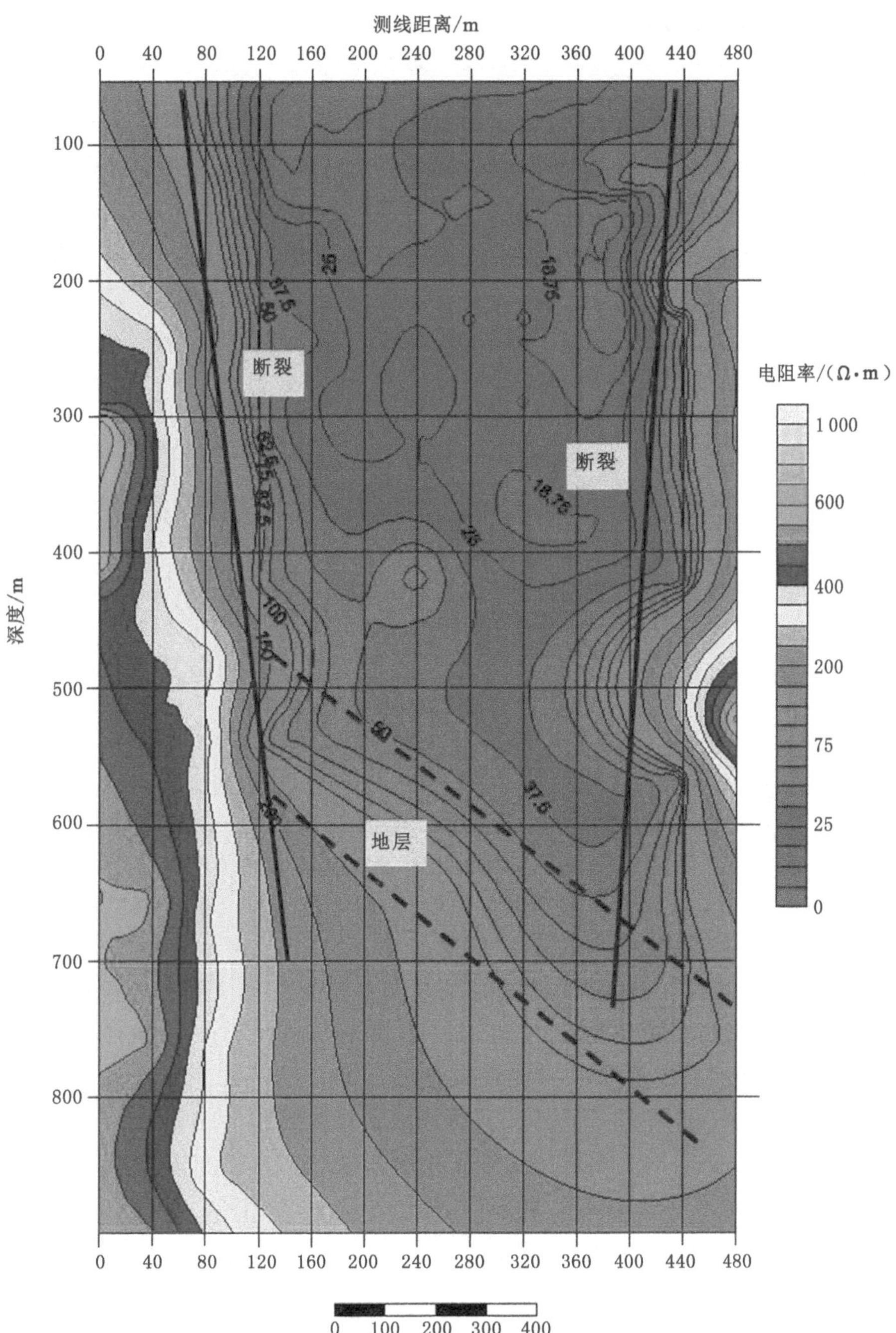

图 11-44　2 号测线 EH-4 探测解译成果

通过以上电阻率异常分析，可以确定两个断裂构造带。两条断裂都近直立，且直通地表。左侧断裂的异常特征比较明显，右侧相对较弱，而且由于其靠近测区边界附近，可能受到边界条件的影响。

2 号剖面明显地显示出地层的大致形态。由图 11-44 可以看出，地层倾角大约为 35°。

11.3.4 覆岩结构 EH-4 探测现场应用

（1）工程背景

同忻井田位于大同市西南约 20 km，位于大同矿区东北部，井田东西长约 14.29 km，南北宽约 10.36 km，面积为 65.24 km^2。勘探深度为 550 m，3-5# 煤层厚度为 14.38 m，煤层倾角为 3°～5°。以同忻煤矿 8100 工作面采空区覆岩结构探测为例，在现场进行了工作面覆岩结构和采空区形态的 EH-4 探测，如图 11-45 所示。探测时间为 2011 年 5 月至 2012 年 7 月。

图 11-45　工作面覆岩结构 EH-4 探测

（2）现场探测方案

为实现对工作面上覆岩层垮落带与裂缝带范围的准确划分，探测分三个阶段进行：① 工作面开采前实体煤岩体探测；② 工作面开采后采空区探测（1 个月）；③ 工作面开采后覆岩结构探测（12 个月）。通过对比工作面采前、采后上覆岩层的电阻率特征，确定工作面上覆岩层垮落带与裂缝带范围。

探测方案为：在 8100 工作面对应的地表布置两条测线，1 号测线布置在 8100 工作面未开采区域的地表，测线方位近南北，长度为 160 m，共 9 个测点，受地形条件的限制，测线没有完全覆盖整个工作面长度范围；2 号测线布置在 8100 工作面已开采区域的地表，测线方位 NW21°，长度为 340 m，共 18 个测点。具体测线布置如图 11-46 所示。

1 号、2 号测线对应的 3-5# 煤层底板等高线形态，如图 11-47 和图 11-48 所示。从图中可以看出，3-5# 煤层基本水平，无较大的起伏变化。

（3）1 号测线成果解译

1 号测线第一、二、三阶段大地电阻率二维反演图（图中双黑虚线为煤层位置）如图 11-49 所示。从图 11-49(a)中可以看到，电阻率等值线平滑，疏密变化不大，无错动，除浅部电阻率等值线有些波动外，基本都成层分布，电性标志层稳定，结果证实了该区域煤层未受采动影响，岩层赋存稳定。从图 11-49(b)中可以看到，在水平方向 80～180 m 之间，标高在＋800～＋880 m 之间有一高阻闭合圈[图 11-49(b)中红色虚线所示]，该异常区域范围与图 11-48 所示的 8100 工作面的范围吻合，因此推断此高阻异常区为 8100 工作面开采后形成的垮落带，影响高度约 80 m。图中蓝色虚线为工作面开采后裂缝带发育高度的边界，影响高度约 150 m。由裂缝带的边界至地表均为弯曲带。从图 11-49(c)中可以看到，煤层所

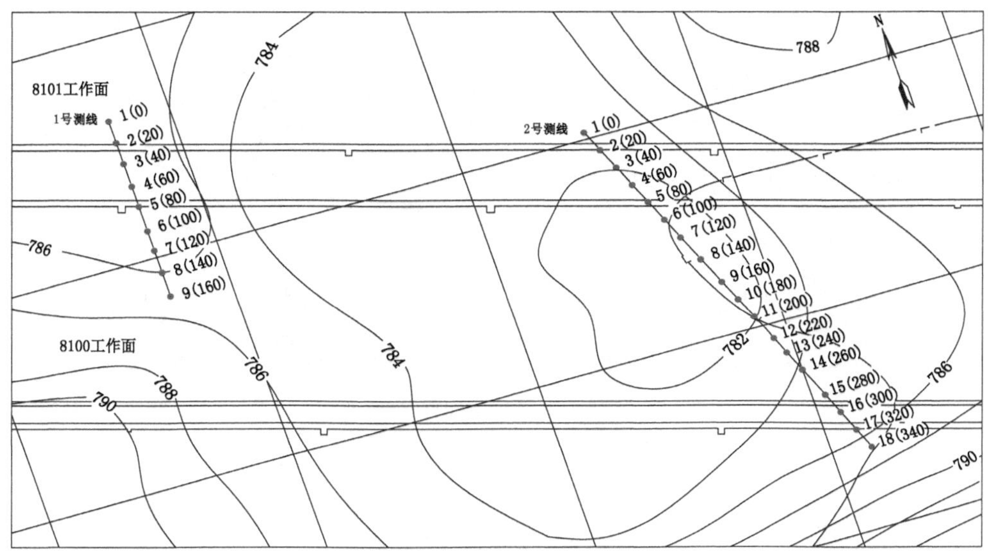

图 11-46　EH-4 测线布置图

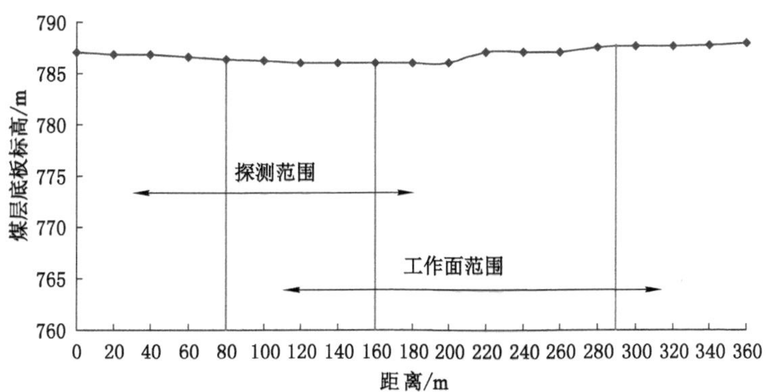

图 11-47　1 号测线探测范围与工作面对应关系

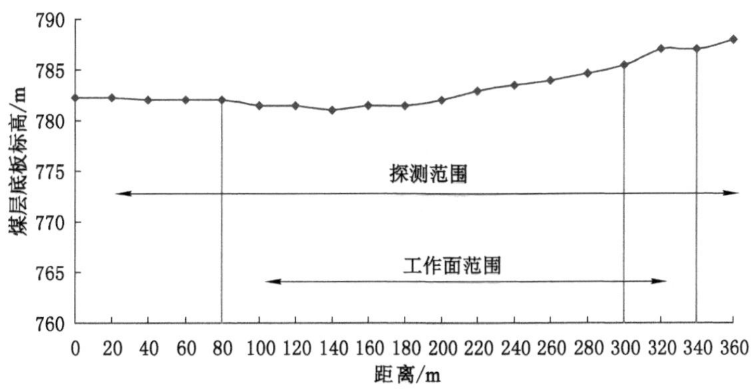

图 11-48　2 号测线探测范围与工作面对应关系

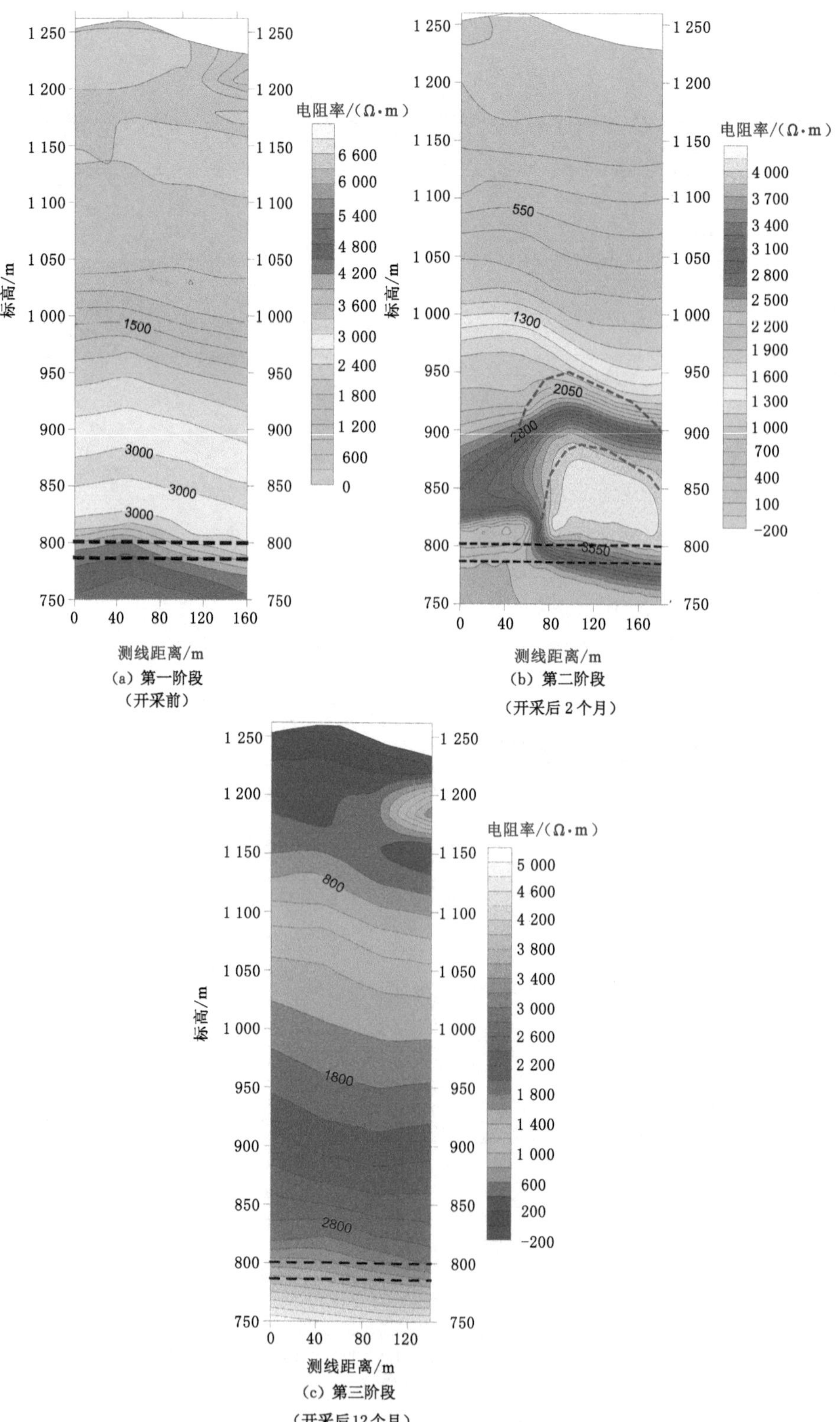

(a) 第一阶段
(开采前)

(b) 第二阶段
(开采后 2 个月)

(c) 第三阶段
(开采后12个月)

图 11-49　1 号测线大地电阻率二维反演图

在位置(图中黑色虚线)上覆岩层一定范围内呈现高阻分布,且电阻率等值线平稳、连续、层状分布,这说明经过12个月后工作面上覆岩层运动已达到稳定状态,岩层的松散与裂隙是产生高阻的原因,稳定后的岩层重新恢复了层状分布。

(4) 2号测线成果解译

2号测线第一、二、三阶段大地电阻率二维反演图(图中双黑虚线为煤层位置)如图11-50所示。从图11-50(a)中可以看到,在水平方向80～300 m之间,标高在+800～+900 m之间有一高阻闭合圈[图11-50(a)中红色虚线所示],其上部电阻率等值线平稳、连续、层状分布,而且该异常区域范围与图11-48所示的8100工作面的范围吻合,因此推断此高阻异常区为8100工作面开采后形成的垮落带,影响高度约100 m。图中蓝色虚线为工作面开采后裂缝带发育高

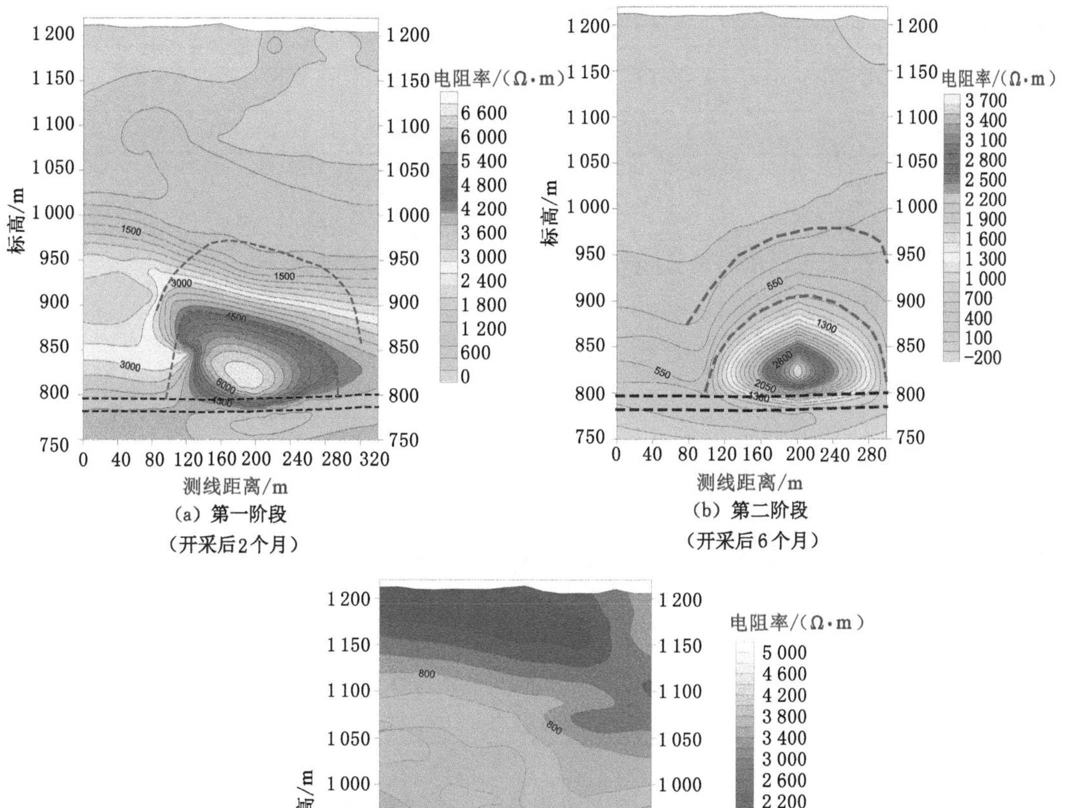

图11-50　2号测线大地电阻率二维反演图

度的边界，影响高度约 170 m。由裂缝带的边界至地表均为弯曲带。图 11-50(b)所示的高异常带的形态与范围与第一阶段形成的图 11-50(a)所示的基本一致，在水平方向 80～300 m 之间，标高在＋800～＋900 m 之间有一高阻闭合圈[图 11-50(b)中红色虚线所示]，推断工作面垮落带影响高度约 100 m，裂缝带发育高度约 170 m。图 11-50(c)所示电阻率等值线平稳、连续、层状分布，说明经过 12 个月后工作面上覆岩层运动已达到稳定状态，稳定后的岩层重新恢复了层状分布。

通过 8100 工作面 14 个月的 3 次 EH-4 探测工作，了解了 8100 工作面开采前、开采中和开采后上覆岩层和采空区的结构特征，确定了垮落带、裂缝带高度范围，见表 11-10。

表 11-10 采空区"两带"高度 EH-4 探测结果

测线序号	垮落带高度/m	裂缝带高度/m
1	80	70
2	100	70

11.4 基于 GNSS 和 InSAR 的矿区地壳形变监测方法及应用

11.4.1 监测目的和原理

(1) 监测目的

矿井开采的工程区域处于板块构造体内，矿井工程地质体受控于区域地壳构造运动的影响，板块间碰撞挤压产生的应力和位移也会作用在矿井开采工程区域内。因此，地质动力区划研究中采用 GNSS 和 InSAR 技术进行矿区地壳形变监测，为矿区地壳形变研究和地质动力环境评价提供基础数据。一个矿区地壳运动监测台网布置范围应在几十千米至几百千米，而一个矿井地壳运动监测台网布置范围应在几十千米。通常情况下，开展矿区区域地壳水平形变监测工作采用布站灵活、方便、精度高、可全天候连续观测的 GNSS 技术，而开展区域地壳垂直形变监测工作则多采用 InSAR 技术。

(2) 监测原理

在大地测量技术出现之前，传统的大地测量方法主要有应用经纬仪、水准仪、测距仪、全站仪等常规测量仪器的常规监测。其优点是能够获得变形体整体的变形状态，适用于不同的监测精度要求、不同形式的变形体和不同的监测环境，可以获得绝对变形信息；但其外业工作量大，布点受地形条件影响，不易实现自动化监测。此外，还有应用伸缩仪、蠕变仪等开展的应变测量、准直测量和倾斜测量的特殊手段监测，其具有测量过程简单、可监测变形体内部的变形、容易实现自动化监测等优点，但通常只提供局部的和相对的变形信息。三角测量和水准测量都是通过重复测量来监测地壳运动的。三角测量精度偏低，在广阔的板块边缘地带地壳运动速度很小(地震除外)，因此，三角测量重复周期达 20～30 a，才能得到地壳水平运动可信的结果。三角测量显然不能监测地面点的短期水平位移，在地壳水平运动监测中已被淘汰。为了测定现代地壳垂直运动，传统上都采用重复精密水准测量。该方法作业效率低，且地面折射引起的系统误差的积累使得重复水准测量所得的高程变化不完全是地壳垂直运动，也含有地壳质量迁移引起的大地水准变化。

在空间大地测量中，GPS 最适用于监测具有复杂形变状况的区域，具有价廉、灵活、效率高、数据收集率高、空间覆盖密集和使用方便等方面的优势，而且还可以直接测定所需要的相对运动，不存在系统误差积累问题，也不受大地水准面变化的影响，可以说完全克服了水准测量固有的缺陷。

随着科学技术的进步和对变形监测精度要求的不断提高，变形监测技术也在不断地发展，特别是空间对地观测技术的快速发展，使得开展大范围高精度区域地壳形变监测成为可能。为了监测地壳板块运动，需要采用空间大地测量技术，包括甚长基线干涉测量（very long baseline interferometry，VLBI）、卫星激光测距（satellite laser ranging，SLR）、全球卫星导航系统（GNSS）测量和合成孔径雷达干涉测量（InSAR）[285]。目前针对地壳板块运动的监测网及数据传输与分析系统如图 11-51 和图 11-52 所示。

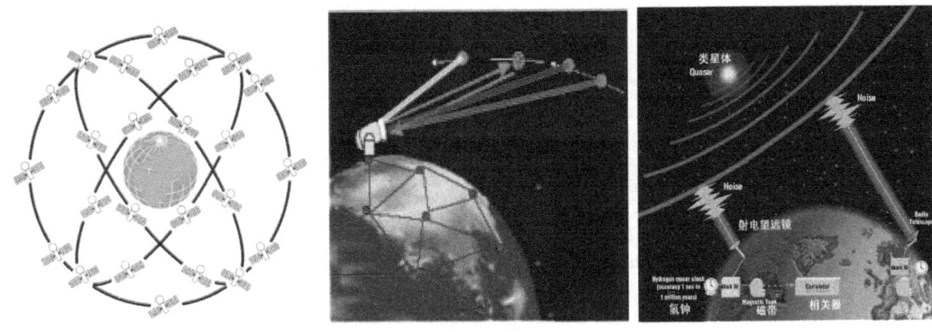

图 11-51　地壳板块运动监测网

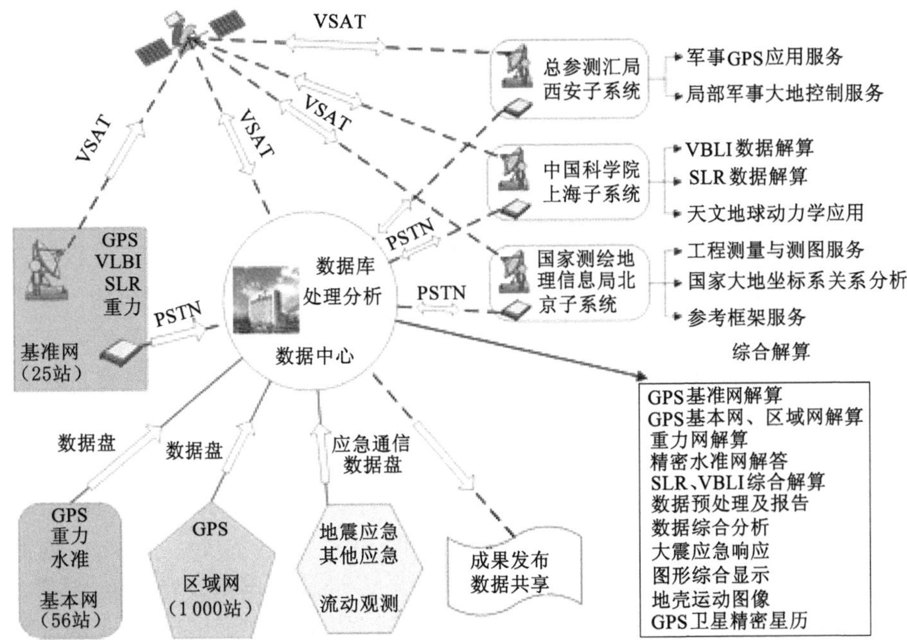

图 11-52　地壳运动观测网络数据传输与分析处理系统

根据地壳运动监测的范围和尺度，以及监测目的不同，监测网包括以下三类布置形式。

① 全球板块运动监测网

该监测网用于监测板块运动参数和板块内部形变，一般要求在每一大板块上的稳定部分至少布设3个测站。

② 区域地壳运动监测网

空间尺度由几百千米到1 000 km的瞬变构造运动，一般称为区域地壳运动。为了建立区域地壳运动监测网，通常采用空间大地测量技术。该监测网对于了解区域应变积累情况有着重要意义。

③ 局部地壳运动监测网

局部地壳运动监测网用于测定地震活动区的局部形变。这种监测网中，需要基于不同的距离(由几百米到几十千米)测定各点的相对水平位置和高差。由于距离变动幅度较大，网的布局一般比较复杂，有时需要在大网中插入小网。

11.4.2 矿区地壳形变监测的GNSS与InSAR测量方法

(1) GNSS测量技术

GNSS测量技术主要利用监测站上接收到的4颗以上导航卫星信号进行后方交会测量，从而计算得到监测站的三维位置[286]。按照监测站在测量中所处的状态来分，GNSS测量可分为静态测量和动态测量两种，一般区域地壳形变监测中多采用静态测量方式。而根据定位结果来分，GNSS测量可分为绝对定位和相对定位两种。随着GNSS数据处理技术和各种地球物理模型的不断优化，目前区域地壳形变监测中绝对定位和相对定位技术应用效果良好。GNSS数据处理流程如图11-53所示。

(2) InSAR技术

SAR是利用与目标做相对运动的小孔径天线，将在不同位置接收的回波信号进行相干处理，从而获得较高分辨率的成像雷达。它可以穿透云层和雨雾，具有全天时、全天候、高分辨率的优点。InSAR是在SAR技术的基础上进一步发展而成的空间对地观测技术，已经被广泛应用于城市地面沉降监测，冰川漂移、地震、滑坡等灾害监测以及火山运动监测等研究中[287]。

小基线集合成孔径雷达干涉测量(SBAS-InSAR)是目前提取地壳形变信息的主流方式之一。SBAS-InSAR方法将SAR影像序列按照一定规则组合成若干子集，同一子集内干涉像对的时间基线和空间基线较小，而各子集之间的时间基线和空间基线都较大。利用最小二乘法获取每个小基线集的地表形变时间序列，进而使用奇异值分解法对多个子集进行联合求解，最终获得地表形变速率结果。SBAS-InSAR的主要技术流程如下：

① 干涉像对组合

在SAR影像数据集中，通过设定时间基线和空间基线阈值，将满足阈值限定的影像组成小基线集干涉像对。空间基线阈值通常可以设置成临界基线的45%～50%，阈值设置过大，无法保证参与计算的干涉像对的干涉质量，影响反演精度，阈值设置过小，则参与计算的干涉像对较少，得到的形变结果不可靠。时间基线阈值则取决于研究区域，干燥区域时间基线阈值可以相对延长，而在湿润或植被茂密的区域时间基线阈值要减小，若相隔时间太长相干性差则会影响形变结果的精度。

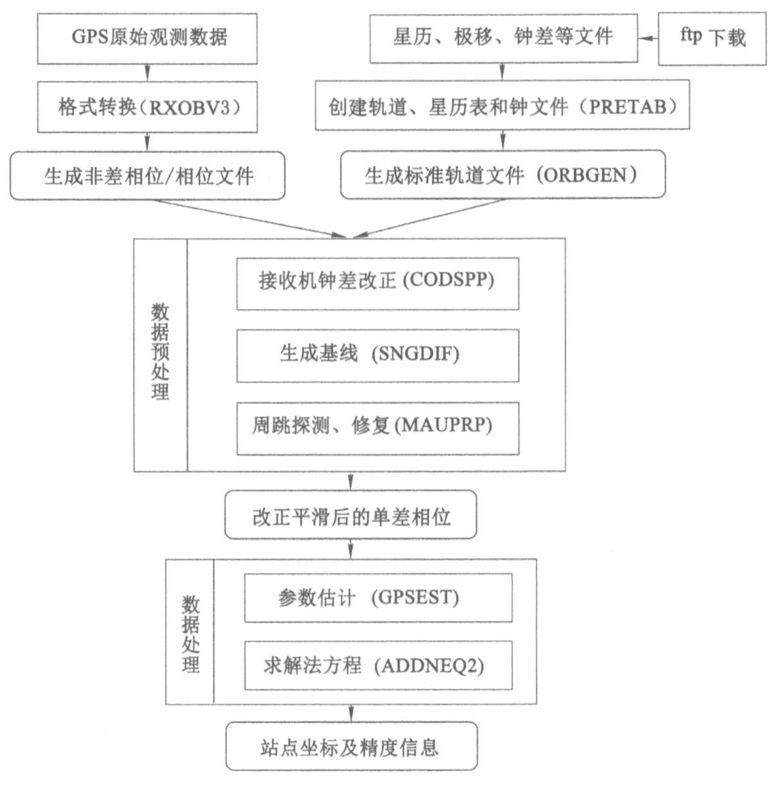

图 11-53　GNSS 数据处理流程

② 相干目标选择

相干目标是指自身散射特性稳定且不易随时间发生改变的目标。在时序干涉处理中，空间相干性、相位稳定性等都可以作为识别高相干目标的参考指标。常用的高相干目标识别方法有相干系数阈值法、幅度离差阈值法和信噪比法。在 SAR 图像的时间序列中合理选择高相干目标是决定成果质量的关键因素。通过设定最小相干性阈值进行目标的分析与选择，对高相干目标进行计算来获取形变时间序列。

③ 差分干涉处理

在进行 SBAS 反演前，需要对小基线集中的干涉像对进行差分干涉处理，包括相干性生成，去除平地相位，滤波和相位解缠，所有数据对都配准到超级主影像上。解缠主要方法有区域增长法、最小费用流法和不规则三角形构成的 delaunay 网格算法。若 SAR 数据时相较多可以选择 3D 解缠，在相干性低的区域参考其他像对的相应区域进行处理，但是其耗时相对较长。

④ SBAS 形变结果反演

相位解缠并进行轨道精炼和重去平后通过 SBAS 反演估算残余地形相位和大气相位以及轨道误差，予以剔除后得到形变相位。SBAS 反演主要利用最小二乘法或奇异值分解法对解缠相位进行解缠，求解方程组得到线性形变速率。SBAS 反演通常分两步进行，第一步反演主要是估算形变速率以及残余地形，第二步反演通过滤波方法去除大气延迟相位，以得到时间序列上的形变量。SBAS 数据处理流程如图 11-54 所示。

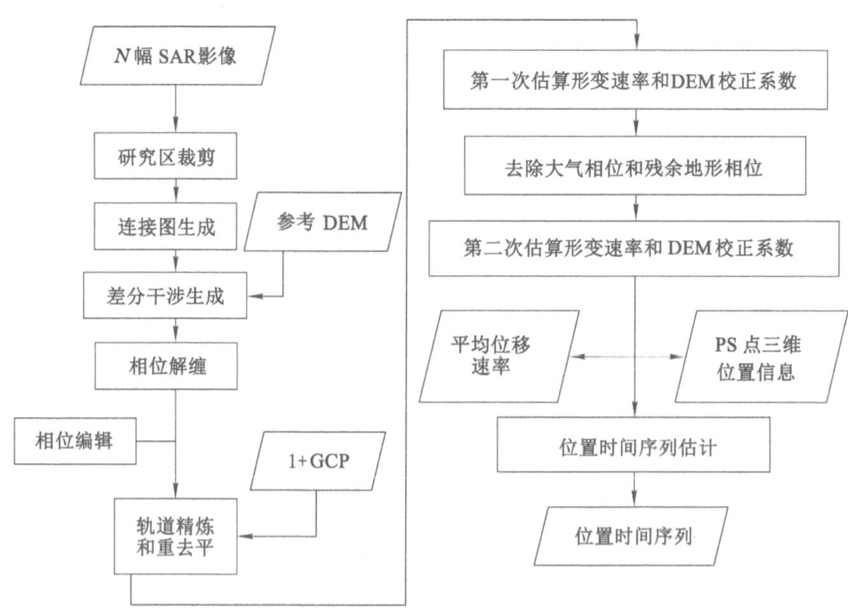

图 11-54　SBAS 数据处理流程

(3) 矿区地壳形变监测的 GNSS 与 InSAR 测量仪器

① GNSS 布置及数据接收

矿区地壳形变监测仪器主要是 GNSS 接收机与天线，常规监测中多采用大地型高精度 GNSS 接收机与扼流圈抑多路径天线，配合 GNSS 馈线使用。同时，为了保证监测结果的可靠性与准确性，一般多在监测点布置稳定的混凝土或钢制观测墩，并安装强制对中装置。如图 11-55 所示。

(a)

(b)

图 11-55　GNSS 接收机

② InSAR 数据监测接收

随着现代 InSAR 技术和数据处理方法的进步，目前 InSAR 地壳形变监测中已不再需要单独建立地面角反射器，而是直接利用免费的覆盖监测区的 SAR 卫星影像，现在最常用的是欧空局(European Space Agency)发射的哨兵(Sentinel)型号卫星获取的 SAR 数据。如图 11-56 所示。

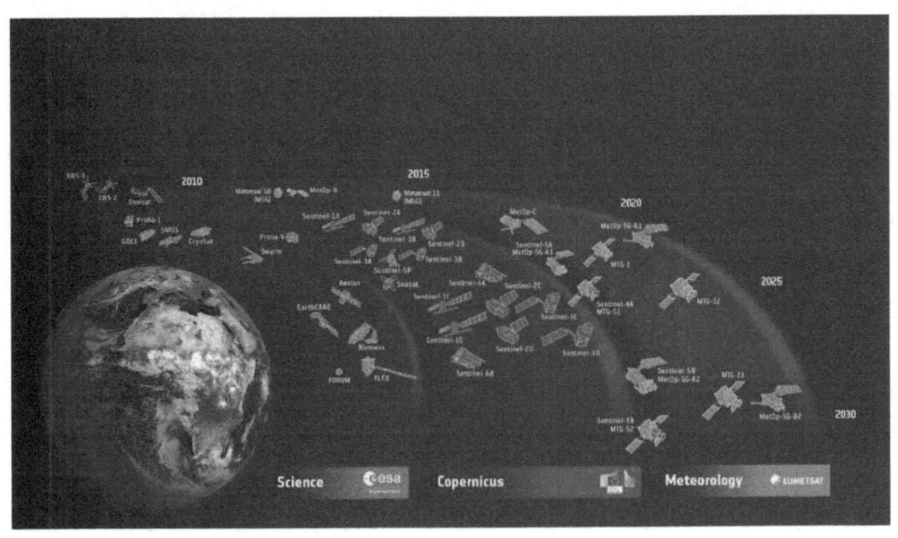

图 11-56　欧空局卫星布置

Sentinel-1 卫星是欧空局发射的新一代免费对地观测雷达数据卫星，运转轨道为太阳同步轨道。它由 Sentinel-1A、Sentinel-1B 两颗卫星构成星座，具有多种极化方式，是继 ERS 和 ENVISAT 之后对推动差分干涉测量技术发展具有划时代意义的 C 波段 SAR 卫星。它采用 TOPS 模式成像，重访周期为 12 d，工作波段为 C 波段，波长为5.6 cm。与传统的条带模式相比，TOPS 模式方位向多普勒中心频率是变化的，因此干涉处理时 TOPS 模式不但要考虑多普勒中心频率在距离向的变化，还要顾及其在方位向的变化。Sentinel-1 卫星如图 11-57 所示。

图 11-57　Sentinel-1 卫星

在阿拉斯加大学网站 https://asf. alaska. edu/可以下载到存档的 Sentinel-1SAR 数据,用于后续的时间序列 InSAR 解算和分析。

(4) 矿区地壳形变监测的 GNSS 与 InSAR 数据处理分析

通过对 GNSS 观测数据的同步处理,获得各站点 GNSS 位置时间序列。根据 GNSS 站点位置时间序列,利用 GNSS 站点位置时间序列模型,获得了各站点在 ITRF2014 框架下的水平向长期稳定运动速度。基于 ITRF2014 框架下的水平运动速度,采用滑移回归方法反演区域应变率场。运用 SBAS-InSAR 时间序列技术提取某一时间范围内的区域地表形变。基于 Sentinel-1 影像提取地表沿雷达视线方向的平均形变速率,并转换到垂直方向上。为研究区域地壳形变与矿区微震能量事件的相关性,将微震监测的大能量事件与 GNSS 连续站监测的地壳形变结果进行对比分析。

11.4.3 地壳形变监测现场应用

(1) 鹤岗南部矿区 GNSS 布网方案

与中国地震台网中心合作,开展了鹤岗南部矿区地壳形变特征与矿井冲击地压相关性的研究工作。为了获得鹤岗南部矿区精细的区域地壳形变特征,以确定区域地壳形变及应变状态对矿井动力灾害的控制作用,需要布设 GNSS 监测站。在布设地壳形变监测仪器时要选定具有一定变形代表性的目标点。目标点的选取应遵循以下原则:

① 目标点应能反映整个变形体的变形情况。

② 目标点应考虑选在变形变化较大的地方。

③ 目标点应选在工程的重点地段。

④ 目标点应选择在有利观测的地方。

⑤ 目标点选择还应考虑其他原因提出的专门要求。

通常情况下,考察目标点的变形大小和变形方式时,多参照稳定基准点来描述,因此,在开展区域地壳形变监测时,除了选取目标点外,还应选取一定数量的基准点。基准点的选择原则:

① 基准点应尽可能选在不受变形影响的地方。

② 基于基准点测定目标点的精度应尽可能高。

③ 基准点的观测墩基础要尽可能稳定。

区域地壳形变监测网布设完成之后,还需要考虑仪器的监测频率。在条件允许的情况下,可以采用连续观测方法,获得更加连续、稳定、可靠的监测结果。

鹤岗南部矿区地壳形变监测台站的设置,充分利用鹤岗区域已有的陆态网络 GNSS 基准站(HLHG 黑龙江鹤岗 GNSS 基准站)65 个、GNSS 流动站 28 个和黑龙江省测绘 CORS 站观测资料的基础上新建 6 个 GNSS 监测站,实现对鹤岗南部矿区的富力煤矿、兴安煤矿和峻德煤矿的有效覆盖。鹤岗南部矿区新建 6 个 GNSS 监测站位置如图 11-58 所示,具体见表 11-11。

鹤岗南部矿区地壳形变的陆态网络 GNSS 基准站的监测数据获取,时间跨度从 2011 年至 2021 年 11 月。新建的 6 个 GNSS 监测站的监测数据获取,时间跨度从 2021 年 7 月至 2021 年 12 月。GNSS 监测数据为 InSAR 资料的精细化处理提供支持,从而能够精确分析区域地壳的形变特征变化与成因,为矿井地质动力环境评价分析提供地壳形变的依据。

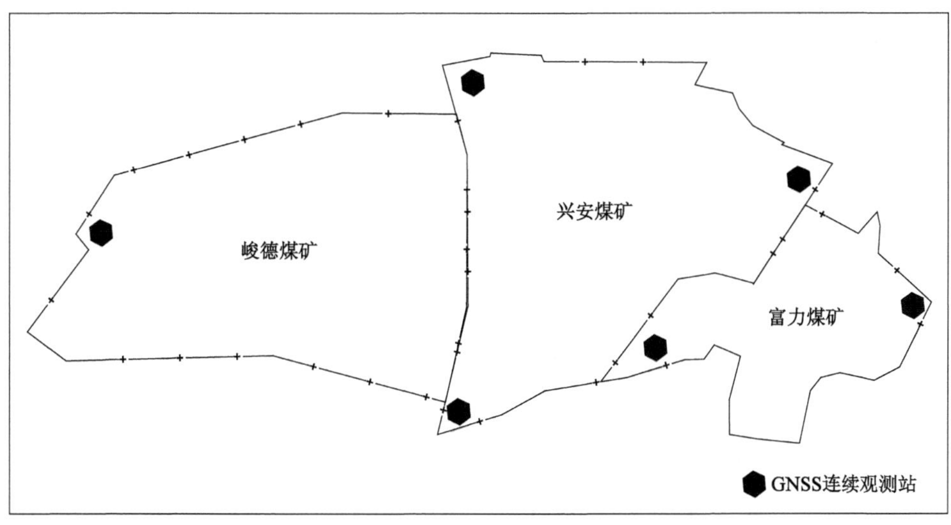

图 11-58　新建 GNSS 流动观测站分布图

表 11-11　新建 GNSS 监测站信息

序号	站点名称	新建观测墩建设位置	GNSS 观测墩	仪器存放位置	仪器箱架杆	安全围栏	市电接入
1	矿务局	矿务局地震台观测室东北侧楼梯平台角	利用已有楼梯平台，改建观测墩	已有地震台观测室内	不需要	不需要	利用已有地震观测室内市电
2	鸟山矿	鸟山矿院墙内	新建方形观测墩	已有地震台观测室内	不需要	不需要	利用已有地震观测室内市电
3	峻德矿	救护大队院内	新建方形观测墩	已有地震台观测室内	不需要	不需要	利用已有地震观测室内市电
4	新陆矿	新陆矿院内停车场	新建方形观测墩	仪器箱内	需要	需要	接入至仪器箱架杆处
5	兴安矿	兴安矿机电科院内	新建方形观测墩	仪器箱内	需要	需要	接入至仪器箱架杆处
6	中海油	中海石油华鹤煤化工园内	新建方形观测墩	仪器箱内	需要	需要	接入至仪器箱架杆处

(2) 鹤岗南部矿区 GNSS 连续站仪器安置

① 天线架设：将天线连接牢靠，强制对中，整平。旋转天线使定向线指向真北（使用罗盘，并加磁偏角改正），定向误差应小于 5°，锁定天线。量取天线高并详细记录量取的位置及方式，记录到电子手簿中。天线高读数精确至 1 mm。每一时段测前、测后各量测天线高一次，若互差大于 3 mm，该观测时段应重测。

② 接收机架设：根据天线电缆的长度，在合适的地方平稳地安放好仪器；将天线与接收机用电缆连接，并紧固。按仪器操作手册规定程序将接收机与电源连接，注意电池正负极不可接反。观测站点有可用交流电源时，须用交流稳压电源与蓄电池同时供电。确认所有电缆连接完全正确后方可打开接收机电源开关。GNSS 连续站仪器安置如图 11-59 所示。

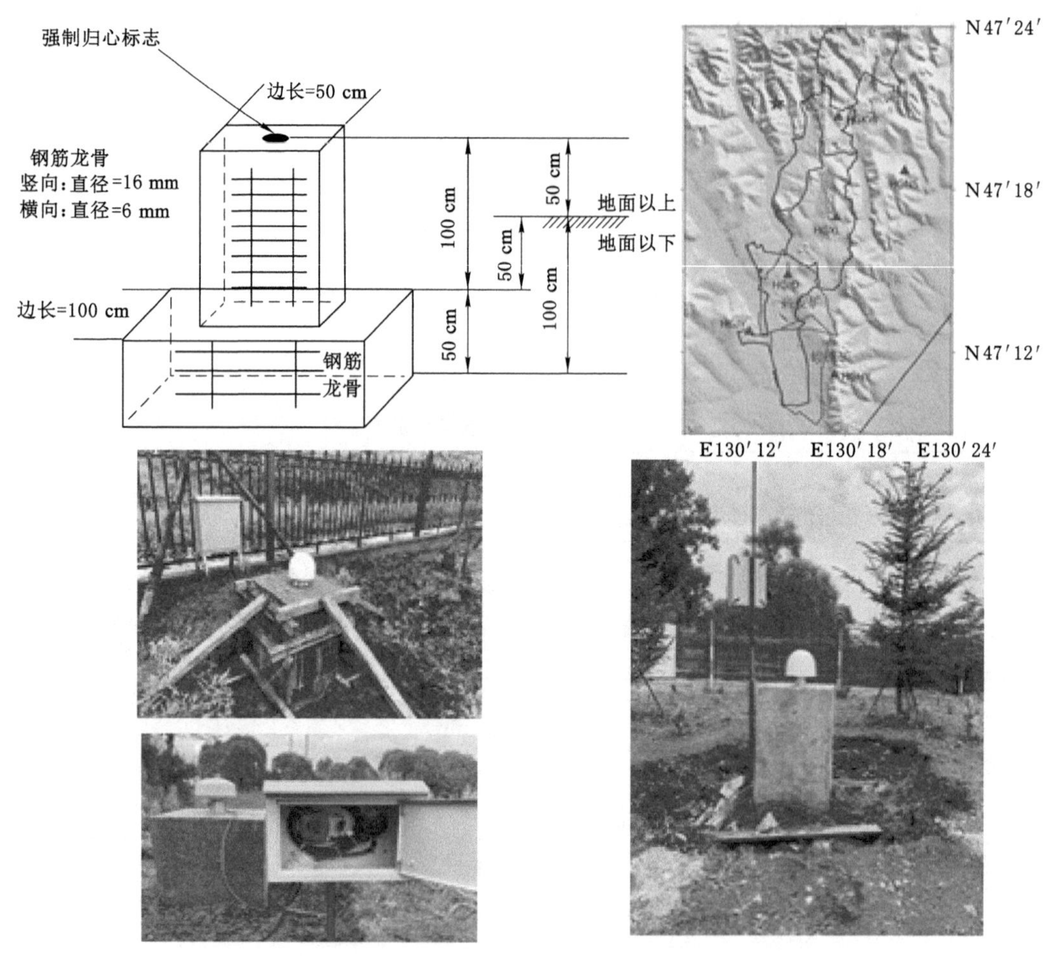

图 11-59　新建的 6 个 GNSS 连续站布置图

(3) 鹤岗南部矿区地壳形变监测结果分析

通过对所有 GNSS 观测数据的同步处理，获得各站点 GNSS 位置时间序列，如图 11-60 所示。

根据 GNSS 站点位置时间序列，利用 GNSS 站点位置时间序列模型，采用最小二乘法进行参数估计，获得了各站点在 ITRF2014 框架下的水平向长期稳定运动速度，如图 11-61 所示。由图 11-61 可知，区域地壳水平运动方向为南东东向，水平运动速度约为 30 mm/a。如果转换到欧亚参考框架下，水平运动速度约为 3 mm/a。这表明区域地壳水平运动相对稳定，内部差异不显著。

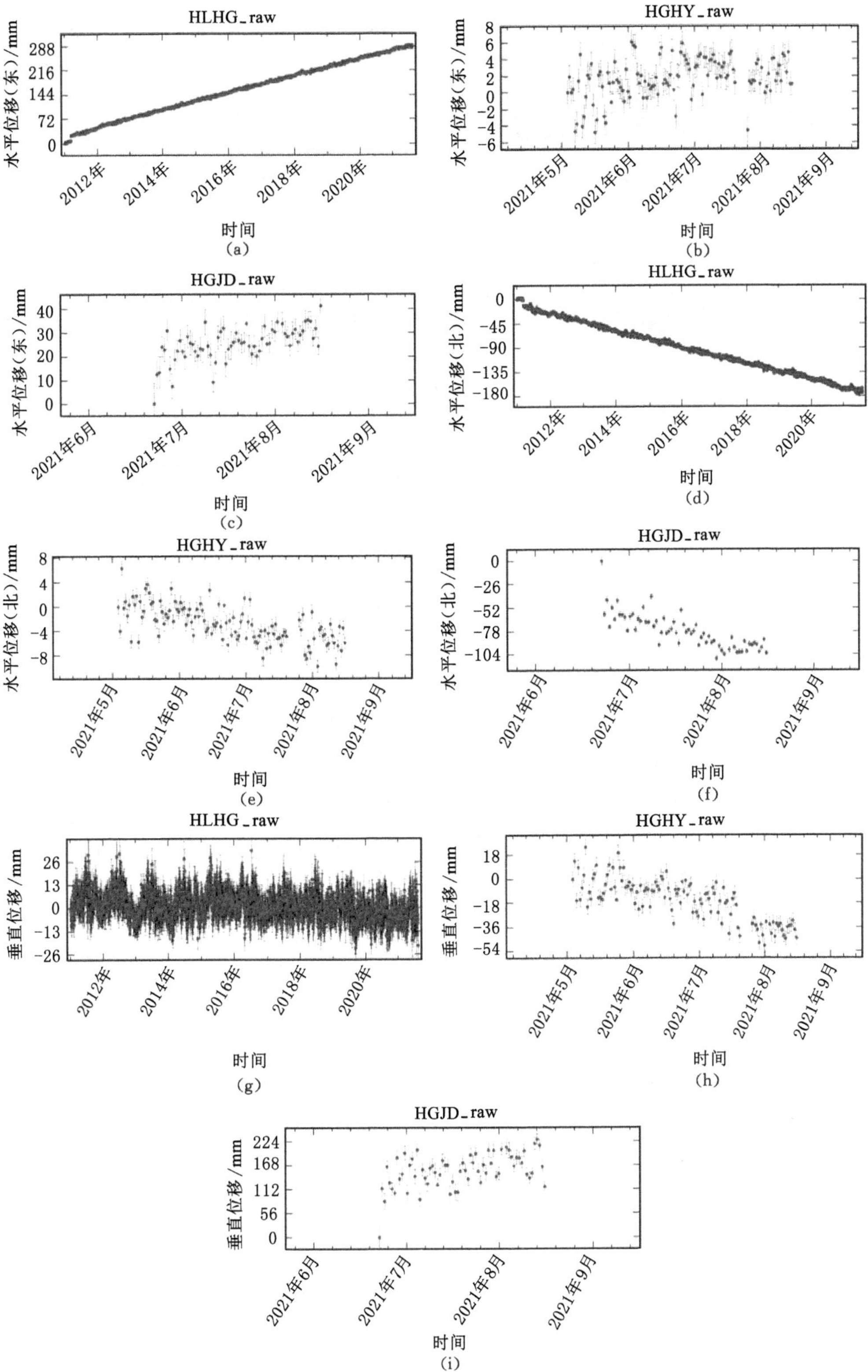

图 11-60　部分 GNSS 站点位置时间序列图

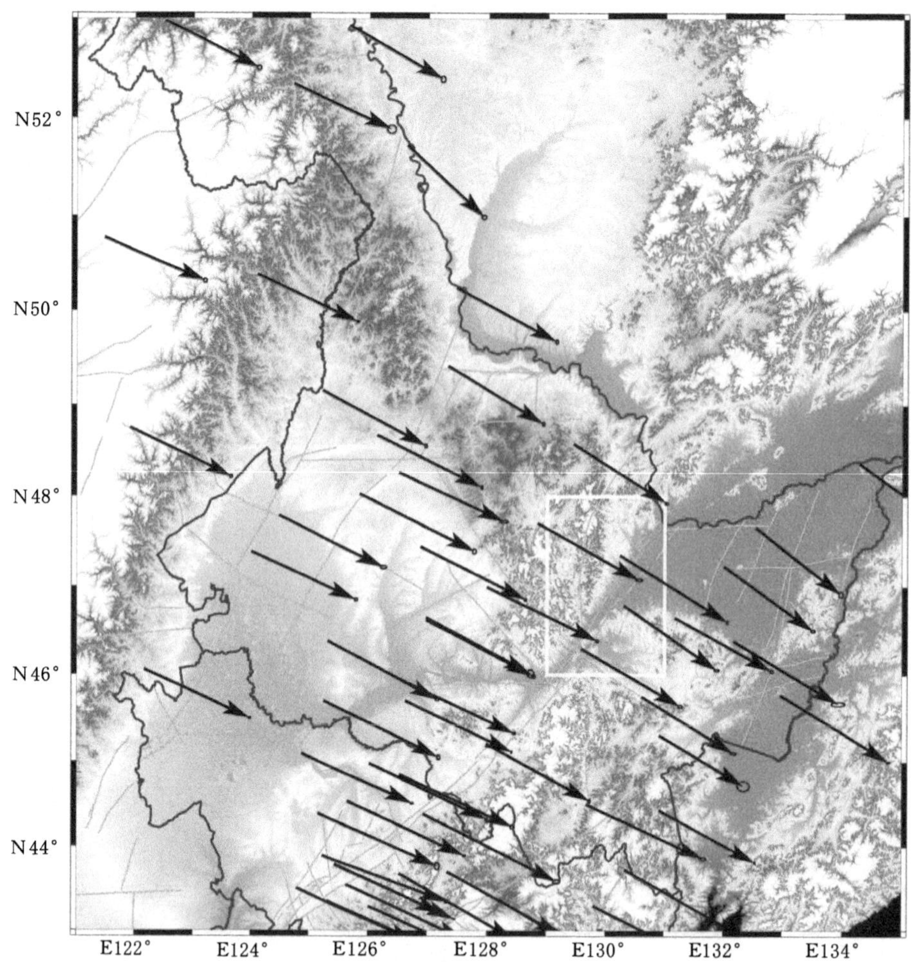

图 11-61　鹤岗及周边区域地壳水平运动图(ITRF2014 框架下)

基于得到的 ITRF2014 框架下的水平运动速度结果,采用滑移回归方法反演区域应变率场,获得该区域最大剪切应变率场和面膨胀率场,如图 11-62 所示。结果显示鹤岗南部矿区呈现弱剪切运动,表现为区域主控断裂带——郯庐断裂带微弱的左旋走滑运动,整体上表现为北东东向的挤压和南西西向的拉张。

运用 SBAS-InSAR 时间序列技术提取鹤岗南部矿区 2019 年 8 月 31 日至 2021 年 8 月 20 日的地表形变。基于 Sentinel-1 影像提取地表沿雷达视线方向的平均形变速率,并转换到垂直方向上,如图 11-63 所示。

由图 11-63 可知,鹤岗南部矿区点位分布密度高,典型形变区域的高相干点位也基本呈连续分布状态,因此该平均形变速率分布结果能真实准确反映鹤岗南部矿区的地表形变状况。监测结果显示,鹤岗及周边区域地壳垂直运动呈现不规则、漏斗式运动,即局部表现为快速的下沉运动,且最大下沉速度约为 370 mm/a,如果转换到欧亚参考框架下,垂直运动速度约为 37 mm/a。快速下沉区多对应于采空区,显示煤矿开采加速地表下沉运动。

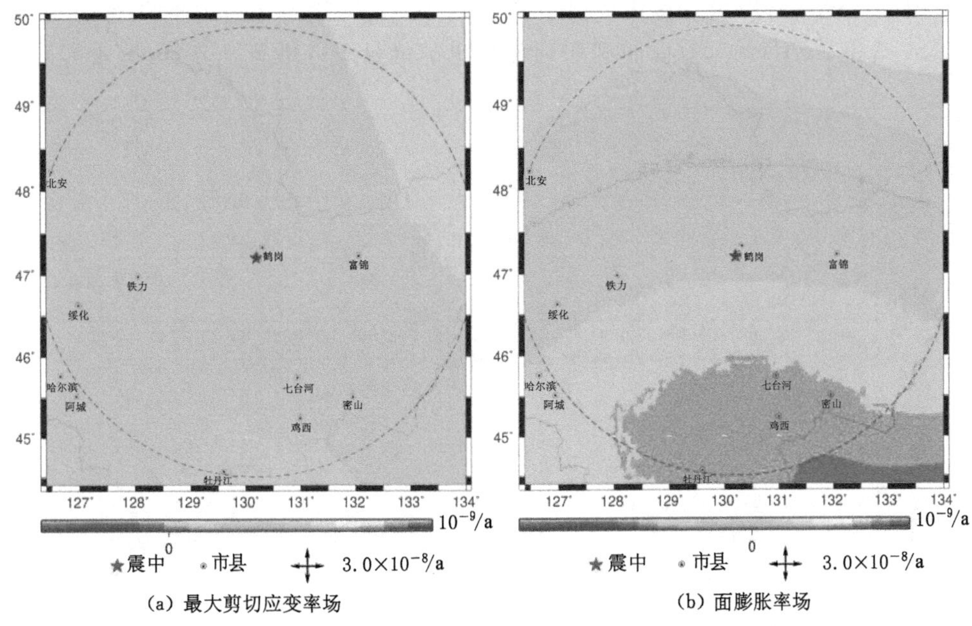

图 11-62　鹤岗南部矿区及周边区域应变率场

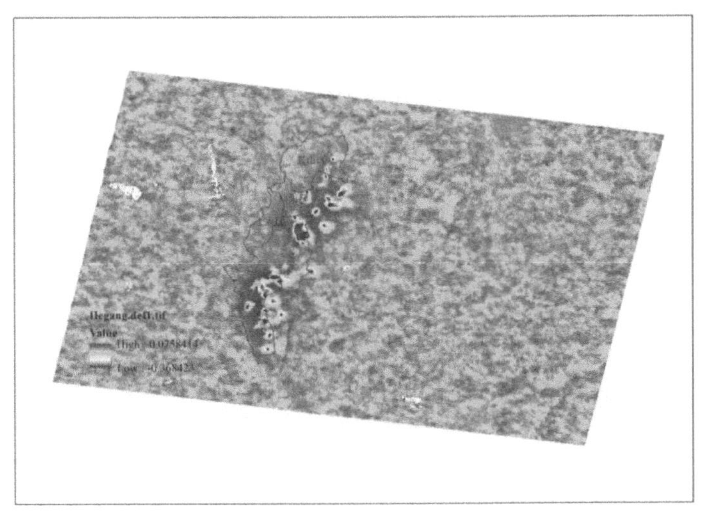

图 11-63　鹤岗南部矿区地壳构造垂直运动速率分布图

(4) 基于 GNSS 监测的鹤岗南部矿区地壳形变特征与微震能量事件相关性分析

考虑鹤岗南部矿区中峻德矿区冲击地压发生背景最强，且其针对矿区能量事件的监测系统相对完善，利用峻德煤矿微震能量事件目录，结合新建的 6 个 GNSS 监测站和鹤岗 GNSS 基准站(HLHG)三方向的位置时间序列结果，以及由 InSAR 获得的峻德矿区 17 煤层三四区二段工作面的形变时间序列结果，来分析两者之间的相关性。

据国家测震台网和鹤岗区域台网测定，2022 年 1 月 18 日 07:42:49.06、2022 年 4 月 24 日 13:20:19.91 和 2022 年 5 月 27 日 01:14:51.11 分别在鹤岗矿区新陆矿和兴安矿发生了

震级为 $M1.8$、$M1.9$ 和 $M2.2$ 的大能量事件，对距离上述三次大能量事件最近的 GNSS 站点 HGXL 站和 HGJD 站垂直向时间序列与发生的能量事件进行了分析，结果如图 11-64 所示。

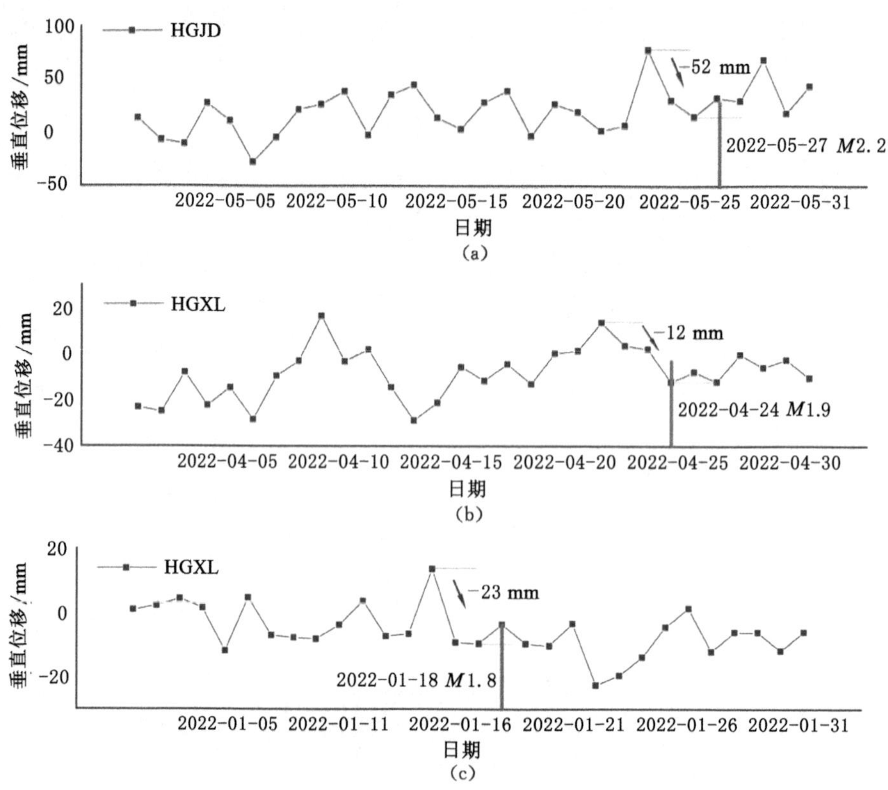

图 11-64 3 次能量事件对应的 GNSS 站点垂直向时间序列

由图 11-64 可以看出，在上述三次大能量事件发生前，附近的 GNSS 站点垂直向均产生连续快速下沉运动，下沉幅度分别为约 23 mm、12 mm 和 52 mm，这一现象与 HGHY 站垂直向时间序列在 2021 年间 4 次较大能量事件发生前产生的连续快速下沉运动一致。对比 1 月 18 日和 4 月 24 日两次大能量事件发现，虽然距离这两次大能量事件震中最近的站均为 HGXL 站，但震中距不一样，HGXL 站距离 1 月 18 日大能量事件震中相较 4 月 24 日大能量事件震中要远；另外，虽然两次大能量事件震级相当，但事件发生前垂直向产生的快速下降幅度不一样，这也反映出 GNSS 站点垂直向产生的快速下降幅度与震中距有关，震中距越远，同样震级的大能量事件发生前 GNSS 站点垂直向产生的快速下降幅度越大；对比 4 月24 日和 5 月 27 日两次大能量事件，事件发生前 HGJD 站与 HGXL 站垂直向快速下降的幅度相差约 40 mm，考虑地震震级相差 1 级，两者所释放的能量相差 32 倍，据此计算得到 5 月 27 日的 2.2 级大能量事件所释放的能量是 4 月 24 日 1.9 级大能量事件所释放能量的近 5 倍，这也反映出震中距相当的 GNSS 站点在大能量事件发生前垂直向产生的快速下降幅度越大，对应的后续能量事件所释放的总能量也越大。

综上所述，可以得出如下认识：

① 覆盖鹤岗南部矿区的 GNSS 站点垂直向时间序列与对应时段内矿区能量事件存在正相关性，相关系数为 0.19～0.59。距离峻德煤矿最近的 HGHY 站相关性最高，达 0.59，说明矿区或井田上方及附近的 GNSS 站点垂直向的变化可以反映所对应矿区或井田发生能量事件的频度，同时也说明矿区或井田所发生的能量事件影响范围有限，仅对其上方或较近的区域地表垂直向运动产生影响。

② 当矿区能量背景值较高时(大于 100 次/d)，若矿区生产井田上方或附近小区域内 GNSS 连续观测站垂直向产生快速下沉运动且下降幅度达 30 mm 左右或以上时，GNSS 观测站所对应的矿区有较大可能发生大能量事件；而当矿区能量背景值较低时(小于40 次/d)，对应的 GNSS 站点垂直向快速下沉幅度和随后的能量事件所释放的能量均相应减小。

③ GNSS 站点垂直向产生的快速下降幅度与震中距有关，震中距越远，同样震级的大能量事件发生前 GNSS 站点垂直向产生的快速下降幅度越大。

④ 震中距相当的 GNSS 站点在大能量事件发生前，垂直向产生的快速下降幅度越大，对应的后续能量事件所释放的总能量也越大。

(5) 基于 InSAR 监测的鹤岗南部矿区地壳形变特征与微震能量事件相关性分析

考虑新建的 GNSS 站点数量较少，而 InSAR 所获得的研究区垂直形变数据是点云形式，在空间上能够很好地弥补 GNSS 观测的不足，因此将 InSAR 监测获得的峻德矿区的形变量与能量事件进行对比分析，并选取 17 煤层三四区二段工作面发生微震震动总能量，与对应区域相同时间节点的 InSAR 形变量结果进行相关性分析。

Sentinel-1 卫星的重访周期是 12 d，我们计算了每相邻两景影像间同一个点的形变量，由此得到三水平 17 煤层上选取的 10 个点以 12 d 为一个单位的形变量变化曲线，并计算了其均值表征三水平 17 煤层形变量的变化。同理，得出了对应时间段以 12 d 为单位的能量事件释放总能量的变化曲线，如图 11-65 所示。

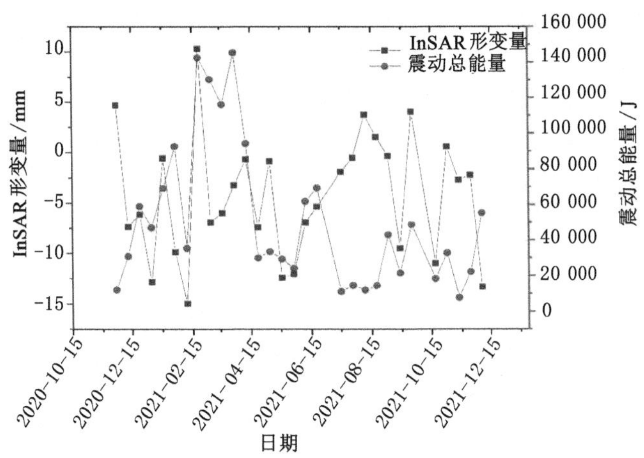

图 11-65　峻德矿区 17 煤层震动总能量与 InSAR 形变量变化时间序列图

可以看出，由 InSAR 获取的峻德煤矿 17 煤层三四区二段工作面的形变量时间序列与对应能量事件释放的总能量，两者的变化趋势一致性达 69%，这再次印证了通过监测矿区上方及附近点的垂直向形变量在一定程度上可以反映矿区能量事件发生的频度的推断，也可揭示出区域地壳活动性及对矿井的动力作用和煤岩体能量释放的程度。

11.5 基于地震流动监测的矿区地震监测方法及应用

11.5.1 监测目的和原理

(1) 监测目的

地震是地球上板块与板块之间相互挤压碰撞,造成板块边沿及板块内部产生错动和破裂,使得地壳快速释放能量,其间产生地震波的一种自然现象。对于矿井开采的工程区域内天然地震的监测研究,需要在矿井周边布置流动地震监测台站,结合矿井微震监测数据,研究监测数据的时空特征。通过对矿井动力灾害发生前地震分布的定量分析,确定矿井动力灾害与区域地震活动的相关性,确定地震发生规律和地质体运动特征对矿井动力灾害的控制作用,建立基于地震监测的矿井动力灾害危险性预测评估方法,是地质动力区划研究工作的重要内容之一。

(2) 监测原理

地震监测是指在地震发生前后,对地震前兆异常和地震活动的监视、测量。地震前兆是与地震孕育和发生相关联的异常现象。地震的孕育和发生是很复杂的自然现象,在这个过程中将出现地球物理学、地质学、大地测量学、地球化学乃至生物学、气象学等多学科领域的各种异常现象,即地震学、地壳形变、重力地磁、地电、水文地球化学、地下流体(水、汽、气、油)动态、应力应变、气象异常以及宏观前兆现象。每一类前兆又包含多种监测方法和异常分析项目。总之,地震孕育和发生的复杂性,决定地震前兆具有丰富、多样和综合的特点。

用于监测全球地震活动性的地震台网,其尺度几乎跨越全球。典型的是美国在 20 世纪 60 年代初建立的世界标准地震台网(WWSSN)。该台网由 100 余个分布在全球的地震台和设在美国本土的业务管理部门组成。在中国早已建成由 24 个基准地震台组成的国家级地震台网,其尺度跨越全国,用于监测全国的基本地震活动情况。为了监测省内及邻省交界地区的地震活动性,中国绝大多数省份均已建成由十余个至数十个地震台组成的区域地震台网,跨度一般约为数百千米。另外,一些大型的水电站、工矿企业为了监测本地区的地震活动性,建成由几个或十余个地震台组成的地方地震台网,跨度一般约为十余千米至几十千米。全球的、国家的、区域的和地方的地震台网,在业务上对地震台进行统一管理,处理地震台产出的地震数据和资料,其结果将远比单台处理的精度高。

目前,中国已经建成包括测震、形变、电磁、流体四大学科,共有 20 余种观测手段的地震监测台网,基本覆盖了中国主要地区,形成了专群共同监测的特色,而且基本实现了数字化、网络化的地震观测技术。近年来中国又建立了多个 GPS 观测点,这使得中国的地震监测台网成为一个从空间到地表、从浅表到深部、从全国到局部的立体化监测体系。

11.5.2 矿区地震监测方法

(1) 监测台网布置原则

为了研究天然地震与矿井动力灾害的相关性,在矿井周边布置流动地震监测台站。地震监测台网布置原则如下:

① 地震监测台网应当包括测震台网、强震动监测设施和数据汇集处理中心;根据需要

增加地壳形变、地下流体、活动断层等监测内容。

② 测震台网应当至少有 4 个监测台站同时观测，其监测能力和定位精度应当达到：重点区域监测能力优于 0.5 级，定位精度优于 1 km；外延 10 km 范围内监测能力达到 1.5 级，定位精度优于 3 km。

③ 国家对地震监测台网实行统一规划，建立多学科地震监测系统，按照国家级地震监测台站、省级地震监测台站和市县级地震监测台站分级管理。将台站分级与其所配置的学科观测站数量、测项相联系，实行分类指导。

④ 国家级地震监测台站由中国地震局认定，省级地震监测台站由省级地震工作部门认定并报送中国地震局备案，市县级地震监测台站由市级地震工作部门认定并报送省级地震工作部门备案。

(2) 矿区地震监测仪器

地震监测仪器可分为两大类：一类称为地震仪，用来观测和记录地震震动，以确定地震发生的时间、地点和震级；另一类称为前兆仪器，用以检测地震的前兆异常，为地震预报服务[288]。

地震仪是观测地震所引起的地面震动的仪器，主要利用惯性原理和弹性原理来记录地震引起的地面运动。地震仪是由两大部分组成的观测系统。一是拾震系统，当地震发生时拾取地面震动，加以放大(亦可缩小)，其中弹簧和铰链等就组成一个拾震系统；二是记录系统，将地震过程用记录器记录下来，描成地震连续运动图形，得以保存。

中国地震监测仪器发展经历了从人工观测至模拟观测、数字化观测、网络化观测四个阶段。经过创新研发，地震监测仪器发生了质的跨越，全面实现了数字化、网络化、系列化，覆盖频带更宽、观测动态更大、采样精度更高。地震监测仪器发展过程示意如图 11-66 所示。

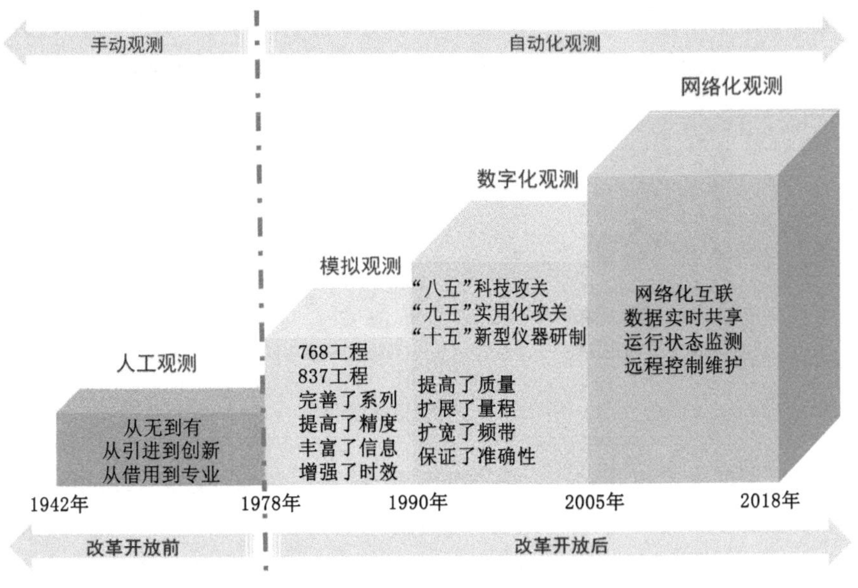

图 11-66　地震监测仪器发展过程

1990 年至 2012 年的十几年时间内，中国地震监测仪器实现了由模拟到数字化、网络化的跨越。在地震监测仪器方面，"八五"国家科技攻关项目"数字地震与前兆观测实验系统的研制”任务的成功实施，实现了地震监测仪器和数据处理系统的数字化、网络化。地震监测仪器的观测频带由 20 s-3 Hz 扩展到 360 s-50 Hz；动态范围由约 50 dB 提高到 120 dB；数据传输实现了网络化实时传输；数据分析实现了台网中心集中智能化处理，处理速度和准确性大幅度提高，从而为现代数字化地震台网建设奠定了基础。在前兆观测仪器方面，“八五”“数字地震与前兆观测实验系统的研制”项目前兆部分、“九五”“中短期地震前兆仪器研制与实用化研究”项目和“十五”“新型地震前兆监测仪器研制”项目等的实施，相继完成了近 20 种前兆观测仪器的数字化智能化研制，同时完成了前兆数据实时汇集和分析处理系统的开发，使前兆观测的数据采样周期可由日、时缩短到分、秒，数据丰富度提高百倍，数据汇集可由日缩短到时和实时，为震情的跟踪研判提供了可靠保障。数字化测震仪器如图 11-67 所示。

(a) JCZ-1型超宽频带反馈地震计

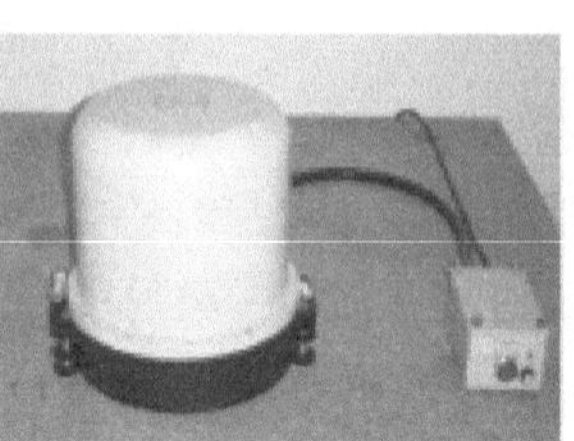
(b) CTS-1型甚宽频带地震计

(c) BBVS-60/120型宽频带地震计

(d) EDAS-24IP 型地震数据采集器

(e) FSS-3DBH型井下地震计

(f) 区域地震台网中心处理系统

图 11-67 数字化测震仪器

2012 年以后根据地震观测和科学研究的需要，按照创新驱动发展和供给侧改革的思路精准发力，大力推进适于密集布设的地震烈度仪、适于科学观测的绝对重力仪、适于扩充观测的海洋磁力仪等仪器的研发，积极组织开发完善井下地震观测仪器，完成了张衡一号电磁监测试验卫星发射，完善了地震观测技术标准体系，建设了计量检定标定实验室和比测场地，为推进地震灾害标准化的空天地一体化立体观测系统的建设奠定了技术基础。新型地震仪器及检测设施如图 11-68 所示。

矿井开采工程区域的流动地震监测台网主要用于地震应急现场的流动观测和地球深部

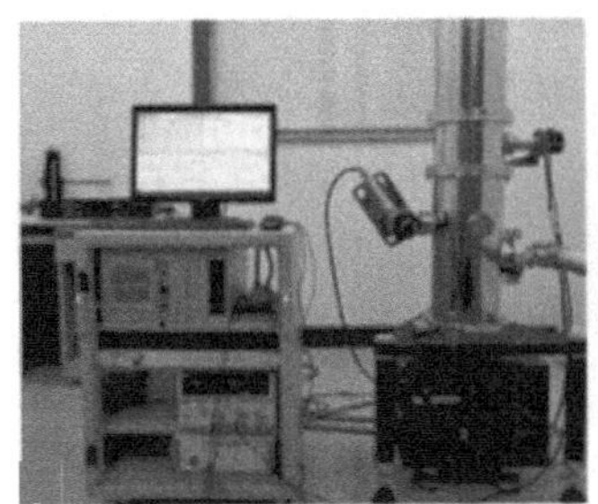
(a) 绝对重力仪样机

(b) 高精度海洋地磁场矢量测量仪

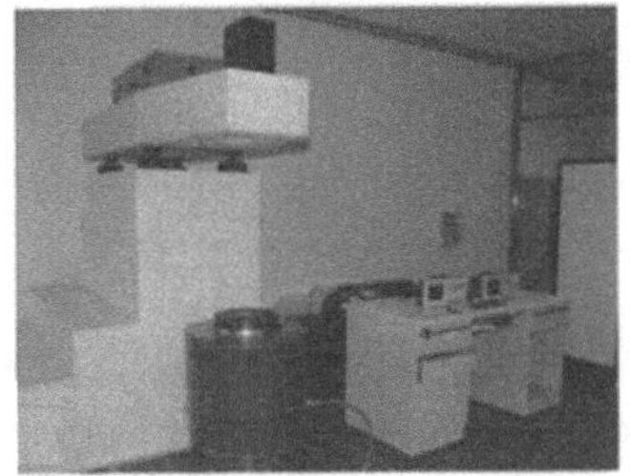
(c) 白家疃测震观测技术实验室

(d) 马陵山测震仪器野外比测基地

图 11-68　新型地震仪器及检测设施

结构成像的分区观测。地震应急现场的流动观测主要进行大震前的前震观测和震后地震活动性监测，为判断震情的发展趋势提供依据。地震监测台站是组成地震监测台网的最小单位，是地震监测的前端。流动地震监测仪器设备如图 11-69 所示。

(a) 地震前兆仪器

(b) 地震监测仪器

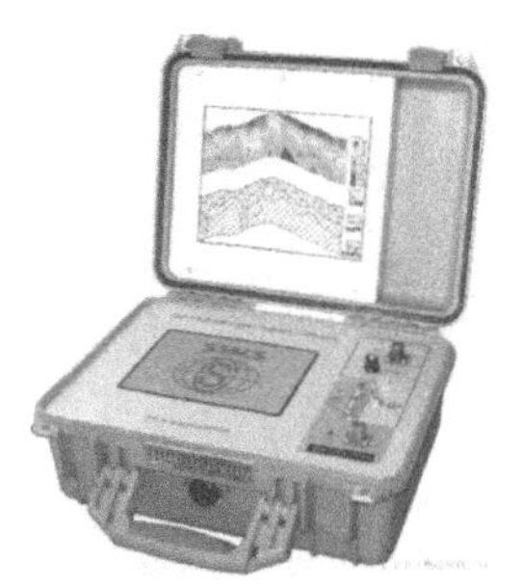
(c) 工程地震仪

(d) 地震超声波监测仪

图 11-69　流动地震监测仪器设备

(3) 地震数据处理分析

基于矿区布设的流动地震监测台站的监测数据，采用水平/垂直谱比法(HVSR 法，以下简称 H/V 谱比法)分析场地特性，确定地震波的场地效应特征，揭示场地条件对地震的影响作用。在多数情形下，表土层对地震波有放大作用；但地表有较坚硬的持力层，而下部含有软弱夹层，软弱夹层可能会起某种减震作用，要根据矿区表土层特征进行场地效应分析。依据流动地震监测台站的监测数据，在对微震事件分析中选取矿井大能量微震事件进行比较，对比分析两类事件在时间和空间上的相关性，揭示地震发生的频率和震中距井田范围尺度与矿井微震事件的关系，预测发生冲击地压等矿井动力灾害的概率。

11.5.3 矿区地震监测现场应用

(1) 鹤岗南部矿区地震流动监测布置方案

与中国地震局工程力学研究所合作，开展了鹤岗矿区地震活动背景与矿井冲击地压相关性的研究工作。鹤岗南部矿区流动地震监测台站的布置，在勘查确定的 9 个台站的规划中布置 4 个流动监测台站，分别位于矿务局、鸟山矿、大陆矿和峻德矿(兴安站)，监测台站位置如图 11-70 所示。

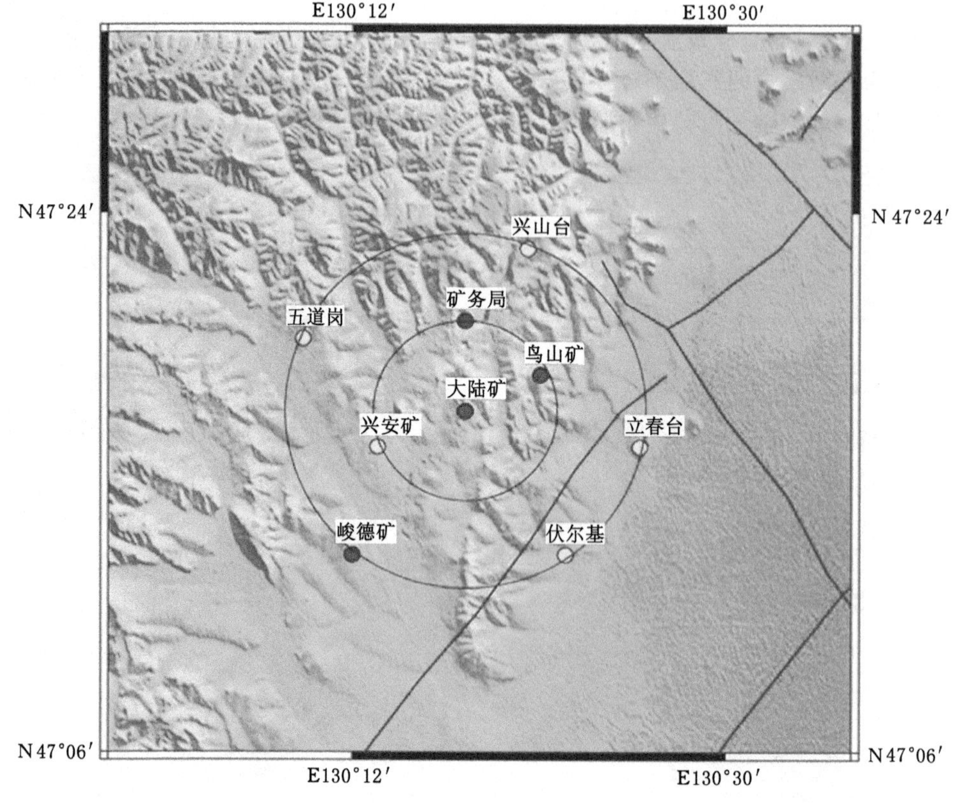

图 11-70 鹤岗南部矿区地震活动性监测台站位置

（2）鹤岗南部矿区流动地震监测台站的安装

鹤岗南部矿区布置的流动地震监测台站施工安装如图 11-71 所示。地震仪使用的是北京港震科技股份有限公司生产的一体化短周期地震仪。

（3）鹤岗南部矿区 H/V 谱比法确定的场地效应分析

（a）矿务局监测台站

（b）大陆矿监测台站

（c）峻德矿监测台站

（d）鸟山矿监测台

图 11-71　鹤岗南部矿区流动地震监测台站施工安装

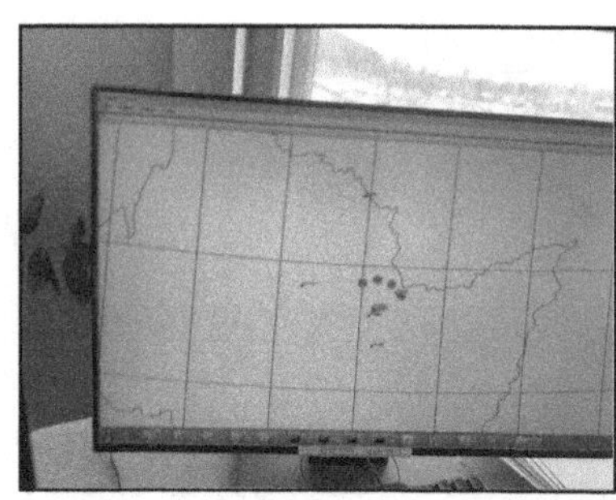

(e) 鹤岗地震台远程监控

图 11-71(续)

谱比法分为标准谱比法(SSR)和水平/垂直谱比法。其中,标准谱比法是最早用来评价地震反应的定量方法。这种方法的优点是物理意义比较明确,缺点是在实际应用中有很多受限因素,首先很难在土层场地附近找到一个合适的参考基岩场地,其次土层场和基岩场的空间分离需要校正记录使其不受传播路径和有效震源的影响。而 H/V 谱比法利用单台记录即可分析场地特性,不受参考场地、震源深度、震中距、震源距等条件的约束,在场地效应的研究中应用较广。另外,有研究表明,在土层场地,共振频率与地面加速度呈现明显的负相关性,这种特性符合经验和理论预测结果,证明了 H/V 谱比法可以用来检测和研究场地非线性反应。

鹤岗南部矿区周边监测台站的 H/V 谱比,如图 11-72 所示。

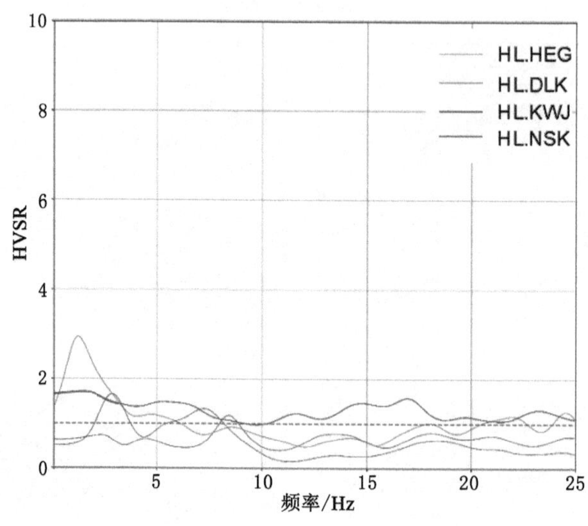

图 11-72 鹤岗南部矿区周边监测台站的 H/V 谱比

基于鹤岗南部矿区地震监测数据的 H/V 谱比法场地效应初步分析,如图 11-73 所示。

(4) 鹤岗南部矿区地震与微震相关性初步分析

在天然地震和微震的相关性分析中,选取 2021 年 1 月 6 日至 2 月 25 日发生的地震事件,地震监测数据见表 11-12。

```
print(st[0].stats)
print(st)

         network: HL
         station: HEG
        location:
         channel: BHE
       starttime: 2021-01-06T15:36:00.000000Z
         endtime: 2021-01-06T15:37:59.990000Z
   sampling_rate: 100.0
           delta: 0.01
            npts: 12000
           calib: 1.34228e+07
         _format: SAC
             sac: AttribDict({'delta': 0.0099999998, 'depmin': 1159.0, 'depmax': 22695.0, 'scale': 13422818.
0, 'b': 0.0, 'e': 120.0, 'stla': 47.352798, 'stlo': 47.352798, 'stel': 0.19, 'depmen': 14228.203, 'cmpaz': 9
0.0, 'cmpinc': 90.0, 'nzyear': 2021, 'nzjday': 6, 'nzhour': 15, 'nzmin': 36, 'nzsec': 0, 'nzmsec': 0, 'nvhd
r': 6, 'npts': 12000, 'iftype': 1, 'idep': 7, 'iztype': 9, 'leven': 1, 'lpspol': 0, 'lcalda': 0, 'kstnm': 'H
EG', 'kcmpnm': 'BHE', 'knetwk': 'HL', 'kinst': 'CTS-1', 'kevnm': ''})
1 Trace(s) in Stream:
HL.HEG..BHE | 2021-01-06T15:36:00.000000Z - 2021-01-06T15:37:59.990000Z | 100.0 Hz, 12000 samples
```

图 11-73　鹤岗测震数据表头形式

表 11-12　2021 年 1 月 6 日至 2 月 25 日的地震监测事件

序号	日期	时间	纬度/(°)	经度/(°)	震级 M_L
1	2021-01-06	23:36:56	47.25	130.38	1.7
2	2021-01-21	06:45:38	47.30	130.30	1.1
3	2021-01-22	21:50:38	47.26	130.36	1.7
4	2021-01-23	04:04:37	47.24	130.67	1.6
5	2021-01-26	06:24:27	47.23	130.38	1.2
6	2021-01-28	06:58:45	47.38	130.47	1.3
7	2021-01-30	04:53:35	47.33	130.45	1.9
8	2021-02-05	01:53:44	47.26	130.34	1.9
9	2021-02-06	23:33:29	47.46	130.40	1.8
10	2021-02-07	05:04:23	47.26	130.35	1.8
11	2021-02-22	02:28:08	47.23	130.59	1.7

注:阴影部分的地震事件与微震事件在时间上具有相关性。

在对微震事件分析中选取鹤岗南部矿区峻德矿大能量微震事件,见表 11-13。对比分析两类事件在时间和空间上的相关性可知,表 11-12 中有 4 次地震事件对应表 11-13 中的 5 次微震事件。

表 11-13　对应地震发生时间前后的微震事件

序号	日期	时间	X/m	Y/m	Z/m	能量/J	震级 M_L
1	2021-01-16	22:41:35	103 604.05	−116 297.88	−345.56	1.29×10^4	1.22
2	2021-01-21	21:54:06	103 675.96	−116 304.99	−333.01	3.12	−0.69
3	2021-01-23	04:03:06	103 746.45	−116 307.63	−312.26	3.73×10^2	0.41
4	2021-01-23	04:06:25	103 695.44	−116 312.18	−333.53	1.73	−0.82
5	2021-01-28	06:58:44	103 771.52	−116 364.21	−399.87	7.76×10^3	1.10

表 11-13(续)

序号	日期	时间	X/m	Y/m	Z/m	能量/J	震级 M_L
6	2021-01-28	11:27:06	99 950.21	−116 225.96	−317.15	1.96×10^4	1.31
7	2021-01-30	04:56:55	103 648.52	−115 225.97	−313.46	3.17	−0.68
8	2021-02-06	23:33:26	103 690.58	−116 256.84	−293.28	8.85×10^3	1.13
9	2021-02-06	23:33:52	103 660.62	−116 279.86	−334.93	1.23×10^3	0.68
10	2021-02-25	15:59:19	103 582.74	−116 239.05	−319.54	2.29×10^4	1.35
11	2021-02-25	13:11:30	99 678.03	−115 606.76	−364.47	5.28×10^4	1.54

注:阴影部分的微震事件与地震事件在时间上具有相关性。

在微震记录中,大能量(大于 10^4 J)微震事件共发生 4 次,见表 11-13。分析相应的地震波形与相应时间的微震事件关系,结果如图 11-74 至图 11-77 所示。

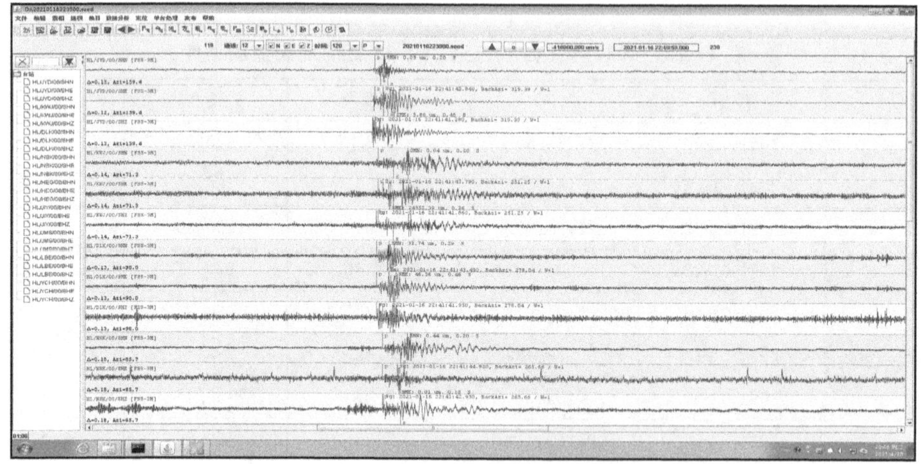

图 11-74　2021 年 1 月 16 日 22:41 地震波形图(发生了微震事件)

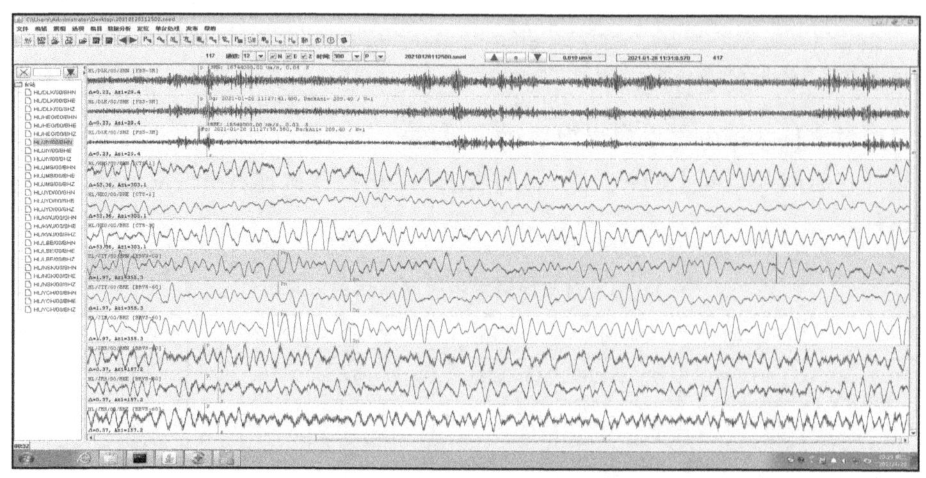

图 11-75　2021 年 1 月 28 日 11:27 无相关的地震波形图(发生了微震事件)

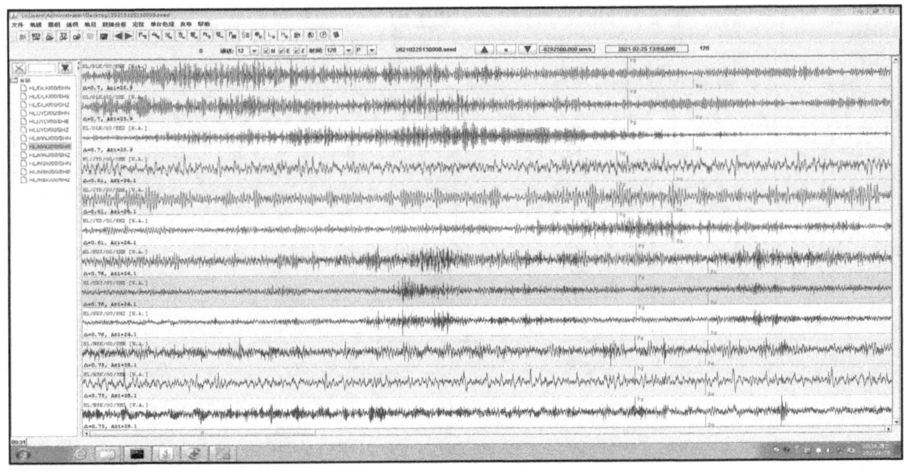

图 11-76　2021 年 2 月 25 日 13:11 无相关的地震波形图(发生了微震事件)

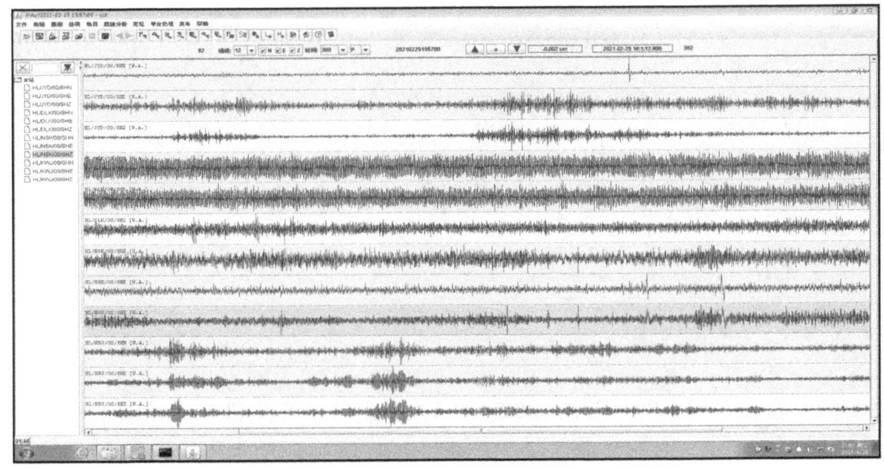

图 11-77　2021 年 2 月 25 日 15:39 无相关的地震波形图(发生了微震事件)

由图 11-74 至图 11-77 可知,峻德矿发生的 4 次大能量微震事件,其中 2021 年 1 月 16 日发生的微震事件有对应地震波形,其余 3 次微震事件没有相对应的地震波形。

上述 4 次大能量微震事件,仅 2021 年 1 月 16 日的微震事件有对应的地震发生,其他 3 次微震事件前后未发生相关的地震。对大能量微震事件发生前 3 天的地震记录进行整理,分析地震与微震事件之间的关联性,结果见表 11-14 至表 11-16。

表 11-14　2021 年 1 月 16 日 22:41:35 发生的 1 次微震事件前 3 天的地震记录

序号	日期	时间	纬度/(°)	经度/(°)	震级 M_L	震中距离井田边界 1 号点距离/km	备注
1	2021-01-16	22:41:39	47.30	130.09	2.8	18.373	鹤岗市东山区
2	2021-01-15	11:11:06	47.34	130.19	1.9	14.890	鹤岗市东山区
3	2021-01-13	00:01:29	47.29	130.22	2.2	8.709	鹤岗市东山区

表 11-15 2021 年 1 月 28 日 11:27:06 发生的 1 次微震事件前 3 天的地震记录

序号	日期	时间	纬度/(°)	经度/(°)	震级 M_L	震中距离井田边界1号点距离/km	备注
1	2021-01-28	06:58:44	47.13	130.24	2.7	9.224	鹤岗市东山区
2	2021-01-28	06:24:26	47.29	130.28	2.7	10.150	鹤岗市南山区
3	2021-01-27	11:34:27	47.39	130.52	0.9	37.249	鹤岗市兴山区
4	2021-01-26	06:24:26	47.32	130.25	2.7	12.128	鹤岗市东山区
5	2021-01-26	13:08:08	47.32	130.20	1.9	12.443	鹤岗市东山区
6	2021-01-26	22:54:45	47.36	130.12	2.0	20.456	鹤岗市东山区
7	2021-01-26	23:10:30	47.23	130.14	1.8	10.300	鹤岗市东山区
8	2021-01-25	11:50:02	47.39	130.27	1.3	20.185	鹤岗市东山区

表 11-16 2021 年 2 月 25 日发生的 2 次微震事件前 3 天的地震记录

序号	日期	时间	纬度/(°)	经度/(°)	震级 M_L	震中距离井田边界1号点距离/km	备注
1	2021-02-25	06:35:27	47.29	130.29	2.3	10.773	鹤岗市南山区
2	2021-02-25	05:28:15	47.28	130.28	3.4	9.226	鹤岗市南山区
3	2021-02-24	02:37:56	47.18	130.29	2.2	7.438	鹤岗市东山区
4	2021-02-24	04:19:24	47.28	130.28	1.8	9.226	鹤岗市南山区
5	2021-02-24	10:18:14	47.28	130.28	2.5	9.226	鹤岗市南山区
6	2021-02-22	02:28:07	47.28	130.28	3.6	9.226	鹤岗市南山区
7	2021-02-22	20:11:44	47.28	130.28	2.9	9.226	鹤岗市南山区

由表 11-14 至表 11-16 可以看出,2021 年 1 月 16 日微震事件发生前 3 天没有密集地震发生,在 1 月 16 日 22:41 之前及前 3 天,日均发生地震次数约为 0.76 次,地震震中距离井田边界 1 号点的距离均小于 20 km。1 月 28 日 11:27 之前及前 3 天地震发生的频率比较高,日均发生地震次数约为 2.31 次,地震震中距离井田边界 1 号点的距离多集中在 10～20 km。2 月 25 日 13 时之前及前 3 天地震密集发生,日均发生地震次数约为 1.98 次,地震震中距离井田边界 1 号点约 10 km,当天发生了 2 次能量大于 10^4 J 的微震事件。

初步判定,若 3 天内地震发生的频率比较高,震中距离井田边界小于 20 km,且位置相对集中,则可预测未来发生较大能量微震事件的概率较大。地震发震频率越高,震中距离井田边界越近,发生大能量微震事件的概率越大。

第 12 章 地质动力区划的应用

12.1 中国一级地质动力区划

12.1.1 地质动力区划的工程应用领域

地质动力区划方法于 1989 年由原中国东北内蒙古煤炭集团公司与辽宁工程技术大学(原阜新矿业学院)引入中国。1991—1993 年原中国东北内蒙古煤炭集团公司与原全苏煤炭工业部地质力学与矿山测量研究院签订技术合同"北票矿区地质动力区划及岩体动力现象预测预报研究(SU/013713101-04-02)",首次将地质动力区划方法应用于北票矿区煤与瓦斯突出和冲击地压的研究工作中。地质动力区划工程应用领域包括矿山、油田、管线工程、核电站选址等大型工程,如图 12-1 所示。

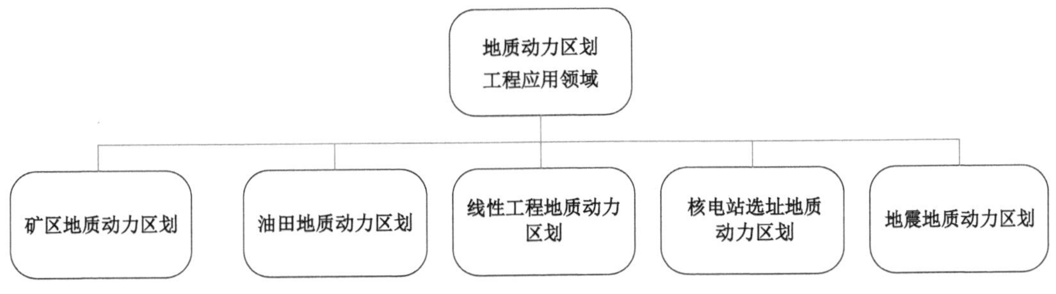

图 12-1 地质动力区划的工程应用领域

12.2.2 中国一级地质动力区划基础资料

地质动力区划遵循从总体到局部的工作原则,作为中国地质动力区划的基础工作,"中国一级地质动力区划"的研究工作于 2004 年由辽宁工程技术大学地质动力区划团队与 И. М. 巴图金娜院士合作完成(图 12-2)。工作内容主要是对中国进行一级活动断裂划分,为中国的地质动力区划工作奠定基础。

用地质动力区划方法进行中国一级活动断块构造的划分,首先需要选取合适的地形图,在地质动力区划工作中采用了 1∶250 万的地形图。在进行中国一级地质动力区划时,还需要考虑更大范围的地形特征,因此选用了由苏联、波兰、保加利亚和匈牙利的大地测量和绘图部门在 1968—1976 年联合编制的地形图,如图 12-3 所示,地质动力区划所用地图目录见表 12-1。

图 12-2　И. М. 巴图金娜院士在辽宁工程技术大学进行
"中国一级地质动力区划"研究工作
[从左到右:И. М. 巴图金娜、常日河(翻译)、张宏伟、李胜]

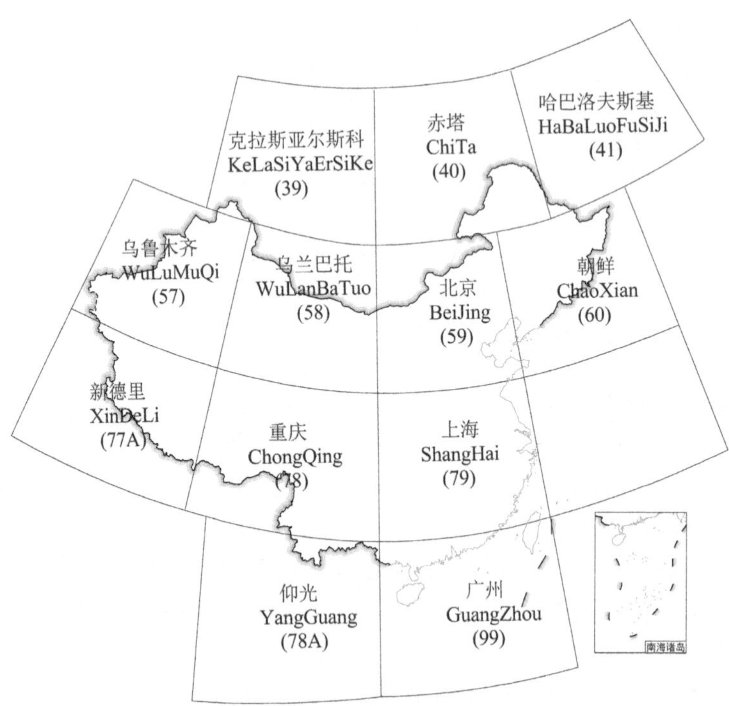

图 12-3　中国区域在国际地形图上的位置

表 12-1　中国一级地质动力区划所用地图目录

序号	图纸张号	目录	投影名称	地图编制者	出版年份
1	39	NM-O　45-48	圆锥投影 $\varphi_1=+32°, \varphi_2=+64°$	苏联部长会议下设的大地测量和绘图管理总局	1975
2	40	NM-O　49-52	圆锥投影 $\varphi_1=+32°, \varphi_2=+64°$	苏联部长会议下设的大地测量和绘图管理总局	1976
3	41	NM-O　53-56	圆锥投影 $\varphi_1=+32°, \varphi_2=+64°$	苏联部长会议下设的大地测量和绘图管理总局	1975
4	57	NY-L　44-45	圆锥投影 $\varphi_1=+32°, \varphi_2=+64°$	苏联部长会议下设的大地测量和绘图管理总局	1975
5	58	NY-L　46-48	圆锥投影 $\varphi_1=+32°, \varphi_2=+64°$	大地测量和绘图管理总局绘图出版国家企业，波兰，华沙	1968
6	59	NY-L　49-51	圆锥投影 $\varphi_1=+32°, \varphi_2=+64°$	大地测量和绘图管理局，匈牙利，布达佩斯	1973
7	60	Y-L　52-54	圆锥投影 $\varphi_1=+32°, \varphi_2=+64°$	苏联部长会议下设的大地测量和绘图管理总局	1976
8	77A	NG-1　43-45	圆锥投影 $\varphi_1=+4°, \varphi_2=+21°$	大地测量和绘图管理总局绘图出版国家企业，波兰，华沙	1971
9	78	NG-1　46-48	圆锥投影 $\varphi_1=+32°, \varphi_2=+64°$	大地测量和绘图管理局，保加利亚，索非亚	1976
10	79	NG-1　49-51	圆锥投影 $\varphi_1=+32°, \varphi_2=+64°$	大地测量和绘图管理局，保加利亚，索非亚	1976
11	78A	NG　46-48	圆锥投影 $\varphi_1=+32°, \varphi_2=+64°$	大地测量和绘图管理局，保加利亚，索非亚	1976
12	99	ND-F　49-51	圆锥投影 $\varphi_1=+4°, \varphi_2=+21°$	大地测量和绘图管理局，保加利亚，索非亚	1976
13	97	ND-F　43-45	圆锥投影 $\varphi_1=+4°, \varphi_2=+21°$	苏联部长会议下设的大地测量和绘图管理总局	1968

中国一级地质动力区划所用的标高差为 500 m。确定最大的标高差的目的，是把两个相邻的地段分到不同的断块。在中国区域 1∶250 万比例尺的地形图上，确定的中国一级断块构造边界的位置精度为±2.5 km。

12.2.3　中国一级地质动力区划成果

辽宁工程技术大学地质动力区划研究所与 И. M. 巴图金娜院士合作完成了中国一级地质动力区划工作，形成了中国一级地质动力区划图，如图 12-4 所示。

在中国一级地质动力区划图基础上，绘制了中国一级地质动力区划断裂带密度图，如图 12-5 所示。由图 12-5 可以看出，一级断裂带聚集在Ⅰ、Ⅱ、Ⅲ、Ⅳ、Ⅴ五个中心区域。而且这些密度中心从Ⅰ到Ⅲ均严格分布在北纬 35°～40°之间的条带里，这一条带被认为是地

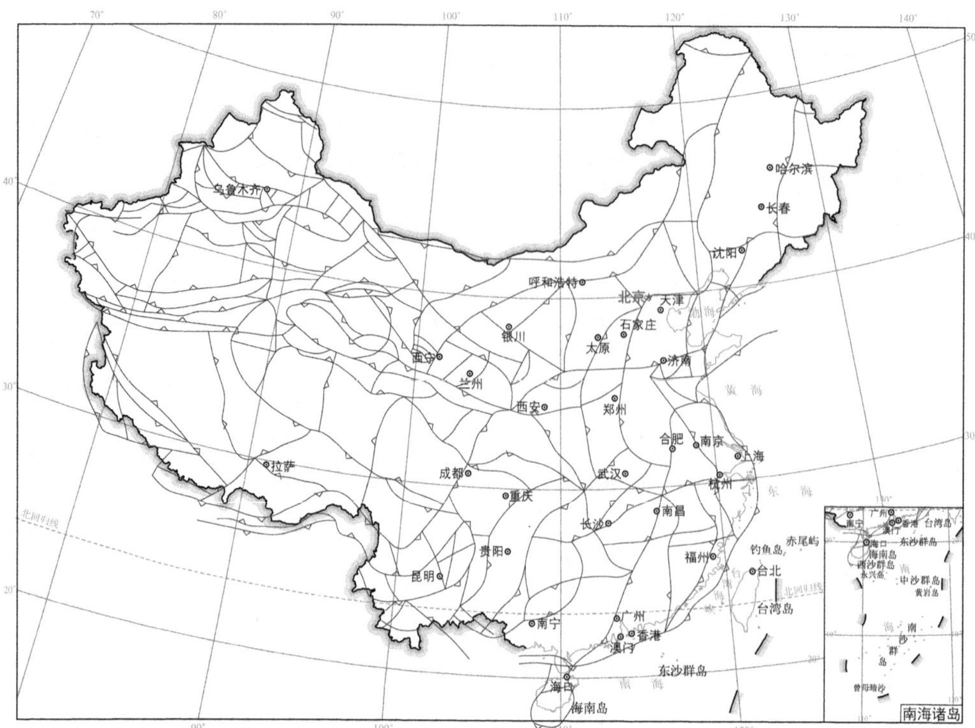

图 12-4 中国一级地质动力区划图

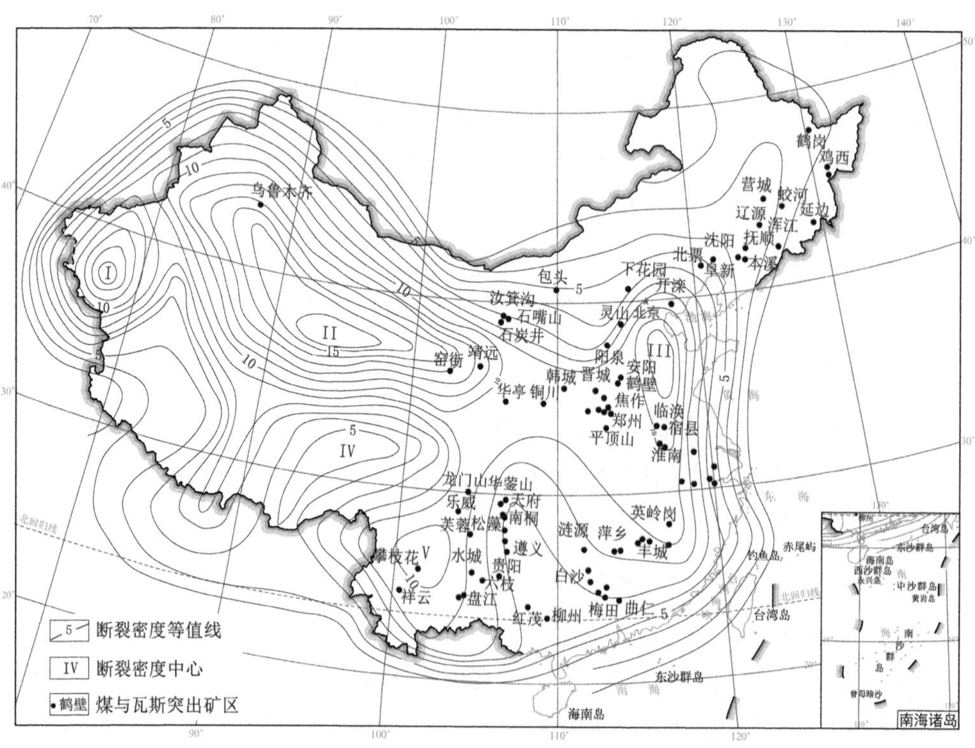

图 12-5 中国一级地质动力区划断裂带密度图

壳状态转变的分界线。这一条带上的地壳密度发生着剧烈的变化，可观察到应力的最大差别。北纬 35°也分隔着中国的两个区域：北部和南部区域。从煤与瓦斯突出的发生位置来看，有相当多的煤与瓦斯突出矿区位于北纬 35°这一条带及两侧的区域。此外，大多数煤与瓦斯突出矿区沿断裂密度等值线的走向分布。

地质动力区划方法的工作之一就是比较区划图与该区域的地质构造及其他研究资料。中国主要活动断裂带相对地质动力区划方法所查明中国一级断块构造活动边界的位置，如图 12-6 所示。经过分析可以得出下列结论：

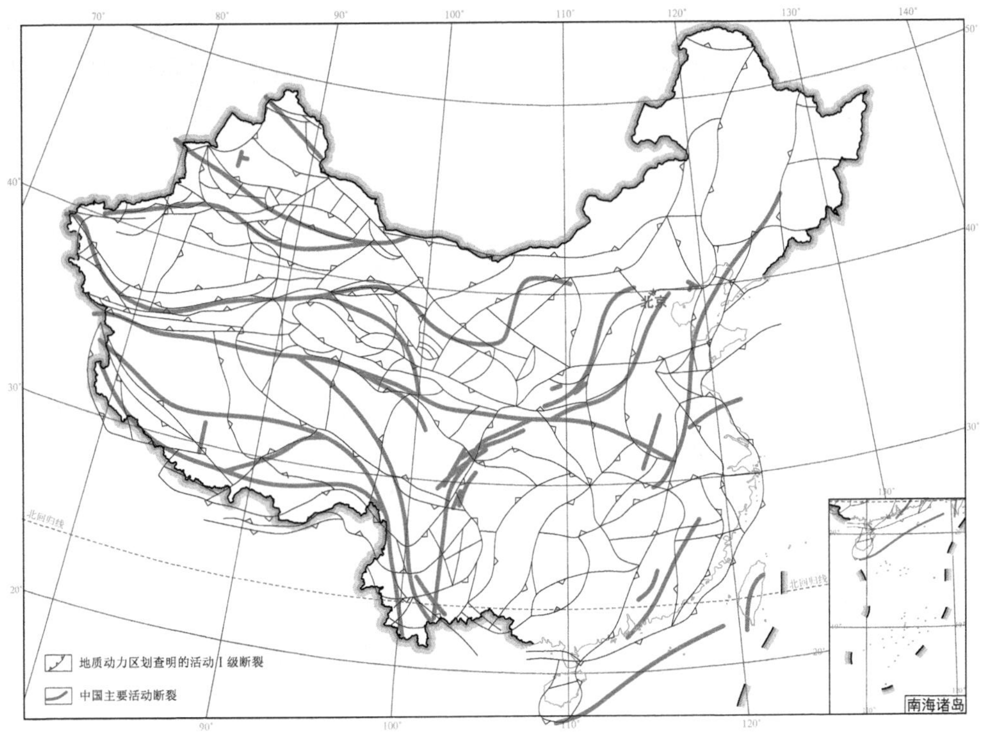

图 12-6　地质动力区划所确定的活动断裂与地质界确定的活动断裂的对比

① 昆仑—秦岭断裂带严格保持在变化转换的北纬 35°条带上，它同样把中国分为两部分：北部和南部。

② 在中国北部，地质动力区划所查明的断裂带与中国地质界确定的主要活动断裂带在精度和位置上几乎完全相似。

③ 在中国南部，地质动力区划所查明的断裂带与中国地质界确定的主要活动断裂带大多相符合，而地质动力区划确定的断裂带与地质界确定的金沙江—红河断裂系、班公错—怒江—澜沧江断裂系、苏北—黄海断裂系、东南沿海断裂系、皖鄂湘断裂系位置不相符合，这可能与地质动力区划确定的一级断裂划分标高差 500 m 有关。这些地质界确定的断裂带，用地质动力区划方法在下一比例的中国二级活动断裂中将被查明。

活动断裂构成人类生存环境的一个重要因素。在自然界，与活动断裂有关的地质灾害现象广泛可见。它们的出现是有规律的，即灾害的发生同活动断裂的基本特征与发展规律密切相关。中国一级地质动力区划，从宏观上阐明了中国新构造运动的格架，确定了矿井动力灾害发生的地质构造背景和动力环境，为进一步开展中国地质动力区划工作，以及进行矿井动力灾害的危险性预测和防治工作奠定了地质动力学基础。

12.2 地质动力区划在冲击地压危险性预测中的应用

12.2.1 应用背景与研究内容

黑龙江龙煤双鸭山矿业有限责任公司东荣三矿位于双鸭山市集贤县境内，南距双鸭山市约 41 km，属双鸭山矿区北部。井田南以 F_{48}、F_{10}、F_4 断层及其延长线和 F_2 断层为界，北以 F_{81}、F_{10}、F_{33}、F_{95} 和 F_5 断层为界，西至 F_{11}、F_{74}、F_{75} 断层，东以 30 煤层浅部露头为界，东西长6.4 km，南北宽 7.2 km。矿井开拓方式为立井单水平上下山集中大巷布置。矿井采用走向长壁和倾斜长壁采煤方法，全部垮落法管理顶板。井田地质构造复杂程度为中等，煤层稳定程度为较稳定。

2016—2017 年该矿共发生 14 次冲击地压，均位于 30 煤层。最严重的一次是 2016 年 9 月 8 日，东十采区 30 煤层九片下料巷 7# 点后 9～35 m 范围发生的冲击。

2021 年 1 月—2022 年 6 月，辽宁工程技术大学与黑龙江龙煤双鸭山矿业有限责任公司合作完成了“东荣矿区冲击地压地质动力区划与防治技术研究”课题。课题基于地质动力区划理论，分别从地质动力环境、断裂划分与构造形式、岩体应力状态、煤岩动力系统能量和模式识别方面进行研究，完成了矿井冲击地压的预测工作，矿井在研究成果的基础上进一步开展防治工作。

12.2.2 地质动力环境评价

应用地质动力环境评价方法，分别对构造凹地地形地貌条件等 8 个指标进行评价，评价结果见表 12-2。

表 12-2 地质动力环境评价结果

序号	地质动力环境评价指标	影响程度级别	评价指数	综合评价指数	评价指标值
1	构造凹地地形地貌条件	中等	2	$A=\sum_{i=1}^{n}a_i=16$	0.67
2	断块构造垂直运动条件	无	0		
3	断块构造水平运动条件	弱	1		
4	断裂构造影响范围条件	强	3		
5	构造应力条件	中等	2		
6	煤层开采深度条件	中等	2		
7	上覆坚硬岩层条件	强	3		
8	本区及邻区冲击地压判据条件	强	3		
地质动力环境类型			中等		

该矿综合评价指标值为 0.67，地质动力环境类型为中等，地质动力环境对冲击地压的控制作用较大。地质动力环境是对煤矿所处的区域地质体的结构特征、运动特征和应力特征的评价。在地质条件下，井田的断裂构造影响范围条件、上覆坚硬岩层条件、本区及邻区冲击地压判据条件综合评价指数为 3，这三个条件影响最大。

12.2.3　断裂划分及构造形式确定

依据地质动力区划理论，对东荣矿区进行Ⅰ—Ⅴ级断裂构造划分，确定Ⅰ级断裂构造 9 条，Ⅱ级断裂构造 15 条，Ⅲ级断裂构造 35 条，Ⅳ级断裂构造 25 条。在 1∶1 万的地形图上划分出的Ⅴ级断裂共有 23 条，如图 12-7 所示。井田位于地质动力区划确定的Ⅲ级和Ⅳ级断块构造内，被Ⅱ-8、Ⅲ-32、Ⅳ-19、Ⅳ-24、Ⅳ-25 等高级别断裂穿过，井田中部存在Ⅲ-32、Ⅳ-19、Ⅴ-40、Ⅴ-42、Ⅴ-43、Ⅴ-44 等断裂交汇形成的交汇点，井田西北部存在Ⅱ-8、Ⅴ-42、Ⅴ-49、Ⅴ-50 等断裂交汇形成的交汇点。井田冲击地压和微震大能量事件发生在断裂构造交汇处和地质构造复杂区域，为冲击地压等矿井动力灾害发生提供了断裂构造条件。

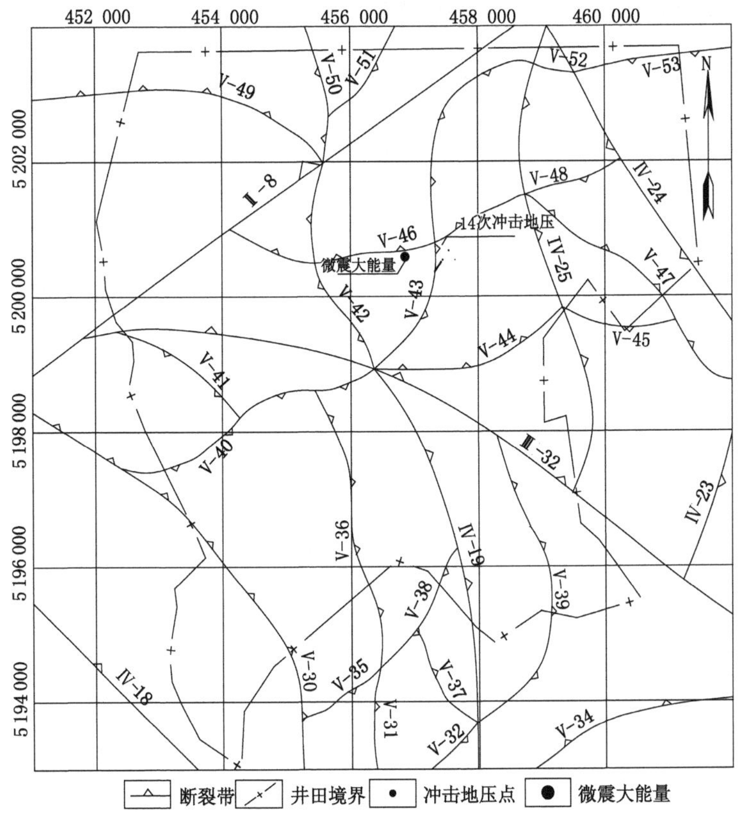

图 12-7　Ⅴ级断裂与冲击地压位置关系

断裂交汇区域的地质构造复杂、断裂构造活动性强，有部分断层聚集在一起，这有利于冲击地压和微震大能量事件发生。因此，在采掘作业进行到断裂构造影响区域，特别是断裂的交汇区域时，应提前采取预防措施，防止冲击地压等矿井动力灾害的发生。

12.2.4 岩体应力状态分析

该矿 30 煤层生产采区共有 4 个，分别为东八采区、东九采区、东十采区及北三采区。30 煤层规划工作面为东九采区 30 煤层三片和东九采区 30 煤层四片。30 煤层岩体应力分区与采掘工程位置关系如图 12-8 所示。

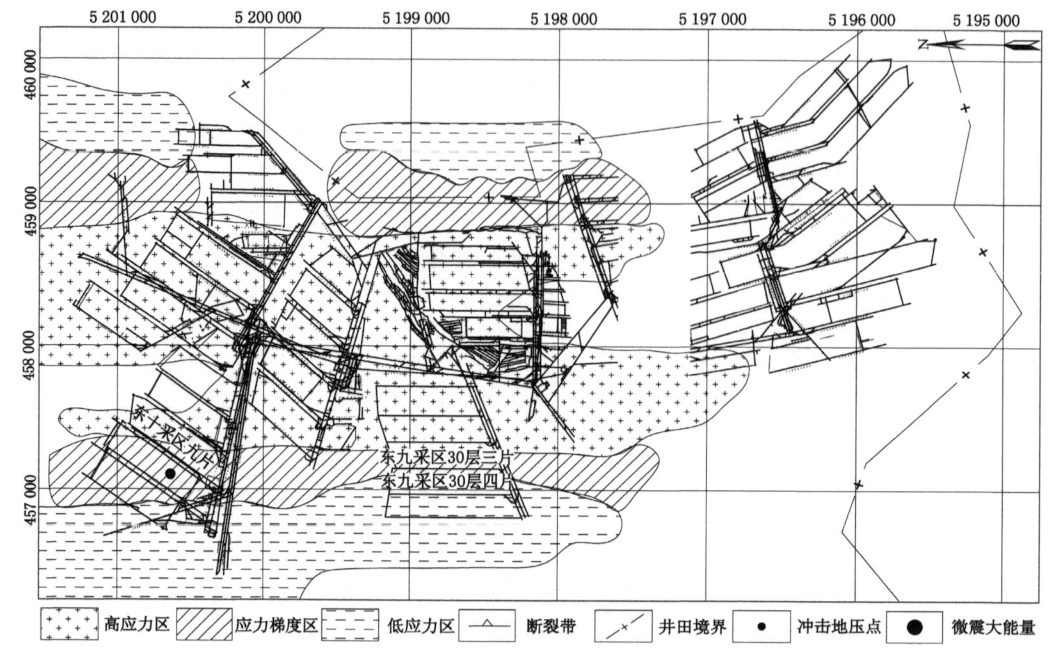

图 12-8　30 煤层岩体应力分区与采掘工程位置关系

高应力区位于东九采区和东十采区范围内，东十采区的工作面已回采完毕，而东九采区规划的 30 煤层三片工作面受高应力区的影响。西北部应力梯度区位于东九采区和东十采区范围内，东九采区内的工作面已回采完毕，而东十采区规划的 30 煤层三片和四片工作面受应力梯度区的影响。西北部低应力区位于东九采区范围内，该采区规划的 30 煤层四片部分位于低应力区范围内。东北部和中东部低应力区范围内目前无接续工作面。东八采区位于正常应力区范围内，该采区的 30 煤层工作面已回采完毕。

综上所述，该矿 30 煤层岩体应力分区对矿井冲击地压的影响主要在高应力区和应力梯度区范围内。位于上述两类区域的东九采区 30 煤层三片和东九采区 30 煤层四片的规划工作面应提前采取加强支护、煤体钻孔卸压等防治措施。

12.2.5 煤岩动力系统能量分析

(1) 煤岩动力系统尺度一般计算

依据煤层物理力学参数和地应力测量数据，当系统释放能量为 $10 \sim 1\times10^6$ J 时，分别计算 30 煤层的煤岩动力系统动力核区、破坏区、裂隙区和影响区半径。煤层煤岩动力系统尺度的一般计算结果见表 12-3。由表 12-3 可知，当 30 煤层煤岩动力系统释放的能量为 4×10^4 J 时，对应的动力核区半径为 0.41 m，破坏区半径为 2.79 m，裂隙区半径为 12.81 m，影响区半径为 33.43 m。

表 12-3　30 煤层煤岩动力系统尺度一般计算结果

能量/J	动力核区半径/m	破坏区半径/m	裂隙区半径/m	影响区半径/m	备注
1×10^{1}	0.03	0.19	0.92	2.43	
1×10^{2}	0.06	0.39	1.86	4.88	
1×10^{3}	0.12	0.82	3.57	9.79	
1×10^{4}	0.26	1.76	8.11	21.19	
4×10^{4}	0.41	2.79	12.81	33.43	临界能量
1×10^{5}	0.55	3.76	17.19	44.85	
1×10^{6}	1.19	8.13	37.20	97.05	最大能量

(2) 根据监测能量事件计算煤岩动力系统尺度

应用煤岩动力系统分析方法，对 2017 年 12 月 3 日东十采区 30 煤层十片胶带巷发生的一次动力显现(微震能量 8×10^{4} J，深度 777 m)进行分析。

由 7.6.1 小节计算结果可知，此次动力显现对应的煤岩动力系统动力核区半径为 0.69 m，破坏区半径为 1.59 m，裂隙区半径为 18.44 m，影响区半径为 53.14 m。

(3) 煤岩动力系统计算结果在防治技术中的应用

根据煤岩动力系统各区域尺度指导冲击地压防治技术措施的有效实施。根据煤岩动力系统各区域尺度确定井下工程、煤炭开采、防治措施等需要的安全保护尺度，即理论安全范围。根据煤岩动力系统研究成果，将破坏区、裂隙区和影响区半径作为冲击地压矿井防治措施和超前支护采取的安全范围的重要依据，指导冲击地压矿井防治措施和超前支护的有效实施。

① 防治措施采取的安全范围

建议根据矿井冲击地压严重程度和防治措施的可靠性要求，以破坏区半径或损伤区半径作为防治措施采取的安全范围，有特殊影响因素时可选取安全范围的上限值或进一步加大。

根据矿井冲击地压发生的临界能量，建议该矿以 4.70～18.44 m 作为防治措施采取的安全范围；根据矿井冲击地压发生的最大能量，建议以 13.72～37.20 m 作为防治措施采取的安全范围。

② 超前支护采取的安全范围

建议根据矿井冲击地压严重程度和超前支护的可靠性要求，以损伤区半径或影响区半径作为超前支护采取的安全范围，有特殊影响因素时可选取安全范围的上限值或进一步加大。

根据矿井冲击地压发生的临界能量，建议该矿以 18.44～53.14 m 作为超前支护采取的安全范围；根据矿井冲击地压发生的最大能量，以 37.20～117.54 m 作为超前支护采取的安全范围。

12.2.6 冲击地压危险性预测的模式识别

(1) 30 煤层冲击地压危险性预测

应用多因素模式识别方法对该矿 30 煤层进行了冲击地压危险性预测。无冲击地压危险区占 24.4%,弱冲击地压危险区占 37.8%,中等冲击地压危险区占 28.0%,强冲击地压危险区占 9.8%。

(2) 工作面冲击地压危险性预测

基于该矿 30 煤层冲击地压危险性预测模式识别结果,进行东十采区 30 煤层九片的冲击地压危险性预测分析,工作面冲击地压危险性概率预测图和分层着色图如图 9-24 和图 9-25 所示。

东十采区 30 煤层九片按照 50 m×50 m 共划分为 66 个单元网格,危险性概率为 0.66~0.89。危险性概率 0.66 的单元网格 6 个,占工作面预测单元网格数的 9%,为中等冲击地压危险区;危险性概率 0.78 和 0.89 的单元网格 60 个,占工作面预测单元网格数的 91%,为强冲击地压危险区。综合上述分析,东十采区 30 煤层九片冲击地压危险性预测结果对比情况见表 9-5。

通过上述分析可知,多因素模式识别分单元概率预测方法可以将工作面划分为多个预测单元,得到每个单元的危险性概率,当巷道掘进或工作面回采进入不同预测单元时,预先确定工程所处位置的危险性,提前采取相应的治理措施。

12.2.7 应用效果分析

利用地质动力区划方法从多角度对该矿冲击地压的预测和防治进行了研究:① 可以根据区域地质体的地质构造形式与应力等条件,提前判别人类工程所处断块的地质动力环境类型,为矿井开采工程活动提供地质环境信息和预测工程活动可能产生的地质动力效应,揭示矿井工程地质体内的冲击地压等矿井动力灾害的孕育、发生过程和发展规律。② 构造活动和构造应力是矿井冲击地压的动力源,工程活动是矿井冲击地压的直接诱因。断裂构造对矿井动力灾害的发生具有重要的影响,而主控断裂对矿井动力灾害的控制作用更为明显。③ 自主研发了“岩体应力状态分析系统”软件,提供了使用便捷的、高质量的、强大的对模型进行网格划分和分析的功能,按照区域现代构造应力场对井田的影响强、中等、弱的特点,将构造应力区划分为高应力区、应力梯度区和低应力区。④ 创新性提出了“煤岩动力系统”的概念,构建了“煤岩动力系统与冲击地压显现关系”模型,建立了自然地质条件下煤岩动力系统释放能量的计算方法,揭示了煤岩动力系统空间结构与冲击地压显现关系。⑤ 应用多因素模式识别概率预测方法,完成了冲击地压危险性的分单元概率预测,划分了冲击危险区域,多因素模式识别概率预测方法提高了矿井冲击地压危险性预测的准确性。

研究成果进一步提高了冲击地压危险性预测的有效性,有利于制定适合于该矿的冲击地压综合治理措施。同时,应用冲击地压危险性预测结果,进一步实施了监测、解危措施,实现了冲击地压的可防可控。

12.3　地质动力区划在煤与瓦斯突出危险性预测中的应用

12.3.1　应用背景与研究内容

鹤壁煤电股份有限公司鹤壁六矿位于河南省鹤壁市，井田面积约 18 km^2。可采煤层主要为山西组二$_1$ 煤层和太原组一$_1$ 煤层。采深为 500～800 m。矿井开拓方式为立井多水平分区式，采煤方法为走向长壁炮采放顶煤法，顶板采用全部垮落法管理。矿井先后多次发生煤与瓦斯突出和瓦斯爆炸事故，矿井瓦斯等级为突出矿井。

2001 年 1 月—2003 年 12 月，辽宁工程技术大学与鹤壁煤电股份有限公司合作完成“十五”国家重点科技攻关项目“煤与瓦斯突出区域预测的地质动力区划和可视化技术”。项目基于地质动力区划理论，分别从断裂划分与构造形式、岩体应力状态和危险预测模式识别方面进行研究，完成了煤与瓦斯突出的预测工作，矿井在研究成果的基础上进一步开展了防治工作。

12.3.2　断裂划分及构造形式确定

用地质动力区划方法分析区域地质构造是一种综合分析的方法，在鹤壁矿区断块划分中，以绘图法为主，结合航卫片判读、地面和井下考查、地震及区域构造活动调查和趋势面方法进行，划分出了Ⅰ—Ⅴ级断裂构造，确定Ⅰ级断裂构造 9 条、Ⅱ级断裂构造 8 条、Ⅲ级断裂构造 9 条、Ⅳ级断裂构造 19 条、Ⅴ级断裂构造 32 条。查明的鹤壁矿区Ⅴ级断裂如图 12-9 所示。

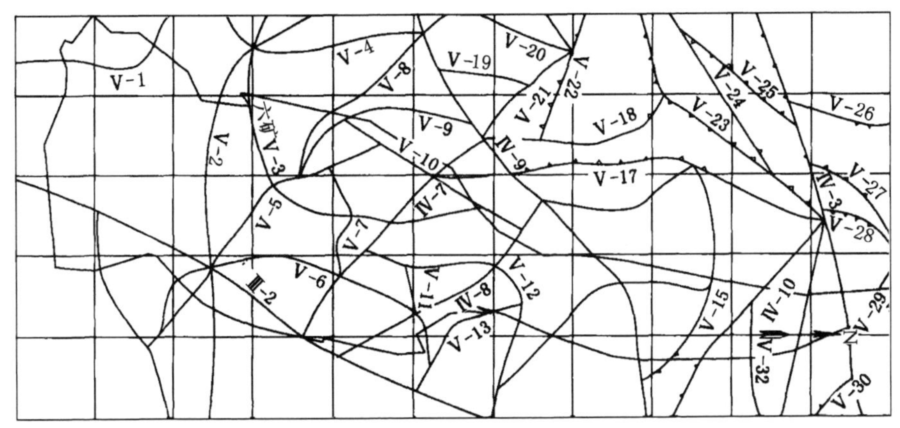

图 12-9　鹤壁矿区Ⅴ级断块图

(1) Ⅲ-2 断裂对煤与瓦斯突出影响分析

在Ⅲ-2 断裂影响区域共发生煤与瓦斯突出 12 次，其中有 3 次突出煤量在 120 t 以上。由图 12-10 可以看到，煤与瓦斯突出区域位于Ⅲ-2 断裂附近。Ⅲ-2 断裂是由地质动力区划方法在 1∶20 万地形图上确定的一条穿过井田的断裂构造，其延伸范围大，地表显现明显，活动性强。Ⅲ-2 断裂的西部——发生煤与瓦斯突出的区域，位于鸡冠山与华北平原（二级阶地与三级阶地）的交界区域，地质动力区划观点认为，这一区域处在构造活动区，故此区域发生的煤与瓦斯突出主要受Ⅲ-2 断裂的影响。由于Ⅲ-2 断裂的活动性较强，该区域煤与瓦斯突出的次数和强度都比较大。

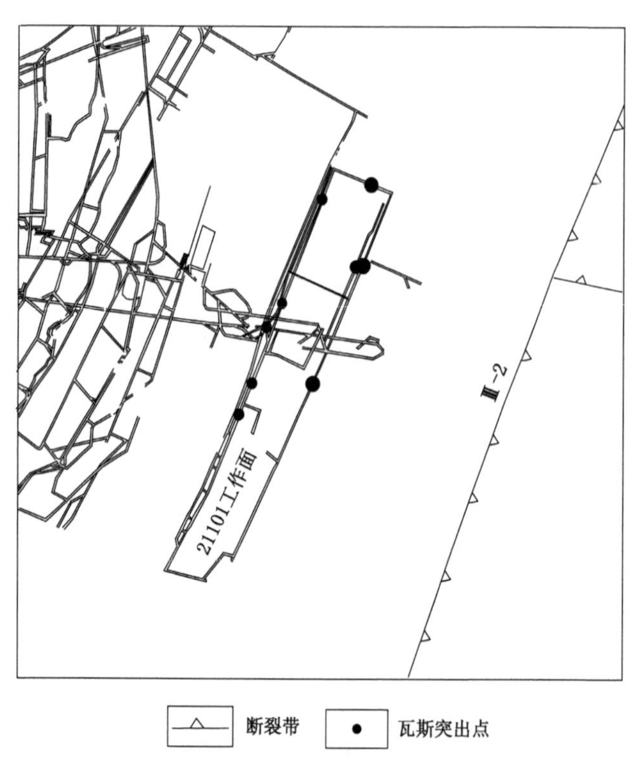

图 12-10　21101 工作面煤与瓦斯突出点与Ⅲ-2 断裂位置关系

（2）断裂交汇对煤与瓦斯突出影响分析

由图 12-11 可以看出，断裂交汇区域共发生煤与瓦斯突出 9 次，其中有 3 次突出煤量在 140 t 以上。有 2 次煤与瓦斯突出发生在Ⅳ-7 和Ⅴ-3 断裂的交汇部位；有 3 次煤与瓦斯突出发生在Ⅳ-7 和Ⅴ-12 断裂的交汇部位；有 4 次煤与瓦斯突出发生于Ⅴ-3 和Ⅴ-12 断裂之间。Ⅳ-7 断裂是由地质动力区划方法在 1∶5 万地形图上确定的一条具有较强活动性的断裂。此区域发生的煤与瓦斯突出，主要受Ⅳ-7 断裂的影响，其与Ⅴ-3 和Ⅴ-12 断裂的交汇增加了煤与瓦斯突出的次数和强度。

通过以上分析可知，煤与瓦斯突出的发生与地质动力区划方法所确定的断裂构造具有密切的联系。煤与瓦斯突出发生地点多数位于断裂构造附近，多个断裂构造的交汇部位也是煤与瓦斯突出的多发地带。总体来看，煤与瓦斯突出的次数、强度与断裂的活动性具有正相关关系。Ⅲ级断裂构造和Ⅳ级断裂构造较Ⅴ级断裂构造具有更强的活动性，因此其附近发生煤与瓦斯突出的次数更多，强度更大。工程图中已标明的 27 次煤与瓦斯突出，有 23 次位于断裂构造影响区或断裂构造交汇部位，占 85.2%。

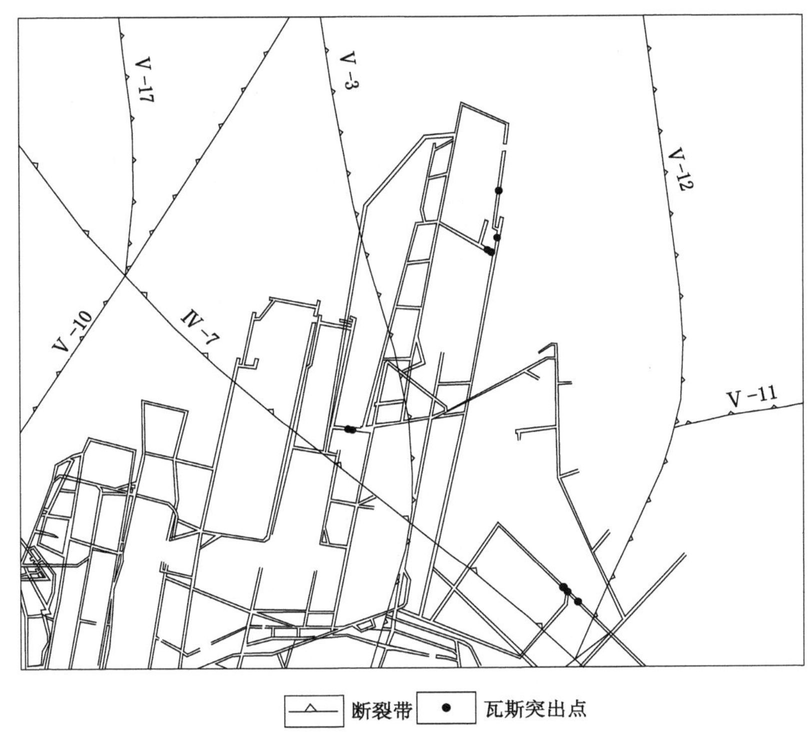

图 12-11 煤与瓦斯突出区域与断裂影响区及其交汇部位的位置关系

12.3.3 岩体应力状态分析

应用“岩体应力状态分析系统”软件计算了矿井二$_1$ 煤层顶板应力场，得到了二$_1$ 煤层顶板的最大水平应力、最小水平应力和水平剪应力。矿井二$_1$ 煤层顶板构造应力区划分如图 12-12 所示。二$_1$ 煤层顶板共划分了 4 个应力升高区、2 个应力降低区和 3 个应力梯度区。从矿井的煤与瓦斯突出来看，突出点与煤岩体应力有关。工程图中已标明的 27 次突出，有 20 次位于高应力区和应力梯度区，占 74%。岩体应力及其分区特征对矿井的煤与瓦斯突出起主导控制作用。

12.3.4 煤与瓦斯突出危险性预测的模式识别

矿井煤与瓦斯突出模式识别选用的影响因素为断裂构造、岩体应力、顶板岩性和瓦斯涌出量。对井田区域进行网格划分，将矿井深部划分为 100 m×100 m 的网格单元共计 1 812 个。应用煤与瓦斯突出多因素模式识别概率预测方法，实现了矿井二$_1$ 煤层的分单元概率预测，划分了煤与瓦斯突出的危险区、威胁区和安全区。统计结果表明，矿井二$_1$ 煤层深部区域煤与瓦斯突出危险性概率最大值为 0.82，最小值为 0.16，最大值位于井田东部高应力区，最小值位于井田西部低应力区。

将煤与瓦斯突出危险性概率 0.32 和 0.63 作为分界点，小于 0.32 为安全区，大于 0.63 为突出危险区，两者之间为突出威胁区。统计结果表明，突出危险区面积约占深部预测区域

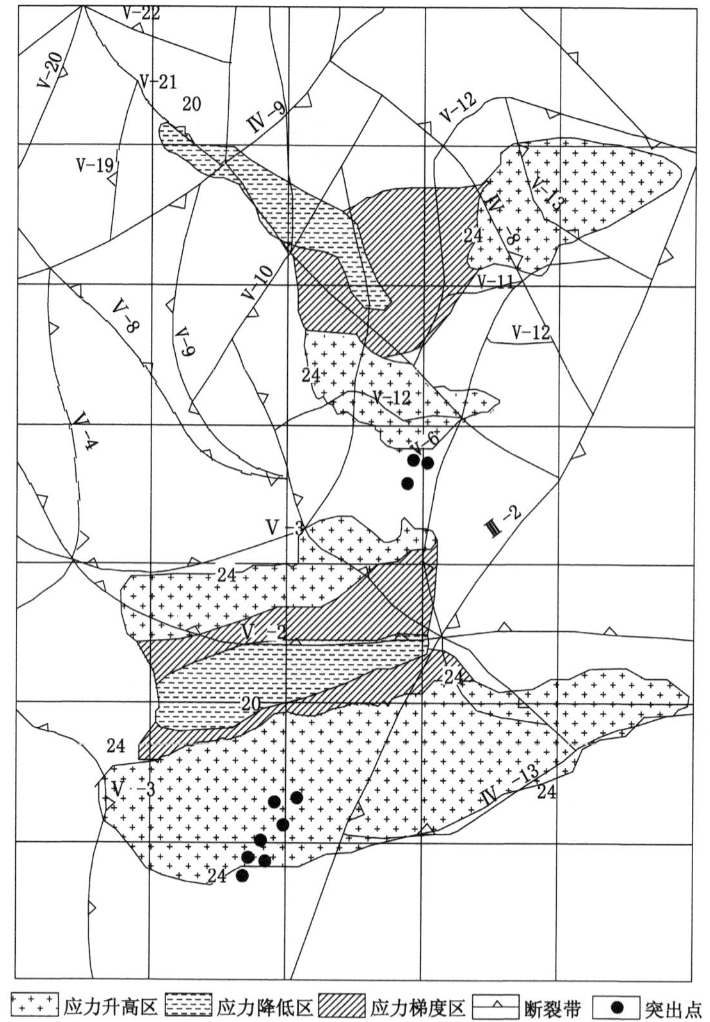

图 12-12 矿井二$_1$煤层顶板应力区划分(单位:MPa)

的 26%,突出威胁区面积约占深部预测区域的 36.9%,安全区面积约占深部预测区域的 37.1%,如图 12-13 所示。

12.3.5 应用效果分析

从全井田范围看,预测结果基本分为 3 个条带,即煤层浅部为安全区、中部为突出威胁区、深部为突出危险区。从项目完成至 2008 年,矿井发生了 3 次突出显现,均位于突出危险区,如图 12-14 所示。① 2006 年 3 月 6 日,在 3402 工作面下巷发生一次煤与瓦斯突出。② 2006年 3 月 17 日,在 3105 工作面下巷发生一次煤与瓦斯突出。③ 2008 年 10 月 13 日,在 21431 综采工作面发生煤与瓦斯突出。

利用地质动力区划方法,从多角度对该矿煤与瓦斯突出的预测和防治进行了研究,得出以下主要结论:① 构造活动和断块应力是矿井煤与瓦斯突出的动力源,工程活动是矿井煤与瓦斯突出的直接诱因。断裂构造对矿井动力灾害的发生具有重要的影响,而主控断裂对

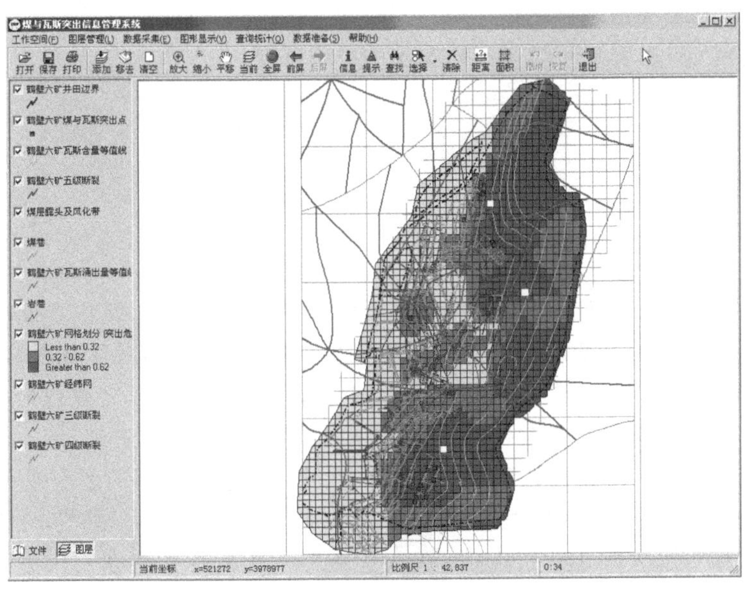

图 12-13　矿井二$_1$煤层煤与瓦斯突出危险性模式识别

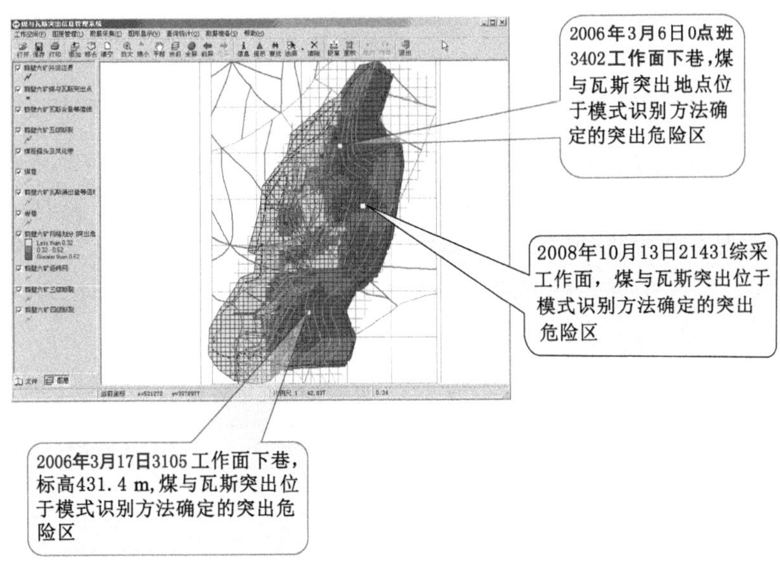

图 12-14　矿井二$_1$煤层煤与瓦斯突出危险性与突出事件对应关系

矿井动力灾害的控制作用更为明显。② 自主研发了“岩体应力状态分析系统”软件，提供了使用便捷的、高质量的、强大的对模型进行网格划分和分析的功能，按照区域现代构造应力场对井田的影响强、中等、弱的特点，将构造应力区划分为高应力区、应力梯度区和低应力区。③ 应用多因素模式识别概率预测方法，完成了煤与瓦斯突出危险性的分单元概率预测，划分了煤与瓦斯突出危险区域，多因素模式识别概率预测方法提高了矿井煤与瓦斯突出危险性预测的准确性。研究成果进一步提高了煤与瓦斯突出预测的有效性，有利于制定适合于该矿的煤与瓦斯突出综合治理措施。同时,应用煤与瓦斯突出危险性预测结果,进一步实施了监测、解危措施,实现了煤与瓦斯突出的可防可控。

12.4 地质动力区划在矿压控制中的应用

12.4.1 应用背景与研究内容

大同煤矿集团有限责任公司同忻煤矿位于大同市西南约 20 km,井田面积 96.89 km^2。井田构造较简单,主要可采煤层为 3-5# 和 8# 煤层。开拓方式为斜、立井混合开拓,采煤方法为走向长壁后退式,采用全部垮落法管理顶板。煤层和顶板都为坚硬煤岩体。井田上部有 5 个开采侏罗系煤层的生产矿井,即忻州窑矿、煤峪口矿、永定庄矿、大斗沟矿及同家梁矿。该矿作为开采石炭二叠系煤层的主力矿井,在开采过程中遇到了多次强烈矿压显现,给矿井安全高效生产带来了较大影响。

2013 年 7 月—2014 年 12 月,辽宁工程技术大学与大同煤矿集团有限责任公司合作完成了"大同双系两硬煤层开采顶板运移规律与控制技术"项目。项目基于地质动力区划理论,分别从地质动力环境、断裂划分与构造形式、构造运动特征和岩体应力状态等方面进行研究,确定了该矿坚硬顶板条件下强烈矿压显现作用机理,指导了强烈矿压显现的防治工作。

12.4.2 地质动力环境评价

应用地质动力环境评价方法,结合构造凹地等 6 个指标,对矿井地质动力环境进行综合评价,评价结果表明该煤矿具有中等的强烈矿压显现地质动力环境,见表 12-4。该煤矿地质动力环境对强烈矿压显现的控制作用较大,地质动力环境提供的能量已超过强烈矿压显现发生的临界能量。在具备这样的地质动力环境条件下,若受到其他控制因素及开采工程活动诱发影响就会发生强烈矿压显现。

表 12-4 同忻煤矿地质动力环境评价结果

序号	地质动力环境评价指标	影响程度级别	评价指数	综合评价指数	评价指标值
1	断块构造垂直运动条件	无	0	$A=\sum_{i=1}^{n}a_i=12$	0.67
2	断裂构造影响范围条件	强	3		
3	构造应力条件	中等	2		
4	煤层开采深度条件	弱	1		
5	上覆坚硬岩层条件	强	3		
6	本区及邻区冲击地压判据条件	强	3		
地质动力环境类型				中等	

12.4.3 断裂划分及构造形式确定

在构造断块划分工作中,以绘图法为主,结合航卫片判读、地面和井下考查、地震及区域构造活动调查方法划分出Ⅰ—Ⅴ级断裂构造，确定Ⅰ级断裂构造 15 条，Ⅱ级断裂构造 15 条，Ⅲ级断裂构造 14 条，Ⅳ级断裂构造 17 条，Ⅴ级断裂构造 21 条，如图 12-15 所示。井田内Ⅲ-5 断裂、Ⅳ-12 断裂和Ⅴ-2 断裂对开采过程中的矿压显现具有重要影响，从空间上影响井田矿压显现的分布特征。Ⅲ-5 断裂从井田的东北延伸至西南，与口泉断裂平行，其应力状态与口泉断裂相似，对整个井田的应力状态具有重要影响。

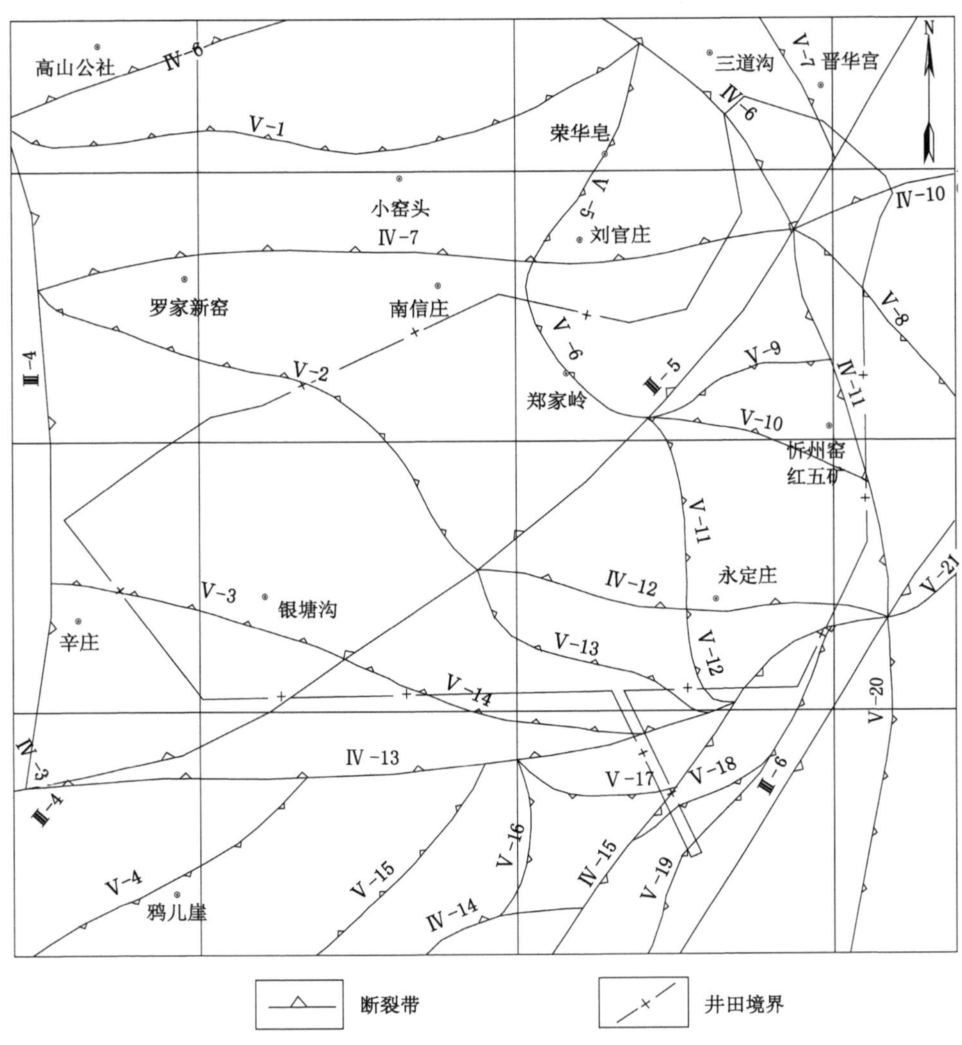

图 12-15 大同矿区同忻矿Ⅴ级区划图

把井田内划分出的断裂构造同矿压显现点的信息进行对比分析得出：在该煤矿 8100 工作面、8106 工作面等开采过程中出现的强烈矿压显现明显受到地质构造的影响。如 8100 工作面发生强烈矿压显现的区域处于Ⅲ-5 断裂、Ⅳ-12 断裂和Ⅴ-11 断裂所围限的三角形区域内，8106 工作面的矿压显现则主要受到了Ⅴ-11 断裂的影响，如图 12-16 所示。

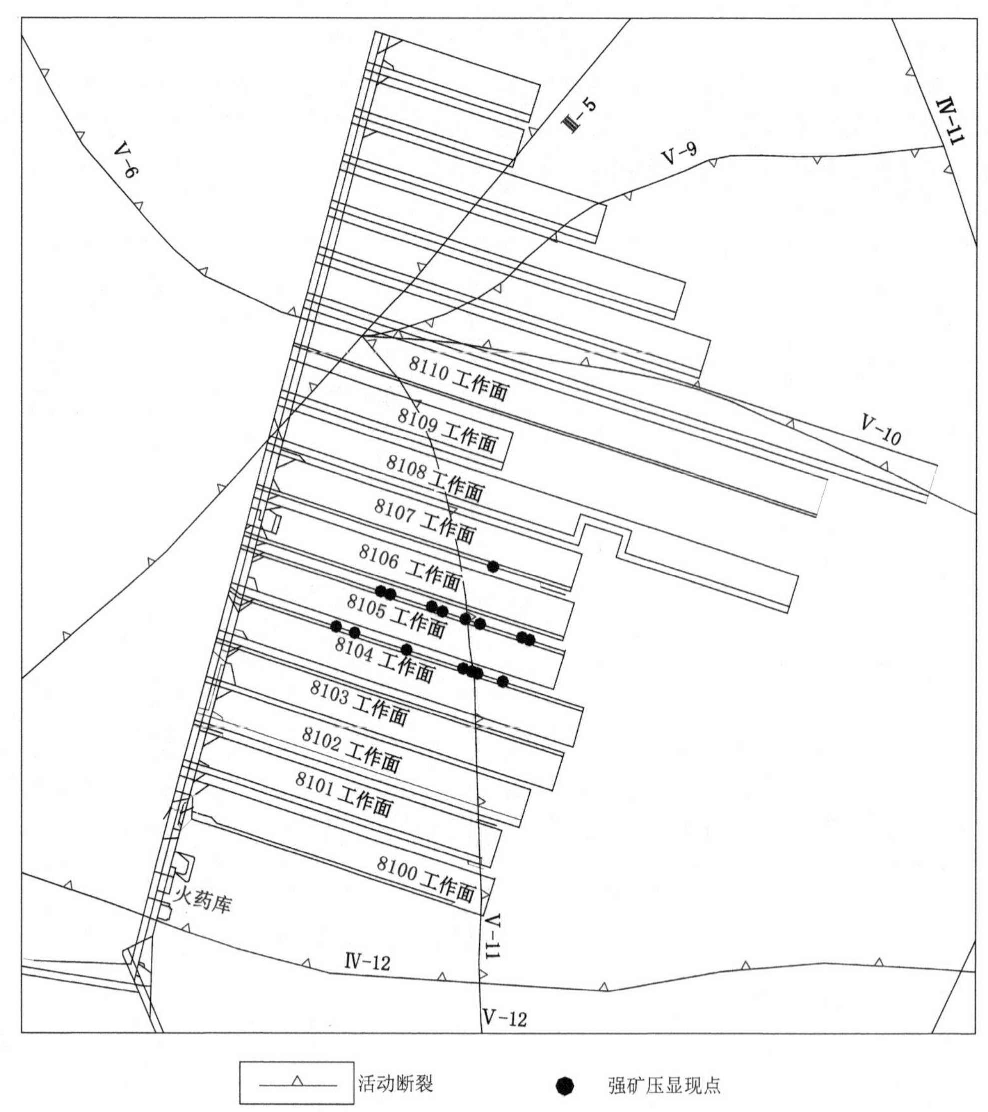

图 12-16 井田工作面强烈矿压显现点与断裂的位置关系

12.4.4 口泉断裂运动特征分析

大同地区由于既受到桑干河新裂陷和云冈块坳的垂直方向的挤压，又受到鄂尔多斯块体和山西断陷带的水平压缩，易于积聚能量，处于较高的能量状态，这为强烈矿压显现的发生提供了能量基础。以口泉断裂所划分的桑干河新裂陷的断块下沉和云冈块坳的相对断块上升是大同地区新构造运动的基本特征。云冈块坳内部的冲沟、河道发育，黄土坪割切为丘陵地貌，横切台地东缘口泉山脉的沟、谷相对狭深，以及沿山脉东麓特别是南段冲积扇及冲积坡发育等现象均可以证明其上升特征。

口泉断裂的典型特征是断裂两侧岩体在水平与垂直方向上均有运动。大同地震台跨口泉断裂的短水准观测资料表明，1990—1998 年口泉断裂的上盘平均下降速率为 2.36 mm/a。观测结果表明，口泉断裂仍继承着地质时期的运动，即南东盘持续下降，北西盘持续上升。口泉断裂位于鄂尔多斯断块与山西断陷带的边界处，利用 GPS 空间大地测量数据(1996—2001 年)计算得到鄂尔多斯断块的相对运动速度为 3.2 mm/a，山西断陷带的相对运动速度为 2.2 mm/a。两侧岩体运动存在速度差导致口泉断裂目前的动力学状态属于压缩状态。综上，口泉断裂目前的运动既有水平方向的挤压，又有垂直方向的升降，其运动形式如图 4-7 所示。因此，口泉断裂对大同矿区尤其是同忻井田地质动力条件具有重要的影响和控制作用，口泉断裂的运动为同忻煤矿强烈矿压显现提供了能量基础。

通过数值模拟计算分析了口泉断裂水平挤压、垂直升降运动对双系煤层围岩应力分布特征的影响。图 12-17 为水平挤压情况下口泉断裂两侧岩体最大主应力分布云图，由图可知，石炭系煤层的应力水平高于侏罗系煤层的应力水平，而且在侏罗系煤层的上部岩体内存在应力降低区。大同煤田侏罗系煤层赋存标高在＋1 000～＋1 100 m 之间，由于没有口泉断裂东侧地层的约束，在受挤压的情况下通过自由边界应力能够转移，挤压造成的弹性能得以释放一部分，因此在开采过程中煤岩体虽然失稳破坏，但是破坏的强度相对较低。而标高＋1 000～＋1 100 m 以下的煤岩体，由于受到口泉断裂东侧地层的约束，不存在释放能量的自由边界，当受到挤压时其能够积聚更多的弹性能，因此在开采过程中围岩的失稳破坏要比上部侏罗系煤层开采时的强烈。图 12-18 为垂直升降情况下口泉断裂两侧岩体最大主应力分布云图，由图可知，两侧岩体的升降运动导致断裂面处产生挤压应力，岩体中应力呈层状分布。石炭系煤层应力水平高于侏罗系煤层应力水平，石炭系煤层中最大主应力为 5～6 MPa，侏罗系煤层中为 2～3 MPa。

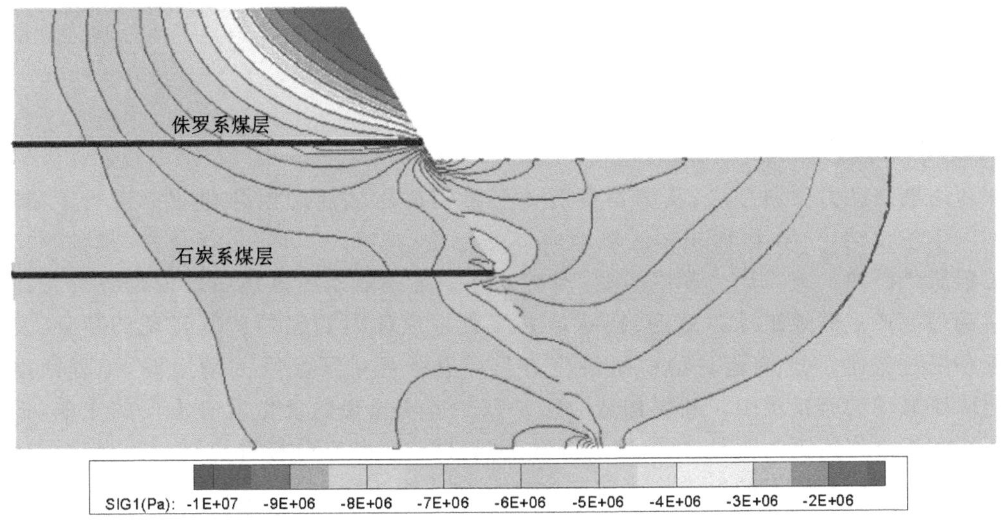

图 12-17　水平挤压情况下口泉断裂两侧岩体最大主应力分布云图

口泉断裂的运动使石炭系煤层的最大主应力提高了 2.9 倍，侏罗系煤层最大主应力提高了 0.8 倍。口泉断裂运动成为该井田的主要动力条件，煤岩体中易于产生应力与能量集中为强烈矿压显现的发生提供了条件。

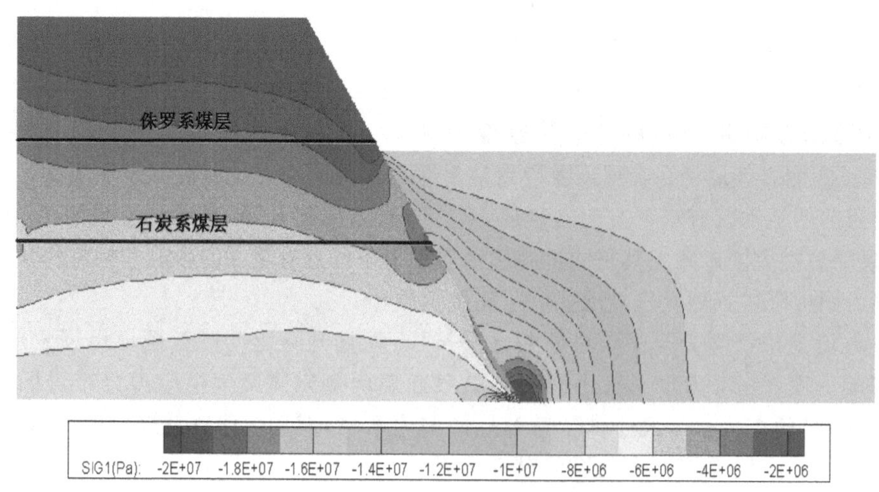

图 12-18 垂直升降情况下口泉断裂两侧岩体最大主应力分布云图

12.4.5 岩体应力状态分析

利用空芯包体测量方法进行了 4 个地点的地应力测量工作，测量结果表明该矿地应力场属于水平应力场，地应力以水平压应力为主导。

应用"岩体应力状态分析系统"软件计算了该矿 3-5# 煤层顶板应力场。在岩体应力数值计算的基础上，将井田 3-5# 煤层顶板构造应力区划分了 5 个高应力区、4 个低应力区和 3 个应力梯度区，如图 12-19 所示。该煤矿 8106 工作面处于高应力区是其矿压显现强烈的一个重要原因。

12.4.6 应用效果分析

利用地质动力区划方法，从多角度对该矿强烈矿压显现的预测和防治进行了研究，得到以下主要结论：① 可以根据区域地质体的地质构造形式与应力等条件，提前判别人类工程所处断块的地质动力环境类型，为矿井开采工程活动提供地质环境信息和预测工程活动可能产生的地质动力效应，揭示矿井工程地质体内的强烈矿压显现的孕育、发生过程和发展规律。② 构造活动和断块应力是矿井强烈矿压显现的动力源，工程活动是强烈矿压显现的直接诱因。断裂构造对矿井强烈矿压显现的发生具有重要的影响，而主控断裂的控制作用更为明显。③ 自主研发了"岩体应力状态分析系统"软件，提供了使用便捷的、高质量的、强大的对模型进行网格划分和分析的功能，按照区域现代构造应力场对井田的影响强、中等、弱的特点，将构造应力区划分为高应力区、应力梯度区和低应力区。

研究成果进一步提高了强烈矿压显现预测的有效性。矿井应用该技术成果优化了采掘布置与开采方案，减少了强烈矿压显现的发生。

图 12-19　井田工作面强烈矿压显现与构造应力的关系

12.5　地质动力区划在油田的应用简介

12.5.1　地质动力区划在吉林大安油田中的应用

1993—1994 年，在吉林石油管理部门的支持下，辽宁工程技术大学李伯祥、王宇林、邵靖邦等与 И. М. 巴图金娜和 И. М. 佩图霍夫院士等合作完成了“吉林油田大安探区地质动力区划”科研项目。吉林油田大安探区是构造和岩性控制的被断层复杂化了的特低渗透油田。项目确定了巨大断块的边界和小型断块的边界，这些边界的动力相互作用在很大程度上决定着区域岩体的应力状态。

大安油田位于北西走向Ⅱ级断裂影响区内，区内查明了 4 个Ⅲ级断裂(1-1，2-2，3-3，4-4)。油田的应力集中地段位于北西和北东方向Ⅱ级断裂的结合部，油田内高应力区域与断块联系密切，如图 12-20 所示。

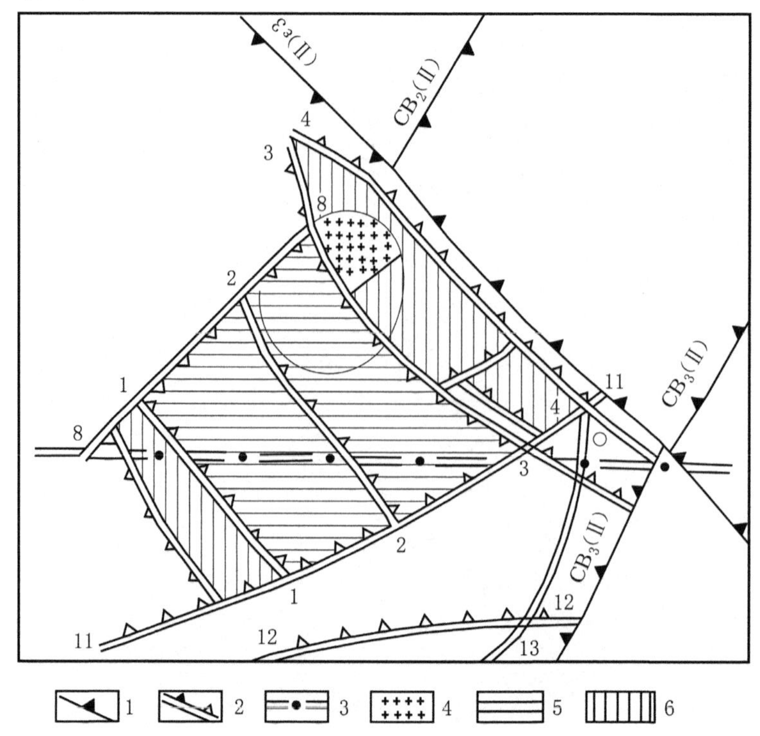

1，2—相关的Ⅱ级和Ⅲ级断裂；3—纵向断裂；4—最大渗透区；5，6—相应的上升和下降断块。

图 12-20　大安油田区Ⅲ级断块构造

在地质动力区划的基础上将所查明的断裂同地质资料进行了对比，结果表明，地震构造在大多数情况下与所查明的断裂方向是一致的。此外，还发现许多穹窿构造与断裂构造方向也一致。把根据地质勘探钻孔资料确定的油层含油率与地质动力区划的结果进行对比发现，断裂构造对油层含油率具有控制作用，如图 12-21 所示。

分析表明，地质动力区划查明的断裂既控制着区域性（Ⅲ级）的石油储量，又控制着局部（Ⅳ级）的石油储量。因此，在石油和天然气矿区利用地质动力区划方法能够预测渗透性高的富集油气的区域（一般为构造卸载区）。研究成果可用于确定油田的开采顺序、钻井的位置以及提高石油采出率的措施。

12.5.2　地质动力区划在湖南油田中的应用

1994—1995 年，在中国石油天然气勘探开发公司的支持下，辽宁工程技术大学李伯祥、王宇林、邵靖邦等与 И. М. 巴图金娜和 И. М. 佩图霍夫院士等合作完成了“湖南洞庭盆地湘阴凹陷地质动力区划及其对油气勘探有利地段研究”科研项目。研究区处于洞庭盆地东部，研究中对 63 幅地形图进行判读并划分构造块体。划分出Ⅰ—Ⅴ级断裂，断块相互位置示意图如图 12-22 所示。在此基础上结合区域地质构造、重力、地震等资料进行分析研究。

通过地质动力区划方法对湘阴凹陷含油气区岩体状态进行研究，查明了区域断块构造。根据“从宏观到微观”的原则，查明了湘阴凹陷构造因素；根据这些构造因素形成规律和组合特征确定了湘阴凹陷的边界，查明了湘阴凹陷形成构造条件。将地质动力区划查明的断块

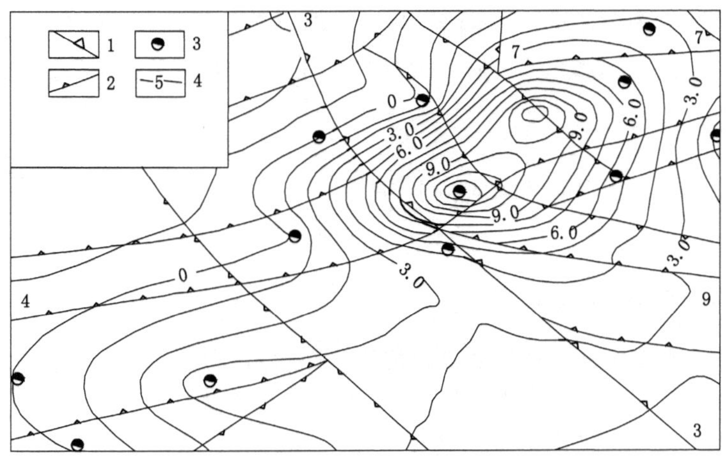

1,2—相关的Ⅲ级和Ⅳ级断裂;3—钻井;4—油层等厚线。

图 12-21　断块边界与油层等厚线相对位置示意

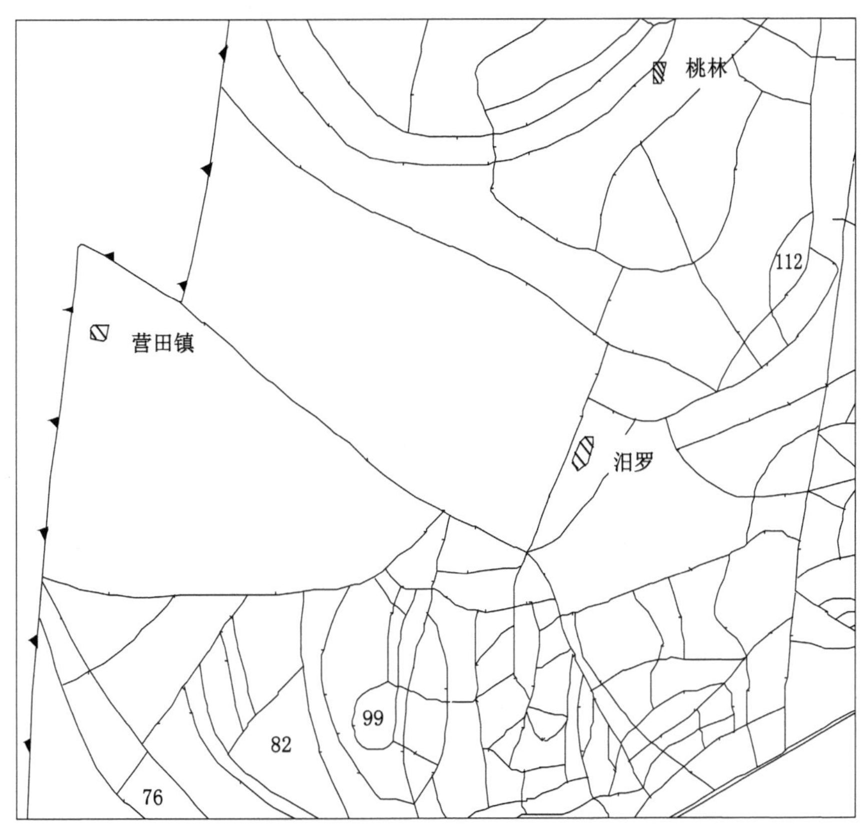

图 12-22　湖南洞庭盆地湘阴凹陷断块相互位置示意

构造与区域的已知构造、地质图件及地球物理资料进行对比分析得出,该区域呈现现代构造运动,构造运动过程可导致贮油构造的破坏。研究确定了洞庭湖区块在含油气方面是最稳定的,具有良好储存前景。

研究结果指出湘阴凹陷的石油勘探前景，北部比南部好，北部较好的Ⅵ点处于铢山一带，其次是汨罗西北的Ⅳ点（在黄婆店—湖咀间）。研究成果可为湘阴凹陷下一步勘探规划提供依据。

12.6 地质动力区划在俄罗斯的应用简介[289]

12.6.1 欧亚断块的地质动力区划

应用地质动力区划方法查明欧亚地区地壳的断块，俄罗斯 И. М. 巴图金娜和 И. М. 佩图霍夫院士等编制了极限应力岩石层厚度图，考虑了全球地壳的几何结构。根据地壳极限应力岩石层厚度将地壳的地段划分为四种类型，见表 12-5，绘制了地区地质动力危险程度图，如图 12-23 所示。

表 12-5 地壳地段的地质动力危险程度分类

地质动力危险程度	地壳极限应力岩石层厚度(H_S/H_K)/%	分布地区
1	0	欧洲平原，西伯利亚西部洼地
2	0～25	库兹巴斯，顿巴斯，沃尔库塔
3	25～50	乌拉尔，西伯利亚西南部，阿帕季特，远东
4	>50	西伯利亚南部，高加索，中亚和中国，帕米尔

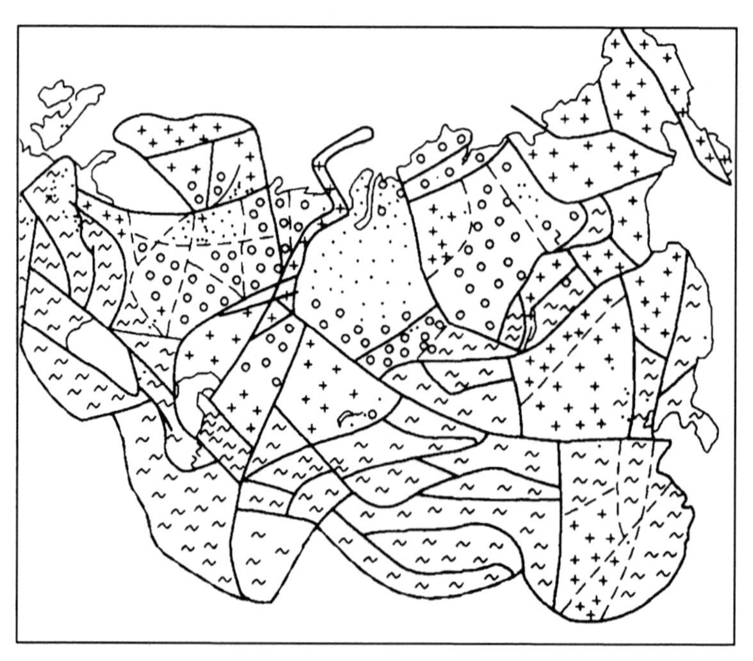

1—岩石圈板块边界；2—断块的边界；3～6—相关的Ⅰ—Ⅳ级地质动力危险程度。

图 12-23 欧亚断块地质动力危险的区划

根据断块岩体性质和结构的分等级的表示法，4 级地质动力危险程度代表最危险的地段，包括 3、2、1 级地质动力危险程度的亚地段；3 级地质动力危险程度的地段可以包括 2、1 级地质动力危险程度的亚地段；2 级地质动力危险程度地段可以包括 1 级地质动力危险程度的亚地段。

1 级地质动力危险程度地段的特性是平稳的构造状态，处在陆台范围内，然而这些地段仅仅表现出一部分陆台。对于被分析的区域来说，首先在西伯利亚西部的洼地范围内划出 1 级地质动力危险程度地段。苏尔古特—萨马拉石油管路线路（1990 年）和莫斯科—克麦罗沃铁路线路（1991—1992 年）所进行的地质动力区划工作表明，线路工程上的事故都集聚在断块活动边界区域。对于苏尔古特—萨马拉石油管路的线路来说，它共划出 10 个危险区，其中有 2 个位于 1 级地质动力危险程度地段范围内。在莫斯科—圣彼得堡铁路的博洛戈耶—别列托伊卡地段上，在活动断裂带发生了大约 10 次事故，其中包括若干次旅客列车颠覆。根据研究结果，为亚马尔—比亚韦斯托克石油管路的线路划出了若干危险区。

2 级地质动力危险程度地段范围内已经存在具有岩石极限应力状态的巨大构造应力带。库兹巴斯、顿巴斯部分煤炭矿区，乌德穆尔特、鞑靼石油省就处在这一危险程度的地段里。对于北库兹巴斯来说，其有冲击地压发生的情况，存在巨大分离的断层，产生危险构造应力带，在断块的边界出现断层裂隙带，在断层裂隙带附近有很多熔岩凹陷。对于丘蒂尔斯—基延戈普油田来说，其存在矿床中流体的重新分布，把流体挤到构造卸载带，在罗马什金油田区域发生小震源的技术成因地震。

3 级地质动力危险程度地段有乌拉尔、库兹巴斯南部、戈尔恩—绍里、远东、科拉半岛等矿区（有冲击危险）。到目前为止，对于库兹巴斯来说，其已记录了 500 次以上的动力级别大于 7 级的自然地震，大约 2 000 次冲击地压。正在开采的耶伦纳克夫矿区的井田同样趋向于 3 级地质动力危险程度地段，在这里掘进斜井时已经观察到矿山压力的动力表现。

根据现有的资料，60%以上石油管路的事故是在活动断裂带发生的。因此，沿着布哈拉—乌拉尔天然气管道线，所有由于金属受腐蚀、管子缺陷、焊接故障产生的事故都发生在断裂带中。在克拉斯诺图林斯克市区（北乌拉尔），在巨大断块边界带 30 km 长度上发生了 10 次以上事故（在天然气管路的 6 条线上）。

4 级地质动力危险程度地段包括欧亚构造活动性最强的区域。大部分有冲击危险的金属矿和煤矿都处于该区域。其中，多数矿区已经查明矿山构造冲击地压、构造断裂活动、技术成因地震的发生等情况。中国北票矿区可以作为一个实例，该矿区发生矿山构造冲击地压时，位移是按照与不同级别断裂带错动方向相一致的方向产生的。因此，地质动力危险显现的实际资料可以在所研究的分类框架内加以系统化。这种分类可以用于解决防护地质动力危险的许多问题，其中包括预先评估未开采区域的危险性。

12.6.2 地质动力区划在金属矿的应用

（1）俄罗斯塔什塔戈尔铁矿地质动力区划

地质动力区划确定了该矿整个位于巨大构造应力带，高应力带在活动断裂带在两个片段中间形成，把该断裂带称为北塔什塔戈尔断裂带，如图 12-24 所示。北塔什塔戈尔断裂带清楚地出现在地表的地貌里。

可以认为，断裂带不会通过由比较坚固的岩石所构成的矿区，但是该构造活动过程在进

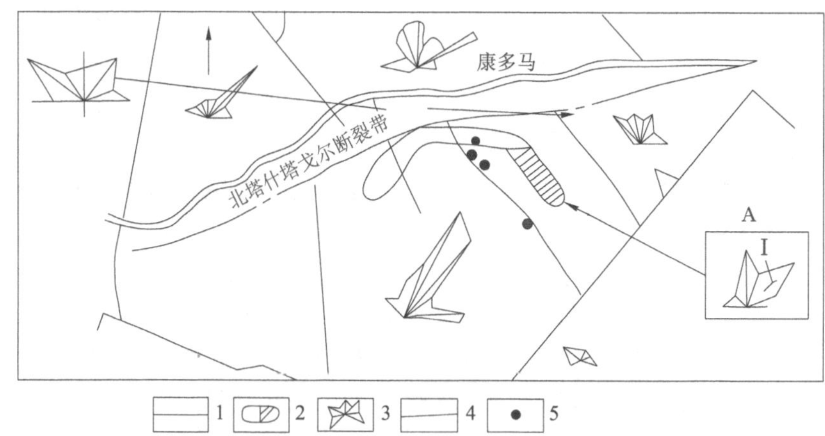

1—移动断块的边界；2—矿体（画细线的是已被开采过的部分）；3—根据航片画出的裂缝玫瑰图；
4—正在形成的断裂带；5—井筒；A—根据航片在塌陷带里画出的裂缝玫瑰图；
Ⅰ—1982 年 12 月 25 日冲击地压发生时的移动方向。

图 12-24 塔什塔戈尔矿区断块-构造形式示意

行，并且采矿工程会加速该过程。例如，在"生长着的"片段末端之一上记录了 6 级地震，引起了金属矿停工的事故。在矿区观察到岩石沿着断层裂缝移动的矿山构造冲击地压。1982 年，由于矿山冲击地压导致上覆岩层移动，铁轨沿着断裂裂缝断裂，这个断裂裂缝的方向平行于北塔什塔戈尔断裂带。

(2) 俄罗斯北乌拉尔铝土矿区地质动力区划

北乌拉尔铝土矿区是从 20 世纪 70 年代末开始进行地质动力区划工作的，确定了№14 和№15 最具冲击危险的矿井处在若干Ⅳ级断块里，矿山巷道直接穿过这些断块的边界，如图 12-25 所示。在该矿区完成了断裂划分和岩石破坏、地震区域性显现特点的若干对比工作，设立了地质动力闭合导线。

断块的部分边界与矿山巷道掘进所揭露的巨大断层相交。断块（断裂带）的边界Ⅰ-Ⅰ，在№15 矿井井田上表现为断层裂缝，落差达 30 m（位于东边正断层的西翼）；而在№14 矿井井田上，位于东边正断层的东翼，表现为一系列的断层裂缝，落差达 60 m。在№15 矿井井田上的断层处长时间有地震活动，沿着这个断层在矿山构造冲击地压条件下多次产生突然的位移。正如在这个断层裂缝处测量滑痕方向所表示的那样，沿着冲击地压的位移方向观察到先前构造移动的痕迹。这表明断块边界（断裂带Ⅴ-Ⅴ）或者陡峭的峡谷的断裂同样在岩体里以巨大构造断层被反映出来，这个断层在地质勘探工作中被发现。在靠近断裂带Ⅰ-Ⅰ时，断裂带Ⅴ-Ⅴ的断层裂缝没有被反映出来，但它是落差 15 m 的断裂带Ⅰ-Ⅰ北翼的延续。在采矿期间，当发生矿山构造冲击地压时，这个断层同样表现出高地震活动性和位移。Ⅱ-Ⅱ和Ⅲ-Ⅲ断块的两个边界没有找到作为穿透断层裂缝或者一系列断层裂缝的直接证明。在矿区进行的地质动力区划研究能够观察一个断块相对另一个断块的岩体地质力学状态的变化情况，从而在极限构造应力区划分出最危险的地段。

12.6.3 地质动力区划在煤矿的应用

俄罗斯联邦 2004 年颁布的《煤矿安全规程》规定：应用地质动力区划法查明断块结构、

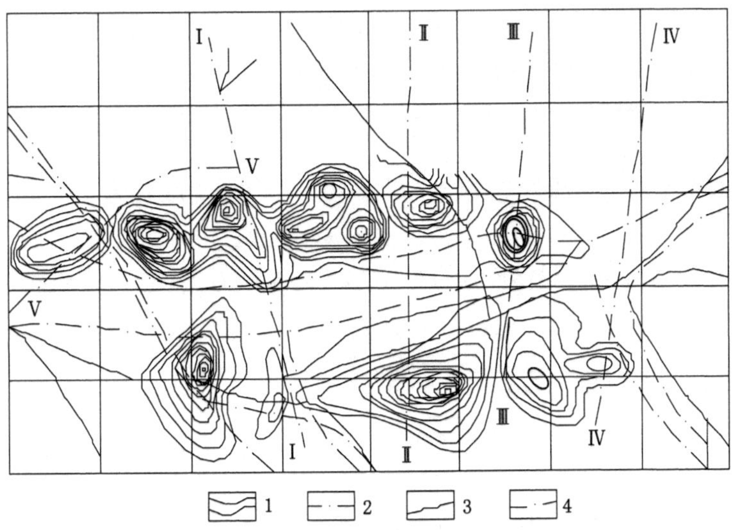

1—密度等值线；2—活动的断裂带；3，4—矿井内的地质断层。

图 12-25　№14 和№15 矿井区域地震活动中心的密度

判断断块活动性、评估及预测岩体应力和动力学条件。地质动力区划法被应用在俄罗斯所有的大型煤矿里，这里介绍在设计矿井南部安恩热尔斯卡亚矿井的应用成果。

南部安恩热尔斯卡亚矿井属于北库兹巴斯煤炭联合体。井田地质勘察工作查明含煤地层走向与逆断层走向是一致的，而在进行地质动力区划时又发现了两侧的断块在地貌上具有位移分量，如图 12-26 所示。

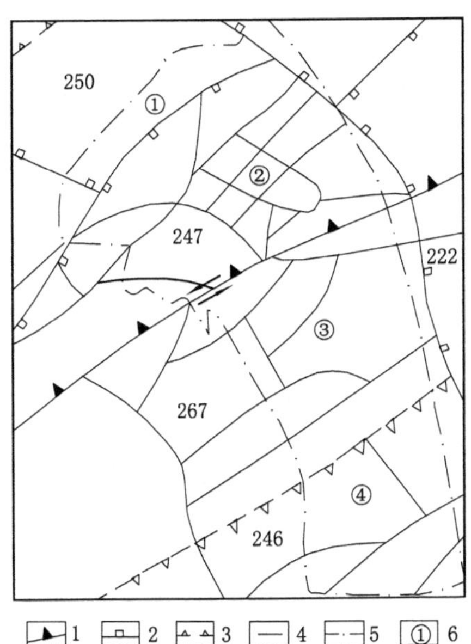

1，2，3，4—相关的Ⅰ，Ⅱ，Ⅲ，Ⅳ级断裂带；5—井田的边界；6—断块的号码。

图 12-26　南部安恩热尔斯卡亚矿井断块构造示意

在已查明的断块构造基础上，并考虑中长期采矿工作的发展计划，得出了应力场数学模型。此外，对附近井田具体构造的分析，能够为已查明的断块横向边界提供解释。在南部安恩热尔斯卡亚矿井北部的安恩热尔斯卡亚矿井，在进行采矿作业时遇到了5条巨大横向平移断层，这些断层在地质勘探时没有被发现。所有这些断层都属于有冲击地压危险的断层。

在南部安恩热尔斯卡亚井田所划出的断块横向边界，大概以横向平移断层的形式或者以横向穿透裂缝带的形式在岩体中被反映出来。因此，将地质动力区划法用于南部安恩热尔斯卡亚井田能够补充井田的构造系统，并编制计划开采水平的应力等值线预测图。

12.6.4 地质动力区划在油田的应用

对于石油井田，要研究断块构造应力状态对石油分布和液体渗透条件的影响。目前在乌德穆尔特(苏联)、鞑靼(苏联)和中国的多个矿区进行过这项工作。地质动力区划方法在乌德穆尔特丘蒂尔斯—基延戈普油田的应用，为该油田划分出了断块构造，评估了应力状态、产油层的渗透性。研究表明，该油田与具有位移分量的Ⅱ级断裂有联系。除了Ⅱ级断裂外，油田穿过Ⅲ级断裂。该油田区域岩石渗透率预测图如图12-27所示。

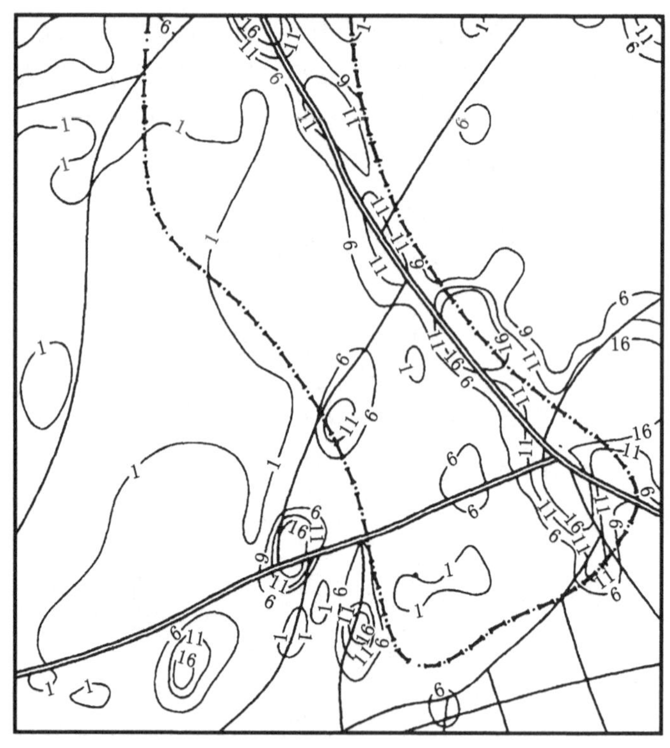

图12-27 丘蒂尔斯—基延戈普油田区域岩石渗透率预测图(单位:cm/s)

12.6.5 地质动力区划在管线工程中的应用

在管线工程中运用地质动力区划法可查明事故危险地段与岩体断块结构的关系。俄罗斯对铁路、石油和天然气管路上的事故所作的分析表明，事故地段在平面上并不是均匀分布的，而是聚集在一定的区域，60％以上的事故发生在活动断裂带。

1990 年，在苏尔古特—古比雪夫输油管道线路区域进行了地质动力区划，结果查出了 10 个危险地段。1991—1992 年，对圣彼得堡—莫斯科—克麦罗沃（州首府）铁路进行了地质动力区划，发现大约 20 个危险地段，其中之一位于博洛戈耶车站附近，在此地发生了旅客列车事故。

12.6.6　地质动力区划在确定核电站位置方面的应用

И. М. 巴图金娜教授在 1994 年对设计的核电站之一的区域进行了地质动力区划研究，其目的是评估所选择建设场地的地质动力稳定性。如图 12-28 所示，南部的核电站的场地位于Ⅱ级断裂带上，因此不建议把核电站选址在此地，而应当把核电站场地选址在北边的场地，因为该场地处在稳定带。研究结论得到了勘探机构的认可。

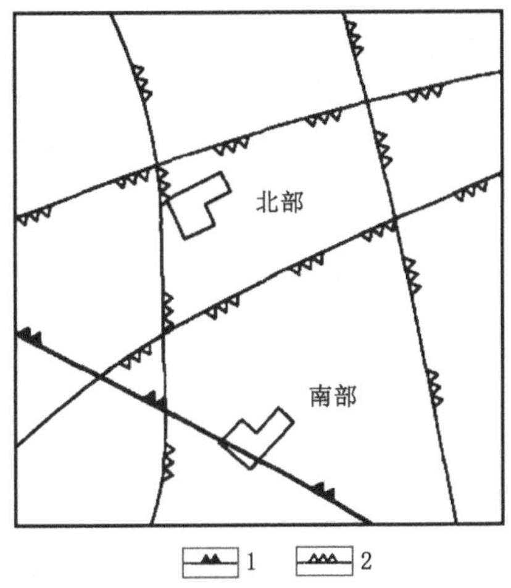

1，2—相关的Ⅱ级和Ⅲ级断裂。

图 12-28　核电站建设场地选择示意

12.6.7　地质动力区划在俄罗斯其他方面的应用

在俄罗斯，地质动力区划法从 1978 年开始应用于研究有冲击危险的金属矿的应力-应变状态，从 1987 年开始在煤矿应用，从 1990 年开始在管线工程中应用，从 1991 年开始在油田中使用，从 1994 年开始在选择核电站场地时使用。在莫斯科郊区，地质动力区划法用于农业研究。在俄罗斯，地质动力区划应用于城市安全、核电站选址、地铁交通以及煤矿冲击地压等典型动力灾害预测及防治方面的研究中。地质动力区划法已在库兹涅茨克、车里雅宾斯克、伊尔库兹克、勒拿河、西伯利亚和乌拉尔等矿区进行了应用。

俄罗斯其他方面的地质动力区划工作由于资料不完整，仅给出部分区划图。包括应用地质动力区划方法分析地震发生的条件和机理；应用地质动力区划方法划分构造应力区；天然气管路处于Ⅰ级活动断裂位置发生事故示意图，如图 12-29 所示；断裂带中铁路发生事故的地点，如图 12-30 所示；在Ⅳ级断块中确定放射性废料埋藏位置，如图 12-31 所示；莫斯科州Ⅱ级地质动力区划图，如图 12-32 所示；海洋底部地质动力区划图，如图 12-33 所示。

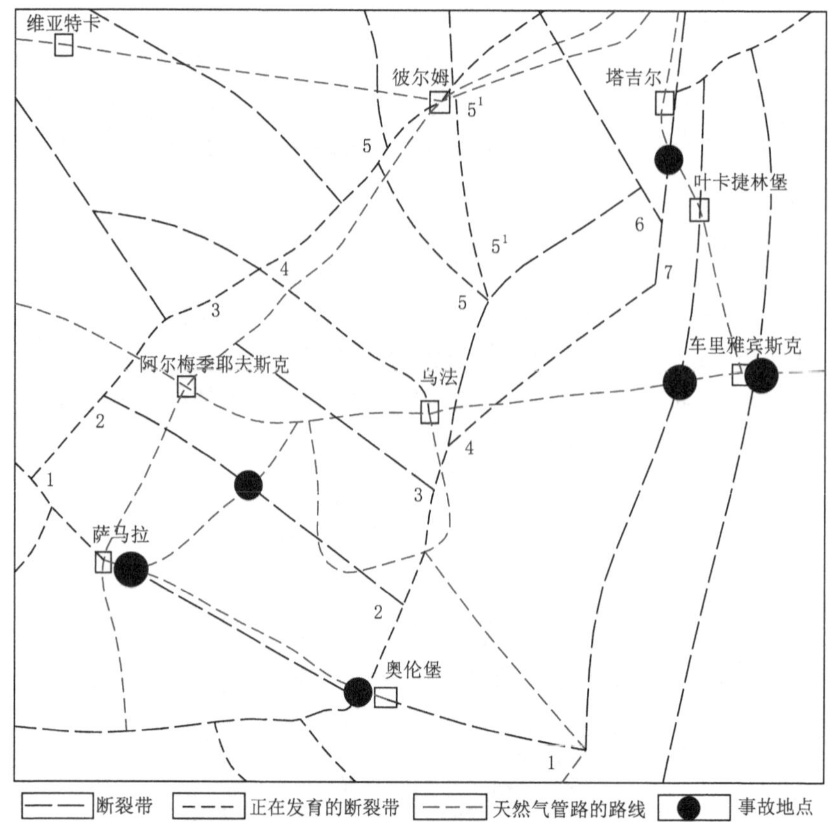

图 12-29 天然气管路处于Ⅰ级活动断裂位置发生事故示意

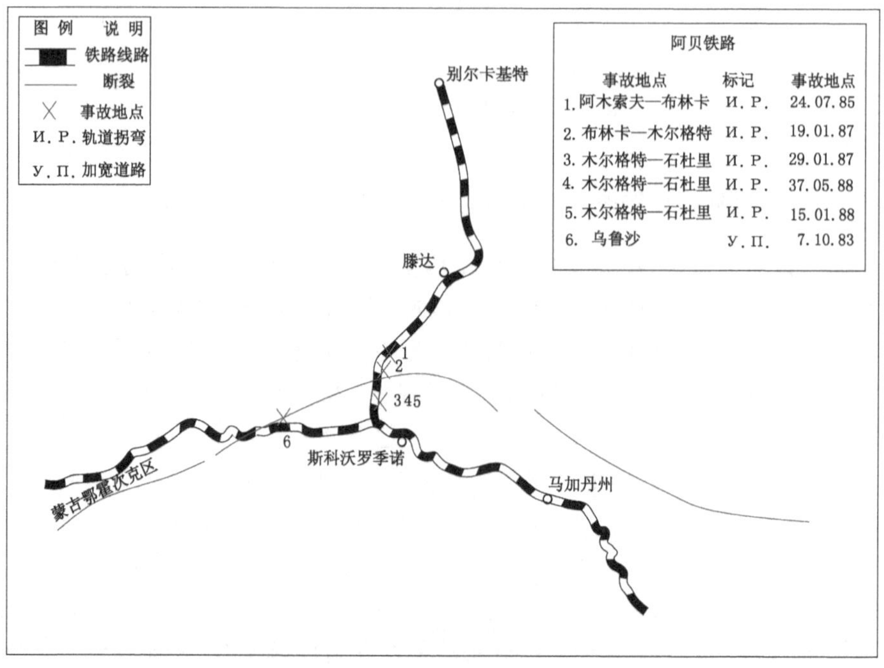

阿贝铁路

事故地点	标记	事故地点
1. 阿木索夫—布林卡	И.Р.	24.07.85
2. 布林卡—木尔格特	И.Р.	19.01.87
3. 木尔格特—石杜里	И.Р.	29.01.87
4. 木尔格特—石杜里	И.Р.	37.05.88
5. 木尔格特—石杜里	И.Р.	15.01.88
6. 乌鲁沙	У.П.	7.10.83

图 12-30 断裂带中铁路发生事故的地点(斯科沃罗季诺铁路)

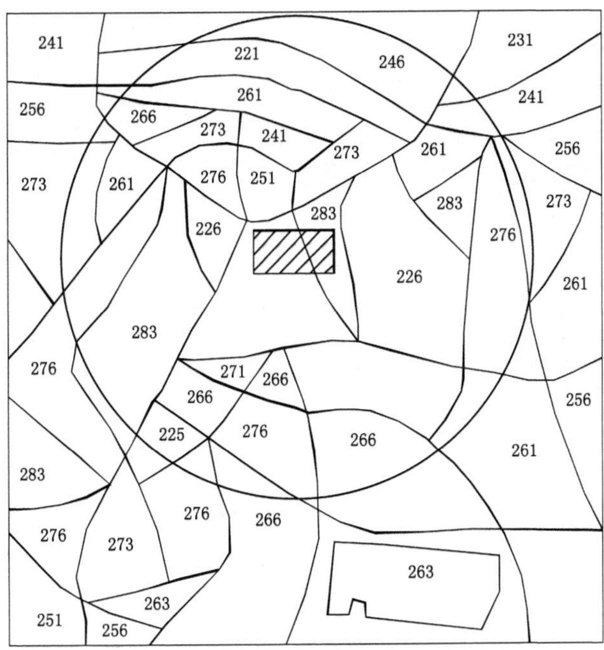

图 12-31　Ⅳ级断块里确定放射性废料埋藏位置示意

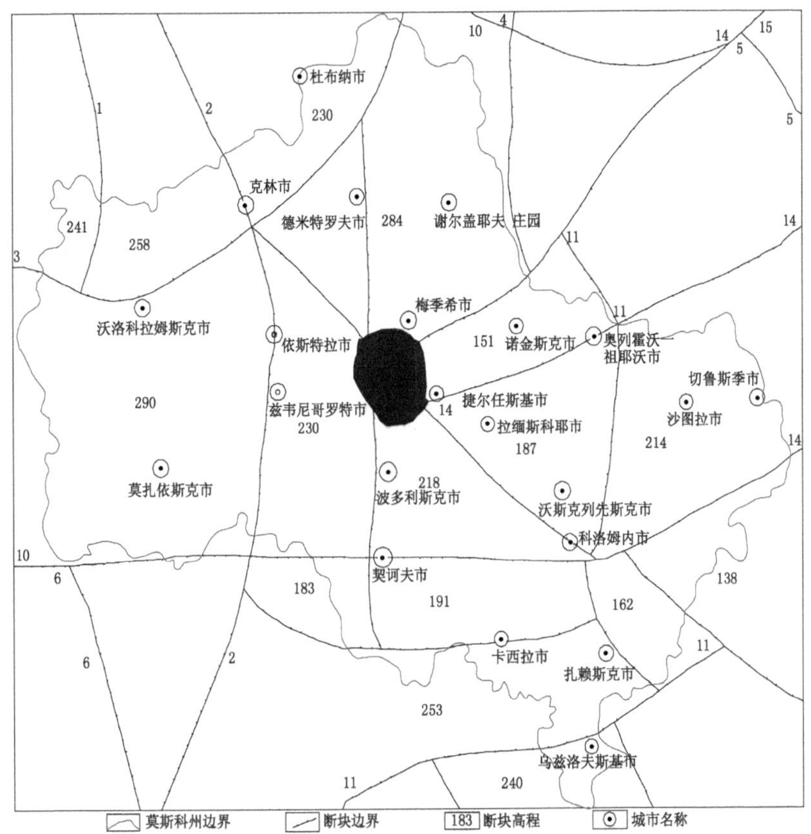

图 12-32　莫斯科州Ⅱ级地质动力区划图

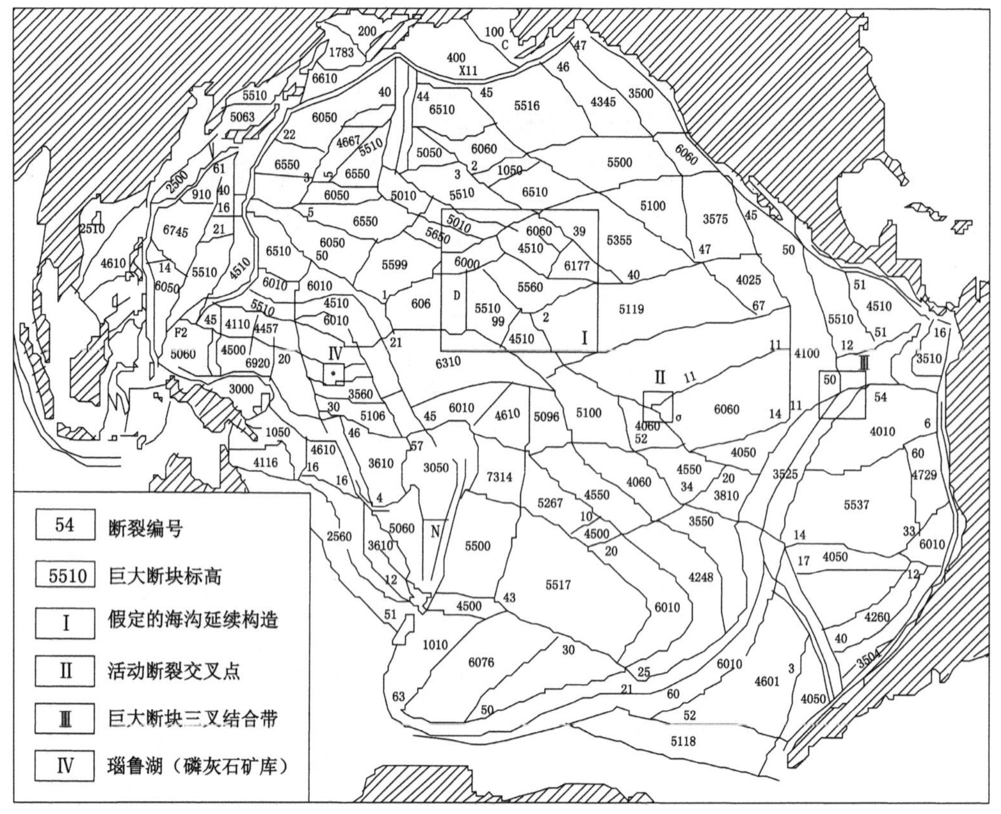

图 12-33　太平洋Ⅰ级断块构造图

12.7　地质动力区划的发展方向和应用前景

12.7.1　地质动力区划的发展方向

地质动力区划是地球动力学的一个新分支，辽宁工程技术大学于 1993 年成立地质动力区划实验室及相应的学术团队。1994 年团队获得国家科委地质动力区划实验室和团队专项建设资金。2000 年以来团队稳定发展，在以断裂划分为主的地质动力区划研究的基础上，创立了矿井动力灾害多因素模式识别概率预测方法、矿井地质动力环境评价体系，开发了岩体应力状态分析系统，以及将 3S 技术、模式识别理论等引入地质动力区划中，开创了地质动力区划研究的全新体系，为矿井动力灾害预测和防治提供了一套系统的技术方案。研究团队是国内唯一的同时从事冲击地压、煤与瓦斯突出等矿井动力灾害研究的团队，相继承担了国家重点研发计划、国家自然科学基金重点项目等国家级课题和大量的企业合作课题等。研究成果在国内几十个矿井进行了应用，推动了矿井动力灾害防治技术的进步，取得了巨大的经济和社会效益。

地质动力区划今后应进一步开展以下研究工作：

① 完善地质动力环境评价方法和指标体系。

② 完善断裂构造计算机辅助识别系统，实现断裂构造自动划分。

③ 完善“煤岩动力系统”的能量和尺度计算方法。

④ 完善“岩体应力分析系统”。

⑤ 完善构造应力场和能量场空间分布特征分析计算方法。

⑥ 完善矿井动力灾害预测多因素模式识别预测系统，实现多尺度分级动态预测。

⑦ 建立基于网络平台的矿井动力灾害危险区域快速辨识及智能评价方法。

⑧ 建立基于卫星监测的构造断块运动特征评估方法。

⑨ 建立基于 GNSS 和 InSAR 的矿区地壳形变特征监测方法。

⑩ 建立矿区地震监测方法，进行矿区地震发生规律与矿井动力灾害相关性分析。

⑪ 基于地质动力区划研究成果研究工程活动的动力效应。

⑫ 基于地质动力区划研究成果研究矿井动力灾害解危措施的有效性和时效性。

⑬ 基于地质动力环境因素研发矿井动力灾害预警的地面监测设备。

12.7.2　地质动力区划的应用前景

地质动力区划方法应当在地球科学的其他一系列学科中得到更广泛的应用。很难设想，如果不研究内动力地质作用、不揭示地壳的断块构造、不揭示岩体的应力状态等，而可以提出和解决地质构造、地质学和矿井动力灾害方面的重大问题。研究煤岩体内能量交换的规律，评估、预报和监测煤岩体的地质动力状态是进行矿井动力灾害研究最重要的工作内容。

冲击地压、煤与瓦斯突出是煤矿开采中的主要动力灾害。随着煤炭资源开发向深部拓展，以冲击地压、煤与瓦斯突出等为代表的一系列矿井动力灾害与浅部工程灾害相比较，强度上加剧，频度上增强，原来的非突出矿井将向突出矿井转变，非冲击地压矿井向冲击地压矿井转变，单一动力灾害矿井向多种动力灾害并发矿井转变。同时，深部煤与瓦斯突出矿井若发生冲击地压，可能诱发破坏性更大的煤与瓦斯突出，甚至引发瓦斯、煤尘爆炸等次生灾害，表现为两种灾害互相影响。在采取常规煤与瓦斯突出防治措施后，仅按煤与瓦斯突出煤层危险性评价方法已判定为安全的煤层，可能发生冲击地压-煤与瓦斯突出复合动力灾害，表现为两种动力灾害互为共存、互相影响、相互复合，使煤矿动力灾害机理更加复杂，预测防治更加困难。

地质动力区划实现了矿井动力灾害的统一预测，解决了矿井动力灾害预测的难题，实现了深部矿井动力灾害从单因素预测到多因素预测、从大尺度预测到小尺度预测、从定性预测到定量预测。

地质动力区划的研究工作为有效防治冲击地压和煤与瓦斯突出等矿井动力灾害提供了科学方法，从而为保障煤矿安全生产提供了技术支撑；下一步将在矿井动力灾害发生机制、能量来源及特征、监测预警技术与平台、防控技术及装备等方面开展深入研究，持续推动中国矿井动力灾害防治技术发展，提升矿井动力灾害防治技术水平。

地质动力区划研究成果还可应用在煤矿开采中的诸如开采顺序、巷道布置方案、采场布置方案确定和支护方式选择等方面。此外，在油（气）田开发中可应用地质动力区划方法进行断块构造划分、应力状态分析、产油（气）层渗透性评估；在铁路、天然气和石油管路等管线工程中应用地质动力区划方法可查明事故危险地段与岩体断块结构的关系；在地震预测中可应用地质动力区划方法根据断块动力相互作用分析评估地震发生的机制和条件;在核电站和核废料储存的选址中可应用地质动力区划方法进行区域地质动力稳定性评估;还可以应用地质动力区划方法对大型工程的稳定性进行评价。总之,在提高工程稳定性和安全性等方面,地质动力区划方法具有广阔的应用前景。

参考文献

[1] LOVE A E H. Some problems of geodynamics: being an essay to which the Adams Prize in the University of Cambridge was adjudged in 1911[M]. [S. l. : s. n.] ,1911.

[2] 卢永. 地震与地震电磁波的猜想[J]. 国际地震动态,2009,39(7):83-88.

[3] 傅容珊,黄建华. 地球动力学[M]. 北京:高等教育出版社,2001.

[4] WAHR J M,SASAO T,SMITH M L. Effect of the fluid core on changes in the length of day due to long period tides[J]. Geophysical journal international,1981,64(3):635-650.

[5] 王仁. 我国地球动力学的研究进展与展望[J]. 地球物理学报,1997,40(增 1):50-59.

[6] 王鸿祯. 地球动力学的演化观[J]. 科学中国人,1999(2):8-12.

[7] 李四光. 地质力学概论[M]. 北京:科学出版社,1973.

[8] 魏格纳. 海陆的起源[M]. 李旭旦,译. 北京:北京大学出版社,2006.

[9] DIETZ R S. Continent and ocean basin evolution by spreading of the sea floor[J]. Nature,1961,190:854-857.

[10] HESS H H. History of ocean basins[M]//ENGEL A E J,JAMES H L,LEONARD B F. Petrologic studies: a volume in honor of A F Budington. [S. l. : s. n.] ,1962:599-620.

[11] MCKENZIE D P,PARKER R L. The North Pacific: an example of tectonics on a sphere[J]. Nature,1967,216:1276-1280.

[12] MORGAN W J. Rises,trenches,great faults and crustal blocks[J]. Tectonophysics,1991,187(1/2/3):6-22.

[13] 尹赞勋. 板块构造述评[J]. 地质科学,1973,8(1):56-88.

[14] MOLNAR P. Continental tectonics in the aftermath of plate tectonics[J]. Nature,1988,335:131-137.

[15] 邓起东,张培震,冉勇康,等. 中国活动构造基本特征[J]. 中国科学(D 辑),2002,32(12):1020-1030.

[16] LOMNITZ C. Statistical prediction of earthquakes[J]. Reviews of geophysics,1966,4(3):377-393.

[17] 叶洪,马瑾,汪一鹏,等. 从破裂模拟实验探讨破坏性地震发震条件的一些初步成果[J]. 地质科学,1973,8(1):48-55.

[18] 李志义,蔡文伯,丁梦林,等. 对我国地震地质特点的一些初步认识[J]. 地质科学,1974,9(4):356-370.

[19] 丁国瑜. 新构造研究的几点回顾:纪念黄汲清先生诞 100 周年[J]. 地质论评,2004,50(3):252-255.

[20] 马宗晋,高祥林.中国和美国大陆地震构造的比较[C]//中国地震学会第四次学术大会论文摘要集,1992.

[21] 赵重远,靳久强.试说中国陆内构造变形和其地球动力学特征[J].地质学报,2007,81(11):1498-1506.

[22] 李春昱,王荃,刘雪亚,等.亚洲大地构造的演化[C]//中国地质科学院文集(10),1984.

[23] 王鸿祯.中国古地理图集[M].北京:地图出版社,1985.

[24] 程裕淇.中国区域地质概论[M].北京:地质出版社,1994.

[25] 国家地震局《中国岩石圈动力学地图集》编委会.中国岩石圈动力学地图集[M].北京:中国地图出版社,1989.

[26] 郑文俊,张培震,袁道阳,等.中国大陆活动构造基本特征及其对区域动力过程的控制[J].地质力学学报,2019,25(5):699-721.

[27] 黄汲清,姜春发.从多旋回构造运动观点初步探讨地壳发展规律[J].地质学报,1962,36(2):105-152.

[28] 陈国达.地壳的第三基本构造单元:地洼区[J].科学通报,1959,4(3):94-95.

[29] 李春昱,王荃,张之孟,等.中国板块构造的轮廓[J].中国地质科学院院报,1980,2(1):11-19,130.

[30] 张文佑.断块构造导论[M].北京:石油工业出版社,1984.

[31] 马杏垣.中国岩山圈动力学纲要:1:400万中国及邻近海域岩石圈动力学图说明书[M].北京:地质出版社,1987.

[32] HOWELL D G. Mesozoic accretion of exotic terranes along the New Zealand segment of Gondwanaland[J]. Geology,1980,8(10):487-491.

[33] JONES D L,SILBERLING N J,HILLHOUSE J. Wrangellia:a displaced terrane in northwestern North America[J]. Canadian journal of earth sciences,1977,14(11):2565-2577.

[34] 邓起东.中国活动构造研究的进展与展望[J].地质论评,2002,48(2):168-177.

[35] 邓起东.新编中国活动构造图[C]//中国地震学会第八次学术大会论文摘要集,2000.

[36] 王海宁.中国煤炭资源分布特征及其基础性作用新思考[J].中国煤炭地质,2018,30(7):5-9.

[37] 宁树正.中国赋煤构造单元与控煤特征[D].北京:中国矿业大学(北京),2013.

[38] 孙业君,黄耘,刘泽民,等.郯庐断裂带鲁苏皖段及邻区构造应力场特征及其动力学意义[J].地震地质,2021,43(5):1188-1207.

[39] 何奕成,范小平,赵启光,等.郯庐断裂带中南段地壳结构分段特征[J].地球物理学报,2021,64(9):3164-3178.

[40] 王凯红,纪春华,王秀萍.敦密断裂带的地质特征及演化[J].吉林地质,2004,23(4):23-27.

[41] 郑照福.依兰-伊通断裂北段地震活动性研究[J].地震地磁观测与研究,2006,27(增1):1-5.

[42] 郭玉贵,侯贵卿.秦岭-大别山造山带东延部分的构造特征[J]//1999年中国地球物理学会年刊,1999:333.

[43] 袁惟正,刘寿彭,袁学诚.秦岭-大别山地区重力场的分解与立交桥构造[J].中国科学(D辑:地球科学),1996,26(增1):7-12.
[44] 赵东旭.四川盆地东缘构造几何学与运动学[D].北京:中国地质大学(北京),2017.
[45] 孙自明,沈杰.新疆博格达推覆构造及其与油气的关系[J].石油实验地质,2014,36(4):429-434,458.
[46] 单帅强.太行山山前断层的构造几何学、运动学及其对渤海湾盆地发育的控制作用[D].北京:中国地质大学(北京),2018.
[47] 高春云.鄂尔多斯盆地西缘南段构造特征及演化研究[D].西安:西北大学,2020.
[48] 唐渊.鲜水河断裂带变形机制和地震滑动过程中的物理化学行为[D].北京:中国地质科学院,2021.
[49] 国家矿山安全监察局综合司.冲击地压矿井安全论证及专项监管监察情况分析报告[R/OL].(2021-01-27)[2022-03-16].https://www.chinamine-safety.gov.cn/zfxxgk/fdzdgknr/tzgg/202101/t20210127_377819.shtml.
[50] 王德明.煤矿热动力灾害及特性[J].煤炭学报,2018,43(1):137-142.
[51] 于不凡.煤和瓦斯突出机理[M].北京:煤炭工业出版社,1985.
[52] HAST N. The measurement of rock pressure in mines[M]. Stockholm: Norstedt,1958.
[53] 康红普,伊丙鼎,高富强,等.中国煤矿井下地应力数据库及地应力分布规律[J].煤炭学报,2019,44(1):23-33.
[54] ZOBACK M L,ZOBACK M. State of stress in the Conterminous United States[J]. Journal of geophysical research:solid earth,1980,85(B11):6113-6156.
[55] 谢富仁,陈群策,崔效锋,等.中国大陆地壳应力环境研究[M].北京:地质出版社,2003.
[56] 李国营.固体潮研究进展[J].地球物理学进展,1994,9(3):37-44.
[57] БАТУГИНА И М,ПЕТУХОВ И М. Геодинамическое районирование месторождений при проектировании и эксплуатации рудников[M]. Москва:Недра,1988.
[58] 张宏伟.地质动力区划方法在煤与瓦斯突出区域预测中的应用[J].岩石力学与工程学报,2003,22(4):621-624.
[59] 张宏伟.岩体应力状态研究与矿井动力灾害预测[D].阜新:辽宁工程技术大学,1999.
[60] 恩格斯.反杜林论:欧根·杜林先生在科学中实行的变革[M].北京:人民出版社,1970.
[61] 张宏伟,李胜.煤与瓦斯突出危险性的模式识别和概率预测[J].岩石力学与工程学报,2005,24(19):3577-3581.
[62] ПЕТУХОВА И М,БАТУГИНОЙ И М. Геодинамическое районирование недр: методические указания[R]. ВНИМИ,1990.
[63] 张宏伟.矿井动力灾害的地质动力环境分析与评估[C]//第一届中俄矿山深部开采岩石动力学高层论坛论文集,2011.
[64] 韩军.煤矿冲击地压地质动力环境研究[J].煤炭科学技术,2016,44(6):83-88,105.
[65] 韩军,张宏伟,兰天伟,等.京西煤田冲击地压的地质动力环境[J].煤炭学报,2014,

39(6):1056-1062.

[66] 孙叶.区域地壳稳定性定量化评价:区域地壳稳定性地质力学[M].北京:地质出版社,1998.

[67] 陈庆宣.中国构造体系的现今活动性[C]//佚名.国际交流地质学术论文集.北京:地质出版社,1980.

[68] 孙殿卿,高庆华.地质力学与地壳运动[M].北京:地质出版社,1982.

[69] 孙叶.中国地质灾害类型的划分与减灾对策的战略分析[J].中国地质灾害与防治学报,1991,2(4):12-19.

[70] 胡海涛,殷跃平.区域地壳稳定性评价"安全岛"理论及方法[J].地学前缘,1996,3(1):57-68.

[71] 吴树仁,韩金良,石菊松,等.区域地壳稳定性研究现状和发展趋势[C]//中国地质学会.第七届全国工程地质大会论文集,2004.

[72] 孙叶,谭成轩.中国现今区域构造应力场与地壳运动趋势分析[J].地质力学学报,1995,1(3):1-12.

[73] LE PICHON X. Sea-floor spreading and continental drift[J]. Journal of geophysical research atmospheres,1968,73(12):3661-3697.

[74] MORGAN W J. Convection plumes in the lower mantle[J]. Nature,1971,230:42-43.

[75] BIRD P. An updated digital model of plate boundaries[J]. Geochemistry,geophysics,geosystems,2003,4(3):1027.

[76] HARRISON C G A. The present-day number of tectonic plates[J]. Earth,planets and space,2016,68(37):1-14.

[77] LI S Z,SUO Y H,LI X Y,et al. Microplate tectonics:new insights from micro-blocks in the global oceans,continental margins and deep mantle[J]. Earth-science reviews,2018,185:1029-1064.

[78] LAWSON A C. The California earthquake of April 18, 1906. Report of the state earthquake investigation commission, parts 1 and 2 [R]. Washington: Carnegie Institution of Washington,1910.

[79] ALLEN C R, BERGER J, MUELLER I I, et al. Earthquake mechanism and displacement fields close to fault zones:report on the sixth GEOP research conference [J]. Eos,transactions AGU,1974,55(9):836-840.

[80] MATSUDA T. Estimation of future destructive earthquakes from active faults on land in Japan[J]. Journal of physics of the earth,1977,25(S):S251-S260.

[81] WALLACE R E. Active faults, paleoseismology, and earthquake hazards in the western United States [M]//Maurice Ewing Series. Washington: American Geophysical Union,1981:209-216.

[82] US ATOMIC ENERGY COMMISSION (US AEC). Seismic and geologic siting criteria for nuclear power plants[R]. [S. l. :s. n.] ,1973.

[83] US NUCLEAR REGULATORY COMMISSION (US NRC). A performance-based approach to define the site-specific earthquake ground motion[R]. [S. l. :s. n.],2007.

[84] 丁国瑜.中国内陆活动断裂基本特征探讨[M]//中国地震学会地震地质专业委员会.中国活动断裂.北京:地震出版社,1982:1-9.

[85] CLUFF L S. Active fault problems: in earthquakes and the practice of soil and geological engineering[C]//Symposium by Woodward Clyde Sherard & Associates,1964.

[86] ALBEE A L,SMITH J L. Earthquake characteristics and fault activity in southern California, in engineering geology in southern California [J]. Association of engineering geologists,Los Angeles section,1966,1:9-34.

[87] INTERNATIONAL ATOMIC ENERGY AGENCY. Earthquake guidelines for reactor siting[R].[S. l.]:International Atomic Energy Agency,1972.

[88] GRADING CODES ADVISORY BOARD AND BUILDING CODE COMMITTEE. Geology and earthquake hazards planners guide to the seismic safety element: southern California section[R].[S. l.:s. n.],1973:44.

[89] MATSUDA T. Geological study of active faults and earthquakes[G]//Active Fault Research. Beijing:Seismological Press,1976.

[90] 邓起东,徐锡伟,张先康,等.城市活动断裂探测的方法和技术[J].地学前缘,2003,10(1):93-104.

[91] 国家质量监督检验检疫总局,中国国家标准化管理委员会.活动断层探测:GB/T 36072—2018[S].北京:中国标准出版社,2018.

[92] 丁国瑜.活动走滑断裂带的断错水系与地震[J].地震,1982,2(1):3-8.

[93] CIOTOLI G, GUERRA M, LOMBARDI S, et al. Soil gas survey for tracing seismogenic faults: a case study in the Fucino Basin, central Italy[J]. Journal of geophysical research:solid earth,1998,103(B10):23781-23794.

[94] 刘树田,邓金宪.活动断裂带的壤中气汞量测量研究[J].地质论评,1998,44(5):547-552.

[95] 蔡仲琼,张元胜,张洪斌.应用气体地球化学方法探测隐伏活动断裂的初步研究[J].内陆地震,1991,5(4):296-304.

[96] 胡玉台,金晓微,王亮.活动断裂带对地下水化学元素的控制作用[J].地震,1989,9(2):58-64.

[97] 王秀明.应用地球物理方法原理[M].北京:石油工业出版社,2000.

[98] 冯文科.大别山地区构造地貌特征[J].地质科学,1976,11(3):266-276.

[99] 何浩生,何科昭.滇西地区夷平面变形及其反映的第四纪构造运动[J].现代地质,1993,7(1):31-33,35-39.

[100] BONOW J M,JAPSEN P,LIDMAR-BERGSTRÖM K,et al. Cenozoic uplift of Nuussuaq and Disko,West Greenland:elevated erosion surfaces as uplift markers of a passive margin[J]. Geomorphology,2006,80(3/4):325-337.

[101] 张珂,黄玉昆,王俊成.华南沿海古夷平面特征及其对新构造运动的反映[J].中山大学学报论丛,1992(1):11-18.

[102] 张宏伟,陈学华,胡占峰.活动断裂研究中的趋势面分析方法[J].辽宁工程技术大学学报(自然科学版),2000,19(3):225-228.

[103] 国家地震局地震研究所,国家地震局地质研究所.中国活动构造典型卫星影象集

[M]. 北京:地震出版社,1982.

[104] 张宏伟,卢国斌,郭嗣琮. 分形理论在活动构造研究中的应用[C]//第六届中国岩石力学与工程学会论文集,2000.

[105] SCHOLZ C H,AVILES C A. Fractal dimension of the 1906 San Andreas fault and 1915 Pleasant Valley faults[J]. Earthquakes notes,1985,55(1):20.

[106] BARTON C C,LARSEN E. Fractal geometry of two-dimensional fracture networks at Yucca Mountain, southwest Nevada [C]//International Symposium on Fundamentals of Rock Joints. Bjorkliden,1985:77-84.

[107] HIRATA T. Fractal dimension of fault systems in Japan:fractal structure in rock fracture geometry at various scales[J]. Pure and applied geophysics,1989,131(1/2):157-170.

[108] ZHANG X,SANDERSON D J. Fractal structure and deformation of fractured rock masses[M]//RENFTEL L O. Fractals and dynamic systems in geoscience. Heidelberg:Springer,1994:37-52.

[109] BARTON C C. Fractal analysis of scaling and spatial clustering of fractures[M]//BARTON C C,LA POINTE P R. Fractals in the earth sciences. Boston:Springer,1995:141-178.

[110] 丁式江. 海南岛中西部金矿集中区断裂构造的分形研究[J]. 地学前缘,2004,11(1):189-194.

[111] 温彦良. 地质动力区划和分形理论在煤与瓦斯突出区域预测中的应用[D]. 阜新:辽宁工程技术大学,2004.

[112] 张宏伟,李胜. Delaunay 三角网剖分与活动断块自动识别[J]. 辽宁工程技术大学学报,2003,22(增1):4-6.

[113] 曹伯勋. 地貌学及第四纪地质学[M]. 武汉:中国地质大学出版社,1995.

[114] 袁宝印,李容全,张虎男,等. 地貌研究方法与实习指南[M]. 北京:高等教育出版社,1991.

[115] 荆智国,刘尧兴. 太行山东南麓断裂第四纪水平活动的地质地貌特征[J]. 山西地震,2000(2):13-17.

[116] 杨景春,李有利. 地貌学原理[M]. 北京:北京大学出版社,2001.

[117] 马瑾,单新建. 利用遥感技术研究断层现今活动的探索:以玛尼地震前后断层相互作用为例[J]. 地震地质,2000,22(3):210-215.

[118] 黄崇福,汪培庄. 利用专家经验对活动断裂进行量化的模糊数学模型[J]. 高校应用数学学报(A辑),1992,7(4):525-530.

[119] 朱煌武. 郯庐断裂带地震活动性分析[J]. 减灾与发展,1998(3):16-17.

[120] 周旭章,范真祥,湛建阶,等. 模糊数学在化学中的应用[M]. 长沙:国防科技大学出版社,2002.

[121] 郭嗣琮,陈刚. 信息科学中的软计算方法[M]. 沈阳:东北大学出版社,2001.

[122] 詹文欢,钟建强. 模糊综合评判在活动断裂分级中的应用[J]. 华南地震,1989,9(4):15-21.

[123] 陈国达. 地洼学说文选[M]. 长沙:中南工业大学出版社,1986.

[124] 刘代志.构造-地貌反差强度初探[J].大地构造与成矿学,1988,12(1):77-86.
[125] 安欧.构造应力场[M].北京:地震出版社,1992.
[126] ZOBACK M L,ZOBACK M D,ADAMS J,et al. Global patterns of tectonic stress [J]. Nature,1989,341:291-298.
[127] STEPHANSSON O. Rock stress in the Fennoscandian shield[M]//Rock testing and site characterization. Amsterdam:Elsevier,1993(3):445-459.
[128] ALEKSANDROWSKI P,INDERHAUG O H,KNAPSTAD B. Tectonic structures and well-bore breakout orientation [C]//The 33rd US Symposium on Rock Mechanics (USRMS),1992:29-37.
[129] SUGAWARA K, OBARA Y. Measuring rock stress [M]//HUDSON J A. Comprehensive rock engineering. Oxford:Pergamon Press,1993:533-552.
[130] MARTIN C D,SIMMONS G R. The atomic energy of Canada limited underground research laboratory: an overview of geomechanics characterization [M]//Rock testing and site characterization. Amsterdam:Elsevier,1993:915-950.
[131] MARTIN C D,CHANDLER N A. Stress heterogeneity and geological structures [J]. International journal of rock mechanics and mining sciences & geomechanics abstracts,1993,30(7):993-999.
[132] ZOBACK M D,ZOBACK M L,MOUNT V S,et al. New evidence on the state of stress of the San Andreas Fault system[J]. Science,1987,238:1105-1111.
[133] MÜLLER B,ZOBACK M L,FUCHS K,et al. Regional patterns of tectonic stress in Europe[J]. Journal of geophysical research solid erath,1992,97(B8):11783-11803.
[134] ARJANG B. Pre-mining stresses at some hard rock mines in the Canadian shield [C]//The 30th US Symposium on Rock Mechanics (USRMS),1989:545-551.
[135] 格佐夫斯基.根据矿山巷道测量和构造物理分析的资料看地壳的应力状态[M].国家地震局地震地质大队情报资料室,译.北京:地震出版社,1973.
[136] КАЗИКАЕВ Д М,ИЩЕНКО В К,СУРЖИ Г Г. Некоторые результаты измерения напряженного состояния горных,порол в натурных условиях[C]//Научи.-Техн. Конф. Ин-таВиогемВелгорол,СбМатериалыX. Излвиогем,1971.
[137] GREINER G,LOHR J. Tectonic stresses in the northern foreland of the alpine system measurements and interpretation [C]//Tectonic Stresses in the Alpine-Mediterranean Region,1980.
[138] МАРКОВ Г А. 地壳上部岩体中水平挤压应力的成因和表现规律[M].国家地震局地壳应力研究所情报室,译.北京:地质出版社,1987:59-65.
[139] HAIMSON B C,RUMMEL F. Hydrofracturing stress measurements in the Iceland research drilling project drill hole at Reydarfjordur, Iceland [J]. Journal of geophysical research solid earth,1982,87(B8):6631-6649.
[140] 于学馥.地下工程围岩稳定分析[M].北京:煤炭工业出版社,1983.
[141] 车用太.岩体工程地质力学入门[M].北京:科学出版社,1983.
[142] 白世伟,李光煜.二滩水电站坝区岩体应力场研究[J].岩石力学与工程学报,1982,

1(1):45-56.

[143] 姚宝魁.影响工程岩体地原岩应力状态的地质因素[J].水文地质工程地质,1982(4):34-37.

[144] MCTIGUE D F,MEI C C. Gravity-induced stresses near topography of small slope [J]. Journal of geophysical research solid earth,1981,86(B10):9268-9278.

[145] MCTIGUE D F,MEI C C. Gravity-induced stress near axisymmetric topograp of small slopes [J]. International journal for numerical and analytical methods in geomechanics,1987,11(3):257-268.

[146] LIAO J J,SAVAGE W Z,AMADEI B. Gravitational stresses in anisotropic ridges and valleys with small slopes[J]. Journal of geophysical research solid earth,1992,97(B3):3325-3336.

[147] 朱焕春,陶振宇.不同岩石中地应力分布[J].地震学报,1994,16(1):49-63.

[148] 高莉青,陈宏德.岩体应力状态的影响因素[M]//国家地震局地壳应力研究所.地应力测理论研究与应用.北京:地质出版社,1987:87-97.

[149] WARPINSKI N R,BRANAGAN P,WILMER R. In-situ stress measurements at US DOE's multiwell experiment site,mesaverde group,rifle,Colorado[J]. Journal of petroleum technology,1985,37(3):527-536.

[150] TEUFEL L W. In situ stress and natural fracture distribution at depth in the Piceance Basin,Colorado: implications to stimulation and production of low permeability gas reservoirs [C]//The 27th US Symposium on Rock Mechanics (USRMS),1986.

[151] WARPINSKI N R,TEUFEL L W. In situ stress measurements at Rainier Mesa, Nevada test site-Influence of topography and lithology on the stress state in tuff [J]. International journal of rock mechanics and mining sciences & geomechanics abstracts,1991,28(2/3):143-161.

[152] SWOLFS H. The triangular stress diagram: a graphical representation of crustal stress measurements[R]. Washington: United States Government Printing Office, 1984(1291):19.

[153] PLUMB R A. Variation of the least horizontal stress magnitude in sedimentary rocks[C]//1st North American Rock Mechanics Symposium. OnePetro,1994.

[154] 孙广忠.岩体结构力学[M].北京:科学出版社,1988.

[155] HARRISON W. Marginal zones of vanished glaciers reconstructed from the preconsolidation-pressure values of overridden silts[J]. The journal of geology, 1958,66(1):72-95.

[156] PATERSON W S B. Laurentide ice sheet: estimated volumes during late Wisconsin [J]. Reviews of geophysics,1972,10(4):885-917.

[157] CATHLES L M. Viscosity of the Earth's mantle [M]. Princeton: Princeton University Press,2015.

[158] 陈庆宣,王维襄,孙叶,等.岩石力学与构造应力场分析[M].北京:地质出版社,1998.

[159] XIE F R, ZHANG S M, DOU S Q, et al. Evolution characteristics of Quaternary tectonic stress field in the north and east margin of Qinghai-Xizang plateau[J]. Acta seismologica sinica, 1999, 12(5): 550-561.
[160] 王迎超，靖洪文，陈坤福，等. 平顶山矿区地应力分布规律与空间区划研究[J]. 岩石力学与工程学报, 2014, 33(增1): 2620-2627.
[161] 曾秋生. 中国地壳应力状态[M]. 北京：地震出版社, 1990.
[162] 朱广轶，徐征慧，刘晓群，等. 井田的构造应力及影响[J]. 沈阳大学学报(自然科学版), 2013, 25(4): 318-321.
[163] 任强. 有限差分法在岩质高边坡稳定性分析中的应用[D]. 大连：辽宁师范大学, 2018.
[164] 朱宝琛. 应用于连续体结构强非线性仿真的离散实体单元法研究[D]. 南京：东南大学, 2019.
[165] 梁成浩，袁传军，黄乃宝. 边界单元法计算冻土层管道阴极保护时的电位分布[J]. 大连海事大学学报, 2011, 37(4): 109-112, 116.
[166] 黄芳燕. 复杂地质构造速度模型插值方法研究[J]. 世界有色金属, 2016(18): 30-32.
[167] 李大军，陈湘. 两类地质构造模型及其探讨[J]. 中国高新技术企业, 2011(18): 27-28.
[168] 韩军，张宏伟，刘志伟. 矿区岩体应力状态研究及其应用[J]. 辽宁工程技术大学学报, 2007, 26(5): 645-648.
[169] 车禹恒，张宏伟，韩军，等. 山西大同同忻井田岩体应力状态分析及其应用[J]. 中国地质灾害与防治学报, 2013, 24(1): 60-64.
[170] 韩军，张宏伟. 淮南矿区地应力场特征[J]. 煤田地质与勘探, 2009, 37(1): 17-21.
[171] 张春营，兰天伟，曹博. 岩体应力状态分析系统在红阳三矿的应用[J]. 煤炭技术, 2008, 27(1): 129-131.
[172] 刘志伟，张宏伟，文振明. 矿区岩体应力状态对瓦斯突出区域分布的影响[J]. 黑龙江科技学院学报, 2006, 16(3): 139-142.
[173] 宋卫华，张宏伟，徐秀茹. 区域构造应力场的数值模拟与应用[J]. 辽宁工程技术大学学报, 2006, 25(1): 39-41.
[174] 安欧. 地壳动力学能量场[C]//地壳构造与地壳应力文集, 2013: 12-21.
[175] 阿维尔申. 冲击地压[M]. 朱敏，汪伯煜，韩金祥，译. 北京：煤炭工业出版社, 1959.
[176] COOK N G W, HOEK E, PRETORIUS J P G, et al. Rock mechanics applied to the study of rock bursts[J]. Journal of the southern African institute of mining and metallurgy, 1966, 66(10): 435-528.
[177] 佩图霍夫. 冲击地压和突出的力学计算方法[M]. 段克信，译. 北京：煤炭工业出版社, 1994.
[178] 赵阳升，冯增朝，万志军. 岩体动力破坏的最小能量原理[J]. 岩石力学与工程学报, 2003, 22(11): 1781-1783.
[179] 赵毅鑫，姜耀东，田素鹏. 冲击地压形成过程中能量耗散特征研究[J]. 煤炭学报, 2010, 35(12): 1979-1983.
[180] 钱伟长，叶开沅. 弹性力学[M]. 北京：科学出版社, 1956.
[181] 谢和平，彭瑞东，鞠杨. 岩石变形破坏过程中的能量耗散分析[J]. 岩石力学与工程学

报,2004,23(21):3565-3570.
[182] 赵忠虎,鲁睿,张国庆.岩石破坏全过程中的能量变化分析[J].矿业研究与开发,2006,26(5):8-11.
[183] 彭瑞东.基于能量耗散及能量释放的岩石损伤与强度研究[D].北京:中国矿业大学(北京),2005.
[184] ПЕТУХОВ И М,ЛИНЬКОВ А М. Механика горных ударов и выбросов[M]. Москва:Недра,1983.
[185] БАТУГИ А С,БАТУГИНА И М,兰天伟.断裂构造翼部滑动型冲击地压的构造物理模型[J].辽宁工程技术大学学报(自然科学版),2016,35(6):561-565.
[186] 窦林名,何学秋.冲击矿压防治理论与技术[M].徐州:中国矿业大学出版社,2001.
[187] 国家煤矿安全监察局.全国煤矿安全状况调查与安全规划研究报告[R].北京:国家煤矿安全监察局,2001.
[188] 潘一山,李忠华,章梦涛.我国冲击地压分布、类型、机理及防治研究[J].岩石力学与工程学报,2003,22(11):1844-1851.
[189] 张宏伟,段克信,张建国,等.矿井动力灾害区域预测研究[J].煤炭学报,1999,24(4):383-387.
[190] 何满潮.深部开采工程岩石力学的现状及其展望[C]//中国岩石力学与工程学会.第八次全国岩石力学与工程学术大会论文集.北京:科学出版社,2004:88-94.
[191] 赵善坤,欧阳振华,刘军,等.超前深孔顶板爆破防治冲击地压原理分析及实践研究[J].岩石力学与工程学报,2013,32(增2):3768-3775.
[192] 赵善坤,张广辉,柴海涛,等.深孔顶板定向水压致裂防冲机理及多参量效果检验[J].采矿与安全工程学报,2019,36(6):1247-1255.
[193] 赵善坤,黎立云,吴宝杨,等.底板型冲击危险巷道深孔断底爆破防冲原理及实践研究[J].采矿与安全工程学报,2016,33(4):636-642.
[194] 姜耀东,潘一山,姜福兴,等.我国煤炭开采中的冲击地压机理和防治[J].煤炭学报,2014,39(2):205-213.
[195] 潘俊锋.煤矿冲击地压启动理论及其成套技术体系研究[J].煤炭学报,2019,44(1):173-182.
[196] 蓝航.浅埋煤层冲击地压发生类型及防治对策[J].煤炭科学技术,2014,42(1):9-13.
[197] 谭云亮,郭伟耀,辛恒奇,等.煤矿深部开采冲击地压监测解危关键技术研究[J].煤炭学报,2019,44(1):160-172.
[198] 齐庆新,欧阳振华,赵善坤,等.我国冲击地压矿井类型及防治方法研究[J].煤炭科学技术,2014,42(10):1-5.
[199] 张少泉,关杰,刘力强,等.矿山地震研究进展[J].国际地震动态,1994(2):1-6.
[200] 齐庆新,陈尚本,王怀新,等.冲击地压、岩爆、矿震的关系及其数值模拟研究[J].岩石力学与工程学报,2003,22(11):1852-1858.
[201] 姜福兴,姚顺利,魏全德,等.矿震诱发型冲击地压临场预警机制及应用研究[J].岩石力学与工程学报,2015,34(增1):3372-3380.
[202] 齐庆新,李一哲,赵善坤,等.我国煤矿冲击地压发展70年:理论与技术体系的建立与

思考[J]. 煤炭科学技术,2019,47(9):1-40.

[203] 李铁,蔡美峰. 地震诱发煤矿瓦斯灾害成核机理的探讨[J]. 煤炭学报,2008,33(10):1112-1116.

[204] 窦林名,曹晋荣,曹安业,等. 煤矿矿震类型及震动波传播规律研究[J]. 煤炭科学技术,2021,49(6):23-31.

[205] 张宏伟,于斌,霍丙杰,等. 口泉断裂力学特征及其对大同矿区矿井动力现象的影响[J]. 同煤科技,2016(5):1-4,7,53.

[206] 于斌,陈蓥,韩军,等. 口泉断裂与同忻井田强矿压显现的关系[J]. 煤炭学报,2013,38(1):73-77.

[207] 韩军,张宏伟,张普田. 推覆构造的动力学特征及其对瓦斯突出的作用机制[J]. 煤炭学报,2012,37(2):247-252.

[208] PESCOD R F. Rock bursts in the western portions of the South Wales coalfield[J]. Institution of mining engineers,1948(107):512-49.

[209] 蔡成功,王佑安. 煤与瓦斯突出一般规律定性定量分析研究[J]. 中国安全科学学报,2004,14(6):109-112.

[210] 杨惠莲. 冲击地压的特征、发生原因与影响因素[J]. 煤炭工程师,1989,16(2):37-42.

[211] 姜福兴,苗小虎,王存文,等. 构造控制型冲击地压的微地震监测预警研究与实践[J]. 煤炭学报,2010,35(6):900-903.

[212] 王书文,鞠文君,潘俊锋,等. 构造应力场煤巷掘进冲击地压能量分区演化机制[J]. 煤炭学报,2019,44(7):2000-2010.

[213] 张宏伟,张文军,段克信. 现代构造应力场与矿井冲击地压[J]. 山东矿业学院学报,1996(3):13-17.

[214] 封富. 区域地震和煤与瓦斯突出相关性研究[D]. 阜新:辽宁工程技术大学,2004.

[215] 高照宇,荣海,包小龙,等. 林西矿地应力场特征及区域构造作用研究[J]. 地下空间与工程学报,2015,11(增1):129-133.

[216] HAN J,ZHANG H W,LIANG B,et al. Influence of large syncline on in situ stress field:a case study of the Kaiping coalfield,China[J]. Rock mechanics and rock engineering,2016,49(11):4423-4440.

[217] 荣海,张宏伟,梁冰,等. 煤岩动力系统失稳机理[J]. 煤炭学报,2017,42(7):1663-1671.

[218] 荣海. 乌东煤矿冲击地压地质动力条件与煤岩动力系统研究[D]. 阜新:辽宁工程技术大学,2016.

[219] 刘洪泉,杨振华,兰天伟,等. 煤岩动力系统区域尺度计算方法在冲击地压危险性评价中的应用[J]. 当代化工研究,2021(16):79-81.

[220] 荣海,于世棋,张宏伟,等. 基于煤岩动力系统能量的冲击地压矿井临界深度判别[J]. 煤炭学报,2021,46(4):1263-1270.

[221] 郑文涛,汪涌,王璐. 煤矿瓦斯灾害中地震活动因素探讨[J]. 中国地质灾害与防治学报,2004,15(4):54-59.

[222] 李磊,李宏艳,李凤明,等. 层理角度对硬煤冲击倾向性影响的实验研究[J]. 采矿与安

全工程学报,2019,36(5):987-994.
[223] 茅献彪,陈占清,徐思朋,等.煤层冲击倾向性与含水率关系的试验研究[J].岩石力学与工程学报,2001,20(1):49-52.
[224] 王存文,姜福兴,刘金海.构造对冲击地压的控制作用及案例分析[J].煤炭学报,2012,37(增2):263-268.
[225] 赵毅鑫,姜耀东,张雨.冲击倾向性与煤体细观结构特征的相关规律[J].煤炭学报,2007,32(1):64-68.
[226] 窦林名.冲击地压危险性评定的综合指数法[C]//2000年高效洁净开采与支护技术研讨会,2000.
[227] 徐成海.工作面冲击地压危险性多因素耦合分析与危险区划分[J].能源技术与管理,2014,39(6):82-83.
[228] 王东京,姜鹏.千米深井冲击地压发生可能性指数诊断法评价[J].山东煤炭科技,2014(3):89-90.
[229] 贺文阳.瓦斯地质分析在煤与瓦斯突出预测报中的作用[J].中国高新技术企业,2016(1):154-155.
[230] 冀托.煤与瓦斯突出鉴定方法的理论研究[D].焦作:河南理工大学,2012.
[231] 于世雷,畲九华,张羽,等.煤层煤与瓦斯突出多指标量化评价方法探讨[J].煤炭技术,2022,41(5):119-124.
[232] 国家煤矿安全监察局.防治煤与瓦斯突出细则[M].北京:煤炭工业出版社,2019.
[233] 李胜,罗明坤,范超军,等.采煤工作面煤与瓦斯突出危险性智能判识技术[J].中国安全科学学报,2016,26(10):76-81.
[234] 朱志洁,张宏伟,韩军,等.基于PCA-BP神经网络的煤与瓦斯突出预测研究[J].中国安全科学学报,2013,23(4):45-50.
[235] 兰天伟,张宏伟,李胜,等.矿井冲击地压危险性预测的多因素模式识别[J].中国安全科学学报,2013,23(3):33-38.
[236] 温彦良,李胜,常来山.基于模式识别的煤与瓦斯突出危险性概率预测[J].煤炭工程,2011,43(2):79-81.
[237] 宋卫华,张宏伟.基于GIS的煤与瓦斯突出区域预测的可视化[J].辽宁工程技术大学学报(自然科学版),2008,27(3):337-339.
[238] 宋卫华,张宏伟.构造区域应力场与煤与瓦斯突出区域预测[J].矿业安全与环保,2007,34(4):7-8,12,91.
[239] 宋卫华,张宏伟.矿井煤与瓦斯突出危险性预测的模式识别研究[J].安全与环境学报,2006,6(增1):90-92.
[240] 张宏伟,李胜,袁亮,等.潘一矿煤与瓦斯突出危险性模式识别与概率预测[J].北京科技大学学报,2005,27(4):399-402.
[241] 刘少伟,张宏伟.吕家坨井田矿压显现区域预测[J].辽宁工程技术大学学报,2003,22(6):732-734.
[242] LAN T W,FAN C J,LI S,et al. Probabilistic prediction of mine dynamic disaster risk based on multiple factor pattern recognition[J]. Advances in civil engineering,

2018,2018:7813931.

[243] 冯天瑾,陈哲,顾方方.BP 网络学习参数模糊自适应算法的实现[J].青岛海洋大学学报(自然科学版),2000(1):137-141.

[244] 李胜,石红红.基于 GIS 的煤与瓦斯突出区域预测信息系统开发[C]//中国地理信息系统协会、浙江省测绘局.中国地理信息系统协会第九届年会论文集,2005:4.

[245] 李胜,张宏伟,李志诚.新疆煤田灭火空间信息系统开发模式[J].辽宁工程技术大学学报,2002,21(4):469-471.

[246] 张宏伟,南存全,段克信.基于 GIS 的冲击地压区域预测预防系统的探讨[J].煤矿开采,1998,3(1):32-34,54.

[247] 李胜,张宏伟.煤与瓦斯突出区域预测信息系统开发[J].辽宁工程技术大学学报,2006,25(增 1):37-39.

[248] 李胜,张宏伟,周继杰.基于 ActiveX 开发地质动力区划决策支持系统[J].辽宁工程技术大学学报,2003,22(4):538-539.

[249] 林飞,王萍,陈娜,等.微震分析软件在冲击地压监测预警中的应用[J].陕西煤炭,2020,39(4):148-151.

[250] 史先奎,陈世海,梁俊义,等.冲击地压多信号监测软件的设计[J].工矿自动化,2010,36(11):9-12.

[251] 王恩元,刘晓斐.冲击地压电磁辐射连续监测预警软件系统[J].辽宁工程技术大学学报(自然科学版),2009,28(1):17-20.

[252] 徐承彦,王克全,董钢峰.煤与瓦斯突出数据库及信息管理系统的开发[J].煤炭工程师,1995(5):12-16,48.

[253] 侯少杰,程远平,周红星,等.煤与瓦斯突出指标预测模型及其试验软件设计[J].煤矿机械,2010,31(3):71-73.

[254] 陈清华,张国枢,秦汝祥,等.基于瓦斯涌出异常的煤与瓦斯突出预报软件开发[J].煤田地质与勘探,2007,35(3):18-21.

[255] 周骏,曲云尧,周文涛,等.煤与瓦斯突出模式识别预测软件的设计原理[J].山东矿业学院学报,1996(1):61-66.

[256] 袁亮.煤矿典型动力灾害风险判识及监控预警技术研究进展[J].煤炭学报,2020,45(5):1557-1566.

[257] 国家煤矿安全监察局.防治煤矿冲击地压细则[M].北京:煤炭工业出版社,2018.

[258] 陆菜平,窦林名,吴兴荣,等.岩体微震监测的频谱分析与信号识别[J].岩土工程学报,2005,27(7):772-775.

[259] 邓志刚,齐庆新,赵善坤,等.自震式微震监测技术在煤矿动力灾害预警中的应用[J].煤炭科学技术,2016,44(7):92-96.

[260] 姜福兴,杨淑华,成云海,等.煤矿冲击地压的微地震监测研究[J].地球物理学报,2006,49(5):1511-1516.

[261] 潘一山,赵扬锋,官福海,等.矿震监测定位系统的研究及应用[J].岩石力学与工程学报,2007,26(5):1002-1011.

[262] 赵兴东,唐春安,李元辉,等.基于微震监测及应力场分析的冲击地压预测方法[J].岩

石力学与工程学报,2005,24(增1):4745-4749.

[263] 彭苏萍,凌标灿,刘盛东.综采放顶煤工作面地震CT探测技术应用[J].岩石力学与工程学报,2002,21(12):1786-1790.

[264] DOU L M,CHEN T J,GONG S Y,et al. Rockburst hazard determination by using computed tomography technology in deep workface[J]. Safety science,2012,50(4):736-740.

[265] LUXBACHER K,WESTMAN E,SWANSON P,et al. Three-dimensional time-lapse velocity tomography of an underground longwall panel[J]. International journal of rock mechanics and mining sciences,2008,45(4):478-485.

[266] LURKA A. Location of high seismic activity zones and seismic hazard assessment in Zabrze Bielszowice coal mine using passive tomography[J]. Journal of China University of Mining and Technology,2008,18(2):177-181.

[267] DONG L K, WANG C, TANG Y X, et al. Time series InSAR three-dimensional displacement inversion model of coal mining areas based on symmetrical features of mining subsidence[J]. Remote sensing,2021,13(11):2143.

[268] 罗伟,王飞.基于无人机遥感技术的煤矿地表监测与分析[J].煤炭科学技术,2021,49(增2):268-273.

[269] 付东波,齐庆新,秦海涛,等.采动应力监测系统的设计[J].煤矿开采,2009,14(6):13-16.

[270] 于正兴,姜福兴,王洛锋.提高钻孔应力计监测煤岩应力的精度试验[J].煤炭科学技术,2010,38(11):53-55.

[271] 纪杰,刘泉声,朱元广,等.三维地应力测试系统及其在深部软岩中的应用研究[J].科学技术与工程,2016,16(16):88-94.

[272] 沈荣喜,侯振海,王恩元,等.基于三向应力监测装置的地应力测量方法研究[J].岩石力学与工程学报,2019,38(增2):3618-3624.

[273] 王恩元,何学秋,窦林名,等.煤矿采掘过程中煤岩体电磁辐射特征及应用[J].地球物理学报,2005,48(1):216-221.

[274] 何学秋,聂百胜,王恩元,等.矿井煤岩动力灾害电磁辐射预警技术[J].煤炭学报,2007,32(1):56-59.

[275] 王恩元,何学秋,李忠辉,等.煤岩电磁辐射技术及其应用[M].北京:科学出版社,2009.

[276] 赵扬锋.煤岩变形破裂电荷感应规律的研究[D].阜新:辽宁工程技术大学,2010.

[277] 潘一山,罗浩,肖晓春,等.三轴条件下含瓦斯煤力电感应规律的试验研究[J].煤炭学报,2012,37(6):918-922.

[278] 王岗,潘一山,肖晓春.单轴加载煤体破坏特征与电荷规律研究及应用[J].岩土力学,2019,40(5):1823-1831.

[279] 付琳,潘一山,李国臻.岩体电荷检测仪的研制[J].辽宁工程技术大学学报(自然科学版),2008,27(增1):110-112.

[280] 邹银辉,赵旭生,刘胜.声发射连续预测煤与瓦斯突出技术研究[J].煤炭科学技术,

2005,33(6):61-65.
[281] 文光才,李建功,邹银辉,等.矿井煤岩动力灾害声发射监测适用条件初探[J].煤炭学报,2011,36(2):278-282.
[282] LI J G,HU Q T,YU M G,et al. Acoustic emission monitoring technology for coal and gas outburst[J]. Energy science and engineering,2019,7(2):443-456.
[283] 王恩元,刘晓斐,何学秋,等.煤岩动力灾害声电协同监测技术及预警应用[J].中国矿业大学学报,2018,47(5):942-948.
[284] 石昆法.可控源音频大地电磁法理论与应用[M].北京:科学出版社,1999.
[285] 姚宜斌,杨元喜,孙和平,等.大地测量学科发展现状与趋势[J].测绘学报,2020,49(10):1243-1251.
[286] 赵长胜,孙小荣,周立.GNSS 原理及其应用[M].2 版.北京:测绘出版社,2020.
[287] 李平湘,杨杰,史磊.雷达干涉测量原理与应用[M].2 版.北京:测绘出版社,2016.
[288] 孙传友,高光贵.遥测地震仪原理[M].北京:石油工业出版社,1992.
[289] 佩图霍夫,巴杜金娜.地下地质动力学[M].王丽,陈学华,译.北京:煤炭工业出版社,2006.

后　记

地质动力区划理论是 20 世纪 80 年代由俄罗斯自然科学院 И. М. 巴图金娜院士(1934—2018)和 И. М. 佩图霍夫院士(1921—2010)共同创立的。仅以此书向两位地质动力区划创始人表示崇高的敬意。

1989 年，在原中国东北内蒙古煤炭集团公司的大力支持下，辽宁工程技术大学的段克信、南岳和王世远等首次将地质动力区划方法引入中国。经过 30 余年的发展，地质动力区划团队经过不断的研究和创新，在地质动力区划原理、方法和应用方面做了大量卓有成效的研究工作，建立了全新的地质动力区划研究方法，在矿井动力灾害预测与防治领域取得了丰硕的成果，成为在国内外相关研究领域具有重要影响的科研团队，2020 年被评为煤炭行业“地质动力区划与矿井动力灾害防治创新团队”。团队围绕地质动力区划研究方向先后承担了国家科技攻关计划、国家“973”计划、国家重点研发计划和国家自然科学基金等国家级科研课题 25 项，省部级科研课题 34 项，企业委托科研课题 160 余项。研究成果获得国家科学技术进步奖二等奖 1 项，省部级一等奖 9 项、二等奖 18 项。地质动力区划方法已在中国的 40 余个煤矿的矿井动力灾害预测与防治等方面得到了广泛应用，取得了突出成果，推动了煤炭行业的科技进步，为我国煤矿安全生产作出了重要贡献。

И. М. 巴图金娜院士和 И. М. 佩图霍夫院士曾多次来到辽宁工程技术大学开展讲学、人才培养和科研合作，并亲自深入淮南矿区、鸡西矿区、阜新矿区、大安油田等现场开展科学研究，促进了地质动力区划在中国的发展和应用，特别感谢两位院士对团队的支持、帮助和指导。

感谢原中国东北内蒙古煤炭集团公司、原国家计划委员会、国家科学技术部、国家自然科学基金委员会、国家矿山安全监察局、中国煤炭工业协会、中国煤炭学会、中国地震局、中国地震台网中心、中国地震局工程力学研究所、国家基础地理信息中心、中国地质科学院地质力学研究所、中国煤炭科工集团、辽宁省科学技术厅和教育厅等单位对地质动力区划团队的支持和帮助，感谢辽宁工程技术大学对团队发展给予的关心和支持，感谢相关煤炭企业和工程技术人员对团队研究工作的大力支持和帮助，感谢在团队工作和学习的成员对研究工作的贡献。

感谢中国矿业大学出版社对本书出版的大力支持。

著　者

2023 年 12 月